"十二五"国家重点图书出版规划项目
国家出版基金资助项目

中国建筑之道

侯幼彬 著

中国建筑工业出版社

图书在版编目（CIP）数据

中国建筑之道/侯幼彬著.—北京：中国建筑工业出版社，2010.9
ISBN 978-7-112-12832-7

Ⅰ.①中… Ⅱ.①侯… Ⅲ.①建筑艺术－中国 Ⅳ.①TU-862

中国版本图书馆CIP数据核字（2010）第148769号

责任编辑：王莉慧 徐 冉
责任设计：李志立
责任校对：王 颖 赵 颖

中国建筑之道
侯幼彬 著
*
中国建筑工业出版社出版、发行（北京西郊百万庄）
各地新华书店、建筑书店经销
北京嘉泰利德公司制版
北京中科印刷有限公司印刷
*
开本：880×1230毫米 1/16 印张：24 字数：760千字
2011年4月第一版 2013年9月第二次印刷
定价：**108.00**元
ISBN 978-7-112-12832-7
　　　（19584）

版权所有　翻印必究
如有印装质量问题，可寄本社退换
（邮政编码 100037）

目　录

第一章　《老子》论"有、无" ………… 001
　一　老子与《老子》 ………… 001
　二　"当其无"与"当其无有" ………… 003
　三　现象界"有、无"与超现象界"有、无" ………… 005
　四　释"凿户牖" ………… 012
　五　河上公·冈仓天心·赖特 ………… 016
　六　讲空间关系是从老子开始的 ………… 021

第二章　建筑之道："有"与"无"的辩证法 ………… 024
　一　建筑形态：三种"有、无"构成 ………… 024
　　（一）两种建筑空间：内部空间与外部空间 ………… 024
　　（二）建筑三型：有内有外、有内无外、有外无内 ………… 025
　　（三）三型的中介与交叉 ………… 035
　二　建筑矛盾："有"与"无"的对立统一 ………… 040
　　（一）术语释义：空间与实体的相关概念 ………… 040
　　（二）围与被围：空间与实体的内在制约 ………… 046
　　（三）有无相生：空间与实体的矛盾运动 ………… 055
　三　建筑系统结构："有"＋"无" ………… 064
　　（一）渔网的启示 ………… 065
　　（二）中西建筑：两种系统结构 ………… 065
　　（三）建筑形式："追随功能"与"唤起功能" ………… 073

第三章　建筑之美：植根"有、无"的艺术 ………… 080
　一　建筑艺术载体与建筑表现手段 ………… 080
　　（一）建筑的"艺术定位" ………… 080
　　（二）构件载体与建筑形式要素 ………… 082
　二　建筑"物质堆"与建筑"精神堆" ………… 083
　　（一）艺术美学视野中的建筑"物质堆" ………… 084
　　（二）技术美学视野中的建筑"精神堆" ………… 086
　三　建筑语言与建筑外来语 ………… 091

（一）建筑符号品类 ……………………………………………………… 093
　　（二）建筑符号的语义信息和审美信息 ………………………………… 102
　　（三）建筑语言 + 文学语言 ……………………………………………… 105
　　（四）建筑的抽象语言与具象语言 ……………………………………… 114

第四章　木构架建筑：单体层面"有、无" ………………………………… 122
　一　基本型：一明两暗 ……………………………………………………… 122
　　（一）追溯"伯牛"宅屋 ………………………………………………… 122
　　（二）"一堂二内"与"一宇二内" ……………………………………… 123
　　（三）"一明两暗"：从原型到基本型 …………………………………… 130
　二　程式链与系列差 ………………………………………………………… 137
　　（一）实体程式链 ………………………………………………………… 138
　　（二）模件系列差 ………………………………………………………… 144
　三　程式"单体"与非程式"单体" ……………………………………… 160
　　（一）程式建筑Ⅰ：通用型 ……………………………………………… 160
　　（二）程式建筑Ⅱ：专用型 ……………………………………………… 168
　　（三）非程式建筑：活变型 ……………………………………………… 182

第五章　木构架建筑：其他层面"有、无" ………………………………… 189
　一　建筑组群"有、无"：屋与庭 ………………………………………… 189
　　（一）庭院：内向的外部空间 …………………………………………… 189
　　（二）庭院舞台与建筑行当 ……………………………………………… 198
　　（三）程式"院"与非程式"院" ……………………………………… 220
　二　建筑界面"有、无"：实与虚 ………………………………………… 238
　　（一）外檐立面：亦隔亦透 ……………………………………………… 238
　　（二）内里空间：亦分亦合 ……………………………………………… 244
　　（三）庭园边沿：不尽尽之 ……………………………………………… 254
　三　建筑节点"有、无"：榫与卯 ………………………………………… 259
　　（一）榫卯：木构件的智巧连接 ………………………………………… 260
　　（二）斗栱：榫卯的大集结 ……………………………………………… 270

第六章　高台建筑："有"的极致 …………………………………………… 278
　一　高台榭　美宫室 ………………………………………………………… 278

二　高台建筑构成：台 + 榭 ··· 280
　　三　高台建筑转型之一：陛台 ··· 290
　　四　高台建筑转型之二：墩台 ··· 293
　　五　高台建筑"活化石" ·· 299

第七章　北京天坛：用"无"范例 ·· 309
　　一　从"天地坛"到"天坛" ·· 309
　　二　圜丘坛域用"无" ·· 312
　　三　祈年殿组群用"无" ·· 320
　　四　内外坛域整合用"无" ·· 330
　　　（一）占地面积：超大的"无" ·· 330
　　　（二）坛墙四角：南方北圆 ·· 331
　　　（三）坛域建筑：极简约的"有" ·· 333
　　　（四）坛域整合的飞来之笔：丹陛桥 ·· 335
　　五　用低调唱高调：斋宫现象 ··· 338
　　六　改扩建："非原创"杰作 ·· 341
　　　（一）坛域、坛墙演变 ·· 342
　　　（二）圜丘坛组群演变 ·· 345
　　　（三）祈年殿组群演变 ·· 352
　　七　重"无"：基于功能不对称 ·· 356

索引 ·· 366
　　人名索引 ·· 366
　　书名索引 ·· 367
　　建筑名索引 ·· 368
　　关键词索引 ·· 369
　　建筑术语索引 ·· 373

后记 ·· 374

第一章 《老子》论"有、无"

　　三十辐共一毂，当其无，有车之用。埏埴以为器，当其无，有器之用。凿户牖以为室，当其无，有室之用。故有之以为利，无之以为用。

　　上面这段文字是《老子》（也称《道德经》）十一章的全文。中国古代经典文献论及建筑的文字，要数这段话最精彩、最引人注目。它是中国建筑学人心目中首选的座右铭。难怪天津大学建筑系馆正立面上，隆重地、端端正正地对称镌刻的醒目语录，就是这段名言和它的节录英译。有趣的是，听说有不少学生说这段话的汉字原文很难懂，还不如看它的英译文字。

　　的确，《老子》一书素来被视为辞要趣远，语精义深，我们读它，要靠注家的诠释。《老子》注本浩如烟海，诸家训诂见解纷繁。这里，先从老子的生平和这部典籍的传本、注本说起。

一　老子与《老子》

　　关于老子的生平，史书记载不详。司马迁在《史记·老庄申韩列传》中有一段概略的记述：

　　老子者，楚苦县厉乡曲仁里人也，姓李氏，名耳，字伯阳，谥曰聃，周守藏室之史也。[①]

　　楚国苦县厉乡曲仁里就是现在的河南省鹿邑县太清宫镇。老子大约生活在公元前571年至公元前471年之间。《吕氏春秋·当染篇》说"孔子学于老聃"；《礼记·曾子问篇》提到孔子自称"吾闻诸老聃"。根据这些可以推测老子生活的年代基本与孔子同时或略早。他做过周朝的守藏室之史，负责征集、保管周王朝和诸侯国的典籍，因而有条件饱览群书。春秋末年，周王朝内乱，老子弃官出走，经过函谷关时，关令尹喜请他写书，"于是老子乃著书上下篇，言道德之意五千余言而去，莫知其所终。"[②]应该说早在汉初，有关老子的生平事迹已不可考，司马迁说"莫知其所终"，很传神地透露出老子这位人物的扑朔迷离。

　　按司马迁的说法，《老子》就是老聃写的。学术界对《老子》的作者和成书年代一直众说纷纭：有的认同是老聃所写，有的说是别人托名老子所著，有的认为是后人编辑的老子言论汇编，也有人说是非一人所写，而是合编。对老聃作《老子》的传统说法，曾经有很多人质疑，近年来颇有重新获得认同的趋势。不过认同《老子》为老聃所写的人，也都认为《老子》书中有后人附益的成分。

　　《老子》这部经典的流传、校勘、诠释已有学者梳理出分期脉络，大体上认为：先秦为形成期，以郭店简本为代表；战国末至汉初为成型期，以马王堆帛书甲乙本、傅奕《道德经古本篇》为代表；汉魏为定型期，以严遵《老子指归》、河上公《老子道德经章句》、张道陵《老子想尔注》、王弼《老子注》为代表；此后，唐宋及其后的诸多注本均属流传期。[③]

　　1993年在湖北荆门郭店战国楚墓出土的竹书《老子》，是现在所知的最早的《老子》文本。这批《老子》竹简分甲、乙、丙三组，都是残本，竹书字数约为今本《老子》的三分之一左右。非常遗憾的是，我们关注的第十一章文字，在三种竹书残本中都没有见到。

　　1973年在湖南长沙马王堆汉墓出土的帛书

[①] 史记. 卷六十三. 老庄申韩列传

[②] 史记. 卷六十三. 老庄申韩列传

[③] 参见李若晖. 郭店竹书《老子》论考[M]. 济南：齐鲁书社，2004：87-108.

《老子》，有甲本、乙本两种。甲本文字不避汉高祖刘邦讳，应是刘邦称帝之前抄写的，乙本避刘邦讳，但不避汉惠帝刘盈、汉文帝刘恒讳，应是刘邦称帝之后，刘盈、刘恒称帝之前抄写的。这是非常珍贵的早期抄本。这两个帛书本都是"德"篇在前，"道"篇在后，与现在的通行本相反。

傅奕（555—639年）的《道德经古本篇》虽然是唐初的文本，但它以北齐时从项羽妾冢所得的"项羽妾本"为底本，保持了一些早期版本的面貌，因而也归入成型期的代表版本。

在定型期的版本中，西汉严遵的《老子指归》本，只剩下三十八章至八十一章。很可惜，我们要讨论的第十一章也在缺失之中。

对后世影响最大的是河上公的《老子道德经章句》和王弼的《老子注》。河上公相传是西汉时的道家，姓名不详。传说他在河滨结草为庵，精通《老子》，汉文帝读《老子》遇有不解，常遣使向他请教。太史公称他为"河上丈人"。有关专家研究，战国末年，可能有"河上丈人"其人，但他并未作过《老子》注。汉文帝时，实无河上公其人，更无所谓《老子章句》。现在所传的《老子道德经章句》注本，应是西汉后期或东汉前期的隐者，托名河上公所写。①这个河上公本主要流传于民间，通俗易懂，以清静无为、修身养神的观点解释《老子》，在民间和道流学子中有广泛影响。王弼（226—249年）是三国时期魏国的名士，魏晋玄学的创始人之一。他少负盛名，可以说是一位天才的青年哲学家。他注《老子》时，才20岁出头，死时年仅24岁。他注重辨析名理，阐发"有无"，以简驭繁。他的注本主要流传于文人学者和士大夫阶层。河上公注本和王弼注本形成注解《老子》的两大类别，奠定了后世《老子》流传的基本格局。

河上公、王弼之后的古代注本，虽层出不穷，但多数都附意于河、王。我们现在通用的《老子》通行本，也称今本，就是依据王弼的《老子注》定型的，基本上是王弼注释的东西。全书五千余言，分上下两篇，共81章。前37章为上篇道经，后44章为下篇德经。

《老子》一书，博大精深，要言不繁，哲理深邃，学术界给予极高的评价。有人说老子是中国哲学之父，是中国哲学的鼻祖，是中国哲学史上第一位真正的哲学家。普遍公认《老子》是中国哲学的开山之作，开创中国古代哲学的先河，把《老子》的问世，视为中国思想史上的一次灿烂的日出。《老子》对中国两千年来的思想文化产生深远的影响。它涉及哲学、文学、兵学、美学、医学、社会学、伦理学、天文学、养生学，从宇宙到人生，从物质到精神，涵括百科，渗透到中国人的生存方式、生活方式、思维方式，成为华夏的一种文化基因。它不仅是中国传统文化经典，也是世界哲学宝典之一。黑格尔把老子的哲学和古希腊的哲学一起，作为世界哲学的源头。《老子》注家之多，有"道德八十章，注者三千余家"之说。《老子》一书，从16世纪开始，就陆续翻译成拉丁文、法文、德文、英文等，据说现在可查到的各种外文版《老子》已有一千多种。②

《老子》这部经典著作是以极精练的格言式文句写作。它便于记忆，便于流传，言简意赅，语精义深，自然带有浓厚的"朦胧"。这种"朦胧"给人留下了注疏训诂的充裕想象余地和多元阐释的广阔解读空间。非常幸运的是，在这部号称中国哲学源头、蕴涵华夏文化基因的经典文献中，有直接论及建筑"有、无"的文字，触及两千多年前的建筑哲理理念。它不仅是中国建筑领域哲理认识的一个源头，也是世界建筑领域哲理认识的源头之一，理所当然是值得我们特别关注的。

---

① 参见熊铁基，马良怀，刘韶军.中国老学史[M].福州：福建人民出版社，1997：181-185.

② 周口《老子不老》[EB/OL]. 央视国际，2005-04-12. http://www.cctv.com/program/zbzg/topic/geography/C13846/20050412/101229.shtml

二 "当其无"与"当其无有"

我们先看一下《老子》十一章的译文。在当代诸多注家的注释中,任继愈《老子今译》中的这一章译文是很有代表性的。

全章译文如下:

三十辐共一毂,	三十条辐集中到一个毂,
当其无,	有了毂中间的空间,
有车之用。	才有车的作用。
埏埴以为器,	搏击陶泥作器皿,
当其无,	有了器皿中间的空虚,
有器之用。	才有器皿的作用。
凿户牖以为室,	开凿门窗造房屋,
当其无,	有了门窗四壁中间的空隙,
有室之用。	才有房屋的作用。
故	所以
有之以为利,	"有"所给人的便利,[只有
无之以为用。	当它跟"无"配合时才发挥出它应起的作用。①

《老子》十一章一共是四句话。根据译文我们可以知道,第一句说的是,三十根辐条集中在一个车毂辘上,有了车毂辘中间的空洞,才能插入车轴,才能转动车轮,才有车的作用;第二句说的是,和好泥土制作器皿,有了器皿中间的空虚,才能盛东西,才有器皿的作用;第三句说到我们特别关注的房屋。任继愈把它译为:"开凿门窗造房屋,有了门窗四壁中间的空隙,才有房屋的作用";第四句是对前三例表述的总结,归纳出一个结论,任继愈解读这句话的意思是:"'有'所给人的便利,只有当它跟'无'配合时才发挥出它应起的作用"。

有了这样的译文,应该说,我们对《老子》十一章的全文,已经能明白其文句,能弄懂原文的意思。看上去,任继愈的这段译文也是很清晰、很贴切的。其实,这里涉及的问题还是很复杂的,围绕十一章的注疏阐释,存在着诸多争议,各家注本有很多不同的解读。这些不同的解读是很值得我们深入比较分析的。

对十一章的注释解读首当其冲的,就是断句上的分歧。

任继愈译文的断句是:"当其无,有车之用";"当其无,有器之用";"当其无,有室之用"。这种断句,可称之为"当其无"断句。这是通行的,最普遍的断句,绝大多数注家都沿用这样的断句。但是,还出现了另一种断句:"当其无有,车之用";"当其无有,器之用";"当其无有,室之用"。这种断句可称之为"当其无有"断句。

"当其无有"断句的始作俑者是清代学者、训诂学家毕沅(1730—1797年)。他在《老子道德真经考异》中首次提出应以"当其无有"断句。毕沅说:

> 本皆以"当其无"断句,案《考工记》,"利转者以无有为用也"。是应以"有"字断句,下并同。②

毕沅这话表明,在他之前的所有注本,都是以"当其无"断句。这是很重要的提示。我们看河上公注本、王弼注本,"当其无有车之用"、"当其无有器之用"、"当其无有室之用"这三句都是连写,字面上无标点,看不出如何断句。只能从其所作的注释体会出是以"当其无"断句。毕沅明确地认定"本皆以'当其无'"断句,这是很权威地概括了此前注本的断句情况。毕沅自己是根据《考工记》郑注"利转者,以无有为用也"这句话,把"无"与"有"并列、对应,而采用"当其无有"断句。他的这种新解读,得到一些注家的认同。陶绍学的《校老子》,马叙伦的《老子校诂》,高亨的《老子正诂》,朱谦之的《老子校释》,张松如的《老子说解》,沙少海、徐子宏的《老子全译》,罗尚贤的《老子通解》,梁海明的《老

① 任继愈.老子今译[M].北京:北京古籍出版社,1956:8.

② [清]毕沅.老子考异//马叙伦.老子校诂[M]//老子(下):四部要籍注疏丛刊.北京:中华书局,1998:1603.

子》，兰喜并的《老子解读》等等，都沿用"当其无有"断句。

高亨认同"当其无有"断句。他解释说："当，犹在也"。他把"当其无有，车之用"解释为："'无'谓轮之空处，'有'谓轮之实体，言车之用在其空处与实体也"；把"当其无有，器之用"解释为："'无'谓器之空处，'有'谓器之实体，言器之用在其空处与实体也"；把"当其无有，室之用"解释为"'无'谓室之空处，'有'谓室之实体，言室之用在其空处与实体也"。高亨认为：

> 此章亦《老子》之相对论也。常人皆重有而轻无，取有而舍无，以为有有用于人，无无用于人，老子欲破此成见，故有斯言。①

可以看出，高亨和毕沅一样，是从"有、无"相对应的角度，采用"当其无有"断句。他认为，这里的"无"指轮、器、室的空处，"有"指轮、器、室的实体，强调车之用、器之用、室之用都在其空处与实体；认为以"无有"断句，才能吻合《老子》强调的"无"与"有"，即空处与实体的共同作用。

毕沅、高亨强调"有、无"相对，强调轮、器、室之用都在其空处与实体，这无疑是对的，其用意是好的。但是这种断句，颇受质疑。最明显的问题就是导致全章文字不顺。如杨树达所指出的，"'无有'为句，'车之用'句不全，毕说可酌"。②这确是一个大问题，当我们读"当其无有，车之用"、"当其无有，器之用"、"当其无有，室之用"时，总觉得行文别扭，甚感牵强。

1973年马王堆帛书《老子》的出土，出现了新的情况。在帛书乙本中，这一章的文字与通行本有明显的不同：

> 卅楅同一毂当其无有车之用也撚埴而为器当其无有埴器之用也凿户牖当其无有室之用也故有之以为利无之以为用。③

这里，帛书乙本全章49字，与通行本全章49字，虽然字数相同，文字却有多处不同。其中，最触目的不同，是在"车之用"、"器之用"、"室之用"之后，均多了一个"也"字。帛书甲本缺损字很多，补足缺损字后，可以看到，在"车之用"、"器之用"、"室之用"后面，也都有"也"字。有了帛书甲、乙本的这个"也"字，用"当其无有"断句，就成了"当其无有，车之用也"、"当其无有，器之用也"、"当其无有，室之用也"。这种情况，文字就较为完全、较为通顺了。因此张松如说："今从帛书，句作'车之用也'，亦证于'无有'断句为顺，不得说是'不完全'了"。④

是不是帛书甲、乙本的"也"字，解决了"当其无有"断句的问题呢？没有。王强说："其实有了'也'字，也不意味只能断作'当其无有'，断作'当其无，有车之用也'，仍然可通"。⑤的确，马王堆帛书《老子》的"也"字，只是有助于改善"当其无有"句读的通顺，并不足以否定"当其无"的断句，起不到断定"当其无有"断句成立的作用。

采用"当其无有"断句，还有另一种说法。罗尚贤在《老子通解》中对为什么采用"当其无有"断句，有自己的独特解释。他对"当其无有"的注解是："当（dàng），恰当，适当"。他把三句"当其无有"都译成："恰当地对待它的无和有"。他认为：

> 老子抽象为"当其无、有"，意思是无和有的配合要恰到好处。这意味着无和有的对立统一，必须有妥当的特定条件。⑥

应该说，罗尚贤关注"无"和"有"的对立统一，是对的，这是老子要强调的。但是他把"当"字读作"当（dàng）"，强调"无"和"有"的配合要恰当、要恰到好处，老子这段话中并没有这层意思。老子在这里强调的是，"有"需

---

① 高亨. 老子正诂[M]. 北京：中国书店（据1943年开明书店本影印），1988：26-27.

② 杨树达. 老子古义[M]//朱谦之. 老子校释. 上海：龙门联合书局，1958：27.

③ 转引自许杭生. 帛书老子注释与研究[M]. 杭州：浙江人民出版社，1982：210-211.

④ 张松如. 老子说解[M]. 济南：齐鲁书社，1998：68.

⑤ 王强. 老子《道德经》新研[M]. 北京：昆仑出版社，2002：78.

⑥ 罗尚贤. 老子通解（修订本）[M]. 广州：广东高等教育出版社，1996：98-100.

要"无"的协同作用,并没有说"有"与"无"需要恰当的协同。需要"有"与"无"的协同,这是第一层次的问题;需要"有"与"无"协同得恰到好处,那是第二层次的问题。老子在这里要明确的是第一层次。这里的"当",应该读"dāng"而不是"dàng"。

从"当其无"与"当其无有"的断句分歧,不难看出,症结出在"当其无,有车之用"、"当其无,有器之用"、"当其无,有室之用"中的那3个"有"字。在十一章中,一共有4个"有"字。除了这3个"有"字外,还有"故有之以为利"中的1个"有"字。这4个"有"字,不能混为一谈,应该区分出两种不同用语的"有"。后一个"有"字,在"有之以为利,无之以为用"这句话中,它是与"无"相对应的。因此,这里的"无",指的是物的"空处"、"空虚";这里的"有",指的是物的"实有"、"实体"。而前3个"有"字,是与"没有"相对应,是常用语所说的"有没有"的"有"。同样的,十一章中也有4个"无"字,前3个"无"字是3处"当其无"的"无",后一个"无"字是"无之以为用"的"无"。但这4个"无"的用语都是指与"实有"相对应的"空虚",并没有用作常用语的"无"。持"当其无"断句的注者,是明确区分了两种不同的"有",把前3个"有"作为常用语的"有",自然断成"有车之用"、"有器之用"、"有室之用"的句式。而持"当其无有"断句的注者,则把前3个"有"与后一个"有"等同,都把它与4个"空虚"的"无"相对应,自然就成了"当其无有"的句式。我们统观十一章全文,这两种不同用语的"有"字,还是应该明确区分。在强调"实有"与"空虚"的对应上,有最后一句"有之以为利,无之以为用"就足以概括了,没有必要牵强地采用"当其无有"的并列结构,导致全章文字的不顺。因此,十一章的断句问题,应该说不难判断,还是以"当其无"断句为妥。

三 现象界"有、无"与超现象界"有、无"

在《老子》十一章中,"有"和"无"是它的关键词,如何理解这里所说的"有"、"无",是解读十一章的关键和要点。

绝大多数注本,都把十一章的"有(指非常用语的'有')",理解为器物的"实有"、"实体";"无",理解为器物的"空虚"、"空处"。这种理解源远流长,早在河上公的注本中就已奠定。

我们先看看河上公本的注释。原注释不长,全文分句抄录如下:

无用第十一

三十辐共一毂

古者车三十辐,法月数也。共一毂者,毂中有孔,故众辐共凑之。

治身者当除情去欲,使五脏空虚,神乃归之也。治国者寡能揔众,弱共使强。辐音福,毂,古木反。

当其无有车之用

"无"谓空处,毂中空虚,车得去行;舆中空虚,人能载其上也。当,丁浪反。

埏埴以为器

埏,和也;埴,土也。和土以为饮食之器。埏,始然反;埴,市力反。

当其无有器之用

器中空虚,故得有所盛受。

凿户牖以为室

谓作屋室。

当其无有室之用

言户牖空虚,人得以出入观视;室中空虚,人得以居处,是其用。

故有之以为利

利物也,利于形用。器中有物,室中有人,恐其屋破坏。腹中有神,畏形之消亡也。

① [西汉]河上公. 老子道德经河上公章句 // 老子（上）：四部要籍注疏丛刊. 北京：中华书局，1998：6.

② 参见闻人军. 考工记译注 [M]. 上海：上海古籍出版社，1993：30.

③ 田静. 大秦一统秦铜车马 [M]. 西安：三秦出版社，2003：90.

④ [三国]王弼. 老子道德经（武英殿聚珍版）// 老子（上）：四部要籍注疏丛刊. 北京：中华书局，1998：86.

无之以为用

言虚空者，乃可用盛受万物。故曰虚无能制有形。道者，空也。①

我们从河上公的注释，可以得出以下几点认识：

1. 河注本已确定十一章的标准文本，它与帛书甲本、乙本有明显不同，王弼注本此章文字与此完全相同。现在通行的今本十一章文字，在河注本中已完全敲定。

2. 注本的注释颇为准确。他说："古者车三十辐，法月数也"。的确如此，《考工记》上有"轮辐三十，以象日月也"的记述，就是以30根的辐条，象征每月30日。从考古发现看，我国出土的古代车轮辐条，虽历代不一，以26根居多，但甘肃平凉庙庄秦墓出土的木车确是30根辐条。②秦始皇陵出土的陪葬铜车马，前后两乘车马的车轮，也都是30根辐条（图1-3-1）。③这表明30根辐条的车轮，在老子生活的年代可能已是习见的。我们从"三十辐"这个明确的数量词，可以看出《老子》一书用词精确的一面。

3. 河注本明确认定："'无'谓空处"。他提到"毂中空虚"、"奥中空虚"、"器中空虚"、"户牖空虚"、"室中空虚"，并明确指出："言虚空者，乃可用盛受万物也"。这是极其重要的对十一章的"无"的准确阐释。

4. 河注本把此章命名为"无用第十一"。这透露出，河上公认为老子在此章中行文用句特别关注的是"无"的作用。

5. 河注本在说"毂中空虚"之后，又推衍提到"奥中空虚"；在说"户牖空虚"之后，又推衍提到"室中空虚"。这个推衍"室中空虚"的注说，后来颇为盛行，是个值得注意的现象，后面将详述。

6. 河注本在正确阐释"无"的同时，也扯到"五脏空虚"。他说："使五脏空虚，神乃归之也"、"腹中有神，畏形之消亡也"。这是河注本追求清静无为、修身养神的道学观念在对"无"的阐释中的渗透，播下了对"有、无"的另类解说，给"有"与"无"的解读蒙上一层道玄的迷雾。

应该说河注本解决了十一章关键词的基本阐释。与之相比美的，是三国时期的王弼注本。王本对十一章的注释很简略，但是很精要。④他主要解释3点。第一点注说："无也，以其无能受物之故"；第二点注说："木、埴、壁所以成三者，而皆以无为用也"。这两点与河注本的阐释是一致的，可以说是吻合、认同、巩固了"'无'谓空处"、"以无为用"的解读。他的第三点注说："言无者，有之所以为利，皆赖无以为用也"，这是对"有之以为利、无之以为用"最为简要的注脚，很能代表王弼注本以简驭繁，辨析名理的特色。由河、王注本奠定的"无谓空处"、"以无为用"、"赖无以为用"的阐释，得到历代注家广泛的认同。

唐人成玄英注释说：

箱毂内空也，只为空能容物，故有车用；

器中空无，故得盛受；

图1-3-1 秦陵陪葬坑出土的铜车马
①一号铜车马 ②二号铜车马
①转引自刘叙杰. 中国古代建筑史. 第一卷. 北京：中国建筑工业出版社，2003.
②引自秦俑考古队. 秦始皇陵二号铜车马清理简报. 文物，1983（7）

室中空无，故得居处；

无赖有以为利，有藉无以为用，二法相假，故成车等也。①

元人吴澄注释说：

器以贮物，室以居人，车以载重致远，皆所以为天下利，利在有也。车以转轴为用，器以容物为用，室以出入通明为用，皆在于空虚无碍之处。②

清人徐大椿注释说：

无谓毂中空处，惟其空乃能容轴而车得以行，则车之用反全在此，否则辐虽多而车终不能运行也。

埏，土之细腻者；埴，和土也。言陶者和土以为器，必虚其中，乃能盛物而得器之用也。

户牖为室之空处，凿之乃可出入通明以为居也。

车、器、室之实处，皆人之所藉，赖此之谓利，而非虚处则虽有其物而无用之，是所以致用者，反在于无也。③

我们从唐人、元人、清人的这些注文，不难看出释无为虚、以无为用，一直是历代注释十一章一脉相承的主流传统。这种注释到了现代，自然呈现出像任继愈那样规范的译文，这可以说是两千年来积淀的解读成果。

在这种主流阐释之外，由河上公最初播下的另类解读，也影响了后来不少的注家。有的注家注释说："能虚心体道则天下化成，如车之中空也。外资百体之设，内仗五气之和，如辐之凑而成于人"。④这类注说扯到道家内丹派的修炼功法上去。直到20世纪30年代出版的许啸天注本，还说："做人也应该学车毂一般，心中空空洞洞，顺着天道的自然做去，不要心中有存一个主观的观念，才能合万物的本性，得到太平的效用"。⑤这种另类解读，自然是偏离《老子》十一章的原旨了。

对于十一章"有、无"的解读，近年来出现了一种可以称之为"亚里士多德窠臼"的现象。古希腊哲学家亚里士多德有个著名的"四因说"，他把事物存在和变化归结为4种原因：质料因、形式因、动力因和目的因，并把形式因、动力因、目的因合在一起，总称为形式。亚里士多德认为，事物都是由质料和形式构成的，质料是事物的最初基质，形式是它的结构，是事物的本质。质料只是潜能的存在，只有具有了形式，才能使其潜能得以实现，成为现实。一些注家不约而同地套用亚里士多德的这个"形式质料说"来解读十一章"有、无"。

兰喜并在《老子解读》中阐释说：

老子的"有"、"无"之论与亚里士多德潜能与现实、质料与形式的思想有相似的地方。在老子看来，任何事物都包含两个方面，即"有"与"无"。"有之以为利，无之以为用"。"有"是潜能，是"质料"，通过"无"使"潜能"实现，使"利"成"用"。"无"使"有"具有了意义。⑥

孙以楷在《老子通论》中阐释说：

老子在本章讲的不是"有"与"无"的主次问题，而是讲"无"是事物的本质……没有中空，就不是"毂"，而只能是木头；没有中空，就不是茶杯，而只能是一团泥；没有中空，就不是房屋，而只是砖堆。正是中空，木头才成了毂，陶土才成了茶杯，砖堆才成了房屋。老子所讲的"无"，不是虚无，而是事物的本质。本质是无形的，它与"有"结合在一起。有，提供了可资利用的质料，这叫做"有之以为利"；无是事物的本质所在，事物的不同本质是通过不同的功用表现出来的，这叫做"无之以为用"。⑦

① [唐]成玄英. 道德经义疏//老子(上): 四部要籍注疏丛刊. 北京: 中华书局, 1998: 157-159.

② [元]吴澄. 道德真经注.(百子全书本)

③ [清]徐大椿. 道德经注(四库全书本)

④ [唐]杜光庭. 道德真经广圣义//老子(上): 四部要籍注疏丛刊. 北京: 中华书局, 1998: 1026.

⑤ 许啸天. 老子道德经[M]. 北京: 中国书店(据群学社1930年版影印), 1988: 64.

⑥ 兰喜并. 老子解读[M]. 北京: 中华书局, 2005: 47.

⑦ 孙以楷. 老子通论[M]. 合肥: 安徽大学出版社, 2004: 313.

杨润根在《老子新解》中，特别高调地推出他基于"形式质料说"对十一章所作的阐释。他说：

> 就我所知的每一个注释者都把这个"无"字解释为"空隙"或"空虚处"，这是一种最没理解力、最没想象力的解释。可以说，这种解释只能表明作出这种解释的人连最基本的常识也没有。①

他认为：

> 有是资料因（即质料因——作者注），它是具体的和有限的；无是形式因，它是普遍的和无限的。并且在人类实践中，这些资料因作为人类目的性实践活动的对象，它是潜在地合于目的、合于理想的，而这些形式因作为人类实践的目的与理想自身，它是超越于现实并高于现实的。当人类通过实践把这个目的与理想加给现实的资料，这同时就是对资料（有）的否定、超越和提升，即否定超越资料的直接单纯的自我同一性或孤立无缘的个体性，并把它提升到人类普遍的目的与理想的高度，这样资料潜在的合目的性与合理想性也就得到了实现。②

根据这样的认识，他对十一章作了如下的译解：

> 由三十根辐条和一个车毂构成的一个车轮，只有当车轮不再坚持自身的仅仅作为一个车轮而存在的片面有限的存在形式，而是否定超越自身的仅仅作为车轮而存在的片面有限的存在形式，并使自身获得作为一个完整的车子而存在的普遍无限的存在形式时，车轮才有可能具备作为车子而存在的功能和价值。
>
> 由黏土揉制煅烧而成的器具，也只有当黏土不再坚持自身的仅仅作为黏土而存在的片面有限的存在形式，而是否定超越自身的仅仅作为黏土而存在的片面有限的存在形式，并使自己获得作为一个完整的器具而存在的普遍无限的存在形式时，黏土才有可能具备作为器具而存在的功能和价值。
>
> 由木材建造而成的房屋，只有当木材不再坚持自身仅仅作为木材而存在的片面有限的存在形式，而是否定超越自身仅仅作为木材而存在的片面有限的存在形式，并使自身获得作为一栋房屋而存在的普遍无限的存在形式时，木材才有可能具备作为房屋而存在的功能与价值。
>
> 所以，当人们把片面有限的具体事物只当作片面有限的具体事物看待时，这些片面有限的具体事物也就只能是一些有待加工利用的对象，因而它们充其量只具有有待实现的潜在的价值；只有当人们否定并取消这些片面有限的具体事物的片面有限性而赋予它们以某种实践的合目的性的普遍无限的存在形式，这些事物在被赋予的某种实践的合目的性的普遍无限的存在形式之中也就获得了直接现实的使用价值。③

这篇繁冗的、如同绕口令似的译解，真是让人如堕五里迷雾。没想到原本明晰的"'无'谓空处"的概念，转换为"普遍无限存在形式"之后，十一章的解读会变成这个样子。

把"有"视为"质料"，把"无"视为"形式"，说"有"是"潜能"，说"无"是"本质"，的确是落入了"亚里士多德窠臼"。亚里士多德认为，形式和质料是相对的，砖瓦对于房屋来

---

① 杨润根.老子新解[M].北京：中国文学出版社，1994：80.

② 杨润根.老子新解[M].北京：中国文学出版社，1994：84.

③ 杨润根.老子新解[M].北京：中国文学出版社，1994：86.

说是质料，对于泥土来说又是形式。这是唯物主义观点，并且有辩证法的因素。但是他认定"形式"是积极的、能动的、决定的因素，"形式"是事物的本质，形式决定质料，最后推断出"纯质料"、"纯形式"，并说"纯形式"是"不动的推动者"，即是神，又陷入了唯心主义、神秘主义和形而上学。

对十一章的"有、无"，还有一些注者从"道性"的角度去阐释。

王强在《老子（道德经）新研》一书中，明确地说："以'无'为'空虚之处'，似未得甚解"。他认为"无"不是"空"，"无"是不可见而"以为空"。他论证说：

"无"与"有"，皆为道性，如一章所言，"此两者，同出而异名，同谓之玄，玄之又玄，众妙之门"……基于此来读本章，那么没有轮就没有车，没有土则没有陶器，没有门窗则不成屋。而人在车、器、屋面前，只关注车、器、屋给人带来的便利，并不太注意使这诸物成为物的轮、土、门窗。老子以此设喻，说"道"是隐着的，是无形的，是常让人忽略的，但它的规约性并非不在。人在"有之利"中可悟"无之用"（规约性）。盖无无形之"用"，则无有形之"利"；无有形之"利"，则不得窥无形之"用"。故"有"、"无"为一体的两个方面，无无"有"之"无"，亦无无"无"之"有"。①

杨中有在《天下人的大道——〈老子〉新思考》一书中，对十一章的阐释也有类似的见解。他说：

宇宙是多元网络系统，包括两大存在，即"无"与"有"。按本章"故有之以为利，无之以为用"的意义来讲，"无"与"有"可理解为无形的存在和有形的存在，有形的存在是指星球、星系和星球上的附属物，无形的存在是指不可见、不可闻、不可触得的"道"。按照《老子》的哲学思考，"道"是借用有形的存在发挥功用，而星球、星系和万物是为"道"发挥功用提供了条件。②

不难看出，王强说"'无'与'有'皆为道性"，杨中有说"无形的存在是指不可见、不可闻、不可触得的'道'"，他们都是把十一章的"有"、"无"与一章老子谈"道"所说的"有"、"无"，视为同一概念的"有"、"无"。这是解读《老子》"有"、"无"时很容易发生的一种混淆。

我们知道，《老子》一书中，论及"有"、"无"这对范畴的，共有4章，即一章、二章、十一章、四十章。

在一章中，《老子》提到：

无名天地之始，有名万物之母。故常无，欲以观其妙；常有，欲以观其徼。此两者，同出而异名，同谓之"玄"。玄之又玄，众妙之门。

在二章中，《老子》提到：

有无相生，难易相成，长短相形，高下相盈，音声相和，前后相随，恒也。

在四十章中，《老子》提到：

天下万物生于"有"，"有"生于"无"。

对于这4章涉及的"有、无"，现在已有几位注家指出，不宜视为等同的概念，应加以明确的区别。

冯达甫注解十一章的"有、无"说：

有和无的对立，即实物和空虚处的对立。这是物质世界内部两种不同形态的对立，也就是物质的间断形态和连续形态的对立。必须有这种不同形态的对立，物质世界里，才能各自

①王强．老子"道德经"新研[M]．北京：昆仑出版社，2002：115.

②杨中有．天下人的大道——《老子》新思考[M]．郑州：海燕出版社，2005：45.

① 冯达甫. 老子释注[M]. 上海：上海古籍出版社，1991：25.

② 刘康德. 老子直解[M]. 上海：复旦大学出版社，1997：41.

③ 严敏.《老子》辨析及启示[M]. 成都：巴蜀书社，2003：31.

④ 严敏.《老子》辨析及启示[M]. 成都：巴蜀书社，2003：331.

⑤ 陈鼓应. 老子注释及评介[M]. 北京：中华书局，1984：105.

发挥其作用。如果有轮无毂，如何转动；有器不空，成什么器；有房无门窗，如何住用。所以有和无不能分离而独存。

实体是具象的物，空虚处起作用，这是有和无的辩证的统一，是二章"有无相生"的具体说明，与一章从自然规律论述的有无不同。常人但知崇有，不解贵无，或偏在贵无，轻其崇有，都未解得"为利""为用"之意。①

冯达甫在这里对十一章的"有、无"作了很准确、很规范的解说，把十一章的"有、无"与二章的"有、无"相关联，视为二章"'有无相生'的具体说明"。明确指出"与一章从自然规律论述的有无不同"，这是很有见地的。

刘康德对十一章"有、无"的注解，也明确说：

在这里，老子实体性质的"有"、"无"不同于《老子》其他篇章中出现的本体论意义上的"有"、"无"；同样，这里的"无"也并非"无"（没有），而是指"空处"，如徐梵澄《老子臆解》说："此无，皆所谓空处"。②

刘康德在这里区分了"实体性质"的"有"、"无"和"本体论意义"上的"有"、"无"，与冯达甫的看法是一致的。

严敏对十一章的注释，也明确主张区分不同概念的"有、无"。他说：

此处（指十一章）的有、无不同于第一章的有、无，那是讲述宇宙创始，万物产生，具有专门哲学意义的有、无。此处的"有"是从车轮、车轴、辐条、器皿、门窗、墙壁等实有的存在抽象出来的，而"无"是从上述被隔离出来的空间，也就是俗称没有东西（物）的空间抽象出来的（不考虑看不见的空气中所含氧、氮、二氧化碳、水蒸气、一氧化碳的分子及电磁波等物质）。③

他认为《老子》一章、四十章所说的"有"，"是指实有、实有之物，是万物之母"，就是"现代物理学所说的基本粒子，它们可构成原子、分子、细胞的组成，从而能构成宏观世界的万物"。他认为"这里的'无'是指无形无象，人的感官不能知觉的存在，即非经验实在的存在，而不是指什么都没有的虚无。这个'无'包含了能量、信息、暗物质、宇宙万物演化发展的机制等等。这个'有'与'无'都是'道'的存在形式"。④

严敏在这里是联系到现代物理学来认知一章、四十章的"有、无"，也认为应该与二章、十一章的"有、无"加以区别。

特别值得注意的是，陈鼓应在《老子注释及评介》一书中，提出了区分"现象界"和"超现象界"的"有、无"。他在注释十一章时说：

本章所说的"有""无"是就现象界而言的，第一章上所说的"有""无"是就超现象界、本体界而言，这是两个不同的层次。它们符号形式虽然相同，而意义内容都不一。"有""无"是老子专设的名词，用来指称形而上的"道"向下落实而产生天地万物时的一个活动过程。这里所说的"有"就是指实物，老子说明实物只有当它和"无"（中空的地方）配合时才能产生用处。老子的目的，不仅在于引导人的注意力不再拘着于现实中所见的具体形象，更在于说明事物在对待关系中相互补充、相互发挥。⑤

陈鼓应在书中明确地区分了二章、十一章的"有、无"和一章、四十章的"有、无"，并且给两种"有、无"界定了准确的概念。他称前者为"现象界的'有''无'"，称后者为"超现象界的'有''无'"。他的这个区分是清晰的，命名也非常准确、易懂。这可以说是对于《老子》

"有、无"关键词的注说的重大推进。从这里，我们可以确信从河上公、王弼以来，对十一章注释"'无'谓空处"的正确。超现象界的"有、无"，是看不见、摸不着的。而在现象界中，"有"的实体和"无"的虚空，是看得见、摸得着的。在现象界的器物层面，"有"与"无"是交织在一起的，看见了"有"的实体，也就看见了"无"的虚空。凡是把十一章的"无"理解为"道性的"、"无形的"、"不可见的"，说它是"事物的本质"，说它是"普遍无限的存在形式"，都是没有把握住十一章的"有、无"是现象界的"有、无"，而把它当作超现象界去理解。明确区分现象界和超现象界"有、无"，可以避免这样的混淆。《老子》二章提出"有无相生"的命题，四十章提出"有生于无"的命题。既然是"有无相生"，为什么又是"有生于无"？原来，"有无相生"是现象界"有、无"的命题，"有生于无"是超现象界"有、无"的命题，区分了两种不同层面的"有、无"，这个矛盾也就迎刃而解了。

明确了"现象界"和"超现象界"的不同"有、无"，也有助于我们准确认识十一章的"有、无"有没有主次之分的问题。在超现象界层面，《老子》说"天下万物生于'有'，'有'生于'无'"。老子哲学确是崇无、贵无、以无为本的，把"无"视为天地之起源，万物之宗主，宇宙之本体。在现象界的层面，《老子》说："有无相生"，说"有之以为利，无之以为用"，老子哲学在这里是"有、无"并重，并没有崇无。但是，当注家没有清醒地区分两种不同层面的"有、无"时，往往会误以为对现象界层面的"有、无"，老子哲学也是崇无的。

冯友兰有一段常被引用的话，他说：

> 老子所说的"道"，是"有"与"无"的统一，因此它虽然是以"无"为主，但也不轻视"有"，它实在也很重视"有"，不过不把它放在第一位就是了。……老子作出结论说"有之以为利，无之以为用"，它把"无"作为主要的对立面。老子认为碗、茶盅、房子等是"有"和"无"的辩证的统一，这是对的；但是认为"无"是主要对立面，这就错了。毕竟是有了碗、茶盅、房子等，其中空的地方才能发挥作用。如果本来没有茶盅、碗、房子等，自然也就没有中空的地方，任何作用都没有了。①

任继愈也有类似的看法。他说：

> 老子把有和无的关系，完全颠倒了。老子只看到房屋住人的地方是空虚的部分，器皿盛水的地方是空虚的部分，车轮转动的部位全靠在轮中间空洞的地方。由此，老子认为对一切事物起决定作用的是"无"，而不是"有"。这里，老子忘记了，如果没有车子的辐和毂、没有陶土、没有房子的砖瓦墙壁这些具体的"有"，那些空虚的部分又从哪里来？又怎能有车、器、房子的用处？老子把"无"作为第一性的东西，把"有"作为第二性的，因而是错的。②

冯友兰、任继愈在这里正确地解说了"有"与"无"的辩证统一。但是他们说老子是"以'无'为主"，"把'无'作为主要对立面"，"把'无'作为第一性的东西"，这种理解，就是把老子哲学对超现象界的"崇无"，误以为对现象界也同样是"崇无"。

应该说，在十一章中，老子的行文的确强调了"无"的作用。这是老子意识到，人们往往以为"有有用于人，无无用于人"（高亨语），只看到"有"的作用，而看不到"无"的作用，因而列举出三例，连续用了3个"当其无"，来强调说明有了空虚的"无"，才有车、器、屋的

①哲学研究编辑部.老子哲学讨论集[M].北京：中华书局，1959：117.

②任继愈.老子新译（修订本）[M].上海：上海古籍出版社，1985：82.

① [宋]范应元. 老子道德经古本集注 // 老子（上）：四部要籍注疏丛刊. 北京：中华书局，1998：595.

② [宋]彭耜. 道德真经集解 // 老子（上）：四部要籍注疏丛刊. 北京：中华书局，1998：367.

③ 礼记卷十. 儒行第四十一

④ 陈浩注. 礼记集说[M]. 上海：上海古籍出版社，1987：321.

⑤ [西汉]刘安. 淮南子·说林训卷十七.（刘致平在《中国建筑类型与结构》一书中，曾引用《淮南子·说林训》中的这句话，写作"十牖毕开，不若一户之明"。此句行文甚好，似非字误，疑出自《淮南子》的其他版本，待查。）

⑥ [西汉]刘安. 淮南子·说山训卷十六

⑦ 礼记卷八. 丧大记第二十二

作用。但是，提醒人们注意"无"的作用，并不等于说是以"无"为主，并不等于把"无"作为第一性。因为老子总结性的一句话，"有之以为利，无之以为用"，明明白白地表达的是，"有"需要"无"的协同作用，并没有说主要靠"无"起决定性的作用。

在这一点上，河上公注本命名十一章为"无用第十一"，这并不意味着河上公认为老子主张"以'无'为主"。河上公的注文并没有得出"无"是主要对立面的认识。应该是河上公领会到老子在这一章旨在特别提醒人们注意"无"的作用，因而选用这样的命名，这是无可厚非的。同样的，在这一点上，王弼注本说："言无者，有之所以为利，皆赖无以为用也"。这里的这个"赖"字，应该理解指的是"都有赖'无'的协同作用"，而不是说"完全靠'无'起决定性的作用"。因此，我们可以说，任继愈在1956年出版的《老子今译》中所作的解释："'有'所给人的便利，[只有]当它跟'无'配合时才发挥出它应起的作用"，是很准确的解读；而在1985年的《老子新译》修订本中，把它更改成"'有'所给人的便利，[只有]完全靠'无'起着决定性的作用"，反而是倒退的误解。

认识现象界"有"与"无"的辩证统一，认识老子哲学对现象界"有、无"并没有轻"有"重"无"，这一点是很重要的。这是我们后一章展开对建筑"有"与"无"的辩证统一的论述的重要前提。

四　释"凿户牖"

《老子》十一章所列车、器、室三例中，诸多注家对"有车之用"、"有器之用"的注说都比较一致，而对"凿户牖以为室，当其无，有室之用"的解释，却有颇多差异。恰恰这句话涉及我们最关心的建筑，因此有必要对它作一番认真的解读。

在"凿户牖"句中，首先需要弄明白的，自然是"户牖"二字。

《说文》曰："半门曰户"。《尔雅·释宫》曰："户，护也，半门曰户"。古人对"户"的解释很明确，"户"就是"半门"。我们看甲骨文的"门"字和"户"字，"户"正是"门"的一半，就是单扇门的形象（图1-4-1）。这种单扇门的"户"，不是用作宅院的大门，而是用作房室的房门、室门。

"牖"是什么？有的注家说："交木为牖"①；有的注家说："门傍窗谓之牖"。②说得都不够周全。《礼记·儒行》用"筚门圭窬，蓬户瓮牖"形容简陋的门窗。③前人注疏曰："瓮牖者，谓牖窗圆如瓮口也。又云：以败瓮口为牖"。④瓮牖可能指圆窗状如瓮口，也可能指用破瓮口做窗，很明显，"牖"就是今天所说的"窗"。《淮南子》上有两句提到"牖"的话很重要，一句是：

　　百星之明，不如一月之光；十牖之开，不如一户之明。⑤

另一句是：

　　受光于隙照一隅，受光于牖照北壁，受光于户照室中无遗物。⑥

这两句话告诉我们：牖是一种小窗，是可以开关的，常设于室屋的南墙。其实，牖不一定都开在南墙上，也有北墙的牖。《礼记·丧大记》提到人生病时应该卧于北墙下。⑦牖也未必很小，孔子有一次看望他的生病学生伯牛，孔子

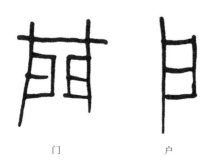

图1-4-1　甲骨文中的"门"字和"户"字

能够伸手从牖里握住伯牛的手,并通过牖与伯牛对话,这牖就不是很小。① 我们现在从汉明器陶屋、陶楼上还可以看到"牖"。山东高唐出土陶楼,二楼、三楼、四楼墙上开的方窗,应该就是一种方形的牖,这种牖正是"交木为牖"的活生生形象(图1-4-2)。

"户牖"连用,就是指"门窗",这是极明确的。除极个别注家外,几乎所有的注家都明确注说"户牖"即"门窗"。但是,虽然认定"户牖"即"门窗",各个注家对"凿户牖以为室",却有不同的解释,大体上有以下3种情况:

1. 把"凿户牖"准确地释为"开凿门窗",但没有解释门窗为什么是"开凿"出来的。

先看河上公的注说。河上公对"凿户牖以为室"只注了4字:"谓作屋室"。这个注说过于笼统。接下来他对"当其无,有室之用"注曰:"言户牖空虚,人得以出入观视;室中空虚,人得以居处,是其用"。他的"室中空虚"注说,涉及另一个问题,留待下节另论。从他解说"户牖空虚"来看,可知他是认定"凿户牖"就是"开凿门窗",并以"出入观视"四字简约地概括了"户牖空虚"的作用。值得注意的是,河上公对"户牖"二字未加注解,并且直说"户牖空虚"。这告诉我们,在西汉时期,"户牖"就像我们今天说"门窗"一样,是日常用语,是用不着注解的。河上公也没有注解"凿"字,使人相信"凿户牖"这个现象,在西汉时期是司空见惯的,也是用不着注解的。

王弼注本,对"凿户牖"句没有单独注解。但他在注"有之以为利,无之以为用"时,综合提到:"木、埴、壁所以成三者而皆以无为用也"。这里,王弼用了"壁"字,表明他指的是墙壁上的门窗空虚的"以无为用",也就意味着他把"凿户牖"解读为"开凿门窗"。

从河上公、王弼之后,继续有一部分注家明确阐明户牖空虚之用。

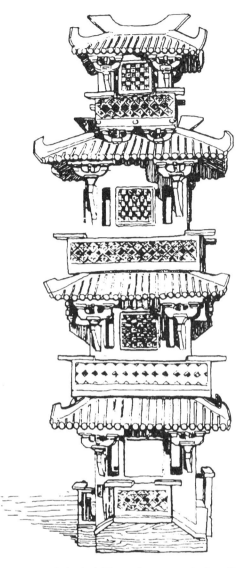

图1-4-2 山东高唐出土汉明器
引自傅熹年. 中国科学技术史·建筑卷. 北京:科学出版社,2008.

南宋注家赵实庵说:"户以开闭为功,牖以实明为用,户牖不凿,堂室奚存"②;

元初注家吴澄说:"车以转轴为用,器以容物为用,室以出入通明为用,皆在于空虚无碍之处"③;

清代注家徐大椿在收入四库全书的《道德经注》中说:"户牖为室之空处,凿之乃可出入通明,以为居也"④;

现代注家蒋锡昌说:"谓当壁中有虚空之处,故可资以出入而有室之用也"⑤。

这些注家都准确地解读了"凿户牖"所取得的"门窗空虚"及其"出入通明"之用,可惜的是,他们好像都不经意地绕过了"凿"字,都没有对"凿"字作出恰当的注解,为我们解读这段文字留下了盲点。

① 参见《论语·雍也》. 详见本书第四章第一节"追溯'伯牛'宅屋"

② 转引自道德真经集义大旨 // 老子(上):四部要籍注疏丛刊. 北京:中华书局,1998:1032.

③ [元]吴澄. 道德真经注 // 老子(下):四部要籍注疏丛刊. 北京:中华书局,1998:1432.

④ [清]徐大椿. 钦定四库全书·道德经注 // 老子(下):四部要籍注疏丛刊. 北京:中华书局,1998:1383.

⑤ 蒋锡昌. 老子校诂[M]. 北京:商务印书馆,1937:65.

2. 注意到"凿"字，但把"凿户牖"与凿穴居、凿窑洞相混淆，将"凿户牖"误解为凿穴室，或是凿窑洞之户牖。

唐代注家李约注说："当营窟之时，则斩陵阜而为室，凿户以出入，开牖以通明，人得居中……"①

另一位唐代注家杜光庭说："未有居室，陶其土而覆之，陶其壤而穴之"。②

北宋注家陈景元注说："古者穴处，谓穿凿穴中之土，以覆其上，为户牖居室也。取其室中空无之处，故人有安存出入之用也"。③

南宋注家邵若愚、元代注家喻清中，也都是这样的注说。④现代注家中仍有继续这样的注解。

罗尚贤在《老子通解》中，对"凿户牖"全句解译说："开凿窑洞用来做房屋，恰当地对待它的无和有，这就产生房屋住人的作用"。⑤这是最直白地把"凿户牖"误读为"开凿窑洞"。沈善增说："从'凿户牖以为室'看，也许中华民族凿窑洞、盖土坯房的历史非常早"。⑥兰喜并也说："当我们按一定的形式在崖上凿出门窗，那么，崖便有了室的形式，有了室的功用。这些形式和功用都来自'无'。……土崖的质料与户牖的形式相称，使土崖具有了室的功用"。⑦在这些字里行间，可以看出沈善增、兰喜并也都是把"凿户牖"误解为凿窑洞的洞室或凿窑洞的户牖。

3. 把"凿户牖"理解为用凿子在木头上打孔，推衍为用木材建造房屋的全部工作。

这是一种另类的解读。杨润根在《老子新解》中说：

凿：用凿子在木头上打孔，这里泛指木匠用木材建造房屋的全部工作。……

凿户牖：这里的意思不是用木材造门窗，而是指用木材建造房屋的全部工作，它是一种以部分代整体、指一斑以代全豹的表达方式，从这种表达方式中，人们可以发现古人思想中存在着的部分与整体不可分的认识。⑧

杨润根正是根据这样的理解，对"当其无，有室之用"作出我们在上节引述过的那样繁冗的译解。

从以上情况看，对于"凿户牖"句的解读，光读懂"户牖"二字还不行，还有必要认真地追索求解这个"凿"字。必须弄清老子为什么要用这个"凿"字？弄清门窗为什么不是安装到墙上去，而是凿出来的？这的确是个恼人的难题。这个问题曾经困惑我很多年。

大约是1977年，我到陕西出差。我乘坐长途汽车，当汽车开到临近咸阳时，车在公路旁停下来，让旅客去路旁上厕所。这里毗连地排列在路旁的一栋栋厕所是农民自建的，既方便过往旅客，又起到积肥的作用。我们刚下车，我就看见公路旁边，挨着厕所正在建造一座"干打垒"的房子。这房子和已建成的厕所一样，长方形的平面，四面外墙都是干打垒的版筑土墙。土墙已经夯筑到顶，四面土墙都是全封闭的实墙，几位农民正在版筑墙上开凿洞口。我心里猛地一震，赶紧问凿洞农民："这是盖什么房子？"农民说："盖厕所"。我又问："墙上凿什么洞？"农民说："凿门洞、窗洞"。我一下子明白了，我看到了老子说的两千五百年前"凿户牖"的活生生场景！非常遗憾的是，当时手边没有相机，没能拍下这个珍贵的"建筑活化石"镜头。我也没有意识到以后我会写涉及"凿户牖"的文章，没有专程深入到陕西乡间去调研，这个"凿户牖"的现代版就这样失之交臂了。

目睹了活化石的"凿户牖"场面，我这才恍然大悟，在老子生活的时代，宅屋外墙运用版筑正是盛行的做法。对于小型的版筑房屋，门洞、窗洞面积不大，窗间墙很窄，当时的施

---

① [唐]李约. 道德真经注 // 老子（上）：四部要籍注疏丛刊. 北京：中华书局, 1998：215.

② [唐]杜光庭. 道德真经广圣义疏 // 老子（上）：四部要籍注疏丛刊. 北京：中华书局, 1988：1027.

③ 见[宋]彭耜纂集. 道德真经集注 // 老子（上）：四部要籍注疏丛刊. 北京：中华书局, 1988：367.

④ 见[元]刘惟永编集. 道德真经集义大旨 // 老子（上）：四部要籍注疏丛刊. 北京：中华书局, 1988：1033、1042.

⑤ 罗尚贤. 老子通解（修订本）[M]. 广州：广东高等教育出版社, 1996：98.

⑥ 沈善增. 老子还真注译[M]. 上海：上海人民出版社, 2005：67.

⑦ 兰喜并. 老子解读[M]. 北京：中华书局, 2005：47-48.

⑧ 杨润根. 老子新解[M]. 北京：中国文学出版社, 1994：81-82.

工程序，是先把墙体用版筑的方法夯成整体的实墙，然后再在实墙上凿出所需的门洞、窗洞。这种小型房屋的墙面，不宜预留出门洞、窗洞后再版筑。因为留出门窗洞口后，就不便于进行门旁窗间墙的夯筑了。只有先夯出整体的实墙面，然后再凿出门洞、窗洞，才能保证版筑墙体的整体性和坚实度。

由此我想，"凿户牖"当是版筑房屋施工的一个必要程序，按说在早期文献中应该会有所反映。果然不出所料，在出土的秦简中，找到了这方面的线索。1975年，湖北省云梦县睡虎地11号墓出土了1100余枚秦简。这批秦简内含有两组《日书》，甲种《日书》166简，乙种《日书》257简，它们大约是在公元前278年至公元前246年这30余年里形成内容并编写成书的。①《日书》是一种用作行事吉凶择日、择方位的书。这两种《日书》共列有60余条小标题，这些小标题涉及土木营造方面的，有"土忌"、"室忌"、"盖忌"、"门忌"等等，其中最让我们感兴趣的，就是还列有"穿户忌"这个小标题。睡虎地秦简乙种《日书》编号196简写道：

穿户忌：毋以丑日穿门户，不见其光。②

这条"穿户忌"，说的是土木营造的禁忌，并非出行归家的禁忌。它不是说"丑日"不能穿行门户，不宜进出房室；而是说"丑日"不宜营造门户。在这里，在表述营造门户的时候，采用了"穿"这个字眼，显然表明门户是"穿凿"出来的。由此可知，凿户牖、穿门户是当时建造版筑民宅极普遍的营造项目，以至于《日书》中为此专列出禁忌条目。

版筑在中国建筑中有持久的生命力，一直到近代、当代，传统民居中仍有"干打垒"的做法。既然陕西民间"干打垒"仍沿袭着"凿户牖"，其他地区的"干打垒"房屋应该也是如此，我们有必要作进一步的考察。

这方面最引人注目的，自然是福建土楼。土楼的外墙全是版筑的，而且建得很高。它的门窗是怎样做出来的呢？很可惜，有关土楼的论著虽然不少，多数都没有触及这个问题，幸好能查到三篇文献，为我们提供了有关土楼凿窗的重要信息。

第一篇是曹春平写的《客家土楼的夯筑技术》一文，他说：

在夯土墙上开窗，则在夯筑时先预埋木过梁和窗框，待房间使用时再挖出窗洞。有些土楼、土堡在墙体上设有防御性的枪眼、射击孔，也多用石材凿成枪管或用竹筒埋砌入墙内……这样既保证了开口的坚固与美观，又减少了墙体夯筑作业中的复杂程度。③

由此知道福建土楼的确存在着"凿户牖"现象，在夯筑土墙时，先预埋了过梁和窗框，到房间使用时，才挖出窗洞。

第二篇是林嘉书所著的《土楼与中国传统文化》一书，书中在论述"客家人怎样建造土楼"时说：

许多老泥匠师能将门窗框与门窗排即门窗护棚枕在夯墙时就装上去，在门窗排与门窗框之间预留下缩水的空隙，墙体最后干定时，那预留缝隙正好合拢，不多不少能咬紧门窗框。稍欠些经验，多留或少留空隙都是不行的。所以，初学的泥匠师多半是夯墙完成之后才挖洞、装框的。④

这段表述让我们知道，版筑墙上开门窗，也可以先装上门窗框，但要准确地预留下土墙缩水的缝隙，这只有很有经验的老匠师才做得到，初学的匠师多半用的还是夯墙完成后的"凿户牖"方法。我们由此知道，版筑墙之所以要先筑墙、后凿洞，既是便于版筑、有利墙体整体

① 见刘乐贤. 睡虎地秦简日书的内容、性质及相关问题[J]. 中国社会科学院研究生院学报，1993（1）
② 转引自晏昌贵，杨莉. 楚秦《日书》所见的居住习俗[J]. 民俗研究，2002（2）
③ 曹春平. 客家土楼的夯土技术[J]. 建筑史论文集，第14辑.
④ 林嘉书. 土楼与中国传统文化[M]. 上海：上海人民出版社，1995：196.

① 黄汉民. 福建土楼——中国传统民居的瑰宝[M]. 北京：三联书店，2003：174.
② 黄汉民. 客家土楼民居[M]. 福州：福建教育出版社，1995：131.
③ 罗哲文，李敏. 神州瑰宝[M]. 北京：中国建筑工业出版社，2009：252.

性的需要，也是土墙干后收缩，预埋门窗框难以准确把握留隙之故。

第三篇是黄汉民所著《福建土楼——中国传统民居的瑰宝》一书，书中提到：

> 土楼外墙上的木门窗，在夯筑时都要预埋木过梁，完工时窗洞只是先挖小洞供通风采光，待墙体干透后才挖开到要求的尺寸，并安装窗框。一些不马上使用的房间，暂时不挖窗洞。所以不少土楼先后打开的窗洞大大小小，并非整齐划一，显得格外活泼自由。①

感谢黄汉民先生的详细表述，从这里我们不仅知道土楼是预埋过梁，完工后才凿窗洞；而且得知完工后先挖小洞解决通风采光，墙干透后才挖到所需尺寸，安装窗框；还知道有的房间可以暂时不挖窗洞，由此产生土楼开窗或有或无、或先或后、或大或小的现象。黄汉民在《客家土楼民居》中也曾写道：

> 历经百年风雨形成的斑驳粗糙的墙面，像是客家土楼久经风霜的面孔，墙上大小不一，先后开凿的小窗洞像是它精灵的眼睛，窗洞有的大、有的小、有的高、有的低，有的还粉上白灰的边框，远远望去构图自由，闪烁跳跃，纯朴动人。②

图1-4-3 福建土楼——自由错落的窗户，展现出"凿户牖"的生动景象
引自罗哲文、李敏. 神州瑰宝. 北京：中国建筑工业出版社，2009.

我们从福建土楼的照片中的确感受到这种纯朴的、自由错落的美（图1-4-3）。如今福建土楼已列入世界文化遗产名录，它不仅是"世界上独一无二的山区大型夯土民居建筑，以其神奇的聚落环境、特有的空间形式、绝妙的防卫系统、巧夺天工的建造技术和深邃的土楼文化令世界瞩目"③，而且也是两千五百年前老子说的"凿户牖"的活生生的实存。可以说，福建土楼的门窗施工为"凿户牖"作了最真切的注脚。

从福建土楼活生生的"凿户牖"情景，我们可以深切感受到，"凿户牖"的这个"凿"字，在《老子》十一章中是用得非常准确、非常传神的。在老子的时代，"户牖"是日常用语，"凿户牖"是版筑墙宅屋施工习见的工序。老子说"凿户牖以为室"就如同我们今天说"砌墙体，装门窗"一样，是极普遍的建筑施工现象。我们准确地理解"凿户牖"，也就准确地知道老子在这里说的"无"指的是凿出来的"门窗空虚"。把"凿户牖"理解为凿穴室、窑洞，那是忽略了版筑墙宅屋应有的凿门窗工序，是一种张冠李戴。把"凿户牖"解说成"用木材建造房屋的全部工作"，那更是把原本很实在的事，给弄得玄虚了。

五　河上公·冈仓天心·赖特

弄明白了"凿户牖"，我们知道《老子》十一章中的"有室之用"这句话的译文应该是："（在版筑墙上）开凿门窗，有了门窗空虚的出入通明，才有房屋起居的作用。"这里的"有"指的是墙壁的实体，这里的"无"指的是门窗的空虚。这是对"有室之用"这句话从字面上的准确注解。但是在历代注本和当代注本中，严格按这种准确注解去注说的并不多，大多数注家都是在注说"门窗空虚"之后，又添加注说"室中空虚",成了双重空虚注说;也有注家干脆不理睬凿的是户牖,根本不提"门窗空虚",而只注说"室中空虚",成了替换空虚注说。添加室中空虚的现象在河上公注本中即已出现。河上公对"当其无,有室之用"注曰:"言户牖空虚,人得以出入观视;室中空虚,人得以居处,是其用"。这是现在所知最早提到"室中空虚"的注说。十一章中并没有表述室中空虚的文字,添加上"室中空虚,人得以居处"这句话,作为对"当其无,有室之用"的注解,应该说是不准确、不严密的。但是作为注家的解读心得,则应该说是非常精彩的,影响深远的。

我们知道,提起建筑的"有"与"无",人们自然首先想到的是由地面、墙体、屋顶所构成的建筑实体的"有",和内部房间所构成的建筑空间的"无",这是建筑中最核心、最基本的"有"和"无"。不论是注家或是读者,都是阅读《老子》文本的接受者,都会带着自己的认识、理念去阅读《老子》,这样就很自然地会从接受者的角度去认知文本,很容易认为老子这里所说的"当其无,有室之用",指的就是这个"有"与"无"。但是,《老子》十一章原文的确说的是墙体实体的"有"和门窗洞孔的"无",没有说四壁墙体的"有"和内部空间的"无"。从这一点看,好像老子不以"室中空虚"为喻,而以"户牖空虚"为喻,说得有些不到位。其实,十一章只是字面上没有点出"室中空虚"之"无",而实质上已蕴涵有这个潜台词。因为老子说了"当其无,有器之用",举一可以反三,"室"就是放大的"器",两者的"有"与"无"的关系是一样的。何况老子还进一步总结说:"有之以为利,无之以为用"。这话是高度概括地适用于所有的器物,自然也涵盖着建筑实体的"有"与建筑空间的"无"在内。

难得的是,到了河上公注本,就出现了"室中空虚,人得以居处"的精辟解读。如果说我们在十一章中,遗憾地没有见到老子直说建筑空间"有、无"的文字,那么,在河上公的解读中,很快就得到了弥补。这是这位冒名"河上公"的伪托者,在两千年前发出的一种联想、一种推衍、一种阐发、一种心得延伸。我们不妨把这种阐发"室中空虚"的联想,称之为"河上公联想"。

我们不能低估、忽视"河上公联想"的意义,它意味着基于《老子》的哲学认识和空间理念,在老子关于器物"有、无"哲理开导下,"河上公联想"已经把建筑中的"有"、"无",从认识"户牖空虚"的"无",升华到认识"室中空虚",即建筑空间的"无"。要知道,在西方直到18世纪以前,还没有在建筑论文中用过空间这个词。这是"河上公联想"对建筑中的"无"的认识的重要推进。从这以后,历代注家直到现代注家,对于"当其无,有室之用"的注说,都充满着"河上公联想"现象:

初唐注家成玄英说:"穿凿户牖以为室,屋室中空无,故得居处"。①

唐代注家杜光庭说:"巢穴之中取其空而可居,今宫室所制亦取其中空而居之,故云'当其无,有室之用'"。②

宋代注家范应元说:"器中虚通,则能容受;室中虚通,则能居处;是当其无处,乃有器与室之用也"。③

宋代注家谢图南说:"室以中虚故可居,户以中虚故可由"。④

现代注家继续延伸着"河上公联想",高亨说:"无谓室之空处,有谓室之实体,言室之用在其空处与实体也"。⑤

许啸天说:"只因屋子里面是空的,所以能住人,能得到屋子的效用"。⑥

在《老子解读》中,孙以楷也说:"开凿门窗做成居室,正当门窗及室内空无的地方,有居室的作用"。⑦

① [唐]成玄英. 道德经义疏 // 老子(上):四部要籍注疏丛刊. 北京:中华书局,1988:158.

② [唐]杜光庭. 道德真经广圣义疏 // 老子(上):四部要籍注疏丛刊. 北京:中华书局,1988:1027.

③ [宋]范应元. 老子道德经古本集注 // 老子(上):四部要籍注疏丛刊. 北京:中华书局,1988:595.

④ 见[元]刘惟永编集. 道德真经集义大旨 // 老子(上):四部要籍注疏丛刊. 北京:中华书局,1988:1039.

⑤ 高亨. 老子正诂[M]. 上海:开明书店,1943:26.

⑥ 许啸天. 老子道德经[M]. 北京:中国书店(据群学社1930年版影印),1988:65.

⑦ 孙以楷. 老子解读[M]. 合肥:黄山书社,2003.

① 任继愈. 老子今译[M]. 北京：北京古籍出版社, 1956：8.

② 陈鼓应. 老子注释及评介[M]. 北京：中华书局, 1984：105.

③ [日]藤田一美. 代序, 致中国读者[M]//[日]冈仓天心. 茶话. 张唤民译. 天津：百花文艺出版社, 2003：008.

值得注意的是，前面全文引录的任继愈十一章译文中，对"当其无，有室之用"句的译解是："开凿门窗造房屋，有了门窗四壁中间的空隙，才有房屋的作用"。① 这里所用的"门窗四壁中空"的提法，是一种广泛盛行的译解。林语堂在《老子的智慧》中，陈鼓应在《老子注释及评介》中，徐兴东、周长秋在《道德经释义》中，刘康德在《老子直解》中，都是这么译的。"门窗四壁中空"这个说法是很含混的。它可以有两种解释：一种是说四面墙壁上都有门窗的空虚；另一种是说门窗空虚，加上四面墙壁包围的室内空虚。陈鼓应在他的书中接着说："室屋如果没有四壁门窗中空的地方可以出入通明，就无法居住"。② 由此知道他说的是前一种情况。其实在这种情况下，不必添加"四壁"两字，因为房屋未必"四壁"都设门窗。多数注家用"门窗四壁中空"，应该都是指的后一种。这种注说当是由于注家不了解"凿户牖"的准确含义，就含而糊之地用模糊的语言，把"室中空虚"悄悄地融入到解译中，实质上是"河上公联想"的现代版。这种模糊用语颇受当代注家认同，几乎成为通行的注说。

有趣的是，《老子》哲学关于建筑"有"、"无"的哲理，在国外的传播中，同样也呈现出"河上公联想"现象。

我们都知道，美国现代建筑大师弗兰克·劳埃德·赖特（Frank Lloyd Wright 1867—1959年）是很崇尚老子哲学的。在他接触老子关于建筑"有、无"理念的过程中，日本的冈仓天心起到了中介作用。这里我们先从冈仓天心说起。

冈仓天心（1862—1913年）比赖特大5岁。他是日本明治时代最早研究东方艺术的学者。他出生在日本最早开埠的横滨，7岁进入外国人最早在横滨开办的英语学校学习英语，16岁成为日本第一所近代高等学府——东京大学的第一届学生。他是日本近代国粹主义的代表人物之一，致力于日本和东方艺术的再发现、再评论。他先后游历考察西欧、中国、印度，有宽阔的文化视野。1889年创设东京美术学校。1904年应邀赴美，出任波士顿美术馆东方部主任。他用英文写作了《东方的理想》、《日本的觉醒》和《说茶》三本书。其中影响到赖特接触《老子》"有、无"哲理的是《说茶》这本书。

《说茶》（英文书名：THE BOOK OF TEA，日文书名《茶の本》）是冈仓天心在波士顿美术馆任东方部主任期间，在纽约出版的。这本书是通过讲述茶道的产生、流传、仪式及其所反映的哲学思想，来解释日本和东方的生活艺术和审美意识。

按说，这么一本讲日本"茶道"的书，与我们这里要讨论的建筑"有、无"哲理是风马牛不相干的。其实不然。这书出版在20世纪初期，正是所谓"欧风美雨"席卷苦难的亚洲大地的时代，是强势的西方文化向弱势的东方文化传播势头特别挺劲的年代。冈仓天心是在这样的局势下，以他广阔的文化视野和国粹主义意识，逆西学东输的浪潮，向西方传播东方的文化，被誉为"向世界诉说东方"。2003年百花文艺出版社出版的新译本《说茶》中，有日本东京大学教授藤田一美写的一篇代序，序中说：

> 《茶之书》的意义之一是，由受"西方的冲击"而开始的近代日本的一个觉醒了的知识分子重新发现了东方的价值。其次，此书与他的其他两部著作一样，是用英语写成的，是针对只知道"施与"，不知道"接受"的西方而写的。也就是说，它最早地实行了从文化的"接受"向文化的"施与"的转换。③

《说茶》书中有向西方读者介绍"道和禅"

的章节，提到"向世界诉说东方"、"从文化的'接受'向文化的'施与'的转换"的高度来看待这本书，对于它如何向西方传播老子哲学，自然就值得我们关注了。

在《说茶》第三章"道和禅"中，冈仓天心用不长的篇幅泛谈老子和道教。难得的是，在讲到老子哲学时，他恰好谈的是《老子》十一章说的"有"和"无"的哲理。他写道：

> 在个体这个概念中，整体这一概念永存。老子用他的"虚"这一得意的隐喻说明了这个道理。他认为真正的实在存在于虚之中。例如，房子的实在即在由屋顶和墙壁围成的空间之中，它既不存在于屋顶之中，也不存在于墙壁之中。水罐的用处在于它有可以盛水的空虚，而不在于水罐的形式或制作水罐的材料。虚可以容纳一切，因此它是万能的。只在虚之中，运动才有可能。一个人只有使自己空虚，其他东西才能自由地进入这空虚之中，这个人也才能成为一切场合的主宰。全体永远能够支配部分。①

在这里，我们看到一位早期向西方传输东方文化的日本学者，在他用简短的篇幅介绍老子哲学时，居然集中表达的是老子关于器物"有、无"的哲理。由此可见，冈仓天心对老子论器物虚实哲理的高度推崇和分外重视。有意思的是，冈仓天心并没有传播《老子》十一章的全文，而是按他自己的领会，用他自己的语言来表述老子的哲理。他把"当其无，有室之用"转述为"屋子的实在即在由屋顶和墙壁围合成的空间之中，它既不存在于屋顶之中，也不存在于墙壁之中"。这是冈仓天心的解读心得，这种把"无"理解为"室中空虚"的解读，我们已不陌生，它正是"河上公联想"的延续，是"河上公联想"的海外版。

由于《说茶》是用英语写作的，而且写得颇为幽默、流畅，西方人得以方便地阅读，因而起到了"使东西方相遇成为可能"的重要作用。

我们感兴趣的是，冈仓天心介绍老子哲学的这段话，被赖特看到了。1906年，是英文版《说茶》在美国出版的一年，正是在这一年的前后，赖特首次到日本旅游，1913年又专程赴日考察日本的文化，并承接建筑设计，在日本住了五六年。②赖特的旅居日本，自然引发他对介绍东方文化书籍的关注，自然会促使他读到冈仓天心用英文写作的《说茶》。

怎么知道赖特读过《说茶》，并从中接触到老子关于建筑"有、无"的名言呢？这涉及一位赖特的学生、长期在赖特身边工作的华裔建筑师周仪先生。

我们都知道，汪坦先生是赖特的入门弟子。其实赖特还有另一位华裔弟子，那就是周仪先。周仪先和汪坦是中央大学建筑系的同班同学，周仪先先于汪坦进入赖特的塔里埃森学习、工作，改名为林白。③他在塔里埃森建筑学校任教了很长时间，对赖特思想与老子哲学的关联问题，可算是权威的知情人。1977年，在纪念赖特诞辰110周年时，周仪先接受美国记者采访，曾谈及老子思想与赖特的密切关系。在1981年4月出版的《建筑师》第6期上，有一篇陈少明写的"老子、莱特与'有机建筑'"文章。这篇文章引录了周仪先对美国记者的这次谈话。这段谈话对我们了解赖特与老子思想的关系，是很重要的文献，现全文引录如下：

> 老子的思想与弗兰克·劳埃德·莱特有很密切的关系。莱特在没有读过老子的书以前，他的思想就和老子有密切符合之处。请看他在西部塔里埃森墙上所写录的老子的名言。老子说：房子的实体不是它的屋顶、它的墙，而是它内部为住而设的空间。

① [日]冈仓天心. 说茶[M]. 张唤民译. 天津：百花文艺出版社，2003：60.

② 王受之. 世界现代建筑史[M]. 北京：中国建筑工业出版社，1999：113.

③ 汪坦口述. 口述的历史：汪坦先生的回忆[J]. 赖德霖记述. 建筑史，第21辑.

① 陈少明. 老子、莱特与"有机建筑"[J]. 建筑师,第6期.

② 陈少明. 老子、莱特与"有机建筑"[J]. 建筑师,第6期:212,注(5).

③ [日]冈仓天心. 说茶[M]. 张唤民译. 天津:百花文艺出版社,2003:60.

在莱特看来这是建筑上最重要的真理,因为自古以来西方建筑师认为重要的东西是墙,是屋顶,柱子,是装饰,而他认为这些东西并不是建筑的实体。实体是这些东西所造成的可以供人居住用的空间。那么柱子、屋顶、墙和装饰有什么用处呢?有用:它们使房屋内部的空间得到保护,使我们能住用,同时使房屋内部的空间有一种美、一种气氛,这样我们才能在用它的同时获得快感。所以这样说起来弗兰克·劳埃德·莱特的感觉与思想与东方哲学家和艺术家有很基本的符合处。这不是表面的符合,所以他的建筑并不曾从东方抄袭皮毛。如果在他的建筑中我们感到与东方风味有相同之处,那是因为他与东方的思想与感觉之符合是很基本、很内在的,而不是皮毛的。①

周仪先的这一段话,是对赖特思想与老子哲学相关联的重要表述。如果我们只看到这段话,还看不出它与冈仓天心有什么关联。幸运的是,《建筑师》第6期的编辑在发表陈少明此文前,特别慎重地请周仪先先生审阅这篇文稿。周仪先认真地作了审阅,并加了"注"。在这段文字中,周仪先针对西塔里埃森墙上写录的老子名言,加注说:"这段录言不是《道德经》里的话,而是日本作者冈仓天心在《茶之本》一书中解释老子思想的话"。②

周仪先的这条"注"是很重要的澄清。在看陈少明文章之前,我朦朦胧胧地听说过,老子《道德经》十一章的名言,曾经成为赖特贴在工作室墙上的座右铭。读了陈少明引用的周仪先对记者的这段谈话,才知道贴在西塔里埃森墙上的老子名言,写的原来是这么一句话。很惊讶,这哪里是老子说的原话?这不是大大走样了吗。看了周仪先的"注",才知道赖特不是直接从英文版《老子》书中引录的,而是从《说茶》中,抄录下来冈仓天心解释老子思想的话。当时我看到这条"注"时,觉得非常有趣,原来赖特正儿八经地用作座右铭的老子名言,却是"冈仓天心语录"。从这个"注",我才知道有冈仓天心和他的《茶之本》这本书,很奇怪赖特为什么会从《茶之本》去抄录老子的建筑名言。

时间一晃过了22年,在2003年的一天,我到北京西单图书大厦去逛书市,偶然地看到了新书《说茶》,一看是冈仓天心所写,我突然想起这就是赖特引录老子名言的《茶之本》,喜出望外地买了。读了《说茶》的新译本,又上网查了冈仓天心,才弄明白这是冈仓天心"向世界诉说东方",演出了赖特从中认知老子的一幕。贴在西塔里埃森墙上的所谓老子名言,的确是冈仓天心解释老子思想的话。只是在陈少明的引文中,这句话的中译文是:"房子的实体不是它的屋顶,它的墙,而是它内部为住而设的空间"。这里有个关键词,"房子的实体"中的"实体"两字,译得不当。在建筑中,屋顶和墙壁正是"实体",属于"有",是与"空间"的"无"相对的。把"实体"两字用在这个场合,变成了"房子的实体不是它的屋顶,它的墙",这在概念上就乱套了。在新译本《说茶》中,这句话译的是:

屋子的实在即在由屋顶和墙壁围成的空间之中,它既不存在于屋顶之中,也不存在于墙壁之中。③

这个关键词译为"实在",看来比译为"实体"要好一些,但也不准确。我现在还没看到《说茶》的英文版、日文版,不知道冈仓天心对这个关键词用的是什么字。按说冈仓天心应该用"屋子的实质"或"屋子的主体"来表述这句话,才确切些。

从冈仓天心到赖特,我们看到,冈仓天心对"当其无,有室之用"的表述完全是"河上公联想"式的阐发。他在这里不是注说《老子》,而是讲述和传播老子哲理。他这样讲虽然很不准确,但确是敏锐地抓住了老子说的器物"有、无"哲理的实质。赖特自然就按冈仓天心的阐发,接受这种经过"河上公联想"转换的,虽有不准确但却是抓住老子思想实质的哲理。不仅如此,如今整个建筑界,包括中国的建筑界和外国的建筑界,在认知老子这句建筑名言时,几乎都不约而同地带上这种"河上公联想"的色彩。梁思成先生说:

> 盖房子是为了满足生产和生活的要求。为此,人们要求一些有掩蔽的适用的空间。二千五百年前老子就懂得这个道理:"当其无,有室之用"。这种内部空间是满足生产和生活要求的一种手段。建筑学就是把各种材料凑拢起来,以取得这空间并适当地安排这空间的技术科学。①

梁先生的这种表述,从字里行间透露出他也是按"室中空虚"来解读"当其无,有室之用"这句话。这个始自河上公联想的解读,几乎成了古今中外《老子》注家和建筑界人士的"集体潜意识"。

六 讲空间关系是从老子开始的

《老子》哲学是中国哲学的源头。《老子》十一章论述器物"有、无"的哲理,涵盖着建筑中的"有、无"哲理,这意味着在中国哲学的初始期就已触及建筑的哲理。老子的"有、无"名言,成了中国的、也是世界的建筑哲理认识的源头之一。2004年在北京举办首届"中国建筑艺术双年展",一位法国的建筑大师鲍赞巴克前来参加。这位鲍赞巴克是被誉为建筑界诺贝尔奖的普利茨克建筑奖的获得者,他的设计事务所是世界知名的建筑事务所,其作品包括巴黎音乐中心、法国新议会大厦、卢森堡交响音乐厅、巴黎左岸城市规划等。当时他承担着北京物流港住宅规划的设计任务。这次来参加北京双年展,他要在会上结合自己设计的作品,诠释空间关系的设计理论。出人意料地,当他见到记者时,特别强调说的一句话是:"讲空间关系是从中国老子首先开始的"。②这句话给记者留下了很深的印象,当时有一位晨报记者李雯为此特地写了一篇题为"世界大师赞美中国老子"的报道。

鲍赞巴克赞美老子的这句话,很值得玩味。他说得很平淡,很实在,乍一听并没有华丽的溢美辞藻,细琢磨却是大有分量的。因为"空间关系"是建筑设计的核心问题,萌生建筑的空间意识、空间理念,是对建筑最基本的,也是最重要的认知。鲍赞巴克把这个认知源头的桂冠戴在2500年前的中国老子头上,确是对老子哲学的高度赞誉。

从周仪先对美国记者所讲的那段话中,我们知道赖特把老子的"有、无"哲学看成是"建筑上最重要的真理"。这句话也可以说是对老子建筑名言极有分量的评价。关于赖特对老子哲学的推崇,还有一个在建筑界盛传的故事,说的是赖特曾对梁思成说,最好的建筑理论(指《老子》"凿户牖"那段话)在中国。《老子》注家孙以楷在《老子通论》中,注释"有、无"哲理时,也引述了这件事,但他未注明此则信息的出处。③这是一件真实的逸事,王其明曾经在"忆梁思成先生教学事例数则"一文中提到这事。④后来在杨永生、王莉慧主编的《建筑史解码人》中,王其明回忆在清华大学营建系上学的日子,讲到梁思成先生创办清华营建系时,也谈到这事。她说:

> 那时梁先生刚从美国回来,在美

① 梁思成文集(四) [M].北京:中国建筑工业出版社,1986:235.
② 李雯.世界大师赞美中国老子[N].北京晨报,2004-02-26.
③ 孙以楷.老子通论[M].合肥:安徽大学出版社,2004:315.
④ 王其明.忆梁思成先生教学事例数则[J].古建园林技术,2001 (3)

①杨永生，王莉慧. 建筑史解码人[M]. 北京：中国建筑工业出版社，2006：151.

②陈少明. 老子、莱特与"有机建筑"[J]. 建筑师，第6期.

③陈少明. 老子、莱特与"有机建筑"[J]. 建筑师，第6期.

时他曾为回国办建筑系拜访过一些美国建筑界的知名人士。在他访问F.L.赖特时，赖特问他"你来美国干什么？来找我干什么？"当他说明是要学习建筑空间理论时，赖特说："你回去，最好的空间理论在中国"，即指《老子道德经》中的"凿户牖以为室，当其无有室之用"那段"有无相因"的哲理。梁先生在与新生第一次谈话中，就讲述了这件事，学生们大受鼓舞。①

我们知道，1946年，梁思成先生作为联合国总部建筑选址委员会的中国代表，赴美工作、讲学，他的确曾拜访赖特。这件逸事是1947年梁先生回国后，在与新生的第一次谈话时说的。王其明恰好是1947年入学的新生，得以聆听梁先生的这一席话。感谢她的深情回忆和真切表述，我们仿佛目睹了赖特与梁先生对话的生动情景，也亲聆了梁先生给营建系新生讲述的生动情景。这件逸事足以说明，赖特对于老子的"空间理论"，的确给予了高度的赞誉和评价；梁思成先生对赖特如此崇誉老子哲学，欣喜之情也充分地溢于言表。

我自己一直有个印象，记得梁思成先生还曾经说过，美国有一位学建筑的博士生，以《老子》的"当其无，有室之用"写了一篇博士学位论文，获得了哲学博士学位。我早年上讲台给学生讲《中国建筑史》，讲到老子这句名言时，都特地讲了梁先生说的这件事。但是，经过"文革"中断了多年教学之后，当我再讲课时，再也没提这事了。因为隔的日子长了，我竟记不清这件事是怎么听来的了。也许是梁先生在某个场合或某个会上讲的，也许是听某位中建史的前辈或师兄转述的，总之忘得一干二净，就不好再讲了。但我相信梁先生真的说过这事，不然我不会无中生有地形成这样的印象。现在我写起《老子》论"有、无"，不由地想起那位美国的博士，要知道他当年写了什么，那该多有意思。

我们再回头看周仪先对美国记者的那段谈话。这段谈话中有一点很值得注意，就是周仪先对赖特与老子思想的关系，表述得很谨慎、很得体。他没有说赖特如何受老子哲学的影响，而是一再强调赖特思想与老子哲学有"符合之处"。他说："莱特在没有读过老子的书以前，他的思想就和老子有密切符合之处"。这样说是比较确切的。赖特的确很崇尚老子哲学。他在《遗言》一书中说过：

> 在许多年中，当我乘坐早晨的火车前往芝加哥时，我口袋里总是装着老子、耶稣、但丁、贝多芬、巴哈、维瓦尔第、巴勒斯特里纳、莫扎特和莎士比亚的书，为的是从人性中吸收灵感。②

他还说：

> 印度、波斯、中国和日本的文明都是基于同样的文化起源，主要是佛教的信念，然而这些信念都没有中国哲学家老子的信念更能解释有机建筑。③

赖特是崇尚老子哲学，认同老子哲学，但不能说赖特的"有机建筑"是源自老子哲学。赖特是认为老子哲学更能解释他的有机建筑。周仪先在《莱特大师的建筑艺术》一文中写道：

> 莱特说："建筑的实质是供人居住的空间"。墙、屋顶、地板是建筑的重要部分，但屋顶与墙围成的空间，这个没有东西的部分才是建筑最重要的实质。有人认为这是很玄虚的道理，觉得莱特思想近于老子哲学之处。老子说："玄之又玄"，"玄"与"空"好像是一个东西。其实莱特的意思是很简单的。……建筑内如果没有能让人居住的空间，也就不是建筑。屋顶和

墙形成了空间，空间是主体，屋顶、墙都是使空间能够使用的条件。①

赖特的这种空间理念，的确与老子的"无"非常合拍。这意味着赖特从老子"有、无"名言中，升华了对他的设计理念的哲理认识。赖特强调空间是建筑的"实质"，空间是建筑的"主体"，这和老子强调的"当其无，有室之用"是相符合的。赖特认为空间理念的道理是很简单的，并不玄虚；其实，老子说的器物"有、无"，也不玄虚。只要把老子说的现象界的"有、无"，与非现象界的"有、无"区分开，现象界的"有、无"就不是"玄之又玄"，也是很实在的道理。赖特是现代建筑的第一代大师，与密斯·凡·德·罗、勒·柯布西耶、格罗皮乌斯并称现代建筑的四大巨匠。两千五百年前的老子哲理能够与20世纪赖特倡导的空间意识相符合，足以显现老子论建筑"有、无"的早熟智慧和持久活力。

① 周仪先. 莱特大师的建筑艺术（上）[J]. 建筑学报, 1986（12）.

第二章 建筑之道:"有"与"无"的辩证法

一 建筑形态:三种"有、无"构成

建筑是个庞杂的大系统,不同历史时期,不同国家民族,不同文化背景,不同地域地段,不同宗教信仰,不同使用功能,不同构筑体系,不同风格样式,不同建筑流派,形成了多种多样、千姿百态的不同建筑。根据不同的参照系,建筑有种种不同的分类。但是直到现在为止,建筑还欠缺一种分类,那就是按照建筑空间与建筑实体的构成形态所进行的分类。

从《老子》提出的器物"有、无",我们形成了建筑的"有"与"无"的概念。在建筑中,存在着多层面的"有、无";其中,单体建筑层面的"有、无",是建筑最重要、最基本的"有、无"。在这个层面,"有"指的是建筑的"实体","无"指的是建筑的"空间"。建筑实体与建筑空间这一对"有、无",成了单体建筑的一对基本要素。

我们考察建筑的"有"与"无",有必要从建筑空间与建筑实体的构成形态及其分类说起。

(一)两种建筑空间:内部空间与外部空间

考察建筑,"空间"是一个很重要的概念。亚里士多德说:"空间看来乃是某种很强大又很难把捉的东西"。①马克思说:"空间是一切生产和一切人类活动所需要的要素"。②建筑,就是用人工来创造出适应社会生活和社会生产所需要的空间。但是,对于建筑中这个重要的核心概念,在西方建筑学科领域却是很晚才意识到。彼得·柯林斯对这种情况有一段描述:

作为建筑的一个基本要素的空间概念,在人类第一次建造栖身之所或对其洞穴进行构造上的改建之时,一定已经粗具雏形了。但是难以理解的是,直到18世纪以前,就没有在建筑论文中用过空间这个词。③

现代建筑的发展,促进了人们对建筑空间的认识。如今,"空间是建筑的本质"、"空间是建筑的主角"、"空间是建筑的灵魂"、"空间是建筑的出发点,也是它的终极目的"之类的说法,几乎成了大家的共识。在诸多论述建筑空间的著作中,布鲁诺·赛维的《建筑空间论》是很有影响的。他鲜明地列出"空间——建筑的主角"的标题,对建筑空间的表现方法、各时代建筑的空间形式和由于时间延续的移位所导致的"四度空间"等等,都作了精彩的论述。但是赛维心目中的建筑空间,只是局限于建筑的"内部空间"。他强调内部空间是建筑的内容,是建筑艺术表现的主体:

> 住宅、教堂或府邸的立面和墙面,不管有多么好看,都只不过是一个外壳、一个由墙面形成的盒子;它所装的内容则是内部空间。
>
> 建筑艺术却并不在于形成空间的结构部分的长、宽、高的总和,而在于那空的部分本身,在于被围起来供人们生活和活动的空间。④

由此,他明确地断言:"目前,所能提出的对建筑的最确切的定义,必须是把内部空间考虑在内的定义"。⑤

赛维重视建筑内部空间,这是他的理论亮点,但是在他强调建筑内部空间的同时,却把

---

① 亚里士多德. 物理学·第四章[M].//童明. 空间神化. 建筑师,第105期.

② 马克思. 资本论·第三卷第四十六章:建筑地段的地租,矿山地租,土地价格.

③ [英]彼得·柯林斯. 现代建筑设计思想的演变[M]. 英若聪译. 北京:中国建筑工业出版社,1987:352-353.

④ [意]布鲁诺·赛维. 建筑空间论[M]. 张似赞译. 建筑师,第2期.

⑤ [意]布鲁诺·赛维. 建筑空间论[M]. 张似赞译. 建筑师,第2期.

内部空间绝对化，无视建筑的外部空间，以至于他声称：

> 要紧的是，必须明确，凡没有内部空间的，都不能算作建筑……一座方尖碑、一个喷泉、一座纪念碑、一座大桥，尽管体量巨大——大门楼、凯旋门——这些都是艺术品，建筑史中都加以评介，虽然他们算作建筑都不妥当。①

其实，赛维也看到了外部空间的存在。他说：

> 由于每一个建筑体积，一块墙体，都构成一种边界，构成空间延续中的一种间歇，这就很明显，每一个建筑物都会构成两种类型的空间：内部空间，全部由建筑物本身所形成；外部空间，即城市空间，由建筑物和它周围的东西所构成。②

原来赛维把外部空间不算是建筑空间，而称之为"城市空间"。这是很偏颇的看法。在这样的偏颇认识下，赛维居然作出以下的表述：

> 建筑历史主要是空间概念的历史。对建筑的评价基本上是对建筑物内部空间的评价。如果没有内部空间，一件作品就不能在这个基础上来进行评论，如对上面已谈过的那些类型的建造物。这些构筑物或建筑物不管是第度凯旋门、图拉真纪功柱或是伯尔尼尼设计的喷泉——都已越出了建筑历史的范围，而更适于归入到城市建设史的范围，进入体积构成的整体中，而它们本身具有的艺术价值，则应归入雕塑史的范围。③

赛维的这种偏颇达到这样的程度，从他的这种逻辑推衍下去，他深感古希腊建筑的内部空间很不发达，最后居然得出结论："帕提农神庙属于'非建筑'的作品"。④

赛维《建筑空间论》的中译本，最早连载于《建筑师》第2～8期。有趣的是，紧接《建筑空间论》之后，在《建筑师》第3期中，就开始并列地连载芦原义信的《外部空间的设计》。被赛维逐出"建筑空间"范畴的"外部空间"，却由芦原义信以"外部空间"为名，写出专著，弥补了赛维无视建筑外部空间的缺陷。

芦原义信为建筑外部空间下了一个很准确的定义，称之为"没有屋顶的建筑空间"。他说：

> 外部空间是由人创造的有目的的外部环境，是比自然更有意义的空间……因为这个空间是建筑的一部分，也可以说是"没有屋顶的建筑"空间。即把整个用地看作一幢建筑，有屋顶的部分为室内，没有屋顶的部分作为外部空间考虑……
>
> 建筑空间根据常识来说是由地板、墙壁、天花板三要素所限定的。可是，外部空间因为是作为"没有屋顶的建筑"考虑的，所以就必然由地面和墙壁这两个要素所限定。换句话说，外部空间就是用比建筑少一个要素的二要素所创造的空间。⑤

显然，我们需要建立两种建筑空间的概念，不仅要建立建筑内部空间的概念，而且要建立建筑外部空间的概念。建筑内部空间和建筑外部空间都是由建筑实体限定而成的。只是建筑外部空间的实体限定较之建筑内部空间的实体限定，少了一个"顶界面"的要素。

（二）建筑三型：有内有外、有内无外、有外无内

值得我们注意的是，并非所有的建筑都是既有内部空间、又有外部空间，建筑在"有"

---

① [意]布鲁诺·赛维. 建筑空间论[M]. 张似赞译. 建筑师, 第2期.
② [意]布鲁诺·赛维. 建筑空间论[M]. 张似赞译. 建筑师, 第2期.
③ [意]布鲁诺·赛维. 建筑空间论[M]. 张似赞译. 建筑师, 第2期.
④ [意]布鲁诺·赛维. 建筑空间论[M]. 张似赞译. 建筑师, 第3期.
⑤ [日]芦原义信. 外部空间的设计[M]. 尹培桐译. 建筑师, 第3期.

① 徐中舒. 巴蜀文化初说 [J]. 四川大学学报（社会科学），1959（2）

② 安志敏. "干兰"式建筑的考古研究 [J]. 考古学报，1963（2）

有内有外型　　有内无外型　　有外无内型

图 2-1-1　建筑的三种构成形态

与"无"的构成上，实际上呈现着三种形态（图 2-1-1）：

第一种形态是在形成内部空间的同时，也形成外部空间的建筑，这类建筑可称为"有内有外"型；

第二种形态是只形成内部空间，而没有形成外部空间的建筑，这类建筑可称为"有内无外"型；

第三种形态是只形成外部空间，而没有形成内部空间的建筑，这类建筑可称为"有外无内"型。

"有内有外"型是建筑的常态，古往今来，绝大多数建筑都是通过建筑实体的构筑，在取得建筑内部空间的同时，也显现建筑外部体形，并组构建筑的外部空间。"有内无外"型建筑实质上是一种地下建筑，它从地下挖掘出建筑的内部空间，自然没有相应的建筑外部空间。"有外无内"型则是所谓的实心建筑，它通过实体的构筑，不是为了取得内部空间，而是为了取得外显体量和外观形象，形成其外部空间。这是单体建筑在"有"与"无"的构成上的三种基本形态，是我们认识建筑的十分重要的形态

图 2-1-2　四川出土的青铜錞于上的象形文字，显示出巢居的形象
引自安志敏. "干兰"式建筑的考古研究. 考古学报，1963（2）

图 2-1-3　云南晋宁县石寨山 13 号墓出土的铜铸干阑建筑模型
引自安志敏. "干兰"式建筑的考古研究. 考古学报，1963（2）

构成概念。千姿百态的建筑，从"有、无"的形态构成上，不外乎就是这三种基本形态及其变体。

这三种基本形态，在世界各个古老建筑体系的早期发展中就已经存在。华夏建筑从一开始就形成"有内有外"和"有内无外"两种不同形态的建筑类别。《孟子·滕文公》说："下者为巢，上者为营窟"（地势低而潮湿的地区，用巢居；地势高而干燥的地区，用穴居）；《礼记·礼运》说："冬则居营窟，夏则居橧巢"。这表明"构木为巢"的巢居和"穴而处"的穴居是中国早期平行发展的两种主要构筑方式。由巢居进而演衍的干阑建筑和原始地面建筑，都属于"有内有外"的构筑形态。而"营窟"中的原始横穴、袋穴，就属于"有内无外"型的构成形态。

四川出土的青铜錞于上，有一个显示悬空窝棚的象形文字（图 2-1-2），徐中舒说它"象依树构屋以居之形"。①这个生动的原始橧巢画面中，巢室内有一个圆点，当是点示人居其中。这种巢居，既有内部空间，也有外显形象，已是成型的"有内有外"形态。

云南晋宁石寨山墓葬中出土的铜铸模型，为我们显示出青铜时代干阑建筑的内部空间和外部空间构成。13 号墓的一组干阑建筑模型，呈"三合院"组合（图 2-1-3）。平台上建主室和前方左右两亭，亭前另建一座升高平台的小榭和落地的小亭。这里有桩柱底架平台，有井干墙壁，有长脊短檐屋顶，有主室空间，有亭榭空间，有围合的院内空间，有周边的院外空间，内部空间和外部空间的组合已经颇为丰富。②

原始地面建筑基本上都是"有内有外"的形态。陕西武功游凤遗址出土的一个房屋状器盖钮很生动地透露出它的概貌（图 2-1-4）。这个器盖钮显示的是一个圆形的地面建筑形象：尖顶，屋顶出檐，顶上有长方形天窗，屋身有

圆形门。屋面的锥刺纹表征出一捆捆茅草依次叠压的形状。它是仰韶文化地面建筑的珍贵写照。这里既有室内的内部空间，也有室外的外部空间。这里的建筑实体——圆环状屋身墙体和茅草尖顶，既围合了内部空间，也显现出外观造型，组构了建筑的外部空间。这样的实体与空间的关系，可以说是"一仆二主"的关系。这里的实体一身而兼塑造内外空间的二职，这正是"有内有外"型建筑构成的基本特点，也就是建筑常规形态构成的基本特点。

黄河中游黄土地带得天独厚的深厚土层，非常适合于挖掘穴室空间，穴居成了最便于加工的一种构筑方式，这大大促进了中国原始建筑"有内无外"型构筑形态的发展。甘肃宁县阳坬遗址发掘的原始横穴，整个横穴处在生黄土里，穴室呈半球形，西南向辟门道(图2-1-5)。这是一个很典型的只有内部空间而没有外部空间的"有内无外"型的构成形态。

用作墓葬的地下建筑，是古代"有内无外"型建筑的重要组成。中国古代的空心砖墓、小砖墓、石墓等，在空间形态上都是"有内无外"的。建于东汉的山东沂南画像石墓(图2-1-6)，墓主可能是高级官吏。墓室分前室、中室、后室和左右侧室，并设一间用作厕所的侧后室。前室、中室有带斗栱的中心柱。全墓用280块石构件装配组成，其中画像石42块，画像73幅。壁面刻出仿木构的壁柱、壁带，画像分布于墓门和前、中、后三室，刻有两军激战、车骑出行、乐舞百戏、宴饮庖厨、家居生活、历史故事、神灵辟邪和仙禽走兽等画题，刻工细腻，气象雄伟。这座石墓生动地反映出东汉时期地下墓室建筑所达到的工艺水平。

帝王陵寝的地宫，是古代最大规模的"有内无外"建筑。因山为陵的唐陵，只有地宫的内部空间，而没有外显的宝顶，是彻底的"有内无外"。明清时期，陵寝都制定严密的玄宫制度。从已发掘的明定陵来看，玄宫采用的是"五室三隧"制度。"五室"即前殿、中殿、后殿和左右配殿；"三隧"即与前殿相通的主隧道和与左右配殿后部相通的左隧道、右隧道。玄宫用条石砌筑，内呈拱券石顶，外显吻兽起脊的琉璃顶，但是这些外显的琉璃顶都覆土夯实，完全消失了玄宫的外观，玄宫自身成了名副其实的"地下宫殿"(图2-1-7)。

古埃及的法老岩墓也呈现这样的形态。从

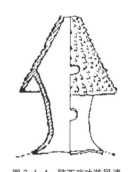

图 2-1-4　陕西武功游凤遗址出土的屋形陶器盖钮
引自西安半坡博物馆、武功县文化馆. 陕西武功发现新石器时代遗址. 考古, 1975(2)

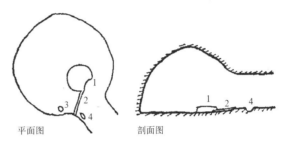

平面图　　剖面图

图 2-1-5　甘肃宁县阳坬遗址 F10 房址
1. 灶台　2. 隔梁　3. 火种坑　4. 集水坑
引自庆阳地区博物馆. 甘肃宁县阳坬遗址试掘简报. 考古, 1983 (10)

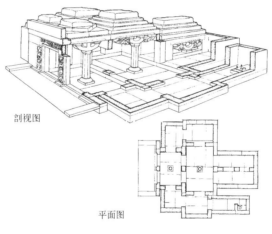

剖视图

平面图

图 2-1-6　山东沂南东汉画像石墓
引自刘敦桢主编. 中国古代建筑史. 北京: 中国建筑工业出版社, 1984.

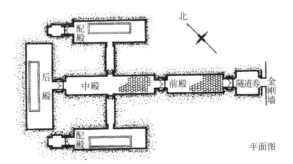

平面图

剖面图

图 2-1-7　明定陵地宫
引自潘谷西. 中国古代建筑史第四卷. 北京: 中国建筑工业出版社, 2001.

18王朝图特摩斯一世开始，法老都不再建金字塔式的墓构，而是集中在峡谷建造岩墓。西底比斯的60多座王室岩墓聚集成蔚为大观的"帝王之谷"。为了陵墓防盗的安全，这些王室墓寝都越来越深地凿入山中，由一系列墓室和廊道组成。我们从塞提一世陵墓可以看出墓寝的纵深构成，整个建筑都深深隐蔽于地下（图2-1-8）。墓中设有竖井，为对付

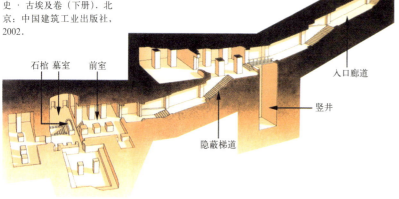

图2-1-8 底比斯"帝王之谷"，塞提一世墓内景剖视图
引自王瑞珠. 世界建筑史·古埃及卷（下册）. 北京：中国建筑工业出版社，2002.

盗墓者还在上层端部添设假墓室，通过隐蔽梯道，才能进入真正的墓室。墓室的入口廊道在山坡上凿出，入口有意掩藏于貌似自然山丘的乱石堆，也是一种彻底的"有内无外"型的构成形态。

"有内无外"的地下建筑，在现代建筑中用得更为普及。各种类别的地下室、地下车库、地下仓库、地铁车站、地下商场、地下商业街以至地下教堂等等，构成了现代地下建筑的庞大体系，这些建筑基本上都属于只具内部空间而不具外部空间的形态。

"有外无内"型的建筑，通常都是实心的。这种形态的建筑，欠缺的是内部空间的实用性，凸显的是外观形体的标识性和外部空间的礼仪性功能，带有浓厚的标志性、纪念性的品格，主要呈现于纪念性建筑、宗教性建筑、礼制性建筑和标志性建筑小品。

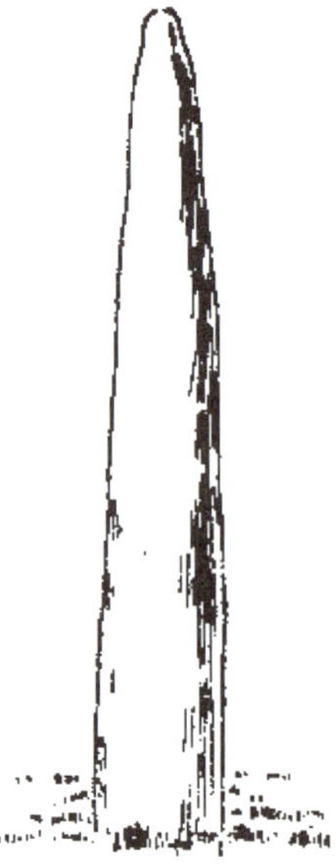

一个个"有外无内"型的建筑和建筑小品，很像一个个放大的雕塑。我们根据它的外观体量和功能性质，可以把它区分为碑塔型、坊阙型和坛台型三类。

碑塔型的"有外无内"建筑，常见的有石碑、石柱、石表、石经幢和实心的砖石塔等。巨石建筑可以说是最原始的碑塔型"有外无内"建筑。法国布列塔尼的原始整石柱，最大者直径达到4.28米，高19.2米，重约260吨，堪称原始建筑中的重大工程（图2-1-9）。原始整石柱的建筑化，就出现了像古埃及的方尖碑那样的"有外无内"建筑。在新王国时期，典型的埃及神庙塔门入口多有成对布置的方尖碑（图2-1-10）。位于赫利奥波列斯的塞索斯特里斯一世方尖碑（12王朝，约公元前1925年）是目前存在的最古老方尖碑，也是埃及本土仅存的5个方尖碑之一（图2-1-11）。整个碑是一根长20.41米的整块玫瑰色花岗石，碑顶呈金字塔式的锥形，碑身四面铭刻象形文字，具有强烈的纪念性品格。古印度佛教建筑中也出现一种纪念性石柱。阿育王时代建造的一批阿育王石柱，现存的有30多座，每座高达10米以上，柱身圆形，刻有阿育王诏文。柱头雕出有象征意义的动物或非动物形象（图2-1-12）。这种"独柱的功能主要是宗教意义上的，它是一种'中心'的隐喻，一种向外扩散的超自然力量的会聚点。这种超自然力量通过向外传播完成某种宗教的教化功能"。[①] 这些石柱树立在交通要道或窣堵坡之前。现存的阿育王石柱以佛陀圣地鹿野苑的狮子柱最为著名。现柱身已断，柱头保存完好，下端由垂莲瓣组成钟形座，上接石盘，盘上蹲踞背对背颈脊相连的4只雄狮，寓意人中雄杰；4狮向四方怒吼，寓意佛法广布；石盘环壁浮雕，以象、马、牛、狮寓意东南西北宇宙四方；以小法轮寓意佛法常存。整个石柱象征宇宙之根（图2-1-13）。这组柱

① [意] 马里奥·布萨利. 东方建筑[M]. 单军、赵焱译. 北京：中国建筑工业出版社，1999：22.

图2-1-9 法国布列塔尼的原始整石柱
引自罗小未、蔡琬英. 外国建筑历史图说. 上海：同济大学出版社，1986.

头图像后来选为印度国徽图案。不难看出，这类纪念柱具有深刻的象征、纪念意义，它的艺术表现显现出建筑与雕刻的完美融合。高高耸立的石柱，有力地组构和渲染了神圣的宗教性、纪念性广场空间。

中国古代的石碑、石柱，颇有自己的特色。它一开始并非出于精神性的需要，立柱可以测影定时，可以拴系牲口；墓碑原是下葬的设备，立石凿孔以便穿绳下棺；它们都有实用价值。后来碑石演进为铭功记事之用，把历史事件、名人事迹、名胜沿革、政令禁约之类，通过立碑刻字以求长久保存。它的作用不是重在纪念、景仰，而是重在持久展示、铭记。因此中国古代没有出现大尺度的纪念碑，除帝王陵寝的"圣德神功碑"外，石碑自身通常都不作为独立的中心建筑，它们都趋向小品化、陈设化。许多石碑如同建筑小品分立于门前、院侧，形同室内的陈设物。石表、石柱、石经幢也都以小品建筑呈现（图2-1-14、2-1-15）。南京梁萧景墓表可以说是中国式石表、石柱的一个代表作（图2-1-16）。全柱由方形柱础、蟠龙鼓盘、圆浑柱身、铭文石版、覆莲顶盘和盘顶辟邪组成。通高6.5米，造型挺拔秀美，简洁精致。墓表的柱身凹槽、莲瓣圆盘和盘顶的辟邪蹲兽，都带有融合印度阿育王柱和希腊石柱的印痕。明清时期盛行一种华表石柱，柱身满雕盘龙、朵云，上端贯穿云版，柱头设俯仰莲瓣圆盘，顶上置俗称"望天吼"的蹲兽。各种华表，华美秀丽，多峙立于碑亭或门座四隅，起到隆重簇拥门殿亭座、点缀外部空间氛围的作用（图2-1-17）。这种华表柱的体量不大，也是一种建筑小品。

世界建筑史上的"有外无内"型建筑，要数印度佛教的窣堵坡最为典型、突出。窣堵坡是从古印度坟冢演化的，用作奉安圣者舍利的纪念性建筑物。著名的印度桑奇1号窣堵坡，建于公元前2世纪（图2-1-18）。塔体下部为

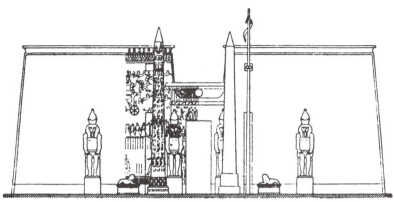

图 2-1-10 埃及神庙塔门前峙立的方尖碑
引自王瑞珠. 世界建筑史·古埃及卷（上册）. 北京：中国建筑工业出版社，2002.

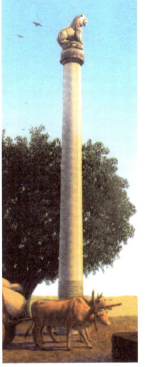

图 2-1-11 （左）赫利奥波列斯. 塞索斯特里斯一世方尖碑
引自王瑞珠. 世界建筑史·古埃及卷（上册）. 北京：中国建筑工业出版社，2002.

图 2-1-12 （右上）印度孔雀王朝的阿育王石柱
引自萧默. 文明起源的纪念碑. 北京：机械工业出版社，2007.

图 2-1-13 （右下）鹿野苑狮子柱头
引自萧默. 文明起源的纪念碑. 北京：机械工业出版社，2007.

中国建筑之道

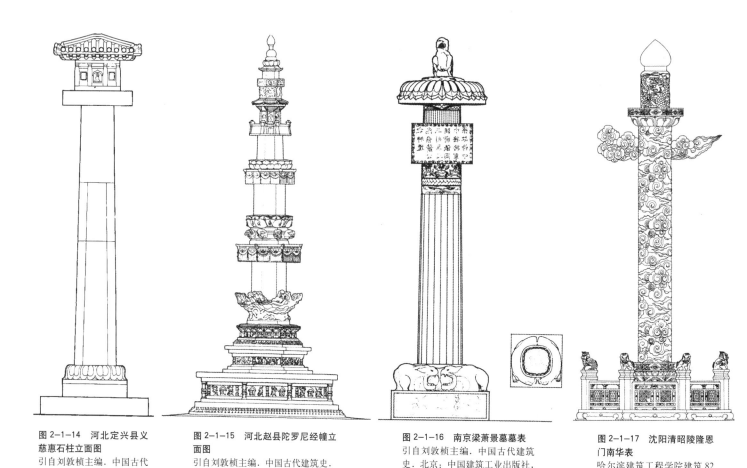

图 2-1-14 河北定兴县义慈惠石柱立面图
引自刘敦桢主编. 中国古代建筑史. 北京：中国建筑工业出版社，1984.

图 2-1-15 河北赵县陀罗尼经幢立面图
引自刘敦桢主编. 中国古代建筑史. 北京：中国建筑工业出版社，1984.

图 2-1-16 南京梁萧景墓墓表
引自刘敦桢主编. 中国古代建筑史. 北京：中国建筑工业出版社，1984.

图 2-1-17 沈阳清昭陵隆恩门南华表
哈尔滨建筑工程学院建筑82班测绘

图 2-1-18 印度桑奇1号窣堵坡及其周围建筑复原
引自[意]马里奥·布萨利著. 单军，赵炎译. 东方建筑. 北京：中国建筑工业出版社，1999.

圆形基台，台上建半球状实心覆钵，基台周边设石栏，形成一圈露天走廊。覆钵顶部围出正方形的带周边栅栏的"平头"，平头正中立石竿，竿上串联3层圆形伞盖。围绕整座大塔，设一圈围栏，四面加建4座牌坊式的砂石门，标志宇宙的4个方位。信徒顺时针沿塔绕行。这座窣堵坡尺度很大，造型单纯洗练。庞大坚实的半球状石砌体显出坚不可摧的稳定感。空灵的石垣，轮廓错落、扭动感十足的坊门，配上精细的雕饰，与塔体的简洁沉重构成强烈对比。这座大塔没有内部空间，完全通过外观形体构建了强烈纪念性品格的大塔形象及其外部空间。把"有外无内"型建筑的艺术表现力发挥到极致。

中国式的碑塔型"有外无内"建筑，以密檐塔和喇嘛塔最为触目。辽金时期，在辽宁、内蒙古、河北、山西、吉林等地，盛行建造密檐塔，其中大部分是实心的"有外无内"型建筑。建于1119～1120年的北京天宁寺塔是辽代密檐塔中年代较早、体量较大的一座（图2-1-19）。塔体实心，全部砖砌，总高55.38米。全塔由塔座、塔身、塔檐和塔刹组成。塔身高一层，平面八角形，每面一间，四个正面刻假券门，四个斜面雕直棂窗，壁面上有力士、菩萨半圆雕和大量装饰浮雕。塔檐紧密相叠，共13层，檐间满布斗栱。整塔轩昂鼎立，造型柔美，构图富有韵律，装饰偏于繁丽，是一座很耀眼的"有外无内"型建筑。

中国的喇嘛塔，外观与密檐塔、楼阁式塔迥异，有"取军特之像"的说法。"军特"是印度僧人用的储水瓶的梵称。实际上，喇嘛塔的形象很接近印度的窣堵坡和尼泊尔的"覆钵式"佛塔。这种塔也是用于埋葬佛和高僧的舍利，都是砖石砌筑，外涂白垩，形成白色基调，俗称白塔。北京妙应寺白塔，建于元至元八年（公元1271年），由尼泊尔人阿尼哥设计，是中原地区现存最大、最早的喇嘛塔（图2-1-20）。

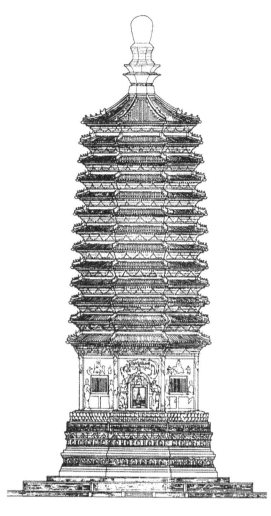

图2-1-19 北京天宁寺塔立面图
引自王世仁建筑历史理论文集. 北京：中国建筑工业出版社，2001.

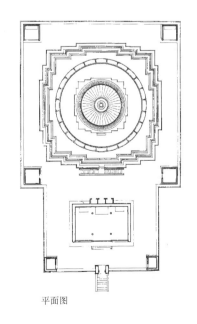

平面图

立面图

图2-1-20 北京妙应寺白塔
引自刘敦桢主编. 中国古代建筑史. 北京：中国建筑工业出版社，1984.

塔高 50.86 米。塔基三层，呈亚字形。塔身在覆莲座、金刚圈上承托硕大的白色覆钵。上方接亚字形的"塔颈"和逐层收缩的"十三天"相轮，顶部冠铜制的华盖和小喇嘛塔形的宝顶。这座白塔，造型稳重浑厚，亚字形的挺拔的折角台基和硕壮光洁的覆钵，与重重层叠的相轮，形成强烈的对比。巨大的塔体，洁白的塔身，与金色的华盖、宝顶，在蓝天下交相辉映，既巍峨壮观，又雄浑壮丽。它不仅是北京历史文化名城的早期标志，也是中国"有外无内"型建筑的一大杰作。

坊阙型的"有外无内"建筑，在中国古代用得很多，早期主要见于石阙，后期则是大量建造的牌楼。

阙是表征尊贵组群、显示门面威仪的一种建筑。"门必有阙者何？阙者，所以饰门、别尊卑也"。[①] 汉代很盛行建阙，都城、宫殿、陵墓、祠庙、衙署、贵邸和有地位的官民墓地都按规定的等级建阙。沂南东汉画像石墓祠堂图上，可以看到祠堂门前矗立一对木阙的情景（图 2-1-21）。现存的阙只是东汉和西晋祠庙、墓地的神道阙。这种阙，都是"阙然为道"，成对地分立于神道前端，均为石造，体量不大，最高者不过 6 米。形制上分单阙和子母阙两种，形式上分仿木构型和土石型两种。四川雅安高颐墓阙是仿木构型的子母阙，由台基、阙身、阙楼、屋顶构成，台基、阙身雕出柱、枋、栌斗，阙楼带平座木枋、斗栱（图 2-1-22）。这种石阙实质上是对可登临防守的大型木构阙的摹写，有刻意仿木表现。河南登封少室阙是土石型的子母阙，建于少室山庙前，由台基、阙身、屋顶构成，不带阙楼，阙身刻有龙、犀、象、鱼、人物、车马等浮雕，已摆脱仿木的摹写（图 2-1-23）。这些神道阙，都是实心的，是名副其实的"有外无内"型建筑小品。

中国建筑中用得最多的"有外无内"型建筑小品，就数"牌楼"了。

牌楼，也称牌坊。这两个词现已通用，习惯上南方多称"牌坊"，北方多称"牌楼"。它是中国"门"类建筑中的一种独特形态，由古之衡门、乌头门、坊门演进而来。其平面呈独立的单排柱列，既不与围墙衔接，也不设框槛门扇，不具门的防卫功能，纯粹是一种标识性、

① [汉] 班固. 白虎通义. 卷十二杂录

图 2-1-21　沂南东汉画像石墓祠堂图
引自杨宽. 中国古代陵寝制度史研究. 上海：上海古籍出版社，1985.

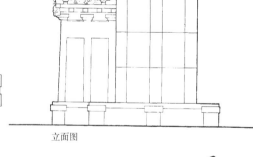

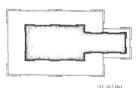
图 2-1-22　四川雅安高颐墓阙
引自刘敦桢主编. 中国古代建筑史. 北京：中国建筑工业出版社，1984.

平面图　　立面图

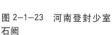
图 2-1-23　河南登封少室石阙
引自梁思成文集三. 北京：中国建筑工业出版社，1984.

表彰性的门。

牌楼有木牌楼、石牌楼、琉璃牌楼的不同用材区别；有立柱出头的"冲天式"和柱不出头的"非冲天式"。有额枋上带屋顶的"起楼式"和不带屋顶的"不起楼式"，前者可以说是名副其实的"牌楼"，后者则是名副其实的"牌坊"。根据牌楼立柱、间数、起楼的不同，牌楼有一间二柱式、三间四柱式、五间六柱式、一间二柱一楼式、一间二柱三楼式、三间四柱三楼式、三间四柱七楼式、三间四柱九楼式、五间六柱五楼式、五间六柱十一楼式等多种规格、形式。牌楼的这种尺度、形态，非常便于标定界域、界定空间，牌楼的正楼匾、次楼匾很适合于题名、题词。牌楼既用于离宫、祠庙、陵墓、寺观、府邸等大型建筑组群的入口前导，起到显示尊贵身份、旌表功名、节孝，组织门面空间，丰富组群层次，强化隆重气氛等作用，也用于街衢起点、十字路口、桥梁端头，起标志位置、引导路向、丰富街景、突出界域的作用。我们可以看到北京雍和宫木牌楼的富丽堂皇（图2-1-24），沈阳清昭陵石牌楼的轩昂绮丽（图2-1-25），曲阜孔庙"太和元气"石坊的平和高洁（图2-1-26），北京国子监木牌楼的轻盈欢快（图2-1-27），它们都点染了特定的环境性格。浙江东阳雅溪村的卢宅，在通向宅门的大道上，曾经树立木、石牌坊达17座之多，这些牌坊或褒扬功名，或旌表节孝，既是入口导向，也是门面烘托，充分张扬了卢宅的显赫气势（图2-1-28）。

如果说石阙、牌楼基本上都只是"有外无内"型的建筑小品，那么，中国古代建筑中的"坛"，则是一种堂而皇之充当组群主体的"有外无内"型建筑。它是一种阶台式的建筑，只有实心的台体，没有屋身、屋顶，没有内部空间。中国古代极重祭祀活动，最初在林中空地或土丘上进行，后来逐渐发展为用土筑坛。因而坛台式

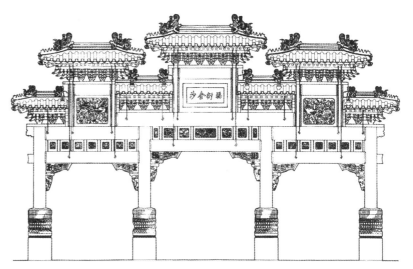

图 2-1-24 北京雍和宫牌楼，图为三间四柱七楼非冲天式木牌楼
引自马炳坚. 中国古代建筑木作营造技术. 北京：科学出版社，2003.

图 2-1-25 沈阳清昭陵牌楼
哈尔滨建筑工程学院建筑82班测绘

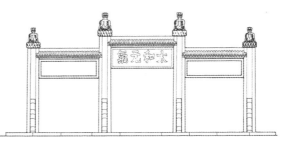

图 2-1-26 曲阜孔庙"太和元气"石坊
引自南京工学院建筑系、曲阜文物管理委员会. 曲阜孔庙建筑. 北京：中国建筑工业出版社，1987.

建筑出现得很早。四川羊子山遗址发掘出一处周代祭坛,平面呈正方形,由土砖和夯土筑成三层阶台,四面各设斜坡。下层台体每边长达31.6米,已是颇大尺度的祭坛(图2-1-29)。

祭坛主要用于祭祀天、地、日、月等自然神,后来也用于举行会盟、誓师、封禅、拜相、拜师等重大仪式。这类台式的坛成了中国古代举行重大仪典活动的特定建筑形式。"帝王之事莫大乎承天之序,承天之序莫重于郊祀",[①] 从考古发掘的隋唐长安城圜丘台体(图2-1-30)到我们熟知的明清北京天坛圜丘台体,坛台建筑在国家级的重大祭祀建筑组群中可以充当最触目的建筑主体,这一点足以表明,"有外无内"型建筑可以具有承担最显赫的建筑角色的潜能。

① 汉书·郊祀志

图 2-1-27 北京国子监牌楼
引自马炳坚. 中国古代建筑木作营造技术. 北京:科学出版社,2003.

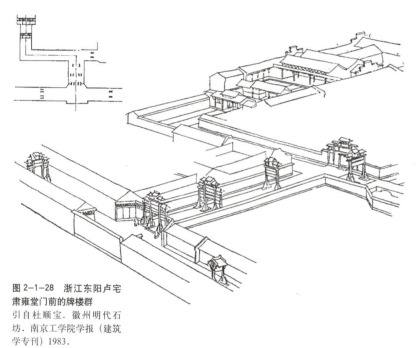

图 2-1-28 浙江东阳卢宅肃雍堂门前的牌楼群
引自杜顺宝. 徽州明代石坊. 南京工学院学报(建筑学专刊)1983.

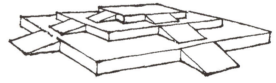

图 2-1-29 四川成都羊子山周代祭坛复原鸟瞰图
引自四川省文物管理委员会. 成都羊子山土台遗址清理报告. 考古学报,1957(4)

图 2-1-30 隋唐长安城圜丘遗址
①引自萧默. 东方之光. 机械工业出版社,2007.
②引自姜波. 汉唐都城礼制建筑研究. 北京:文物出版社,2003.

①外观　　②平面图

(三) 三型的中介与交叉

"有内有外"型、"有内无外"型和"有外无内"型建筑，在许多情况下，并不是单一的形态，它常常形成这样那样的中介和交叉，呈现多种多样的变体。

1. "有内无外"型和"有内有外"型的交叉

这种现象在原始建筑中就已经出现。我们可以看一下甘肃省镇原县陇东镇常山遗址的H14房址（图2-1-31①）。它是新石器晚期的一个居址，时间上稍晚于中原地区的仰韶文化。这是一处特殊形态的袋穴，房址由穴室、门洞和门道组成，这三部分空间都处在缓坡的生黄土里。穴室呈口小底大的圆形袋状深穴，穴底有4个泥圈柱洞，柱洞底部垫有卵石、碎陶暗础。门洞在穴室北壁，门道呈斜坡状。张孝光的文章中有它的复原图（图2-1-31②）。①从复原图上可以看出，这是一个带顶的袋穴。整个穴室、门洞、门道都是通过挖土形成的。4根立柱上方绑扎横向木杆、枝条，铺上茅草，覆土拍实，构成屋盖。这个袋穴的主体部分只有内部空间，没有外部空间。但是它的门前敞口部分有平地、坡道、台阶、侧壁、土梗，并显露出门洞，已构成初始的建筑外部空间。它所覆盖的扁圆屋盖也通过其外显体量参与建筑外部空间的构成。这个袋穴在"有内无外"型的基本形态上已呈现出与"有内有外"型的两种方式的交叉：一种交叉是由于地下空间带有外向门面而形成的；另一种交叉是由于地下空间向地上空间延伸，带有展露于地上的外显顶盖体量而形成的。前一种交叉可称为"外显门面式"的交叉，后一种交叉在半穴居中表现得最为充分，可称为"半穴居式"的交叉。这两种方式正是"有内无外"型与"有内有外"型交叉的两种基本方式。

我们熟悉的靠崖式窑洞和天井式窑洞，都不是纯粹的"有内无外"型建筑，它们都有外显的门面，应属于"有内无外"与"有内有外"的外显门面式的交叉。笼统地说，窑洞是一种地下建筑，是"有内无外"型的构成形态，但是，它毕竟有它的入口门面空间（图2-1-32）。在天井窑中，它们还组构了下沉式天井的外部空间（图2-1-33）。在靠崖窑中，层层叠叠的依坡靠崖的窑洞门面，组成了颇为壮观的黄土窑区的整体外观立面。荆其敏曾经画过一幅窑洞群的总体景象图，给人留下了难忘的印象（图2-1-34）。

凿岩建筑也是如此，中国的崖墓和石窟寺都有这现象。四川乐山县白崖的45号墓，呈两列墓穴，各有前室、后室、棺室、灶案，前部

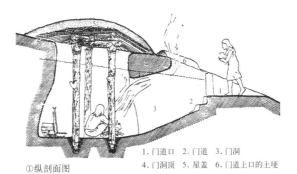

①纵剖面图

1.门道口　2.门道　3.门洞
4.门洞顶　5.屋盖　6.门道上口的土埂

②复原外观

图2-1-31　镇原常山遗址H14复原示意图
引自张孝光．陇东镇原常山遗址14号房子复原．考古，1983（5）

① 张孝光．陇东镇原常山遗址14号房子复原[J]．考古，1983（5）

图2-1-32　靠崖窑形成的入口门面
引自侯继尧，任致远，周培南，李传泽．窑洞民居．北京：中国建筑工业出版社，1989．

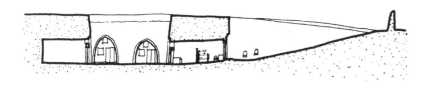

图 2-1-33 天井窑形成的入口门面和下沉式天井空间
引自侯继尧，任致远，周培南，李传泽. 窑洞民居. 北京：中国建筑工业出版社，1989.

图 2-1-34 荆其敏笔下的窑洞群景象
引自荆其敏. 覆土建筑. 天津：天津科学技术出版社，1988.

共用一个三开间的享堂作为入口。享堂宽大，全部敞开，供家族祭奠。这就形成"有内无外"型的本体与"有内有外"型的门面的结合（图2-1-35）。山西太原天龙山石窟第16窟，洞身是"有内无外"的，而它的入口门面则特地在洞室前部开凿具有双柱的前廊，廊檐还刻出斗栱，以仿木的殿廊形式来凸显石窟门面和它的外部空间（图2-1-36）。古印度的毗诃罗窟、支提窟，古埃及的岩墓、祭庙也都是这种形态。著名的阿旃陀石窟群（公元前2世纪～公元8世纪）沿着马蹄形悬崖峭壁，开凿了29座窟洞，其中24座为毗诃罗窟，5座为支提窟（图2-1-37）。"毗诃罗"就是僧房，也称"精舍"，最初原是建造在地面上供僧众居住的方形小院，毗诃罗窟就是仿这种地面毗诃罗建造的。它的方形大厅和方形小洞室都是地下建筑，但它的入口都做成外向门面，呈一列柱廊，小者三开间，大者可到九开间，显现出"有内无外"与"有内有外"的交叉形态（图2-1-38）。支提窟是带有窣堵坡的石窟，它是仿地面支提建造的，平面类似古罗马的巴西利卡。著名的卡尔利支提窟（公元前78年），平面呈纵长马蹄形，前端为入口，后部呈半圆形，窣堵坡立于半圆圆心。厅内由一圈环柱隔成中殿和侧廊。中殿空间高

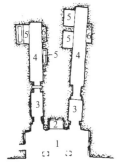

图 2-1-35 四川乐山白崖45号崖墓平面图
1. 享堂　2. 龛　3. 前室　4. 后室　5. 棺室　6. 灶案
引自邵俊仪. 汉代崖墓. 中国大百科全书·建筑、园林、城市规划卷条目. 北京·上海：中国大百科全书出版社，1988.

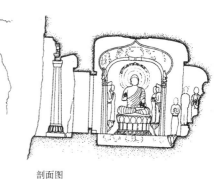

平面图　　　　立面图　　　　剖面图

图 2-1-36 山西太原天龙山石窟第16窟
引自刘敦桢主编. 中国古代建筑史. 北京：中国建筑工业出版社，1984.

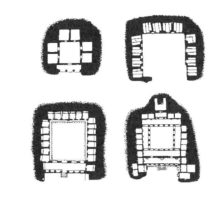

图2-1-37 （左）印度阿旃陀石窟群总平面图
引自[意]马里奥·布萨利著. 单军,赵炎译. 东方建筑. 北京：中国建筑工业出版社, 1999.

图2-1-38 （右）印度毗诃罗石窟
引自萧默. 文明起源的纪念碑. 北京：机械工业出版社, 2007.

敞，侧廊空间较低，信徒可沿侧廊、后廊绕塔环行礼拜。这是很地道的地下佛寺，但也带有外显门面。这个外显的入口门面还作了极力强化。门面按两层建筑构图，一层突显三开间的券门形象，二层为争取中厅采光而开辟菩提叶形大窗。门前耸立两根粗壮的多棱石柱（现仅剩左柱），整个门面满饰雕刻，组成了极富雕饰的壮丽场面（图2-1-39）。古埃及12王朝时期（约公元前1880年），一些地方贵族在尼罗河谷岸陡峭的山坡上建造的岩墓也都带有入口敞廊（图2-1-40）。萨伦普特二世的岩墓更进一步将入口扩大成门前大院（图2-1-41）。这都是借助外显的入口，在"有内无外"型的基本构成中，尽力争取门面的外部空间。这种做法的最突出实例就是古埃及19王朝（约公元前1260年）建造的阿布·辛波祭庙，把古埃及地下建筑的规模推到了极致。这组祭庙由分立两个山崖的一个大庙和一个小庙组成。大庙为拉美西斯二世庙，小庙为拉美西斯二世皇后庙。这种精心开凿的祭庙，都模仿地面建筑的神庙。大庙正面模仿神庙的塔门样式，门内辟宽大高耸的中堂，堂内立8根方柱，柱侧面对面地排列8尊拉美西斯二世立像。中堂之后有柱厅，其后部设3个祭室，中央祭室内供三座神像和法老自己的像。中堂右侧和柱厅两侧，还辟出小侧室作为宝库。这是很地道的大型地下岩庙。但是这个大庙极力地铺张它的外显门面。主入口朝向太阳升起的方向，入口正面仿

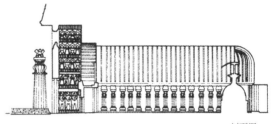
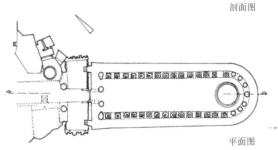

图2-1-39 印度卡尔利支提窟
引自[意]马里奥·布萨利著. 单军,赵炎译. 东方建筑. 北京：中国建筑工业出版社, 1999.

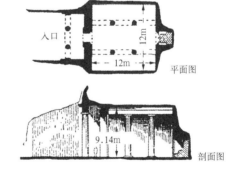

图2-1-40 埃及伯尼－哈桑. 科努姆霍特普特岩墓
引自王瑞珠. 世界建筑史·古埃及卷（上册）. 北京：中国建筑工业出版社, 2002.

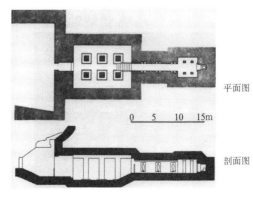

图2-1-41 埃及阿斯旺. 萨伦普特二世岩墓
引自王瑞珠. 世界建筑史·古埃及卷（上册）. 北京：中国建筑工业出版社, 2002.

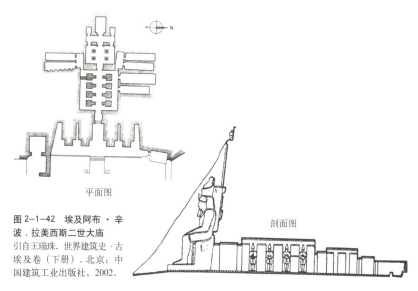

图 2-1-42 埃及阿布·辛波．拉美西斯二世大庙
引自王瑞珠．世界建筑史·古埃及卷（下册）．北京：中国建筑工业出版社，2002．

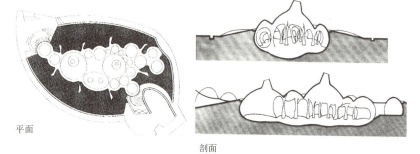

图 2-1-43 印度侯赛因-多西画廊
引自侯赛因-多西画廊．世界建筑，1999（8）

① 侯赛因-多西画廊[J]．世界建筑，1999（8）

做埃及神庙塔门的巨幅梯形平壁，平壁前方从裸露的砂岩上凿出 4 尊高近 20 米的拉美西斯巨大坐像，巨像腿边填充王后及子女小雕像。入口上方壁龛立太阳神雕像。整个祭庙显现出极雄伟壮阔的门面。作为带外显门面的地下建筑，可以说是把入口外部空间强化到极致（图 2-1-42）。

"有内无外"型与"有内有外"型的"半穴居式"交叉在现代更是得到广泛的发展，现在我们司空见惯的带地下室的单层、多层、高层建筑，从构成形态上都可以说是"现代半穴居"，都是这种"有内有外"与"有内无外"的交叉态。这类"现代半穴居"也有很生动有趣的作品。1995 年，印度著名艺术家 B·V·多西在艾哈迈达巴德建造了一所多西画廊。①这个画廊如同贯通的连绵洞穴，有埋入地下的圆形、椭圆形单元空间，也有露出地面的壳体结构。周围地段保留着微微起伏的轮廓线，壳体上闪点着眼睛般的窗孔。这些窗孔保持着采光和隔热的最佳平衡，赋予室内神秘的光感。整组建筑与大地有机融合，可以说是"现代半穴居"的一个有趣的表现主义杰作（图 2-1-43）。

2．"有外无内"型与"有内有外"型的交叉

我们熟悉的中国牌坊，是地道的"有外无内"型建筑，它之所以没有内部空间，是因为它虽然有"门洞"，却没有门洞的"进深"。我们设想，假如类似牌坊这样的独立门座有了明显的"进深"，岂不就有了"内部空间"。古罗马的凯旋门正是如此。著名的泰塔斯凯旋门（单券洞凯旋门）（图 2-1-44 ①）和塞弗拉斯凯旋门（三券洞凯旋门）（图 2-1-44 ②）都有相当的进深尺度，有它的内部空间，只是这些内部空间是充分开放的，是亦内亦外的，在整体建筑中所占比例较小，可以说是在"有外无内"的主体上添加了若干"有内有外"的成分，

① 泰塔斯凯旋门　　②塞弗拉斯凯旋门

图 2-1-44　罗马凯旋门
引自罗小未，蔡琬英. 外国建筑历史图说. 上海：同济大学出版社，1986.

构成了一种独特的"有外无内"与"有内有外"的中介态。

"有外无内"型和"有内有外"型还存在一种焊接式的结合，它在中国古代建筑中派上了大用场。中国木构架建筑的"三分"构成，很自然地可以把"下分"台基强化为大体量的实心的台体，形成"中分"、"上分"的"有内有外"型与"下分"的"有外无内"型的结合。这种交叉结合，大体上有两种做法：一是采用墩台式，把殿屋的"下分"做成大体量的墩台。我们从陕西乾县唐懿德太子墓壁画中的三重阙图，可以看到这种做法的生动实例（图 2-1-45）。这类墩台建筑，上部是"有内有外"型构成，下部高高耸起的墩台，是"有外无内"型构成，它们的有机结合创造了雄大壮观的墩台建筑形象（图 2-1-46）。唐大明宫含元殿的壮丽场面和宏大气魄，就包含着这种手法的调度（图 2-1-47）。二是采用重阶式，即在殿屋台基下面添加大尺度的"陛"，可以做成像曲阜孔庙大成殿那样的"两重陛"，也可以做成像明长陵棱恩殿那样的"三重陛"。北京天坛祈年殿是这种殿坛结合体的典型标本。这个用于"祈祷丰年"的国家级祭祀建筑，采用的是"坛而屋之"的做法，三重

图 2-1-45　陕西乾县唐懿德太子墓壁画中的三重阙图
引自傅熹年建筑史论文集. 北京：文物出版社，1998.

图 2-1-46　敦煌盛唐第217窟壁画中的墩台建筑
引自萧默. 敦煌建筑研究. 北京：机械工业出版社，2003.

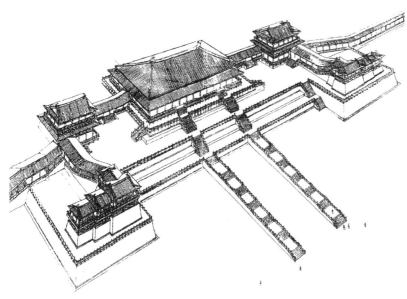

图 2-1-47 西安大明宫遗址含元殿复原透视图（杨鸿勋复原）
引自杨鸿勋. 宫殿考古通论. 北京：紫禁城出版社，2001.

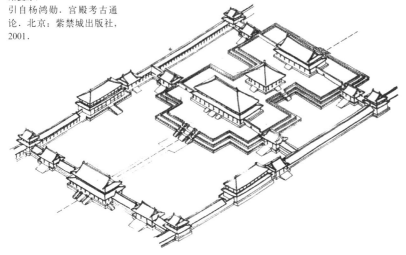

图 2-1-48 北京紫禁城三大殿鸟瞰图
引自刘敦桢主编. 中国古代建筑史. 北京：中国建筑工业出版社，1984.

陛的三层圆台自身构成了"祈谷坛"，三重檐圆殿叠加在祈谷坛上，坛体成了圆殿有机的、放大的台基。在这里，圆殿自身是"有内有外"型，三层圆坛则是"有外无内"型，两者相得益彰地构成了隆重的、极具表现力的殿坛统一体。这种运用夯土、砖石筑造坛陛来强化木构架殿座形象的做法，在技术上是容易兑现的，在效果上是很成功的，自然成了高等级殿座壮大形象的基本方式。北京紫禁城太和殿正是通过大体量的三重丹陛，大大突显了它的整体尺度和壮观形象。不仅如此，外朝三大殿——太和殿、中和殿、保和殿的"三重陛"实际上还联合成

整体的工字形大台，更加突显出三大殿的整体分量（图 2-1-48）。这些都显现出不同构成形态的融合、交叉，具有很大的潜能。

二 建筑矛盾："有"与"无"的对立统一

明确了建筑形态的三种构成——"有内有外"型、"有内无外"型、"有外无内"型及其变体，我们可以论定：单体建筑的"有"，即建筑的"实体"；单体建筑的"无"，即建筑的"空间"。这个"空间"既指建筑的"内部空间"，也指建筑的"外部空间"。这是我们认识建筑形态和建筑构成的基本前提。有了这个前提，我们可以进一步阐释建筑空间和建筑实体的相关概念，讨论建筑空间与建筑实体的内在矛盾及其制约关系，考察建筑空间与建筑实体有无相生的矛盾运动，深化对建筑"有"与"无"的认识。

（一）术语释义：空间与实体的相关概念

在深入探讨建筑空间与建筑实体的矛盾关系之前，有必要先触及与之相关的几组术语：

1. 界面（底界面、侧界面、顶界面；内界面、外界面）

建筑实体是建筑构件的总和，建筑实体的主体构件，就其所处的空间部位，可以分解为三类：一是构成底界面的构件，如地面层、楼面层；二是构成侧界面的构件，如外墙、内墙、柱列、门窗、隔断；三是构成顶界面的构件，如屋顶层、楼顶层（图2-2-1）。北宋著名匠师喻皓在他所著的《木经》中说："凡屋有三分，自梁以上为上分，地以上为中分，阶为下分"。[①] 这种对单体建筑的水平层划分，"下分"涉及的是底界面构件，"中分"涉及的是侧界面构件，"上分"涉及的是顶界面构件，可以看出中国古代建筑正是从组构建筑空间的三大部件来分解、

① 木经. 原书已佚. 这段文字引自 [宋] 沈括. 梦溪笔谈. 卷十八

剖析建筑实体的。

底界面是人在建筑空间内的活动平台，无论是建筑的底层空间还是建筑的楼层空间，底界面都是不可或缺的，它是建筑空间构成的必要因素。

侧界面是围合建筑空间的灵活要素。建筑空间的封闭度和开放度主要依赖侧界面来调节。侧界面可以是实界面，也可以是不同通透度的虚界面。建筑空间的各向侧面，可以全方位地围合，也可以有限度地围合或者完全不围合。

顶界面是区分建筑内部空间和建筑外部空间的标志。建筑的内部空间和外部空间有时候是不易区分的，芦原义信把"没有屋顶的建筑空间"定义为建筑外部空间，这个定义得到普遍的认同。这样，建筑的内外空间就有了明确的区分标志。因此，建筑外部空间只具备底界面和侧界面两要素。

由于建筑实体既构成内部空间，也构成外部空间，因此，建筑实体的界面，还需要区分出"内界面"和"外界面"。显而易见，"内界面"是建筑实体面向内部空间的界面，"外界面"是建筑实体面向外部空间的界面（图2-2-2）。

2."加法"构筑和"减法"构筑；"加法"空间和"减法"空间

建筑实体生成建筑空间，存在着"加法"和"减法"两种方式。"加法"是通过增筑材料来取得建筑空间，"减法"是通过削减材料来取得建筑空间（图2-2-3）。原始建筑从一开始就形成这两种构筑方式。维特鲁威在论述房屋起源时，就指出有用树枝、树叶、泥块的构筑，有在山丘挖凿洞穴的构筑，前者说的即加法的构筑，后者说的即减法的构筑。"加法"方式无疑是最重要、最常见的。15世纪，意大利的菲拉雷特（Filarete）在他所著的《建筑论文》一书中，用亚当建造遮风避雨的原始棚屋来表述维特鲁威关于房屋起源的说法。[①]他配了一组

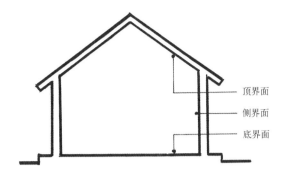

图2-2-1 建筑的底界面、侧界面、顶界面

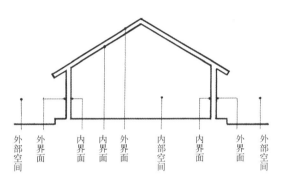

图2-2-2 建筑的内界面、外界面和内部空间、外部空间

图2-2-3 减法构筑示意.挖掘洞穴获取减法空间
引自侯继尧，王军.中国窑洞.郑州：河南科学技术出版社，1999.

插图：第1幅，没有住屋的亚当，只能用双臂抱头来抵御雨水的浇淋（图2-2-4①）；第2幅，4根带枝杈的树干和4根水平放置的树干，构成木构柱梁的原型（图2-2-4②）；第3幅，以这样的原始构架建成了原始住所（图2-2-4③）。我们从这组插图上，生动地看到原始人用"加法"方式生成初始建筑空间的情景。这里，加法的构筑既生成建筑的内部空间，也生成建筑的外部空间，这里的内部、外部空间，都是与加法方式相对应的"加法空间"。

① 见[德]汉诺-沃尔特·克鲁夫特.建筑理论史——从维特鲁威到现在[M].王贵祥译.北京：中国建筑工业出版社，2005：31.

① 萧默. 敦煌建筑研究 [M]. 北京：机械工业出版社，2003：248.

无独有偶，在敦煌北周第296窟窟顶壁画福田经变中，有两幅表现建筑施工的画面，画的也都是"加法"构筑的情景。① 在"建屋图"中，一座三开间的歇山顶殿屋即将完工，这是加法构筑方式取得的加法内部空间和加法外部空间（图2-2-5 ①）。在"建塔图"中，工人们正在建造一座小塔的塔座，如果这是实心的小塔，那就是加法方式构筑的外部加法空间（图2-2-5 ②）。显而易见，"有内有外"型建筑和"有外无内"型建筑，都是通过"加法"方式生成建筑空间的。这种方式是古往今来房屋构筑的主要方式。

"减法"构筑也是大有作为的。地下建筑通常都是减法方式生成的，横穴、袋穴、窑洞、崖墓、崖庙、石窟，都是通过挖掘黄土或岩石来取得空间，是典型的减法内部空间。如果说加法空间是从自然空间中围隔出人为空间，那么减法空间则是从自然实体（山体、地体）中挖掘出人为空间。可以说"有内无外"型建筑主要是通过减法方式生成的。但是减法方式并非只能生成建筑内部空间。凡是靠崖的岩洞土穴，只要入口设于崖面，就自然形成崖壁门面。这里的崖壁门面，多是经过开凿崖壁来扩大门面空间，这是一种常见的由减法方式生成的外部空间（图2-2-6）。中国的天井窑（也称下沉式窑洞），在黄土平坦地段挖出下沉的天井，再向四壁横挖窑洞，形成地下的四合院。这个露天的下沉天井也是一种常见的减法生成的外部空间（图2-2-7）。

有趣的是，减法方式在特定场合，还可能生成"有内有外"型建筑。印度教有一种岩凿庙，是从岩石山体凿出整体神庙，既有神庙的外观体量造型，也有神庙的内部空间。著名的印度埃洛拉石窟群第16号凯拉萨神庙就是这种建筑的代表性实例（图2-2-8）。这组建筑凿于公元757～790年（一说凿于756～773年），

① 亚当，原始棚屋的创造者

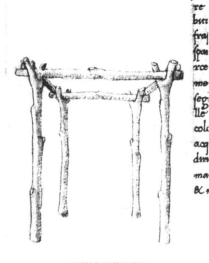

② 原始棚屋的木构架

③ 原始棚屋的棚舍

图2-2-4 ［意］菲拉雷特《建筑论文》插图，生动地显示出原始加法构筑的景象
引自［德］汉诺-沃尔特·克鲁夫特著. 王贵祥译. 建筑理论史. 北京：中国建筑工业出版社，2005.

① 建屋图

② 建塔图

图2-2-5 敦煌北周第296窟的建屋图和建塔图
引自萧默. 敦煌建筑研究. 北京：机械工业出版社，2003.

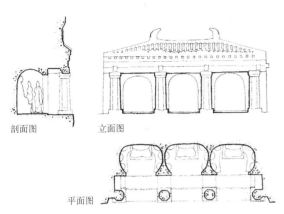

图 2-2-6　甘肃天水麦积山石窟第 30 窟
引自中国科学院自然科学史研究所主编. 中国古代建筑技术史. 北京：科学出版社，1985.

图 2-2-7　天井窑的下沉式庭院，减法构筑的外部空间
引自侯继尧，王军. 中国窑洞. 郑州：河南科学技术出版社，1999.

整个建筑组群都从石山中雕凿出来。沿着中轴线，从前到后设置门楼、祠堂、前厅、主殿和后部的 5 座小塔，四周凿出崖壁、廊道、配殿，形成深 84 米、宽 47 米的整组庙院。这是一种名副其实的"减法"构筑方式，先凿出神庙的外部形体，再凿出神庙的内部空间。据估计总共凿去了 20 万吨石头。这是巨大的劳力耗费和漫长的工期投入，其代价远超过加法构筑的成本。这种奇特现象——用减法构筑生成了加法内部空间形态和加法外部空间形态，形成构筑方式与空间形态的不对应。这种巨大耗费的构筑自然欠缺生命力，只是昙花一现的

图 2-2-8　减法构筑的"有内有外"型建筑——印度埃洛拉石窟凯拉萨神庙
引自萧默. 文明起源的纪念碑. 北京：机械工业出版社，2007.

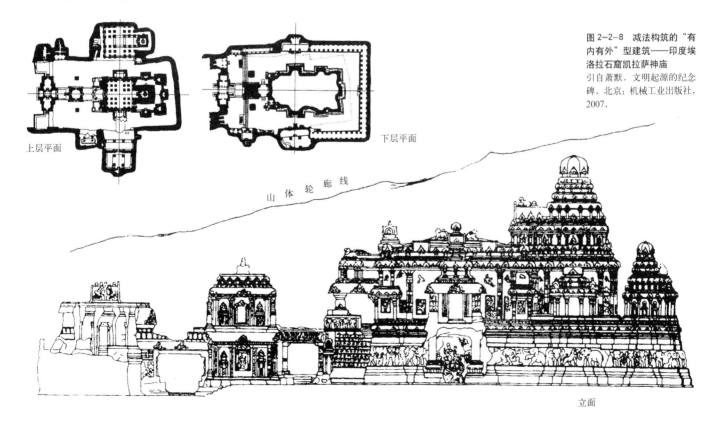

① 胡汉生. 明十三陵 [M]. 北京：中国青年出版社，2007：73.

图 2-2-9 陕西米脂冯家祖宅——后院由正窑、厢窑组构
引自侯继尧，王军. 中国窑洞. 郑州：河南科学技术出版社，1999.

图 2-2-10 胡汉生所作"长、献、景、裕、茂、泰、康、永、昭、定十陵玄宫吻兽分布想象图"
引自胡汉生. 明十三陵. 北京：中国青年出版社，2007.

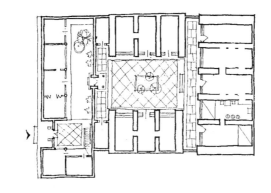

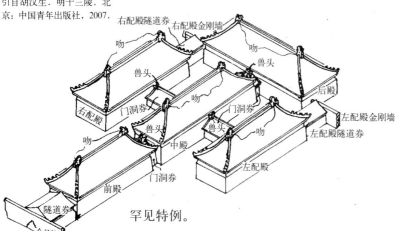

宫内的"五室三隧"按说都是标准的地下建筑，都是地道的减法空间。而实际上它却是在挖去陵冢土方后，完全以加法方式生成的。胡汉生在他所著的《明十三陵》书中，附有一张"长、献、景、裕、茂、泰、康、永、昭、定十陵玄宫殿室吻、兽头分布想象图"（图 2-2-10）。这幅图上清晰地复原了玄宫的"五室"（前殿、中殿、后殿和两配殿）、"三隧"（位于前殿之前的隧道和左右配殿之后的隧道），并参照《工部厂库须知》所记玄宫吻兽用量，画出五室庑殿顶上的琉璃瓦顶及其吻兽。这幅图形象地告诉我们，整组玄宫是带有完整琉璃瓦顶的石拱券建筑，是在原土层大开挖之后，以石拱券和琉璃瓦顶构筑出完整的"地下宫殿"，然后再填土夯实，直到地面之上隆起高大的宝顶、宝城。在这里，"五室三隧"本身的建造，都是加法构筑方式，填土夯实也是加法构筑方式。胡汉生在讲到陵寝用材时，特地指明："陵寝的黄土用量也极大，主要是用于宝城内陵冢的填筑"。① 他还引用了《工部厂库须知》中的一道奏文，文中称："黄土每方价值至十余金"，可见覆土夯实陵冢、宝顶也是一项耗资巨大的加法工程。我们不要小看了这类覆土建筑，它有它的妙处。它以加法方式生成减法的内部空间，既取得内部空间的冬暖夏凉，有重要的节能意义；又取得外观的生态原貌，有利于保护原生态环境。这使它成了当今令人刮目相看的生态建筑。现在时兴建造的覆土住宅、覆土办公室等，正是这种凸显节能意识、生态意识，以加法方式构筑的减法空间。

3. "场所"空间与"非场所"空间

由建筑实体的"有"生成的建筑空间的"无"，还有"场所"与"非场所"的区别。所谓"场所"，就是人的活动空间。因为有人的活动，所以场所成了行为空间、性格空间、意义空间。但是，并非建筑实体所生成的空间都是场所。建筑中

罕见特例。

值得注意的是，构筑方式与空间形态的不对应，也存在加法构筑方式生成减法空间形态的现象。窑洞建筑中有一种锢窑（也称覆土窑、独立式窑），是在平地上以土坯发券或砖石发券，然后再覆盖很厚的土层。这种覆土的锢窑，内部空间完全呈窑洞的减法空间形态，而它的构筑却是地道的加法方式。山西西部和陕西北部民居中，这种锢窑用得很普遍。厚壁厚顶的减法空间形态，具有冬暖夏凉的突出优点，在当地，比木构架瓦房更受欢迎。一些木构架住宅大院常常把锢窑作为主院上房，或是把主院做成锢窑院（图 2-2-9）。在这种情况下，加法构筑的正窑、厢窑，既生成减法的内部空间，也组构了院庭的加法外部空间，是一种很独特的空间构成形态。

明清的陵寝玄宫，深埋于宝顶土层之下，玄

也出现一些"非场所"的空间。我们试看印度的泰姬·玛哈尔。这座被称为伊斯兰世界最美丽的建筑，主体建筑陵堂中心的上空，覆盖着圆形的内穹顶，它的上部再耸起带鼓座的、轮廓饱满的葱头形外穹顶。从剖面图上可以看出，这个带鼓座的葱头形外穹顶是一个完全封闭的空间（图2-2-11）。这个空间显然是无人的空间，这就是典型的"非场所"的空间，实质上是一种"构造空间"。这是世界极品级建筑中的一个大体积的非场所空间。

这种非场所的空间，在古代建筑中并非罕见。许多大教堂的穹顶也有这现象。我们熟悉的拜占庭风格的威尼斯圣马可教堂（图2-2-12），古典主义风格的伦敦圣保罗主教堂（图2-2-13），都带有这种"非场所"空间的外穹顶。不难理解，这种"非场所"意味着建筑外显体量超越了内部空间体量，它的出现是为了满足外部空间观赏的需要，对于内部则是一种多余的空间。这部分多余空间就成了封闭的非场所的"构造空间"。中国木构架建筑的大屋顶也存在着这个现象。屋面的排水坡度和屋顶的壮观形象，需要较大的举架，伴随着带来庞大的屋顶内部空间。中国古代殿堂建筑对此采取了两种做法：一种是殿内做"天花"，天花下部是合宜的殿内空间，天花上部成了"非场所"的"构造空间"（图2-2-14）；另一种是"彻上明造"，不设"天花"，把梁架完全展露于殿内，把"上分"空间与"中分"空间融合成一体。带坡顶的民间宅屋也存在着这个问题。讲求实效的民居不会轻易浪费这样的"构造空间"，或以"彻上明造"方式直接利用；或以局部搁板，用作储藏空间；或辟为阁楼，转化为住人的场所空间（图2-2-15）。

古希腊建筑中有一种"音乐纪念亭"（图2-2-16）。我们从它的剖面图上，可以看到小亭的基座内部有一个"空间"，亭身内部也有一

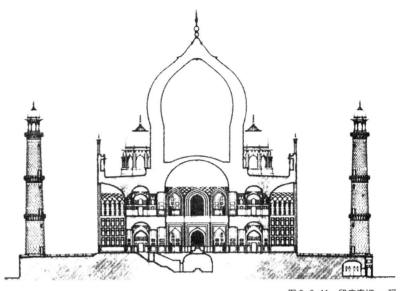

图2-2-11 印度泰姬·玛哈尔剖面，洋葱形外穹顶的内部，是庞大的"非场所空间"
引自邹德侬，戴路. 印度现代建筑. 郑州：河南科学技术出版社，2003.

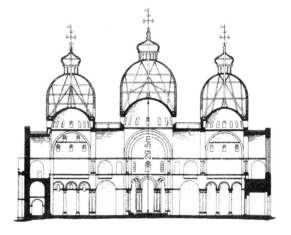

图2-2-12 威尼斯圣马可教堂纵剖面，15世纪在穹顶上添加木构外穹顶，形成外穹顶内部的庞大"非场所空间"
引自王瑞珠. 世界建筑史·拜占廷卷（下册）. 北京：中国建筑工业出版社，2006.

图2-2-13 伦敦圣保罗主教堂，外穹顶内部的"非场所空间"
引自罗小未，蔡琬英. 外国建筑史图说. 上海：同济大学出版社，1986.

① 王瑞珠. 世界建筑史·古希腊卷下册[M]. 北京：中国建筑工业出版社，2003：600.

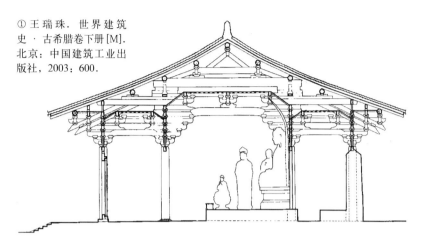

图 2-2-14　佛光寺大殿剖面，平闇上方成为"非场所空间"
引自刘敦桢主编. 中国古代建筑史. 北京：中国建筑工业出版社，1984.

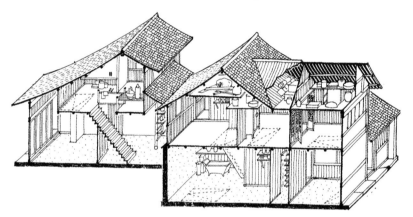

图 2-2-15　浙江民居充分利用屋顶山尖作为储藏空间，把天花板上部的"非场所空间"转化为"场所空间"
引自中国建筑技术发展中心，建筑历史研究所. 浙江民居. 北京：中国建筑工业出版社，1984.

图 2-2-16　雅典科西格拉泰音乐纪念亭，亭身内部空间和基座内部空间都是封闭的"非场所空间"
引自王瑞珠. 世界建筑史·古希腊卷（下册）. 北京：中国建筑工业出版社，2003.

图 2-2-17　印度尼西亚婆罗浮屠平面、剖面图
引自同济大学建筑系、南京工学院建筑系合编. 外国建筑史图集（古代部分），1978.

个"空间"。基座内的"空间"，无疑是"非场所"的"构造空间"。亭身内的空间，虽然考古发现，它的东面曾开一门，相邻柱上还留有原设台阶的痕迹①，似乎曾经有过打算使用的迹象。但整个亭身耸立在高高的基座上，不便出入，亭身室内不能采光，应该也是"非场所"的空间。由此，这个空心的音乐纪念亭，不能视为具有内部场所的建筑，它不应属于"有内有外"型，而应属于"有外无内"型建筑。

以此类推，著名的印度尼西亚的婆罗浮屠（图 2-2-17），虽然中心的大窣堵坡内部有两层空心，由于它不是场所空间，主体部分仍应属于"有外无内"型之列。只是它的各层坪台上的小塔，有漏空的塔室，各供一尊佛像，带有局部的内部空间，同样的道理，中国的密檐塔、喇嘛塔，有的是实心的，有的是空心的。即使是空心的，只要这个空心是"构造空间"，与人的活动无关，与宗教的奉安舍利、安放经文无关，这样的塔也都属于"有外无内"型建筑。

（二）围与被围：空间与实体的内在制约

前面展述了建筑的内部空间和外部空间，"场所"空间和"非场所"空间；展述了建筑实体构成的"底界面"、"侧界面"、"顶界面"及其面向内部空间、外部空间的"内界面"、"外界面"；展述了建筑实体生成建筑空间的"加法"构筑、"减法"构筑及其对应的和不对应的"加法空间"、"减法空间"。从这些实体构成和空间构成的现象中，我们可以形成一个强烈的印象：建筑空间与建筑实体是一对孪生子。

我们说，建筑空间是由建筑实体生成的，建筑实体是由建筑构件组构的。实际上，在建筑构件组构建筑实体的同时，就伴随着生成相应的建筑空间。建筑实体与建筑空间是一起诞生的，同时诞生的。在没有组构成建筑实体之前，建筑材料只是建筑的原材料，建筑构件只

是建筑的原构件。我们加工的一根根木梁、木枋、木柱和钢筋混凝土梁板，当它未组构成建筑实体时，都只是构件库中堆放的预制构件。这种堆放的预制构件自身还没有生成建筑空间，它必须组构成建筑实体，才生成建筑空间。换句话说，它必须生成建筑空间，构件的组合才升华为建筑实体。因此，不存在没有建筑实体的建筑空间，也不存在没有建筑空间的建筑实体。

我们可以把围合建筑空间的侧界面要素——墙，作一下分解。假定我们把加法构筑的"墙"称为"墙体"，把减法构筑的"墙"称为"壁体"，我们就可以看出，"墙体"都具有双侧界面，当它是"外墙"时，一侧是内界面，另一侧是外界面；当它是"内墙"时，双侧都是内界面（图2-2-18）；而"壁体"则只有单侧面，当它面向内部空间时，具有内界面；当它面向外部空间时，具有外界面（图2-2-19）。

显而易见，墙体和壁体的内界面是与内部空间共生的，没有墙体、壁体的内界面，就没有对应的墙内加法空间和壁体内部的减法空间；反过来，没有墙内加法空间和壁体内部的减法空间，也就不存在对应的墙体、壁体的内界面。同样的，墙体和壁体的外界面是与外部空间共生的，没有墙体、壁体的外界面，就没有对应的外部加法空间和外部减法空间；反过来也一样，没有外部的加法空间和减法空间，也就不存在对应的墙体、壁体的外界面。

从这里可以看出，建筑实体与建筑空间是紧紧交织在一起的，是相互依存、相互制约的。

建筑空间与建筑实体的这种相互依存、相互制约的关系，是极其重要的关系，因为，正是建筑空间与建筑实体的这种相互依存、相互制约，构成了建筑的内在矛盾。正是建筑的这个内在矛盾，确定了建筑这一事物的本质。它是我们认识建筑的一个理论基点。

建筑中存在着多层面的"有"与"无"，毋

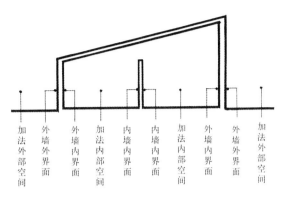

图 2-2-18 墙体的内外界面与加法的内外空间

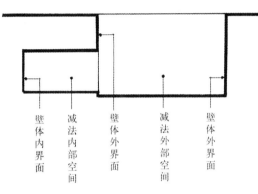

图 2-2-19 壁体的内外界面与减法的内外空间

庸置疑，单体建筑层面的建筑实体的"有"与建筑空间的"无"，是关联建筑的最基本、最重要的"有、无"。建筑正是这一层面的"有"与"无"的矛盾统一体，是满足一定的物质功能、精神功能所要求的建筑内部、外部空间和构成这种空间的，由建筑构件所组成的建筑实体的矛盾统一体。建筑物的建造过程，就是运用建筑材料、建筑构件组成建筑实体并取得建筑空间的过程。建筑物的使用过程，就是建筑空间发挥使用效能和建筑实体逐渐折旧破损的过程。建筑空间与建筑实体的这个内在矛盾，贯穿于建筑发展的始终。从建筑的初始诞生，到现代建筑的最新发展，都一直存在着这个内在矛盾，原始的巢居、穴居如此，现代的高楼大厦也是如此。建筑空间与建筑实体的这个内在矛盾，也存在于不同类型、不同标准的一切建筑之中，简陋的棚屋、茅舍如此，隆重的纪念碑和豪华的星级宾馆也是如此。正是建筑空间与建筑实体的这个内在矛盾，决定了建筑的共同本质。

建筑的这个内在矛盾究竟存在着什么样的制约关系呢？我们可以把它概括为"围合与被围合"的关系，即建筑空间根据物质的、精神的功能需要，要求建筑实体予以相应的围合；而建筑实体则根据自身技术的、经济的可能，满足建筑空间的围合需求，同时也要求建筑空间适于被围合（图2-2-20）。在这里，"围合"是一个内涵很丰富的概念。千差万别的建筑，有千差万别的物质功能和精神功能，因而对于实体的"围合"要求自然也是千差万别的。建筑实体的这种千差万别的围合作用，实际上可以归纳为四个方面：

一是组构空间、联系空间的围隔作用；
二是围护空间、优化空间的防护作用；
三是支承空间、稳定空间的结构作用；
四是展示空间、美化空间的造型作用。

这是建筑实体的四大作用。建筑空间有赖于建筑实体的围合才得以生成，实体的围隔作用决定了空间的有无、空间的尺度、空间的数量、空间的分布、空间的分隔、空间的联系；实体的防护作用，保证了空间的防风避雨、防寒保暖、防虫避兽、防盗御敌，提升空间的环境质量；建筑空间还有赖建筑实体的支承而得以存在。实体的结构作用决定了空间的稳定、空间的安全、空间的持久、空间的寿命。建筑空间的展示也是与建筑实体分不开的，人们必须通过建筑实体才能感受到建筑空间，空间的尺度、空间的体量、空间的组织、空间的氛围、空间的境界，都是通过实体才得以展示、得以认知、得以美化、得以表现的。

建筑空间是人的活动场所，内部空间是人的活动场所，外部空间也是人的活动场所。在常规的"有内有外"型建筑中，建筑实体充当着"一仆二主"的角色，既有赖它生成建筑内部空间，也有赖它生成建筑外部空间。明代的李渔已经注意到这一点。他说："墙壁者，内外攸分而人我相半者也。俗云：'一家筑墙，两家好看'"。[①]作为建筑实体的外墙，它的内界面需要适应内部空间的需要，它的外界面需要适应外部空间的需要，在分隔建筑空间的"内"与"外"的同时，还要满足内部和外部的"两家好看"。屋顶也是如此。作为顶界面的屋顶既要满足覆盖内部空间的需要，又要满足外观形象和组构外部空间的需要，同样充当着"一仆二主"的角色。

在建筑内部空间的生成中，建筑实体担当着空间的"界面"，为三度空间提供底界面、侧界面、顶界面。在这里，界面对于内部空间是一种"界定"关系，使空间获得明确的或不明确的"边界"。这些边界共同组构了内部空间的围合隶属度。其中，侧界面的灵活可调度最大，它可以是完全封闭的实界面，也可以是不同通透度的虚界面；可以是一面虚围合、两面虚围合、三面虚围合，以至于四面完全的虚围合；由此形成内部空间围合的不同隶属度，由此组构内向的、不同开放度的收敛空间，由此生成不同程度的外部化的"亦内亦外"的模糊空间。

在建筑外部空间的生成中，建筑实体同样担当着空间的"界面"，只是建筑外部空间是不带屋顶的，它虽然也是三度空间，却无需顶界面。在这种情况下，建筑实体的外界面，包括墙体外界面和屋顶外界面，整个儿都成了建筑外部空间构成的侧界面因子。这个侧界面因子与作为底界面的室外场地因子相配合，就构成了建筑的外部空间。在这里，建筑实体的外界面对于建筑外部空间，也是一种"界定"关系。由它所"界定"的外部空间，可能是内向的"收敛空间"，可能是外向的"扩散空间"；基于外界面的不同围合隶属度，也可能造成不同程度

① [明]李渔.闲情偶寄[M].北京：作家出版社，1995：197.

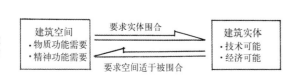

图2-2-20 建筑实体与建筑空间的内在制约：围合与被围合

第二章　建筑之道："有"与"无"的辩证法

内部化的"亦外亦内"的模糊空间。我们从杭州上天竺长生街金宅，可以清楚地看到这种景象（图2-2-21）。[①] 金宅平面呈"Π"字形，前面临街部分为面阔两间的两层楼房，底层用作起居、店面，楼层用作卧室。后部两翼为平房，用作厨房、储藏。两翼中间辟出一个狭长的小天井，由"Π"字形的三向外界面围合。这个空间就是内向的收敛的外部空间。其实这个小天井的三面都是虚界面，小天井空间与厨房、储藏空间是密切流通的，这个收敛的外部空间也可以说是充分内部化的"亦外亦内"空间。而金宅的北侧外墙，与升高的街角地面相结合，加上竹篱的围隔和石桌凳的陈设，组成了一处与厨房小门连通的家务场地。这个宅旁场地就是外向的扩散的外部空间。可以说金宅的建筑实体，不仅灵活地组构了建筑内部空间，也妥帖地组构了各向的建筑外部空间和整体的外观形象，生动地体现出浙江民居的有机、质朴、自然。

值得注意的是，当我们超越建筑单体层面，而从建筑组群层面考察建筑外部空间时，这时候的"有"和"无"就发生了变化。建筑组群是由若干建筑单体因子、建筑小品因子和相应的场地因子组成。单体建筑自身和场地、小品成了建筑组群的"有"，它们所组构的组群空间转化成了建筑组群的"无"。这里的"有"成了"图"，这里的"无"成了"底"，它们构成了图与底的关系。这是建筑组群层面值得研究的"有"

[①] 中国建筑技术发展中心建筑历史研究所. 浙江民居[M]. 北京：中国建筑工业出版社，1984：221.

外观透视

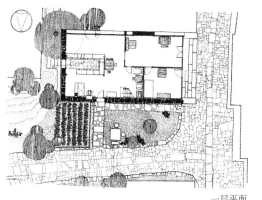

一层平面

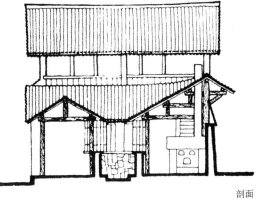

剖面

图2-2-21　杭州上天竺长生街金宅
引自中国建筑技术发展中心、建筑历史研究所. 浙江民居. 北京：中国建筑工业出版社，1984.

与"无"的关系。因为本节专谈单体建筑层面的"有"与"无"的内在制约，有关组群层面的"有"与"无"的问题，不在这里展述。

在建筑空间与建筑实体这个矛盾统一体中，空间是人的容器，是人的活动场所。人们使用建筑，用的主要是它的空间。建筑的使用功能，主要体现在空间的格局和性能，因此建筑空间具有目的性的品格。而建筑空间的这种格局、性能是由建筑实体生成的，因此建筑实体具有手段性的品格。我们建造房屋，全部的人力、物力、财力都投在建筑实体上，而真正使用的却是建筑空间。

如果说，建筑空间格局，包括它的空间尺度、空间数量和空间布局等等，都是由与之相互依存的建筑实体生成的；那么建筑空间的性能，包括空间环境质量、空间安全性能等等，则不能说全赖建筑实体生成。人们在建筑中栖居、活动，涉及防风避雨、防晒遮阳、防寒保暖、采光照明、通风洁净、给水排污、楼层交通、电信联系等诸多需求。这些功能要求，有的是通过建筑实体解决的，有的则需添加"设备"来解决。这样，就给建筑带来了除"空间"与"实体"之外的第三个角色，叫做"建筑设备"。

建筑设备不是建筑实体的构成，因为它不是生成空间、围隔空间的建筑构件，但是对建筑空间的性能却起着举足轻重的作用。建筑设备在原始建筑中早已有之。穴居中的"火塘"大概可以算作建筑设备的鼻祖。火塘除熟食外，有取暖、除湿、照明等作用。这些职能后来为炉、炕、灯所取代。它们的共同特点都是用"火"。到19世纪六七十年代，人类开始应用电力。以1879年电灯问世为起点，建筑设备从"火设备"转入"电设备"，逐步形成了一整套包括电照明、电空调、电梯等应用电能的设备。而今天，一系列的"电子设备"正在登堂入室，由此引发的数字化设备、智能化设备成了建筑现代化的一个重要内涵。

建筑设备与建筑实体有密切的关联性。它可以补充建筑实体围护的不足，如以供热辅助墙体御寒之不足，以机械通风辅助门窗自然通风之不足。对于洁净车间、洁净实验室之类的建筑，它能提供实体所解决不了的恒温、恒湿、洁净等空间条件。建筑设备还可以取代建筑实体的某些职能，如以电照明取代窗的天然采光，以空调取代窗的自然通风，以电梯取代楼梯的徒步登楼等等。这样一来，在建筑空间与建筑实体的相互制约关系中，由于建筑设备的介入，就可以割断套在"空间"脖子上的若干"实体"缰绳，使空间的组合摆脱掉若干传统的羁绊。例如，电照明与空调取代窗的采光、通风作用后，建筑空间可以不必为了开窗而紧贴外墙，从而为空间布局提供了新的可能，甚至可以把整个空间都转入地下，等等。由此，我们可以把"设备"看作是一种"异化"的建筑构件，电梯是一种活动的楼梯，空调机是一种无形的窗，从这个意义上把"建筑设备"看作另类的"建筑实体"。由于建筑设备需要耗能，在设备运用上存在着节能问题，为此建筑实体在组构建筑空间格局和界定空间围隔时，还需要为建筑设备的节能创造有利条件。

认识建筑空间与建筑实体的这个内在矛盾，有助于我们对建筑进行矛盾分析。我们可以把建筑空间和建筑实体作进一步的分解。把建筑空间划分为主体空间和辅助空间。主体空间是该建筑的主要功能空间，在住宅中是居室，在宾馆中是客房，在电影院中是观众厅，在体育馆中是比赛厅。主体空间是区分建筑类型的主要标志，不同质的主体空间决定了不同的建筑类型。建筑实体也可以进一步划分为主体构件和辅助构件。主体构件是组构主体空间的基本部件，是建筑实体的主体结构框架，是建筑的构筑基干。值得注意的是，对于不同的建筑类型，对于不同的空间体量和围合特点，往往是主体空间的某一功能要求，与主体构件中的某种部件构成矛盾焦点，成为设计、施工上的关键问题。像大会场、比赛厅、展览厅、观众厅那样的主体空间，大空间的跨度需求与覆盖它的顶盖结构部件是它的矛盾焦点。对于高层建筑，矛盾焦点就转移到高耸而立的空间层数和楼层框架上去。在建筑设计中，特别需要清醒地把握矛盾焦点的所在，围绕矛盾焦点展开多方案的比较，因为它是影响全局的，是不同设计方案的关键所在。

建筑空间与建筑实体的这种内在制约表明，构筑形态是建筑形态的根基，不同建筑体系的初始构筑形态，往往是奠定该建筑体系空间格局和形貌格局的重要"基因"。这是一个值得我们关注的建筑现象。

汉宝德在《斗栱的起源与发展》一书中，对东西方建筑的体系差异有一段精彩的论述。他写道：

> 在长方形的早期掩蔽体中，东西方有一很大差异，乃在西方（以希腊为例）之发展倾向于使用长向墙面为承重之部分，而在我国则采用短向墙为承重之用……我曾分析此差异所造成结构系统的分别。由于长向墙承重之结果，西方建筑之屋顶部分之支承，则必然由垂直于长向之构材来完成，用现代的名词，可称为"椽承重系统"。而我国则有赖于平行于长向之构材来负担屋顶重量，可名之为"檩承重系统"。我曾说明整个中国建筑的形貌概由此一特色决定。
>
> 我的理论是根据此一假定，而推出西方建筑的主要入口概自短向进入，因短向为不承重之墙面，开口较便之故。同理，我国的建筑主要入口概自长向进入，因长向为不承重之墙面，开口较易之故。①

的确，古代希腊建筑和古代中国建筑，在构筑方式上，存在着"椽承重系统"和"檩承重系统"的区别。我们可以看一下特洛伊文化的一个房舍平面（图2-2-22）。②这个房舍属于爱琴文化青铜时代早期（公元前3000年至前1900年）的1b地层。它的平面已呈现出几个特点：一是窄长的矩形主室；二是入口设于端墙；三是端部敞开形成门廊。呈现这样的空间格局是与它的构筑方式息息相关的。古代这个地区的木材十分短缺，大材要靠小材拼接，只能节俭地使用小材。这就导致尽量缩小跨度而形成窄长的矩形空间。当地炎热而干旱的夏季，有利生产日晒砖（土坯），因而墙体自然采用土坯砌筑，只在墙基和墙体下段用石。此时的屋顶推测是平顶，用树枝芦苇上铺黏土层。这种屋盖的小梁自然选取短跨度，以长向墙承重。在长向墙承重的情况下，自然选取不承重的端部墙开辟入口，设置敞开的门廊。应该说，这个基于构筑方式所形成的空间格局，已奠定迈锡尼宫殿（约公元前1300年）"麦加仑"（Megaron）式厅堂的原型，成为后来希腊神庙基本型的滥觞。

这种端墙式形态在铁器时代有进一步发展。我们可以看莱夫坎迪发掘的一个属于公元前10世纪的葬仪建筑遗址（图2-2-23）。③它的平面更为窄长，依然是端部入口，依然在端部设

① 汉宝德. 斗栱的起源与发展[M]. 台湾：文明书局股份有限公司，1982：3.

② 王瑞珠. 世界建筑史·古希腊卷上册[M]. 北京：中国建筑工业出版社，2003：32.

③ 王瑞珠. 世界建筑史·古希腊卷上册[M]. 北京：中国建筑工业出版社，2003：153.

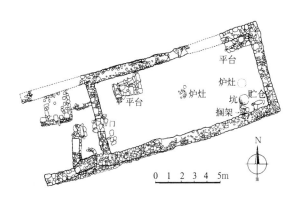

图2-2-22 古希腊特洛伊102号房址平面图
引自王瑞珠. 世界建筑史·古希腊卷. 北京：中国建筑工业出版社，2003.

① 王瑞珠. 世界建筑史. 古希腊卷上册[M]. 北京：中国建筑工业出版社，2003：154.

② 王瑞珠. 世界建筑史. 古希腊卷上册[M]. 北京：中国建筑工业出版社，2003：169.

敞开门廊，只是添加了前部的东室和后部的小室、半圆室，添加了室内的一列中柱和周圈的木柱外廊。从复原图可以看出，它的坡屋顶正是汉宝德所说的"椽承重系统"，密集的椽条落在长向承重墙上，并延伸到廊柱上。长向承重墙上虽然开有一个小门，但主入口明确地处于端部。这个实例进一步佐证了椽承重与长向墙承重，与端墙式主入口的内在关联性。不少学者认为希腊神庙的形制起源于迈锡尼宫殿的"麦加仑"式厅堂。王瑞珠所著的《世界建筑史·古希腊卷（上）》中，附有一幅"麦加仑式厅堂和后期神庙形制比较"的插图（图2-2-24）。①从图中的比较不难看出麦加仑式厅堂、早期围柱式神庙和古典时期神庙在形制上的演进渊源。希腊神庙后来定型为端墙式、前廊式、前后廊式、围柱式、假围柱式、双围柱式等形制（图2-2-25）②，始终都保持着以端部为主入口，以端部为主立面的基本形态，并且创造了带山花的主立面柱式。这种带山花的主立面柱式，对西方古典建筑的立面构图产生了极深远的影响。当我们感受到帕提农神庙主立面的那种典范性的美的构图的时候，想不到它的由来还关联着"椽承重系统"的构筑"基因"。

在中国木构架建筑体系中，这个在希腊神庙中达到登峰造极的端墙却被视为难登大雅之堂的"山墙"。为什么会形成这么极度的反差，这里的确存在着"檩承重系统"的构筑"基因"

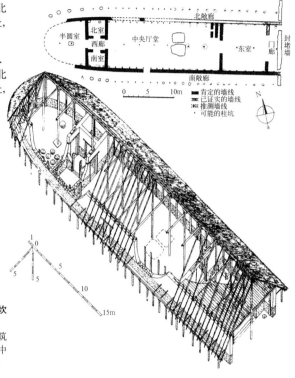

图2-2-23 古希腊莱夫坎迪葬仪建筑复原图
引自王瑞珠. 世界建筑史·古希腊卷. 北京：中国建筑工业出版社，2003.

图2-2-24 古希腊麦加仑式厅堂与后期神庙形制的比较
A. 麦加仑式厅堂
B. 早期围柱式神庙
C. 古典时期神庙
1. 外室 2. 内室 3. 大厅
4. 入口第二排柱列 5. 基台
6. 坡道 7. 柱廊 8. 内殿
9. 前室 10. 后室
引自王瑞珠. 世界建筑史·古希腊卷. 北京：中国建筑工业出版社，2003.

图2-2-25 希腊神庙平面分类
引自王瑞珠. 世界建筑史·古希腊卷. 北京：中国建筑工业出版社，2003.

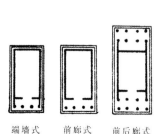 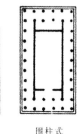 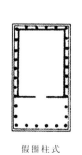 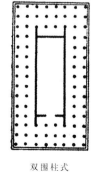 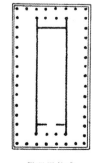

端墙式　前廊式　前后廊式　围柱式　假围柱式　双围柱式　假双围柱式

的制约。

汉宝德在论述西方建筑使用长向墙承重，中国建筑采用短向墙承重时，曾说："西方的例证很多，我国至今无明显的远古例子"。①的确，短向墙承重在中国原始建筑中欠缺典型例证。郑州大河村有一批仰韶文化的房屋遗址，其中F1—4那座联间房址是大家很熟悉的（图2-2-26）。从平面上看它的短向墙间距不大，很像会采用短向墙承重，实际上这座房址的长向墙、短向墙全属于木骨泥墙，推测它的屋盖做法应该与墙体做法一致，还没有明确形成椽、檩，因此谈不上"短向墙承重"的问题。②甘肃秦安大地湾仰韶文化晚期的F820房址，平面近正方形，墙体为40厘米厚的垛泥墙（图2-2-27）。这个房址不排除由两侧垛泥墙承托屋盖的可能，但是这个房址内部有前、中、后大小木柱8根，它的前后檐很可能是由前后柱上的横木支撑，因而也不是确定的"短向墙承重"。③我们现在能够追溯的早期短向墙承重实例，恐怕得数商代的几处夯土居址。河南柘城孟庄有一处商代居住遗址F1—3（图2-2-28）。那是一座毗联式三间房屋，自西向东编号为F1、F2、F3。F1、F3平面近方形，F2平面为长方形。它们共建在夯土屋基上，墙体均为夯土墙。整个建筑未见承重木柱，推测它的屋盖是由山墙承载，其构造方式当是以山面土墙承木檩，檩上置密排的苇束，再涂草泥屋面。④这是一个明确的短向墙承重实例。河南安阳小屯苗圃北地殷商的PNVF6遗址，也是一座夯土房址（图2-2-29）。东西向毗联二室。墙体均为夯土墙。东室南墙有2.20米缺口，西室无南墙，更清晰地显现出是由山墙架檩承重，这是另一个明确的短向墙承重实例。⑤河北藁城台西村有一座商代中期的2号房址（图2-2-30①）。这个遗址为长方形房屋，由南北两个房间毗联。南间四面围合，北间东面敞开。两间之

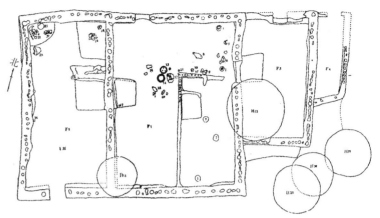

图 2-2-26 郑州大河村 F1-4 房址平面图
引自郑州市博物馆. 郑州大河村仰韶文化的房基遗址. 考古, 1973 (6)

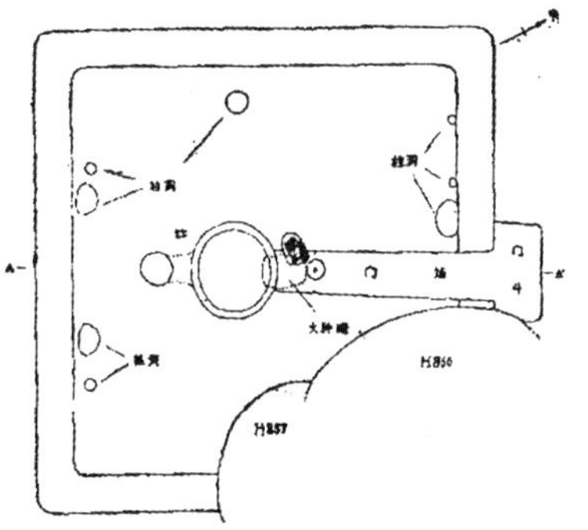

图 2-2-27 秦安大地湾 F820 房址平面图
引自甘肃省博物馆文物工作队. 甘肃秦安大地湾第九区发掘简报. 文物, 1983 (11)

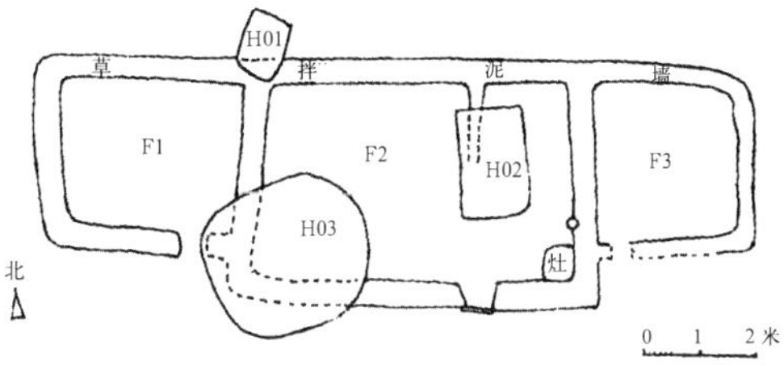

图 2-2-28 河南柘城孟庄商代房址 F1-3 平面图
引自中国社会科学院考古研究所河南一队, 商丘地区文物管理委员会. 河南柘城孟庄商代遗址. 考古学报, 1982 (1)

①汉宝德. 斗栱的起源与发展[M]. 台湾: 文明书局股份有限公司, 1982: 3.

②郑州博物馆. 郑州大河村仰韶文化的房基遗址[J]. 考古, 1973 (6)

③甘肃省博物馆文物工作队. 甘肃秦安大地湾第九区发掘简报[J]. 文物, 1983 (11)

④刘叙杰. 中国古代建筑史第一卷[M]. 北京: 中国建筑工业出版社, 2003: 158.

⑤刘叙杰. 中国古代建筑史第一卷[M]. 北京: 中国建筑工业出版社, 2003: 159.

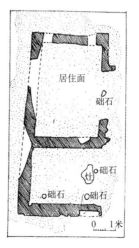

图 2-2-29 河南安阳小屯殷商 PNVF6 房址平面图
引自中国社会科学院考古研究所. 殷墟发掘报告 (1958—1961)

① 河北省文物研究所. 藁城台西商代遗址[M]. 北京：文物出版社, 1985：19-20.

② 杨鸿勋. 建筑考古学论文集[M]. 北京：文物出版社, 1987：10-12.

③ 傅熹年. 傅熹年建筑史论文集[M]. 北京：文物出版社, 1998：34-35.

间有一道横隔墙，用草泥垛成，其他四周外墙，都是下半部为版筑墙，上半部用土坯垒砌。在《藁城台西商城遗址》一书中，附有一幅该房址的复原图（图2-2-30 ②）。这个复原图采用的就是短向墙承重架檩支承屋盖的做法。① 上述三处商代夯土房址表明，以版筑墙、土坯墙"硬山搁檩"的做法，在早期是存在的，但是相对于木构架的承重，这种"短向墙承重"并不是中国早期建筑构筑的主流。中国古代建筑的主流是土木相结合的建筑体系，应该说中国从原始地面建筑开始，就奠定了"木构架承重"的雏形。正是木构架的承重，形成了"檩承重系统"。这方面在中国初始建筑中可以找到充实的根据。

我们可以看一下西安半坡的F25和F24房址。杨鸿勋对这两个房址都作了很有说服力的复原推测（图2-2-31）。② 这两个房址都呈现明确的10根外柱和2根内柱。在F25中，柱网排列不够整齐，杨鸿勋把它复原为短脊的四坡顶。在F24中，中柱一列排成一线，显示着通长的脊檩已应运而生，杨鸿勋把它复原为两坡顶。在这两个房址中，我们都看到原始檐檩和脊檩的诞生，看到木构架的运用引发檩承重的萌芽，看到"墙倒屋不塌"的构筑原型。在这里也看到前檐正中开设的房屋入口。看到带入口的前檐已成为房屋主立面的景象。这种萌芽状态的"檩承重"，进入华夏文明期后，就演进为"纵架"承重。河南偃师二里头晚夏一号宫殿遗址、二号宫殿遗址，河南安阳小屯殷商宫殿甲四遗址，湖北黄陂盘龙城商代方国宫殿F1遗址，陕西岐山凤雏西周宗庙遗址，陕西扶风召陈西周瓦屋遗址等等，都呈现出这种迹象。对此，傅熹年指出：

> 它们的柱网有一个共同特点，即都是沿房屋四周外表面方向成列，而沿垂直于外表面的进深方向大都不成列或有较大的错位。这表明那时的构架特点是在柱列上架纵向的楣（后代称为檐额或额枋），构成若干排平行于建筑表面方向的纵向构架，其上再架横向构件……横向构件可能是一些间距较密的斜梁，均匀分布在各纵架的楣上。纵架是主架梁，垂直于它的斜梁是次梁，上架檩、椽。③

这是很重要的表述。这表明从萌芽的"檩承重"

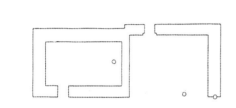

①平面图

②复原示意图

图2-2-30 河北藁城台西商代遗址二号房址
引自河北省文物研究所编. 藁城台西商代遗址. 河北省文物研究所编. 文物出版社，1985.

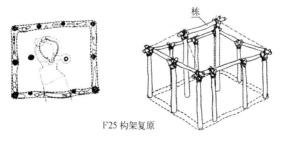

F25 构架复原

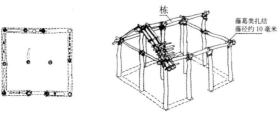

F24 构架复原

图2-2-31 杨鸿勋所作西安半坡F25、F24构架复原示意图
引自杨鸿勋. 建筑考古学论文集. 北京：文物出版社，1987.

到早期大型建筑的"纵架承重",都是木架构承重,而不是承重墙承重。在纵架承重的状况下,可以保证前后檐的间的面阔,很方便当心间开辟主入口,很方便通面阔间数的增添,很自然导向以前檐为主立面。这的确是中国木构架建筑体系始终以明间为主入口,以前檐为主立面的构筑"基因"。东西方建筑构筑"基因"的不同所引发的建筑体系的一系列不同特点,生动地展示了构筑形态的确是建筑形态的根基。

(三)有无相生:空间与实体的矛盾运动

我们认识到建筑的内在矛盾是建筑空间与建筑实体的对立统一,自然会推论出建筑的发展应该就是建筑空间与建筑实体的矛盾运动。的确,这是讨论建筑矛盾的一个重要的、不应遗漏的命题。

《老子》第二章提到"有无相生","有"和"无"是相互依存、相生相成的。建筑空间与建筑实体也是如此。前面已经提到,建筑空间是满足功能需要的,具有目的性品格;建筑实体是用以构筑空间的,具有手段性品格。一般说来,建筑空间新功能要求的提出,往往是促使建筑发展的最活跃因素。中国封建社会建筑发展的迟缓,首先就在于社会生产力和社会生活发展的迟缓,对建筑空间迟迟没有提出新的功能要求,从而也就迟迟没有对建筑实体的技术发展提出新的需要。封建时代的建筑,如宫殿中的主要殿堂、喇嘛庙中的大型经堂和贡院中的一些大型号舍等,虽然单体建筑也创造了相当庞大的内里空间,但并不要求"大跨度",因此,与小跨度空间相联系的木构架结构迟迟没有被突破。这种情况,到近代工业建筑和大量人流活动的公共建筑提出大跨度空间等新功能要求时,才有质的变化。恩格斯曾指出这一点,他说:

> 社会一旦有技术上的需要,则这种需要就会比十所大学更能把科学推向前进。①

在建筑中,这种社会上的技术需要,就集中地表现在建筑空间这样那样的功能要求上,正是它推动了建筑实体的技术改革和技术创新。当然,我们也应该看到:

> 人类始终只提出自己能够解决的任务,因为只要仔细观察就可以发现,任务本身,只有在解决它的物质条件已经存在或者至少是在形成过程中的时候,才会产生。②

建筑空间功能要求的提出,也必然只能是在建筑实体的技术经济条件已经达到或经过努力有可能达到的情况下,才会产生。因此,建筑中的"有无相生"的矛盾双方,矛盾的主要方面并非总在建筑空间一方。当建筑空间的功能需要,受到建筑实体技术经济条件的束缚而得不到满足时,那么,建筑实体技术经济上的突破就成了矛盾的主要方面。历史上的建筑正是在建筑空间与建筑实体的这种矛盾运动中发展、演进的。

建筑空间与建筑实体的这种"有无相生"的矛盾运动,越是在建筑历史发展的初期,由于制约因素相对单纯而展现得越为明晰。在那里,建筑的空间形态和实体形态,或者说建筑的空间形态和构筑形态更为直观地相互对应、相生相成。这里,我们试以中国原始建筑从穴居到地面建筑的发展进程作为例析,来考察它所呈现的"有无相生"的矛盾运动轨迹。

由"筑土构木"生成的中国木构架建筑体系,古人对其构筑形态早已作出准确的概括,称之为"土木"。中国建筑用土、用木都有久远的历史,它有两个主要源头:一是黄河流域具有"土"文化特征的、从用土起步的"穴居";二是长江流域具有"水"文化特征的、从用木起步的"巢居"。这是中国原始建筑的两种主要

① [德]恩格斯. 恩格斯致符·博尔吉乌斯[M]//马克思恩格斯选集. 第四卷. 北京:人民出版社,1972:505.

② [德]马克思.《政治经济学批判》序言[M]//马克思恩格斯选集. 第二卷. 北京:人民出版社,1972:82.

① 参见：杨鸿勋. 仰韶文化居住建筑发展问题的探讨[J]. 考古学报, 1975 (1); 杨鸿勋. 中国早期建筑的发展[J]. 建筑历史与理论, 第1辑.

② 参见：徐伯安. 我国古代木构建筑结构体系的确立及其原生形态[J]. 建筑史论文集, 第15辑.

③ 庆阳地区博物馆. 甘肃省宁县阳坬遗址试掘简报[J]. 考古, 1983 (10)

构筑方式。虽然黄河流域也有巢居活动，长江流域也有穴居活动，但是，穴居的确是黄土地带最典型的原始建筑方式，巢居及其衍生的干阑建筑的确是沼泽地带最典型的原始建筑方式。它们在各自的自然环境中，具有突出的环境适应性和文化典型性。

显而易见，在黄土地带建造穴居确有一系列有利条件。黄土地带得天独厚的深厚土层资源，黄土地带少雨量、低湿度的半干燥气候特点，黄土层有利御寒的良好蓄热、隔热性能和黄土易于挖掘、便于运用简单工具进行减法施工的技术简易性，决定了中国黄土地带的初始建筑以"土"为首选建筑用材，以"穴居"为首选建筑方式的基本格局。

穴居大体上可以分为原始横穴、深袋穴和半穴居三种形式。各类穴居遗址已有大量发掘。杨鸿勋对早期建筑作了大量复原研究，对穴居发展进程作了科学梳理。①徐伯安从研究中国木构建筑结构体系原生形态的角度，也勾画出中国原始建筑的演进轨迹。②我们现在有条件沿着已经明晰的由穴居到地面建筑的发展流程，来揭示它所呈现的建筑空间与建筑实体"有无相生"的矛盾运动。

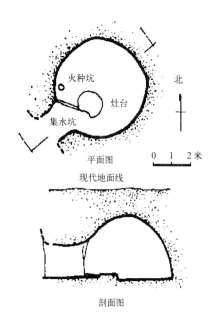

图 2-2-32　甘肃宁县阳坬遗址 F10 房址
引自潘谷西主编. 中国古代建筑史. 第四卷. 北京: 中国建筑工业出版社, 2001.

这个矛盾运动的流程明显地经历 4 个发展阶段，呈现 4 种相对应的空间形态和构筑形态：

1. 原始横穴：全盘用土，生成减法空间

这是穴居的第一种形态，从考古发掘的遗址看，它有两种形式：一是断崖横穴；二是坡地横穴。在具备黄土断崖的地段，就着现成的断崖崖面横挖穴洞，当然是最简易的取得穴室空间的方式。因此，断崖横穴应该是穴居的初始形态。

甘肃省宁县阳坬遗址 F10 房址，是现在发掘到的形态最为原始的断崖横穴遗存（图 2-2-32）。③这个横穴处在生黄土里，居室平面呈圆形，穴顶呈穹窿形，穴室呈半球状空间，半径 2.3 米，其顶部距地表（即崖背高度）1.5 米。门洞位于西南向，穴室内有灶台、土埂、火种坑，门洞内有集水坑。整个穴室保存完整，未发现柱洞和其他支承物的基础痕迹。它的建造年代并不很早，已是仰韶文化的晚期。但是作为简易的横穴，它的构筑形态和空间形态却是非常原始的。这里的"有"和"无"是一目了然的，主要表现在：

①全部由生黄土构成；

②尚未出现木质构件；

③完全为削减黄土的"减法"施工所取得的"减法"空间。

这是名副其实的全盘用土的建筑，尚未迈入"土木"构筑的进程。在土技术的运用上，已掌握挖掘穹窿形穴顶的减法用土技术，已开挖出适应生土特性的半球状减法空间，生动地显示出减法施工的生土穹顶的"有"与半球形减法空间的"无"的对应、共存。土技术的初始进展，为"土木"相结合的构筑方式作了必要的准备。

天然的黄土断崖并不是随处都有的，当先民处于非断崖的黄土坡地时，就不能停留于断崖横穴的做法，自然衍生出坡地横穴的构筑方式。宁夏海原县菜园村林子梁遗址发掘出8座横穴房址，其中F3房址年代较早，也保存得较好，可以作为坡地横穴的代表性实例（图2-2-33）。①这个房址由居室、门洞、门道、场地四部分构成。居室建于生黄土中，居住面呈不规则的大半圆形，南北径长4.8米，东西径长4.1米，面积约17平方米。穴室生土残壁向上凹曲，穴底存有塌落的黄土拱顶，表明穴顶为双曲的"穹隆顶"。门洞朝向西南，宽1.44米。较宽的入口和小于面阔的进深，有利采光、通风、防潮的需要。居室内有一个锅形圆灶坑和4个已填没的窖穴，还有一片可能是火堆照明、取暖遗留下的红烧土面。门洞处有土门槛。穴室内未见木柱洞，门洞外北侧有两个小柱洞。F3所在地坡度较平，不能直接挖横穴，它是先铲削出俗称"崖面子"的崖壁，再从崖壁横挖门洞、居室。崖壁前方开出门道，挖掘门道、门洞、居室的土方就近填在门道前方，形成场地。这个横穴沿用时间较长，C14测定并树轮校正，有两个数据——2635B.C和2245B.C，距今4200～4600余年。

这个横穴仍然是全盘用土的构筑，两个小柱位于门洞之外，对穴室主体不起结构作用，整体说来仍然未迈入"土木"构筑的进程。F3内出土一件长方形的骨镢头，当是先民挖掘土洞的工具，穴壁上还留有骨镢挖土的印痕。发掘者李文杰为此做过模拟试验。他用新鲜的有韧性的牛股骨砸裂成长条形骨片，制成绑在木杈上的骨镢头，用它挖掘土壁、拱顶都很方便②，表明当时开挖土方已有得力的施工工具。F3的穴室仍然是纯减法空间，这个减法空间的"无"，由挖掘的穹隆顶内界面和向内凹曲的穴壁内界面生成。凹曲的穴壁与穹顶联成一体，尚未分化出独立的直壁。穴室空间已达到3米的高度和17平方米的面积，反映出纯减法空间在尺度

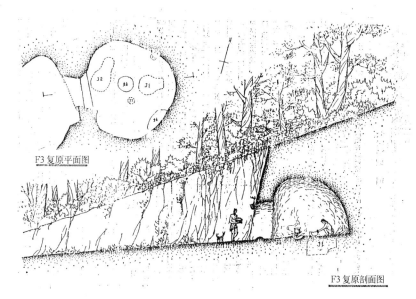

图 2-2-33　宁夏海原林子梁遗址F3房址
引自李文杰. 宁夏菜园窑洞式建筑遗迹初探. 中国考古学会第七次年会论文集. 北京：文物出版社，1992.

上的进展。值得注意的是，坡地横穴必须铲削出"崖面子"。这个"崖面子"是挖去黄土而形成的，它自身是减法施工，但它所形成的崖壁是面向外部空间的外界面，这个外界面与两边挖出的侧壁界面自然围合出门道的建筑空间。这里出现了由减法施工生成的呈现于建筑外部的"有"和"无"，显现出远比断崖横穴醒目的门面景象。

2. 深袋穴：初始用木，加法空间萌芽

当先民耕作于黄土平地时，失去挖掘断崖横穴、坡地横穴的条件，不得不从平地黄土层直接下挖竖穴，这就产生了袋形深穴。

河南偃师汤泉沟H6是一处保存得很完整的深袋穴。③它的空间很小，底径2米，口径1.5米，穴深2米。现在尚不能断定是储物的窖藏还是住人的穴居。即使它自身不是住人的，也同样反映着当时住居深袋穴的构筑形态和空间形态，因此可以当作住居深袋穴的标本来考察。值得注意的是，这个深袋穴底部有一个口径0.25米的竖向圆洞，距穴口0.7米深的东壁上，有一个口径0.1米的横向圆洞。杨鸿勋根据这些迹象对H6做了复原设计，让我们形象地看到了这类深袋穴的活生生景象（图2-2-34）。④

① 李文杰. 宁夏菜园窑洞式建筑遗迹初探[G]. 中国考古学会第七次年会论文集（1989年）. 北京：文物出版社，1992：307-327.

② 李文杰. 宁夏菜园窑洞式建筑遗迹初探[G]. 中国考古学会第七次年会论文集（1989年）. 北京：文物出版社，1992：307-327.

③ 河南省文化局文物工作队. 河南偃师汤泉沟新石器时代遗址的试掘[J]. 考古，1962，11.

④ 杨鸿勋. 建筑考古学论文集[M]. 北京：文物出版社，1987：19-20.

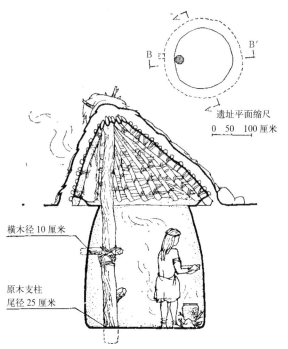

图 2-2-34 杨鸿勋所作偃师汤泉沟 H6 复原图
引自杨鸿勋. 建筑考古学论文集. 北京：文物出版社，1987.

可以看出，这个 H6 的主体空间仍然是通过削减黄土所取得的减法空间，生土穴壁、穴底仍然是构成穴室空间的主要"实体"。但是这里增添了"有"的新要素，出现在断崖横穴、坡地横穴中由减法挖掘的生土穴顶，在这里被加法构筑的穴顶所取代。这是位处黄土平地的穴居空间对穴居实体提出的新需求。这个适应新需求的木技术穴顶由穴室内的木柱支承，与斜架的椽木扎结成顶架，屋面铺装茅草、树叶之类，面层敷泥，组成了穴室顶盖。穴室内有插入横洞的横木，它在起到拉结、稳定木柱作用的同时，也与木柱上的短杈一起，组成上下穴室的梯架。

穴居在这里发生了一次重大的变化：从单一用"土"的"有"，渗透入用"木"的"有"，开始了"土"与"木"相结合的构筑形态。这里由承重木柱、斜架椽木组构的加法穴顶，即古人所谓的"屋"。这个"屋"的内界面自然生成了加法的"屋内空间"；这个"屋"的外界面自然诞生了冒出地面上的"屋"的外形，并由此生成了"屋"周围的外部建筑空间。这是加法空间在穴居中的萌芽。它突破了原始横穴单一的、纯地下空间、纯减法空间的状态。穴居的外观也从断崖横穴、坡地横穴的仅仅显露门洞立面和门道空间，变成了在地面上隆起触目穴顶的"屋"的形象。

值得注意的是，这里由减法生成的穴壁空间，仍然可以独立地满足穴室的需要，加法构筑的"屋"主要是为了取得对穴室空间的覆盖，而不是为了扩展穴室空间。因此，这里的"屋"内空间还不是真正意义上的、穴室主体所必需的加法空间，只是加法空间的萌芽。在这里，"土"的技术是熟练技术，"木"的技术是新生技术，挖掘土方的减法施工难度不大，而搭构木穴顶的加法施工是当时的技术难点。深袋穴穴身之所以呈现底大口小的袋状，除了因袭横穴穴壁原本向上收曲的传统惯性，很大程度上是为了收缩穴口口径，以减少穴顶加法构筑的难度。

从绝对年代说，这个汤泉沟 H6 所属的文化层，已接近仰韶文化晚期，它不是深袋穴的初始态，而是深袋穴的滞后态。我们可以说袋形深穴与木构穴顶的组构方式是中国"土木"构筑形态最初的一种结合方式。但是这个滞后态的汤泉沟 H6 并非这种结合方式的最早形式。在木柱支撑顶盖之前，应该存在过直接由斜椽集扎的更原始的无柱顶盖。汤泉沟 H6 的立柱支撑并加上横木拉结，已是深袋穴木顶盖的后期发展。由于它保存得如此完整，为我们清晰展示了中国"土木"构筑的初始面貌，自是弥足珍贵而值得大书特书的。

3. 半穴居：地上架"屋"，加减法空间并重

袋形深穴存在着两大弊病：一是《墨子·辞过》提到的"穴而处，下润湿伤民"。穴深达 2 米多，居室空间的主体都处在地下，润湿伤民是一个大问题；二是穴底离地面太深，出入穴室很不方便。这两大弊病亟待改进，就从改善建筑空间的"无"的物质功能的角度，推动着穴室由深穴向浅穴演进，同时也

推动着木构穴顶的"有"的技术进步，以满足穴室空间上升的要求，这就产生了半穴居。半穴居的出现很早，它的最初形态当是不规则或规则的圆形袋状半穴居。相当于裴李岗文化时期的河南舞阳贾湖一期遗址，已挖出距今7500～8500年的不规则和规则圆形袋状半穴居30多处。[①]甘肃秦安大地湾一期遗存的3座圆形袋状半穴居，距今也有7350～7800年。[②]我们熟知的洛阳孙旗屯遗址也是这种形式的半穴居，杨鸿勋和徐伯安对这个半穴居都做过复原（图2-2-35）。这个半穴居面积很小，口径1.5米，底径1.8米，穴深0.9米，穴壁向上内收，穴内有用作炊事的白灰台。穴底和穴周围均未见木柱痕迹。[③]杨、徐两位先生的复原，作为顶盖的"屋"都是从四周向心架椽，绑扎成架，不同的是，杨鸿勋的复原是"屋"上开口留门[④]，徐伯安的复原是"屋"上带入口雨篷。[⑤]

较之深袋穴，半穴居的"有"起了重大变化。穴室底面（即居住面）的上升，大大削弱了减法施工的壁体分量；椽木绑扎的顶盖大大提升了加法施工的"屋"的分量，形成了半穴居用土、用木均衡，减法、加法等量齐观的构筑状态。相对应的，半穴居的"无"也起了重大变化，穴室空间不再单纯地以挖掘黄土的减法空间为主体，而形成由减法的壁体空间与加法的"屋"内空间共同组构主体空间的局面。穴室空间也不再单纯地以壁体的地下空间为主体，而形成由壁体的地下空间与"屋"内的地上空间平分秋色的格局。这意味着在"土木"的混合构成中，呈现了"土"与"木"的并重与平衡。

半穴居的发掘数量很多，形式多样。其平面有不规则圆形、圆形、圆角方形、圆角长方形、正方形、长方形等。其面积有6～7平方米的小型半穴居，20～40平方米的中型半穴居，也有超过80平方米以至100平方米以上的半穴居大房子。应该说，半穴居的形态大体

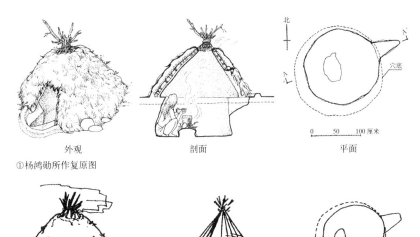

① 杨鸿勋所作复原图
② 徐伯安所作复原图

外观　剖面　平面

图2-2-35 洛阳孙旗屯半穴居
① 杨鸿勋所作复原图
引自杨鸿勋. 建筑考古学论文集. 北京：文物出版社，1987.
② 徐伯安所作复原图
引自徐伯安. 我国古代木构建筑结构体系的确立及其原生形态. 建筑史论文集，第15辑

上经历了由圆形平面向方形平面，由小面积向大面积，由袋状穴向直壁穴，由单间型向吕字双间型的演进过程；穴底居住面也呈现自下而上的上升趋势，由半穴演进为浅穴，最后过渡到地面起筑建筑。秦安大地湾前后相继的4期遗址，可以印证这个发展轨迹。[⑥]但是也有不少地区的遗址存在着早期半穴居形态与后期半穴居形态同时并存的现象，甚至存在着原始横穴遗存、袋形深穴遗存与半穴居遗存同时并存或逆转的现象。前面提到的阳坬F10断崖横穴和汤泉沟H6袋形深穴都是这种滞后现象。半穴居遗址也能看到一些"超前"现象，最触目的当数被誉为"华夏第一村"的内蒙古赤峰兴隆洼遗址，这里发掘出一批距今8000年左右的半穴居，平面已呈圆角长方形和正方形，穴室面积达50～70平方米，最大的已达到100多平方米[⑦]；辽宁阜新查海遗址清理出39座距今8000年左右的半穴居，平面为圆角方形和正方形，穴室面积20～60平方米不等，最大的也达到145平方米。出现这种滞后和"超前"是可以理解的。这是因为历史上的建筑形态有很强的延续性，也有地域的差异性和不平衡性，新建筑

① 河南省文物研究所. 河南舞阳贾湖新石器时代遗址第二至六次发掘简报[J]. 文物，1989（1）

② 甘肃省博物馆文物工作队. 甘肃秦安大地湾遗址1978至1982年发掘的主要收获[J]. 文物，1983（11）

③ 河南文物工作队第二队孙旗屯清理小组. 洛阳涧西孙旗屯古遗址[J]. 文物参考资料，1955（9）

④ 杨鸿勋. 建筑考古学论文集[M]. 北京：文物出版社，1987：19-21.

⑤ 徐伯安. 我国古代木构建筑结构体系的确立及其原生形态[J]. 建筑史论文集，第15辑.

⑥ 甘肃省博物馆文物工作队. 甘肃秦安大地湾遗址1978至1982年发掘的主要收获[J]. 文物，1983（11）

⑦ 任式楠. 兴隆洼文化的发现及其意义[J]. 考古，1994（8）

① 杨鸿勋.建筑考古学论文集.北京:文物出版社,1987:5-6.
② 徐伯安.我国古代木构建筑结构体系的确立及其原生形态[J].建筑史论文集,第15辑.
③ 西安半坡博物馆,武功县文化馆.陕西武功发现新石器时代遗址[J].考古,1975(2)

形态的出现并不意味着旧建筑形态的消失。有的建筑甚至可以超长期地延续至今,成为建筑的"活化石"。因此,在后期文化遗址发掘出前期建筑形态的房址,出现前后期建筑形态的并存或逆转是常见的现象。原始建筑中呈现的"超前"现象并非真正的超前,而是因为考古发掘的偶然性和不充分性所导致。不可能将建筑遗址全部、充分发掘,自然会漏失某些早期环节而造成"超前"的假象。因此我们考察原始建筑形态,应该主要侧重于空间与实体的辩证发展,侧重于技术的渐进发展来分析其演进轨迹,不必拘泥于所发掘的个别遗存的年代次序。

总的说来,半穴居的出现很早而持续的时间很长,在漫长的母系氏族社会中,半穴居是最主要的建筑方式,是极富生命力的。它的构筑形态可概括为"地上架屋",是土技术的穴体与木技术的"屋"顶盖的结合;它的空间形态可概括为"加减法空间并重",是地下的穴体减法空间与地上的"屋"内加法空间的结合。半穴居的长时期、大数量实践所形成的这种"土"与"木"的混合构筑,可以说是中国建筑的第一代"土木"。半穴居"屋"顶盖的发展水平,就是第一代"土木"的木技术的发展水平。初生态的孙旗屯半穴居,"屋"顶盖是用椽木绑扎的圆形攒尖顶,属于"无柱体系"。而成熟态的半坡F21半穴居,据杨鸿勋和徐伯安复原,都是4柱支撑的"屋"顶盖。这个4柱支撑的木顶盖,在杨鸿勋的复原设计中,是4柱深埋,对角架设4根大椽木的方案(图2-2-36)①;在徐伯安的复原设计中,除了4柱对角架椽,还考虑了4柱之间架檩搭椽的方案(图2-2-37)。②这是两种可能的方案。这表明,第一代"土木"的木架构基本上处于绑扎联结的"柱椽体系"和"柱檩椽体系"。应该提到的是,半穴居的"屋"顶盖自身由椽木、枝叶、茅草抹泥覆盖,内表层敷泥防火,表明在屋顶盖的构造层面上,实际上也存在"土"与"木"的材料结合。

4.原始地面建筑:墙上架"屋",墙内主体空间确立

为解决"下润湿伤民",半穴居的居住面仍然需要进一步上升,当居住面上升到接近地面或与地面齐平时,就产生了原始的地面起筑建筑。我们从西安附近武功县游凤遗址出土的圆形陶屋模型可以看到它的形象(图2-2-38)。③这个陶屋有矮矮的、外倾的"墙",这个"墙"与"屋"顶盖还混沌地联结着。这里还没形成与"屋"顶盖分离的、真正独立的墙体,只是"墙"的萌芽;这里也没有形成可以摆脱"屋"内空间而独立充当主体的"墙"内空间,只是"墙"内空间的萌芽。

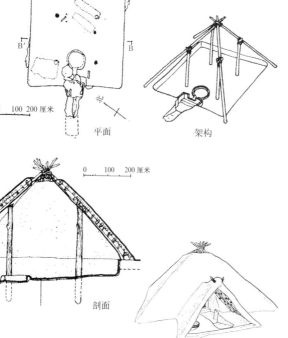

图2-2-36 西安半坡F21半穴居(杨鸿勋复原)
引自杨鸿勋.建筑考古学论文集.北京:文物出版社,1987.

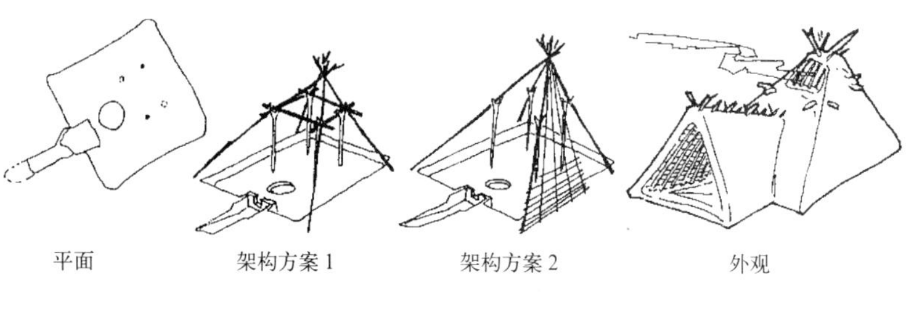

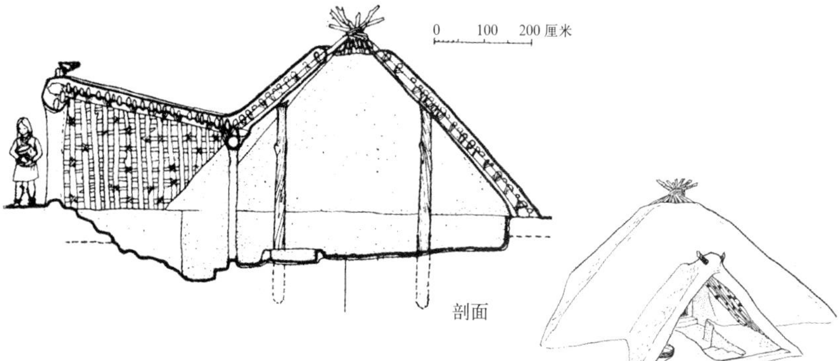

图2-2-37 西安半坡F21半穴居(徐伯安复原)
引自徐伯安.我国古代木构建筑结构体系的确立及其原生形态.建筑史论文集,第15辑

陶屋的门还开在"屋"顶盖上，尚未超脱半穴居"屋"上开门的窠臼。这是十分典型的从半穴居转向原始地面建筑的中介过渡态。

著名的西安半坡 F1"大房子"也带有中介过渡的性质。这个房址残存部分南北长 10.8 米，东西宽 10.5 米，复原面积可达 160 平方米（图 2-2-39）。它的居住面略低于地平面，可以视为地面起筑的"大房子"。但是它的墙体很矮，而"屋"顶盖很大，室内空间的主体，仍然以"屋"内空间为主。墙体还没有达到应有的高度，"墙"内空间所占比重很低，明显呈现出半穴居"大房子"向地面起筑"大房子"的中介过渡态。

完整的原始地面建筑是与完整的直立墙体相伴生的。无论是从构筑形态的"有"，还是从空间形态的"无"来看，原始地面建筑对于半穴居都是极重大的超越，它从半穴居的"地上架屋"跃进为地面起筑的"墙上架屋"。它摆脱了下挖的穴室，摆脱了减法施工的地下空间，从而也摆脱了"穴居"的范畴。土技术仍然是原始地面建筑的重要技术，但是这里的土技术已经不是"减法用土"，而是"加法用土"；不是靠挖掘原生土而生成减法的地下穴室空间，而是运用"土"或"土"与"木"的结合，构成加法的直立"墙体"，生成地面上的"墙"内空间。这是"用土"方式的重大变革，是"土"与"木"结合方式的重大变革。在这个变革中，地上空间完全取代了地下空间，加法空间完全取代了减法空间，直立墙体的"墙"内空间替代了屋顶盖的"屋"内空间而成为居室空间的主体。这种上升为主体结构的、"土木"相结合的、"墙上架屋"的构筑形态的确立，标志着中国建筑进入了第二代"土木"。

原始地面建筑在新石器时代中期已经出现，到新石器时代晚期，已居主导地位。它有单室、分室、多室和毗连式长屋等多种形式；有供母系对偶住房、父系家庭住房的中小型房屋，也有供首领住居、氏族老幼成员住居和用于氏族聚会、部落聚会的"大房子"。

从墙体构筑上来审视，原始地面建筑有几点很值得我们注意：

一是盛行土木合构的"木骨泥墙"

不论是中小型地面建筑，还是"大房子"地面建筑，木骨泥墙都用得很普遍。西安半坡 F3 是圆形单室运用木骨泥墙的房址（图 2-2-40）；山东诸城呈子遗址 F1，是方形单室

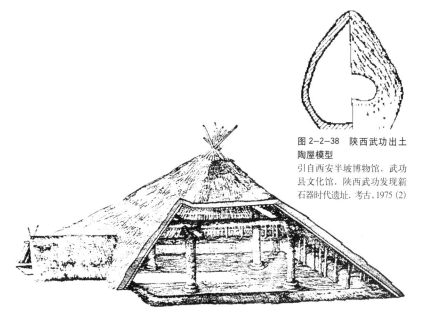

图 2-2-38 陕西武功出土陶屋模型
引自西安半坡博物馆．武功县文化馆．陕西武功发现新石器时代遗址．考古，1975（2）

图 2-2-39 西安半坡 F1 房址复原图
引自中国科学院考古研究所．陕西西安半坡博物馆．西安半坡．北京：文物出版社，1963.

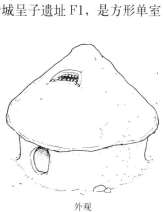

图 2-2-40 杨鸿勋所作西安半坡 F3 房址复原
引自杨鸿勋．建筑考古学论文集．北京：文物出版社，1987.

运用木骨泥墙的房址（图 2-2-41）；郑州大河村 F 1—4，是 4 室联列运用木骨泥墙的房址（图 2-2-42）。陕西扶风案板 F3（图 2-2-43），甘肃秦安大地湾 F405（图 2-2-44）、F901（图 2-2-45），是不同形式大房子运用木骨泥墙的房址。原始地面建筑运用木骨泥墙是顺理成章的，因为初始的"墙"与"屋"顶盖原本是混沌地联结在一起的，木骨泥墙是从木骨敷泥的屋顶盖分离出来、延续下来的。木骨泥墙自身是"土"与"木"的结合，是加法用土的一种重要方式。它有多种不同的做法，有像半坡 F3 和大河村 F1～4 那样在木骨柱之间编篱涂抹草筋泥的；有像案板 F3 和大地湾 F405 那样在木骨柱间填草泥垛的；也有像大地湾 F901 那样把墙体竖分为内、外、中 3 层，做成木骨夹篱泥墙的。这种种木骨泥墙的共同特点是在"土"与"木"的结合体中，运用密排的木骨柱，凸显出"木"在墙体构筑中的"骨干"作用。

二是从木骨泥墙中分离出柱网承重

木骨泥墙可以承担顶盖椽木的均布荷载，但难以承担顶盖梁木、檩木的集中荷载。因此，木骨泥墙在演进中的一个重要发展就是从密集的木骨柱中分离出可承担集中荷载的承重木柱。这个进程在半坡中期的房址中已经呈现。半坡 F25 和 F24 的墙体中都已经分离出 10 根承重大柱：前墙 4 柱，后墙 4 柱，两侧墙中部各 1 柱，室内各有 2 根承重内柱（参见图 2-2-31）。如果说 F25 还有一根墙柱和一根内柱存在着偏位，那么，F24 可以说 10 根墙内大柱和 2 根室内大柱，都已落定在较规则的柱网格的位置上。内柱与两侧中柱已大体处在一条直线上，表明可能是一列等高的四柱，脊檩可能已经达到两山，两坡屋顶可能已经形成；由于前后墙大柱间距均匀，基本对齐，已显露"三开间"间架构成的萌芽，这应该说是第二代"土木"的一个重大的标志性进展，它意味着中国以间架为单位的古典木构架构筑体系已初显端倪。

三是在"大房子"木骨泥墙中嵌入倚柱

间架柱网主要在小尺度的中小型地面建筑

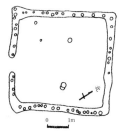

图 2-2-41 山东诸城呈子遗址房址平面图
引自徐伯安. 我国古代木构建筑结构体系的确立及其原生形态. 建筑史论文集，第 15 辑

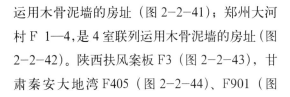

图 2-2-42 郑州大河村 F1-4 房址
引自杨鸿勋. 建筑考古学论文集. 北京：文物出版社，1987.

杨鸿勋所作剖面复原图

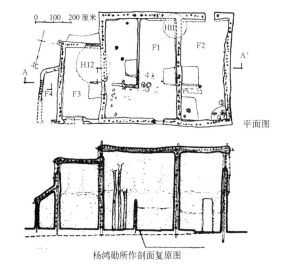

图 2-2-43 陕西扶风案板遗址 F3 房址平面图
引自西北大学文博学院考古专业. 案板遗址仰韶时期大型房址的发掘. 文物，1996(6)

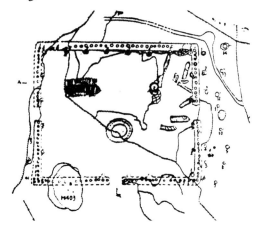

图 2-2-44 秦安大地湾 F405 房址平面图
引自甘肃省博物馆文物工作队. 秦安大地湾 405 号新石器时代房屋遗址. 文物，1983 (11)

中呈现，而在大尺度的"大房子"地面建筑中，木架构也在一步步地推进。如果说案板F3的墙体还停留于无承重柱的纯木骨泥墙[①]，那么到大地湾F405、F901，则在木骨泥墙中已添加了整齐的半嵌倚柱。大地湾F405为长方形平面的大房子，面积约150平方米，四面木骨泥墙的内侧，设置了半嵌入墙的24根倚柱。倚柱埋深0.88米，柱基下平铺圆木柱础。[②]大地湾F901是一座多空间复合体的大房子，有中心主堂、左右侧室残迹和后室残迹，主室前方还有敞棚场地，全屋占地面积约420平方米，是迄今为止中国新石器时代考古发现中规模最大的房屋遗址。[③]主室墙体还是木骨泥墙，东西墙为纯木骨泥墙，南北墙各设8根半嵌入墙的倚柱。倚柱的埋深为0.23米，柱下有青石础。主室前方敞棚，除了两列柱洞外，还有一列青石块的明础。应该说从案板F3木骨泥墙的均布承重，到大地湾F405的倚柱集中承重，是一个重要的技术进步；从大地湾F405的深埋倚柱和平铺圆木柱础，到大地湾F901的浅埋倚柱和青石柱础，也是一个重要的技术进步。承重倚柱柱础的改进，有效地减缓了柱身的塌陷，从而延长了木架构至关重要的稳定性、耐久性，倚柱埋深的变浅，意味着对栽柱埋深依赖度的减小，大地湾F901敞棚明础的出现更是摆脱栽柱的标志，它们都折射出木架构上部横梁联结整体性的重大改进。

不仅如此，在木骨柱、倚柱、室内大柱的运用中，还可以看出"大房子"地面建筑用木数量的陡增。案板F3用了86根木骨柱、4根室内大柱、6根室内小柱和3根入口处小柱；大地湾F901用了142根木骨柱、16根倚柱、6根外墙柱、2组室内组合柱和18根敞棚柱；大地湾F405用了100多根木骨柱、24根倚柱、2根大柱径室内柱和28根檐廊柱。按F405内壁倚柱泥皮长度推算，这些木柱原高度不会低于

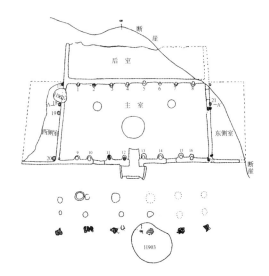

图 2-2-45 秦安大地湾 F901 房址平面图
引自甘肃省文物工作队. 甘肃省秦安大地湾901号房址发掘简报. 文物, 1986 (12)

3米。用了这么多、这么长的木柱，其用木数量应该说是颇为惊人的。这个现象表明，在第二代"土木"中，"木"的骨干作用明显突出，"木"的用材数量急剧陡增，显现出"木"在"土木"混合构筑的结合体中重要性的显著上升。

当然，在"土木"结合的过程中，与"木"地位上升的同时，"土"技术也有重大进展。这个进展就是从减法用土完全过渡到加法用土，创造了崭新的用土方式。不带木骨柱的、纯用土的垛泥墙的运用是这方面的一个表现，土坯墙的运用更是这方面的重大进展。河南安阳后冈遗址、永城王油坊遗址、汤阴白营遗址、淮阳平粮台遗址和山东日照尧王城遗址等，都发掘出龙山文化晚期的土坯房址。土坯的原始做法经历了逐块拍打成型、泥片切割成型到木模脱框成型的演进过程，还创造了一种在木模中填土夯实、提升强度的夯土块——"墼"。土坯在西方称为"日晒砖"。恩格斯在《家庭、私有制和国家的起源》中，把日晒干砖的使用视为野蛮阶段中期社会生产力发展的重要标志之一。土坯的出现无疑是中国建筑史上的一项重要发明。它是用土方式的一大改进，是用"砖"的前奏，是利用天然生土资源和天然日照能源制作的最早的建筑预制件。应该强调的是，在华夏大地还出现了比土坯更为重要的用土方

[①] 西北大学文博学院考古专业. 案板遗址仰韶时期大型房址的发掘——陕西扶风案板遗址第六次发掘纪要[J]. 文物, 1996 (6)

[②] 甘肃省博物馆文物工作队. 秦安大地湾405号新石器时代房屋遗址[J]. 文物, 1983 (11)

[③] 甘肃省文物工作队. 甘肃秦安大地湾901号房址发掘简报[J]. 文物, 1986 (2)

① 湖南省文物考古研究所、湖南省澧县文物管理所. 澧县城头山屈家岭文化城址调查与试掘[J]. 文物, 1993 (12)

② 张学海. 试论山东地区的龙山文化城[J]. 文物, 1996 (12)

③ 河南省文物研究所、周口地区文化局文物科. 河南淮阳平粮台龙山文化城址试掘简报[J]. 文物, 1983 (3)

④ 见本书第一章第三节关于"亚里士多德窠臼"的论述

式,那就是"夯土"。夯土技术可能最初始于对穴居柱洞和居住面局部生土的夯打、夯实,后来从房屋工程中的应用转移到筑城工程上的应用,形成更大规模的夯筑能力。原始地面建筑运用夯土技术,不仅在墙体构筑中出现了版筑墙,更为重要的是诞生了夯土台基——"土阶"。这意味着在原始建筑发展中,居住面自下而上的提升,在到达地面起筑后,仍未停止。为满足席地居的需要,为抬高木构件和土墙的需要,推动了台基的构筑,夯筑土阶成了"土木"结合体中用"土"的新事物。它的出现也很早,我们在湖南澧县城头山城址已经看到夯土台基的遗存(图2-2-46)。①这个城址属于屈家岭文化,绝对年代为距今4800年左右。还有新的地层资料证明该城址应属大溪、屈家岭文化,年代可以往前推到距今5500年左右。②河南淮阳平粮台城址,在发掘土坯垒砌房址的同时,也发掘出夯土台基的房址,这个土阶距今也有4300年。③土阶的出现使原始地面建筑呈现出"下分"的萌芽。这表明,中国的木构架建筑不是孤立地用"木",它一直是与用"土"紧密相结合的,不仅有土坯墙、版筑墙作为配套的合理的围护结构,而且有"土阶"强有力的承托和聚合。第二代"土木"这种木技术、土技术的发展,为夏商之际跨入文明门槛的华夏建筑准备了技术条件,为以"茅茨土阶"为标志的第三代"土木"的诞生,为土木合构的中国古典木构架建筑体系的诞生,奠定了发展基础。

我们在这里看到了从穴居到地面建筑的生动发展历程,看到了构筑形态与空间形态的相互依存、相互制约和相互推进。一部中国建筑史,的确是在华夏大地上展开的、在华夏社会中孕育的建筑空间与建筑实体有无相生的矛盾运动史。

三 建筑系统结构:"有"+"无"

为了深化对于建筑的"有"与"无"的辩证关系的认识,我们有必要把建筑中的"有、无"纳入到系统科学的"结构与功能"的范畴来考察。

系统的结构与功能是系统科学的基本范畴。任何系统都有一定的结构,都有相应的功能。结构是事物内部各要素的组织形态和构成形式;功能是事物在特定环境中所能发挥的作用和能力。结构与其构成的要素密切相关,是系统的内部联系;功能与其所处的环境密切相关,是系统的外部联系,既受系统内部结构的制约,也受系统外部环境的制约。结构和功能是相互联系不可分割的,不存在没有功能的结构,也不存在没有结构的功能。我们要科学地认识建筑,自然要分外关注建筑系统的结构与功能。那么,建筑的"有"与"无",即建筑的"实体"与"空间",和建筑系统的结构与功能,是什么关系呢?前一章提到,有几位研究老学的注家套用亚里士多德的"形式质料说"来理解"有、无",把"有"视为"质料",把"无"视为"形式";说"有"是"潜能",提供了可资利用的质料;说"无"是事物的本质所在,本质是无形的,事物的不同本质是通过不同的功用表现出来的。④这种看法很容易形成一种推论,以为建筑中的"有"(实体),就是建筑

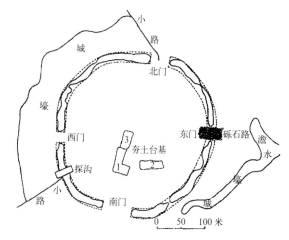

图2-2-46 湖南澧县城头山城址平面图
描自湖南省文物考古研究所. 湖南省澧县文物管理所. 澧县城头山屈家岭文化城址调查与试掘. 文物, 1993 (12)

的系统结构;建筑中的"无"(空间),就是建筑的系统功能。这当然是很大的误解。应该说,建筑中的"有",是建筑的"结构";建筑中的"无",也是建筑的"结构";建筑的系统结构是建筑的实体构成与空间构成的总和。

(一)渔网的启示

我从网上看到一篇谈"鱼网"的科学原理的文章。这篇文章在谈到鱼网是由许许多多的网孔(单洞)编织而成时,说:

> 这张网也是一个系统,它的元素就是那许许多多的"单洞",只有许许多多的"单洞"有机地连接成一张网时,由单洞构成的系统才有了捕鱼的能力。[①]

的确,渔网也有它的"有"和"无",是网线的"有"和网洞的"无"组成渔网的元素——"单洞",再由许许多多的"单洞"元素连缀成大片的网。在这里,渔网的结构,是既包含"有",也包含"无"的。网线的粗细和韧度,对渔网的性能至关重要;同样的,网洞的大小,对于渔网的性能也是至关重要的。网洞过大,就网不到想捕的小鱼;网洞过小,就会把不应捕的小鱼也网住了。网洞的"无"的大小直接关系到捕捞多大的鱼。用渔网这个例子来说明系统结构与"有、无"的关系,是很直观的、很浅显易懂的。建筑的实体与空间,正如渔网的网线和网洞一样,因此,建筑的系统结构,既包含"有"的构成,也包含"无"的构成。这样,我们对于建筑实体的"有"和建筑空间的"无"的认识,就可以升华到系统结构与功能的高度,从系统科学的视角作深一步的考察。

(二)中西建筑:两种系统结构

我们知道,构成系统的基本结构形式,可以分为三类:第1类是分散系统(图2-3-1);第2类是集中系统(图2-3-2);第3类是多级递阶系统(图2-3-3)。

分散系统的各个子系统是分散工作的,系统自身是松散的集合,整个系统的运行比较简单,子系统之间没有密切联系,如同"独立作战"。这种系统的好处是,当一个或几个子系统出现问题时,整个系统还能运行。它的缺点是,系统自身欠缺严密有机的组织,很难取得复杂有序的、整体理想的运行。

集中系统的各个子系统都集中到上层系统,这时系统成了协调器,使整个系统可以有机协调地运行。它的优点是协调性能好,缺点是系统不能过大,一旦协调器出故障或某个子系统出问题,整个系统就会瓦解。

多级递阶系统则是从系统结构上分级,分出若干递阶层次。它集中了上两类系统的优点,克服了上两类系统的缺点,既有利于系统整体最优,又提高了系统整体可靠性。

我们知道建筑的系统结构就体现在建筑的"有"与"无"的构成,这样,我们可以从建筑的实体与空间的构成状态,来观察它所组构的系统结构特点。

不难看出,不论是在中国传统建筑体系,

[①] Tcime."鱼网"的科学原理——系统结构决定系统功能[EB/OL].点点论坛·名师讲坛,2006-09-05. www.hwapu22.comBBS

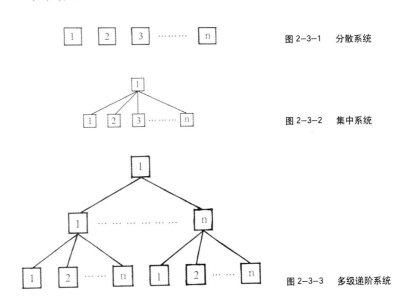

图2-3-1 分散系统

图2-3-2 集中系统

图2-3-3 多级递阶系统

还是在西方建筑体系中,小型建筑的"结构",基本上都属于分散系统。这种分散系统的建筑,在中国传统建筑体系中,统称为"散屋"。它是以独立的单幢房屋呈现,没有形成院落组群或其他组群。各个单幢散屋自成独立系统,各散屋之间自由错落地散布,呈不规则的散点布局。一些汉族地区的山地、田野农舍,许多少数民族地区的宅屋,如傣族竹楼、苗族半边楼、土家族吊脚楼、藏族碉房等都属于这类散屋。桂北平安寨壮族民居(图2-3-4),海南万宁县六角岭乡苗村民居(图2-3-5)就是这种典型的散屋村寨。呈现这样分散的散屋多是受制于小自耕农的家庭,生产力低下,财力匮乏,没有形成与大家庭相匹配的住宅组群。它们多处于山区坡地,依山就势散布,可能组成松散的村寨,也可能就是孤零零的三五人家。这种分散系统是自由灵活的,带有浓郁的原生态乡土气息,但是整体的有序度较低。

对于大中型的、复杂的建筑,自然就不能停留于这种分散的系统结构,而势必采用集中的或多级递阶的系统结构。值得注意的是,古代西方砖石、天然混凝土建筑体系与古代中国木构架建筑体系,在系统结构的运用上有明显的区别:西方建筑侧重发展的是集中系统,而中国建筑侧重发展的是多级递阶系统。

我们可以看一下君士坦丁堡的圣索菲亚教堂。这是拜占庭帝国的一座大型宫廷教堂,建于公元532—537年。整个建筑,除前面有一个廊院外,就是一个庞大体量的单体(图2-3-6)。教堂中心由4个巨墩组成方形主厅,巨墩上方

村寨平面

图2-3-4 桂北平安寨壮族民居散屋
引自李长杰主编. 桂北民居建筑. 北京:中国建筑工业出版社,1990.

村寨鸟瞰

架立帆拱，过渡到圆形支座，上部覆盖圆形的大穹顶。大穹顶由 40 根拱肋组成，其水平推力，由前后两个半穹顶和两侧各两组大柱墩来平衡。两个半穹顶再用小半穹顶抵挡，前部用的是两个斜角小半穹顶，后部除两个斜角小半穹顶外，还添加一个神龛小半穹顶。这样组成了明晰有序的整体受力结构（图 2-3-7）。显然，这座大型建筑是一个十分复杂的集中系统。它由一个大穹顶、两个半穹顶、5 个小半穹顶、4 个巨墩、4 片帆拱、4 组扶壁墩、两列双层券柱等实体因子和大穹顶空间、半穹顶空间、小半穹顶空间、侧廊底层空间、侧廊楼层空间等空间因子组构而成。这些实体因子和空间因子都是它的子系统，它们之间形成紧密的有机联系。这个集中系统有它的优势，它取得巨大的、高敞的、丰富的内部空间，也取得宏大的、极具分量的外观体量。这里的大穹顶空间达到前所未有的 55 米的高度。这里由大穹顶与半穹顶连绵覆盖的纵深大厅，达到宽 32.6 米、长 68.6 米的超大尺度。这个纵深大厅在两侧列柱的陪衬下，如同巨型的巴西利卡，整个空间比古罗马万神庙更为宽阔、高敞。这里还有簇拥的小半穹顶空间和柱墩分隔的侧廊底层、楼层空间，它们构成主体空间的延续和对比。大穹顶底部拱肋之间辟出 40 眼采光窗。这圈密排的窗子把大穹顶轻轻托起，宛如飘浮半空。教堂内部色彩丰富，有白、绿、蓝、黑、红各色大理石贴面，有大面积金底、蓝底玻璃马赛克铺装。整个教堂内部，大小空间相互渗透，绵延流转，既统一又富有变化，既宏大又斑斓迷离，营造了气象万千的室内大世界。[①]

教堂外观直接反映内部空间，没有添加艺术处理，体量巨大，极具分量，但显得有些杂乱臃肿，呆板沉重。从 6 世纪开始，它就被周边建筑包围、遮挡，陷于拥挤、紊乱的环境之中，未能充分发挥集中系统大体量建筑的艺术

① 参见（1）陈志华. 外国建筑史（19 世纪末叶以前）[M]. 北京：中国建筑工业出版社，1979：68-70.（2）[美] 西里尔·曼戈. 拜占庭建筑 [M]. 张本慎等译. 陆元鼎校. 北京：中国建筑工业出版社，2000：59-63.（3）王瑞珠. 世界建筑史·拜占廷卷（上册）[M]. 北京：中国建筑工业出版社，2006：269-323.

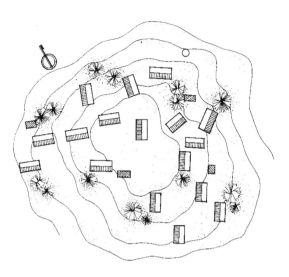

图 2-3-5 海南万宁北大区六角岭乡的苗村散屋
引自陆元鼎，魏彦钧. 广东民居. 北京：中国建筑工业出版社，1990.

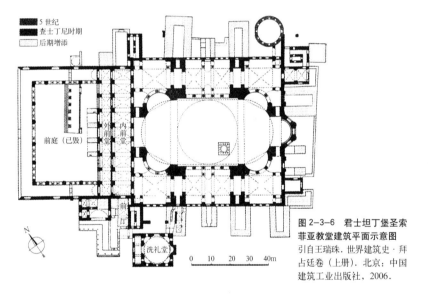

图 2-3-6 君士坦丁堡圣索菲亚教堂建筑平面示意图
引自王瑞珠. 世界建筑史·拜占廷卷（上册）. 北京：中国建筑工业出版社，2006.

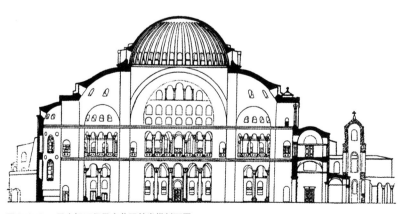

图 2-3-7 君士坦丁堡圣索菲亚教堂纵剖面图
引自王瑞珠. 世界建筑史·拜占廷卷（上册）. 北京：中国建筑工业出版社，2006.

表现力。直到15世纪，拜占庭帝国被信奉伊斯兰的奥斯曼土耳其帝国攻灭，教堂改建为伊斯兰礼拜寺，在四角增建了四座高高的宣礼塔，才打破封闭沉闷的外观，改变了整体外貌（图2-3-8）。

圣索菲亚教堂这种集中的复杂的大型建筑系统，自然有它构筑上的大麻烦、大不利。建造期间，曾经出现施工变形等事故，据说两次惊动皇帝插手解决。教堂建成后20年，遇到一连串地震，大穹顶于558年坠毁。重建后又经历多次的局部倒塌和肋架重修。最后不得不在4个巨墩的外部各扩出一组扶壁墩。两个半穹顶也因先后在989年和1346年坠落而重建。可以说圣索菲亚教堂生动地反映出大型集中系统建筑的优势和潜能，也充分地暴露出大型集中系统建筑的不利和缺陷。

以木构架为主体结构的中国建筑，不便于建造大体量的单体建筑，自然避免采取集中型的建筑形态，而盛行集合型的建筑形态，形成了多级递阶系统结构。

我们可以拿同样是宗教建筑的北京碧云寺，与圣索菲亚教堂作比较。

碧云寺坐落于北京香山东麓。它的前身是元初耶律楚材的府邸，元至元二十六年（1289年）耶律楚材后裔阿密勒舍宅为寺，把府邸改为碧云庵。元至顺二年（1331年），一位名叫圆通的山僧对已废弃的碧云庵进行修整重建，改名碧云寺。此后寺院两度为宦官侵占，先是明正德年间（1506—1521年），于经据寺为宅；后是明天启年间（1621—1623年），魏忠贤据寺为祠。两人都扩充建筑，并在寺后建墓圹。后来两人都因获罪而还宅为寺、还祠为寺（图2-3-9）。清乾隆十三年（1748年）碧云寺在汉寺基础上改制为喇嘛庙，寺院主轴线后部建造了藏式的金刚宝座塔，南跨院增建了罗汉堂，奠定了碧云寺的全貌。[①]

碧云寺整体组群顺着山冈走势，自东向西布置。全寺可以分为4个部分：一是主轴线前部四进院落的汉式寺院；二是主轴线后部的藏式金刚宝座塔院；三是南跨院的罗汉堂院、禅院；四是北跨院的水泉院、含青斋院（图2-3-10）。

① 孙雅乐，郝填钧. 碧云寺建筑艺术[M]. 天津：天津科学转术出版社，1997：7-8.

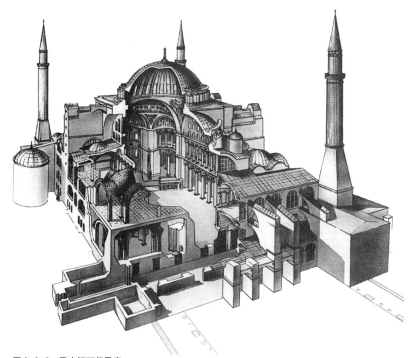

图2-3-8 君士坦丁堡圣索菲亚教堂，15世纪增建了4座宣礼塔，改为伊斯兰礼拜寺
引自王瑞珠. 世界建筑史. 拜占廷卷（上册）. 北京：中国建筑工业出版社，2006.

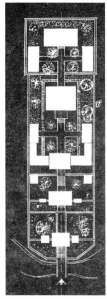
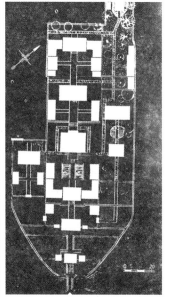

图2-3-9 北京碧云寺的演变进程
引自郭慎钧，孙雅乐. 碧云寺建筑艺术. 天津：天津科学技术出版社，1997.

元朝时期平面示意图　　明朝时期平面示意图

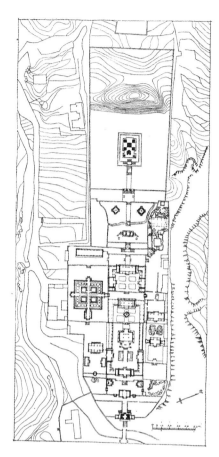

图 2-3-10 北京碧云寺总平面图
引自建筑工程部建筑科学研究院，建筑理论及历史研究室编. 北京古建筑. 北京：文物出版社，1959.

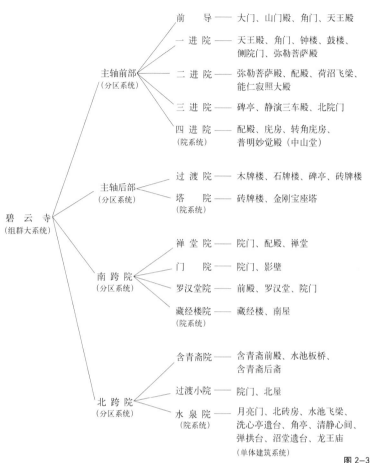

图 2-3-11 碧云寺建筑的多级递阶系统

从系统结构来看，碧云寺呈现出明晰的多级递阶系统。整个寺院是一个组群大系统，它的下一层次，是"分区系统"；分区系统的下一层次，是"院系统"，各个分区都有若干个"院"；院系统的下一层次，才是"单体建筑系统"，各个院多由若干单体建筑组成（图 2-3-11）。

碧云寺的主轴线分前后两部（图 2-3-12）。前部的汉式寺院是整个寺院的核心区，它由贯穿的四进院落及其前导组成。前导部分有大门、山门殿。第一进院以弥勒菩萨殿为正座，以天王殿为前座，院内两侧立钟鼓楼。第二进院是主体院落，以能仁寂照殿（明朝时称释迦牟尼殿，即大雄宝殿）为正座，以弥勒菩萨殿为前座，两侧有配殿，并带转角偏殿。庭院中央设水池"荷

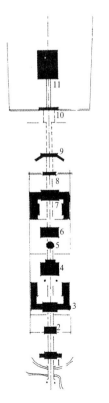

1. 山门
2. 天王殿
3. 弥勒菩萨殿
4. 能仁寂照殿
5. 碑亭
6. 静演三车殿
7. 普明妙觉殿
8. 木牌楼
9. 石牌楼
10. 砖牌楼
11. 金刚宝座塔

图 2-3-12 北京碧云寺主轴线上的建筑分布
引自郭慎钧，孙雅乐. 碧云寺建筑艺术. 天津：天津科学技术出版社，1997.

沼"，池上飞架石桥。第三进院以墙垣围合成院落，居中为静演三车殿（明朝时称菩萨殿），殿前有乾隆时增建的八角琉璃碑亭。第四进院建普明妙觉正殿及左右配殿。1925年3月12日孙中山先生病逝，灵柩曾停放在碧云寺。后设衣冠冢于金刚宝座塔券洞内。为纪念孙中山先生，普明妙觉殿改名为中山纪念堂。这四进院落组构的寺院主体，吻合汉制寺院"伽蓝七堂"的基本格局，在舍宅为寺的基础上，形成汉式寺院的完备主体。

主轴线后部的金刚宝座塔院，是改制为喇嘛庙后新增的主体建筑。它的前方有过渡院。过渡院的作用主要是拉开藏式塔院与汉式寺院的距离。沿着主轴线，顺着陡升的地形，山寺立木牌楼、石牌楼、砖牌楼各一座，把过渡院分隔成三重院庭，点缀有石狮、石桥、石亭和一湾清水，恰当地铺垫了塔院的前奏。

塔院占地很大，满植松柏，金刚宝座塔在这里拔地突起（图 2-3-13）。塔座下面砌两层高高的大台基，塔座自身也有意增高，在重叠的须弥座上再加三段水平雕饰层。塔座平台上，后部立一主四从五座方形密檐金刚塔，平台前部两角各立一喇嘛塔，中心部位配合登塔石阶通道，建一座小金刚宝座塔。八塔集聚，塔尖参差入云。全塔尺度颇大，底层台基东西长36.4米，南北宽26.9米，塔体总高达34.7米。高高耸立的金刚宝座塔成为全寺的制高点和视觉中心。

南跨院自成一区，前部为禅堂小院，设禅堂正殿和左右配殿。后部为罗汉堂院。罗汉堂院有前院、后院陪衬。前院很小，为带影壁的门庭过渡院，后院深度很浅，建藏经楼。这座罗汉堂是仿浙江海宁安国寺罗汉堂（另一说是仿杭州净慈寺罗汉堂）的田字形制式建造的，可容纳比真人尺度还大的五百尊罗汉，建筑体量庞大，长约60米，宽约50米，在寺院中自成独特格局（图 2-3-14）。

北跨院是碧云寺的园林空间（图 2-3-15）。前部为园林前奏含青斋院，院中央辟曲形水池，水池前后设两座厅堂。建筑格局虽然规整，而水池叠石参差，薄薄的板桥贴水铺设，池水清清，金鱼游弋，绿树成荫，很是清静幽雅。后部是园林主体水泉院，这里有清泉水源，院中心辟一泓清水，围成不规则水池，池中原建有洗心亭。池的前方（东部）是一片如茵芳草，有古柏连荫和树下的坐椅、石墩。池的南侧，依危岩贴墙建高低错落的角亭、清静心间和弹拱台。池的后部（西部）山水相间，尽端依着半壁山岩，建龙王庙。庙下有泉源洞口。贴山脚另辟一水池，池中原有沼堂，与洗心亭互为对景。现沼堂、洗心亭都已不存，显出孤台寂寂，更添山池逸趣。

从碧云寺的多级递阶系统，可以看出这种系统结构的若干特点：

1. 呈现离散式的组群布局

全寺组群为第一层次系统；四个分区为第二层次系统；各区下面有大小24院，为第三层次系统；院下面的各栋单体建筑，为第四层次系统。这样，我们定为基本系统的单体建

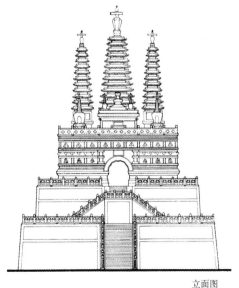
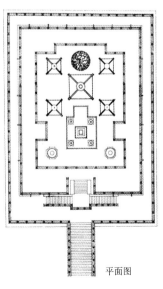

图 2-3-13 北京碧云寺金刚宝座塔。
引自郭慎钧，孙雅乐. 碧云寺建筑艺术. 天津：天津科学技术出版社, 1997.

立面图　　平面图

筑，在这里是组群大系统递阶中的第四层次构成。这与君士坦丁堡的圣索菲亚教堂相比，真是天壤之别。按说圣索菲亚教堂的整体组群是第一层次系统，教堂主体、前部廊院和后来增建的4座伊斯兰宣礼塔，是它的第二层次系统。但是教堂主体在整个组群中占据着绝大的分量，它实质上是整个教堂的第一层次，前部廊院与后建的四角宣礼塔都不足以与它并列，而应该算是它的外部附属构成。因此可以说，在圣索菲亚教堂中，教堂主体自身就是第一层次系统，也就是说，作为基本系统的单体建筑在那里就是第一层次系统，它的组成构件和组成空间——大穹顶、半穹顶、小半穹顶、巨墩、扶壁墩和大穹顶空间、半穹顶空间、小半穹顶空间、侧廊底层、楼层空间，都是它的子系统。而在碧云寺建筑组群中，一个个单体建筑——天王殿、弥勒菩萨殿、能仁寂照殿、静演三车殿、普照妙觉殿、罗汉堂、禅堂、藏经楼、洗心亭、沼堂、含青斋正厅、前厅以至于金刚宝座塔，虽然是基本系统，却都列在寺院的第四层次构成。它们的下一层次，即第五层次，才是组成单体建筑的构件子系统。这是一种化整为零的结构，层次分明、递阶有序的结构，是与集中型系统迥异的、充分离散的、以庭院式布局为特征的集合型结构。

2. 切合木构架的构筑特点

这种集合型的庭院式结构布局，是木构架建筑体系的产物。由于木构架的原木尺度和梁架受力的局限，不能像西方砖石拱券结构那样构筑大跨度、大空间、大体量的单体建筑，自然走向小体量、多单体的组合构成。这样，作为基本系统的单体建筑，在碧云寺组群中就排列到第四层次，每一个单体建筑的体量不必做得很大。号称碧云寺核心院落主体建筑的能仁寂照殿用的只是面阔三间、进深三间、带一圈窄窄周围廊的殿屋。它的前方伸出月台，后部

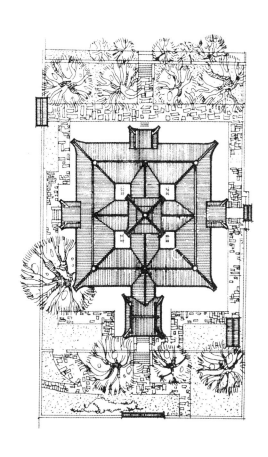

图 2-3-14 北京碧云寺南跨院——罗汉堂庭院
引自郭慎钧，孙雅乐. 碧云寺建筑艺术. 天津：天津科学技术出版社，1997.

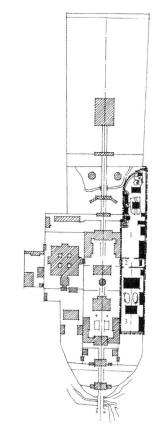

图 2-3-15 北京碧云寺北跨院——园林庭院
1. 水泉院 2. 过渡小院 3. 含青斋
引自郭慎钧，孙雅乐. 碧云寺建筑艺术. 天津：天津科学技术出版社，1997.

添加一间抱厦，屋顶采用黄琉璃瓦庑殿顶，这些提升了主殿的尊崇规格。实际上主殿的体量不大，内部空间不大，梁架跨度不大，构筑技术简易，完全是成熟的技术做法，这样就大大降低了单体建筑自身构成的复杂性和技术做法的复杂度。体量庞大的罗汉堂也是如此，它的平面达到60米×50米，按说是个大空间、大跨度建筑。实际上它采用田字形的平面组合，完全转化为小跨度的空间构成，也没有超出木构架技术的规范做法。碧云寺的庞然大物是金刚宝座塔，那已经不是木构架建筑，而是砖石建筑。金刚宝座塔的高高突起，八塔丛立，看上去很是复杂，实际上塔座内只有登塔券洞的小空间，基本上是实心的"有外无内"型台体。这样的台体上建造若干小塔自然也不存在构筑上的难题。可以说，在碧云寺的庭院式离散型布局中，基于多级递阶系统结构，尽管寺院总体规模很大，它的单体建筑基本系统，却大为简化，完全避免了像圣索菲亚教堂那样摆脱不开的大跨度、大空间技术难题，充分体现出木构架的构筑逻辑和空间构成特色。

3. 便于历时性的改建、扩建

碧云寺的这种多级递阶结构布局，为建筑组群的改建、扩建带来了方便条件。作为第四层次的单体建筑，在组群总体中，都是相对独立的。拆除某些建筑，并不影响其他单体建筑，不会导致全系统的破坏。添加新的建筑构成，不是把原有单体建筑展扩、放大，而是增添新的单体。这样既不触动原有的基本系统结构，也使新添的单体建筑有不受旧建筑牵制的相对自由。碧云寺的历史演进很生动地表明了这一点。在阿密勒舍宅为寺后，碧云寺经历过宦官于经的据寺为宅和还宅为寺，再经过魏忠贤的据寺为祠和还祠为寺，到乾隆时期，又经历汉式寺院到喇嘛庙的转化。在宅第功能、生祠功能、汉寺功能、喇嘛庙功能上，经历了多次反复的功能变换和改建、扩建。这里有山僧圆通的修葺重建，有宦官于经、魏忠贤的两度扩建，特别是乾隆时期大规模的改制扩建，碧云寺正是在元、明、清三个时期的改扩建中逐步壮大发展的。在乾隆十三年的这次扩建中，碧云寺的总体规模整整扩大了一倍多，整个寺院向后部延伸了一倍的纵深，东西纵向轴线长达450米，整个寺院组群占地达到6公顷，由此跃升为规模恢宏，极富特色的大型喇嘛庙。

4. 有利外部空间的灵活调度

这种多级递阶的建筑组群布局，有一个很重要的优势，就是可以方便地进行建筑外部空间的灵活调度。由于木构架建筑的体量相对偏小，单体建筑内部空间有限，内里空间组织不很复杂，这就导致对建筑外部空间的分外关注。一幢幢单体建筑的殿屋，通过庭院式的组合，组成这样那样的"院"。院与院的串联和主轴院与副轴院的并联，就组构成大型的建筑组群。在这里，院自身的组合，院与院之间的串联组合，主轴院与副轴跨院之间的并联组合，都有很大的灵活性。据统计，碧云寺的大小院落共约24个。[①] 这些院落，功能要求不同，所处位置不同，环境条件不同，形成的庭院形式，可以说是千差万别的。这里的院落尺度有大有小；这里的院落形态，有规整，有活跃；有封闭，有通透；有空旷，有幽曲；有的以殿屋组合成院，有的以院墙围合成院；有的凸显殿屋主座，有的耸立牌楼、碑亭，点缀荷沼、石桥。这些庭院空间就是建筑的外部空间，但是它不是直接面向城市、广场的外向的外部空间，而是位处建筑组群内部的内向的外部空间。这样的建筑外部空间是很有意义的，它大大弥补了非集中型单体建筑内部空间有限的不足，以充足的外部空间作为内部空间的补充和延伸。尽管碧云寺的几座主要殿堂——弥勒菩萨殿、能仁寂照殿、静演三车殿、普照妙觉殿尺度都不大，但

[①] 孙雅乐，郝填钧. 碧云寺建筑艺术 [M]. 天津：天津科学技术出版社，1997：13.

是通过四进院落的院庭空间组织，还是组构成了完整的、富有层次、富有氛围的大型寺院格局。这样的庭院式组合，也为碧云寺兼容不同功能、不同制式、不同体量、不同风貌的建筑创造了方便条件。体量远大于主体殿堂的罗汉堂把它分隔在主轴线之外的南跨院，就避免了对主体殿堂的干扰。体量庞大，制式、风貌迥异的金刚宝座塔，把它推到主轴后部的塔院，并以过渡院拉开距离，妥帖地解决了汉式与藏式的共处。错落有致、幽雅宁静的园林建筑都集中在北跨院，形成别具一格的寺庙园林，也使它与主轴庭院的端庄格局各得其所。这种庭院式的组合，也有利于碧云寺充分地结合地形、融入自然环境。整个寺院坐落在香山东麓聚宝山的脊梁上，聚宝山后面山势突起，山冈三面环抱，两翼和前方都有深沟壁垒，整个寺院充分利用这个地形，由东向西，一层层院落顺着地势逐渐升高，空间调度与环境起伏完全合拍。到了塔院前部，地面标高已较山门地面高出37米。金刚宝座塔在这里拔地而起，加上塔自身高35米，塔尖距山门地面高差达到72米。这样地融合环境，造就了金刚宝座塔虎踞山冈峰巅的态势。所有这些灵活地调度建筑外部空间，都大大丰富了碧云寺组群的建筑时空构成，充分体现出中国木构架建筑体系擅长组织时空的特色。

从碧云寺多级递阶系统结构的这些特点，可以说中国的木构架建筑，基于自身构筑特点，基于单体建筑的"有、无"构成，采用多级递阶的系统来组构大型组群，的确是找到最合宜的结构形式。当然，这并不意味着多级递阶结构就是最佳的系统结构。以小体量单体建筑为基本系统的多级递阶结构，也存在着很大局限和很多不利因素。首先，它欠缺集中系统大型建筑那样的室内大跨度、大空间，在室内空间的容量和调度上，有明显的局限。这在现代，就难以满足集散大量人流和容纳大体量设备对于大跨度、大空间的功能需求；其次，它的容积率指标很低，离散型分布需要很大的占地，这在现代，在城区寸土寸金的地段，在乡间占用农田的地段，都是致命性的问题；再次，这种化整为零的、小体量多单体的构筑方式，很有可能带来房屋用材、路面铺设、管线铺装等一系列建筑材料的非集约消耗，在人力、物力、财力耗费上有可能是不利的。因此，不能孤立地评判集中系统与多级递阶系统孰优孰劣，需要针对具体情况，才能进行优选，才能决策选用什么样的建筑系统结构及其"有、无"构成。

（三）建筑形式："追随功能"与"唤起功能"

我们大家都很熟悉沙利文的一句名言："形式追随功能"（Form follow function），也知道路易斯·康提出了与之针锋相对的另一句名言："形式唤起功能"（Form inspires function）。显然，建筑师对建筑形式、建筑功能及其相互关联的问题，是极为关注的。英国建筑理论家卡彭在他的《建筑理论》一书中，把建筑学列出六个范畴：形式、功能、意义、结构、文脉、意志。这六个范畴，前三者列为基本范畴，后三者列为派生范畴。[1]在这里，"形式"和"功能"都属于基本范畴，而且位居前列，可见卡彭对建筑形式、建筑功能也是分外重视的。

卡彭在书中对六个范畴，都专列了相关"词语"。与"形式"相关的词语，列有：形状、体积、表面、线、模式、边界、数量、大小、尺寸、统一性、多样性、简单性、复杂性、比率、比例、和谐、对称、韵律、轴线、网络、排列、色彩、美观、平衡、清晰度、并列、相邻……与"功能"相关的词语，列有：用途、理由、原因、使用、适用、实用性、需要、要求、能力、目的、效果、满意、便利、舒适、愉悦、效率、价值……[2]从这些相关词语可以加深理解"形式"和"功能"

---

[1] [英]戴维·史密斯·卡彭.建筑理论（上）·维特鲁威的谬误[M].王贵祥译.北京：中国建筑工业出版社，2003：xxxi-xxxii.

[2] [英]戴维·史密斯·卡彭.建筑理论（上）·维特鲁威的谬误[M].王贵祥译.北京：中国建筑工业出版社，2003：xxxi.

的确是关乎建筑实用和美观的基本问题,难怪建筑大师们都热衷于对形式与功能问题发表自己的见解。

"形式追随功能"和"形式唤起功能"这两句话,看上去很明晰,细品起来却很需要哲理思索。我们知道,"形式"是与"内容"相对应的,属于哲学范畴的概念;而"功能"是与"结构"相对应的,属于系统科学范畴的概念。现在要探讨"形式"与"功能"问题,实际上就把"内容与形式"和"结构与功能"两对不同范畴的概念,交叉在一起了。

有关建筑的内容与形式问题,我国建筑界在20世纪50年代中后期、60年代初期和80年代都曾展开热烈的讨论,各家见解不一,存在不少分歧。我当时在琢磨建筑矛盾问题,读过艾思奇的《辩证唯物主义讲课提纲》。艾思奇在这本书中论及"内容与形式"时指出,"形式是事物的矛盾运动自己本身所需要和产生的形式,而事物的矛盾运动,就是它的内容"。① 我很喜欢艾思奇的这个论断,觉得他的这个表述是很准确的。当时曾引申这个概念,写了一篇《建筑内容散论》的文章。② 查看近年出版的相关著述,对内容与形式的概念,上海市高校《马克思主义哲学基本原理》编写组的提法是:

> 内容就是构成事物的一切内在要素的总和,它是事物存在的基础。形式就是构成内容诸要素的内部结构或内容的外部表现方式。③

罗长海在《辩证唯物主义基本原理》中的提法是:

> 内容是指构成事物的一切要素的总和。这些要素包括事物的各种内部矛盾及由这些矛盾所决定的事物的特征、成分、运动过程和发展趋势等等。
>
> 形式是指事物内部诸要素联结为一个整体的结构和表现事物内容的方式。④

这些表述与艾思奇的表述实质上是一致的。沿着这样的概念,我们可以说,建筑的内容就是建筑的一切要素的总和,就是建筑的内部矛盾和矛盾运动。而建筑的内在矛盾,按前面的论析就是建筑实体与建筑空间的对立统一。因此,我们就可以说,建筑的内容就是建筑实体与建筑空间的内在矛盾,也就是建筑的"有"与"无"的矛盾运动;建筑的形式自然就是这个矛盾运动所需要和所产生的形式。

从系统结构和系统功能的角度来审视,"形式"与"结构"的确是息息相关的。可以说"形式"就是"结构"的内部组织方式和外部表现形式。在单体建筑这个基本层面,如果说建筑的系统结构,是建筑的实体构成与空间构成的总和,那么,建筑的形式就是实体构成和空间构成所需要和所产生的形式,也就是它们内在的、相互制约的组织方式及其显现于建筑内部空间、外部空间和显现于建筑实体的外在表现形式。

我们知道,结构决定功能是系统科学的一条基本原理,但是结构决定功能,只是结构具备相应的性能,这种性能还不是功能,而是一种潜能。它的性能的现实发挥,与环境对它输入物质、能量、信息的状况密切相关。系统功能只有在系统和环境相互作用过程中才能体现。因此,在结构与功能的对应中,存在着"一构多能"现象。同样的结构处于不同的环境,会呈现出功能的差异。同一个人,在家庭中充当着"父亲"或"丈夫"的角色,在公司里充当着"经理"或"职员"的角色,到了火车上则充当"乘客"或"列车员"的角色。建筑也是如此,位于不同环境就充当不同的建筑角色。同样是一幢三开间的殿屋,在住宅庭院中,它是宅屋,在寺庙庭院中,可能成了禅堂。即使同样的三开间殿屋在同一个庭院中,如果它处

---

① 艾思奇. 辩证唯物主义讲课提纲[M]//艾思奇全书第六卷. 北京:人民出版社,2006:883.
② 发表于建筑学报,1981(4)
③ 上海市高校《马克思主义哲学基本原理》编写组. 马克思主义哲学基本原理(第七版)[M]. 上海:上海人民出版社,1999:66.
④ 罗长海. 辩证唯物主义基本原理[M]. 北京:北京工业大学出版社,2003:103.

在正座的位置，就是正殿或正房；如果它处在左右侧座的位置，就成了配殿或厢房。

系统结构与系统功能的对应关系，也存在着"异构同功"的现象。同是计时功能，可以用日晷，可以用机械手表，也可以用电子手表。同样为了栖居，可以挖窑洞，可以建干阑，也可以砌碉房。

既然认定系统结构决定系统功能这个基本原理，那就意味着不同的结构，就有不同的功能，怎么又会出现"异构同功"的现象呢？应该说，所谓"功能"有"基本功能"和"充分功能"的区别。日晷、机械手表、电子手表，在计时的基本功能上可以说是"异构同功"的，而它们在计时准确度、便捷度之类的充分功能上，并没有达到同等的或同样的效果。在充分功能这一点上，结构与功能确是单值对应的，而在基本功能上，结构与功能可以是非单值对应的，可以存在"异构同功"。

我们进行建筑设计，就是为达到特定的功能目标而设计特定的结构。建筑这个事物涉及庞杂的要素，涉及一系列实用的、审美的、技术的、经济的、人文环境的、自然环境的制约，这庞杂的要素与制约，许多都是模糊指标。模糊事物是没有精确解的，因此建筑设计是不存在精确解的。所谓设计的"精确解"，就是在特定条件下，取得了百分之百的、在一切层面都达到最理想状态的绝对最优方案。这种"绝对最优"对于复杂系统、对于模糊事物都是不存在的。既然不存在"唯一"的绝对最优的方案，自然会存在不同优化程度的方案。这些不同优化程度的方案，在满足该建筑的基本功能上都属于"异构同功"，而在满足该建筑的充分功能上，则有这样那样的差异。由此，我们可以建立建筑设计方案的"评价模型"（图2-3-16）。它如同一个画着同心圆的射击靶子。靶心涂黑，意味着无精确解，即不存在可以命中"绝对最

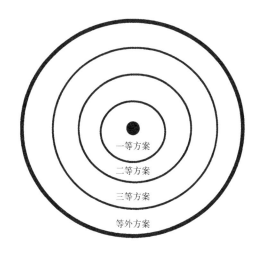

图2-3-16 建筑设计方案评价模型示意

优"的设计方案。4圈同心圆分别为一等方案、二等方案、三等方案和等外方案。一批设计方案通过评判，可以区分出一、二、三等，也可以并列一、二、三等。这里并列为同一等级的设计方案，其综合评价的优劣程度虽属于同一档次，实际上在充分功能上各有此长彼短，仍然不是真正的"同功"。设计方案的优选，就是在诸优等方案中，针对所需，根据其不同权重，择取一个中选方案。这个过程就是运用"异构同功"原理筛选建筑优化设计的过程。

现在来看沙利文的"形式追随功能"这句名言。沙利文是美国芝加哥学派的核心人物，被誉为现代功能主义和新客观主义的先驱。他特别强调建筑的使用功能，他表白自己梦想的目标是：

> 创造一种适宜于其功能的建筑——是以一种以经过很好定义的使用需求为基础的现实的建筑——所有与使用者有关的需求都变成了规划与设计的极其重要的基础……[①]

沙利文以第三人称的身份在自传中写道：

> 在这样一种思想的指导下，形式在他（即沙利文）的手下从各种需要中自然地生长出来，非常坦率地、新鲜地表现它们自己。这意味着……经

[①] 转引自[德]汉诺-沃尔特·克鲁夫特. 建筑理论史——从维特鲁威到现在[M]. 王贵祥译. 北京：中国建筑工业出版社, 2005：266.

① 转引自[德]汉诺－沃尔特·克鲁夫特. 建筑理论史—从维特鲁威到现在[M]. 王贵祥译. 北京：中国建筑工业出版社，2005：266.

② 外国近现代编写组. 外国近现代建筑史[M]. 北京：中国建筑工业出版社，1982：281.

过对于生活事物长时间的沉思冥想，他推导出了一个公式，这就是"形式追随功能"。①

沙利文所说的"形式追随功能"，指的是建筑形式追随建筑的使用功能。这意味着建筑设计是从实用着眼，根据实用的意图构思出设计方案，确定其"结构"，满足其物质功能需求。而从这样的"结构"，自然地、有机地、坦率地生成其内部形式和外显形式，满足审美和表意的精神功能需要。这在当时的确是摆脱折中主义羁绊的一个响亮口号。它明确了功能与形式的主从关系，坚持由内到外的设计，为功能主义的建筑设计开辟了道路。但是，建筑形式是诸多因素制约的产物，仅仅把它视为实用功能所派生，囿于单一因素的制约，显然是一种片面性。这种片面性是导致国际式僵化风格的原因之一。这样就出现了与之针锋相对的路易斯·康的"形式唤起功能"的口号。

路易斯·康是费城学派的创始人，有评论称他为时代的"建筑诗哲"，他的理论和实践对后现代主义的出现提供了重要的启迪。在功能与形式这个现代建筑理论的敏感问题上，他特别关注形式，他认为"功能"只是最低的下限，"功能"满足只意味着将房子造成遮庇所而已。康把"形式"视为建筑的"基素"。他说：

建筑师在可以接受一个有所要求的关于空间的任务前，先要考虑灵感。他应自问：一样东西能使自己杰出于其他东西的关键在于什么？当他感到其中的区别时，他就同形式联系上了，形式启发了设计。②

在"形式唤起功能"这句话中，路易斯·康所说的"功能"，也是指实用功能。这意味着在建筑设计初始构思的时候，就应该敏锐地捕捉到灵感，发现该建筑所应有的"形式"。从这样的形式意图来确定其"结构"，从而满足审美和表意的精神功能，并以这样的"结构"，"唤起"它的实用功能。

路易斯·康的这个"唤起论"，乍一听是很令人吃惊的，似乎是本末倒置的从形式出发，是非理性的形式主义。其实，"形式唤起功能"的现象是并不罕见的。

我们都熟悉北京故宫的太和殿殿庭，这个最高体制的宫殿主院就呈现着"形式唤起功能"的生动景象。我们知道，太和殿殿庭以太和殿为正座；殿庭前座是太和门及其左右的昭德、贞度两座掖门；殿庭东西两侧有体仁阁、弘义阁和左翼门、右翼门；殿庭东南角、西南角各有一座崇楼；在这些门座、阁楼、崇楼之间，都以庑房联结（图2-3-17）。清光绪十四年（公元1888年）十二月十五日深夜，贞度门发生一场火灾。这场火不仅烧毁了太和门、昭德门、贞度门，也烧毁了毗邻昭德门的毡库和毗邻贞度门的皮库、茶库等。原来，太和殿殿庭的东庑、西庑、南庑，除一部分用作侍卫值房外，都当上了内库。从文献记载可知，殿庭东庑有缎库、甲库、毡库、北鞍库、南鞍库，西庑有银库、皮库、瓷库、衣库、茶库，堂堂首屈一指的宫

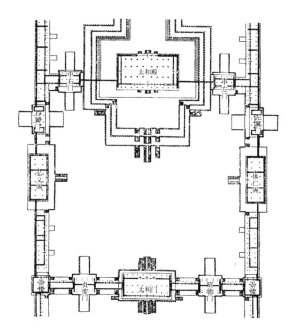

图 2-3-17 北京故宫太和殿殿庭平面图
引自于倬云. 中国宫殿建筑论文集. 北京：紫禁城出版社，2002.

廷主院，周围的建筑居然充当了不登大雅之堂的仓库。不仅庑房用作内库，东南角、西南角的两座崇楼也分别用作南鞍库和皮库。不仅如此，就连太和殿的两座主要配楼，也当上了仓库。体仁阁在用作策试博学鸿词考场的同时，兼作了缎库。与之相对称的弘义阁，则整个儿充当了银库。《清宫述闻》中明确记述："银库在太和殿弘义阁内……专司收存金、银、制钱、珠宝、玉器、珊瑚、松石、玛瑙、琥珀、金银器皿等项"。[①]这个现象启示我们，太和殿（明代称皇极殿）殿庭在设计之初，东庑、西庑、南庑、双阁、崇楼，都不是为特定的使用功能而设置的，它们都是基于殿庭整体格局的需要而设立的。庑房是围合殿庭所必需的。双阁是用作陪衬主殿的配楼。在太和殿这个巨大的殿庭空间中，陪衬建筑也必须有足够的体量，采用配楼的形式，在保证足够体量的同时，得以把立面进行横分割，划分成小尺度，有效地衬托出太和殿主体的分外宏大。四座崇楼分布于"三大殿"前后院的四隅，是为了强化"三大殿"的整体性，凸显"三大殿"的核心区域和尊崇地位。所有这些都是整体格局的形式需要，当初并未有明确特定的使用功能。对称的双阁，转角的崇楼，长列的庑房，都是在使用中再"唤起功能"，这是很典型的"唤起"功能的实证。

许多基于象征而采用某种特定形式的建筑，大多都有这种"唤起"功能的现象。我们从宁波天一阁可以清楚看到这一点（图2-3-18）。天一阁建于明嘉靖四十年至四十五年间（公元1561—1566年），书阁命名"天一"，是取汉郑玄《易经注》"天一生水，地六成之"之义，寓意以水克火。为表征"天一"和"地六"，书阁采用面阔六开间的平面，建筑为两层硬山顶楼房。上层做成一个大通间，象征"天一"，下层隔成六间，象征"地六"，并将"书阁高下深度及书橱数目、尺寸，俱合六数"[②]，都用"六"

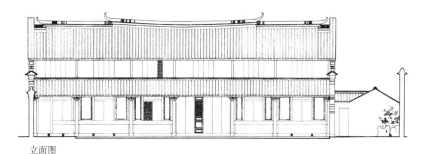

图2-3-18 宁波天一阁
引自潘谷西. 江南理景艺术. 南京：东南大学出版社，2001.

的倍数。木构架建筑的面阔，规范的做法都是一、三、五、七、九的奇数开间，以明间中心定主轴，保持左右对称。天一阁采用六开间，是一种反常规的特例。这显然是由精神功能所需的象征引发的形式需要，而非使用所需的物质功能的需要。在确定了六开间形式的前提下，天一阁巧妙地"唤起"功能，把添加的西尽间用作登楼的楼梯间。应该说这个"唤起"功能是很合拍的。把西尽间用作楼梯间，非常得体：一是楼梯间可以做得窄一些，尽量减小尽间的面阔，尽量削弱书阁正立面的不对称感；二是楼梯设在端部，可以保持大通间的完整，有利书阁内部空间的充分利用和整体观感；三是西尽间有山墙，恐受潮气，原本不宜贮书，把它用作楼梯，正是用得其所。

能不能说天一阁这种为表征"地六"而采用六开间，然后再"唤起"功能的做法，是一种本末倒置，是对使用功能的不尊重呢？不能。应该说，天一阁的创建人范钦是一位对书阁实用功能极端重视的人。他在当兵部右侍郎

[①] 清宫述闻[M]. 北京：紫禁城出版社，1990：136.

[②] 单士元. 文渊阁[J]. 故宫博物院院刊，1979(2)

①孙大章主编. 中国古今建筑鉴赏辞典[M]. 石家庄：河北教育出版社，1995：1099.

之前，曾经做过工部员外郎，对建筑业有过接触，对藏书楼的实用考虑得十分周到。他采用硬山顶的楼房，利用两山山墙做成封火墙，以防邻屋失火延烧书阁。他为表征"天一"，把上层做成一个大通间，这并没有妨碍使用，反而有利图书存放。在大通间中，除东梢间避山墙潮湿，改贮书版外，一连四间都纵列书橱，书橱两面开门，既便于两面取书，也有利通风透气。他将书阁南北两面满槛开窗，尽量保证通风流畅。为避免大风吹开窗扇而损伤书籍，他不用格扇窗而改用推拉窗，并在窗内加设一道木板窗，以免飘雨入楼。在晴天，晒书时这些木窗板还可卸下用作晒晾书籍用的架板，一物两用。①他还在阁前挖一口水池，称天一池，引附近月湖之水入池中。这池水既可作为火警消防用水，也与假山、方亭、幽竹组成隔绝尘世喧闹的僻静读书环境，可以说范钦对于书阁的防火防潮安全和读书幽静环境，以及书籍严密管理的考虑，都达到极周详的程度。我们从天一阁周详的实用功能和执著的形式表征，既看到"形式追随功能"，也看到"形式唤起功能"。正是这种既重视功能、又重视形式表征的

设计，造就了木构架构筑的独特藏书楼模式。乾隆三十九年，弘历曾下诏，令浙江织造局寅著详细询察天一阁建筑与书架款式，烫成准样，开明丈尺上报。乾隆对天一阁建筑大为赞赏，旨令为贮藏《四库全书》拟建的北京宫殿文渊阁、避暑山庄文津阁、盛京宫殿文溯阁、圆明园文源阁和扬州文汇阁、镇江文宗阁、杭州文澜阁，都参照天一阁样式建造，这个六开间的天一阁模式成了清代皇家藏书楼的标准模式（图2-3-19）。

太和殿殿庭和天一阁的"唤起"功能现象启示我们，"形式追随功能"是理性的设计，"形式唤起功能"也是理性的设计。只要这个"形式"是合理的，所"唤起"的功能是合拍的，那就是得体的设计。这两个命题都是可以成立的。它们构成了一对"二律背反"的正反题。对于"二律背反"的正反题，我们不宜肯定一方，否定另一方。"功能"和"形式"两者之间存在着因果关系。按照系统论的概念，因果关系并非都是"因→果"的单向联系，在一定条件下，应该承认"因←→果"的双向联系，承认因果是可以转换的。不仅如此，因果关系还会形成因

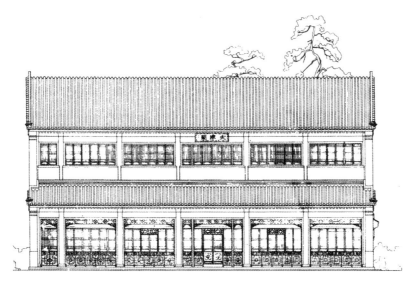

图 2-3-19 承德避暑山庄文津阁
引自陈宝森. 承德避暑山庄、外八庙. 北京：中国建筑工业出版社，1995.

立面图　　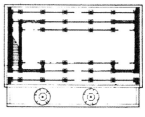　平面图

果链，即第一阶段的"因"所产生的"果"，可以转化为第二阶段的"因"，再产生第二阶段的"果"。即：

因1 → $\begin{vmatrix} 果1 \\ 因2 \end{vmatrix}$ → 果2

这样我们可以把"形式唤起功能"这句话，按因果关系链完整地表述为：

精神功能 → $\begin{vmatrix} 形式 \\ 形式 \end{vmatrix}$ → 物质功能

建筑设计的过程，既存在着基于物质功能的需要，生成相应的形式，满足精神功能；也存在着基于精神功能的需要，生成相应的形式，唤起物质功能。建筑创作的构思过程，实际上都存在着一圈圈"功能→形式→功能"的微循环，它们在构思中是不断反复、不断反馈的。应该说，"形式追随功能"与"形式唤起功能"的辩证统一，是普遍适用的、完整的真理性命题。

第三章　建筑之美：植根"有、无"的艺术

《老子》十一章极富哲理地表述了器物"有、无"与器物之"用"的关系，但是没有涉及器物"有、无"与器物之"美"的关系。实际上，器物的"有、无"不仅与器物之"用"关联在一起，而且与器物之"美"息息相关。

建筑具有物质功能，也具有精神功能，有"用"的问题，也有"美"的问题。建筑还被纳为艺术的一个门类，称为"建筑艺术"。我们沿着《老子》十一章的思路，从"有之以为利，无之以为用"的理念，对单体建筑层面的"有、无"，展开理论探析，得出建筑内在矛盾就是"建筑实体（有）与建筑空间（无）的对立统一"的认识，得出建筑系统结构就是"建筑实体（有）+建筑空间（无）"的认识。这里有必要进一步探索，建筑的"有"和"无"与建筑审美、与建筑表意、与建筑艺术、与建筑精神功能，存在着什么样的关联。这个问题无疑是我们考察建筑"有、无"的一个值得分外关注的问题。

一　建筑艺术载体与建筑表现手段

（一）建筑的"艺术定位"

探讨建筑艺术与建筑"有、无"的关联，自然涉及建筑的艺术载体和建筑的艺术表现手段。在讨论这个问题之前，我们先把建筑放在艺术大系统中，通过艺术的分类，看看建筑在艺术系统中的归属和定位。

艺术分类是一个众说纷纭的问题，存在着多种多样的分类方法。历史上流行的艺术分类方法主要有：

（1）以艺术作品的存在方式为依据，把艺术分为空间艺术、时间艺术和时空艺术。空间艺术有绘画、雕塑等；时间艺术有音乐、文学等；时空艺术有舞蹈、戏剧、影视等。在这种分类中，建筑通常被列为"空间艺术"，与绘画、雕塑属于同一集合。由于人在建筑中是行进地、历时性地流动观赏，涉及时间的先后流程，因此也可以把建筑列为"时空艺术"。

（2）以艺术作品的感知方式为依据，把艺术分为视觉艺术、听觉艺术、视听艺术和想象艺术。视觉艺术有绘画、雕塑、工艺美术等；听觉艺术有音乐；视听艺术有舞蹈、戏剧、影视等；想象艺术有文学等。在这种分类中，建筑自然被列为视觉艺术，与绘画、雕塑、工艺美术属于同一集合。

（3）以艺术作品对社会生活的反映方式为依据，把艺术分为再现艺术和表现艺术。再现艺术有绘画、雕塑、小说等，表现艺术有音乐、舞蹈、书法等。在现代，绘画和雕塑都有具象和抽象之分。因此准确地说，具象绘画、具象雕塑属于再现艺术，而抽象绘画、抽象雕塑应属于表现艺术。在这种分类中，建筑自然列为表现艺术，与音乐、舞蹈、抽象绘画、抽象雕塑属于同一集合。但建筑中融合有若干具象雕塑、具象绘画的细部，带有局部再现艺术的成分。

（4）以艺术作品的物化形式为依据，艺术分为动态艺术和静态艺术。动态艺术有音乐、舞蹈、戏剧、影视等；静态艺术有绘画、雕塑、工艺美术等。在这种分类中，建筑当然列为静态艺术，与绘画、雕塑、工艺美术属于同一集合。

以上四种艺术分类，是历史上习见的。法国的E·苏里奥，从其宇宙论的形而上学美学出发，否定将艺术划分为空间艺术、时间艺术、

时空艺术的做法。他以艺术的感觉质料和是否再现这两条作为标准,提出了一个颇为独特的艺术分类体系(图 3-1-1)。他把艺术的感觉质料区分为七种形式,即①线条;②量感;③色彩;④光线;⑤运动;⑥语言;⑦乐音。然后按表现与再现,分出内圈和外圈。内圈为对应质料的表现艺术,外圈为对应质料的再现艺术。[①]在这种分类中,建筑属于"量感"与"表现"的交叉集合。

日本美学家竹内敏雄在他所著的《美学总论》(1979 年出版)中,提出了一个以空间艺术和时间艺术为主轴的艺术分类表(图 3-1-2)。他把空间艺术分为"平面艺术"与"立体艺术",把时间艺术分为"身体运动艺术"和"声音艺术",把建筑和园艺一起,列为"立体艺术"与"感情象征艺术"相交叉的集合。[②]

竹内敏雄的学生,曾任国际美学会副会长的今道友信,也在他主编的《讲座美学》第 4 卷《艺术的诸相》(日本东京大学出版会,1984 年初版)中,以艺术所采用的"质料"和与人的感觉相关联的"形相"为标准,提出了他的艺术分类表(图 3-1-3)。[③]在这个分类表中,建筑在"质料"上属于"人工素材"的集合,在"形相"上涉及视觉的线、色、光和触觉的"凹凸""厚度"。

我国著名美学家李泽厚,早在 1962 年也发表了"略论艺术种类"一文。[④]他以表现与再现作为艺术分类的第一原则,以动与静作为艺术分类的第二原则,将艺术分为:

(1)"表现·静"的艺术——实用艺术:包含工艺美术、建筑;

(2)"表现·动"的艺术——表情艺术:包含音乐、舞蹈;

(3)"再现·静"的艺术——造型艺术:包含雕塑、绘画;

(4)"再现·动"的艺术——综合艺术:包含戏剧、电影;

(5)语言艺术:包含文学。

在这个分类中,建筑归入静态表现的实用艺术,与工艺美术属于同一集合。

不难看出,以上列出 8 种艺术分类,前 4 种是单一坐标的分类,以单一要素作为艺术分类的标准;后 4 种是双坐标的分类,以两个要素构成纵横坐标进行艺术分类。在这些艺术分类中,都列入了"建筑"这个门类。在不同标准的分类中,建筑分属于不同的集合。

了解建筑在这些分类中的所属集合,对于认知建筑的艺术定位是有意义的。由此我们可以知道,建筑在"存在方式"上属于空间艺术或时空艺术;在"感知方式"上属于视觉艺术;

① 参见[日]今道友信. 艺术的分类[M]. 林木森译//陆海林,李心峰. 艺术类型学资料选编. 武汉:华中师范大学出版社,1997:533-534.

② 参见[日]今道友信. 艺术的分类[M]. 林木森译//陆海林,李心峰. 艺术类型学资料选编. 武汉:华中师范大学出版社,1997:533.

③ 参见[日]今道友信. 艺术的分类[M]. 林木森译//陆海林,李心峰. 艺术类型学资料选编. 武汉:华中师范大学出版社,1997:534-535.

④ 见李泽厚. 美学论集[M]. 上海:上海人民出版社,1980:389-417.

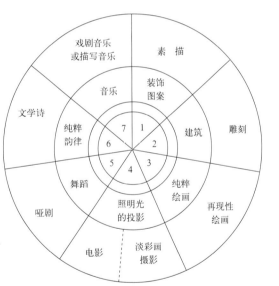

图 3-1-1 苏里奥的艺术分类表
1. 线条 2. 量感 3. 色彩
4. 光线 5. 运动 6. 语音
7. 乐音
引自陆海林,李心峰主编. 艺术类型学资料选编. 武汉:华中师范大学出版社,1997.

图 3-1-2 竹内敏雄的艺术分类表
引自陆海林,李心峰主编. 艺术类型学资料选编. 武汉:华中师范大学出版社,1997.

	空间艺术(静止的艺术)		时间艺术(运动的艺术)	
	平面艺术	立体艺术	身体运动艺术	声音艺术
本来的表现艺术			舞蹈	
感情象征艺术	装饰	建筑、园艺		音乐
模拟象形艺术			模拟	戏剧艺术
图像符号艺术 描写象形艺术	绘画、摄影	雕刻		
图像符号艺术 语言符号艺术				文学、辩论

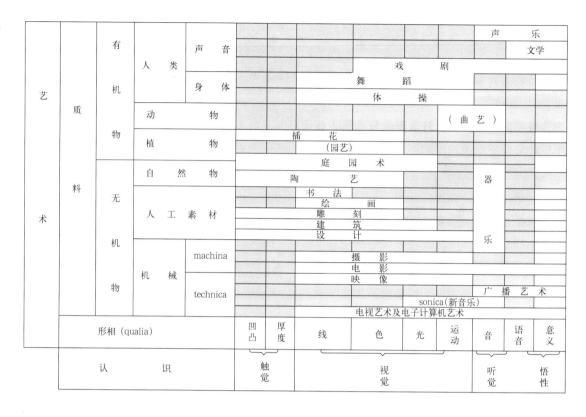

图 3-1-3 今道友信的艺术分类表
引自陆海林，李心峰主编. 艺术类型学资料选编. 武汉: 华中师范大学出版社, 1997.

在"反映方式"上属于表现艺术；在"物化形式"上属于静态艺术。因此，建筑艺术兼有空间艺术（或时空艺术）、视觉艺术、表现艺术、静态艺术的若干特点。这对于我们认识建筑艺术的特性，提供了一个多维的视点。这好比我们了解一个人，需要知道他的年龄、性别、籍贯、职业、教育程度一样，了解建筑艺术，也需要知道它在艺术诸类别中，归属哪些参照系的集合，从其多维特性的交织，有助于认知建筑在艺术网络中的定位。

（二）构件载体与建筑形式要素

仅就以上艺术分类的坐标去认知建筑的艺术定位，实际上是远远不足的。因为对于建筑来说，上列的艺术分类并没有抓住建筑艺术的本质特点。

应该说，艺术作品存在方式的不同、感知方式的不同、反映方式的不同、物化形式的不同，都是基于艺术作品赖以存在的物质载体的不同而派生出来的。任何艺术都是物质的存在，都离不开物质载体。艺术门类的本质性差异，就在于艺术载体的差异。艺术载体是艺术作品寄身其上的物质手段，是艺术家传达审美意象的媒介系统。艺术载体负载着、透现着审美意味，正是艺术载体的物质特征，决定了艺术构成的形式要素，制约着艺术作品的存在方式、感知方式、反映方式和物化形式。

各门艺术的载体是不难确定的。绘画的载体是画版（纸面、布面、壁面……）和颜料；雕塑的载体是石、木、砖、土、金属等雕塑材料；音乐的载体是声音；舞蹈的载体是人体动作；文学的载体是语言、文字。那么，建筑的载体是什么呢？

很容易形成一种看法，认为建筑艺术的载体是建筑材料。在今道友信的艺术分类表中，把建筑的"质料"定为"人工素材"，就是这种看法。应该说，建筑归根结底是由建筑材料构筑的，说建筑的载体是建筑材料也不无道理。但是，这是一种不到位的、有重大缺陷的说法。

这里，我们应该强调纯艺术和实用艺术的本质区别。纯艺术，如绘画、雕塑、舞蹈、音乐、戏剧、文学，都是单一的精神功能，不具实用的物质功能；而包括建筑、家具、服装、陶瓷艺术等在内的实用艺术，都是既具物质功能，也具精神功能的。因此，纯艺术的载体是单一职能的载体，而实用艺术的载体，是双重职能的载体，它既是满足物质功能所需的"实用结构"的载体，也是满足精神功能所需的"艺术结构"的载体。建筑正是如此，在通常情况下，建筑是基于实用的需要而建造的。满足实用的物质功能需要是建造的前提，由此派生出相应的建筑精神功能需求。建筑的"艺术结构"必须受制于它的"实用结构"。建筑艺术创作不能脱离开"实用结构"而直接以建筑材料为载体，它是运用"实用结构"的建筑构件来做文章。这意味着建筑的"实用结构"载体和"艺术结构"载体，是同一套"载体"，是一套双重职能的物质载体。"实用结构"与"艺术结构"应该是双向适应的。因此，确切地说，建筑的艺术载体并非"建筑材料"，而是"建筑构件"。不仅建筑如此，所有的实用艺术的载体，都是如此。它们的艺术载体都不是各自所用的"材料"，而是各自所用的"构件"。

这是我们认识建筑艺术特点的一个极其重要的基本点。拿建筑和纯艺术的雕塑相比较，两者的本质区别就在这一点。雕塑的艺术载体是石、木、砖、土、金属等雕塑材料，它是单一职能的载体，是专为塑造雕塑形象而用的。雕塑家可以自由地调度雕塑用材来塑造他所要表现的具象的或抽象的雕塑形象。而建筑的艺术载体是"建筑构件"，虽然建筑构件所用的也是土、木、砖、石、金属等材料，在质料层面上与雕塑材料有很大的同似，但是，建筑完全不同于雕塑，它是以双重职能的建筑构件来组构建筑形象，这是建筑艺术的本质特点。

艺术载体的特点，很大程度上决定了艺术表现手段的特点。所谓艺术表现手段，就是构成艺术形象的形式要素。不同的艺术载体自然形成不同的形式要素。以人体动作为载体的舞蹈，自然以人体的头、眼、颈、手、腕、肘、臂、身、胯、足等的动作、姿势、表情、造型为表现手段和形式要素；以石、木、砖、土、金属等材料为载体的雕塑，自然以质料三维的、凝固态的体量、面块、线条、材质、色彩为表现手段和形式要素。那么，以建筑构件为载体的建筑，它的表现手段是什么呢？

建筑构件是建筑实体（"有"）的构成要素，也是建筑空间（"无"）的生成要素。建筑构件的组合，组成建筑实体，同时也伴随着生成建筑空间。因此，建筑艺术的表现手段就植根于建筑实体的"有"和建筑空间的"无"。建筑实体的体量、尺度、面块、组合、线条、色彩、质地、纹饰和建筑空间的大小、高低、虚实、隔透、明暗、穿插、流通、舒朗、幽闭等等，就是建筑艺术的表现手段和形式要素。

建筑艺术的一系列特点，都与它植根于"有、无"的表现手段息息相关。建筑空间需满足物质功能所需的尺度、形态、性能和组合关系；建筑实体需要满足围合空间、联系空间、防护空间、支承空间、展示空间的作用，这就使得建筑的艺术表现手段必须与它所承担的实用职能合拍，因此，建筑的基本形态应该吻合它的"实用结构"。不论是"形式追随功能"，还是"形式唤起功能"，都是追求"艺术结构"与"实用结构"的得体、合拍、融洽。这是建筑艺术的本质特点。建筑艺术的一系列特点，都是由这个本质特点派生的。

二　建筑"物质堆"与建筑"精神堆"

要深化对建筑艺术载体和表现手段的认识，

有必要进一步考察建筑的"物质堆"现象和"精神堆"现象。

（一）艺术美学视野中的建筑"物质堆"

建筑的"物质堆"问题，是黑格尔提出的。黑格尔认为：建筑的"素材就是直接外在的物质，即受机械规律约制的笨重的物质堆"。[①] 黑格尔这里所说的"素材"，就是我们所说的"艺术载体"。也就是说，黑格尔明确地点出，建筑的艺术载体有一个重要的特点，即"笨重的物质堆"。

黑格尔（1770—1831年）是德国古典哲学的集大成者，也是古典美学的集大成者。黑格尔的《美学》，宛如一部艺术史大纲，对艺术发展类型和各门艺术体系展开了系统的梳理，对建筑的艺术定位、艺术载体、艺术表现作了富有哲理深度的论析。

黑格尔的哲学建立在客观唯心主义和辩证法的基础上，他的美学是"艺术哲学"，美学思想的核心内容就是"美是理念的感性显现"。他认为艺术的任务"在于用感性形象来表现理念"，艺术表现的价值和意义"在于理念和形象两方面的协调和统一"。他根据感性形象与理念的关系，把艺术发展分为三个时期：第一阶段是象征型艺术，其特点是物质因素超过了精神因素；第二阶段是古典型艺术，其特点是精神因素和物质因素的统一；第三阶段是浪漫型艺术，其特点是精神因素超过了物质因素。相对应地，黑格尔把艺术类型也分为"象征型艺术"、"古典型艺术"、"浪漫型艺术"，他把建筑列为象征型艺术，雕刻列为古典型艺术，绘画、音乐和诗列为浪漫型艺术。

为什么黑格尔把建筑列为象征型艺术？就是因为建筑的素材是"受机械规律约制的笨重的物质堆"。黑格尔在论述这一点时，分析说：

> 它（指建筑）的形式还没有脱离无机自然的形式，是按照凭知解力认识的抽象关系，即对称关系，来布置的。用这种素材和形式并不能实现作为具体的心灵性的理想，因此，在这种素材和形式里所表现的现实尚与理念对立，外在于理念而未为理念所渗透，或是对理念仅有抽象的关系。因此，建筑艺术的基本类型就是象征艺术类型。[②]

在黑格尔看来，建筑是一门最早的艺术，是初级的艺术，是跨入艺术门槛的第一级台阶。建筑的理念本身不确定，形象也不确定，理念找不到合适的感性形象，物质多于精神，二者的关系只是象征型的关系，因而是象征型艺术的代表。

黑格尔认为，笨重的物质堆给建筑艺术带来"双重的缺陷"。一个是建筑内在意蕴的缺陷。在黑格尔心目中，人是艺术的中心对象，性格是理想艺术表现的真正中心。艺术的理念是"心灵性的东西"，即"绝对心灵"，强调"只有心灵性的东西才是真正内在的"[③]，艺术就是要把心灵性的东西显现于感性形象以供观照。而作为象征型艺术的建筑则是"一种本身并没有心灵性的目的和内容，而须从另一事物获得它的心灵性的目的和内容的东西"。[④] 黑格尔这里说的"另一事物"，朱光潜在中译本中加注说："例如建筑的目的和内容不在建筑本身而在供人居住和敬神等等"。[⑤] 黑格尔不承认建筑功能是建筑本身的"心灵性的目的和内容"，因而把建筑看成是不具有"精神性和主体性的意义"，把这视为建筑的一大缺陷。黑格尔说的另一个缺陷是建筑表现方式的缺陷。黑格尔把艺术载体的物质性束缚与艺术形象表现的自由度相联系，对此，朱光潜有一条译注说：

> （黑格尔）认为艺术愈不受物质的束缚，愈现出心灵的活动，也就愈自由，

[①] [德] 黑格尔. 美学·第一卷[M]. 朱光潜译. 北京：商务印书馆，1996：105.

[②] [德] 黑格尔. 美学·第一卷[M]. 朱光潜译. 北京：商务印书馆，1996：105–106.

[③] [德] 黑格尔. 美学·第一卷[M]. 朱光潜译. 北京：商务印书馆，1996：97.

[④] [德] 黑格尔. 美学·第一卷[M]. 朱光潜译. 北京：商务印书馆，1996：105.

[⑤] [德] 黑格尔. 美学·第一卷[M]. 朱光潜译. 北京：商务印书馆，1996：105.

愈高级。从建筑经过雕刻、绘画到音乐和诗，物质的束缚愈减少，观念性愈增强，所以也就愈符合艺术的概念。①

黑格尔的这个论断能不能成立呢？显然只有对艺术的表现拘泥于具象地再现，才可以成立。如果对于艺术的表现，不拘泥于具象地再现，而认同抽象地表现的话，这一论断就不能成立了。由此可见，黑格尔作出这样的论断，表明他所理解的显现理念的感性形象，他所表述的显现理念的表现方式，仍局限于或者说偏重于具象的再现。基于这样的观念，黑格尔深感建筑形象深深束缚于笨重的感性材料，认为象征型艺术"与其说有真正的表现力，还不如说只是图解的尝试"②，黑格尔断言：建筑是"不能够形象化的"③，不可能达到理念与形象的完全符合，"内容意蕴不能完全体现于表现方式，而且不管怎样希求和努力，理念与形象的互不符合仍然无法克服"。④对此，他有一段细致的表述：

> 建筑能用这种内容意蕴灌注到它的素材和形式里，其多寡程度就取决于它在上面加工的那种确定的内容有无意义，是抽象的还是具体的，是深刻的还是肤浅的。在这方面建筑可以达到很高的成就，甚至于能用它的素材和形式把上述内容意蕴完满表现为艺术品。但是到了这一步，建筑就已经越出了它自己的范围而接近比它高一层的艺术，即雕刻。因为建筑的特征正在于内在的心灵还是与它外在形式相对立的，因此建筑只能把充满心灵性的东西当作一种外来客指点出来。⑤

在这里，黑格尔说得很明白，如果对建筑形象进行深度的加工，把建筑形象做成具象的而不是抽象的，建筑也可以达到很高的成就，也可以完满地表现内在意蕴，但是那样的话，建筑就不是建筑，而是雕刻了。黑格尔进一步从雕刻的角度说：

> 雕刻在外在的感性素材上加工，不再是只按照它的笨重的物质堆的机械的性质去处理，也不是用无机物的形式，也不是不管着色或不着色等等，而是要把感性素材雕刻成人体的理想形式，而且还要把人体表现为主体。就最后这一点来说，我们必须紧记住，只有在雕刻里，内在的心灵性的东西才第一次显现出它的永恒的静穆和本质上的独立自足。⑥

这里，黑格尔所强调的建筑与雕刻的区别，说白了就是雕刻可以具象地再现，而建筑只能抽象地表现。在黑格尔的概念里，抽象地表现是够不上"形象化"的，艺术表现力是很低的，是不确定的，只有具象地再现才称得上完满的艺术。因此他认为这是建筑表现方式上的重大缺陷。

"笨重的物质堆"确是建筑艺术载体和建筑表现手段的一大特色，黑格尔一语中的地抓住了建筑的这一特点。建筑空间是一种容纳人的活动的容器，它不仅容纳一两个人的住居，而且容纳家庭的、族群的起居，容纳人际的种种社会活动，容纳大量的人群集聚、物品存储和机具安置。这使得建筑空间成为大体量的容器。为构筑大体量的空间，自然伴随着需要大尺度的建筑实体，这就构成了建筑载体的"笨重的物质堆"。建筑艺术载体和表现手段的这个特点，对建筑创作形成了五方面的制约：

一是形态的制约。建筑空间和建筑实体必须满足物质功能的实用需要，吻合"实用结构"所需的基本型，力求"艺术结构"形态与"实用结构"形态的合拍、统一。

二是技术的制约。大尺度的建筑实体，带

---

① [德]黑格尔. 美学·第一卷[M]. 朱光潜译. 北京：商务印书馆，1996：112.

② [德]黑格尔. 美学·第一卷[M]. 朱光潜译. 北京：商务印书馆，1996：95.

③ [德]黑格尔. 美学·第一卷[M]. 朱光潜译. 北京：商务印书馆，1996：96.

④ [德]黑格尔. 美学·第一卷[M]. 朱光潜译. 北京：商务印书馆，1996：97.

⑤ [德]黑格尔. 美学·第一卷[M]. 朱光潜译. 北京：商务印书馆，1996：106.

⑥ [德]黑格尔. 美学·第一卷[M]. 朱光潜译. 北京：商务印书馆，1996：107.

来建筑技术的复杂性，使得建筑活动成为一项庞大的工程活动，建筑设计直接受到材料的、结构的、设备的、施工的技术制约，建筑"艺术结构"形态应力求与它的"技术结构"形态合拍、统一。

三是经济的制约。庞大的建筑空间和建筑实体，需要相应的占地，需要大量人力、物力、财力的投入。建筑活动成为触目的经济活动，房地产成为重要的财富，土地成本、建造成本和建筑物经济效益成为制约建筑设计的重要因素。

四是环境的制约。建筑的庞大的物质堆，固着于特定的地段，既关联着地域性的自然环境，也关联着社会性的人文环境。所有的建筑都是特定环境中的建筑，环境要素成为制约建筑设计的一大因素。

五是表现形式的制约。植根建筑实体和建筑空间的建筑表现手段，不是以"建筑材料"呈现，而是以"建筑构件"呈现，既承担双重职能，自身又是笨重的物质堆。局限于运用"建筑构件"来塑造形象，自然限制了建筑具象地再现的自由度，使得建筑艺术不得不采取抽象的表现，由此决定了建筑艺术表现方式的基本特点。

黑格尔敏锐地抓住建筑艺术具有"笨重的物质堆"这个特点，应该说是很精辟的见解。可惜的是，黑格尔的美学是"艺术哲学"，他的艺术理念是纯艺术的理念。他没有从根本上区分出"纯艺术"与"实用艺术"的不同范畴，他是以"纯艺术"的视角来审视建筑。他把建筑放在"艺术美学"的框架中去定位。他看到建筑中的物质压倒精神，看到建筑表现方式的抽象表现性，他就把建筑列为象征型艺术。在这个"艺术美学"的参照系中，"笨重的物质堆"自然成了建筑的沉重束缚，难怪黑格尔无奈地感叹建筑的"双重缺陷"。

黑格尔是古典美学的集大成者，黑格尔的这个局限，可以说是古典美学的局限。

（二）技术美学视野中的建筑"精神堆"

到19世纪末、20世纪初，由于工业化的发展和机械化的生产，形成了庞杂的工业设计（也称现代设计）门类，逐步建立起一门物质生产领域的实用美学——技术美学。这样，美学领域突破了传统的、局限于"艺术美学"的古典视野，开辟了崭新的、"技术美学"的现代视野。

这个美学视野的拓展进程，与现代建筑的发展进程是同步的。我们从勒·柯布西耶的《走向新建筑》一书中，可以鲜明地看到建筑美学思想的这个大变革、大突破。

勒·柯布西耶（1887—1965年）是现代建筑的先驱者，《走向新建筑》是现代建筑最重要的纲领性文件。柯布西耶激烈地抨击"垂死的建筑艺术"[①]，激烈地主张表现工业时代的新建筑，他发出"住宅是住人的机器"的口号，极力鼓吹用工业化的方法大规模建造房屋。[②]在《走向新建筑》这本书中，柯布西耶开宗明义就端出"工程师美学"的命题，指出"存在着一种工程师的美学"，声称工程师的美学"正当繁荣昌盛"。[③]他专辟一章讲述"视而不见的眼睛"，列举三大项工业产品：轮船、飞机、汽车。他高呼一个伟大的时代刚刚开始，这个伟大时代存在着一种新精神，这种精神主要存在于工业产品中。他说：

> 今天已没有人再否认从现代工业创造中表现出来的美学。那些构造物、那些机器，越来越经过推敲比例、推敲形体和材料的搭配，以致它们中有许多已经成了真正的艺术品。[④]

柯布西耶宣称："钢筋混凝土给建筑美学带来了一场革命"[⑤]，极力追求现代建筑充分体现机器时代的精神。柯布西耶还充分肯定建筑的

---

① [瑞士]勒·柯布西耶. 走向新建筑[M]. 陈志华译//汪坦，陈志华. 现代西方艺术美学文选·建筑美学卷. 沈阳：春风文艺出版社/辽宁教育出版社，1989：69.

② [瑞士]勒·柯布西耶. 走向新建筑[M]. 陈志华译//汪坦，陈志华. 现代西方艺术美学文选·建筑美学卷. 沈阳：春风文艺出版社/辽宁教育出版社，1989：81.

③ [瑞士]勒·柯布西耶. 走向新建筑[M]. 陈志华译//汪坦，陈志华. 现代西方艺术美学文选·建筑美学卷. 沈阳：春风文艺出版社/辽宁教育出版社，1989：62-64.

④ [瑞士]勒·柯布西耶. 走向新建筑[M]. 陈志华译//汪坦，陈志华. 现代西方艺术美学文选·建筑美学卷. 沈阳：春风文艺出版社/辽宁教育出版社，1989：79.

⑤ [瑞士]勒·柯布西耶. 走向新建筑[M]. 吴景祥译. 北京：中国建筑工业出版社，1981：43.

抽象表现能力。当时对抽象形式的崇尚,是艺术领域反映大工业时代特色的新潮。先锋派绘画的风格派、立体主义、构成主义等都凸显出这样的倾向。柯布西耶自己的"纯净主义"绘画,也是几何化、体块化、纯净化和抽象化的。柯布西耶深深意识到建筑的这一潜能,他赞叹建筑"以它的抽象性激发最高级的才能,建筑具有如此独特又如此辉煌的能力"。[①]

显而易见,柯布西耶在这里所高扬的"工程师的美学",就是"技术美学"。如果说,黑格尔把建筑与雕刻、绘画、音乐、诗排列在一起,那么柯布西耶则鲜明地把建筑与机器、轮船、飞机、汽车排列在一起;从理念上把建筑艺术从"纯艺术"的参照系,转移到"工业艺术"的参照系;从"艺术美学"的范畴,转移到"技术美学"的范畴;把建筑设计从"艺术创作"转移到"现代设计"。如果说黑格尔的"建筑艺术论"是艺术本位的建筑艺术论,反映的是古典美学、古典建筑的建筑观,那么,柯布西耶在这里所奠定的,则是建筑本位的建筑艺术论,反映的是现代美学、现代建筑的建筑观。

这个建筑本位的建筑艺术论,不仅符合现代建筑的本质,也有助于我们认识古代建筑的本质。古代建筑虽然不是"工业品",古代时期虽然没有形成"工业设计"的概念,但古代建筑同样应该归属在"实用品"的行列,而不是"艺术品"的行列,应该纳入"实用艺术"的范畴,而不是"纯艺术"的范畴。因此,同样应该以"技术美学"的视野,而不应该以"艺术美学"的视野审视古代建筑。

耐人寻味的是,柯布西耶在《走向新建筑》中,也高呼建筑是"最高的艺术"[②](吴景祥译本译为"建筑是超越一切艺术之上的艺术"[③]),并且反复提到建筑的"精神的纯创造"。这样一位勇猛的现代建筑先驱怎么也把建筑混淆到"艺术美学"领域去呢?乍看似乎令人费解。其实不然,那是我们停留于字面上的误读。细细琢磨柯布西耶的说法,原来他的表述是非常精辟、非常深刻的。

柯布西耶是在"建筑"这一章的第三节中,列出"精神的纯创造"这个标题[④](在吴景祥译本中,这个标题译为"纯粹的精神创作"[⑤])。在这一节中,柯布西耶实际上谈的是建筑"造型"。他说:

> 清晰地表述一个作品,赋予生动的统一性,使之具有一个基本的姿态与特性;这就是纯精神的创作。
>
> ……小客厅、厕所、散热器、钢筋混凝土、拱顶或尖拱等等等等。这些都是构筑,不是建筑。建筑只有在产生诗意的时刻才存在。建筑是一种造型的东西。[⑥]
>
> ……
>
> 一所房子的设计,它的体量和立面部分地决定于功能需要,部分地决定于想象力与造型创作,因此,关于设计,即关于任何在空间中建立起来的东西,建筑师也是一个造型艺术家。他驯服了功能的需要以使之适应于所追求的造型目的。他完成了一个构思的过程。[⑦]

很明显,柯布西耶在这里所说的"纯精神的创作",就是指建筑造型。这是建筑从"实用结构"升华为"审美结构"的过程,使构筑物的形式升为有意味的形式的过程,这个过程使得建筑产生"诗意",从而成为"造型的东西"。

这样,我们可以完全理解,为什么柯布西耶在"纯粹的精神创作"这一节的"提要"中写道:

> 轮廓与侧影是建筑师的试金石。
> 就在这里他可以表现为艺术家或者只不过是工程师。
>
> ……

[①] [瑞士]勒·柯布西耶. 走向新建筑[M]. 陈志华译 // 汪坦,陈志华. 现代西方艺术美学文选·建筑美学卷. 沈阳:春风文艺出版社/辽宁教育出版社,1989:67.

[②] [瑞士]勒·柯布西耶. 走向新建筑[M]. 陈志华译 // 汪坦,陈志华. 现代西方艺术美学文选·建筑美学卷. 沈阳:春风文艺出版社/辽宁教育出版社,1989:85.

[③] [瑞士]勒·柯布西耶. 走向新建筑[M]. 吴景祥译. 北京:中国建筑工业出版社,1981:80.

[④] [瑞士]勒·柯布西耶. 走向新建筑[M]. 陈志华译 // 汪坦,陈志华. 现代西方艺术美学文选·建筑美学卷. 沈阳:春风文艺出版社/辽宁教育出版社,1989:103.

[⑤] [瑞士]勒·柯布西耶. 走向新建筑[M]. 吴景祥译. 北京:中国建筑工业出版社,1981:157.

[⑥] [瑞士]勒·柯布西耶. 走向新建筑[M]. 吴景祥译. 北京:中国建筑工业出版社,1981:168-169.

[⑦] [瑞士]勒·柯布西耶. 走向新建筑[M]. 吴景祥译. 北京:中国建筑工业出版社,1981:170-171.

> 轮廓线与侧影是一个纯精神的创作；它需要造型艺术家。①

这里字面上的"轮廓与侧影"，实质上说的是"造型创作"的意思。柯布西耶在这里，把"造型创作"视为"建筑师的试金石"，把这种素养、才华视为区分"工程师"和"艺术家"的标志。他强调"造型创作"是一种"纯粹精神的创作"，它需要像"造型艺术家"那样的建筑师。正是从这个意义上，他高调地呼唤：

> 建筑除了表现结构与符合功能需要之外，还有其他意义与其他目的（这里的"需要"是指使用上的功能、舒适与切合实际的布置安排）。
>
> 建筑是超越一切其他艺术之上的艺术，要求能达到纯精神的高度、数学的规律、理论的境界、比例的协调。
>
> 这就是建筑的最终目的。②

当然，柯布西耶这里说的"建筑是超越一切其他艺术之上的艺术"，用词是不严密的。根本不存在什么"最高的艺术"，艺术门类之间不存在孰高孰低的问题。在纯艺术领域，我们不能说绘画的艺术性高于雕刻的艺术性，同样，在工业设计领域，也不能说建筑的艺术性高于汽车的艺术性。这句话只能理解为柯布西耶强调建筑可以达到很高的艺术性。

为什么柯布西耶要这么高调地点出建筑的艺术性，点出建筑造型的精神纯创造？借用黑格尔关于"物质堆"的说法，我们可以说柯布西耶是在强调建筑的"精神堆"。这是因为柯布西耶把建筑定位在技术美学的范畴，把建筑设计归入"工业设计"的领域。他看到建筑与各类工业品在审美性质上的共性，也意识到在庞杂的工业品大系统中，它们在物质性的束缚和审美表现的自由度上，有很大的差别，建筑在"工业设计"系列中有它的特殊性。因而，如同黑格尔在"艺术美学"的坐标中，使劲地强调建筑笨重的"物质堆"一样，柯布西耶在"技术美学"的坐标中，则使劲地强调建筑浓厚的"精神堆"。

考察建筑的艺术载体和表现手段，"物质堆"问题是一个极重要的问题，"精神堆"问题也是一个极重要的问题。

在包括工具、机器、家具、汽车、轮船、飞机等在内的、涉及"技术美学"的各个工业品门类中，建筑的"精神堆"现象，的确是很鲜明的。这是因为建筑具有以下的特性：

一是生活关联的丰富性。 建筑关联社会生活的各个领域，人的日常起居、劳动生产、文化教育、政治活动、社交购物、医疗体育、娱乐休闲、宗教信仰、祭祀典仪等等，都需要相应的建筑物。这种与生活紧密关联的实用功能，自然给建筑带来丰富的生活内蕴、文化内蕴和情感内蕴。

二是实用结构的相对自由度。 建筑实用功能存在很大的模糊性，空间组合具有较大的灵活性，生成空间的实体具有较大的选择性。较之飞机、轮船、汽车、机器，它的功能准确度和技术精密度都相对宽松，因而建筑的实用结构有相对的自由度，使得建筑的"同功异构"现象比较显著，同一个建造项目可以做出无数个设计方案，这就给建筑师的造型表意提供了广阔的创作空间。

三是具备特定的环境价值。 建筑不同于汽车、飞机、机器，它不是流动的，而是固着于特定地段。建筑自身又有相当大的体量。这么大体量的、固着于特定地段的建筑，构成了触目的环境。它的大批量集聚，就成了城区环境或乡村环境，既涉及一系列的生态环境因素，也涉及一系列的人文环境因素，这给建筑添加了丰富的地域性、乡土性、民族性等环境信息。

四是鲜明反映时代面貌和历史印记。 建筑是时代的结晶，时代的政治、经济、文化、科技、

---

① [瑞士]勒·柯布西埃. 走向新建筑[M]. 吴景祥译. 北京：中国建筑工业出版社，1981：158.

② [瑞士]勒·柯布西埃. 走向新建筑[M]. 吴景祥译. 北京：中国建筑工业出版社，1981：8081.

思想意识和生活面貌都鲜明地凝结在这个时代的建筑中，成为特定时代最直接、最触目的物态化景象。这赋予建筑展现时代、表现时代的巨大潜能和直观信息。建筑是长寿的，许多建筑可以存在几百年、几千年。这些历史建筑把过去时代的城乡面貌，把历史事件、历史人物的活动场所遗存到现代，赋予建筑得天独厚的历史信息。

五是表现手段的相对自由和多元综合。建筑不同于高科技产品，它的空间结构和技术结构在精密度上相对宽松，这就使它扎根于"有、无"的表现手段，较之技术美学领域的其他高精密度的高科技产品，有较大的相对自由度。它也允许一些基于形式构成的需要而添加非实用的空间和实体。这使得建筑在空间组合和实体构成，在形式美的构图上，有充足的驰骋空间和表现潜能。不仅如此，建筑还可以综合运用绘画、雕塑乃至运用文学、书法等其他艺术的表现手段，使得建筑不仅添加装饰艺术的意味，而且在抽象表现的艺术主体中揉入了具象的表意，从而拓宽和深化了建筑形象的表现潜能。

以上这些都促使建筑具有浓厚的"精神堆"。它意味着建筑具备表意的深广度和表现的自由度，这是建筑与机器的重大区别。当我们把建筑和机器一起列为工业设计范畴，看到它们在"技术美学"上的共性时，应该清醒地意识到建筑的浓厚"精神堆"，看到它有别于机器的特殊性。

建筑具备表意深广度和表现自由度的这个特点，反映在建筑创作上，自然呈现出"重理"与"偏情"的两种创作倾向。这里的"理"，就是技术美学的法则，指的是功能的合理性（合目的性），技术的科学性（合规律性），经济的效益性（建造期与使用期的经济效益）和形式的完美性（规范的美和非规范的美）。针对建筑来说，还要加上一条环境的适应性（包括生态环境、人文环境）。重理，就是对所涉及的功能法则、技术法则、经济法则、环境适应法则和美的法则，以及它们之间的协调法则的充分尊重。这就是建筑作为工业设计所需遵循的基本理性法则。吻合理性法则底线之上的设计，可以说是理性主导的设计。这里的"情"，指的是建筑创作中灌注的主体意愿、意念、意趣和情感。偏情，就是在创作中，高扬主观能动性，突出"情"和"意"的成分，使建筑洋溢不同程度的个性色彩、感情色彩，凸显特定的精神、氛围、境界。建筑设计都是不同程度的"理"与"情"的交织。值得注意的是，主体所凸显的"情"有两种情况，一种是与遵循理性法则合拍的，另一种是与遵循理性法则相悖的。后一种的"情"的追求与理性法则形成二律背反，这种"情"高扬到极端，如果越出理性法则的底线，那就成了非理性主导的设计。当然，这里所说的理性法则的"底线"，本身也是模糊的，这是一个模糊界限。因此，在临界状态要区分理性主导与非理性主导，常常是难以准确判断的，很多情况下是见仁见智的，这也正是建筑创作的复杂之处。理想的建筑创作当然是切合特定建筑，切合特定环境，恰到好处、得体合宜的情理交织。从重理和偏情的角度来审视，柯布西耶1929年设计的萨伏伊别墅（图3-2-1）和1950—1955年设计建造的朗香教堂（图3-2-2），都可以说是典型的作品。大家都公认萨伏伊别墅是柯布西耶理性建筑的范本。这个设计典型地贯穿着他所强调的理性原则，也强烈地表现他的机器美学理念。这是一个高度理性的建筑。这个高度理性的建筑也洋溢着他所追求的表现工业化时代、表现科技理性精神、表现机器美学的浓烈的"情"。这个"情"正是与理性法则合拍的"情"，这样的情理交织使萨伏伊别墅成了机器美学的典范作品。对于朗香教堂的评价，一

图 3-2-1 萨伏依别墅
①引自 [意] 曼弗雷多·塔夫里／弗朗切斯科著. 现代建筑. 刘先觉译. 北京：中国建筑工业出版社，2003.
②引自同济大学建筑理论与历史教研组编. 外国建筑史参考图集，1962.
③引自萧默. 伟大的建筑革命. 北京：机械工业出版社，2007.

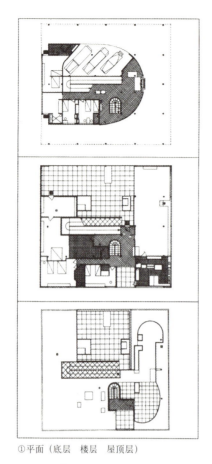

①平面（底层 楼层 屋顶层）

②剖面

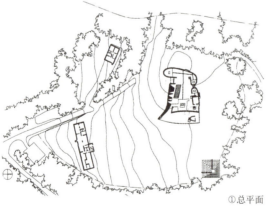

③外观

①总平面

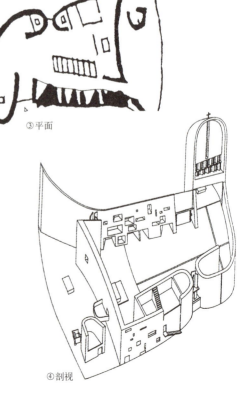

③平面

②外观　　　④剖视

图 3-2-2 朗香教堂
①引自 [美] 肯尼思·弗兰姆普敦著. 建构文化研究. 王骏阳译. 北京：中国建筑工业出版社，2007.
②引自萧默. 伟大的建筑革命. 北京：机械工业出版社，2007.
③④引自刘先觉主编. 现代建筑理论. 北京：中国建筑工业出版社，2008.

直颇有争议。吴焕加说:"朗香教堂固然偏于非理性这一面,然而总觉得称之为非理性主义建筑也非恰当"。① 我也倾向于朗香教堂并非非理性主义建筑。因为它不是朗香住宅,也不是朗香大教堂。它是个小小的教堂,它的怪状空间和神秘氛围,与个性化的小教堂可以合拍,它的蟹壳仿生屋顶合乎静力学,它的立意构思考虑到与所在场所的沟通。它的大前提并没有越出"理性法则"的底线,它是在理性主导的边缘,揉进了饱和度的非理性成分。可以说它把建筑的浓厚精神堆,把建筑的表意潜能和偏情幅度发挥到极致。我们从朗香教堂上可以看到,在工业设计的理性法则下,建筑的表意潜能和表现魅力可以到达怎样的高度。

三 建筑语言与建筑外来语

各门艺术都有自己的语言,绘画有绘画语言,雕塑有雕塑语言,音乐有音乐语言,舞蹈有舞蹈语言,同样的,建筑也有建筑语言。

我们都熟悉"建筑是一部石头的书"这句名言,它是雨果在他的名著《巴黎圣母院》中说的。雨果娓娓地说道:

> 建筑艺术向来就是人类最伟大的书,是人类在其力量或才智发展的不同阶段的主要表达手段……
>
> 建筑艺术也像任何文字一样,先从字母开始;竖起一块石头,这便是一个字母;每个字母是一个象形,每个象形承受一组意念,好似圆柱承受着柱头一般。原始部落在全世界地面上到处都同时这样做的。在亚洲的西伯利亚,在美洲的潘帕斯草原,均可见到凯尔特人的那种擎天石。然后造出一个个词。把石头垒石头,把花岗岩音节加以连接,进行言词某种组合的尝试。凯尔特人的平石坟和独石垣,伊特鲁利亚人的古冢,希伯来人的墓穴,这些都是词。其中有些是专有名词,尤其是古墓。偶尔有个地方石多而宽广,人们就书写一个句子。卡尔纳克的广大石堆群,便已是一个完整的语句了。②

这是把建筑比拟为"语言"的一个著名表述。

无独有偶,梁思成先生对中国建筑,也有一段比拟语言的论述。这段论述见于1945年出版的《中国营造学社汇刊》第七卷第二期的"中国建筑之两部'文法课本'"一文。这篇文章的头两段是专述"建筑语言"的。梁先生写道:

> 每一个派别的建筑,如同每一种的语言文字一样,必有它的特殊"文法"、"辞汇"。(例如罗马式的"五范"[five orders],各有规矩,某部必须如此,某部必须如彼;各部之间必须如此联系……)。此种"文法"在一派建筑里,即如在一种语言里,都是传统的演变的,有它的历史的。许多配合定例,也同文法一样,其规律格式,并无绝对的理由,却被沿用成为专制的规律的。除非是故意改革的时候,一般人很少觉有逾越或反叛它的必要。要了解或运用某种文字时,大多数人都是秉承着,遵守着它的文法,在不自觉中稍稍增减变动。突然违例另创格式则自是另创文法,运用一种建筑亦然。
>
> 中国建筑的"文法"是怎样的呢?以往所有外人的著述,无一人及此,无一人知道。不知道一种语言的文法而要研究那种语言的文学,当然此路不通。不知道中国建筑的"文法"而研究中国建筑,也是一样的不可能,所以要研究中国建筑之先只有先学习中国建筑的"文法",然后求明了其规

① 吴焕加. 论现代西方建筑. 北京:中国建筑工业出版社,1997:158.
② [法]雨果. 巴黎圣母院·第五卷[M/OL]. 陈宗宝译. 226-227. http://www.ht88.com

矩则例之配合与演变。[①]

20 世纪是语言学、符号学的世纪。20 世纪初，瑞士结构主义语言学家索绪尔，从语言学的角度提出符号学一系列重要概念，奠定了符号学的第一块基石。随着学科的发展，符号学在人文学科的各个领域都得到广泛的运用，掀起了一股"人文学科的符号学转向"的浪潮。德国哲学家恩斯特·卡西勒在他所著的《人论》中，给人下了一个著名的定义，他说：

> 我们应当把人定义为符号的动物，而不是理性的动物。[②]

在他看来，人类活动本质上是一种"符号"化的活动。由这里不难看出符号的重大作用，不难理解从语言角度去认识建筑的重要意义。

建筑符号学在 20 世纪 40 年代萌芽，60 年代兴起，70 年代成长。梁思成先生早在 1945 年就把建筑比拟为语言，把宋《营造法式》和清《工部工程做法》，提到"文法课本"的高度来审视，表明他确是建筑语言学的一位先知，他的这篇文章可以说是建筑符号学萌芽期在中国闪现的一个亮点。

显而易见，建筑语言与建筑艺术载体，与建筑表现手段是息息相关的。前面已经论述，建筑艺术的物质载体是"建筑构件"，由建筑构件构成的建筑实体（"有"）的体量、样式、色彩、质地、纹饰和由建筑构件生成的建筑空间（"无"）的大小、深浅、凹凸、明暗、虚实、旷奥等等，是建筑艺术的表现手段。由此可知，作为建筑载体的建筑构件，也就是建筑语言的物质载体；而建筑艺术表现手段，就是构成建筑"实体语言"和"空间语言"的形式要素。建筑的"空间语言"是与"实体语言"共生的，它们都由建筑构件自身的形、色、质和构件相互之间的空间组合组构而成。建筑构件自身存在着若干层次。拿中国建筑中的"隔扇"来说，一扇隔扇可以说是一个"构件"，但它并非最低层次的构件，它是由若干"分件"组成，有边梃、抹头、隔心、裙板、绦环板等（图 3-3-1）。在这个"分件"层次中，"边梃"、"抹头"只是组成隔扇的框木，一根根边梃、抹头自身，除了充当框木，并不具其他"意义"，因此它并非"词汇"，而是组构"词汇"的配件，如同汉字的"笔画"和英文的"字母"。"裙板"、"绦环板"也只是组构隔扇的"板木"，它除了充当"板木"外，自身也不具其他"意义"，因此也只是"笔画"、"字母"而不是"词汇"。但是，裙板、绦环板常常带有木雕图饰。一旦带上图饰，裙板、绦环板自然就附着了"意义"。"隔心"本身还不是最低层次的"分件"，它由棂条组成，可由直棂、曲棂、菱花组成各式隔心。这些隔心呈现"步步锦"、"灯笼框"、"龟背锦"、"万字拐"、"双交四椀菱花"、"三交六椀嵌灯球菱花"等等格式（图 3-3-2）。这样的隔心就成了具有"意义"的"词汇"。一扇隔扇可以看作是由若干字母和若干单词组合的"复合词"。在这个复合词中，带裙板的显示出门隔扇的功能，不带裙板的显示出窗隔扇的功能。隔心样式、裙板图饰、绦环板图饰和抹头数量、绦环板数量，标示着隔扇的等第、寓

[①] 梁思成. 中国建筑之两部"文学课本" [J]. 中国营造学社汇刊, 1945, 第七卷第二期.

[②] [德] 恩斯特·卡西勒. 人论 [M]. 李琛译. 北京：光明日报出版社, 2009: 25.

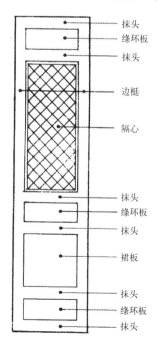

图 3-3-1　隔扇的构成

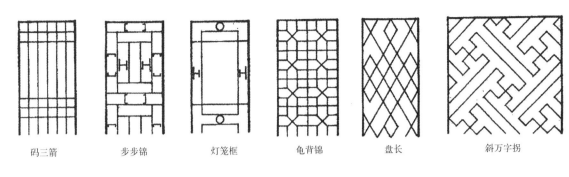

码三箭　　步步锦　　灯笼框　　龟背锦　　盘长　　斜万字拐

图 3-3-2 不同形式的隔心具有不同的语义

意。隔扇的抹头，由低到高，可做成三抹、四抹、五抹、六抹；绦环板的数量，可以是一个、两个、三个。抹头增多，绦环板增多，意味着隔扇的高度增大，坚固性加强，也标示着隔扇的等第提升。隔心格式和裙板雕饰更为多样，我们可以看到宫殿建筑中菱花隔心的华贵绚丽，园林建筑中柳条隔心的高雅恬静和居住建筑中方格隔心的质朴纯真。同样是北京故宫的隔扇，乾清宫裙板雕饰的是"双龙戏珠"，交泰殿裙板雕饰的是"龙凤呈祥"，它们细腻地标示出殿座为皇帝御用和帝后共用的不同含义。可见隔扇这个"复合词"已蕴涵着诸多功能语义、技术语义和文化语义。一扇扇的隔扇门、隔扇窗，进一步组合成四扇樘、六扇樘，安装在"檐里"（檐柱柱列）或"金里"（金柱柱列），如同构成建筑的"语句"。它们与檐柱、金柱、横披、槛墙、山墙等共同组成"屋身"部件，如同构成建筑的"语段"。屋身部件再加上台基部件、屋顶部件，就成了完整的单体建筑，那就是建筑的"文本"了。当然，建筑文本是可大可小的，可以是独立的单体建筑的单篇小"文本"，也可以联篇形成庭院、组群的长篇大"文本"。

建筑语言的这种构成状态，既受到"笨重物质堆"的制约，也具有"浓厚精神堆"的潜能。它的一个突出特点是，塑造形象是通过抽象地表现，而非具象地再现。正是由于这个"表现性"特点，建筑被称为"凝固的音乐"。也正是因为这个特点，黑格尔把建筑列为"象征型艺术"，认为建筑还没有脱离无机自然的形式，理念还找不到合适的感性形象，把建筑看成是不具备"精神性和主体性的意义"。

事实上建筑并非完全的"表现性"，建筑历史的发展在表现性主体上积淀了两种附加"再现性"成分的做法：一是运用象形；二是引入其他艺术语言。"象形"就是把建筑中的某些抽象的几何形转变为具象形。这种象形，可以呈现于构件层次，也可以呈现于单体建筑层次，甚至呈现于组群层次，但总的来说潜能有限。"引入其他艺术语言"，就是在建筑语言的框架内，引入雕塑语言、绘画语言乃至文学语言。这些非建筑语言，被粘贴、嫁接、融汇到建筑中，成为建筑中的"外来语"。这些"外来语"都具有很强的"再现性"，这是建筑形象在表现性的主体上添加再现性成分的主要方式。下面从建筑符号学的角度，对建筑语言和建筑外来语展开几点分析：

（一）建筑符号品类

从符号学的角度来看，建筑语言就是建筑符号。美国哲学家皮尔斯把符号分为指示性、图像性和象征性三类，建筑符号对应地也分为这三类，它们各有不同的表意机制。

1. 指示性符号

能指与所指之间存在着因果关系的符号，称为指示性符号。建筑中的构件绝大部分都呈现为指示性符号，表现为构件自身内容与形式的统一关系。如窗户的形象表达着采光、通风、眺望的功能语义，门的形象表达着出入交通、开启闭合的功能语义；柱子的形象表达着传递梁枋垂直荷载的技术语义，斗拱的形象表达着承受挑檐悬臂荷载的技术语义。作为指示性符号的建筑构件，它的形式反映出它的功能内涵和构筑逻辑，一般都呈现为几何形态，它是凭经验认知的。意大利符号学家恩伯托·埃科说："一把椅子首先是叫我知道我可以坐上去"[1]；"楼梯或坡道意指了走上去的可能性"[2]。他对楼梯的"意指"作了细致的分析：

> 一系列逐级向上的重复的水平面，平面的垂直间距 r，大致在 5～9 英寸之间；平面的水平宽度 t，大致在 8～16 英寸之间……。这样一种形式暗示了"楼梯可以上去"的意思，这是在了解这种代码的基础上才能理解其含意的。[3]

如果欠缺这方面的生活经验，也就是欠缺形式与功能、形式与构筑的代码化联系的认知，就会出现对符号的误读。埃科和詹克斯都曾引述凯恩尼格说的一则趣闻：意大利的"南方发展基金会"为农村居民建造了一批设备齐全的现代住宅，入住的农民从来没接触过抽水马桶，不知道抽水马桶的形式与功能的代码联系，当地盛产葡萄，农民就以为抽水马桶是用来洗葡萄的，就在桶内吊起网兜，搁上葡萄，放水冲洗。[4]詹克斯还说，在希腊北部村落里的农民也同样误读抽水马桶，认为它的形状与地上挖坑燃火的传统火坑形式一样，就把抽水马桶当作火炉来烧木头，要熄火和清洗时，就放水一冲而就。[5]这生动地表明，指示性符号存在着"形式追随功能"和"形式遵循构筑"的内在关系，是一种"有理据"的联系。只要是有这方面生活经验的人，就可以理解、认知。

指示性符号是建筑中最主要的符号，是建筑语言的基本词汇。建筑艺术的优化很大程度上表现在建筑形象、建筑细部与建筑功能及建筑构筑的融洽统一。这种融洽统一的生动表现，就是指示性符号得体合宜地反映它的功能逻辑和构筑逻辑。

西方古典柱式就是这方面的范例。我们可以看看古希腊的多立克柱式（图3-3-3）。多立克柱式是不带柱础的，柱直接立于基台上，由柱身和柱头两部分组成。作为承载横向楣梁的垂直受力构件，多立克柱在尺度上、构造上、样式上都明示着它的结构逻辑、构筑逻辑和功能逻辑。柱高大体为底径的 4.0～6.5 倍，显得十分粗壮，强劲有力；柱身呈现下大上小的柔和卷杀，既稳定挺拔，又不显僵直，富有生气。石柱虽然由一段段鼓石叠置而成，并没有着意显露分段的水平划分，而是将柱身刻出竖向凹槽，强调它作为垂直支柱的性能。这些凹槽还使柱身阴面衬出亮的反光，有助于把石柱从背景的阴暗墙体中凸显出来。这种凹槽的刻凿工序其说不一，米哈洛弗斯基在《古典建筑形式》一书中说，"要在柱子安放之前刻好"[6]；王瑞珠在《世界建筑史·古希腊卷》（上册）中说，"沟漕一般都在柱身立起后再开凿，否则很难保证棱线上下一致，同时这样也可减少安装过程中损坏尖棱的危险"。[7]这两种不同的说法，究竟孰对

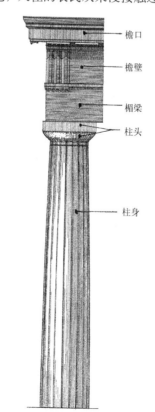

图 3-3-3 希腊多立克柱式的构成

---

[1] [意] 恩伯托·埃科. 功能与符号——建筑的符号学[M]//[英] G·勃罗德彭特等著. 符号·象征与建筑. 乐民成等译. 北京：中国建筑工业出版社，1991：18.

[2] [意] 恩伯托·埃科. 功能与符号——建筑的符号学[M]//[英] G·勃罗德彭特等著. 符号·象征与建筑. 乐民成等译. 北京：中国建筑工业出版社，1991：15.

[3] [意] 恩伯托·埃科. 功能与符号——建筑的符号学[M]//[英] G·勃罗德彭特等著. 符号·象征与建筑. 乐民成等译. 北京：中国建筑工业出版社，1991：13.

[4] (1) 参见 [意] 恩伯托·埃科. 功能与符号——建筑的符号学[M]//[英] G·勃罗德彭特等著. 符号·象征与建筑. 乐民成等译. 北京：中国建筑工业出版社，1991：16. (2) 参见 [英] 查尔斯·詹克斯. 建筑符号[M]//[英] G·勃罗德彭特等著. 符号·象征与建筑. 乐民成等译. 北京：中国建筑工业出版社，1991：73.

[5] 参见 [英] 查尔斯·詹克斯. 建筑符号[M]//[英] G·勃罗德彭特等著. 符号·象征与建筑. 乐民成等译. 北京：中国建筑工业出版社，1991：73.

[6] [俄] 伊·布·米哈洛弗斯基. 古典建筑形式[M]. 陈志华，高亦兰译. 北京：建筑工程出版社，1955：84.

[7] 王瑞珠. 世界建筑史·古希腊（上）[M]. 北京：中国建筑工业出版社，2003：199.

孰错？我的推断很可能这两个程序都是存在的，是先在鼓石中粗凿，然后在立柱后细凿，这样既便于凹槽的加工，又可避免尖棱的损坏，并使尖棱精密地对准。不论是怎样刻凿的，这些凹槽应该说都是不惜投入繁重的精细加工才取得的。

柱头的制式更值得关注，这是竖向石柱支承横向石梁的交结点。这里有力的传承、构造的连接和形式构成上的横竖过渡。多立克柱式以极简约的形式取得了极得体的效果。柱头分成上下两层。上层称为冠板，做成方形石板。这个正方形的柱顶垫板有效地扩大了柱顶尺寸，可以起到缩小楣梁净跨、放大柱顶承托面积和方便梁柱定位安装的作用（图3-3-4）。柱头下层的东西，英语称为"echinus"，王瑞珠译为"馒形托"[①]；何可人译为"拇指形圆线"[②]；俄语称为"эхин"，陈志华、高亦兰译为"爱欣"。[③]它是用来承托冠板的，是从圆形的柱端过渡到方形冠板的中介（图3-3-5）。这个中介过渡圆形体的轮廓线脚处理特别值得注意。我们知道，线脚的轮廓曲线与它给人的"力"的感受息息相关。米哈洛弗斯基在《古典建筑形式》书中配有一幅分析线脚力感的插图（图3-3-6），他对这幅图中的4种托石线脚作了比较分析：第一种是四分之一凹圆线脚，会使人感到支撑过分脆弱和不坚固；第二种枭混线脚，下部看起来很有力而上部仍然是纤弱的；第三种采用四分之一凸圆线脚，看起来坚固却显得过于笨重；第四种的混枭线脚才给人以适宜的感觉。[④]这确是对线脚力感的精彩分析。从这个角度来审视，处于冠板与柱端之间的馒形托应该选用什么样的线脚呢？米哈洛弗斯基分析说：

> 这圆线脚是曲线的，它表现了柱身的从下而上的趋势和上面部分迎面而来的压力之间的矛盾。这个部分叫爱欣。感情细致的、富于弹性的爱欣线脚差不多任何时候也不能用圆规来画。[⑤]

图3-3-4 多立克柱的楣梁安装
引自伊·布·米哈洛弗斯基著．陈志华，高亦兰译．古典建筑形式．北京：建筑工程出版社，1955．

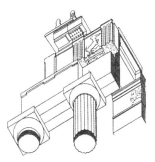

图3-3-5 馒形托：从柱端过渡到冠板
引自王瑞珠．世界建筑史．古希腊卷（上册）．北京：中国建筑工业出版社，2003．

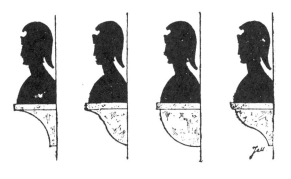

图3-3-6 线脚的不同力感
引自伊·布·米哈洛弗斯基著．陈志华，高亦兰译．古典建筑形式．北京：建筑工程出版社，1955．

的确，我们看到的爱欣线脚是那么自然流畅地向上斜出，没有一丝的生硬，也没有一丝的纤弱，而是那样地富有弹性，举重若轻，潇洒自如。不论是希腊古典早期帕依斯图姆波塞冬神庙那样出挑较大的爱欣线脚（图3-3-7），还是希腊古典盛期帕提农神庙那样出挑较小的爱欣线脚（图3-3-8），都显得那么得体、贴切。馒形托的直径与冠板边长相等，很自然地从圆形的垂直立柱，通过圆形的向上扩伸的爱欣，过渡到正方形的冠板，再从正方形的冠板，圆满地过渡到长方体的横向楣梁。

我们在这里生动地看到了建筑构件怎样升华为指示性符号，怎样细腻地显示其内在的逻辑，并且取得形式美构成的圆满和谐。这种指示性符号正是建筑语言的本体、本色。

中国古典建筑在这一点上也是很精彩的。忘了在什么时候、什么场合，陈志华先生闲聊时对我说：中国的"老檐出"做法明示了木构

[①] 王瑞珠．世界建筑史·古希腊（上）[M]．北京：中国建筑工业出版社，2003：200．

[②] 参见[荷]亚历山大·仲尼斯，利恩·勒费夫儿．古典主义建筑秩序的美学[M]．何可人译．北京：中国建筑工业出版社，2008：46．

[③] [俄]伊·布·米哈洛弗斯基．古典建筑形式[M]．陈志华，高亦兰译．北京：建筑工程出版社，1955：84．

[④] [俄]伊·布·米哈洛弗斯基．古典建筑形式[M]．陈志华，高亦兰译．北京：建筑工程出版社，1955：58．

[⑤] [俄]伊·布·米哈洛弗斯基．古典建筑形式[M]．陈志华，高亦兰译．北京：建筑工程出版社，1955：84．

图 3-3-7 （左）帕依斯图姆波塞冬神庙的"馒形托"
引自王瑞珠.世界建筑史·古希腊卷（上册）.北京：中国建筑工业出版社，2003.

图 3-3-8 （右）帕提农神庙的"馒形托"
引自王瑞珠.世界建筑史·古希腊卷（上册）.北京：中国建筑工业出版社，2003.

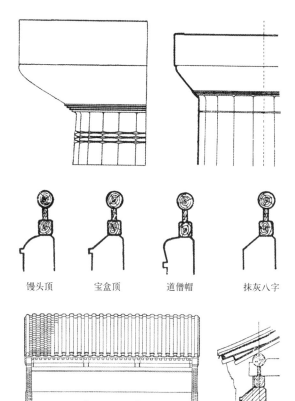

图 3-3-9 "老檐出"的几种形式
引自刘大可.中国古建筑瓦石营法.北京：中国建筑工业出版社，1993.

馒头顶　宝盒顶　道僧帽　抹灰八字

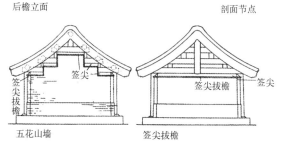

图 3-3-10 "老檐出"做法显现的檐部木构
引自刘大可.中国古建筑瓦石营法.北京：中国建筑工业出版社，1993.

后檐立面　　剖面节点

图 3-3-11 悬山山墙显现的山面木构
引自刘大可.中国古建筑瓦石营法.北京：中国建筑工业出版社，1993.

签尖　签尖拔檐　签尖　签尖拔檐
五花山墙　　签尖拔檐

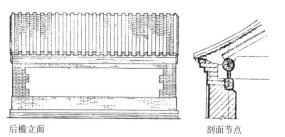

图 3-3-12 隐蔽檐部木构的"封护檐"做法
引自刘大可.中国古建筑瓦石营法.北京：中国建筑工业出版社，1993.

后檐立面　　剖面节点

在外观立面上就显露出檐下的檩、垫、枋，显露出檐檩搁于梁头，梁头搁于檐柱的传力关系，止于檐枋下皮的檐墙并没有参与承重（图3-3-10）。这样的构造节点，用现在的话说，是一种"建构"的节点。这样的明示结构，在悬山屋顶的山墙面，不论是五花山墙还是签尖拔檐，也都是这么做的（图3-3-11）。这是中国建筑指示性符号反映"建构"的一个很好的标本。有趣的是，中国建筑的檐部构造，并非都是"老檐出"做法，还存在一种称为"封护檐"的做法（图3-3-12）。这种做法是把檐墙一直升到檐口，把椽条、檐檩、梁头、柱子、垫板、檐枋通通都包裹在墙的后面，从立面上完全看不见内部的结构逻辑。这与"老檐出"恰恰是唱对台戏。如果我们说"老檐出"做法是"建构"的，那么"封护檐"做法岂不成了"反建构"的。其实不然，原来"老檐出"的做法存在着檐部的"冷桥"，对屋内的保暖是不利的。而"封护檐"的做法则可以排除"冷桥"，对屋内的保暖有重要作用。应该说，"老檐出"在明示结构上是"建构"的，在保暖功能上是"非建构"的；"封护檐"在保暖功能上是"建构"的，在明示结构上是"非建构"的。它们都存在着此因子的"建构"与彼因子的"非建构"，需视哪个因子为强因子而取舍。这正是建筑多因子制约的复杂性所导致的"二律背反"现象，这种情况不能视为"反建构"。中国建筑中，诸如殿屋内部的"彻上明造"做法与天花、吊顶做法之类的"二律背反"现象，也属于这种情况。这些，从这一个角度显现出指示性符号的多样性、丰富性。

2. 图像性符号

能指与所指之间具有图像的相似性的符号，称为"图像性符号"。图像性符号是具象的、直接明了的、易读性最高的符号。它分为两种：一种是通过"象形"的方式，把建筑的几何形转化为"具象形"，属于运用建筑语言的图像性

梁柱的承重和墙体的不承重。真的，这是中国建筑明示结构逻辑的一个非常精彩的范例。

我们可以看到"老檐出"做法的檐墙，不论它的"签尖"用的是"馒头顶"、"宝盒顶"、"道僧帽"或是"抹灰八字"，其共同的法则都是把檐墙停止于檐枋下皮（图3-3-9）。这样，

符号；另一种是引入具象绘画语言、具象雕塑语言，把它们焊接到建筑中，属于运用建筑外来语的图像性符号。

运用建筑语言的图像性符号，主要是在构件象形化上做文章，也有极个别出现整体建筑象形化的做法。

构件象形化是把整个构件或构件局部做出具象的图像。中国园林中的什锦门、什锦窗可以说是中国建筑中典型的构件象形化处理。门和窗本来都是构件，它原本应该是几何形态的，但在中国园林中却出现了被称为"什样锦"的门窗，如月洞门、执圭门、贝叶门、瓶门等各式洞门和扇面、月洞、海棠、梅花、寿桃、石榴、玉壶、宝瓶等各式锦窗。这些什样锦把门窗的形式象形化了，既添增了门窗的文化语义，又赋予门窗以丰富多样的美化形式。它们运用得当，可以取得很好效果（图3-3-13）。由于建筑构件基本上需要保持几何形态，因此将构件整个做成具象的图像，在中国传统建筑中用得并不多。实际上，洞门、锦窗都不是具象的实体，并非"图"的象形，而是图底反转，在墙体的"底"中留空做出的具象形轮廓。这种做法在构造上比较容易处理，没有造成构筑上的尴尬。

整体建筑象形化是把整个建筑单体做成具象化的图像。像日本建筑师山下和正设计的京都"人脸住宅"那样的房屋，是一种耍弄建筑的戏谑化设计（图3-3-14）。中国传统意识把建房造屋视为隆重的大事，传统建筑中还没出现过这种戏弄的东西。只是传统园林中的"舫"，可以说是一种仿船形的象形建筑。北京颐和园中的清晏舫（图3-3-15）、南京煦园中的不系

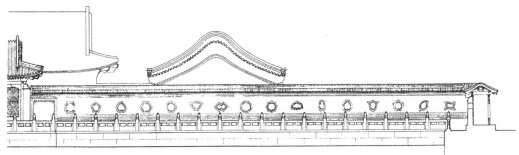

图 3-3-13　颐和园乐寿堂院墙上的什锦窗列
引自清华大学建筑学院. 颐和园. 北京：中国建筑工业出版社，2000.

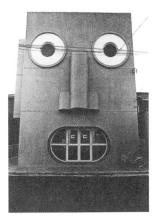

图 3-3-14　山下和正设计的京都人脸住宅
引自刘先觉主编. 现代建筑理论. 北京：中国建筑工业出版社，2008.

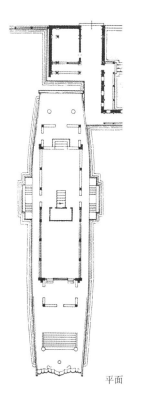

图 3-3-15　颐和园清晏舫　　　　　　　　外观　　　　　　　　　　　平面
引自清华大学建筑学院. 颐和园. 北京：中国建筑工业出版社，2000.

舟（图3-3-16），是写实地、显露地模仿船形，苏州拙政园中的"香洲"是写意地、隐约地模仿船形（图3-3-17）。清晏舫的舱楼原是官式木构建筑，光绪年间改建为西洋式楼房，在仿真上显得过于形似。煦园不系舟也是如此。香洲则是神似地仿真，妙在"似与不似之间"，是很高雅、也是很高明的处理手法。中国园林中还出现过像颐和园"扬仁风"那样的"扇面殿"（图3-3-18），像圆明园"万方安和"那样的"万字殿"（图3-3-19），它们都通过象形来表意，而其象形的"扇面"和"万字"并没有越出几何形态，可以说是很谨慎、很节制的象形处理。严格说，香洲、扬仁风、万方安和都还不是真正的具象形建筑，真正的具象形与整体建筑肯

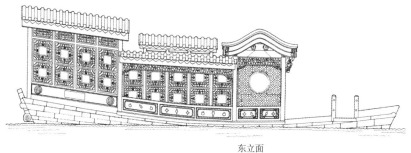
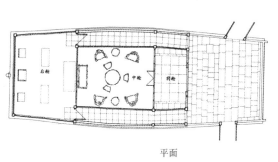

图3-3-16 南京煦园不系舟
引自潘谷西. 江南理景艺术. 南京：东南大学出版社，2001.

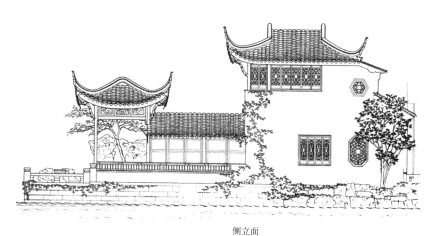
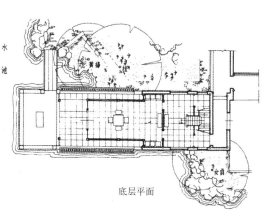

图3-3-17 苏州拙政园香洲
引自刘敦桢. 苏州古典园林. 北京：中国建筑工业出版社，1979.

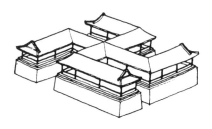

图3-3-18 颐和园扬仁风
引自清华大学建筑学院. 颐和园. 北京：中国建筑工业出版社，2000.

图3-3-19 圆明园万方安和
引自刘敦桢主编. 中国古代建筑史. 北京：中国建筑工业出版社，1984.

定是格格不入的，是背离建筑语言特性的。

由绘画语言、雕塑语言构成的图像性符号，在中西方古典建筑中都运用得很充分。古希腊柱式、古罗马柱式都是雕塑融入建筑的典范（图3-3-20、3-3-21），长期成为西方古典建筑语言与雕塑语言的融合范式。在中国古典建筑中，对绘画语言、雕塑语言的运用，也都形成规范的制度。

"彩画"是一种典型的规范化绘画语言。宋《营造法式》列有"彩画作制度"，清《工程做法》列有"画作用料"、"画作用工"专卷。木构架建筑体系以木材为主体用材，木构件表面有防护燥湿、虫蛀和阳光紫外线侵蚀的需要，有掩盖节疤斑痕、纹理色泽不匀等自然缺陷的需要，运用油漆彩画实际上为木构件提供了防护层、覆盖层。彩画正是利用防护的手段，把防护面层衍生为彩画画面。因此，彩画主要分布在内外檐的檩、垫、枋、斗栱等大木作构件和内檐的天花、藻井等小木作构件。明清时期，彩画形成和玺、旋子、苏式三大类别。和玺彩画细分为金龙和玺、龙凤和玺等4种；旋子彩画细分为金线大点金、墨线大点金等7种；苏式彩画也细分为金琢墨苏画、金线苏画等4种。这些不同类别、等次的彩画，包含着许多具象的图案（图3-3-22、3-3-23、3-3-24），构成不同的装饰格调和等级表征，满足了不同类别、不同名分建筑的需要。

雕塑语言在中国古典建筑中的运用，集中地反映在雕木、雕砖、雕石和琉璃陶塑。宋《营造法式》总结出"雕镌制度有四等：一曰剔地起突；二曰压地隐起华；三曰减地平钑；四曰素平"。① 实际上，雕塑的各种类别——圆雕、高浮雕、浅浮雕、剔雕、隐刻、线刻，在中国建筑中都有采用。这类图像性符号，有的以独立的大型雕塑出现，如陵墓建筑组群中的石象生，宫殿建筑组群中的铜狮、石狮；更多的是以建筑细部出现，成为建筑构件的局部雕饰。

木雕集中用于大木构架的梁枋、斗栱、雀替、牛腿、驼峰、托脚（图3-3-25）；外檐装修中的门罩、腰檐、花板、隔扇、栏杆；内檐装修中的天花、藻井、仙楼、花罩、匾额，以及屋顶山花的悬鱼、惹草等。砖雕集中用于门罩、门楼、影壁、马头墙、墀头、花窗、气孔和屋顶脊饰（图3-3-26）。石雕集中用于柱础、须弥座、石栏板、望柱头、御路石、漏窗、鼓石以及石阙、石牌楼、石塔、石墓室和华表、石柱、碑碣等石质小品建筑的细部（图3-3-27）。这些木雕、砖雕、石雕的题材绝大部分是具象的，有花草、祥禽、瑞兽、山川名胜、吉祥器物、人物故事以至戏剧场面等等。琉璃陶塑也

①［宋］李诫. 营造法式·石作制度

图3-3-20　希腊爱奥尼柱头和科林斯柱头
引自王瑞珠. 世界建筑史·古希腊卷（上册）. 北京：中国建筑工业出版社，2003.

图3-3-21　古希腊人像柱
引自王瑞珠. 世界建筑史·古希腊卷（上册）. 北京：中国建筑工业出版社，2003.

图3-3-22　和玺彩画中的具象画题
引自中国科学院自然科学史研究所主编. 中国古代建筑技术史. 北京：科学出版社，1985.

图3-3-23　旋子彩画中的具象画题
引自孙大章. 中国古代建筑彩画. 北京：中国建筑工业出版社，2006.

图3-3-24 苏式彩画中的具象画题
引自中国科学院自然科学史研究所主编. 中国古代建筑技术史. 北京：科学出版社，1985.

图3-3-25 襄汾丁村一号院过厅前檐花板和梁柱节点的密集雕饰
引自李秋香主编. 李秋香，陈志华撰文. "乡土瑰宝"系列·住宅（下）. 北京：生活·读书·新知三联书店，2007.

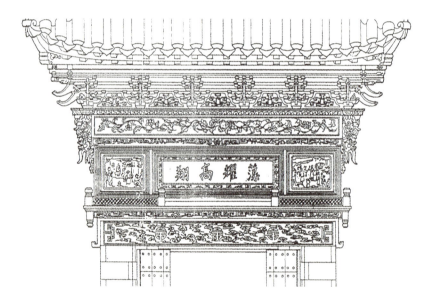

图3-3-26 苏州网师园藻耀高翔砖雕门楼
摘自苏州民族建筑学会. 苏州古典园林营造录. 北京：中国建筑工业出版社，2003.

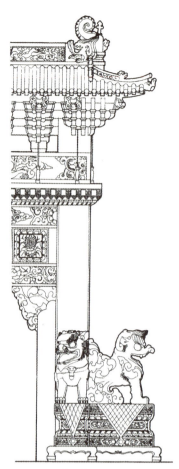

图3-3-27 沈阳清昭陵石牌坊夹杆石狮子

形成一系列具象的兽件——正吻、合角吻、垂兽、戗兽、套兽和仙人走兽（图3-3-28），甚至集中到殿屋正脊，形成五彩的琉璃画卷（图3-3-29）。这些大量的具象图饰，或分布在构件的表面层，或出现于构件的自由端，或呈现于构件的材质变换点，或处于构件组合的交结点、转折点，它们都很妥帖地融入到建筑中，构成建筑构件的局部图像化和表层图像化。

3. 象征性符号

能指与所指之间存在着约定俗成的联系的符号，称为象征性符号。这种符号的象征语义是民族文化圈内约定的，需要具备文化圈的知识背景，才能了解其文化约定。

中国传统建筑非常注重象征，运用象征的主要方式有：

(1) **数的象征**：以建筑的间数、构件数和空间尺寸、构件尺寸象征阴阳、天象、时令；

(2) **方位象征**：以建筑的朝向、正偏、内外、前后、上下等空间方向和位序来象征建筑的尊卑等级和五行图式；

(3) **几何图形象征**：以方、圆等几何图形来象征天、地，以方角、圆角表征阴、阳等；

(4) **形制象征**：以台基、构架、屋顶、斗栱、彩画等的不同形制，构成等级序列来象征建筑等级名分；

(5) **色彩象征**：以青、赤、黄、白、黑象征五行的木、火、土、金、水，以青、绿象征天、地等；

(6) **纹饰象征**：以龙纹象征皇帝，以凤纹象征皇后，以牡丹图饰象征富贵，以兰花图饰

图 3-3-28　官式建筑屋顶脊饰的"仙人走兽"的具象图像　引自清华大学建筑系. 中国建筑营造图集，1954.

图 3-3-29　广东东莞南社村谢氏大宗祠的琉璃正脊脊饰
摘自楼庆西主编."乡土瑰宝"系列·雕塑之艺. 北京：生活·读书·新知三联书店，2006.

象征高雅等；

（7）**谐音象征**：利用汉语的"谐音"，以具象的画面通过谐音关联来表达某些抽象的吉祥概念，如以蝙蝠表"福"，以鱼表"富裕""有余"之类；

（8）**题名象征**：设立匾额，为建筑题名，如以"日精门"象征太阳，以"月华门"象征月亮等。

中国古代建筑体系植根于中国古代等级社会，尊卑意识、名分观念和等级制度深深制约着建筑形制。荀子说：

> 人之生，不能无群，群而无分则争，争则乱，乱则穷矣。故无分者，人之大害也；有分者，天下之本利也……为之雕琢刻镂，黼黻文章，使足以辨贵贱而已，不求其观……为之宫室台榭，使足以避燥湿、养德、辨轻重而已，不求其外。①

建筑是起居生活和诸多礼仪活动的场所，是最基本的物质消费品和触目的精神消费品。建筑需要耗费大量的人力、物力、财力，自身构成重要的社会财富，又可以存在几十年、几百年，能相对稳定持久地发挥效用，这些使得建筑成为标志等级名分、维护等级制度的重要手段。辨贵贱、辨轻重的功能成了中国古代建筑突出强调的社会功能，形成一整套严密的建筑等级制。这种建筑等级制不仅仅是道德行为规范，而且订立法令、律例，纳入国家法典，用法律手段强制施行。

这样，中国古代建筑的象征性符号自然首当其冲地以表征等级名分为主要内容，其次是追求美满生活的"吉祥象征"。如果说，表征等级主要通过建筑的朝向、坐落、体量、尺度、形制规格和纹饰色彩等来显示，那么，吉祥象征则主要是通过雕塑、绘画的具象图像来表达。龙、凤、狮、虎、鹿、龟、鱼、鹤、蝙蝠、鸳鸯等吉祥动物纹饰；松、竹、梅、莲、菊、兰、牡丹、月季、石榴、海棠、万年青等吉祥植物纹饰；执圭、如意、花瓶、玉壶、琴、棋、书、画等吉祥器物纹饰成为具象图像的主要题材。民间建筑还通过"谐音"的方式，借用具象绘画、具象雕塑的图像组合来构成吉祥成语，如在瓶中插牡丹，寓意"平安富贵"等等。这种图像象征实质上是给图像性符号添加象征语义，成为图像性符号与象征性符号的叠加。

显然，这种种的等级象征、吉祥象征，都是民族文化圈内的约定俗成，是一种"约定性"的符号。接受者的文化圈素养越高，对其象征表意的认知就会越明白。有趣的是，建筑象征也和其他艺术象征一样，还有可能通过接受者的创造性阐释，添加、扩展象征寓意的新语义。南京中山陵陵墓总图的钟形象征，可以作为这个现象的典型事例。中山陵是经过悬奖设计竞赛，以获头奖的吕彦直方案建造的。吕彦直的设计以简朴的祭堂和壮阔的陵园总体为特色，他把陵园北半部，包括墓室、祭堂、平台、石阶、碑亭和陵门，用陵墙环绕，形成陵园主体部分的钟形总平面（图 3-3-30）。吕彦直在他

① 荀子·富国

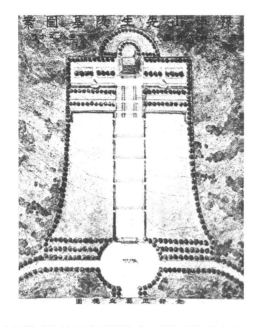

图 3-3-30 吕彦直应征设计的中山陵总平面图
引自孙中山先生葬事筹备处编．孙中山先生陵墓图案．上海：孙中山葬事筹备处，1925．

应征的"建筑图案说明"中，曾提到陵墓之本部，"其范界略成一大钟形"[1]，他自己并没有说明这个钟形有何象征意义。中山陵设计竞赛由四位"评判顾问"（画家王一亭、南洋大学校长凌鸿勋[2]、德国建筑师朴士、雕刻家李金发）评审。吕彦直的钟形总图没有引起王一亭和朴士的注意，但引起了凌鸿勋和李金发的注意。李金发在评判报告中赞赏它"适成一大钟形，尤为有趣之结构"[3]；凌鸿勋在评判报告中，明确点出钟形平面具有象征深意，他说："此案全体结构简朴浑厚，最适合于陵墓之性质及地势之情形。且全部平面作钟形，尤有木铎警世之想"。[4]如果说李金发注意到的是钟形平面作为图像性符号，有它的象形趣味，那么凌鸿勋则是进一步感悟到钟形平面作为象征性符号的重要寓意。孙中山先生领导国民革命，一生都致力于"唤醒民众"。中山陵总图能够以钟形平面表征"木铎警世"、"唤醒民众"，自然是极妥帖、极得当的表意。赖德霖曾著文指出，凌鸿勋说的"木铎警世"，是从《论语》中借用了该词。[5]"木铎"是一种"木舌铜铃"，古代宣布政令时摇木铎召集众人来听。《论语·八佾》有"天将以夫子为木铎"（"上天将用孔老夫子做个唤醒人民的木铎"）这句话，凌鸿勋当是从这里悟到"木铎警世"的深刻表意。实际上吕彦直采用钟形平面，并没有这个用意。他曾说："此不过相度形势，偶然相合，初意并非必求如此也"。[6]这真是一个原作者并未意识到而由评审者（也就是作品的接受者）予以阐发的典型事例。中山陵的钟形平面，经凌鸿勋阐发后，很快就为公众普遍接受、普遍理解，成为一个寓意深远的精彩象征，进一步提升了中山陵建筑群的文化意蕴。

（二）建筑符号的语义信息和审美信息

信息论美学的两位倡导者，法国的亚·阿·莫尔和德国的姆·本泽，都认为应该把信息区分为语义信息和审美信息两类。建筑符号也是如此，它既表达语义信息，也表达审美信息。作为前者，它带有推论性符号的性质；作为后者，它带有表现性符号的性质。虽然是两种不同性质的符号，它们的能指却是统成一体的。它们具有"异质同体性"，在符号内涵和符号接受机制上是大不相同的。

建筑语义信息，不论是功能语义、技术语义还是文化语义，所传递的都是符号的"意义"。而建筑审美信息传递的是特定的情感、情绪、情趣，这些都是在传递符号的"意味"。

建筑语义信息的接受是通过"认知"来实现的。不论是指示性、图像性符号的经验性认知，还是象征性符号的约定性认知，都属逻辑的、推理的认识。而建筑审美信息的接受则是"感知"的过程，它呈现为直觉感受，呈现为顿悟。

建筑语义信息是可以言传的，它的能指与所指语义有较明确的对应关系。符号与语义信息是可分离、可转述的。同样的语义可以通过不同的符号表述。可以用"九开间"来表征最高的建筑等级，也可以用"重檐庑殿顶"来表征最高的建筑等级。而建筑的审美信息是"只可意会，不可言传"的。审美信息与符号不可分离，

---

[1] 吕彦直．孙中山先生陵墓建筑图案说明[M]//孙中山先生葬事筹备处编．孙中山先生陵墓图案．上海：孙中山先生葬事筹备处，1925：11．

[2] 凌鸿勋．中山陵设计竞赛"评判顾问"名单中写作"凌鸿勋"。据台湾《口述历史丛书·凌鸿勋先生访问记录》，凌鸿勋自述，他的姓应是"淩"，而不是"凌"。

[3] 李金发．孙中山先生陵墓图案评判报告[M]//孙中山先生葬事筹备处编．孙中山先生陵墓图案．上海：孙中山先生葬事筹备处，1925：29．

[4] 凌鸿勋．孙先生陵墓图案评判报告[M]//孙中山先生葬事筹备处编．孙中山先生陵墓图案．上海：孙中山先生葬事筹备处，1925：26．

[5] 参见赖德霖．中国近代建筑史研究[M]．北京：清华大学出版社，2007：281．

[6] 吕彦直君之谈话[J]．申报，1925-09-23//赖德霖．中国近代建筑史研究．清华大学出版社，2007：281．

对符号形式极端敏感，一旦离开符号形式就无"意味"可言。我们可以不用目睹建筑，仅凭借别人的转述，认知该建筑的文本"意义"，但是不能在看不到建筑图像（实景或影像）的情况下，凭借别人的转述感知建筑文本的"意味"。

这样两种不同性质的信息，荷载在同一载体中，它的信码构成机制是值得我们注意的。中国木构架建筑体系蕴含着"在理性与浪漫的交织中突出地以理性为主导"的创作精神，这种创作精神深刻地体现在语义信息与审美信息的编码协调机制中。总的说，中国传统建筑是很注重两种信息的和谐合拍。官式建筑屋顶，区分为重檐庑殿、重檐歇山、单檐庑殿、单檐歇山、卷棚歇山、尖山式悬山、卷棚悬山、尖山式硬山、卷棚硬山九个类别，既表征等级象征语义，也形成从宏伟、壮丽到质朴、平和的不同品格，等级表征与形式美感合拍统一，这就是语义信息与审美信息的高度协调。正是这种语义与审美的高度协调，体现出中国古典建筑的经典性。但是，并非所有的符号都能取得语义与审美的高度合拍，在这种情况下，中国古典建筑也允许在基本协调下的局部"语义侧重"或"审美侧重"。像前面提到的宁波"天一阁"那样的六开间藏书楼，就呈现"语义侧重"的现象。这个藏书楼为追求"天一生水"的寓意，采用了反常规的"六开间"，这样就导致以明间为中轴的阁楼正立面不对称，这对审美信息自然是不利的。当这种"六开间"衍生作为皇家藏书阁的定型模式时，实际上改成了"五间半"。那个窄窄的"半间"巧妙地用作楼梯间，在功能安排和空间调度上是合宜的。正立面上的不对称问题，由于阁前院庭空间不是很深，人们在阁前观看，视点距离较近，视角较宽，立面的不对称看上去并不是很碍眼，因此这样的"语义侧重"可以说是在基本协调下的侧重，它不但被接受，而且衍生为皇家藏书阁的定型模式

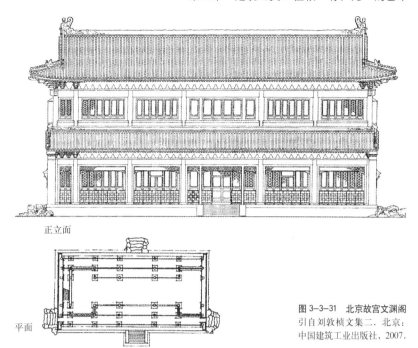

正立面

平面

图 3-3-31 北京故宫文渊阁
引自刘敦桢文集二. 北京：中国建筑工业出版社, 2007.

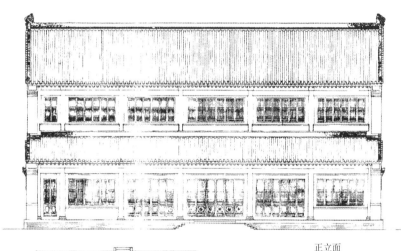

正立面

平面

图 3-3-32 沈阳故宫文溯阁
引自陈伯超, 支运亭. 特色鲜明的沈阳故宫建筑. 北京：机械工业出版社, 2003.

（图 3-3-31、图 3-3-32）。我们大家熟悉的北京天坛祈年殿，它的前身是嘉靖二十四年（1544年）建造的"大享殿"。这个大享殿采用的是上檐青瓦、中檐黄瓦、下檐绿瓦的三色瓦，用来表征天神、皇帝、地祇。这样的处理导致整个屋顶花花绿绿，与大享殿建筑应有的庄重形象背道而驰。这是对语义信息的不当处理而损害了审美信息的明显败笔，造成两者的基本不协

中国建筑之道

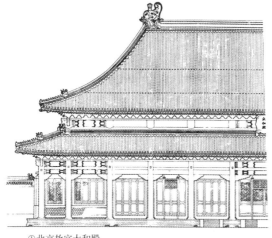
①北京故宫太和殿

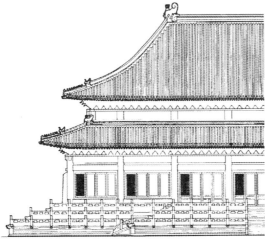
②北京明长陵棱恩殿

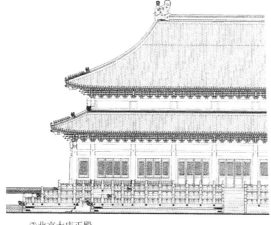
③北京太庙正殿

图3-3-33 三座同规格殿座呈现的类型性品格
①引自刘敦桢.中国古代建筑史.北京：中国建筑工业出版社，1984.
②引自潘谷西.中国古代建筑史第四卷.北京：中国建筑工业出版社，2001.
③引自上栋下宇编委会编.上栋下宇.天津：天津大学出版社，2006.

调。乾隆十六年（1752年），大享殿改名为祈年殿，第二年就把三色瓦改为三重檐一色的青瓦，以青瓦表征"天"，为祈年殿洗刷去花花绿绿的艳装而取得圣洁凝重的形象。这可以说是语义信息与审美信息从不和谐调整为和谐的生动事例。

对中国古典建筑符号编码机制，还有一点特别值得注意，就是中国传统建筑表征等级的象征性符号，主要是结合"指示性符号"来表达的。我们可以看到，用作等级表征的建筑形制，如面阔间数、进深架数、台基层数、斗栱踩数、台基制式、屋顶制式、琉璃样等、琉璃用色等等，都是与指示性符号结合在一起的，这是一种象征性符号与指示性符号的叠加现象，尽量以建筑自身的语言附加等级表征的语义，并没有为等级象征而另起炉灶，附加另一套用于象征的"能指"。应该说这样的列等方式是很理性的，较为经济的。它体现着等级标志与物质功能要求的统一，与技术工艺要求的统一，与形式美构图要求的统一。如最高等级的太和殿，不仅在朝向上、坐落上、位序上处于最尊的地位，而且在庭院尺度、台基层数、台基制式、建筑间架、建筑体量、构架做法、斗栱踩数、屋顶形式、琉璃样等、琉璃色彩、吻兽规格、装修格式、彩画雕饰上，全都采用了最高规制。从建筑符号的角度来说，它所蕴涵的最高规制的等级语义是过饱和的，其等级信息的冗余量极大。但是太和殿整体并没有因为冗余信息的过度集中而显得过于繁琐、重复，其原因就在于这些等级标志符号用的都是太和殿自身应有的东西，在附加等级语义的时候，并没有附加新的"能指"。

这种以指示性符号叠加等级象征符号的做法，使得中国古典建筑的形制深深受到等级表征的制约，并需严格地按照法令、律例强制施行。这样一来，属于同一等级的殿屋，不论其功能性质有多大区别，都必须遵循同样的等级形制。北京故宫太和殿、北京明长陵棱恩殿和北京太庙正殿，这三个功能性质迥异的殿座，因为同属于最高体制，就都得采用重檐庑殿顶，都得是九开间或十一开间，都得下承三重须弥座台基，自然导致外观面貌的大同小异，基本雷同（图3-3-33）。这是一种"类型化"的现象，这是等级的品类超越了功能的品类，等级的形制超越了功能的品格，等级的类型性话语吞噬了建筑功能的特性和建筑性格的个性。

(三）建筑语言 + 文学语言

从运用"建筑外来语"来看，中国建筑有一个独特的传统，就是擅长引入文学语言，把文学语言焊接到建筑语言中。这虽然不是中国建筑独有的现象，古埃及的方尖碑和古罗马的凯旋门也都镌刻着文字，但是中国建筑的融合文学语言达到了普遍盛行、蔚为大观的程度，成为中国建筑运用外来语的一大特色。

前面已经提到，黑格尔把艺术划分为象征型艺术、古典型艺术和浪漫型艺术。他把建筑列为象征型艺术，说建筑"这门最早的艺术所用的材料本身完全没有精神性，而是有重量的，只能按照重量规律来造型的物质"。[①]的确，建筑是物质性最"重"的艺术。由于它受制于"笨重的物质堆"，它的实体与空间，符号与形象，基本上是几何形态的，是抽象而非具象，表现而非再现，抒情而非叙事，这就带来建筑表意的多义性、朦胧性和不确定性。而作为浪漫型艺术的文学，则与建筑恰恰相反。文学语言的载体是由语音所转化的文字，它是物质性最"轻"的艺术，受物质性的束缚很少。黑格尔说它是"最富于心灵性的"[②]，"既不完全丧失雕刻和绘画的明确性，而又能比任何其他艺术都更完满地展示一个事件的全貌，一系列事件的先后承续、心情活动、情绪和思想的转变以及一种动作情节的完整过程"。[③]这表明，建筑语言所遇到的叙事的困难和表意不确定的困难，恰恰是文学语言所擅长的，文学语言成了建筑语言理想的补充。中国建筑正是在这个节骨眼上，调度了物质性最"轻"的文学语言来弥补物质性最"重"的建筑语言的欠缺，为表现性的建筑艺术添加了叙事性的内涵，给建筑艺术不确定的朦胧表意注入了确定性的语义。

这种以文字为载体的文学语言，是怎样焊接到中国建筑中的呢？大体上可以概括为5种形式：

1. 匾额

中国传统建筑普遍采取挂立匾额的方式，为殿堂、斋阁、门屋、亭榭题名。题名有两种情况：一种是给建筑物或景点命名，如宫殿建筑命名为太和殿、乾清宫、弘义阁、体仁阁；皇家园林建筑命名为佛香阁、玉澜堂（图3-3-34）、听鹂馆、湖山真意（敞厅）（图3-3-35）；私家园林建筑命名为远香堂、见山楼、与谁同坐轩、三十六鸳鸯馆等等。另一种是给建筑物和景点点题。如北京故宫乾清宫悬挂的"正大光明"匾（图3-3-36）、颐和轩悬挂的"太和充满"匾，曲阜孔庙大成殿悬挂的"万世师表"匾、"斯文在兹"匾，苏州拙政园月洞门镶嵌的"入胜"匾、"晚翠"匾等等。匾额运用的数量之多是相当惊人的。据统计，在山西灵石县王家大院内，仅高家崖和红门堡两处宅院，就有木刻、石刻、砖刻的匾额112幅。见于张篁溪珍存的《圆明园匾额略节》一书，所列圆明、长春、绮春（万春）三园的匾额名录，已达1041幅，实数当比这还多。这些匾额，悬挂于殿屋门亭外檐、

[①] [德]黑格尔. 美学·第三卷上册[M]. 朱光潜译. 北京：商务印书馆，1979：17.

[②] [德]黑格尔. 美学·第一卷[M]. 朱光潜译. 北京：商务印书馆，1996：112.

[③] [德]黑格尔. 美学·第三卷下册[M]. 朱光潜译. 北京：商务印书馆，1981：5.

图3-3-34（左）颐和园玉澜堂前檐悬挂的命名匾额
摘自清华大学建筑学院. 颐和园. 北京：中国建筑工业出版社，2000.

图3-3-35（中）颐和园湖山真意前檐悬挂的命名匾额
摘自清华大学建筑学院. 颐和园. 北京：中国建筑工业出版社，2000.

图3-3-36（右）北京故宫乾清宫殿内悬挂的"正大光明"匾额

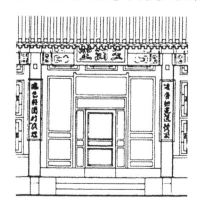
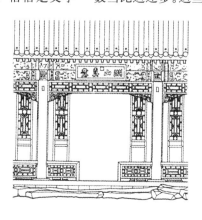

中国建筑之道

图 3-3-37 对联悬挂方式之一——"当门"
图为民居大门贴的大小门联
引自王其钧. 中国传统建筑色彩. 北京：中国电子出版社, 2009.

图 3-3-38 对联悬挂方式之二——"补壁"
图为安徽黟县西递村迪吉堂太师壁的两副对联
引自王其钧. 中国传统建筑色彩. 北京：中国电力出版社, 2009.

局部放大

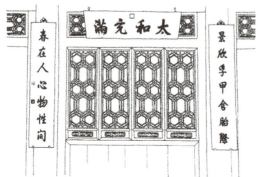
楠木浮雕云龙金地黑字楹联

图 3-3-39 对联悬挂方式之三——"抱柱"
图为北京故宫颐和轩楹联
引自北京故宫博物院古建管理部. 紫禁城宫殿建筑装饰·内檐装修图典. 北京：紫禁城出版社, 1995.

内檐的，多为木质匾；镶嵌于各式洞门门额的，多为砖刻匾、石刻匾。值得注意的是，中国建筑的牌楼，都在最显著的部位设"正楼匾"、"次楼匾"，楼匾上书写颂功、旌表、点景的文字，可以说是匾额最隆重的一种推出方式。

2. 对联

悬挂对联是中国传统建筑的普遍现象。宫殿、陵墓、坛庙、园林、第宅、寺观、祠堂、会馆、书院、戏楼以至各类商号的店堂，几乎都少不了对联。对联自身是中国独特的文学形式，它利用汉字一字一音一义的特点，组成上下联对称的形式。联的篇幅可长可短，十分灵活。短联多为四言、五言、六言、七言，长联则长达数十字以至百余字、数百字。对联的体例，有的是精练的诗词格调，是诗的高浓度凝聚；有的是通俗的散文格调，在流畅的语言中寄寓着深邃的理趣。对联的创作有"述旧"、"编新"之分。述旧的对联多用"集句"的方式，从古人的诗句中摘取、配对，把现实的景物与前人所咏颂的诗句相联系，很容易激发观赏者进入诗的境界。编新的对联也很注意用典，通过历史"典故"的触媒，同样可以引发观赏者的历史遐想。

对联如何联结到建筑上，古人采用了三种方式：一是"当门"；二是"补壁"；三是"抱柱"。通过这三种方式，对联与门、壁、柱融合成一体，取得建筑化的载体。"当门"就是用门联，把对联贴到或钉到门板上（图 3-3-37）。当门板上有门神时，则把门联移到两旁的门框上。门神与门联的组合，形成宅舍大门的字画套饰，渲染出门面的喜庆、吉祥氛围。"补壁"是把对联挂在堂室、书斋的壁面，大多对称地列于太师壁正堂画的两旁（图 3-3-38）。"抱柱"就是把对联挂在柱上，通称楹联（图 3-3-39），这是三种方式中运用最为广泛的一种，因此对联也泛称"楹联"。这类对联有的做得非常精致。图 3-3-39 是北京故宫颐和轩的楠木浮雕云龙金地黑字楹联，它与同样是楠木浮雕云龙金地黑字的"太和充满"匾配套，工艺极为考究。由于中国木构架建筑有很多柱子，在外檐、内檐都有充足的柱子可供悬挂，一些古刹名园的殿堂常常形成楹联林立的热闹场面，在文学语言的融入上达到高饱和的程度。

3. 屏刻、书条石、夹纱书画

中国文学宝库中，有数量庞大的山水诗、山水赋、山水散文、游记，也有为数可观的描述建筑、园林的诗、赋和园记、楼记、堂记、亭记之类的散文、铭文。这些文学作品有不少是描写名山胜水的千姿百态，名园胜景的五光十色，记述建筑景物的沿革典故，记录聚友畅游的逸情盛况，抒发游观的审美体味和触想感怀。它们实质上构成了特定建筑、特定景点的文化环境，成为烘托建筑景物的文学性氛围。这类诗、文、铭、赋也被巧妙地焊接到建筑中来。

一种是采取屏刻的方式，把名人所写的有关诗文，镌刻在建筑室内的屏壁上。如著名的岳阳楼，有乾隆时期张照书写的范仲淹名篇《岳阳楼记》的屏刻；北京故宫交泰殿，有乾隆御制手书的《交泰殿铭》屏刻（图3-3-40）；苏州狮子林燕誉堂，有贝氏《重修狮子林记》屏刻（图3-3-41）。另一种是采用书条石的方式，把名人的书法帖石镶嵌于墙壁。如绍兴兰亭，大书法家王羲之所写的《兰亭集序》，有唐宋以来临摹的十余种帖石。这些珍贵的帖石都镶嵌在王右军祠的两侧廊墙。苏州狮子林内，也在水池四周的廊壁上，嵌有宋代四大名家苏轼、黄庭坚、米芾、蔡襄书写的碑帖珍品。

"夹纱书画"与屏刻、书条石有异曲同工之妙。它不用"刻"而用"写"，把小幅的诗、文写在内檐隔扇和横披的夹纱上。这在住宅、园林的堂榭、书斋中是很常见的（图3-3-42）。宫殿组群中用作居室、书屋的殿屋也常用它。因为多为擅长书法的臣工所写，特称为"臣工书画"（图3-3-43）。这种夹纱书画、臣工书画不同于室内展挂的字画条幅，后者是室内的陈列品，而前者则已固结在建筑中，成为建筑构件的一个细部。

图3-3-40 北京故宫交泰殿正中有《交泰殿铭》屏刻（马兵绘）

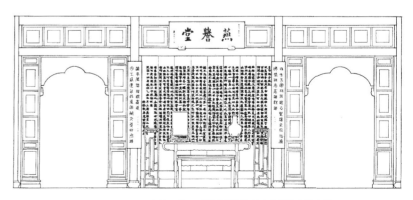

图3-3-41 苏州狮子林燕誉堂，屏刻与匾额、对联共同强化室内空间的文化内蕴
引自中国建筑技术发展中心建筑历史研究所. 中国江南古建筑装修装饰图典. 北京：中国工人出版社，1994.

图 3-3-42 苏州网师园看松读画轩的纱槅
引自刘敦桢. 苏州古典园林. 北京：中国建筑工业出版社，1979.

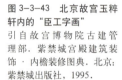

图 3-3-43 北京故宫玉粹轩内的"臣工字画"
引自故宫博物院古建管理部. 紫禁城宫殿建筑装饰·内檐装修图典. 北京：紫禁城出版社，1995.

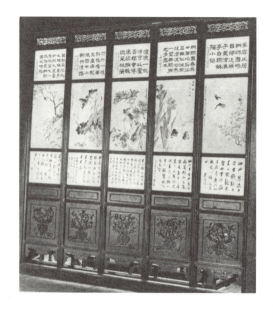

4. 碑碣

把文字刻在碑石上，再把碑石组织到建筑中，是中国传统建筑融合文学语言的一种十分郑重的形式。碑可以是一块极纯朴的简易碑石，也可以由碑座（方趺或龟趺）、碑身、碑首组成很隆重的形象。通常在碑身上刻碑文，在碑首上刻题额。这些碑，集文学、书法、雕刻艺术于一身，本身构成了建筑小品。它常常坐落在建筑组群中的显要部位，成为组群环境中很有表现力、极具纪念性的构成要素。还有一些碑被郑重地设置到亭内，形成碑亭，碑与建筑的融合达到更密切的程度（图 3-3-44）。中国的寺庙，借鉴立碑刻石的做法，还创造出一种很有特色的宗教建筑小品——经幢，成为把经文揉入建筑的一种独特方式。

5. 崖刻

在寺庙组群、园林组群和名山胜景，利用天然崖壁镌刻题吟、警句，通称"摩崖题刻"。这是把文学语言揉入建筑环境的一种很有效、很可取的方式。号称"天下名山第一"的东岳泰山，历代的崖刻估计达千块以上。闻名遐迩的福州鼓山，也有宋刻、元刻、明刻、清刻和近代、当代新增的崖刻约 300 处。多种多样的崖刻，有的只是短短的一字、数字，有的是洋洋大观的数十字、数百字，它们荟集篆、隶、行、草、楷等各体，琳琅满目，相映成趣，为秀美山岩抹上了文化神采，为名山古刹烘托出文化氛围（图 3-3-45）。

从以上 5 种焊接方式，不难看出，文学语言揉入建筑语言，在中国传统建筑的各个层面中都有所展现。有像匾额、对联那样呈现于单体建筑的外檐、内檐，有像屏刻、书条石那样附着于屏壁、廊壁，有像夹纱书画那样深入到隔心、横披心，有像秦汉瓦当那样，成为文字图案纹饰，也有像碑碣、经幢那样构成建筑组群的小品，有像碑亭那样形成独立的建筑，还有像摩崖题刻那样融化于建筑环境景观。这些

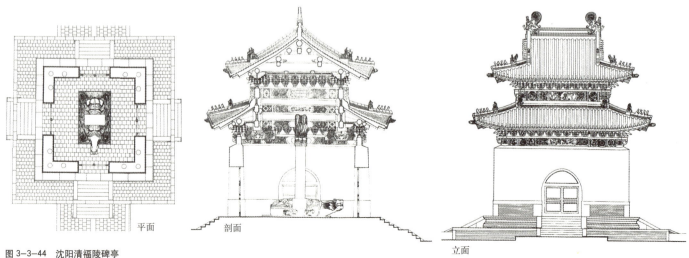

图 3-3-44 沈阳清福陵碑亭

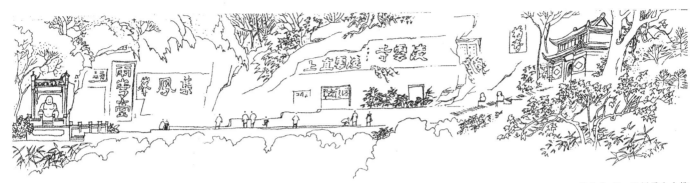

图 3-3-45 四川乐山大佛寺神道上的摩崖石刻（赵光辉绘）

多姿多彩的联结方式，把文学语言有机地融入到中国建筑中，它们起到了多方面的作用：

一是凸显景物主题

中国文人非常重视建筑景物的定名、立匾、题对。我们从《红楼梦》第十七回"大观园试才题匾对"，可以看到这种"标题匾对"的生动情景。贾政领着宝玉和一帮清客一路点题，贾政发表议论说："若大景致，若干亭榭，无字标题，任是花柳山水，也断不能生色"。众清客都齐声应和："各处匾对断不可少"。的确，为建筑景物立匾题名，就如同乐曲经过命名成为"有标题音乐"一样，把原本"无标题的建筑"，转变成了"有标题的建筑"。这样，就为抽象的、朦胧的、不明确的建筑艺术形象，凸显出明确的、清晰的、富有意蕴的主题。北京颐和园有一个知春亭（图 3-3-46）。这个亭，从建筑形制上说，只是个标准格式的"双围柱重檐四角亭"，自身并没有多大的个性特色。但在颐和园的总体布局中，它位处昆明湖东北岸，这里的内凹湖面伸出主副两个小岛，主岛与东岸之间以七跨石板桥连接。副岛与主岛之间以三跨小石板桥联成一体。知春亭就亭亭玉立在主岛上。这样，伸出湖面的小小知春亭岛，与藕香榭、夕佳楼、水木自亲等临湖建筑共同构成了重要的临湖观景建筑。它为前湖东北岸提供了极佳的三面环眺的观景视点。在这里可以纵览湖区主要景物，北面的万寿山，南面的十七孔桥、龙

正立面

平面

图 3-3-46 颐和园知春亭
引自清华大学建筑学院. 颐和园. 北京：中国建筑工业出版社，2000.

王庙岛，西面的六桥长堤以及它背后的玉泉山、西山和它前方的浩瀚湖面，尽收眼底。此地此景的这个亭，为什么取名"知春亭"呢？《中国名胜词典》提出两说：一个说法是：亭畔遍植垂柳，春来柳丝吐绿，取"见柳而知春"之意；另一个说法是源于宋诗"春江水暖鸭先知"。① 邓云乡先生也有自己的精彩解读，他说：

这里为什么叫知春亭呢？为什么不叫"宜夏"、"迎秋"、"喜冬"而偏偏叫"知春"呢？因为这里得春最早，知春最先，感春最强……春天一到，在这里首先看到的是在阳光下泛着耀眼光芒，渐渐消融的春冰和在昆明湖水面上浮动着的水气；远处所见，则是一层层深浅不同，天天在变幻着颜

① 文化部文化局主编. 中国名胜词典[M]. 上海：上海辞书出版社，1986：40.

色的山色；高处则是缥缈的春云，衬托着闪闪发光的佛香阁的大黄屋顶，这一切都熏染着游人的身心，坐在亭子下的栏杆上，在暖融融的气氛中，观赏一番，最后伸个懒腰，打个哈欠："啊——春天来了！"……

这就是知春亭的"知春之趣"。[①]

我们不必深究"知春"之名的出处，重要的是它贴切地点出了"知春"的主题，引导我们在游赏知春亭时，懂得去领略这里的"知春之趣"。这正是立匾题名的高妙作用。

我们还可以看看北京颐和园的"扬仁风"和苏州拙政园的"与谁同坐轩"。这两座建筑有一个共同点，都用的是扇形平面，做成扇面殿、扇面亭。"扬仁风"是乐寿堂西侧小园的一个后殿。小园自成院落，前辟月洞门，门内有凹形方池、隙地草坪，随着山脚坡势布置叠石，北端最高处就是扬仁风小殿。小殿以凹面为主立面，不仅平面作扇形，阶前运用条石嵌砌成扇骨，以汉白玉雕成扇轴，极力模仿折扇图像（见图3-3-18）。这样的扇形建筑自身，我们除了认知它"仿扇"之外，并不了解它的表征意义。而取名"扬仁风"，一下子就标点出了它的主题。原来殿名取的是《晋书·袁宏传》的典故：袁宏出任东阳郡守时，谢安曾以扇赠行，袁宏明白谢安赠扇的深意，答谢说："辄当奉扬仁风，慰彼黎庶"。由此，我们就领会到"扬仁风""慰彼黎庶"的表征意义，也领略到扇形建筑与折扇扬风的妙趣关联。

与谁同坐轩是拙政园西部的一个小亭（图3-3-47）。它坐落在曲尺形的池畔，背衬葱翠的小山，隔岸与贴水曲廊相对。平面作扇形，以凸面临水，一溜的美人靠栏杆迎湖敞开。应该说，这也只是一个很普通的扇形亭榭，建筑自身很难说有什么特定意蕴。由于取名为"与谁同坐轩"，立即注入了特定语义。这个取名是引自苏轼《点绛唇·杭州》的词句："与谁同坐，明月、清风、我"。这样的亭名，把游人的观赏一下子就带进到苏轼的诗词境界，启迪人们在这里迎风待月，细腻地体味皓月当空，清风徐来的情景，感受到除了清风、明月就别无陪伴的清冷孤寂，造就一种特殊的静谧清幽。这个题名没有就扇形建筑做文章，没有像"扬仁风"那样刻意地去仿造"扇骨"、"扇轴"，而是从亭池幽静的氛围去升华意蕴。我们在这里看到了，同样是园林中的扇形建筑，基于不同的环境氛围和不同的命名点题，可以呈现出截然不同的景观主题和景物意趣。

不仅如此，即便是同一个建筑，在不同的场合，通过变换不同的命名，也可能完全改变它的内蕴。有这样一个典型事例：清光绪二十六年（1900年），在义和团运动中，德国驻华公使克林德男爵在北京东单总布胡同西口被打死。事后清政府屈从德国的威逼，于光绪

[①] 邓云乡. 增补燕京乡土记（上册）[M]. 北京：中华书局，1998：288.

图3-3-47　苏州拙政园"与谁同坐轩"
引自刘敦桢. 苏州古典园林. 北京：中国建筑工业出版社，1979.

二十八年（1902年）在该处修建一座石牌坊。这个牌坊在此时此地为克林德之死而立，蕴涵的当然是国人的耻辱。第一次世界大战后，德国战败，这座牌坊被拆除。1919年，中国政府将所拆牌坊迁往中央公园（现中山公园），坊名改为"公理战胜"。同一个牌坊，当它树立在总布胡同西口时，展示的是强权威势，而当它拆迁到中央公园，命名改为"公理战胜"后，它就摇身一变为彰显公理了。有趣的是，事情到此还没结束。1952年，亚洲及太平洋区域和平会议在北京召开，这个石牌坊由郭沫若题写"保卫和平"四字刻在楼匾上，牌坊又摇身一变为"保卫和平"坊了（图3-3-48）。同一个建筑，同一个建筑形象，随着牌匾题名的变动，就完全变换了它的内蕴和表征意义。这很能说明建筑语言和建筑形象的朦胧性、不确定性，也有力地表明，由文学语言介入的建筑命名点题对于凸显建筑主题、确定意蕴内涵，具有多么显著的作用。

图3-3-48 北京中山公园"保卫和平"石牌坊
（上）原建于总部胡同西口的"克林德碑"石牌坊
（下）迁建于中山公园的"保卫和平"石牌坊

二是深化建筑意蕴

中国古代绘画，有在画面上添加"题跋"的传统。清代书画家方薰在谈到画面题跋的作用时说：

> 画家有未必知画，不能画者每知画理，自古有之。故尝有画者之意，题者发之。
>
> 款题图画，始自苏、米，至元明而遂多。以题语位置画境者，画亦由题益妙。高情逸思，画之不足，题以发之，后世乃为滥觞。①

建筑中的题对，实质上很接近于画面上的题跋，可以说是"建筑的题跋"。它也同画面题跋一样，既起到"画者之意，题者发之"的作用，即匠家自己没有意识到的意趣，由题写匾联的人通过匾联予以阐发；也起到"画之不足，题以发之"的作用，即建筑语言所未能充分表达的高情逸思，可以通过匾联进一步发挥，使之"益妙"。许多建筑和景点的对联，都起到这样的作用。

大家熟悉的《老残游记》中提到的济南大明湖铁公祠的那副大门名联："四面荷花三面柳，一城山色半城湖"，就是以极简练的文字对大明湖景观作了生动的概括和诗意的升华。泰山南天门位处十八盘天梯的顶端，也有一副石刻名联："门辟九霄，仰步三天胜迹；阶崇万级，俯临千嶂奇观"。对联说南天门打开了通往九重天的道路，仰首迈步就可以看到"三天"（青微天、禹余天、大赤天），即整个天上世界的胜迹；登上阶崇万级的南天门，低头俯视可以饱览千山万壑的壮伟奇观。这可以说是对南天门高耸云霄的雄奇境界作了极度的渲染。四川乐山凌云寺，有一座巍峨壮观的寺门，门前伸出长长的神道，神道内侧石壁陡峭，神道外侧江流澎湃。从山门开始，神道陡壁一路上刻着"回头是岸"、"耳声目色"、"凌云直上"等题刻，铺垫着入刹氛围。来到寺门前，寺门正中高悬"凌云禅院"巨大金匾，两旁挂着"大江东去；佛法西来"

① [清]方薰. 山静居画论. 北京：人民美术出版社，1959：67、130.

对联。这副对联只有短短八个字，上联从空间上描述庙门临江的雄浑景象，下联从时间上点出佛法流传的庄严历史，言简意赅，气势磅礴，把凌云寺门前的环境意蕴升华到极点。

许多园林建筑的对联，很善于捕捉景观环境中的山水意象、花木意象和风云意象，把青山、绿水、清风、明月、竹荫、花影、蝉噪、鸟鸣等自然因子组构成虚实相生的意象串，与建筑意象揉合在一起，以凸显景观的诗情画意。苏州沧浪亭的著名亭联："清风明月本无价，近水远山皆有情"，就是这样的范例（图3-3-49）。沧浪亭是北宋苏舜钦花四万钱购弃地而建的，欧阳修在《沧浪亭》一诗中，有"清风明月本无价，可惜只卖四万钱"句。苏舜钦自己在《过苏州》诗中，有"绿杨白鹭俱自得，近水远山皆有情"句。清代文人梁章钜集两诗成此联，匹配得天衣无缝。这副对联，上联写清风明月的虚物景象，下联写近水远山的实物景象，把沧浪亭的建筑意象和环境的山水、风月意象融合在一起，既浓郁了沧浪亭的诗的境界，也深化了沧浪亭的文化积淀。这类对联佳作很多，苏州拙政园"梧竹幽居"联："爽借清风明借月；动观流水静观山"；杭州西湖"平湖秋月"堂联："穿牖而来，夏日清风冬日日；卷帘相见，前山明月后山山"等，都属此类。

还有一些景观对联，不仅深化景物意蕴，还能进一步引申哲理，导引人们在观赏建筑时，突破建筑景物的有限时空，生发人生的、历史的、宇宙的哲理感受和领悟。杭州玉泉景点，泉水晶莹明净。这里建有一处"鱼乐园"。人们到这里观泉赏鱼，景物自身并没有哲理的内蕴。但是"鱼乐园"的题名和一副"鱼乐人亦乐，泉清心共清"的对联，让人联想到《庄子·秋水篇》所说的"鱼之乐"典故，自然领略到"人鱼同乐，心泉共清"的情景交融的意蕴。玉泉景点的临池茶室，还有一副对联："休羡巨鱼夺食；聊饮清泉洗心"。这副对联看上去只是即景描写玉泉的品茗观鱼，实际上也寄寓着人生哲理，表露出"悠然自我，与世无争"的超脱心态。有趣的是，同是玉泉观鱼的景物，在前一副对联中，人们看到的是鱼的从容游乐，在后一副对联中，人们看到的是巨鱼夺食。这正是景物意象的多义性、朦胧性所导致的境界意蕴的多样性、丰富性。

三是积淀人文价值

清代学者钱大昕在《网师园记》中说："然亭台树石之胜，必待名流宴赏、诗文唱酬以传"。①这的确是中国景观的一个传统，历史

① [清] 钱大昕. 网师园记//陈从周, 蒋启霆选编. 园综. 赵厚均注释. 上海：同济大学出版社，2004：263.

图 3-3-49 苏州沧浪亭
引自刘敦桢. 苏州古典园林. 北京：中国建筑工业出版社，1979.

平面

正立面

上许多建筑、园林、风景，正是通过诗文的吟传，而成为"名胜"的。特别是著名人物的名诗、名文，更是扩大景物知名度的最有效的传播媒介。滕王阁、岳阳楼、兰亭、醉翁亭的大噪名声，显然和王勃的《滕王阁序》、范仲淹的《岳阳楼记》、王羲之的《兰亭集序》、欧阳修的《醉翁亭记》的广为流传是分不开的。柳宗元在他所写茅草亭记中，明确地指出这一点。他说：

夫美不自美，因人而彰。兰亭也，不遭右军，则清湍修竹芜没于空山矣。①

他还进一步表明自己写这篇茅亭记的用意：

是亭也，僻介闽岭，佳境罕到，不书所作，使盛迹郁堙，是贻林涧之愧。故表之。②

这些记述建筑和山水景胜的文章，大都翔实地记载景物的历史沿革、轶事典故，为观赏者提供了景物清晰的历史背景信息和生动的文化背景信息，有效地丰富了观赏者对景物的深刻认识和赏景兴趣。这些亭记、园记、诗赋，意味着文人名士以旷达的审美情操，深邃的哲理认识，通过优美的、诗一般的语言，精练地揭示出他们对景物境界的敏锐发现、细腻开挖和深刻阐释。这对于景物意蕴来说，是一种深化，是通过高水平的接受者的品赏，使景物意蕴得到进一步的拓宽和升华。而这些著名人物品赏、咏颂景物的诗文，多数都通过碑刻、屏刻、崖刻等形式，珍重地展示于建筑组群、建筑室内和名山胜景，它们都和建筑融合在一起，成为物化的人文景观。它们的存在，意味着名人名作的历史积淀，有效地添增了建筑的人文价值和艺术价值。

四是美化建筑形式

匾额、对联、屏刻、碑碣、书条石和夹纱书画等，在给建筑揉入文学语言的同时，也为建筑装点上汉字的书法艺术。这些文字大多是名家书写的书法精品，它自身具有很高的艺术性，建筑佩饰上这样的书法美，无形中增添了很有分量的艺术品位和艺术价值。匾额、对联、屏刻等自身也是一种工艺品，在样式上大多经过精心的推敲，在工艺制作上普遍都做得很精致。早在宋《营造法式》中，匾额已定型为华带牌和风字牌两式（图3-3-50）。其中华带牌的样式凝重、端庄、丰美，一直到明清，仍然是庄重型匾额久用不衰的定式。园林建筑所用的活泼型匾额，形式更为丰富。明末文人李渔在《闲情偶寄》中列举了碑文类、手卷类、册页类、虚白类、石光匾、秋叶匾等多种图式（图3-3-51）。这些高雅多姿的匾额镶嵌到建筑中，无疑为园林建筑形象增添了许多风采、许多意

① [唐]柳宗元. 邕州柳中丞作马退山茅亭记// 吕晴飞，牛宝彤. 唐宋八大家散文鉴赏辞典. 北京：中国妇女出版社，1991：423.

② [唐]柳宗元. 邕州柳中丞作马退山茅亭记// 吕晴飞，牛宝彤. 唐宋八大家散文鉴赏辞典. 北京：中国妇女出版社，1991：423.

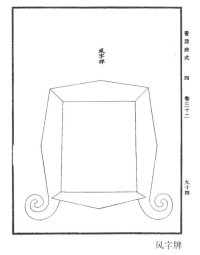
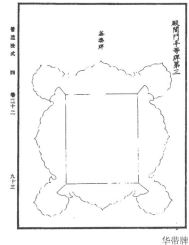

风字牌　　　　　华带牌

图3-3-50 [宋]《营造法式》中的风字牌和华带牌匾额
引自[宋]李诫.《营造法式》

碑文额　　　　　手卷额

册页匾　　　　　虚白匾

图3-3-51 《闲情偶寄》中所列的园林建筑匾额形式
引自[明]李渔. 闲情偶寄. 北京：作家出版社，1995.

味。匾题与景物贴切陪衬，也是经过精心推敲的。在大观园的"题匾对"中，当贾政一行来到一处"数楹茅屋"、"两溜青篱"前时，曹雪芹写道：

> 忽见篱门外路旁有一石，亦为留题之所，众人笑道："更妙，更妙！此处若是悬匾待题，则田舍家风一洗尽矣。立此一碣，又觉许多生色，非范石湖田家之咏不足以尽其妙"。①

贾宝玉把这处景点，命名为"稻香村"，给这块碣石，题了"杏帘在望"四字。这可以说是曹雪芹对于田舍人家，不用悬匾，而改用路旁碣石留题的一个高雅的精心设计。不论是匾额、对联、屏刻在殿屋室内核心部位的组合，还是碑石、碣石、碑亭、摩崖题刻在建筑组群环境的组合，它们都构成了建筑美、诗文美、书法美、工艺美、雕刻美的大汇合，都为添增建筑形式美的意味，丰富建筑形象的表现力起到显著的作用。

五是指引意境鉴赏

文学语言焊接到建筑语言中，通过匾、联、碑、碣、屏刻、崖刻等诸多形式，透过上面所说的凸显景物主题、深化建筑意蕴、积淀人文价值、美化建筑形式等诸多作用，最终还落实到建筑意境接受的鉴赏指引。我们知道，意境接受并非单纯取决于客体景物，不是对景物消极、被动的反映；也不是单纯取决于观赏者，并非观赏主体纯自我意识的外射。意境的生成是来自景物客体与观赏主体之间的相互作用。不同的观赏者，有不同的"前结构"和"审美经验的期待视野"，它受到观赏者的世界观、文化视野、艺术修养和专业能力的制约，因此，同样的景物对于不同的观赏者，其所能激发的意境感受是大不同的。而文学语言介入建筑，由园主人或文人墨客加以命名、点题、题对、咏颂、书写记游，这实质上就是对后来的观赏者的一种导游指引，是前人把自己的品赏心得和意境感受传达给后人，这是一种建筑艺术普及化的有效方式，是景物自身携带导游讲解的有趣方式，它把难以领悟的深层意蕴普及给了广大观赏者。

（四）建筑的抽象语言与具象语言

考察建筑语言和建筑外来语，有必要进一步讨论一下它的"抽象语言"和"具象语言"。

我们知道，建筑是以构件作为自己的艺术载体，以建筑实体和建筑空间的形式要素作为艺术表现手段，这就先天地决定了建筑语言是几何形态的，是抽象而非具象的，是表现而非再现的，是抒情而非叙事的。指示性符号自然成了建筑符号的本体。正是基于建筑本体语言的这个特点，促使它引入"建筑外来语"作为表意的补充。雕塑语言、绘画语言是中西古典建筑普遍应用的外来语，而在中国古典建筑中，文学语言也成了第三种常用的建筑外来语。这三种建筑外来语，不论是雕塑语言、绘画语言那样通过具象的图像来"再现"，还是文学语言那样通过自然语言的表叙来"再现"，它们的作用都是以具象性、再现性、叙事性来弥补建筑本体语言抽象性、表现性、抒情性在表意上的欠缺。

值得注意的是，不同历史时期对于艺术的形式特征，有不同的崇尚。技术理论家本泽、工业艺术理论家赫·里德不约而同地将具象形式看做是古典艺术的形式特征，而将抽象形式看做是现代艺术的形式特征。②

这是因为，艺术的具象形式和抽象形式，与它的制作方式是有关联的。具象形式可以方便地由单件性的个体化的手工业生产来完成，而不便于由批量性的、机器工业的、大生产方式来完成。因此，抽象的形式就成了工业技术

---

① 曹雪芹. 红楼梦·第十七回

② 张帆. 当代美学新葩——技术美学与技术艺术[M]. 北京：中国人民大学出版社，1990：146.

时代崇尚的新形式，成为机器时代的表征。这种情况不仅呈现于技术美学的领域，也波及于艺术美学的领域。20世纪初国际上纷纷涌现出"抽象派艺术"，就是这个现象。现代抽象绘画不仅在现代技术发展的条件下产生，又反转来为现代技术产品的造型提供新的表现手法、语言、符号。抽象绘画艺术大师华西里·康定斯基强调抽象形式要素的表现力，大大调度了人们欣赏和运用抽象形式的自觉。包豪斯学派开创现代建筑和现代技术产品的新风貌，与康定斯基在该校任教的影响是有关联的。张帆在《当代美学新葩》一书中指出：

> 技术与抽象艺术形式相融合的现代技术艺术，以其抽象性的几何形体、色彩、光洁度、节奏等，逻辑地表现了产品内在结构的规律性，不仅与产品的物质功能相协调一致，而且它那"以少胜多"、简洁明快、朴实大方的形式风格具有更大的概括力，内涵着时代的韵律，寓意和凝固着时代的审美情感和审美理想，它无愧是一种"有意味的形式"。①

显然，认识古典艺术与现代艺术，在形式特征上的不同崇尚是十分重要的。前面已经提到，黑格尔作为古典美学的集大成者，他在审视建筑艺术时，就是带着崇尚"具象形式"的视界，强调艺术要把心灵性的东西显现于感性形象，认为建筑的"内容意蕴不能完全体现于表现形式"②，只能通过象征来表意。他把这一点视为建筑内在意蕴和表现形式的"双重缺陷"，并据此把建筑列为"象征型艺术"。

我们从中国传统建筑来看，的确存在着为弥补建筑抽象语言的表意欠缺而强化象征的现象。中国建筑十分关注等级表征和吉祥表征，它的强化象征，主要通过两种方式：一种是透过图像性符号，调度绘画语言和雕塑语言，以具象的图像来表征；另一种是以建筑所涉及的数字、方位、形制、色彩来表征。值得注意的是，这两种表征方式，都属于林兴宅所说的"比喻性象征"。

林兴宅在他所著的《象征论文艺学导论》一书中，把"象征"区分为两大类：一种是"比喻性象征"，另一种是"表现性象征"。③他说比喻性象征是一种"符号方式，它导致符号认知活动。它的最大特点是类比性"。④这种"象征"就是我们通常所理解的狭义象征。《辞海·文学分册》把"象征"定义为"文艺创作的一种手法。指通过某一特定的具体形象以表现与之相似或相近的概念、思想和感情"。⑤《韦氏英语大字典》对"象征"一词的解释是：

> 象征系用以代表或暗示某种事物出之于理性的关联、联想、约定俗成或偶然而非故意的相似，特别是以一种看得见的符号表现看不见的事物，有如一种意念、一种品质，或如一个国家或一个教会之整体，一种表征；例如，狮子是勇敢的象征，十字架为基督教的象征。⑥

这里说的都是狭义的象征。它的主要特点是以一种看得见的符号来表现看不见的事物，以一种"小事物来暗示、代表一个远远超出其自身含义的大事物"⑦，这种表征是通过约定俗成的关系来建立的。

林兴宅所说的"表现性象征"，则属于广义象征的概念。他认为：

> 广义的"象征"是一个文化人类学的概念。象征现象普遍存在于人类生活的各个领域，在人的语言、心理和行为等方面都有所表现，包括原型象征、宗教象征、心理象征、社会象征、

① 参见张帆. 当代美学新葩——技术美学与技术艺术[M]. 北京：中国人民大学出版社，1990：147.

② [德]黑格尔. 美学·第一卷[M]. 朱光潜译. 北京：商务印书馆，1996：97.

③ 林兴宅. 象征论文艺学导论[M]. 北京：人民文学出版社，1993：230.

④ 林兴宅. 象征论文艺学导论[M]. 北京：人民文学出版社，1993：230.

⑤ 转引自林兴宅. 象征论文艺学导论[M]. 北京：人民文学出版社，1993：218.

⑥ 转引自林兴宅. 象征论文艺学导论[M]. 北京：人民文学出版社，1993：219.

⑦ 严云受，刘锋杰. 文学象征论[M]. 合肥：安徽教育出版社，1995：3.

艺术象征等类型。①

他强调文艺学所使用的"象征"概念，主要取其"形象表现"的含义，而不是"符号思维"的含义。②他阐释说：

> "象征"顾名思义就是"形象表征"的意思，即用具体的感性形象表征某种抽象的精神意蕴。这一表述包含了两层基本含义：第一，作为象征体必须是形象的，是诉诸感官的感性形象，而不能是抽象的概念符号；第二，象征体具有表征功能，而不是指称性的，也就是说，形象内在蕴含着某种精神意蕴，因此形象成为这种意蕴的外在征象。③

他把比喻性象征，视为"比"，把表现性象征视为"兴"。他分析比喻性象征的象征体与象征义之间的关系是类比性的、比附性的，是通过约定俗成来建立的，是象征的初级形态。而表现性象征不是用形象去喻示某种观念内容，而是用形象激发人们的想象和情感体验，它是审美意义上的象征。

在这里，林兴宅所说表现性象征的"表现"，并不是与"再现"相对立的概念④，而是指"形式表现"。"它是主客体相互交流、相互创造的过程，是人的本质力量（主体性内涵）在形式创造中的生成和重建"。⑤表现性象征不是生成"意义"，而是生成"意蕴"，不是经由"约定俗成"，而是基于"特征图式"。林兴宅阐释说：

> "特征图式"是艺术作品的形象形式的特征与人类的心灵图式的契合物，它是审美客体的艺术结构与审美主体的心理结构遇合和整合的结果，是审美主体双向建构的产物……简言之，"特征图式"就是优秀艺术作品的形象形式的特征表现出来的人类某种普遍性的经验或体验的心灵图式。⑥

形式的表现性问题，是一个众说纷纭的问题。用朱自清的话说，这是一个"你说你的，我说我的，越说越糊涂"的问题。⑦林兴宅的这段话，可以说是对于形式表现机制很有哲理深度的表述，它揭示了形式的意蕴是源自作品特征图式与主体心灵图式的同构契合。即使我们固执于狭义象征的概念，不认同林兴宅关于"表现性象征"的提法，我们也可以接受他对"形式表现"的表述，和"特征图式"的阐释，这对于我们认知建筑语言的表现性有很大的启迪。

1995年，我曾指导硕士研究生刘晓光以《象征与中国传统建筑》为题，撰写硕士论文。那篇论文就是引用林兴宅的理论，沿用"表现性象征"的提法，论析了中国传统建筑的比喻性象征和表现性象征。

中国传统建筑中的比喻性象征和表现性象征（或称表现性形式）是很容易区分的：

园林建筑中有一种"瓶门"，把墙门做成"瓶"形轮廓，以"瓶"谐音"平安"，就是一种典型的比喻性象征；而这种瓶状墙门所呈现的优美轮廓和柔和曲线，它与粉墙构成的虚实对比和空间渗透，它的砖质边框所表现的精致做工和素雅线脚，都点染出园林小院的高雅、悠闲、宁静，那就是一种切合园林意蕴的表现性象征。

北京天坛的圜丘祭坛，采用三重圆形坛体，采用吻合"九"的倍数的坛面铺石和周边栏板，用的是约定俗成的以圆象天、以"九"表阳数之极，它也是地道的比喻性象征；而圜丘的层层坛体，在低矮的圆形内壝墙和方形外壝墙陪衬下，呈现出同心几何形的、十字轴对称的、全方位向外扩散的态势。这里造就了最佳的观天视野，这里的广阔天穹如同祭坛的无边顶盖，这里的重重圆坛仿佛成

---

① 林兴宅. 象征论文艺学导论[M]. 北京：人民文学出版社，1993：218.
② 林兴宅. 象征论文艺学导论[M]. 北京：人民文学出版社，1993：221.
③ 林兴宅. 象征论文艺学导论[M]. 北京：人民文学出版社，1993：227.
④ 林兴宅. 象征论文艺学导论[M]. 北京：人民文学出版社，1993：167.
⑤ 林兴宅. 象征论文艺学导论[M]. 北京：人民文学出版社，1993：167.
⑥ 林兴宅. 象征论文艺学导论[M]. 北京：人民文学出版社，1993：322.
⑦ 朱自清古典文学论文集上[M]// 林兴宅. 象征论文艺学导论. 北京：人民文学出版社，1993：218.

了大地中心，这里的艾叶青坛面和汉白玉石栏与蓝天白云遥相呼应，所有这些都凸显出"天"的崇高、神圣境界，是一种充分显现崇天意蕴的表现性象征。

北京故宫太和殿，作为最高等级的建筑，调度了所有标志最高等级的表征。它以面阔九间（实际是十一开间，把两端称为"边间"不计，而说成是九开间）、进深五间的殿身，表征"九五"之尊；它以带丹墀的三重须弥座台基，带黄色琉璃瓦和最高吻兽规格的重檐庑殿顶，表征殿座的最高体制；它以金龙和玺彩画满饰的行龙、坐龙、升龙、降龙图案表征帝王；它以陈设的镏金铜鼎和日晷、嘉量，表征至高无上的皇权；它还以铜龟、铜鹤表征龟龄鹤寿、江山万代。这些都属于比喻性象征。而太和殿所处的宏大庭院空间，殿座自身的宏大尺度，它的高高升起的宏大台陛，它的宏大壮观的重檐庑殿顶，它的黄瓦、红柱和金闪闪的彩画，以至铜鼎、铜龟、铜鹤冒出的缕缕香烟，都渲染出太和殿的庄严、宏伟、富丽堂皇。这些都是切合宫殿意蕴的表现性象征。

我们从这里可以看出，比喻性象征生成的是象征的语义，表现性象征生成的是象征的意蕴；前者是语义信息，后者是审美信息。比喻性象征的语义是确定的、明晰的；表现性象征的意蕴是不确定的、朦胧的。比喻性象征由于语义的确定而可以直白地解读，但是正由于语义的确定而欠缺"意义空白"，欠缺供人思索的余地，欠缺让人发挥联想的空间，因而这种比喻性象征所能拓展的境界相对较小。而表现性象征由于意蕴的朦胧性、不确定性，反而饱含更加宽泛的审美意味，激发人们难以言传的情感体验，让人充分发挥遐想，因而这种表现性象征所能拓展的境界反而较大。

由于表现性象征是用建筑本体语言来表达的，它实质上是发挥指示性符号的审美作用，它是由建筑构件组构的建筑实体来表演，也是由建筑实体生成的建筑空间来表演，它们都是几何形态的，因而也都是抽象形式的。我们在这里，通过表现性象征（或者说表现性形式），看到了抽象语言在审美意蕴塑造上和建筑境界展拓上的巨大潜能。抽象语言的这种巨大潜能，早在古典建筑时期就已经存在，但是直到现代时期，从对具象形式的崇尚转变到对抽象形式的崇尚后，才得以充分自觉地强调。

由此，我们可以理解，中西古典建筑之所以广泛引用雕塑、绘画作为建筑外来语，都是由于对抽象语言表现性的潜能欠缺充分自觉的认识，而以雕塑语言、绘画语言的具象性来弥补。这种自觉地引入建筑外来语，充实了建筑的表意，取得了表征的语义信息。当它的形式也得体地表现出适应的意蕴时，实质上也不自觉地形成了表现性象征。这是古典建筑艺术上的一大成就。值得注意的是，中国古典建筑对于外来语具象形式的运用，有它遵循的法则：一是"当要节用"，避免引用过多，导致滥用；二是"用得其所"，主要分布在构件的表面层、自由端、交结点、转折点，有机地融入构件；三是"化为图案"，把写实的图像转化为图案化的图像，便于与抽象的建筑语言协调。越是程式化的建筑，越是规范化的理性设计，这个法则越显明。我们试看定型的清式石栏杆（图3-3-52）。它由地栿、栏板、望柱三个构件组成。地栿不加任何雕饰。栏板的三个组成部分（面枋、寻杖、净瓶）中，作为主体的"面枋"只是浅浅地刻出闭合线，叫做"落盘子"；"寻杖"只是起鼓线，形成带棱的"扶手"，它们都是建筑语言；只有"净瓶"用了雕塑语言，做出净瓶荷叶或净瓶云子的具象图像。望柱的两个组成部分（柱身、柱头）中，主体部分的柱身也是"落盘子"，只在柱头进行重点雕饰。这里既体现着"当要节用"，

图 3-3-52 清式石栏杆
引自中国营造学社图版. 中国建筑参考图集

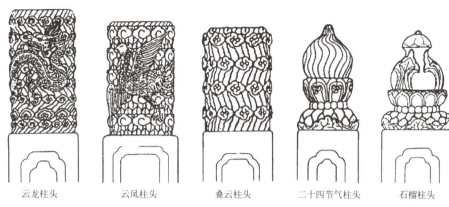

云龙柱头　云凤柱头　叠云柱头　二十四节气柱头　石榴柱头

图 3-3-53 清式石栏杆望柱头
引自刘大可. 中国古建筑瓦石营法. 北京：中国建筑工业出版社，1993.

型为云龙柱头、云凤柱头、叠云柱头、二十四节气柱头、石榴柱头等形式（图 3-3-53），这些形式都是经过图案化的，都从写实的图像概括为装饰性的图案形象。这些都是具象语言规范性的体现。

但是中国古典建筑也存在运用具象语言失控的现象。即使像北京故宫这样的建筑，也有局部的失控。我们看太和殿殿内两个侧门上的毗卢帽门罩（图 3-3-54），顶部的"毗卢帽"满饰浮雕的浑金如意云龙，下部的垂带柱、枋木、垫板、骑马雀替都满布密不透风的云龙。储秀宫的落地花罩（图 3-3-55），通体透雕密密麻麻的缠枝葡萄；交泰殿的隔扇、裙板、绦环板满饰龙凤，四个岔角也满雕大片祥云，并

图 3-3-54 北京故宫太和殿毗卢帽
引自北京故宫博物院古建管理部. 紫禁城宫殿建筑装饰·内檐装修图典. 北京：紫禁城出版社，1995.

也体现出"用得其所"。这里把柱头作为重点装饰是很明智的，因为它密集成列，与人距离亲近，又是台基的天际轮廓，具有极显著的剪边美化潜能。柱头本身又是"自由端"，可以无障碍地自由造型。作为重点雕饰的柱头，定

图 3-3-55 北京故宫储秀宫花罩
引自北京故宫博物院古建管理部. 紫禁城宫殿建筑装饰·内檐装修图典. 北京：紫禁城出版社，1995.

把木雕满涂金色，再加上大片的镏金铜看叶、双人字叶、单拐角叶、双拐角叶，把隔扇的边梃、抹头、裙板、绦环板都堵塞得满满的（图3-3-56），这些都是无节制地滥用具象雕饰，都在装饰层面上失之繁缛。

这种现象在民间建筑中更为常见。昆明筇竹寺隔扇，把棂心完全做成具象的木雕，浙江永嘉、建德一带的民居，把牛腿雕成极繁杂的具象图像（图3-3-57），砖雕在清代工匠术语中称为"黑活"，黑活不受等级制度的限制，因而一般宅第、会馆、寺庙、店铺都不遗余力地滥用砖雕。影壁、门罩、墀头、屋脊、壁龛、花窗、气孔成了砖雕集中的部位。楼庆西曾经对中国民间的砖雕作过生动的表述：

> 在这里，题材不受什么限制，内容可以五花八门，雕刻手法，不论是主题内容还是边饰背景，几乎全部用的是深雕与透雕，在阳光照射下，使本来已经很复杂的雕饰更显得眼花缭乱了。在这里，工匠怀着极大的热情来进行创作，他们似乎不注意砖雕所处的环境，不考虑题材的主次，不研究布局的疏密，他们只注意人物、建筑、花卉的塑造，不论什么对象，雕刻得越精细越好。在工匠的头脑里，只有砖雕的本身，他们一心要在这些砖雕上显示出自己全部的智慧与技艺。[①]

我们可以从广州陈家祠堂上看到这种现象的极端实例（图3-3-58）。这里的确凝聚着雕砖艺人的饱满热情，表现出艺匠鬼斧神工的高超雕艺。传统建筑对具象雕饰有一句颇为片面的褒语，叫做"栩栩如生"，误以为"栩栩如生"就是精品。这里的雕饰显然达到了"栩栩如生"的极致。孤立地品赏这些砖雕，单个的人物乃至某些单幅的图像，都可以说是雕工的精品，然而它们拥挤地堆砌在建筑上，却如同"乱堆煤渣"，成了建筑的赘瘤，演出的是一幕滥用建筑外来语的闹剧。

应该说，抽象语言与具象语言自身并没有孰优孰劣的问题。但是针对建筑来说，抽象语言是它的本体语言，具象语言是它借用的外来

[①] 楼庆西. 中国传统建筑装饰[M]. 北京：中国建筑工业出版社，1999：256.

图3-3-56 （左）北京故宫交泰殿隔扇裙板
引自楼庆西. 中国传统建筑装饰. 北京：中国建筑工业出版社，1999.

图3-3-57 （右）民间建筑中的具象木雕——浙江永嘉祠堂牛腿的具象木雕
引自楼庆西. 中国传统建筑装饰. 北京：中国建筑工业出版社，1999.

屋顶脊饰

墙面砖雕

图3-3-58 广州陈家祠堂
引自楼庆西. 中国传统建筑装饰. 北京：中国建筑工业出版社，1999.

① 参见冯萍. 从"福禄寿"天子大酒店想到的[M]//萧默主编, 王贵祥副主编. 建筑意：第五辑. 北京：中国电力出版社, 2006: 36-44.

② 王弄极. 用建筑书写历史——北京天文馆新馆[J]. 建筑学报, 2005, 3.

图3-3-59 河北三河天子大酒店
引自冯萍. 从"福禄寿"天子大酒店想到的. 建筑意第五辑. 北京：中国电力出版社, 2006.

语。抽象表现是建筑语言之所长，具象再现是建筑语言之所短。建筑是抽象语言的巨人，具象语言的瘸子。像"福禄寿"天子大酒店那样的建筑，完全是对建筑语言的背道而驰，是畸形的建筑怪胎（图3-3-59）。①建筑是一本历史的书，建筑是有语义的，是可以"讲故事"的。建筑有它的功能语义、技术语义、环境语义，有关联它的建造背景、构筑历程乃至建成后在建筑中发生的历史事件，它们都可以诉说自己的故事。对这些我们可以认知它，从中获得相关的语义信息。但我们不必强求建筑形式的"语义"，不要求建筑语言"讲故事"。强求建筑形式表意，就得依赖建筑的比喻性象征，难免借助建筑外来语的具象表征。建筑本体抽象语言的职责不是表达"语义"、"意义"，而是生成"意味"、"意蕴"；不是让人认知，而是让人感知。我们对建筑形式表现的要求，是从实用的形式、构筑的形式，上升为有意味的、有意蕴的形式，从而通过理性地认知建筑语义和感性地感知建筑意蕴，升华到对建筑境界的体验、感受。在这里，外来语的具象模仿、具象再现，像以"龙"表征皇帝，以"梅花加喜鹊"表征"喜上眉梢"之类，都属于简单的类比，只能取得直白的语义，是很低层次的表征。即使是添加文学语言的匾联，也只是起到触发联想、指引鉴赏的作用。

建筑意蕴的生成，建筑境界的升华，主要靠的是表现性象征的作用，或者说是建筑形式表现力的作用，建筑语言的抽象表现力在这方面有极大的潜能。对这种潜能的挖掘，我们可以看看2004年建成的北京天文馆新馆，它提供了一个生动的例证（图3-3-60）。这座新馆建于北京天文馆老馆的南面，设计通过竞赛，美国洛杉矶amphibianArc公司方案中选。主持建筑师王弄极曾撰文讲述新馆的设计构思。他明确地提出，新馆设计的两个目标：一是"企图以几何形体为主导的建筑表现来体现我们这个时代的宇宙观"；二是"对旧馆作出文脉回应"。②王弄极把"建筑表现"定位在体现时代的宇宙观，这对于天文馆建筑来说是非常准确的。他分析了当代宇宙理论和理论物理学的新进展，抓住了20世纪80年代中期崭露头角的超弦理论。这种理论被视为能够综合4种基本力（万有引力、电磁作用力、强相互作用力、弱相互作用力），能够统一宏观宇宙理论和微观宇宙理论的"大一统理论"。王弄极借鉴部雷设计牛顿纪念馆（这个馆在功能上是天文馆）的历史经验，部雷以完美的、欧几里得几何的球形空间、球形结构来体现牛顿力学的宇宙观，他就从非欧几里得几何来表征超弦理论。他把两种几何秩序交汇在新馆建筑上，用以传达两种天文学领域的综合。这两种几何秩序，一种是双曲面，用以表现空间扭曲和黑洞，它存在于宏观宇宙，另一种是封闭的和分叉的管道，它存在于微观宇宙。结合新馆内部的功能需要，他把这些几何体经过精心的转换而成为主要建筑部件的形式。新馆北立面主入口和南立面辅入口，各取"虫洞"形状的一半；新馆内部的数码天文馆、4D剧场和竖向交通道，都采用超弦体的几何形式——多重曲体；面向旧馆的北立面做成扭曲的幕墙，既以轻盈的姿态表征扭曲空间的纹理，也是对旧馆的文脉回应。这种文脉回应不是从

总平面

北立面

二层平面

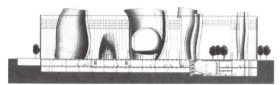
剖面

透空廊　　　　　　　　　　　　　　太阳厅

风格上去协调，而是建立一种对话关系。把旧馆穹顶在概念上当作一个球形质量的天体，把新馆当作无所不在地环绕天体的太空，这样，受天体之万有引力的拉引，新馆北立面就呈现出"大质量体的重力之牵引而产生空间的扭曲"，很妥帖地以天文学的对话，完成新馆与旧馆的有机联系。

我们在这里看到，设计者没有运用比喻性象征，没有借助雕塑语言、绘画语言的具象图像，也没有揉入文学语言。这里的构思完全立足于"建筑表现"，围绕着天文学和理论物理学的主题，找到了以非欧几里得几何形体来表现超弦的大一统理论，塑造了扭曲幕墙、凹曲形入口和多重曲体内景。这可以说是抓住了极有特色的"特征图式"，而这样的特征图式正是与当今人类基于天文学知识的"心灵图式"同构契合的。因而这样的设计是极富创意的，是充分调度建筑抽象形式表现潜能的，也是极富建筑性格和时代表现力的。随着建筑设计数字化的发展，这种表现性象征的表现力必然会显现更为广阔的前景。

图3-3-60　北京天文馆新馆
引自王弄极．用建筑书写历史．建筑学报，2005（3）

第四章　木构架建筑：单体层面"有、无"

前面已经表述，在单体建筑层面，"有"指的是建筑的"实体"，"无"指的是建筑的"空间"，建筑实体与建筑空间这一对"有"与"无"，是建筑中的一对基本的"有、无"。

我们可以把"间"和"梁架"视为木构架单体建筑的基本构成。在这里，"间"指木构架建筑的单位空间，即单体建筑的"无"的组成单元；"梁架"则由梁与柱组成，即单体建筑构架的"有"的组成单元。在明清官式建筑中，两缝相邻的梁架组成一个"间"，每添加一缝梁架就增添一个"间"。这样，由并列的四缝梁架就组成了三开间的单体建筑。这种三开间的建筑，正面当中的明间开门，两旁的次间开窗，老百姓管这种房子叫"一明两暗"。不要小看这种三开间格局的房屋，它可是中国传统建筑中使用数量最多、分布地域最广、应用领域最宽的平面形式，它成了木构架建筑的基本型。我们对于木构架单体建筑的"有、无"考察，就从这个三开间的基本型说起。

一　基本型：一明两暗

（一）追溯"伯牛"宅屋

"一明两暗"的三开间建筑，有久远的历史，极强的生命力。早在孔子生活的年代，有迹象表明，这种"一明两暗"的房屋已经是平民通行的宅屋。《论语》中有一段记述：

> 伯牛有疾，子问之，自牖执其手，曰："亡之，命矣夫！斯人也而有斯疾也！斯人也而有斯疾也！"①

这段记述说：伯牛病了，孔子去他家看望。孔子从窗户里伸进手去握伯牛的手，说："病得这么危重，这是命呀！这么好的人竟然生了这样的病，这么好的人竟然生了这样的病！"

伯牛是孔子的学生，姓冉，名耕，伯牛是他的字。这段孔子探视伯牛的记述，早在70多年前，就引起日本建筑史学家伊东忠太的注意，在他所写的《中国建筑史》中，针对这段记述，饶有兴味地探讨了伯牛当时住屋的格式。伊东忠太推测，伯牛的住屋是："正面分三间，中央为入口而有户，左右各配以窗。"②他配了一幅伯牛宅的假想图（图4-1-1）。这图画的就是我们所熟知的"一明两暗"式的宅屋。

伊东忠太分析说：

> 当时之风习，病者卧于北牖之下，若君主来慰问，则移床于南牖之下，使君主得南面而视患者。伯牛本居于上图乙丙室之北牖下，其师孔子来视疾，乃移床于南牖之下以待之。孔子原当由中央入室，南面以见伯牛；然孔子殆欲避免患者之劳动，或有其他理由，未入室内，只立牖外执患者之手，而述诀别之辞。吾人由此可以推知伯牛家屋之式样，与现代中国之房屋，大略相同。又可推知牖之高与床之高之关系也。③

① 论语·雍也

② [日]伊东忠太. 中国建筑史[M]. 陈清泉译补. 北京：商务印书馆，1998影印：84.

③ [日]伊东忠太. 中国建筑史[M]. 陈清泉译补. 北京：商务印书馆，1998影印：85.

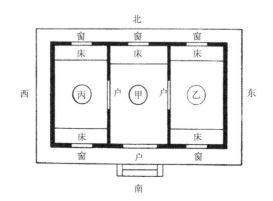

图4-1-1　伊东忠太推测的伯牛住屋平面假想图
引自伊东忠太. 中国建筑史. 北京：商务印书馆，1998.

伊东忠太是日本研究中国建筑史的元老级人物，梁思成在1934年写的一篇文章中曾经说："伊东忠太在东洋史讲座中所讲的《支那建筑史》和喜瑞仁（Osvald Siren）中国古代美术史中第四册《建筑》，可以说是中国建筑史之最初出现于世者。"①我们从这本"最初出现于世"的《中国建筑史》著作中，看到这样细致地推测春秋时期的中国住屋式样，的确觉得很有兴味。

我们知道，孔子教的学生，有的富有，有的贫穷。伯牛住这样的房屋，当是和住在陋巷中的颜回一样，是较为贫穷的。伊东忠太的分析，让我们看到了当时较贫穷士人住屋的"一明两暗"式的蛛丝马迹。

《礼记·丧大记》提到："疾病……寝东首于北牖下"。古人生病时，确如伊东忠太所说，有头朝东卧于北窗之床的习俗。伊东忠太说，因为孔子来问疾，为尊崇恩师，伯牛就移床于南窗下以等待孔子。如果是这样的话，孔子"自牖执其手"的这个牖就是南窗。但伊东忠太又说，孔子是为了避免患者劳累而未入室内，就站在牖外执伯牛之手。按这个分析，只有伯牛仍卧于北窗之床，没有移床南窗，才能避免劳累，那么孔子就是从北窗执伯牛之手了。而孔子来到伯牛家，不会先绕到住屋的北面去，看来孔子为避免患者劳累而未入室内的说法难以成立。关于"自牖执其手"，赵杏根在他所著的《论语新解》中引用了朱熹的诠释，朱熹说：

> 礼：病者居北牖下，君视之，则迁于南牖下，使君得以南面视已。时伯牛家以此礼尊孔子，孔子不敢当，故不入其室，而在牖执其手，盖与之永诀也。②

朱熹的这个解读看来比较在理。赵杏根自己也提出了一种解读，他说：

> 生老病死，乃自然规律。孔子叹伯牛之将亡，更叹伯牛之疾，观其连叹"斯人也而有斯疾也"可知。可知伯牛之疾，非寻常疾病，当是恶疾。孔子隔窗与之执手永诀，或以免传染也。③

这个"免传染"的说法恐怕也难成立。这件事可能是很简单的，就是孔子尚未走到当中的堂门，从前檐看到南牖内的伯牛，就迫不及待地从窗户伸进手去。《论语》之所以强调"自牖执其手"，意在刻画孔子关切伯牛的急切心情。我们在这里不必追究为什么孔子"自牖执其手"。重要的是，通过"自牖执其手"，的确让我们隐约地看到了伯牛宅屋透露出的"一明两暗"格局，而伯牛住这样房子，表明这样的房子正是春秋时期平民的通行宅屋。

（二）"一堂二内"与"一宇二内"

到西汉时期，盛行一种称为"一堂二内"的宅屋。晁错在《募民实塞疏》中提到了这一点。他说：

> 臣闻古之徙远方以实广虚也，相其阴阳之和，尝其水泉之味，审其土地之宜，观其草木之饶，然后营邑立城，制里割宅，通田作之道，正阡陌之界，先为筑室，家有一堂二内，门户之闭，置器物焉。民至有所居，作有所用，此民所以轻去故乡而劝之新邑也。④

这段话的意思说：我听说古代移民去充实远方荒旷的边塞，首先要派人查看那里的土地是否适宜耕作，观察那里的草木是否丰饶。然后营邑筑城，规划里坊，划分宅基地，修筑通向田间的道路，划定耕地的界限，并且先为移民建造住房，每家有一套"一堂二内"的住屋，门户安全紧闭，屋内置有所需器具。移民到了哪里，有宅屋可住，有农具可用，这样移民就能舍得离开故乡而听从劝募到新的地方去。

这里，我们感兴趣的是，晁错提到的移民

① 梁思成.读乐嘉藻《中国建筑史》辟谬[J].大公报：文艺副刊，1934-03-03，第六十四期，第十二版.

② 转引自赵杏根.论语新解[M].合肥：安徽大学出版社，1999：103.

③ 赵杏根.论语新解[M].合肥：安徽大学出版社，1999：103.

④ [汉]班固.汉书·晁错传

宅屋——"一堂二内",显然是那个时代广为流行的、普通农户的住屋形式,它究竟是什么样子的呢?对此,古人的诠释颇有分歧。《汉书·晁错传》张晏注曰:"二内,二房也"①。什么是"二房"呢?《说文解字》释房曰:"房,室在旁也"。段玉裁注曰:"凡堂之内,中为正室,左右为房,所谓东房、西房也。"②而《释名》对"房"的解释,古本与今本前后不同,古本《释名·释宫》说:"房,旁也,室之两旁也"③。清代注家毕沅在《释名疏证》中特地指出:"今本作'在堂两旁也'"④。我们从收入《古今图书集成》经济汇编考工典中的今本《释名》可以看到,"房"的确释为"在堂两旁也"⑤。而清人王先谦在《释名疏证补》中又订正说:

案古者宫室之制,前堂后室,堂之两旁曰夹室,室之两旁乃谓之房,房不在堂两旁也。《御览》引作"室之两旁也"据改。⑥

王先谦认为应以古本为是,因而按照《太平御览》的引文改定。

究竟"房"是在"堂"的两旁,还是在"室"的两旁,这是个关键问题,如在"堂"的两旁,"一堂二内"就是三开间的并列构成;如在"室"的两旁,那么"室"在堂之后,"一堂二内"就成了"前堂后内"的构成。

对这个问题,清人王鸣盛在《十七史商榷》中,特地列出"一堂二内"条目,提出己见:

郑康成谓古之天子、诸侯有左右房,大夫、士则但有东一房西一室,

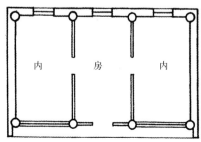

图4-1-2 李斗诠释的"一房二内"形式

无左右房。房者,旁也,在室两旁也。其制与室不同之处尚未能详析,而大约总以郑说为可据,今此论徒民似指庶民居多,而容或亦有大夫、士。盖前为堂后为室,而室之东旁为一房,此大夫至庶人皆同者。张晏混言"二房",非也。⑦

王鸣盛在这里主要依据汉代经学家郑玄的注说,否定张晏说的"二内"即"二房",认为一堂二内应是前为堂,后为东房西室的构成。

与王鸣盛同代人的李斗,却另有解释。他在《扬州画舫录·工段营造录》中说:

正寝曰堂,堂奥为室,古称一房二内,即今住房两房一堂屋是也。今之堂屋,古谓之房,今之房,古谓之内。⑧

显然,李斗这里说的"一房二内",就是晁错说的"一堂二内"。李斗明确地认定,"一堂二内"即"一明两暗"的三开间形式(图4-1-2)。

关于这个问题,我们特别关注的是刘敦桢先生的看法。他在1932年发表的《大壮室笔记》中谈到了"一堂二内"。在表述今辽、吉边陲还存在古制衡门时,刘先生写道:

……吉省之例,见[日]大隅为三氏《满蒙美观》。其屋,则晁错所谓一堂二内也。一堂者,平民之居,东、西无箱、夹,故一以概之。二内者,古之东房、西室,位于堂内,故以内称。是西汉初期民舍配列之状,谓为《礼经》大夫、士堂室之缩图,或非过辞。⑨

刘敦桢先生这里明确点出,吉省之例的宅屋,就是晁错所谓的"一堂二内"。这真是让人大喜过望。可惜刘先生文章中只附有《满蒙美观》书中吉省之例的门图,没有附上屋图。北京的国家图书馆存有大隅为三的《满蒙美观》,但因基藏库的日文文献搬迁,未能借阅。这样,我们现在还不能知道刘先生视为"一堂二内"

的宅屋是什么样子。从刘先生这段文字的表述来看，他所解读的"一堂二内"当是一堂在前，二内在后的。

刘致平在《中国居住建筑简史》中，也涉及到这个问题。他画了一幅"西汉一堂二内式住宅示意图"①，那是一种正方形的双开间平面，"一堂"在前，"二内"在后，"堂"的面积等于"二内"之和（图4-1-3）。刘致平先生的这个图示，与刘敦桢先生的解读是一致的，这样的"一堂二内"，正是刘敦桢先生所推想的"《礼经》大夫、士堂室之缩图"。

由此可见，刘敦桢、刘致平与王鸣盛的解读是相同的，而与李斗的解读不同。但李斗的解读也颇有认同者。许嘉璐在《中国古代衣食住行》一书中就持这种看法。他提到晁错的"一堂二内"，也提到张晏二内即二房的注解。他说：

> 这个"房"，可能已经是简化了的住宅的内室，类似现在一明两暗的暗间、套间。②

以上诸家诠释表明，对于"一堂二内"，一直是众说纷纭，主要存在着"前堂后内"式和"一明两暗"式两种不同的解读。

我们注意到，晁错所说的"家有一堂二内"，指的是"古之徙远方"的事，这种"一堂二内"早在西汉之前已经存在。这样，我们当然很想进一步追溯西汉之前的有关"一堂二内"的信息。

这方面还真的出现了可供研究的线索。1975年，在湖北云梦睡虎地11号墓出土了一批秦简。这批竹简写于战国末期至秦始皇时期，共有1100余枚。其内容主要是法律、行政文书和关于吉凶时日的占书，其中包括"编年纪"、"秦律十八种"、"封诊式"、"日书"甲种、"日书"乙种等10类。简文中反映了许多有关建筑的信息，其中甚至还带有"插图"。在傅熹年所著《中国科学技术史·建筑卷》中我们看到了这幅

图。一条条窄窄的竹简，通过联排，居然能画出一幅宅院门位图（图4-1-4）③。图上南向、北向各设6个门位，东向、西向各设5个门位。根据图下方的简文，傅熹年先生归纳说：这些可供设门的22个位置，"吉者、贵者5，凶者2，若干年后运数会变更者15"④。这是"迄今所见的在建筑布局中出现非理性因素的较早例证"⑤，可见这批竹简有很高的建筑史料价值。当然，我们最感兴趣的还是竹简在收录治狱案例的"封

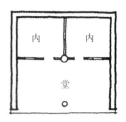

图4-1-3 刘致平推测的西汉"一堂二内"住宅示意图
引自刘致平.中国居住建筑简史——城市、住宅、园林.北京：中国建筑工业出版社，1990.

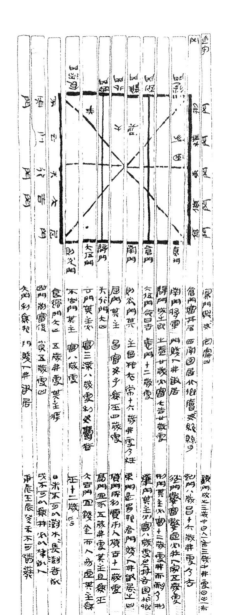

图4-1-4 云梦秦简中的宅院门位图
引自傅熹年.中国科学技术史·建筑卷.北京：科学出版社，2008.

① 刘致平著.中国居住建筑简史——城市、住宅、园林[M].王其明增补.北京：中国建筑工业出版社，1990：217.

② 许嘉璐.中国古代衣食住行[M].北京：北京出版社，2002：136.

③ 傅熹年.中国科学技术史·建筑卷[M].北京：科学出版社，2008：163.

④ 傅熹年.中国科学技术史·建筑卷[M].北京：科学出版社，2008：163.

⑤ 参见傅熹年.中国科学技术史·建筑卷[M].北京：科学出版社，2008：163.

① 睡虎地秦墓竹简整理小组. 睡虎地秦墓竹简[M]. 北京：文物出版社，1978：249.
② 睡虎地秦墓竹简整理小组. 睡虎地秦墓竹简[M]. 北京：文物出版社，1978：270-271.
③ 睡虎地秦墓竹简整理小组. 睡虎地秦墓竹简[M]. 北京：文物出版社，1978：250.
④ 睡虎地秦墓竹简整理小组. 睡虎地秦墓竹简[M]. 北京：文物出版社，1978：273.
⑤ 参见呼林贵.《日书》反映的秦民宅建筑初探[M]// 石兴邦. 考古学研究. 西安：三秦出版社，1993：571.

诊式"中，有两条条文谈到了当时的庶民住屋。

一条是"封诊式·封守"，原文是：

　　封守　乡某爰书：以某县丞某书，封有鞫者某里士伍甲家室、妻、子、臣妾、衣器、畜产。甲室、人：一宇二内，各有户，内室皆瓦盖，木大具，门桑十木。①

另一条是"封诊式·穴盗"，原文是：

　　穴盗　爰书：某里士伍乙告曰："自宵藏乙复结衣乙房内中，闭其户，乙独与妻丙晦卧堂上。今旦起启户取衣，人已穴房内，彻内中，结衣不得，不知穴盗何人、人数，无它亡也，来告。"即令令史某往诊，求其盗。令史某爰书：与乡□□隶臣某即乙、典丁诊乙房内。房内在其大内东，比大内，南向有户，内后有小堂，内中央有新穴，穴彻内中。穴下齐小堂，上高二尺三寸，下广二尺五寸，上如猪窦状……其穴壤在小堂上，直穴播壤，破入内中……内北有垣，垣高七尺，垣北即巷也。垣北去小堂北唇丈，垣东去内五步……内中有竹招，招在内东北，东、北去廧各四尺，高一尺。乙曰："□结衣招中央"。讯乙、丙，皆言曰："乙以迺二月为此衣，五十尺、帛里，丝絮五斤装，缪缯五尺缘及纯。不知盗者何人及早暮，无意也。"②

秦简文字我们难以读懂，睡虎地秦墓竹简整理小组对简文作了注释和译文。我们有必要把这两条译文抄录如下。"封守"条的译文是：

　　乡某爰书：根据某县县丞某的文书，查封被审讯人某里士伍甲的房屋、妻、子、奴婢、衣物、畜牲。甲的房屋、家人计有：堂屋一间，卧室二间，都有门，房屋都用瓦盖，木构齐备，门前有桑树十株……③

"穴盗"条的译文是：

　　爰书：某里士伍乙报告说："昨晚乙将本人棉裾衣一件收在自己的居室侧房中，关好门，乙自己和妻丙夜间睡在正房。今早起来开门取衣，有人已在侧房挖洞，直通房中，裾衣失去，不知挖洞盗窃的是谁，有几个人，没有丢失其他东西，前来报告。"当即命令史某前往查看，搜捕窃犯，令史某爰书：本人和乡某、牢隶臣某随乙及里典丁查看乙的侧房。侧房是在其正房东面，与正房相连，朝南有门。房后有小堂，墙的中央有新挖的洞，洞通房中。洞下面与小堂地面齐，上高二尺三寸，下宽二尺五寸，上面像猪洞的形状……房的北面有墙，墙高七尺，墙的北面就是街巷。北墙距小堂的北部边缘一丈，东墙距房五步的地方……房中有竹床，床在房的东北部，床东面、北面都距墙四尺，床高一尺。乙说："把裾衣放在床中心了"。讯问乙、丙，都声称："乙在本年二月做的这件衣服，用料五十尺，用帛做里，装了棉絮五斤，用缪缯五尺做镶边。不知道窃犯是谁和盗窃的时间。没有怀疑的对象"。④

这样，我们可以明白，"封守"条说的是一个被查封财产的"士伍"，文中提到他住的房屋是"一宇二内，各有户，内室皆瓦盖"；"穴盗"条说的是另一位"士伍"，他的棉衣被窃贼挖洞入房偷去。令史去他家查看，记述他家宅屋，提到的有"堂"、"大内"、"内房"和"小堂"。我们知道，所谓"士伍"指的是"没有获得爵位的自由民"⑤。是已达到服军役的年龄而没有官职的庶民。这样身份的人，有妻妾、奴婢、畜产，也有自家的房屋，属于中下层的平民。我们当然极为关注士伍甲所住的"一宇二内"是什么样的住宅？它与晁错说的"一堂二内"是什么关系？我们同样关注士伍乙所住的"堂"、"大内"、"房内"、"小堂"是什么？它们呈现什么样的平面布局？

现在有关这方面的研究文献还不多，大体上形成了3种不同的看法。

第一种看法以睡虎地秦墓竹简整理小组（以下简称整理小组）的注释最具代表性。整理小组对"一宇二内"的注释是：

> 一宇二内，即一堂二内《汉书·晁错传》："家有一堂二内"。堂即厅堂，内为卧室。①

可以看出，整理小组明确地认为，"一宇二内"就是晁错说的"一堂二内"，它由一间厅堂和两间卧室组成。

对于士伍乙的住屋，整理小组有两个基本论点：一是对乙与妻所睡的"堂"，释为"正房"；二是把乙宅的"大内"也释为"正房"，并明确地说这里的"堂"与"大内"是"同一间房"。②这样，按整理小组的解读，士伍乙的住屋实际上只是3间房：一间正房，即"大内"，也即"堂"；另一间是侧房，即"房内"，它位于正房东侧；再一间是"小堂"，小堂位于"房内"后面。

整理小组的这个解读得到普遍的认同。

林剑鸣等在《秦汉社会生活》一书中，也是这样解读的。对于士伍甲的"一宇二内"，林剑鸣认同说："所谓'一宇'，即有堂屋一间；'二内'，即卧室二间"。不过他添加了一句，"恐系一字形，中为堂，左右各一房"。③对于士伍乙的宅屋，林剑鸣说：

> 同样是一堂二内，所不同的是二内中之一为正房，正房东有侧室，有门相通，而堂系小堂，在侧房之后。这样其平面图呈曲尺形。④

按照林剑鸣的这个解读，士伍甲的"一宇二内"，就是"一堂二内"，它是"一明两暗"式的一字形平面，而同样视为"一堂二内"的士伍乙住屋则是曲尺形的。

呼林贵在《〈日书〉反映的秦民宅建筑初探》一文中，大体上也是这个看法。他解读"一宇二内"说：

> 这里的"宇"实际就是堂屋，"内"就是卧室。其情形或近似今所谓"一明两暗"的布局形式。⑤

联系到士伍乙的住屋，他笼统地说："一宇二内的建筑形式其平面一般呈横长方形和曲尺形两种。"⑥可以说，林剑鸣、呼林贵都是在认同整理小组注释的基础上，对两宅平面进一步作出了一为"一字形"，另一为"曲尺形"的推测，这些都属于解读士伍宅屋的第一种看法。

韩国学者尹在硕提出了第二种看法。他从研究战国末期秦的家族类型的角度，对睡虎地秦简所反映的宅屋作了颇深入的分析。他在论文中附了两幅图：一幅是士伍甲的宅屋平面图，另一幅是士伍乙的宅屋平面图（图4-1-5）。⑦第一幅士伍甲宅屋平面图，并非尹在硕所作的复原图，而是他根据第一种看法的学者的解读所复原的，他自己并不认同这样的复原。第二幅士伍乙宅屋平面图则是他根据简文所述士伍乙宅屋的图示化。

尹在硕对士伍宅屋的解读，涉及以下几点：

一是对"室"的解读。他列举了《日书》有关"祠室"、"灰室"、"人室"等条文，特别是有关"室"中有井，"室"中有树木的条文，认为：

> 日书的"室"，狭义是指与祠室、灰室、人室等类似的一栋建筑物；广

① 睡虎地秦墓竹简整理小组. 睡虎地秦墓竹简[M]. 北京：文物出版社, 1978：249.

② 睡虎地秦墓竹简整理小组. 睡虎地秦墓竹简[M]. 北京：文物出版社, 1978：272.

③ 林剑鸣，余华青，周天游，黄留珠. 秦汉社会生活[M]. 西安：西安大学出版社, 1985：229.

④ 林剑鸣，余华青，周天游，黄留珠. 秦汉社会生活[M]. 西安：西安大学出版社, 1985：228.

⑤ 参见呼林贵.《日书》反映的秦民宅建筑初探[M]// 石兴邦. 考古学研究. 西安：三秦出版社, 1993：571.

⑥ 参见呼林贵.《日书》反映的秦民宅建筑初探[M]// 石兴邦. 考古学研究. 西安：三秦出版社, 1993：573.

⑦ [韩]尹在硕. 睡虎地秦简《日书》所见"室"的结构与战国末期秦的家族类型[J]. 中国史研究, 1995（3）

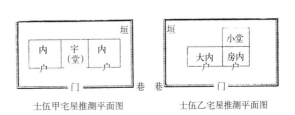

图4-1-5 尹在硕文中所附的两幅平面图

引自[韩]尹在硕. 睡虎地秦简《日书》所见"室"的结构与战国末期秦的家族类型. 中国史研究, 1995（3）

① [韩] 尹在硕. 睡虎地秦简《日书》所见"室"的结构与战国末期秦的家族类型[J]. 中国史研究, 1995 (3)

② 见李国豪，喻维国，汪应恒. 建苑拾英——中国古代土木建筑科技史料选编[M]. 上海：同济大学出版社，1990：157.

③ [韩] 尹在硕. 睡虎地秦简《日书》所见"室"的结构与战国末期秦的家族类型[J]. 中国史研究, 1995 (3)

④ [韩] 尹在硕. 睡虎地秦简《日书》所见"室"的结构与战国末期秦的家族类型[J]. 中国史研究, 1995 (3)

⑤ 王晖. 睡虎地秦简《封诊式》中所见战国末期"士伍"阶层的居住形态[J]. 建筑史, 第24辑.

⑥ 王晖. 睡虎地秦简《封诊式》中所见战国末期"士伍"阶层的居住形态[J]. 建筑史, 第24辑.

⑦ 王晖. 睡虎地秦简《封诊式》中所见战国末期"士伍"阶层的居住形态[J]. 建筑史, 第24辑.

义而言则指以"垣"为最外廓，包括"人室"之类住人的建筑物，配有井或能生长树木的庭园等附属设施，以及仓库、畜舍、厕所、灰室、祠室等附属建筑物。①

尹在硕所解读的"室"，很像我们今天的"宅"的概念。这样我们可以理解，为什么《尔雅·释宫》说："宫谓之室，室谓之宫"。②看来，在先秦，"室"既有"登堂入室"的"室"的概念，也有泛指整个宅院的概念。

二是对"宇"的解读。他说此前的立论者一直把"一宇二内"的"宇"，看成是"一堂二内"的"堂"，对此，他难以赞同。他有几条理由：第一，士伍乙的宅屋，如理解为"一堂二内"，这就把"小堂"当成"堂"了。而这样的"小堂"肯定不是住宅中心，无法与礼制化的住宅结构之"堂"相提并论；第二，士伍甲的"一宇二内"，如理解为"一堂二内"那样的同一屋顶下的三开间，那么，为何只提"内室皆瓦盖"？而没有说"宇"的屋顶，难道"宇"的屋顶不是用瓦覆盖？同一屋顶何以采用两种覆盖材料？第三，秦简中没有一处是把"宇"和"堂"当作同一个建筑记载的，日书中有"道周环宇，

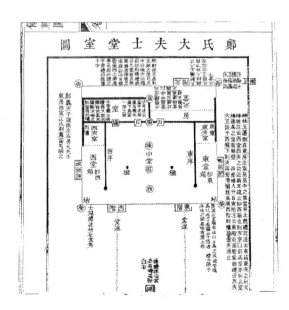

图4-1-6 郑氏大夫士堂室图
引自[清]张惠言《仪礼图》卷一. 载顾廷龙主编. 续修四库全书. 九〇·经部·礼类. 上海：上海古籍出版社，2002.

不吉"、"宇右长左短，吉"、"宇四旁高中央下，富"、"圈居宇正北，富"、"囷居宇西北，不利"等条文，这里的"宇"，都与"堂"联系不上。

由此，尹在硕认为，日书中之"宇"，"乃是以'垣'为外廓的'室'内中心建筑"。③按他的理解，"一宇"指的是一栋中心建筑，士伍甲的"'一宇二内'就是用瓦覆盖着屋顶和由二间'内（房）'构成的一栋的建筑物"。④对士伍乙的宅屋，他未作推测，从他的图示来看，并没有画出"堂"，表明他对于"堂"与"大内"是同一间屋的说法是认同的。

对士伍宅屋解读的第三种看法，是王晖提出的。在《睡虎地秦简〈封诊式〉中所见战国末期"士伍"阶层的居住形态》⑤一文中，他对尹在硕文中所附的士伍甲和士伍乙的两幅复原平面图提出几点质疑：一是士伍甲的住宅、把"二内"放在堂的两侧缺乏依据；二是士伍乙的住宅复原方案无视"乙与妻丙晦卧堂上"这句话，平面中 有"堂"的存在；三是同为士伍的甲、乙二人的住宅形式有如此大的差别，令人费解。他根据清代张惠言《仪礼图》所作的"郑氏大夫士堂室图"（图4-1-6），参照刘致平先生所作的一堂二内平面图，对士伍乙的住宅作了平面复原图（图4-1-7）。他认为："士伍甲和士伍乙的住宅均为这样的'一堂二内'型……是贵族阶层的'前堂后室'形制的简化"。⑥他还推测"一堂二内"中各部分的功能是：

堂——接待客人和举行仪式的空间，并且时常设帐作为寝息之所；

大内——正式的寝室空间；

房内——藏衣、更衣和贮藏器具的空间；

小堂——房屋背后的盥洗场所。⑦

上述对于战国末期士伍宅屋的三种不同解读，为我们深化了对于"一宇二内"的认识，也相关联地深化了对于"一堂二内"的认识。

但是还不足以取得定论，仍然存在着一些未解之谜。

（1）关于士伍甲的宅屋。这里的"一宇二内"，从字面上看，的确与晁错说的"一堂二内"，与李斗所说的"一房二内"，与今日习见的"一明两暗"，是很对应的。它们有可能是三开间并列的一字形构成。但是正如王晖所说，《封守》条对此的记述仅寥寥数字，推测的依据不足。条文中的"内室皆瓦盖"一语，很令人费解。为何只说"内"的屋顶而没涉及"宇"的屋顶？如果是三开间并列式的，那么同一屋顶就得用两种覆盖材料，如果用两种材料，瓦盖已是当时的高档屋顶，既然"内"用瓦盖，那么比"内"更显要的"堂"又用什么覆盖呢？这句话是否可以作另一种推想，即当时所盛行的"一宇二内"宅屋，多是"堂屋"用瓦，"二内"则用差一等的其他顶盖。而士伍甲宅屋是"二内"也用瓦，所以《封守》条文才强调说"内室皆瓦盖"。未提"宇"顶用瓦，是因为"宇"顶用瓦已是常规，不在话下。在这里，"内室皆瓦盖"这句话，说的是"内室也全都用瓦"，表明该宅是较为讲究的。

按尹在硕的解读，"一宇二内"指的是一座中心房屋具有两间内室。如果是这样，"内室皆瓦盖"一语当然就迎刃而解了。但是这样一来，士伍甲的中心房屋就没有"堂"，只剩下两间内室了。他的家人有妻、有子、有妾，怕是住不下的。虽然尹在硕有力地论证"宇"有整栋房屋的概念，也不排除在"一宇二内"的句式中，"宇"就不是"堂"的概念，因此还不足以排除"一宇二内"就不是三开间的并列式。

（2）关于士伍乙的宅屋。王晖复原的宅屋平面的确很吻合《穴盗》条所说的堂、大内、房内和小堂的房间组成和平面关系；"前堂后内"的构成如同《仪礼图》大夫、士堂室的简化，也很合乎逻辑；它正是刘敦桢先生所推想

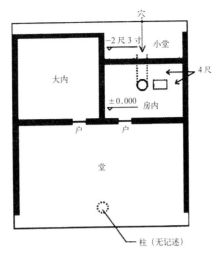

图 4-1-7 王晖所作士伍乙住宅单体复原
引自王晖. 睡虎地秦简《封诊式》中所见战国末期"士伍"阶层的居住形态. 建筑史，第24辑

的"《礼经》大夫、士堂室之缩图"，平面很规整，在建筑做法上也很合宜。这是对士伍乙宅屋复原研究的一大进展。但是也还存在一些疑点。那就是"堂"是敞厅，是接待客人和举行仪式的空间，可以兼作寝息之所，如果夏天卧于敞厅是可以理解的，而"大内"是正式卧室，为什么在需要穿棉衣的大冬天，士伍乙和妻丙偏偏要睡在这个敞厅里挨冻呢？他家有"大内"，为何不睡在大内呢？这在情理上颇令人不解。整理小组可能就是基于这一点，才把"堂"和"大内"释为"同一间房"。这样的诠释也不能完全排除。再者，士伍甲的"一宇二内"如果也是这种平面形式，那么它也涉及到"内室皆瓦盖"的难题，像这种"前堂后内"式的房屋，说它"内室皆瓦盖"，就更令人费解了。还有，晁错说："家有一堂二内，门户之闭，置器物焉"。《封守》条说："一宇二内，各有户"。从这样的行文来看，似乎两者都很强调门户关闭的问题。"前堂后内"式的平面，前堂完全是敞厅，似与"门户之闭"的说法有很大差距；它只是"内"室有户，而前堂不仅无"户"，且大敞开，也与"各有户"的说法对不上。从这一点说，很可能"前堂后内"式的平面，适合于士伍乙宅屋的复原，而未必也适合于"各有户"的士伍甲宅屋的复原。这样，就不排除士伍甲的"一宇二内"可能是

三开间并列的"各有户"形式。不排除士伍甲与士伍乙的住屋是不一样的,不排除前者为三间并列式而后者为前堂后内式。

(3)关于"内"的功能。《穴盗》条说:"内中有竹枱"。"枱"是什么?整理小组的注释是:

> 枱(sháo,韶),《广雅·释器》:"浴床谓之枱。"此处竹枱当为一种竹床。①

那么,"浴床"、"竹床"又是什么呢?《说文解字》曰:"床,安身之几坐也。"②早期的"床"是一种坐具而非卧具,马未都对此有很生动的诠释。他说李白的那首《静夜思》,"床前明月光"的"床",就是马扎。李白是拎着一个马扎,坐在庭院,在月下思乡。躺在床上是没法举头和低头的。③他还说李白的另一首诗——《长干行》("妾发初覆额,折花门前剧。郎骑竹马来,绕床弄青梅。同居长干里,两小无嫌猜。")这里骑着竹马的男孩,绕着"床"转。这"床"也是马扎,是在门前绕着坐在马扎上的女孩转,并非进屋绕着女孩睡床转。这正是成语"青梅竹马"的来历,表示两小无猜。④马未都的这个诠释是很精彩、很明晰的。这样我们知道士伍乙房内的竹枱是沐浴时用的竹凳。条文说它"高一尺",正是沐浴矮凳的高度。由此可知竹枱并非藏物的家具,"房内"当是兼有洗浴、贮藏以至厨馔等多样的功能。《穴盗》条提到:"枱在内东北,东、北去癖(壁)各四尺"。战国每尺折合公制0.227～0.231米。⑤竹枱自身假定二尺见方,它离北壁四尺,因它位处房内的东北,那么离南壁当有七尺左右。这样,可以推测出这间"房内"南北深约3米左右,东西宽应在4米以上,其面积约合13平方米左右。可知这间"房内"面积并非很小。

值得注意的是,《日书》条文中有"大内"、"小内"、"房内"、"东内"等多种名称,李根蟠从研究秦汉家庭的角度,曾提到:

> 《日书》甲种记载当时住宅的居室中有家长夫妇居住的"大内"和家长的儿子儿媳居住的"小内"之分;"取妇为小内"(简873反),即娶儿媳妇时要建造"小内"供小两口居住。从《封诊式》"封守"爰书和"穴盗"爰书看,"一宇二内"是当时有代表性的民宅结构,"二内"分别供家长夫妇和一个儿子夫妇及其幼年子女居住,适于简单的主干家庭居住。⑥

可知"小内"并非只作杂用房,在有已婚儿子时,还是儿子、儿媳的居室。虽然商鞅变法的"分异令"中有"令民父子兄弟同室内息者为禁"的规定,那是禁止一家有两个或两个以上的已婚儿子同居一宅,并不禁止父母与一个已婚儿子及其幼年孙辈同居一宅。这样,庶民宅屋也是可以三代同堂的。⑦从"取妇为小内"的条文,可知在娶儿媳妇时,还有添建"小堂"的事。说明庶民宅屋还有"大内"、"小内"再加"房内"的情况。

看来,对于晁错的"一堂二内",对于士伍甲的"一宇二内",对于士伍乙的住屋形式,还存在着一些待解的谜团,还有待史料的新发现和进一步的诠释。

(三)"一明两暗":从原型到基本型

上面集中地讨论了战国末期的"一宇二内"和西汉的"一堂二内",其实,当时的庶民宅屋并非都是这种形式。各个历史时期,不同地域地段,府第宅舍的形式是多种多样的。我们看东汉时期的画像石、画像砖、壁画和明器陶屋,它所反映的宅院布局、宅屋形式是十分丰富的。大型府第有宽大纵深的主庭院,有多达三路四进、前后左右簇拥的院落(图4-1-8),有萦回环绕的通长廊庑(图4-1-9);中小型

---

① 睡虎地秦墓竹简整理小组. 睡虎地秦墓竹简[M]. 北京:文物出版社,1978:272.
② [汉]许慎撰,[清]段玉裁注,许惟贤整理. 说文解字注[M]. 南京:凤凰出版社,2007:453.
③ 马未都. 马未都说收藏·家具篇[M]. 北京:中华书局,2008:22.
④ 马未都. 马未都说收藏·家具篇[M]. 北京:中华书局,2008:23.
⑤ 据刘敦桢. 中国古代建筑史·附录三:历代尺度简表[M]. 北京:中国建筑工业出版社,1984:421.
⑥ 李根蟠. 从秦汉家庭论及家庭结构的动态变化[D/OL]. 中国论文下载中心. www.studa.net/shehui/060412
⑦ 参见李根蟠. 从秦汉家庭论及家庭结构的动态变化[D/OL]. 中国论文下载中心. www.studa.net/shehui/060412

宅舍，有前后两排屋组成的二合院（图4-1-10），有凹字形房屋组合的三合院，有曲尺形房屋组合的角院，有日字形房屋组合的前后院（图4-1-11）。宅屋自身有一开间的，也有面阔三间、四间的；有单层平房，也有2～3层的楼屋。许多宅院带有多层望楼，豪强庄园的宅院还形成颇具防御性的坞堡（图4-1-12）。

这里，我们着重剖析一座中型宅院——湖北云梦癞痢墩一号墓出土的东汉陶质楼院①，它与睡虎地秦墓恰好在同一个地区（图4-1-13）。这组宅院有前后两重，假定它正面朝南，前重南楼为两层，下层东西并列3室，上层东西并列4室。南向正面设腰檐。北向背面东段出披檐。后重联排建3层高的望楼、一层半的厨房和一层高的厕所，猪圈紧挨厕所东侧。猪圈、厕所与前重房屋之间辟一小院。在前后重间的廊道上，辟有楼梯洞口，有一活动楼梯沟通上下。望楼的二、三层楼板，也设这样的楼梯洞口。

这组宅院有十分逼真的局部处理和细节做法。它的屋顶有四坡的四阿顶，有两坡的

① 云梦县博物馆. 湖北云梦癞痢墩一号墓清理简报[J]. 考古, 1984（7）

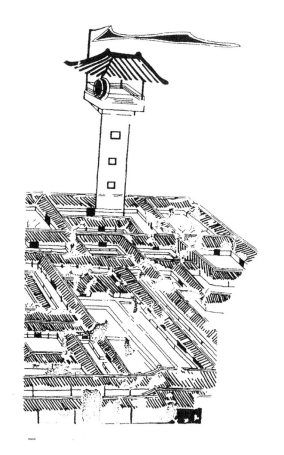

图4-1-8 河北安平东汉墓壁画中的府第图像
摹自尚廓. 安平汉墓壁画. 中国大百科全书·建筑、园林、城市规划卷条目. 北京·上海：中国大百科全书出版社，1988.

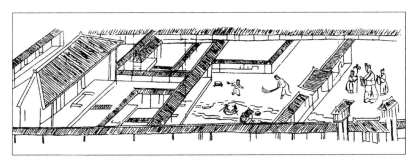

图4-1-9 山东诸城东汉墓画像石中的大型府第图像
引自傅熹年. 中国科学技术史·建筑卷. 北京：科学出版社，2008.

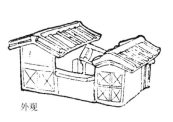

外观　　俯视

图4-1-10 河南陕县刘家渠东汉墓出土陶屋
转引自孙机. 汉代物质文化资料图说. 北京：文物出版社，1991.

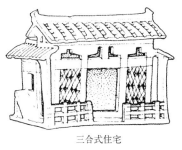

三合式住宅

曲尺形住宅

日字形住宅

图4-1-11 广州汉墓明器
引自刘敦桢. 中国古代建筑史. 北京：中国建筑工业出版社，1984.

① 参见《日书》读书班. 日书：秦国社会的一面镜子[J]. 文博, 1986（5）

② 云梦县博物馆. 湖北云梦癞痢墩一号墓清理简报[J]. 考古, 1984（7）

图4-1-12 甘肃武威市雷台东汉墓陶坞堡
引自甘博文. 甘肃武威雷台东汉墓清理简报. 文物, 1972（2）

悬山顶，有楼层间的腰檐、披檐，有正脊、垂脊、围脊，正脊两端和垂脊端部有显著起突。前楼下层东西两侧和望楼二层两侧，有3个外凸挑窗，其下部都以曲木支撑。前楼一层3室，南向都开门；门上有阴刻线条，像是卷起的门帘。前楼上层4室，正面下部开辟5个窄窗，上部开辟4个扁窗。窄窗之间呈百叶状横线条，似是叠板板壁。后重的厨房间净空很高，有利于排烟通风。厕所间高架于地面之上，它紧挨着猪圈，这是因为粪便可以喂猪。猪圈中还特地置一肥猪伸头入厕所。睡虎地秦墓竹简《日书》中，有"圂忌日，乙丑为圂厕，长死之"（简1083），这种圂厕相连是延承战国已有的做法。① 在楼院外的东南角，设有一座独立的方亭，四壁各有一椭圆形门洞。屋顶为短脊四阿。这个亭式建筑，癞痢墩一号墓清理简报称它为"哨棚"②；张择

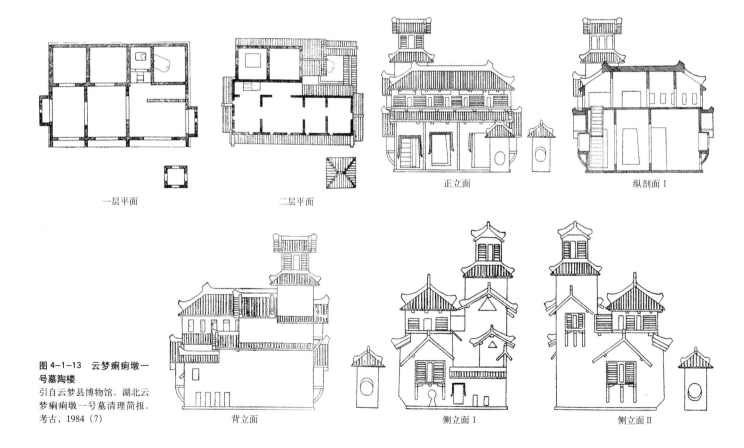

图4-1-13 云梦癞痢墩一号墓陶楼
引自云梦县博物馆. 湖北云梦癞痢墩一号墓清理简报. 考古, 1984（7）

一层平面　　二层平面　　正立面　　纵剖面Ⅰ

背立面　　侧立面Ⅰ　　侧立面Ⅱ

栋在《云梦出土东汉陶楼》一文中,称它为"岗亭",并说它与望楼相呼应,组成戒备森严的防卫工事。①刘叙杰在《中国古代建筑史》第一卷中说:"称它为哨棚恐不确。估计是供宅主游憩之用的亭榭建筑"。②从前楼下层3室全部开门来看,这个宅院并非森严设防。亭子的四面带有椭圆形门洞,的确也不大像岗亭。如果真是园亭的话,意味着这座楼院的周围还带有类似亭园的环境。

为什么在这里要这么细致地讲述这座楼院呢?这是因为它的逼真的细节,显示了它的基本格局的真实,让我们如同亲历一座活生生的东汉宅屋。我们在这里清楚地看到,它既不是西汉的"一堂二内",也不是战国末期士伍甲的"一宇二内"和士伍乙的那种宅屋。它和这些都对不上号。它是东汉多样宅院的一个个例。这里没有明晰的"堂",弄不清"堂"与"内"的区别,也弄不清"大内"与"小内""房内"的区别。这里的房间不存在"堂"、"大内"、"小内"、"房内"、"小堂"的概念。它们的组合也说不上是这个式、那个式。它是自由组合的活变式。总之,它是非定式的。诸如此类的非定式宅屋,东汉时期有,西汉时期有,战国时期也都有。而晁错说的"一堂二内",《封守》条提到的"一宇二内",那都是一种"定式"宅屋。只有"定式"才能以式命名。士伍乙的宅屋,《穴盗》条文没有说它是什么式,但用了"堂"、"大内"、"房内"和"小堂"的名称。这说明就其房室的组成来说,它是可命名的,不像癞痢墩楼院房室那样不可命名。有可命名的定式房间就意味着它所组成的宅院应该也是定式的。

存在着非定式的宅院,并不排除定式宅院的存在;同样的,存在着定式的宅院,也不排除非定式宅院的存在。定式与非定式是可以并存的。我们现在知道战国末期的"一宇二内"和两汉时期的"一堂二内",它们都属于宅院的定式,这意味着它是当时最为流行的、常规的、普遍的宅屋形式。我们关切"一宇二内"、"一堂二内",正因为它是当时最盛行的定式。能成为定式,必然是当时条件下的优选的结果,必然有其优越性和普遍适宜性。

限于史料信息的欠缺,我们尚不能断定"一宇二内"、"一堂二内"究竟是三间并列式还是前堂后内式,或者是这两种定式同时并存。但是这并不妨碍我们对这两种定式的建筑形态进行深入一步的论析,以比较两者之间的优越性和适宜性。

下面,我们从几个不同角度,对"一明两暗"的三间并列式和刘致平所推想的前堂后内式作一下比较分析:

1. 从空间尺度来看

三开间的"一明两暗"房舍,有一间堂屋,两间内室,分室合理。堂的尺度略大于室,或与室相等。从后期的"一明两暗"宅屋来看,每间面阔在3.2米左右,进深在4.0~6.4米左右,三间共折合面积大约40~60平方米,很适合一般五口之家的起居需要。这样的平面尺度和格局,无论是以单独的散屋住宅使用,还是组合于庭院住宅中使用,空间大小都是较为适宜的。而同样大小的40~60平方米的"前堂后内"的方形双开间宅屋,则因"堂"的面积为二"内"之和,"堂"与"内"的尺度相差过于悬殊。如果调整尺度,当"堂"的大小合适时,"内"的空间就显得偏小;当"内"的大小合适时,"堂"又显得空间偏大。在空间尺度处理上,显然"一明两暗"式优于"前堂后内"式。

2. 从空间组织来看

"一明两暗"的三间并列组合,堂屋居中,处于轴线位置,吻合"正寝"名分。内室分处两侧,经由堂屋转入,有良好的私密性和安全性。三间房间均为进深大于面阔的长方形,室内空间

① 张择栋. 云梦出土东汉陶屋[J]. 新建筑,1983(1)

② 刘叙杰. 中国古代建筑史(第一卷)[M]. 北京:中国建筑工业出版社,2003:488.

完整，分合合理，主从关系明确，内室室门开设位置合宜，有利居室床炕布置。而"前堂后内"的双开间组合，堂屋呈扁长形，前檐完全敞开，进深很浅，空间使用不便，也不利于门户安全；二"内"开门于堂的北壁，不利堂内的陈设布置，二"内"拘于从南壁开门进入，床炕布置也颇受牵制。从空间组织上，"一明两暗"比"前堂后内"要优越得多。

3. 从日照、通风来看

三开间的格局，堂屋和内室都可以在前后檐自由开窗，可以取得良好的日照、采光条件，也便于组织穿堂风。而"前堂后内"的布局，两间内室堵在堂屋之后，只能从南壁向堂内间接采光，或从后檐开窗，使内室丧失了前檐向阳的日照，整个日照通风均大不利，这是致命的缺陷。

4. 从梁架结构来看

"一明两暗"的三开间平面，为采用木构架的梁架提供了便利的条件。汉代已形成了抬梁式构架和穿斗式构架，三开间的平面，可以方便地由4缝梁架组成，有利于整体大木构件的统一。"前堂后内"的双开间平面，当然也可以由3缝梁架组成，但是由于它是双开间平面，当宅屋面积相等时，双开间方形平面的通进深必然大于三开间长方形平面的通进深，这就带来大进深对梁架用材的不利。

5. 从庭院布局来看

三开间的建筑单体，平面呈横长方形，立面上明显地区分出前后檐的主立面和两山的次立面。这种规整的、主次分明的体型，既适合于单座散屋的独立布局，也适合于庭院式的组合布局。在庭院构成中，既可以用于轴线上作为正房、过厅，也适合用于旁侧作为厢房。居中的堂屋，可以前后敞开或前后开门，人流可以方便地从前院，穿过堂屋进到后院，这就为院与院的纵深串联提供了方便条件。它的后檐立面也可以处理得很得体，满足组群中逆向人流的观赏需要和后部庭院的空间效果。而双开间的"前堂后内"，整栋建筑呈方形体量，立面上主次不分明。短短的通面阔难以适应较大庭院对于主体房屋的尺度需要。欠缺居中的明间，也难以与庭院的主轴线合拍。过大的通进深，用作庭院组合中的厢房，也显得不大合宜。堂屋后方被两间内室堵住，不可能采取前后檐全部敞开或前后檐开门的做法，导致堂屋不能前后穿行，对于前后院的组织也很不利。这些都反映出双开间、大进深平面与庭院式组群在整体组合上的格格不入。

从以上几个方面的分析来看，三开间的"一明两暗"无疑大大优于双开间的"前堂后内"。即使两种形式在历史上都曾经盛行过，它们的生命力也是不同的，前者显然大大优于后者。

由此，我们自然特别专注于三间并列式，专注它的"一明两暗"。它的起源很早。本书第二章二节谈原始地面建筑时，已经提到仰韶文化的半坡F25和F24房址。据杨鸿勋的复原图，这两座房址都呈现12根大柱，它们的规则排列，已孕育着三开间的雏形，可以说是"一明两暗"式的原型。

春秋时期的伯牛宅屋，反映出在当时它很可能已经是庶民的通行宅屋。山东临淄郎家庄东周墓出土漆画上，画有4座建筑形象（图4-1-14）。它们都是三间四柱的三开间形式，其中有两座是一明两暗的，另两座是两明一暗的。它们很像是为伯牛宅屋的一明两暗作了有力的旁证。

到汉代，从图像资料来看，这种三开间并列式是颇盛行的。广州合浦西汉木椁墓出土的铜房子，清晰地显现出穿斗架构成的一列三开间房屋，它当是西汉时期习见的（图4-1-15）。广州东汉墓出土陶屋中，常能见到曲尺形宅屋（图4-1-16①）。这类陶屋的前屋正房多是三开间的，只是后部延伸出辅助的余屋

（图4-1-16②）。给我们留下深刻印象的，是成都羊子山东汉墓出土画像砖中的院落图像（图4-1-17）。它反映出一组宅院的4个院落，布局分东西两部分，西侧有门、堂，是住宅的主体部分，东侧跨院为附属建筑。装置栅栏的大门开于西侧南墙。门内有前后两院，绕以木构回廊，内院有面阔三间的单檐悬山顶房屋，院庭内双鹤起舞。东侧前部小院中有井、桌、炊具、晒衣木架等，应是东厨兼洗涤之所。其北面跨院面积较大，建一座很高的望楼，楼下系猛犬一只，仆役洒扫其间。这应该是一座官绅宅院的缩影。其中主庭院内的三开间房屋，画面上前檐全部敞开，有主客席地对坐，当是三间堂屋。这种情况下，其后部应该另有被遮挡而未画出的、以室为主体的第三进院。这是从堂室一屋转向前后院的堂室分离。

两晋南北朝时期，"一明两暗"的三开间已是通行的定式。现存美国波士顿美术馆、出土于洛阳的北魏宁懋石室清晰地表现了这一点（图4-1-18）。石室墓主宁懋是随北魏孝文帝南迁的一名官员，任"甄官主簿"，就是掌管砖瓦之事。他的妻子也出身于历任匠作大臣的世族。[①] 正是这样的家庭背景，墓葬中采用了十分逼真的房屋型石雕棺椁，并刻有精美的建筑图景壁画。这个棺椁石室，平面为横长方形；明确地呈三开间，下带台基，上覆悬山屋顶。前檐敞开，左右次间上方各刻两个人字栱。屋顶上雕刻出正脊、垂脊、瓦垄、瓦当、瓦口木、连檐、椽头等，并做出"排山勾滴"，细节十分逼真、准确。石室内外壁面，刻有精细的画像，展示出建筑院落景象（图4-1-19）。这些画面中的厢房都是三开间的。当心间多设双扇板门，门扇上带有门钉；左右次间都带直棂窗，都是地道的"一明两暗"式。

这是"一明两暗"式的一个集中的展现。无独有偶，大约比宁懋石室晚半个世纪，在河北定兴石柱村耸立起一座义慈惠石柱。这是一座表彰义葬、义赈的纪念柱。北魏时期，定兴属幽州范阳郡，孝明帝孝昌年间，战事连绵，死亡惨重，战后当地人士王兴国等收拾残骸合葬，并设义食赈济饥民。后来助义之士又创立清馆，请僧人住持，扩展赈济善事。为表

① 参见郭建邦. 北魏宁懋石室的建筑艺术[J]. 古建园林技术，1992（1）

图4-1-14 山东临淄郎家庄东周墓出土漆画中的建筑图像
引自傅熹年. 中国科学技术史·建筑卷. 北京：科学出版社，2008.

图4-1-15 广西合浦西汉木椁墓出土的铜房子
引自广西壮族自治区文物考古写作小组. 广西合浦西汉木椁墓. 考古，1972（5）

①广州出土东汉陶屋　②长沙左氏藏汉明器陶屋

图 4-1-16 汉代曲尺形宅屋，正房多为三开间
①引自傅熹年. 中国科学技术史·建筑卷. 北京：科学出版社，2008.
②引自梁思成. 图像中国建筑史. 天津：百花文艺出版社，2001.

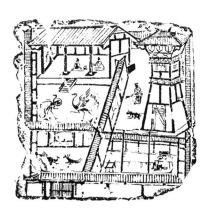

图4-1-17 四川成都羊子山东汉出土画像砖中的院落图像
引自刘敦桢. 中国古代建筑史. 北京：中国建筑工业出版社，1984.

图4-1-18 洛阳出土的北魏宁懋石室
引自傅熹年. 中国科学技术史·建筑卷. 北京：科学出版社，2008.

图 4-1-19 北魏宁懋石室石刻图像中的三开间宅屋
引自郭建邦. 北齐宁懋石室的建筑艺术. 古建园林技术, 1992（1）

柱顶石屋正立面

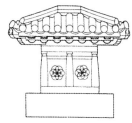

柱顶石屋侧立面

图 4-1-20 定兴北齐义慈惠石柱
引自刘敦桢全集 第二卷. 北京：中国建筑工业出版社，2007.

① 刘敦桢. 定兴县北齐石柱[M]// 刘敦桢文集·第二卷. 北京：中国建筑工业出版社, 2007: 181.
② 刘敦桢. 定兴县北齐石柱[M]// 刘敦桢文集·第二卷. 北京：中国建筑工业出版社, 2007: 178.
③《唐会要》卷三十一. 舆服上·杂录.
④ 晋东南文物工作组. 山西长治唐王休泰墓[J]. 考古, 1965（8）

彰这些义举，尚书省依旨准许立柱纪念。大约在北齐天统五年（569 年），在当地官道旁的义堂，建成了这座石柱（图 4-1-20，参见图 2-1-14）。

石柱总高约 6.6 米，下部基石上置覆莲柱础，上立八角柱身。柱身分上下两段，上段正面不抹棱，形成与柱径同宽的题额，额面和上下段的各柱面分别刻石柱标题、功德题名和颂文。石柱顶上置长方形盖板，盖板之上立一座实心石屋。

这座石屋正是标准的面阔三间，进深二间，单檐四阿顶。宽厚的盖板成了石屋的台基，屋身雕有地栿、梭柱、阑额、栌斗、柱头枋，上承檐椽、飞子和 45°角斜出的老角梁、仔角梁。屋顶上雕筒瓦、板瓦，屋面微微反曲，正脊很短，与垂脊顶部形成略似后期盝顶的平台，台中心有圆洞一处，似为安置刹柱或宝顶而设。① 石屋正脊两面，当心间都雕带火焰券的佛龛，龛内雕佛像一尊跌坐方台上。左右次间雕出内凹的窗口。刘敦桢先生在《定兴县北齐石柱》一文中曾考证柱顶采用石屋的用意，他说：

今以《颂》文考之，此柱自王兴国乡葬以来，助义之士……皆崇奉佛法，皈依三宝，故于义坊之外，扩为伽蓝，迎僧住持，足征其时佛教信仰之热烈，为构成此举有力之背景。故窃意柱上石室，应为安置信仰之佛龛而制作，较为适当。②

这样，我们知道这是当地助义人士崇奉佛法，为安置佛龛而在石柱顶上树起一座小佛殿。我们在这里感兴趣的是，这座在当时人们心目中最为习见的、最具代表性的殿屋，正是三开间的"一明两暗"式。它表明"一明两暗"的三开间正是当时典型的建筑标本。义慈惠石柱在这个意义上，很像是一座中国建筑的纪念碑，对中国木构架建筑以三开间为基本型作了富有标志性的直观展示。

到唐代，这种三开间的基本型更进一步纳入了建筑等级制度。唐《营缮令》规定：

王公已下，舍屋不得施重栱藻井。三品已上，堂舍不得过五间九架，厅厦两头；门屋不得过五间五架。五品已上，堂舍不得过五间七架，厅厦两头；门屋不得过三间两架，仍通作乌头大门。勋官各依本品。六品七品已下，堂舍不得过三间五架，门屋不得过一间两架……其士庶公私第宅，皆不得造楼阁，临视人家……又庶人所造堂舍，不得过三间四架，门屋一间两架，仍不得辄施装饰。③

这是通过律令划定王公品官直至庶民的居宅差别，不许逾越。这里限定了六品、七品以下堂舍不得过三间五架；庶民堂舍不得过三间四架。由于五品以上的官员，人数少而又少，从六品到广大庶民的堂舍，限定只能用"三间五架"和"三间四架"，这就意味着绝大多数的堂舍，都是三开间的。这是从建筑制度上确定了"三开间"的基本型。我们可以看看山西长治唐王休泰墓出土的一组明器宅院（图 4-1-21）。④ 王休泰没有官职，是个富有的庶民，他的宅院应属庶民的中型第宅。明器宅院显现出三进院。这里的门屋正是"一间"，第一进院的正房、厢房都是"三间",它们都是悬山顶,这些都与《营缮令》的规定相符。我们还可以看看白居易的庐山草堂。它建成于元和十二年(817年)春,所建草堂是:

> 三间两柱,二室四牖,广袤丰杀,
> 一称心力。洞北户,来阴风,防徂暑也。
> 敞南甍,纳阳日,虞祁寒也。木斲而已,
> 不加丹;墙圬而已,不加白。磩阶用石,
> 幂窗用纸,竹帘纻帏,率称是焉……
>
> 是居也,前有平地,轮广十丈,
> 中有平台,半平地;台南有方池,倍
> 平台……①

白居易在草堂建成时,还写了五首诗,诗中说:

> 五架三间新草堂,石阶桂柱竹编墙;
> 南檐纳日冬天暖,北户迎风夏月凉。
> 洒砌飞泉才有点,拂窗斜竹不成行,
> 来春更葺东厢屋,纸阁芦帘著孟光。②

从堂记和题诗,可知这座草堂是面阔三间,进深五架,当心间前檐敞开,后檐开门,两次间作室,前后檐都开窗。这是典型的"一明两暗"格局。白居易对于草堂的规划设计,主要做了两件事:一是选址定位和环境处理;二是确定用材和室内布置。他把草堂选在"面峰腋寺"的最佳地段,坐落在有平地、平台、方池、飞泉、石涧、古松、老杉、异草的景色绝佳之处。他把堂东的瀑布泻于阶隅;他以剖竹架空,引崖上泉,从屋檐下注,"累累如贯珠,霏微如雨露"。他用木不加丹,圬墙不加白,"磩阶用石,幂窗用纸";他在堂内设"木榻四,素屏二,漆琴一张,儒道佛书各一两卷"。白居易如此精心地打造草堂的内外环境,充分舒放他的个性喜好,唯独没有变动草堂建筑自身。这是因为这里的"五架三间"是定式的,而且是法定的,不可逾越。白居易这时是贬官江州(九江)司马,他的草堂用"五架三间",比庶民堂舍的"三间四架"多了一"架",正符合他的低级官员身份。

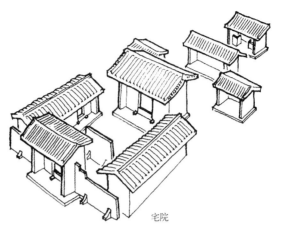

图 4-1-21 唐王休泰墓出土明器
引自傅熹年.中国古代建筑史.第二卷.北京:中国建筑工业出版社,2001.

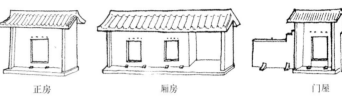

正房　　　厢房　　　门屋

这样的三间五架堂舍格局,"广袤丰杀,一称心力",他用得也很合适。他准备来春再添建一座东厢,就可足用,可见这种格局的合理性。

这种六品以下不得过三间五架的建筑等级制度,一直延续到明清。《明会典》中仍明确规定:"六品至九品,厅堂三间七架……庶民所居房舍不过三间五架。"③

以"一明两暗"的三开间为基本型,这是中国木构架建筑体系的一个触目现象,也是木构架单体建筑程式化的一个重要现象,我们将在下文继续展述。

二　程式链与系列差

三开间基本型现象,典型地反映出中国木构架建筑体系的高度程式化。我们可以看出,木构架单体建筑是高度定型的。单体建筑内部空间的"无",由"间"来组成。"间"成为单体建筑的空间单元。单体建筑空间的大小规模,在面阔方向,取决于开间的数量;在进深方向,取决于梁架的架数。明清官式建筑的开间取阳

①草堂记:白居易集卷43(记序).北京:中华书局标点本.1979:933.

②香炉峰下,新卜山居,草堂初成,偶题东壁五首:白居易集卷16(律诗).北京:中华书局标点本.1979:342.

③明会典卷六十二·礼部二十·房屋器用等第

① 木经原书已佚. 这段文字引自 [宋] 沈括. 梦溪笔谈. 卷十八

② [德] 雷德侯. 万物[M]. 张总, 钟晓青等译. 北京: 生活·读书·新知三联书店, 2005: 4.

③ [德] 雷德侯. 万物[M]. 张总, 钟晓青等译. 北京: 生活·读书·新知三联书店, 2005: 6.

④ [德] 雷德侯. 万物[M]. 张总, 钟晓青等译. 北京: 生活·读书·新知三联书店, 2005: 10.

数,可选用一、三、五、七、九开间,以九开间为最高规格。梁架的架数用桁檩的数量来衡量,每一檩为一架,檩与檩之间的水平距离为一"步架"。檩数通常为单数(卷棚顶中用双数),可选用三、五、七、九、十一架,最大可用到十三架。在平面构成中,除了身内的"间",还可以附加不同的"出廊",形成"廊间"。出廊分"前出廊"、"前后廊"和"周围廊"三等。这样由不同面阔的开间数、不同进深的架数和不同出廊的廊间,组成了不同规模大小的单体建筑空间的"无"。

显然,单体建筑的"无"是由建筑实体的"有"生成的。北宋著名匠师喻皓在他所著的《木经》中说:"凡屋有三分,自梁以上为上分,地以上为中分,阶为下分"。①这个"三分"主要是对房屋的水平划分:"上分"是屋顶,"中分"是屋身,"下分"是台基,清代匠作称之为"三停"。但建筑实体的划分不能含混地用这个"三分"来概括。我们有必要把木构架体系的建筑实体划分为构架、台基、屋顶、墙体和装修(小木作)五大部件(图 4-2-1)。每个部件再由若干构件、分件组成。如果说在官式建筑中,单体建筑的"无",是由定型的空间单元——身内间和廊间组成,那么,单体建筑的"有",它

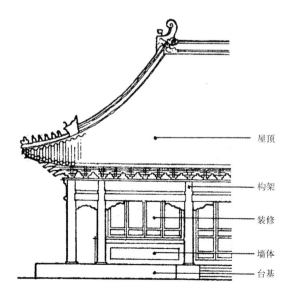

图 4-2-1 组成木构架建筑实体的五大部件

的五大部件,可以说都是由模件化的构件组成。正是由于整套模件化的构件组构出定型化的建筑单体,构成了中国木构架建筑的程式化体系。

德国学者雷德侯在他所著的《万物》一书中指出:

中国人发明了以标准化的零件组装物品的生产体系。零件可以大量预制,并且能以不同的组合方式迅速装配在一起,从而用有限的常备构件创造出变化无穷的单元。②

在雷德侯论述的中国艺术模件化和规模化生产中,木构架建筑的模件化是其中的一个重要组成。他指出从公元 4 世纪至 7 世纪,"广为流行的木构建筑之模件化体系已经确立"。③他专辟一章"建筑构件:斗栱与梁柱",重点阐述构架体系的模件化。他还在书的"导言"中提到:

一座三开间的殿堂也许会建得较原来的宽百分之十至二十,但是一座更加宽敞的殿堂将需要五个开间……这就是细胞增殖的原则:达到某一尺度一个就会分裂为二,或者如树木萌发出第二个枝丫,而不是把第一枝的直径增加一倍。④

这是十分精彩的论断。这个"细胞增殖原则"一语中的地揭示了木构架建筑程式化的重要构成机制。我们从这里不仅认识到,木构架建筑从三开间的基本型,派生出五开间、七开间、九开间所呈现的细胞增殖现象,也可以领悟到,在梁架构成、斗栱构成、台基构成、屋顶构成等模件组构中,同样反映着生动的细胞增殖现象。

下面,分别从"程式链"和"系列差"来考察木构架建筑的模件化现象和程式化机制。

(一) 实体程式链

木构架建筑实体的构成,有它明晰的层次性。如果说构架、屋顶、墙体、台基和装修五大"部

件"是建筑实体的第一层次构成；那么组成这些部件的"构件"就是它的第二层次构成；组成构件的"分件"就是它的第三层次构成；而构件与分件的造型轮廓、局部雕饰和表面绘饰，即通常所说的"细部"，就是它的第四层次构成。值得我们注意的是，木构架建筑的定型化、模件化，不仅呈现于部件层次、构件层次，而且呈现于分件层次、细部层次，它们形成了层层相套的严密的"程式链"。

拿清式官工建筑的构架来说，作为一种大木作部件，它的组成构件可以分为柱类、梁类、桁檩类、枋类、瓜柱类、椽类、连檐类、板类和斗栱9大类。柱类构件有檐柱、金柱、重檐金柱、中柱、山柱、童柱、角柱、重檐角金柱等；梁类构件有桃尖梁、桃尖顺梁、抱头梁、三架梁、五架梁、七架梁、九架梁、顶梁、四架梁、六架梁、单步梁、双步梁、三步梁、顺梁、采步金、承重梁、顺扒梁、抹角梁、递角梁、老角梁、仔角梁、由戗、太平梁等；桁檩类构件有挑檐桁、正心桁（檐檩）、金桁（金檩）、脊桁（脊檩）、扶脊木、梢檩等；枋类构件有大额枋、小额枋、平板枋、檐枋、金枋、脊枋、穿插枋、随梁枋、箍头枋、承椽枋、围脊枋、天花枋、帽儿梁、间枋、棋枋、关门枋、花台枋、燕尾枋、雀替等；瓜柱类构件有金瓜柱、脊瓜柱、顶瓜柱、交金瓜柱、雷公柱、柁墩、交金墩、角背等；椽类构件有飞椽、檐椽、花架椽、脑椽、罗锅椽等；连檐类构件有大连檐、小连檐、瓦口、里口木、衬头木、闸挡板、椽椀等；板类构件有檐垫板、金垫板、脊垫板、横望板、顺望板、山花板、博缝板、挂落板、滴珠板、楼板等。构架中如此繁多的大木构件都是定型的，都有定型的断面，定型的榫卯，定型的节点，它们都是可预制的模件。即使是最繁杂的庑殿构架（图4-2-2）、歇山构架（图4-2-3），也都由这些定型的模件组构。

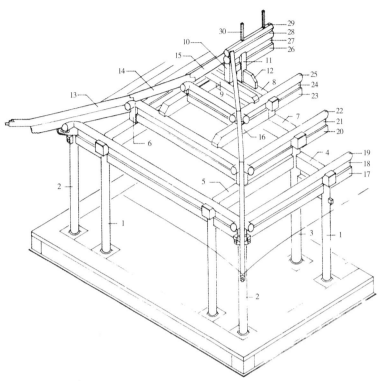

1. 檐柱 2. 角檐柱 3. 金柱 4. 抱头梁 5. 顺梁 6. 交金瓜柱 7. 五架梁 8. 三架梁 9. 太平梁 10. 雷公柱 11. 脊瓜柱 12. 角背 13. 角梁 14. 由戗 15. 脊由戗 16. 趴梁 17. 檐枋 18. 檐垫板 19. 檐檩 20. 下金枋 21. 下金垫板 22. 下金檩 23. 上金枋 24. 上金垫板 25. 上金檩 26. 脊枋 27. 脊垫板 28. 脊檩 29. 扶脊木 30. 脊桩

图4-2-2 庑殿构架的大木构件
引自马炳坚. 中国古建筑木作营造技术. 北京：科学出版社，2003.

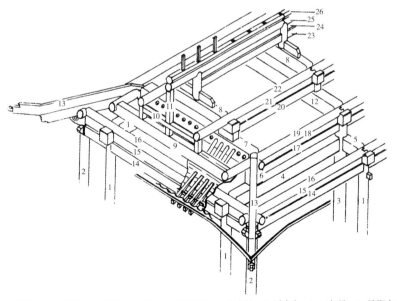

1. 檐柱 2. 角檐柱 3. 金柱 4. 顺梁 5. 抱头梁 6. 交金墩 7. 踩步金 8. 三架梁 9. 踏脚木 10. 穿 11. 草架柱 12. 五架梁 13. 角梁 14. 檐枋 15. 檐垫板 16. 檐檩 17. 下金枋 18. 下金垫板 19. 下金檩 20. 上金枋 21. 上金垫板 22. 上金檩 23. 脊枋 24. 脊垫板 25. 脊檩 26. 扶脊木

图4-2-3 歇山构架（顺梁法）的大木构件
引自马炳坚. 中国古建筑木作营造技术. 北京：科学出版社，2003.

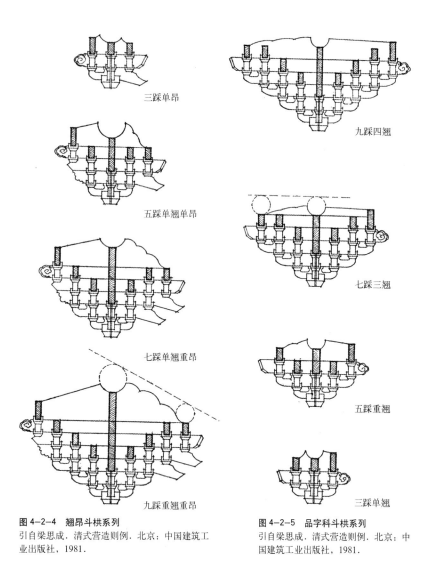

图 4-2-4 翘昂斗栱系列
引自梁思成. 清式营造则例. 北京：中国建筑工业出版社，1981.

图 4-2-5 品字科斗栱系列
引自梁思成. 清式营造则例. 北京：中国建筑工业出版社，1981.

复杂的大木构件还由若干分件组成，斗栱就是如此。清式斗栱定型为 5 种类型：翘昂斗栱、品字科斗栱、两材斗栱、隔架科斗栱和溜金斗栱。翘昂斗栱用于外檐，根据所处位置分为平身科、柱头科和角科；按其出跳的多少，分为三踩单昂、五踩重昂、五踩单翘单昂、七踩单翘重昂、九踩重翘重昂、九踩单翘三昂等多种（图 4-2-4）。品字科斗栱里外出跳都只用翘，不用昂，形如品字倒置，主要用于楼房、城楼平坐和天花藻井四周，也分三踩单翘、五踩重翘、七踩三翘、九踩四翘等类别（图 4-2-5）。两材（踩）斗栱是高两材的不出跳的低级斗栱，主要用于亭榭、垂花门等小型建筑，也分平身科、柱头科、角科，有一斗三升和一斗二升交麻叶两种形式（图 4-2-6）。隔架科斗栱用于殿座、门座内檐的梁与跨空随梁枋之间，有一斗二升单栱荷叶雀替隔架科、一斗二升重栱荷叶雀替隔架科、一斗三升单栱荷叶雀替隔架科、一斗三升重栱荷叶雀替隔架科和十字荷叶隔架科等形式（图 4-2-7）。溜金斗栱是用于高体制殿座外檐平身科的一种高档斗栱。它的外拽与平身科翘昂斗栱相同，里拽将撑头木、蚂蚱头、桁椀和昂的后尾做成秤杆、夔龙尾等斜木，伸向金檩。它有后尾斜挑于金檩垫板之下的"挑

图 4-2-6（左）两材斗栱
引自王璞子. 工程做法注释. 北京：中国建筑工业出版社，1995.

图 4-2-7（右）隔架科斗栱
引自马炳坚. 中国古建筑木作营造技术. 北京：科学出版社，2003.

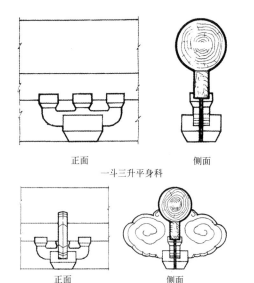

金"做法和后尾落于花台枋之上的"落金"做法（图4-2-8）。

这些不同类别的斗栱全部都是定型的，都由各自的"分件"组成。清式斗栱的基本分件分成斗、栱、昂、枋、头木5类。斗类分件定型为大斗、十八斗、三才升、槽升；栱类分件定型为头翘、二翘、正心瓜栱、正心万栱、单材瓜栱、单材万栱、厢栱；昂类分件定型为头昂、二昂、三昂；枋类分件定型为正心枋、挑檐枋、外拽枋、里拽枋、井口枋；头木类分件定型为撑头木、耍头木（蚂蚱头）、桁椀等。这里列的只是平身科翘昂斗栱的分件（图4-2-9），如果是角科翘昂斗栱，分件还要多得多，还得添加斜头翘、斜二翘、搭角正头昂、搭角闹头昂、斜角二昂、搭角正二昂、搭角闹二昂、由昂、搭角正二翘后带正心瓜栱、搭角把臂厢栱、斜正心桁椀等等分件。这些分件类别之多，可以说是达到极繁杂的程度，而它们无一例外都是定型的。

不仅如此，所有这些分件的细部也都是定型的（图4-2-10）。我们可以看到斗栱中的定型昂嘴、六分头、蚂蚱头、菊花头、麻叶头，三福云。令人惊讶的，就连栱头的卷杀曲线也是完全定型的。清式栱翘卷杀有所谓"万三瓜四厢五"的口诀。万栱用三瓣卷杀、瓜栱和翘用四瓣卷杀，厢栱用五瓣卷杀（图4-2-11）。由此我们可以看到，大木构架的定型已经渗透到细部的每一片纹饰、每一根线条。

不仅大木作的构架是模件化的，属于瓦作的屋顶部件，也构成了自身的模件化。屋顶构件分成三类：一是屋面，二是屋脊，三是吻兽（图4-2-12）。屋面是一种"庀"，呈现为"面"的形态。庀与庀的交接，或是庀与墙的交接点，就形成"脊"，呈现为"线"的形态。脊与脊的交接，或是脊自身的节点和饰件，做成吻兽，呈现为"点"的形态。在攒尖顶中，由于垂脊

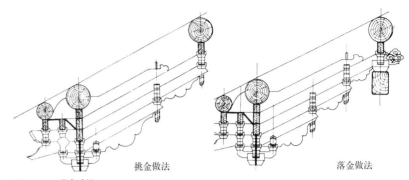

挑金做法　　　　　落金做法

图4-2-8　溜金斗栱
引自马炳坚.中国古建筑木作营造技术.北京：科学出版社，2003.

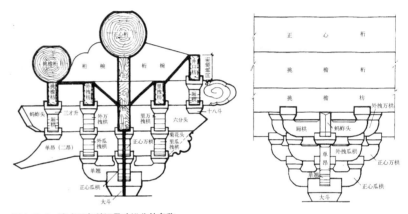

图4-2-9　清式平身科翘昂斗栱分件名称
引自王璞子.工程做法注释.北京：中国建筑工业出版社，1995.

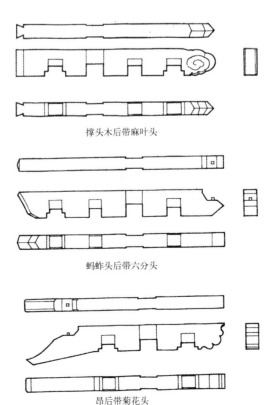

撑头木后带麻叶头

蚂蚱头后带六分头

昂后带菊花头

图4-2-10　斗栱分件端头的定型样式
引自王璞子.工程做法注释.北京：中国建筑工业出版社，1995.

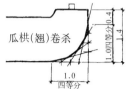

图 4-2-11 栱头卷杀的定型曲线
引自王璞子. 工程做法注释. 北京：中国建筑工业出版社, 1995.

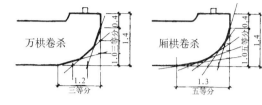

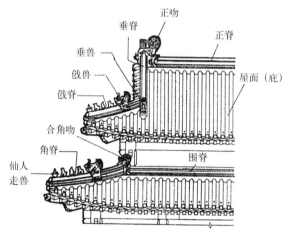

图 4-2-12 屋顶构件、分件名称

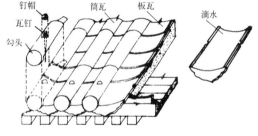

图 4-2-13 琉璃瓦屋面构成
引自李全庆，刘建业. 中国古建筑琉璃技术. 北京：中国建筑工业出版社, 1987.

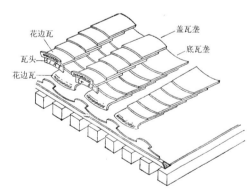

图 4-2-14 合瓦屋面构成
引自刘大可. 中国古建筑瓦石营法. 北京：中国建筑工业出版社, 1993.

① 程万里. 古建琉璃作技术（九）[J]. 古建园林技术, 1988 (1)

聚交于一点，没有正脊，而采用"宝顶"，工匠俗称为"绝脊"，它也呈现为"点"的形态。这些屋顶构件各成系列，各有自身的分件。琉璃瓦屋面有板瓦、筒瓦、勾头、滴水、钉帽等分件（图 4-2-13）；黑活合瓦屋顶有底瓦、盖瓦、花边瓦等分件（图 4-2-14）。屋脊分为正脊、垂脊、戗脊、博脊、围脊、角脊等，这些脊的琉璃构件由正当沟、斜当沟、压带条、群色条、正脊筒、垂脊筒、戗脊筒、赤脚通脊、黄道、大群色、盖脊瓦等一系列琉璃分件组成。垂脊、戗脊的兽前段还有撺头、方眼勾头、螳螂勾头、割角勾头、割角滴水等听起来很偏僻的专用分件。吻兽分为正吻、合角吻、垂兽、戗兽、仙人走兽、套兽等，这些带具象形象的琉璃件在清官式建筑中也都是定型的。大型殿阁的正吻尺度很大，北京故宫太和殿的正吻，高 3.4 米，宽 2.68 米，重量达 4.3 吨，由十三件拼装而成，称为"十三拼"（图 4-2-15）。这些正吻的细部由吻口、龙身、脖子、卷尾、中央、前爪、后爪、火焰、吻座、剑把、背兽等组成，各部分都有严格的比例关系，总体高宽比通常为 10∶7。程万里曾解读琉璃窑匠师的一句口诀，叫做"一九、二八、三七、四六"（图 4-2-16）。

他说：

> 所谓"一九"是指吻座豁口的高度为全高的 1/10（其余为 9/10）；所谓"二八"是说剑把宽度占全宽的 2/10（其余为 8/10）；所谓"三七"指卷尾高为全高的 3/10（其余为 7/10）；"四六"指背兽居于吻高四六分的位置，即过背兽上皮的水平线，将正吻全高分成两部分：其下部高与上部高之比为 4∶6。①

这是一个很生动的、极具概括力的、便于记忆的定制口诀。记住这几个数值关系，就能控制住正吻的基本比例关系。

这就是木构架建筑的程式链，由定型部件、定型构件、定型分件、定型细部所组构的、完整的、一竿子插到底的"程式链"。从这个层层定型的程式链，我们看到了一个值得注意的现象——"可命名性"现象。每一个定型的构件、定型的分件、定型的细部，都有它的名称。这

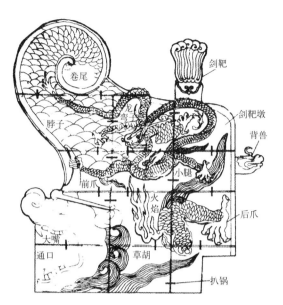

图 4-2-15 大型正吻"十三拼"的细部名称
引自李全庆，刘建业. 中国古建筑琉璃技术. 北京：中国建筑工业出版社，1987.

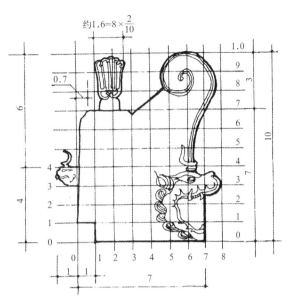

图 4-2-16 清式正吻各部尺度
引自程万里. 古建琉璃作技术（九）. 古建园林技术，1988（1）

① 刘大可. 中国古建筑瓦石营法[M]. 北京：中国建筑工业出版社，1993：206.

是因为定型的东西，必然是要重复使用的东西，就需要有自己的专用名称，就必须给它"命名"。因此，凡是可命名的，就必然是要重复使用的，也就是模件化的。"可命名性"成了程式化的一种特性。命名与定型是同步的，命名的层次越细，表明定型的程度越高。这一点，在木构架建筑模件系统中，是表现得极为显著的。

我们试看琉璃宝顶的分件。刘大可曾经画出琉璃宝顶的分件图（图4-2-17）[①]，整个宝顶从水平层上层层叠叠地分解为15层，自下而上，从圆当沟、圆压带条、圆鼎座一直到上枋、围口、顶珠、宝顶盖，每一层都有自己的命名，都是一种定型的东西。正是这些命名的模件，组装成了定式的宝顶。

在石作、砖作部件中也是如此。我们可以看看台基部件，不仅台明的分件有柱顶石、槛垫石、阶条石、角柱石、陡板石、土衬石、分心石等命名（图4-2-18），台阶的分件有踏跺石、砚窝石、如意石、垂带石、象眼石、陡石等命名，就连台明周边最不起眼的散水，在转角做法中所用的几块特殊形状的砖块，也有"虎头找"、"宝

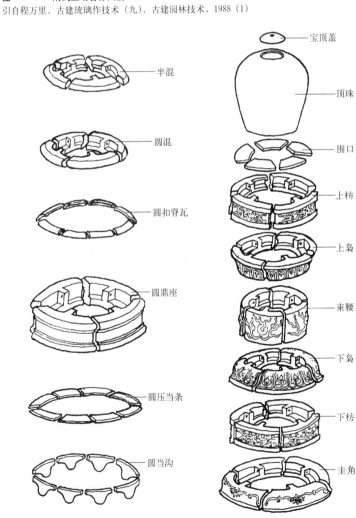

图 4-2-17 琉璃宝顶的构成分件
引自刘大可. 中国古建筑瓦石营法. 北京：中国建筑工业出版社，1993.

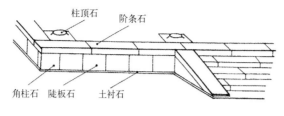

图4-2-18 台明的构成分件
引自刘大可. 中国古建筑瓦石营法. 北京：中国建筑工业出版社，1993.

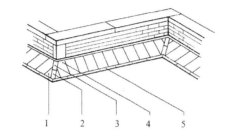

图4-2-19 散水的定型做法
1. 虎头找 2. 宝剑头
3. 燕尾   4. 大岔
5. 条砖芽子

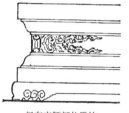

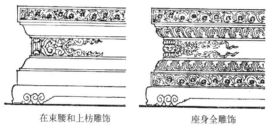

图4-2-20 须弥座雕刻的三种配置
引自刘大可. 中国古建筑瓦石营法. 北京：中国建筑工业出版社，1993.

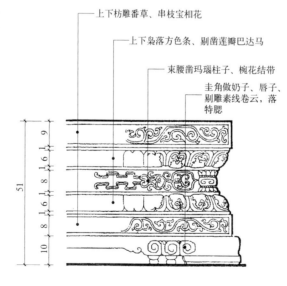

图4-2-21 清式须弥座的定型细部雕饰

剑头"、"燕尾"、"大岔"等命名（图4-2-19）。这表明散水从形式到做法也完全是定型的。

我们再看看定型的清式须弥座，它定制为座身五层和座基一层。座身从上而下分别命名为上枋、上枭、束腰、下枭、下枋，座基命名为圭角。这6层分件，不仅有固定的比例尺度，

① 刘大可. 中国古建筑瓦石营法[M]. 北京：中国建筑工业出版社，1993：293-294.

而且各个分层的雕饰也有它的定制。据刘大可归纳，须弥座的座身雕饰基本采取3种配置，第一种是仅在束腰部位雕饰，第二种是在束腰和上枋部位雕饰，第三种是座身全雕饰（图4-2-20）。① 在座身全雕饰中，各层饰纹都是定型的（图4-2-21）：上下枋雕番草、串枝宝相花；上下枭落方色条，剔凿莲瓣巴达马；束腰凿玛瑙柱子、椀花结带。作为座基的圭角，明显地以简洁的卷云与座身的繁密雕饰形成对比。整个圭角层的雕饰可表述为"做奶子、唇子，剔雕素线卷云，落特腮"。

命名到哪里，就意味着定制到哪里，模件化到哪里，从上述这一大串的可命名分件和可命名雕饰，我们可以强烈地意识到木构架建筑体系的程式链达到了何等严密、何等精细的程度。

（二）模件系列差

高度程式化的木构架建筑，要适应不同类型、不同功能、不同等级、不同规模、不同地域的建筑需要，必然要具备灵活调节的机制。这个灵活调节机制主要通过程式化体系的模件"系列差"来体现。

木构架建筑体系的这个"系列差"是值得我们分外重视的。我们可以把它分为两大系列："尺度系列差"和"制式系列差"。前面提到德国学者雷德侯说的那句话，他所说的尺度放大"百分之十至二十"，就属于"尺度系列差"的调节；他所说的开间从三间改用五间就属于"制式系列差"的调节。后者贯穿着"细胞增殖原则"。木构架建筑可以说是既建立了一整套严密的尺度系列差，也遵循细胞增殖原则，组构了一整套有机的制式系列差。

1. 尺度系列差

显而易见，尺度系列差主要体现于模数化。我们都知道，中国古代建筑有两套主要的模数

制,宋《营造法式》的"材分制"和清《工程做法》的"斗口制"。

材分制以栱的标准断面为一"材",材的高度分为15分,宽度分为10分。并以高6分、宽4分作为一"栔",以一材一栔为足材。材自身分为八等,从头等材的高九寸、宽六寸,到八等材的高四寸五分、宽三寸,分别用于不同间数、不同等次的殿阁、厅堂、余屋(图4-2-22)。这使得大木构件直至铺作分件,具备了一套明晰的尺度系列。《法式》没有对直接关系殿屋面阔、进深、屋高的"间广"、"椽平长"、"柱高"定分。它的数值当是由主事人根据礼制规范和实际需要选定。一旦设定了其丈尺,就可以选择与其适宜的材等,按定分确定大木构件、分件的尺度。这种定分有两种情况:一种是长、宽、高三向定分,如铺作中的"斗"和"栱"。栌斗定分为高20分,正面、侧面各长32分;交互斗定分为高10分,正面长18分,侧面长16分(图4-2-23);两卷头华栱用足材,定分为高21分,宽10分,长72分。泥道栱、瓜子

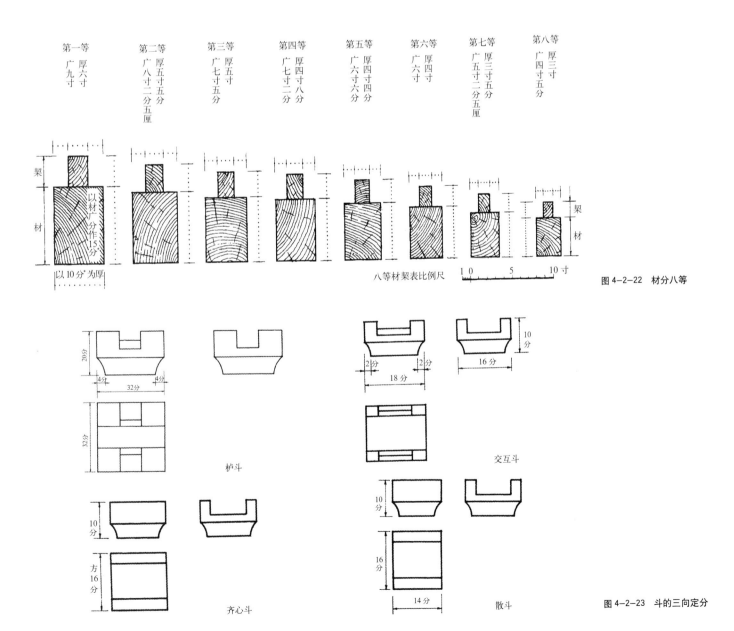

图4-2-22 材分八等

图4-2-23 斗的三向定分

① 清工部《工程做法》卷二十八
② 梁思成全集：第七卷. 北京：中国建筑工业出版社，2001：167.

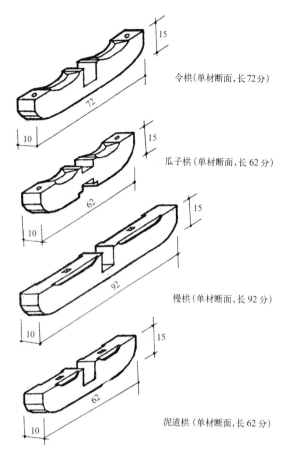

图 4-2-24 栱的三向定分

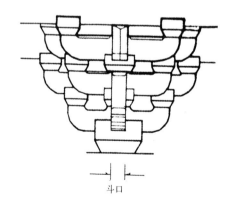

图 4-2-25 斗口的概念
以平身科迎面安装翘昂的斗口宽度，作为标准斗口

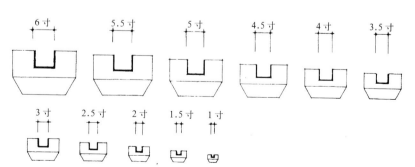

图 4-2-26 斗口分十一等

栱、令栱、慢栱均为单材，即高 15 分、宽 10 分，长度分别为 62 分、62 分、72 分、92 分（图 4-2-24）。另一种是二向定分，如平梁、乳栿、四椽栿、六椽栿、阑额、由额、屋内额等，其长度或随进深方向的椽数、椽长、架斜而定，或随面阔方向的间广而定，只作断面的高宽定分。如乳栿用四铺作、五铺作者，高二材一栔，用六铺作以上者，高二材二栔；四椽栿用明栿者，高二材二栔；用草栿者，高三材；阑额高加材一倍；由额高减阑额二分至三分；屋内额高一材三分至一材一栔。其中，梁栿、阑额等受弯、受剪构件，宽度均为高度的 2/3，保持着 3:2 的高宽比。而屋内额只起联系作用，宽度定为高度的 1/3。至于柱、槫、椽等圆木构件，则定分其径长，按照殿阁、厅堂、余屋分别定出柱径、槫径、椽径的材分。它实质上也是只定断面、不定长度的二向定分。

清《工程做法》所展述的"斗口制"是以"斗口"为模数单位。这个"斗口"指的是"平身科迎面安翘昂斗口宽"的尺寸（图 4-2-25）。① 这个斗口的宽度就是材的宽度。斗口分为十一等，头等斗口宽六寸，各等依次递减半寸，至十一等斗口宽一寸（图 4-2-26）。

拿斗口制与材分制相比较，有几点很值得注意：

（1）材分级差与斗口级差

材分制用"材、栔、分"作为模数单位，并将"材"加"栔"称为"足材"，这种做法较为繁杂。斗口制统一用"斗口"作为模数单位，避免了"材、栔、分"之间的换算程序，是一种合理的简化。在级差的分等上，材分八等，斗口分十一等，增加了 3 个等次。梁思成曾指出："'材分八等'，但其递减率不是逐等等量递减或用相同的比例递减的"。② 这一点在斗口制中改变了，斗口每降一等，都是减少 0.5 寸，形成很规则的以"半寸"为等差的递减序列，在系列差上显得更为划一、便利。在用材规格上，一等材宽6寸，一等斗口长也是6寸，表明一等材与一等斗口的规格是相同的。但是最小的材——八等材宽3寸，最小的斗口——十一等斗口的长度只有1寸，实际上斗口制在材分制的最小材等之后，又列出4个更小尺度的材等。我们知道，一、二、三等斗口从来没用过，斗口的真正有效等次是从四等斗口至十一等斗口，实质上也是8个等次。只是这8个等次与材的8等是错位的。斗口的级差弃而不用的是大尺度材等，添加的是小尺度材等，这对于方便地利用小材是有利的。

（2）单向定分与双向定分

系列差定分有单向和双向的区别。宋制材的定分是广（高）15分，厚（宽）10分，栔的定分是广6分，厚4分。这样，材和栔都是面积的概念，都是双向定分。但是，宋《营造法式》又说：

> 凡屋宇之高深，名物之短长，曲直举折之势，规矩绳墨之宜，皆以所用材之分，以为制度焉。①

这样，构件的尺度又是以"分"为模数。"分"是材高的1/15，材宽的1/10，它自身是长度的概念，而不是面积的概念。用"分"作为模数单位，又成了单向定分。由此可以看出，材分定分实际上是交混着双向定分和单向定分，这就难免带来一些紊乱。如，"材上加栔者谓之足材"②，那么足材的定分是多少呢？它是面积的概念吗？是一材面积与一栔面积之和吗？实际上所谓"一材一栔"已转化为长度概念，用的是一材之高加一栔之高，即21分。因此，当《法式》说，四椽栿、六椽栿广为"两材两栔"，殿阁柱径长为"两材两栔至三材"，殿阁槫径长为"一材一栔或加材一倍"时，就是说四椽栿、五椽栿的高为42分，殿阁柱径长为42分至45分，殿阁槫径长为21分至30分。原本属于断面的双向定分的材、栔，在这里都成了只用材高、栔高的长度定分模数。

这种交混着单向定分与双向定分的材分制，也有它的长处，就是可以通过双向定分确定梁栿断面的高宽比。《法式》规定："凡梁之大小，各随其广分为三分，以二分为厚"。③这样，宋制梁栿断面都明确采用3∶2的高宽比，这应该说是材分制的一个重大成就。我们知道，材料力学已证明，从圆木中取方料，能够得到抗弯能力最佳的截面矩量的高宽比是$\sqrt{2}:1$，即1.41∶1。这是18世纪末、19世纪初才得出的结论。《营造法式》成书于12世纪初，当时的匠师并不具备材料力学的理论知识，凭经验积累能选定出与最佳截面矩量（1.41∶1）极为接近的梁栿断面高宽比（1.5∶1），真是了不起的大智慧。

斗口的定分是明确的单向定分。"平身科迎面安翘昂斗口宽"的尺寸。只是长度的单向值，而不是断面的双向值。但在清式斗栱分件中，高1.4斗口的外拽、里拽瓜栱和外拽、里拽万栱，被称为"单才瓜栱"、"单才万栱"，这样，自然就把高2斗口的正心瓜栱、正心万栱视为"足材"，并把同样高2斗口的单翘、重翘、撑头木、蚂蚱头都视为"足材"，形成了斗口单材高1.4斗口、足材高2斗口的概念。其实，这只是清式斗栱因袭宋式单材栱、足材栱而呈现的现象。斗口既然是单向的长度模数，其自身就不存在高宽比的问题，就不应该存在斗口单材、足材的区分。实际上清式构架的梁枋断面根本不涉及"单材"、"足材"的问题。它都是以单向度的斗口定分，辅以加减若干尺寸。如大额枋的断面是"以斗口六份定高……以本身高收二寸定厚"④；五架梁的断面是"以金柱径加二寸定厚……以本身厚每尺加二寸定高"⑤如此等等。

斗口制的这种单向定分，不像材分制那样通过双向定分控制梁栿断面的3∶2高宽比，梁

---

① [宋]《营造法式》卷四
② [宋]《营造法式》卷四
③ [宋]《营造法式》卷五
④ 清工部《工程做法》卷二
⑤ 清工部《工程做法》卷三采步金条

的断面多呈 12∶10 或 10∶8 的高宽比。这种高宽比在截面矩量上是不利的，是力学上的一种倒退，形成了清式梁架肥梁胖柱的现象。

令人疑惑的是，为什么会出现这样的倒退？按说在这么重要的梁木断面定分的关节，是不应该倒退的。这里面当另有原因。一个可能的缘由是方料成材加工的问题。我们知道，把圆的原木加工成方的梁木，匠工不是用锯来锯解的，而是用斧来劈砍的，把多余的边角木斧去，就取得成材。在这里，所剔除的边角木越少，加工的工作量就越小。不难看出，从圆木截取高宽比 3∶2 的梁断面和高宽比 12∶10、10∶8 的梁断面，后者的木材利用率比前者高，后者所需剔除的边角木比前者少，也就意味着后者在斧削加工量上要少一些，这或许就是清式梁木不再坚持沿用 3∶2 高宽比的一个缘故。

（3）对应定分与不对应定分

我们把同一种构件在斗口制中的定分值，与其在材分制中的定分值作比较，可以看出，有的数值基本相同，是相对应的；有的数值大相径庭，是不相对应的。

清式斗栱的斗口定分，基本上与宋式斗栱的材分定分是对应的。这是因为，材的宽度就是斗口的宽度，两者的标准材宽度是完全相等的；宋制单材高 15 分，足材高 21 分；清制在斗栱分件中用的"单材"高 1.4 斗口；"足材"高 2 斗口，它们在高度上仅差 1 分。因此宋、清斗栱分件的定分值所差甚微。如斗的定分，宋制栌斗高 20 分，正面、侧面各长 32 分；清制大斗高 2 斗口，正面、侧面各 3 斗口，仅有微差。宋制瓜子栱、令栱、慢栱均为单材断面，长 62 分、72 分、92 分；清制的单才瓜栱、厢栱、单才万栱，断面也是"单材"，长度也是 6.2 斗口、7.2 斗口、9.2 斗口，两者尺度也仅有微差。因此一攒清制的单翘单昂平身科斗栱和一朵宋制的五铺作补间铺作，当它的斗口值与材的宽度值相等时，两者在整体尺度上是基本相同的（图 4-2-27）。虽然材分用的是宋尺，斗口用的是清尺，但宋三司布帛尺折合 0.317 米，清营造尺折合 0.32 米，两者所差甚微，它们折合为实际尺寸后，也是基本相同的。

值得注意的是，清制的柱、梁、檩、枋等构架用木的斗口定分值，与宋制的材分定分值却是大相径庭的。我们试以清制柱径与宋制柱径，清制五架梁与宋制四椽栿作比较。如斗口用七等，斗口为 3 寸；材用八等，材宽也是 3 寸，两者折合的用材等级相同。清檐柱定分是"以斗口六份定径寸"，即 18 寸；与之对应的宋厅堂柱径定分为两材一栔，即 36 分，合 10.8 寸；清檐柱径比宋厅堂柱径要大 7.2 寸；五架梁断

图 4-2-27 宋、清斗栱尺寸比较

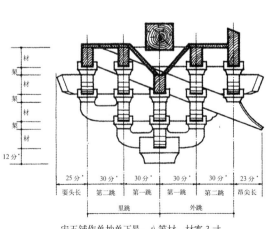

宋五铺作单抄单下昂，八等材，材宽 3 寸

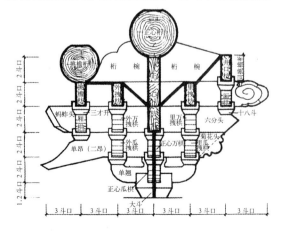

清五踩单翘单下昂，七等斗口，长 3 寸

面定分是"以金柱径加二寸定厚，以本身厚每尺加二寸定高"。这里，檐柱径是6斗口，合18寸，金柱径为20寸，五架梁宽为22寸，高为26.4寸。而宋四椽栿高为两材两栔，即42分，合12.6寸；按3∶2高宽比，四椽栿宽为28分，合8.4寸。两相比较，清五架梁比宋四椽栿的断面要大5.48倍。这是一种极显著的不对应定分。由此导致清制用木的斗口等级，要比宋制用木的材分等级低很多。因此一、二、三等斗口，实际上用料尺度过大，从来没用过，形同虚设。城阙建筑最大用到四、五等斗口；大型殿座不过七等斗口；一般殿屋用的多是八、九等斗口；垂花门、方亭、圆亭之类用十等斗口；室内装修藻井之类用十一等斗口。像北京故宫太和殿那样的顶级殿座，用的只是七等斗口。这比起宋制殿身九至十一间者用一等材，可以说是天差地别。但这并不意味着清构架用木比宋构架用木小。从前面折算可知，七等斗口的檐柱径已达18寸，而宋一等材的殿堂阁柱径（两材两栔至三材）也才42至45分，折合12.6至13.5寸，这表明七等斗口柱梁用木实际比一等材还大。只是清制斗栱尺度小了许多。因为斗栱分件定分值宋清制是对应的。当采用低等级斗口时，斗栱用木自然小了许多。

正是因为明清斗栱尺度较唐宋显著趋小，导致斗口制呈现出这种斗栱对应定分而梁架不对应定分的现象。由于清式斗栱尺度的趋小，平身科斗栱数量激增并密集地排列着，因此"间"的面阔与进深的尺寸都需要符合斗栱"攒"的倍数。《工程做法》确定每攒斗栱通宽以11斗口计，这个"11斗口"就成了平面布局的一种"扩大模数"，清式带斗栱的殿屋，平面柱网都严格地遵循这个扩大模数。

（4）斗口模数与檐柱径模数

清《工程做法》为解决模件的系列差，在明确地推出斗口模数的同时，也悄悄地设立了一套檐柱径模数。这是因为"斗口"是斗栱中的一个尺度，它只适合用于带斗栱的建筑，而且只用于带斗栱建筑的大木作。对于不带斗栱的建筑，对于非大木作的构件，就得另设模数，这样就形成了檐柱径模数。

清制大木作分大式做法和小式做法，小式做法都不带斗栱，大式做法有带斗栱的，也有不带斗栱的。《工程做法》列出的23例大木大式中，9例带斗栱，14例不带斗栱。大木小式和不带斗栱的大木大式的定分就都得用檐柱径模数。这个檐柱径是从明间面阔中导出来的。《做法》示例中列出的小式建筑和不带斗栱的大式建筑，明间面阔有九尺、一丈、丈一、丈二、丈三、丈四、丈七等，表明明间面阔是可以在合宜范围内按需设定的。一旦选定明间面阔，就可折算出其"檐柱径"。

其折算有三个等次：

①大式大木和七檩小式大木，以面阔十分之八定高低，十分之七定径寸，即柱径为面阔的7%；

②六檩小式大木，以面阔十分之七五定高低，十分之六定径寸，即檐柱径为面阔的6%；

③五檩、四檩小式大木，以面阔十分之七定高低，十分之五定径寸，即檐柱径为面阔的5%。

这样，选定了明间面阔尺寸，也就确定了檐柱径的尺寸，这个檐柱径（D）就成了模数单位的定分值。然后就由这个D来定分其大木构件。如金柱径，大式用D+2寸，小式用D+1寸，抱头梁、五架梁，大式用D+2寸定厚，以本身厚每尺加三寸定高；小式用D+1寸定厚，以本身厚每尺加二寸定高，如此等等，建立出无斗栱建筑的大木构件的尺度系列差。

檐柱径模数的使用范围还超出大木作范围，不论是小式建筑还是不带斗栱的大式建筑，以至带斗栱的大式建筑，它们的各项装修做法，也都用的是檐柱径模数。如"下槛"，就是以檐柱径十分之八定高，以高之半定厚；上槛以下

① 刘大可. 中国古建筑瓦石营法[M]. 北京：中国建筑工业出版社，1993：259.

槛之高十分之八定高，厚与下槛同；抱框以下槛十分之七定宽，厚与下槛同；隔扇边梃以抱框之宽减半定看面，以看面尺寸加二寸定厚，等等。由此，整套的装修分件都可由檐柱径导出定分。在石作和瓦作中，檐柱径还用于柱顶石、角柱石、檐墙、山墙、槛墙、廊墙等的定分，它的适用面可以说是相当广的。

在斗口模数、檐柱径模数之外，清式瓦作如同宋式瓦作一样，采用了"样等"作为系列差。官窑生产的黑活筒瓦、板瓦都分头号、1号、2号、3号、10号五等①，根据檐柱径的大小和檐口离地的高低，选用不同规格的瓦件。琉璃瓦的规格更为细密，全部琉璃瓦顶的瓦件、脊件、兽件都有精确的长、宽、高尺寸，规定为十种型号，称为"样"。"一样"尺寸过大，"十样"尺寸过小，实际上只设二至九样。故宫太和殿用的就是二样瓦，一般殿座多用五六样瓦。

不难看出，材分级差、斗口级差、檐柱径级差和"样等"级差等等，都为模件化构件提供了必要的尺度系列，便捷地适应了程式化建筑体系对于尺度系列调节的需要。

2. 制式系列差

建筑程式化只具备尺度系列差是远远不够的，它在相同制式下只能进行有限的尺度调节。木构架建筑模件化的精彩之处，还在于它建立了一整套制式系列差，充分调度了"细胞增殖"，也交叉运用了"细胞变异"。

"间架增殖"是木构架建筑调节单体规模的基本方式。两缝相邻的梁架构成一"间"，每增加一缝梁架，就可以添加一"间"，因此在面阔方面就很容易调节出单开间、三开间、五开间、七开间、九开间等不同规模。它是"间"的单元重复，是一种典型的"细胞增殖"现象。清制正式建筑严格地遵循着这种规整的开间组合。而在进深方向，殿屋的通进深则由桁檩的数量来调节。为分析其构成机制，我们有必要把明清的梁架构成区分为两种单元：一种可称为"叠梁单元"，其特点是每一根梁的两端都落于柱（落地柱或瓜柱）上。这些梁按其承担的桁檩数，分别称为三架梁、五架梁、七架梁。当屋顶为卷棚时，桁檩呈双数。这样，它们分别构成三檩、四檩、五檩、六檩、七檩等多种叠梁单元。另一种可称为"插柱单元"，其特点是梁的一端落在檐柱或老檐柱上，而另一端则插到内外金柱或中柱的柱身上。这种梁，按其跨度的步数，分别称为单步梁、双步梁、三步梁。叠梁单元自身可以组成三檩穿廊式、四檩卷棚式、五檩无廊式、六檩卷棚式、七檩无廊式、八檩卷棚式等梁架形式（图4-2-28）；加上插柱单元的组合，就可以组成六檩前出廊式、七檩前出廊式、七檩前后廊式、七檩卷棚前出廊式、八檩前出廊式、八檩卷棚前后廊式、九檩前后廊式、九檩前后双步廊式、九檩前后三步廊式、十檩卷棚前后廊式、十一檩前后双步廊式等多种梁架形式（图4-2-29）。在有中柱的梁架中，就可以不用叠梁单元，这时候步梁直接插入中柱，组成纯插柱单元组合的五檩中柱式、七檩中柱式、九檩中柱式等梁架（图4-2-30）。也存在着叠梁与插柱交混的中介状态，如六檩落金式、九檩落金式（图4-2-31）等。

梁架的这种构成形式表明，殿屋在进深方向的扩展，主要采取的不是加大"架深"的

图4-2-28 叠梁单元组合的梁架形式

三檩穿廊式　　四檩卷棚式　　五檩无廊式　　六檩卷棚式　　七檩无廊式　　八檩卷棚式

方式，那只是尺度差的微小调节。通进深的扩大主要靠的是添加"檩数"，可以从三檩添加成五檩、七檩、九檩、十一檩……每添加一檩，就同时添加一柱。这就如同面阔方向的"间"的单元增殖一样，呈现出进深方向的"檩柱"单元增殖。

穿斗式构架也反映出这种檩柱单元增殖。它可以像疏檩穿斗式那样每根檩子都有落地柱，也可以像密檩穿斗式那样，间隔地把一部分柱子不落地，而插在下层穿枋上（图4-2-32）。木材具有"横担千，竖担万"的特点，同样断面的木料，横过来当"梁"用，它的承载量比较低，而竖起来当"柱"用，承载量就剧增。穿斗式正是通过檩柱的直接传力，以增加立柱和穿枋为代价，省略去全部的"梁"。这是一种以小材取代大材的经济做法。但是穿斗构架存在着密柱导致的小跨度，不能适应较大空间的殿屋需要；穿斗构架的小规格用料也难以适应厚重荷载的需要；因而官式建筑、大型建筑和北方地区屋顶荷载厚重的建筑，还不得不用抬梁式构架。

在抬梁式构架中，"檩柱"的增殖直接导致"梁"的增殖，当三架梁跨度不足时，就增殖五架梁、七架梁；当单步梁跨度不足时，就增殖双步梁、三步梁。值得注意的是，五架梁的长度大体上摆动在5～8米之间，这样的跨度可以满足多数厅屋核心空间的需要，其用材也不算太大，因而五架成为最常见的叠梁架数，厅屋进深尽量取五架，或在五架叠梁单元的基础上，添加插柱单元来调节，形成六檩前廊式、

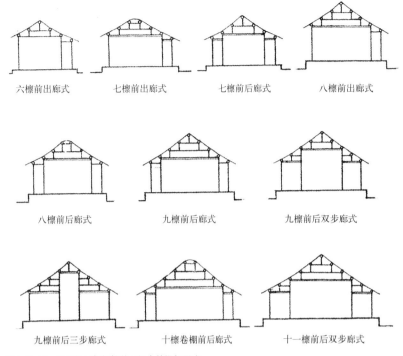

图4-2-29 叠梁单元与插柱单元组合的梁架形式

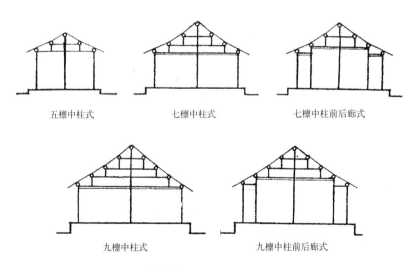

图4-2-30 带中柱的插柱单元组合的梁架形式

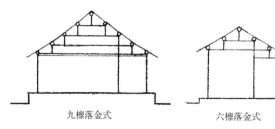

图4-2-31 叠梁与插金交叉的梁架形式

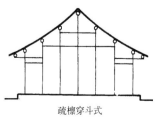

图4-2-32 穿斗式构架的檩柱单元增殖

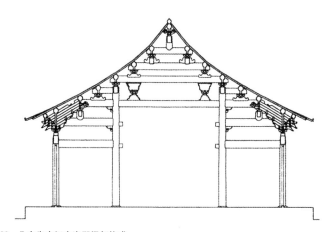

图 4-2-33 北京先农坛太岁殿梁架构成
引自郭华瑜. 明代官式建筑大木作. 南京：东南大学出版社，2005.

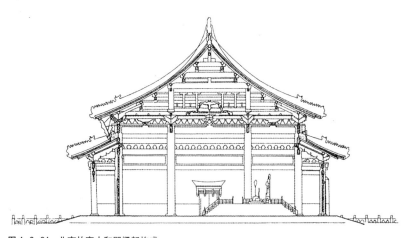

图 4-2-34 北京故宫太和殿梁架构成
引自刘敦桢. 中国古代建筑史. 北京：中国建筑工业出版社，1984.

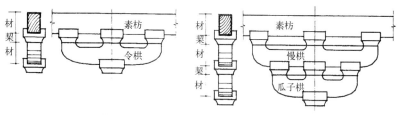

图 4-2-35 重栱是单栱的增殖

七檩前后廊式、九檩双步廊式等。对于大型殿堂，核心空间用五架梁跨度实在不够时，只好添加七架梁，形成九檩前后廊式、十一檩双步廊式等。而像北京先农坛太岁殿那样更大进深的殿座，就进一步采用七架梁前后出三步梁来组成，这样可以达到十三檩的通进深（图 4-2-33）。北京故宫太和殿也是如此（图 4-2-34）。它的身内部分用的也是七架梁前后出三步梁，只是其内柱是童柱，童柱通过墩斗再落到下部的金柱上，形成颇富创意的殿阁型与厅堂型的混合体。它的四周再加上一圈周围廊。太和殿的七架梁已经长达 11.2 米，已是难以寻觅的大料，因此不采用比它更长的九架梁。由于组合进前后三步梁，身内的十三檩进深可以做到 26 米，加上下檐的前后廊深，太和殿的通进深达到 33.33 米，完全满足了超大殿座空间通深的需要。

以木材为主体结构用材的木构架建筑，呈现这种"间架增殖"现象，可以说是理所当然的。它不是着力于"间"的扩大和"步架"的延长，而是通过"间"与"架"的单元重复来放大规模，这就保证了柱、梁、檩、枋、椽等不至于出现过大的尺寸，避免了对大尺度原木的依赖。这一点对于木构架建筑之得以广泛推行，之所以成为中国古代建筑主流，是十分重要的。也正是这种细胞增殖的构成方式，奠定了木构架建筑的基本制式，形成一整套制式系列。

我们可以看到，不仅间架构成中呈现出细胞增殖，在木构架建筑的其他构件、分件构成中同样存在着这现象。斗栱的构成就是它的一个生动展现。

在宋代斗栱构成中，我们可以看到"单栱"做法和"重栱"做法。显而易见，重栱就是在单栱基础上横栱的一次重复（图 4-2-35）。"五铺作重栱出单抄单下昂"就是在"四铺作外插昂"的基础上，里外跳增添出第二跳，相应地增添两组重栱和一个华栱头，并把插昂转换成一个新的元素——"下昂"（图 4-2-36 ①、4-2-36 ②）。"六铺作重栱出单抄双下昂"就是在五铺作基础上，外跳增添第三跳，增添又一组重栱和又一个下昂（图 4-2-36 ③）。如此类推，可以构成外出五跳、双抄三下昂，里转三跳，出三抄，具有 8 组重栱的"八铺作"斗栱（图 4-2-36 ④）。在这里，斗栱的由小

第四章 木构架建筑：单体层面"有、无"

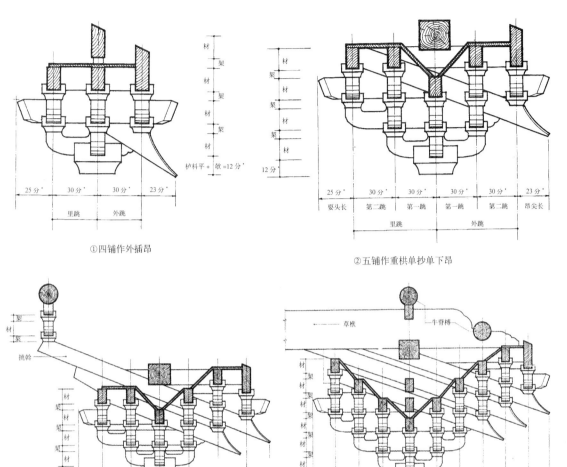

图 4-2-36 宋式铺作的出跳增殖
引自梁思成全集第七卷. 北京：中国建筑工业出版社，2001.

① 四铺作外插昂
② 五铺作重栱单抄单下昂
③ 六铺作重栱单抄双下昂
④ 八铺作重栱双抄三下昂

到大，出跳的由近到远，不是通过斗栱分件的尺寸放大，而是遵循着分件的重复增殖。这样就使得大小各型斗栱都可以用小规格的材木制作，避免运用大材，并保持不同型号斗栱间的尺度协调。值得注意的是，每一朵斗栱的放大，只是呈现在纵向（进深方向）出跳的加长和整朵斗栱的升高，而在横向（面阔方向）并没有加宽。不论是四铺作还是八铺作，其宽度都是一样的。宋式斗栱，当间的面阔运用单补间显得不够时，不是放大斗栱的宽度，而是将补间单元重复，增添为双补间。在清式斗栱中，由于平身科增多并呈密排，更是以添加平身科攒数来调节。它们构成了斗栱自身的单元增殖。

有趣的是，木构架建筑在垂直构成上，也很擅长运用单元增殖。台基可以做成单台基、双重台基、三重台基，这样可以避免用单层的超高台基造成尺度的失控，而且形成台基制式的三种等次，便于适应礼制等级的需要。在多层木构架建筑中，我们可以看到极显著的楼层单元重复增殖现象（图 4-2-37）。因为木构架需要防雨，各层都需要做出腰檐，这就奠定了木塔层层出檐的基本形态，并从木塔影响到仿木的楼阁式砖塔的层层出檐和密檐塔的极度夸张的密檐重复。我们从应县木塔可以看到，它的外观呈现出五层六檐，由平坐、屋身、腰檐组成的楼层单元自下而上重复了四

153

图 4-2-37 万荣飞云楼立面呈现的楼层单元增殖
引自孙大章. 万荣飞云楼. 建筑历史研究，第 2 辑

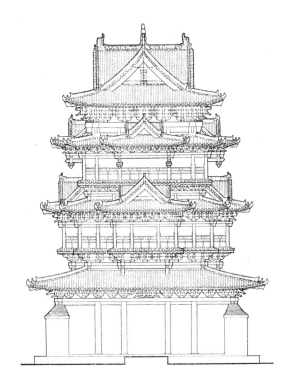

图 4-2-38 应县木塔立面呈现的楼层单元增殖
引自陈明达. 应县木塔. 北京：文物出版社，1966.

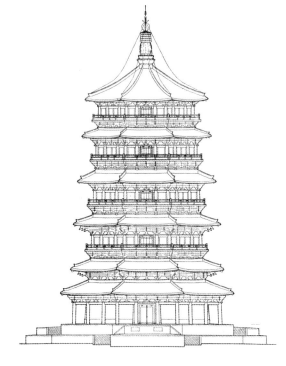

图 4-2-39 屋顶的"人字庇母体"和"端部"

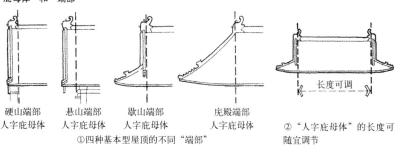

① 四种基本型屋顶的不同"端部"
② "人字庇母体"的长度可随宜调节

次（图 4-2-38）。而在塔身内部结构，还暗含着四个"夹层"，这样全塔结构实际上由一个底层、一圈副阶、四个楼层和四个夹层组成。这是一个充分重叠的结构，这样的重叠使得全塔除第一层的内槽柱和外槽柱高为 8.65 米，副阶柱高为 4.2 米外，上部四个楼层的柱高都不到 2.9 米，四个夹层的柱高都不到 1.7 米，大大缩减了整塔大材的用量。这表明，细胞增殖原则是木构架的必要原则，以小构件的重复组合来替代大构件是用木的必然选择。

木构架建筑的制式系列，除细胞增殖现象外，也交织着细胞变异现象，这也是生成制式系列的重要机制。这一点，在屋顶系列中表现得最为显著。

我们知道正式建筑的屋顶有硬山、悬山、歇山和庑殿四种基本形式。这四种屋顶在形式构成上都可以区分为"主体"和"端部"两个组成部分。四种屋顶的主体部分都呈"人字庇"，这一点是共同的，它们的区别只是"端部"的不同（图 4-2-39 ①）。"人字庇母体"有一个重要的特点，就是它是可伸缩的，可以长一些，也可以短一些，这使得它可以适用于不同的开间，三开间可以用它，五开间、七开间也可以用它，可以随着"间"的增殖而增殖（图 4-2-39 ②）。从这一点说，主体部分是带有单元重复特点的。而它的"端部"结束形式的不同，则属于细胞变异。硬山的端部是垂脊止于山墙；悬山的端部是垂脊悬挑出山墙之外；歇山的端部是带"小红山"的"厦两头"；庑殿的端部是完整的左右坡撒头。它们构成了屋顶的不同形象和不同性格。这个细胞变异构成了屋顶形制的基本差别。在这个差别基础上，再加上硬山、悬山、歇山的卷棚做法，和庑殿、歇山的重檐做法，形成了正式建筑从重檐庑殿、重檐歇山、单檐庑殿、单檐歇山、卷棚歇山、尖山悬山、卷棚悬山到尖山硬山、卷棚硬山的九种屋顶系列（图 4-2-40）。

第四章 木构架建筑：单体层面"有、无"

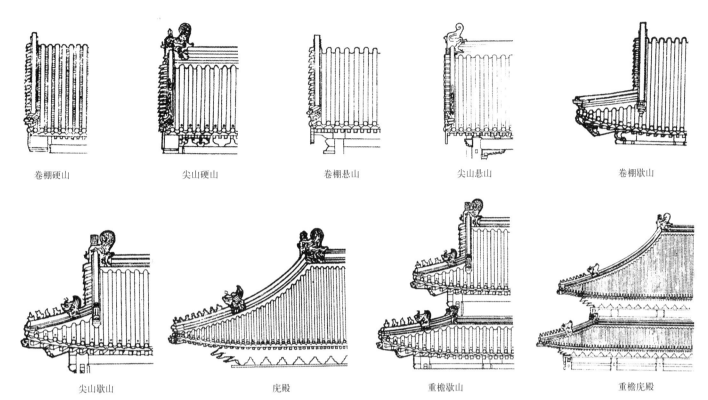

卷棚硬山　　尖山硬山　　卷棚悬山　　尖山悬山　　卷棚歇山

尖山歇山　　庑殿　　重檐歇山　　重檐庑殿

图 4-2-40 正式建筑屋顶由低到高的等级序列

它们构成了单体建筑的一种显著的制式调节。

细胞变异现象在木构架建筑的细部处理上比比皆是。凡是构件的相同部位呈现出不同的细部，实质上都属于细胞的局部变异。多样的漏窗格式，多样的棂心格式，多样的栏杆柱头格式，多样的梁枋彩画格式，都闪烁出细部变异所呈现的千变万化的风采。

我们可以重点看看檐枋彩画的这种制式系列。清官工建筑檐枋彩画形成了一整套明确、周全的品类。它首先区分为三大类：一是和玺彩画，二是旋子彩画，三是苏式彩画。和玺彩画是清式彩画中等级最高的，主要用于宫殿、坛庙、陵寝的主体建筑（图4-2-41）。它以龙为装饰母题，定型为行龙、坐龙、升龙、降龙4种图案。所用图案都是程式化的、图案化的、变形的画题，排除图案的立体感，透视感，力求保持构件载体的二维平面视感。整体色彩在蓝绿基调上贴饰金箔，取得金碧辉煌的色彩效果。整个画面强调出尊严、华贵、凝重的格调。

和玺彩画通过图案的变化，进一步细分为金龙和玺、龙凤和玺、龙草和玺、金琢墨和玺等不同格式。旋子彩画是等级次于和玺的彩画，多用于宫殿、坛庙、陵寝的次要建筑和寺庙等组群中的主次建筑（图4-2-42）。其主要特点是"藻头"部分以旋子图案为装饰母题。据吴葱考证，旋子是图案化的"宝相花"，"这里的宝相花，就是一种含义吉祥、集多种自然形态的花卉组合而成的花卉图案"。[①]这种以美好的、理想化的旋子图案为主题的彩画呈现出端庄、丰美、华丽的格调。根据其用金的多少和色彩是否退晕，细分为金线大点金、墨线大点金、金线小点金、墨线小点金、石碾玉、金琢墨石碾玉、雅伍墨等多种格式。苏式彩画起源于苏杭一带，传入北京后演变为官式彩画的一种。它的枋心有两种形式：一种是用于内檐梁枋的狭长枋心，另一种是用于外檐的，把檐檩、檐垫板、檐枋联成一体的"包袱"枋心（图4-2-43）。后者的包袱边缘做成折叠退晕曲线的烟云，包

① 吴葱. 旋子彩画探源[J]. 古建园林技术，2000（4）

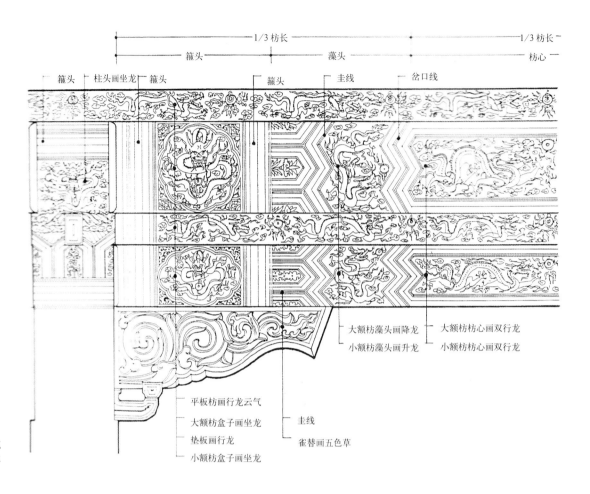

图 4-2-41 清式和玺彩画
引自孙大章．中国古代建筑彩画．北京：中国建筑工业出版社，2006．

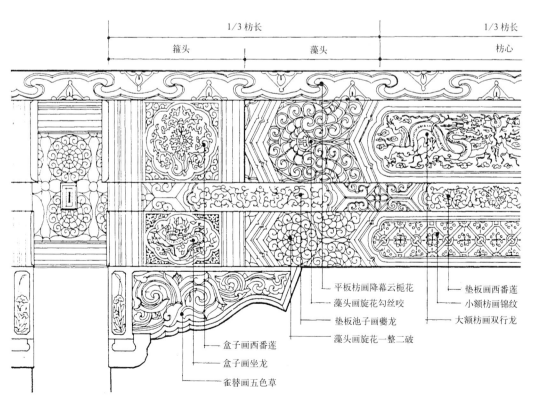

图 4-2-42 清式旋子彩画
引自孙大章．中国古代建筑彩画．北京：中国建筑工业出版社，2006．

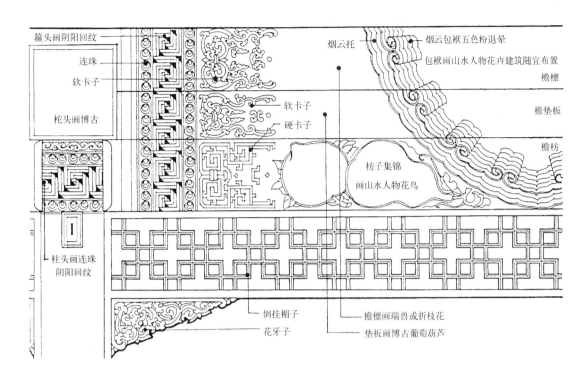

图 4-2-43 清式苏式彩画
引自孙大章. 中国古代建筑彩画. 北京：中国建筑工业出版社，2006.

袱心内可随宜画山水、人物、翎毛、花卉、楼台、殿阁等。藻头部位画软硬卡子和集锦花卉。这些画题是写实的、非程式化的，与和玺彩画、旋子彩画迥然异趣，显现出轻松、活泼、欢快、风趣的性格。它也细分为沥粉贴金的"金线苏画"、非沥粉贴金的"黄线苏画"和不画枋心、藻头的"海墁苏画"等格式。

三大类彩画的这种不同构图和性格，加上各自细分的格式，形成了檐枋彩画充足的制式系列，足以满足各种建筑类型在彩画装饰上表征等级、点染性格、美化形象的需要。所有这些彩画制式的基本构图都是定型的，其图案题材有不同程度的灵活调节余地。和玺彩画和旋子彩画都划分出枋心、箍头和藻头。在图案分布上都严格遵循平板枋、大额枋、垫板、小额枋之间的界限，绝不超越、交混，以充分展露构件载体清晰的组合逻辑。苏式彩画也划分包袱、箍头和藻头，但在图案分布上有意突破檩、垫、枋的界限，通过枋心部位的包袱和两端的连续箍头，形成一体画面，只是保留藻头部位的檩、垫、枋分画，没有完全掩盖构件的界限。

如果说和玺、旋子两种彩画都严格认真地以定型的、图案化的、规范的装饰题材为基调，那么，苏式彩画在它的包袱心和藻头集锦区内，则极为开放地、自由灵活地随宜选用各种写实的、带有透视的、立体感的装饰题材以获取欢快、活泼的效果。

在彩画定式构成机制上，特别值得注意的是它的"藻头"处理。所谓"藻头"，实际上是"找头"的雅称，顾名思义，它是除了枋心、箍头之外的"剩余"部分。正是这个剩余部分，提供了檐枋彩画定式构图中的灵活调节余地。和玺彩画在这里安排了横置的"玉圭"图案，圭体呈一整二破，它是可伸缩的、可任意调节比例的，通过曲折的圭线光与枋心曲折的盆口线，围出适宜比例的"找头蓝地"和"找头绿地"，分别装点升龙、降龙图案，以此适应不同长宽比例的"找头"。苏式彩画则在藻头区内，除蓝地画硬卡，绿地、红地画软卡外，将剩余的空地、边角全作为"自由画"特区，这里可以随意填充集锦的山水、人物、博古、花卉，以此灵活地调节找头的长短。最有意思的是旋子彩画，

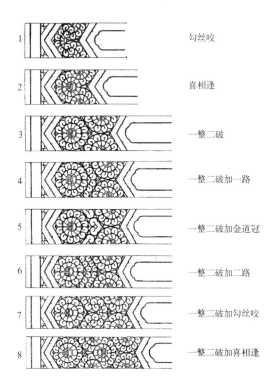

图4-2-44 旋子彩画藻头处理
引自中国科学院自然科学史研究所. 中国古代建筑技术史. 北京：科学出版社，1985.

它在找头部位遇到了难题。由于明、次、梢间枋长的不同，再加上大小额枋枋高的不同，这个夹在枋心与箍头之间的找头，高、宽比例是变化不定的。为了适应比例各异的找头，旋子彩画找到了一种调节方式：以"一整二破"作为标准；如找头过短，则依次改用"勾丝咬"或"喜相逢"；如找头过长，则依次加"一路"、加"金道冠"、加"二路"、加"勾丝咬"、加"喜相逢"；由此形成8种定型调节格式（图4-2-44）。这是令人叹服的、极细腻的规范化调节。我们在这里看到"一整二破"、"一路"、"二路"、"勾丝咬"、"喜相逢"、"金道冠"等命名，又一次领会到"命名"到哪里，也就意味着"定型"到哪里。由此可以看出，木构架建筑在制式系列差的构成上，调度"细胞增殖"和"细胞变异"达到何等深入、何等细腻的程度。

从以上所述建筑实体的程式链和建筑模件的系列差，我们可以深切认识中国木构架建筑的高度程式化现象。这种高度程式化有很多特点是值得我们注意的：

一是遵循用木的科学法则。从"间"的单元重复，"架"的单元重复，楼层的单元重复，以至在院落组成中，单体建筑自身的单元重复，都贯穿了以小构件的重复来替代大构件的用木法则。在穿斗式构架中，还尽量以小规格的竖向受压构件来替代大尺寸的横向受弯构件，这些都避免了对大尺度原木的用材依赖，调度了用木优势，促使以木构架为主体结构的建筑成为中国古代占主导地位的建筑体系。

二是促进规模化生产。整套程式链和系列差的建立，完成了建筑构件的模件化、标准化。大木作构件、小木作装修以至琉璃瓦件等等，都具备定型制式和样等尺寸，可以预制加工，现场组装，这为大型建筑工程的规模化生产提供了前提条件。明代北京故宫，于永乐四年（1406年）七月下诏督民采木，烧造砖瓦，永乐十五年（1417年）二月正式开工，到永乐十八年（1420年）九月即已完工。短短44个月时间，就能完成如此庞大工程的现场施工，其原因就在于采取场外预制的办法。当时工部在北京设有五大厂——神木厂、大木厂、台基厂、黑窑厂、琉璃厂。神木厂、大木厂用于贮木；台基厂"做出广阔平整的台基，作为木构件加工的场地"[①]；黑窑厂烧制城砖；琉璃厂烧制各个样等的琉璃瓦件。正是这种模件化的预制加工，保证了规模化的生产，并大大缩短了现场施工工期。

三是适应等级消费的需要。古代中国的等级社会，权力的分配决定了消费的分配，通过消费品的级差，来明尊卑、辨贵贱，以维系和强化"循礼蹈规"的稳定秩序。这种被限定的消费，不仅仅是物质性的，也包含精神性的。由此，建筑从间架格局、部件形制、做法用材、尺度样等以至细部装饰，都存在着严格的等级限制。程式化的制式系列差和尺度系列差正好与之合拍，成为等级名分的列等方式和表征符号，这使得模件化的尺度调节和样式调节，不

① 于倬云. 紫禁城始建经略与明代建筑考[M]//故宫博物院编. 紫禁城营缮记. 北京：紫禁城出版社，1992：30.

仅仅具有技术层面的意义，而且升华到政治层面、文化层面的意义。以至于某些制式在技术层面已经过时，因其表征等级的需要而依然存留。这是强化等级系列的一个重要因素。由于等级规制的高低与建造成本的高低基本上是吻合的，因此程式化的系列差调节实质上也适应了不同财力、物力所要求的性能标准、质量标准的等差，使得木构架建筑既可用于高档次的建筑，也可以普及于低档次的建筑。

四是有利匠艺的传承。古代中国建筑是"没有建筑师的建筑"。匠作的传艺主要通过口传身教的方式。有的甚至将制式、做法编成口诀来传导。程式化的规范做法和制式，大大方便了匠艺的传承。对于欠缺文化知识的匠工，这种定制、定式的传艺是最为便捷有效的。工匠掌握了制式规范，就是一个达标的匠人。即使是一个低水平的匠工，他们建造的建筑也都是达标的。这就是我们所见的遗存至今的传统民居和民间建筑，几乎都是达标的设计的缘故。

五是形成高度成熟的建筑体系。程式化的过程是经历长久实践经验积累的过程，是经过千锤百炼打造的过程。程式化的制式是优选的，几乎所有上升为定式的制式，都带有某种规范性，都具有很强的生命力和传承性。木构架建筑这种全方位的程式化，经历古代漫长时期的无间断延续，形成高度成熟的建筑体系。正是这个程式化体系保持了木构架建筑炉火纯青的规范化水平。如果把规范的程式与非规范的样式相比较，就很容易发现两者的差异。我们可以看看沈阳清福陵隆恩殿的月台须弥座，由于清入关前对规范制式把握不到位，它呈现出许多明显的、非规范的败笔。整个须弥座未做圭脚层，直接以下枋着地，缺少了一层富有弹力的、拓宽的底座，削弱了整体稳定、轩昂、舒放的气势；它的束腰过高，整体比例失当，而且束腰上的纹饰竟然比栏板还长，装饰尺度严重失控；垂带栏杆的处理也有明显缺陷。相形之下，对照规范化的清式须弥座和石栏杆，就可以察觉程式化制式所达到的成熟、完美的境地（图4-2-45）。

六是规制阻碍设计创新。中国古代农耕社会缺乏扩大再生产的动力，社会运行缓慢迟滞，滋生寻故蹈常的永恒意识，形成一整套遵循祖制旧规的礼制。建筑的程式化适应了这样的社会需求，更加强化了建筑制度的稳定性。雷德侯曾经指出：

> 模件体系注定会削弱物品的创造者、所有者与使用者的个人自由，从而在社会上制造了难以通融的限制。①

的确，程式化自身就形成一种规制，它的陈陈相因，就构成一种传统。制式系列带上等级表征的意义，再抹上祖制的色彩，自然更加强化它的规制约束力，这就不可避免地呈现顽强的传统惰力。这种惰力的突出表现就是阻碍设计创新的自由。古代中国建筑中的"仿木"现象很典型地表现出这一点。我们从石牌坊的

① [德]雷德侯. 万物[M]. 张总，钟晓青等译. 北京：生活·读书·新知三联书店，2005：9.

图4-2-45　清式须弥座与清福陵须弥座

清福陵隆恩殿月台须弥座

清式须弥座定式

仿木、砖塔的仿木和无梁殿的仿木，可以看出主体用材的更新、主体结构的更新，如何严重地束缚于既有的形制，而迟迟找不到适合自身材料、结构的创新形式。这在很大程度上使木构架建筑体系的高度成熟，停留于圆熟、烂熟，而未能与时俱进地创新、更新。

七是程式化的类型性吞噬了创作个性。 模件化导致的对自由的限制，不仅阻碍设计的创新，也阻碍设计的个性化。定制、定式的建筑必然呈现类型性的特色，特别是等级规制所约束的建筑形制更加重了类型化的倾向。我们看看北京故宫太和殿、北京太庙正殿、北京昌平长陵祾恩殿和北京历代帝王庙，这四处大殿都属于最高一级的规制，太和殿和太庙正殿平面均为九开间周围廊的格局，长陵祾恩殿和历代帝王庙平面均为九开间前后廊的格局，它们都用的是重檐庑殿顶。这样的开间和屋顶赋予这四个殿座等级形制上的极显著的类型性品格，尽管它们之间在功能性质上有很大差异，却都呈现出几乎雷同的造型，这是极鲜明的等级类型性吞噬功能个性的现象。在这样的殿座设计中，当然更谈不上设计人的创作个性，因而也是规制类型性吞噬创作个性的现象。这种现象在官式建筑中比比皆是，遍布北京城的四合院住宅，也是如此。在建筑格局上，它们显现的主要是等级规制的类型性品格，而失却业主和匠师的个性特色。

三　程式"单体"与非程式"单体"

前面讨论了木构架建筑的实体程式链和模件系列差，现在可以进一步考察木构架建筑的程式"单体"和非程式"单体"。关于这个问题，传统匠作习惯上把木构架的程式建筑区分为"正式"和"杂式"两个大类，前者呈现的是木构架建筑的"通用型"，后者呈现的是木构架建筑的"专用型"。木构架体系中还有一大类是不拘一格的非程式"单体"，借用李渔在《闲情偶寄·器玩部》中的用语，不妨称之为木构架建筑的"活变型"。这里，我们对于木构架单体建筑的"程式"与"非程式"的考察，就从它所呈现的"通用型"、"专用型"和"活变型"切入展述。

（一）程式建筑Ⅰ：通用型

"正式建筑"、"杂式建筑"是传统匠作的一种习惯说法。刘大可在《中国古建筑修缮技术·瓦作》中提到了这一点，他说：

> 在古建筑中，平面投影为长方形，屋顶为硬山、悬山、庑殿或歇山做法的砖木结构的建筑叫"正式建筑"。其他形式的建筑统称为"杂式建筑"。①

由此可知，正式建筑是一种规范性的建筑制式，平面形式是规规整整的长方形，屋顶严格采用标准的定型形制，只用硬山、悬山、歇山、庑殿四种基本屋顶形式。应该说，在程式化建筑体系中进一步区分出"正式"与"杂式"是很有必要的，这表明程式化的木构架建筑体系是以"正式建筑"为主体的。这种正式建筑实质上是以"一明两暗"式的三开间为基本型，由这个基本型，可以扩展为五开间、七开间、九开间或缩小为双开间、单开间，形成不同大小的单体建筑规模。它们在空间上是规则开间的组合，在实体上是定式构件的组构，由此构成规范的、模件化的、具有等差规制的正式建筑系列。这种正式建筑系列是针对官工建筑而言，是一种"官工正式"。实际上木构架体系的民居和其他民间建筑，也有很大部分是由这种规整开间和定式构件组构的，我们可以称它为"民间正式"。正是这两种"正式"——官工正式和民间正式，组成了木构架体系的通用型建筑，它们在程式化机制上具有多方面的优越性：

（1）它的空间是矩形的、规整的， 适于内里空间的灵活布置，便于满足不同功能的需要；

---

① 文化部文物保护科研所主编. 中国古建筑修缮技术[M]. 北京：中国建筑工业出版社，1983：226.

(2) 它的体量是可以调节的，可通过"间"的重复和"架"的增添，方便地组成不同大小的规模；

(3) 它是可以划分等次的，从面阔间数、进深架数、屋顶制式、台基制式以及细部装饰等等，都可以形成等差序列，方便地组成不同的建筑等级；

(4) 由这种规则开间组构的单体建筑，自然形成规整的外观形体，适于组织规整的外部空间，适于围合内向的庭院，便于建筑组群的调度；

(5) 这种规整的开间组合，是规规矩矩的、老老实实的；不里进外出，不参差错落；不出现过大的体量和过大的跨度，可以充分满足程式实体对于空间"适于被围合"的要求。

正是通用型建筑的这些优越性，使得"官工正式"成为官式建筑的主体，"民间正式"成为民间建筑的主体。

北京四合院是典型的正式建筑集合，它位于京畿地区，既是当地的民间正式，又融入官工正式系统，成了官工正式与民间正式的叠加（图 4-3-1）。一般中小型四合院的房舍基本上由三开间加上部分双开间、单开间组成。三开间既可作为正房、厢房，也可作为正厅、过厅、花厅。双开间、单开间则用作耳房、厢耳房，并由三开间与双开间或单开间联结组成倒座房、后罩房。它们总体上都是正式建筑。大型四合院以至王府也是如此。王府的正殿（银安殿）、寝殿、配殿、朵殿、也都是正式建筑或它的联结体（图 4-3-2）。只是有的亲王、郡王的寝殿附加了抱厦。规制限定亲王正殿用七间，郡王正殿和贝勒、贝子堂屋用五间，有明确的等级约束。散布于中华大地的各式木构架民居，大多数也是以"民间正式"为组合单元。江苏苏州的"多落多进"民居（图 4-3-3），浙江东阳的"十三间头"民居（图 4-3-4），云南白族、纳西族的"三坊一照壁"、"四合五天井"民居（图 4-3-5），关中、晋中南的窄院民居（图 4-3-6），吉林、黑龙江的满族民居等等，其组构单元都是三间、两间和少数五间的正式系列，生动地反映出民间正式广泛的地域适应性。

正式建筑在功能适应性上表现得非常明显。它既适用于日常起居的生活空间，也适用于进行政务、祭祀、宗教、聚会等活动的礼仪空间。中国建筑的各个类型，无论是宫殿、宗庙、陵寝、寺观中的主殿、配殿、寝殿、门殿，衙署、府第、宅舍中的正厅、前厅、厢房，还是帝王苑囿、私家园林中的殿、阁、厅、堂、轩、馆、斋、室，以至各类型建筑中的大量辅助建筑等，绝大多数用的都是正式建筑。我们可以看一组

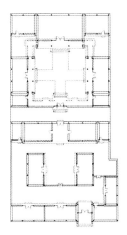

图 4-3-1 由"官工正式"组构的北京四合院
引自马炳坚. 北京四合院建筑. 天津：天津大学出版社，1999.

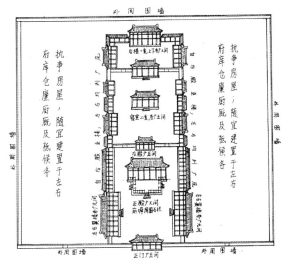

图 4-3-2 由"官工正式"组构的"标准王府"
引自刘大可，吴承越. 清代的王府. 古建园林技术，1997（1）

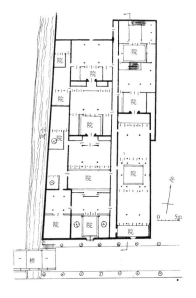

图 4-3-3 由"民间正式"组构的苏州多落多进院民居
引自徐民苏，詹永伟等. 苏州民居. 北京：中国建筑工业出版社，1991.

典型的县衙——河南内乡县衙（图4-3-7）。[①]这组保存得很完整的县衙为光绪二十年（1894年）所建。它的主体部分为外衙和后内。外衙有大门，仪门，以大堂为主院。大堂是发布政令、举行仪典和审理重大案件的场所，院内前厢分布皂、壮、快"三班"，后厢分布吏、户、礼、兵、刑、工"六房"。大堂后面设宅门，进了宅门就转入后内。后内以二堂院为正宅，三堂院为内

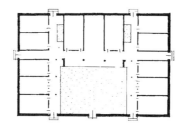

图4-3-4 由"民间正式"组构的东阳"十三间头"民居
引自洪铁城. 东阳明清住宅. 上海：同济大学出版社，2000.

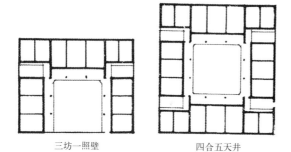

图4-3-5 由"民间正式"组构的白族"三坊一照壁"、"四合五天井"民居
引自云南省设计院《云南民居》编写组. 云南民居. 北京：中国建筑工业出版社，1986

三坊一照壁　　四合五天井

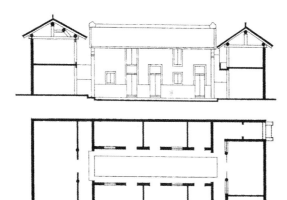

图4-3-6（左）由"民间正式"组构的山西窄院

图4-3-7（右）内乡县衙图
引自刘鹏九，苗丙雪. 明清县衙建筑考略. 古建园林技术，1995（4）

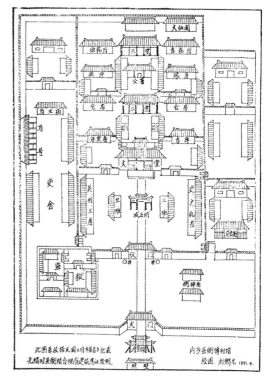

总平面图

① 参见刘鹏九，苗丙雪. 明清县衙建筑考略[J]. 古建园林技术，1995（4）

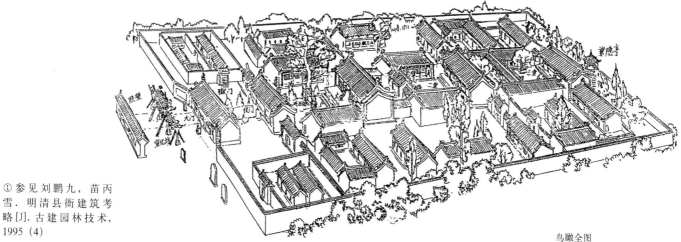

鸟瞰全图

宅。正宅理事，内宅住家。二堂是预审案件和慎思退省之所。两侧跨院分布仓房、库房。三堂是接待官员、处理政务之所。它的前方和两侧有刑名夫子房、钱粮夫子房、账房院和眷属居住的花厅院等，其后部为花园。县衙主体两侧，东路设有巡捕衙，西路设有吏舍、马号，仪门东南设有衙神庙，仪门西南设有狱房。可以说这是一个诸多功能各异的建筑集合。这么多不同功能集聚的建筑组群，除牌坊、影壁、小亭外，几乎全部由三间、五间的正式建筑及其联结体所组构，充分显示出正式建筑应对不同功能的潜能。

这种官工正式、民间正式的通用型建筑，在适应不同类型组群，适应不同等级规制，适应不同使用功能，适应不同气候环境，适应不同地形地段，适应不同庭院格式，适应不同风貌格调等等方面，都有它的调节机制。这些调节机制中有三点很值得我们注意：

1．装修调节

通用性的空间，落实到具体的使用功能，主要靠内檐装修、外檐装修来调节，并辅以不同的家具和陈设。这是从通用型的共性转化到具有功能特色的个性的必要中介。前面提到的内乡县衙，它的三座主体建筑——大堂、二堂、三堂，都是"五间七架前后廊"的正式建筑，都用的是硬山顶，三座建筑的尺度也相差不大，按说它们是十分雷同的。就其间架、屋顶基本制式而言，显现的是正式建筑的共性，如何使它满足前衙后邸的不同功能，如何使它呈现三"堂"的不同格调，内外檐装修的不同处理起到了关键作用。我们可以看到，大堂采用了"明三暗五"的做法，中部三间作为正堂，两梢间用"序墙"隔出夹室，用作堂事房、招房。明次间前檐敞开，次间檐柱联以栅栏。正堂中央置暖阁，设公案。暖阁前方地坪嵌"原告石"、"被告石"两块青石板"跪石"。暖阁左右陈列青旗、蓝伞、肃静牌、放告牌等出巡仪仗和堂鼓铜锣。这样就得体地营造出典型的公堂场所和肃穆的公堂氛围，凸显出不同于二堂、三堂的使用功能和特定品格。

民间建筑使用功能的转换也同样是通过内外檐装修来调节。许多地区的前店后宅建筑都有这现象。我们从山西平遥的"日升昌"票号可以看出，它实际上就是一组规模较大的晋中窄院（图4-3-8）。这个窄院坐南朝北，临街

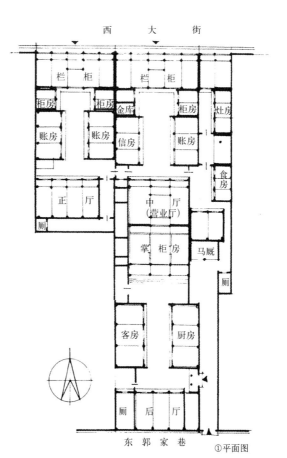

图4-3-8 平遥日升昌票号
①引自孙大章．中国民居研究．北京：中国建筑工业出版社，2004．
②引自宋昆．平遥古城与民居．天津：天津大学出版社，2000．

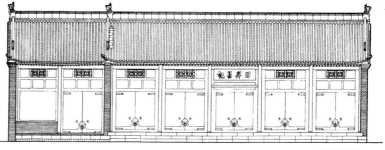

①平面图

②沿街立面图

① 参见宋昆. 平遥古城与民居[M]. 天津: 天津大学出版社, 2000: 120.

② 章乃玮, 王蔼人. 清宫述闻(初、续编合编本)[M]. 北京: 紫禁城出版社, 1990: 720.

③ 参见许以林. 乾东五所[J]. 紫禁城, 第29期.

铺面面阔五间，铺面后部形成三进院落。第一进以两厢作为柜房、金库；第二进以三间中厅作为汇兑厅，两厢用作信房、账房；第三进的北房紧贴于中厅之后，用作掌柜房，以南房厢房作为贵宾及高级店员住处。① 这里的铺面房、柜房、信房、账房、掌柜房、汇兑厅和贵宾、店员住室，都是通用型的窄院宅屋。这个著名的山西票号就是通过内外檐的装修处理，从窄院民居的格局转化为深院店铺的格局。临街面阔五开间的铺面，安装了一溜整齐的厚木板门，高筑的台基和檐下的彩画，加上"日升昌记"的店名牌匾，浓厚地凸显出商号铺面的性格和气势。

这种装修调节的现象，在宫殿组群中也同样存在。北京故宫"乾东五所"可以作为这种装修变换功能的生动事例。乾东五所位于东六宫的后部，由并列的五所建筑组成。由西到东，分别称为头所、二所、三所、四所、五所。每一所都是三进院，各有三座五开间的正殿、四座三开间的配殿和两座两开间的朵殿，它们都是地道的正式建筑集合(图4-3-9)。《清宫述闻》记载说：

乾东五所，清袭明旧，初为皇子等所居，后移设敬事房、四执库、古董房、寿药房、如意馆。②

由此可知，它原来是皇子的住所，后来改变了功能，成了管理太监的敬事房、收藏服装、药物、古董的库房和内廷画工作画的如意馆。这个改变足以显现它的通用潜能。到乾隆三十八年（1773年）又谕旨将三所、四所装修拆挪到头所、二所，改变装修后的二所成为乾隆第十五子的住所和成婚用房。③ 这位第十五子就是后来的嘉庆皇帝。这次改变装修有详细的文档记述内里隔断、碧纱橱、落地罩、床罩、暖床等的拆挪改装，让我们具体地看到了这些库房如何通过变换装修，魔术般地又变回到皇子住房。

2. 级差调节

对于高体制的宫殿、坛庙、陵寝组群，建筑的等级规制明显地上升为强因子，殿屋的等级品格远远超越了它的功能品格。通用型的官工正式在这里的运用，首当其冲的就是建筑形制的级差调节。在这方面，官工正式有一整套严密的形制级差系列，可供方便地调节调度。我们可以看一下带有重檐庑殿顶的高体制建筑。重檐庑殿顶是官工正式最高等级的屋顶制式。我们在明清北京看到的重檐庑殿顶建筑有以下13处：紫禁城中的太和殿、乾清宫、坤宁宫、皇极殿、奉先殿、午门、神武门、东华门、西华门，明长陵的棱恩殿，太庙的享殿，景山的寿皇殿和历代帝王庙的正殿——景德崇圣殿（图4-3-10）。它们有一个共同的特点，就是都出现在与皇家有关的建筑组群，而且是这些组群中的主体殿座或主要门楼。显然，重檐庑殿顶成了皇家建筑最具标志性的一种表征。但是高体制建筑并非仅由屋顶制式标定，重檐庑殿顶只是标志最高体制的一个因子，还有开间间数、进深架数、台基层数、斗栱踩数、仙人走兽件数以及彩画制式等一系列其他因子，建筑的等级是由这些因子综合标定的。因此，同样是重檐庑殿顶的建筑，由于其功能性质和所处殿庭场合的不同，仍需多因子的综合级差调节。我们不难看出，上述所列的13座重檐庑殿顶建筑实际上可分为三类：第一类是太和殿、太

图4-3-9 北京故宫乾东五所平面图
引自许以林. 乾东五所. 紫禁城, 1985, 第29期.

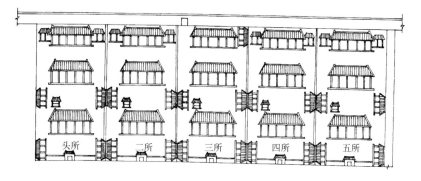

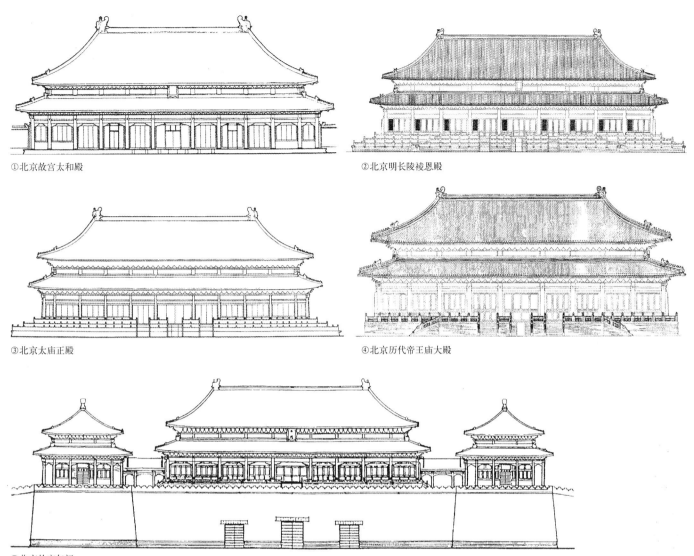

① 北京故宫太和殿
② 北京明长陵祾恩殿
③ 北京太庙正殿
④ 北京历代帝王庙大殿
⑤ 北京故宫午门

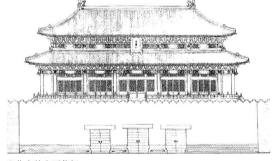

⑥ 北京故宫西华门

图 4-3-10 重檐庑殿顶的殿座、门座
① 引自梁思成全集第七卷. 北京：中国建筑工业出版社，2001.
② 转引自潘谷西. 中国古代建筑史第四卷. 北京：中国建筑工业出版社，2001.
③ 引自梁思成全集第七卷. 北京：中国建筑工业出版社，2001.
④ 引自汤崇平. 历代帝王庙大殿构造. 古建园林技术，1992（1）
⑤ 描自傅熹年. 中国古代城市规划建筑群布局及建筑设计方法研究. 北京：中国建筑工业出版社，2001.
⑥ 描自傅熹年. 中国古代城市规划建筑群布局及建筑设计方法研究. 北京：中国建筑工业出版社，2001.

庙享殿和长陵祾恩殿，在级别上都属于顶尖级，其主要标志是采用三重台基。太和殿面阔十一间、进深五间；太庙享殿面阔十一间、进深六间；祾恩殿面阔九间、进深五间。这里的"九"和"五"有表征帝王"九五之尊"的含义。十一开间的太和殿是身内九间，外加周围廊两个"边间"，既蕴含"九"，又超出"九"，凸显其超高级。这三座大殿的台基处理得也很周到，太和殿殿庭是举行盛大仪典的场所，殿庭自身尺度很大，在典礼仪式中，丹陛上下都有高品级王公序立，因此这里的三重台基是大尺度、大气概的，不仅满足了仪典的实用需要，也大大壮阔了太和殿的整体形象和殿庭的宏伟气势。而太庙享殿殿庭和祾恩殿殿庭，不需要像太和殿殿庭那么大的典仪场面，殿庭自身尺度小得多，这两殿的三重台基自然就做成紧缩的、带象征意味的，在尺度上比太和殿三重台基小得多。这样，就恰当地调节出太和殿与享殿、祾恩殿在整体上的不同气势。第二类是乾清宫、坤宁宫、皇极殿、寿皇殿、奉先殿和帝王庙正殿。乾清宫是皇帝寝宫，坤宁宫是皇后寝宫（清代改为祭神场所），皇极殿是太上皇宫正殿，寿皇殿是停放梓宫和供奉帝后遗像的场所，奉先殿是宫中奉祀皇室列祖列宗的场所，帝王庙则是祭祀华夏历代帝王的祠庙。前三座是帝后现实生活起居的核心场所，后三座都是与皇室相关的奉祀建筑。它们之间的功能性质是截然不同的，但在等级规制上都有涉"皇"的共性，因此都采用面阔九间、进深五间的"九五"平面，以表征涉"皇"的"九五之尊"，凸显至尊的高体制。而在基座处理上，则只用单层台基，明确地比第一类三殿的三重台基低一档次，这样的级差处理应该说是很得当的。在这样的基本级差处理中，还辅以细致的级差微调，如乾清宫的体制应略高于坤宁宫，就将乾清宫的体量做得略大于坤宁宫，乾清宫的走兽用九件也略多于坤宁宫的七件。诸如此类，都显现出了高体制建筑级差调节的极度认真、细腻。第三类是紫禁城的四向门楼。午门是紫禁城南向正门，神武门是紫禁城北向后门，东华门、西华门是紫禁城的东西侧门。这四座门楼，由于是皇帝的大内宫门，在级差调节上抓住了两点：一是城楼统一采用重檐庑殿顶，以标志宫门至尊身份；二是通过综合形制，明确地区分出午门与其他三门的级差。作为正门的午门门楼，配置了尽可能高的体制。结合凹字形的墩台，整个门楼由正楼和两翼伸出的"雁翅楼"组成。正楼采用了面阔九间、进深五间的"九五"至尊制式，这比同样是"九五"平面，而屋顶为重檐歇山顶的天安门门楼还高了一档，表明宫城正门在规制上比皇城正门更高。这使午门达到了最高的门座等级，取得宫城正门应有的极度宏伟、极度森严的气概。而神武门和东、西华门则统一采用面阔七间、进深三间的门楼，没有拘泥于涉"皇"而通用"九五"平面，这样以恰当的体量和级差，塑造了恰到好处的宫城后门、侧门形象。应该说这些都是处理得很得体的，我们从中不难看出这种级差调节对于高体制官工正式所起的重大作用。

3. 随宜调节

通用型的官工正式、民间正式，在遵循定型空间、定式实体的同时，也存在着随宜变通的可能：

最常见的是民间正式随着地形、地段的不同，而采取的随宜变通。如浙江东阳民居的三合院，它的标准制式是"十三间头"，即由三间正厅（或楼下厅）、两侧各三间厢楼和转角各两间洞头屋组成。它们是很规则的。一旦地段不完全合宜，就可以随宜调节。我们从东阳巍山镇某宅平面可以看到，这所宅屋因地制宜地把三间厢房收缩为两间，利用东侧地段延伸出大面积的跨院侧屋，把大门从天井正中转移到西弄，并把正厅前部辟出三开间的大敞厅（图4-3-11）。[①]这些足以表明，民间正式具备充分的调节余地。福建连城市培田村，有一组4家祠堂集聚的联结体。这4家祠堂都保持着上厅、下厅的完整格局，而随着水湖、水圳、街道的曲折走势，呈现出颇灵活的调整，形成

① 中国建筑技术发展中心建筑历史研究所. 浙江民居[M]. 北京：中国建筑工业出版社，1984: 94.

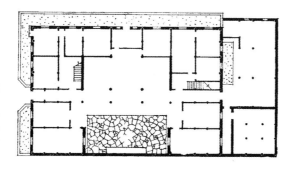

图4-3-11 东阳巍山镇某宅平面
引自中国建筑技术发展中心建筑历史研究所. 浙江民居. 北京：中国建筑工业出版社，1984.

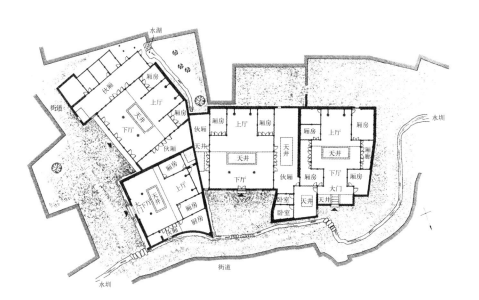

图 4-3-12 福建连城市培田村 4 家公祠总平面图
引自李秋香主编，陈志华撰文. "乡土瑰宝"系列·宗祠. 北京：生活·读书·新知三联书店，2006.

轴线的偏转、院墙的斜切和局部的凹凸，并充分利用夹角取得一处处"伙厢"。① 这组祠堂由此成了不拘一格的自由组合体（图 4-3-12）。这种因地制宜的调节并非无奈地迁就，只要调度得好，反而会变成搞活全局的妙招。在"乡土瑰宝"系列《庙宇》书中，收录了楠溪江中游永嘉县西岸村的一座娘娘庙，它原是关帝庙，在推行计划生育后，摇身一变成了乡民求男嗣的送子娘娘庙（图 4-3-13）。这座小庙的正屋是一栋坐西朝东的、规整的三开间单体，结合地形在东南角伸出了一小间厢房，庙门开在东院墙北头，可从北面拾级而登。这种随形就势的处理，取得了很好的效果。作者描述说：

> 此庙虽小而四个立面各个不同，且每面构图均有变化。形式活泼，风格轻快而朴实，大块蛮石与粉墙组合，刚柔相济。②

的确，这类因地制宜的随形调整，既可以打破单一正式建筑的板滞，丰富建筑的形体、立面，又可以充分利用宅基地、有机地融入地段环境，确是民间正式适应地形变化的可贵方式。

通用型的定型制式并非完全僵固，不可或变。受某些特定因素的制约，或是在园林之类

① 李秋香主编，陈志华撰文. 乡土瑰宝系列·宗祠[M]. 北京：生活·读书·新知三联书店，2006：176.

② 李秋香主编，陈志华撰文. 乡土瑰宝系列·庙宇[M]. 北京：生活·读书·新知三联书店，2006：172.

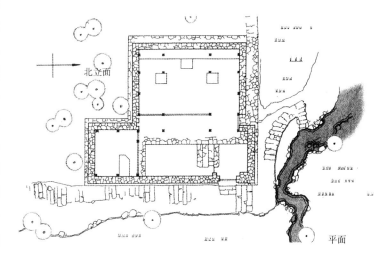

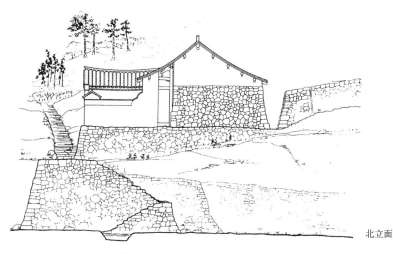

图 4-3-13 浙江永嘉县西岸村娘娘庙
引自李秋香主编，陈志华撰文. "乡土瑰宝"系列·庙宇. 北京：生活·读书·新知三联书店，2006.

① 邓云乡集·北京四合院·草木虫鱼. 石家庄：河北教育出版社, 2004: 19-20.

② [明] 计成. 园冶卷一：厅堂基.

③ 文化部文物保护科研所主编. 中国古建筑修缮技术[M]. 北京：中国建筑工业出版社, 1983: 226-227.

的特定场合，它也是可以随宜破格的。

在晋中南窄院民居中，我们可以看到一种称为"三破二"的随宜破格（图4-3-14）。由于窄院宽度很窄，两侧三开间厢房的进深就弄得很浅，有的只有3米左右，除去火炕，空间所剩无几。这种情况下就逼出了一种突破开间的破格处理，在明间正中设隔墙，把三间平分为两个"一间半"，形成"三破二"格局。这个明智的破格处理，使得厢房在一面坡屋顶和带阁楼的一层半立面中，又增加了中心部位并列的两门，呈现出与常规厢房异趣的、别具特色的面貌。

无独有偶，在北京四合院中，也有一种称为"四破五"的破格。所谓"四破五"，就是四合院宅基地的宽度受到限制，只有四丈宽，只能盖四间自然间，除去三间正房，只剩下一间耳房的宽度，没法盖"三正两耳"的"五间口"。又不能盖四开间的正房，就逼出一招，在正房两边各盖半间耳房，就形成了"四破五"。有趣的是，这种"四破五"却是一种很讲究的破格，邓云乡对此有很精彩的分析。他说：

"四破五"的四合院，介乎标准大四合院和小四合院之间，一般也是比较讲究的。因为它既不肯抛弃一间房的地皮，盖成三间口的小四合；又不肯一条檐盖齐，随便盖四间实用的房屋。而一定要盖成三正两耳，错落有致，合乎格局的院子，因而它必然费工费料，华而不实，这就说明房主儿有钱，讲究，懂得"摆谱儿"，因而这种"四破五"的四合院，一般也都是磨砖对缝，十分精美的了。其内部的情况，基本上和标准四合院一样，可能也有很精致的垂花门，但它有一个致命伤是毫无办法可想的，那就是东西房必然十分入浅，因为露出中间三间大房，两面能盖厢房的地皮，只剩下窄窄的两长溜了。①

这种突破常规开间的破格，总的说，在官工正式建筑组群是罕见的、慎用的。但是在南方的私家园林组群中却是很盛行的。《园冶》在论述"厅堂基"时，特地强调了这一点：

厅堂立基，古以五间三间为率；须量地广窄，四间亦可，四间半亦可；再不能展舒，三间半亦可。深奥曲折，通前达后，全在斯半间中，生出幻境也。凡立园林，必当如式。②

这是很精辟的见解。对于园林这样的组群，既要充分适应地段，因地随宜布置；又要灵活自由，避免板滞。采取这种不拘一格的破格开间组合，自然是很得当的。我们从苏州拙政园海棠春坞的两开间正屋、留园石林小院的两间半揖峰轩和无锡惠山第二泉的四开间文昌阁，都可以看到园林建筑的这种灵活调度开间的情景。

（二）程式建筑Ⅱ：专用型

《中国古建筑修缮技术》中，列有杂式建筑的平面形式图和屋顶形式图。③我们从图中可以看出，凡是非矩形的平面，如正方形、圆形、规则多边形、不规则多边形以及凸字形、凹字形、套方形、套圆形、扇面形、曲尺形、万字形等，都属于杂式平面；凡是非硬山、悬山、歇山、庑殿的屋顶，如攒尖顶、盝顶、盔顶、十字脊、勾连搭等，都属于杂式屋顶。这表明正式建筑

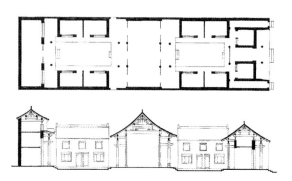

图4-3-14 山西窄院民居，厢房采用"三破二"格局

是规范的，显现出规则、规整、规矩的品格；而杂式建筑则恰恰相反，显现出灵活多姿、丰富多彩的品格。实际上杂式建筑还有另一层面的含义。1932年，梁思成先生根据搜集到的匠作手抄本，编订了一本《营造算例》。在这本书中，大木做法区分为"斗栱大木大式"、"大木小式"和"大木杂式"三个类别。[①]值得我们注意的是，在"斗栱大木大式做法"中，列出的是有关大式建筑面阔、进深、步架、举架、出檐、收山、推山等的通例和柱、梁、桁、枋、椽、斗栱、望板、天花等大式构件的定制；在"大木小式做法"中，列出的是有关小式建筑面阔、进深、举架、山出、上檐出、下檐出等通例和柱、梁、桁（檩）、椽、望板等小式构件的定制；而在"大木杂式做法"中，列举的条目却是：楼房、钟鼓方楼、钟鼓楼、垂花门、四脊攒尖方亭、六角亭、八角亭、圆亭、仓房、游廊10项建筑的做法。这里没有列出"通例"，没有列出"定制"，也不以"构件"为"目"，而是以具体的"建筑类别"为"目"。这表明，大木大式做法和大木小式做法都不是针对某个特定的建筑类别，它们是通用的，可以列出"通例"。大木大式对于大式的正式建筑是通用的，大木小式对于小式的正式建筑也是通用的。而大木杂式做法则不同，它不是通用的，而是专用的，因此有必要列出特定的建筑类别，针对不同类别的建筑，确定其专用构件的定制。由此我们知道，杂式建筑的一个重要特点，就是它的非通用性。即使它的平面也是矩形的，屋顶也是规范的形式，只要它的内里空间为特定功能作了变动，如钟鼓楼、转轮藏殿、大佛阁那样突破规范的柱网和楼层空间，那也就从通用的正式建筑转变成了专用的杂式建筑。杂式建筑同样是一种程式化的建筑，它也运用对应的大木大式构件或大木小式构件，只是添加某些专用构件，组构了具有专门功能的空间，形成了木构架建筑中的专用型。不过，《营造算例》把"楼房"列在专用型中似乎不尽得当。因为"楼房"既可以用作厅楼、翼楼、后罩楼，也可以用作藏经楼、藏书楼、观景楼，它还是具有一定通用性的，对于矩形平面的、规整楼层的楼房，似乎还是应该归入到"正式建筑"的范畴。

1. 专用型建筑例析 I——戏台

在诸多品类的建筑中，戏台可以视为一种典型的专用型建筑。除了像"堂会"那样的小型节目，在通用型的厅堂或庭院里铺上一块"氍毹"就能演出外，戏剧演出都需要有专设的戏台。民间盛行的有见于祠堂、寺庙、会馆、茶园等组群中规模较小的戏台（图4-3-15）。在宫廷和皇家园林中，除小型室内戏台外，还有中型戏楼和大型戏楼。不论是小戏台还是大中型戏楼，用的都不是正式建筑的通用空间，而是一种为演出专用的空间。

我们可以看一下浙江武义县郭洞村何氏宗祠戏台（图4-3-16）。[②]这个宗祠建于明万历

[①] 梁思成. 清式营造则例[M]. 北京：中国建筑工业出版社，1981：127-200.

[②] 李秋香主编，陈志华撰文. 乡土瑰宝系列·庙宇[M]. 北京：生活·读书·新知三联书店，2006：43、98-103.

图4-3-15 清同治刊本《江南铁泪图》插图，寺庙戏台的演戏场面
引自廖奔. 中国古代剧场史. 郑州：中州古籍出版社，1997.

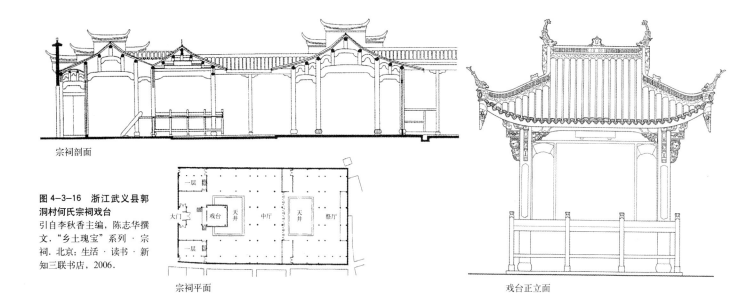

图 4-3-16 浙江武义县郭洞村何氏宗祠戏台
引自李秋香主编,陈志华撰文."乡土瑰宝"系列·宗祠.北京:生活·读书·新知三联书店,2006.

年间。戏台很小,位于门屋后方,坐南向北正对祀厅。整个戏台平面呈方形,三面完全敞开,凸出在天井里,前檐只用两根"台柱",下部搭起通透的木台,上覆小巧轻快的歇山顶。台面后壁设一道板壁,通称"守旧"。"守旧"辟上场门和下场门。前台上方为了拢音特设一个尺度很大的八角覆斗形藻井。可以看出,这样的戏台不是独立的,它完全依附于宗祠建筑中。它以门屋为后台,化妆间设于门屋两侧的梢间夹层,观众就分布在天井、祀厅和两侧厢廊。在这里,只有戏台自身是专用空间,后台空间和观众空间还是借用宗祠里的通用空间。

安徽泾县西阳乡金溪村,有一座称为"万年台"的戏台,建于清咸丰五年(1855年),平面呈"凸"字形(图4-3-17)。[①] 这个戏台面积较大,通宽12.5米,通深10米,前檐和转角部位完全敞开。台面中心立木屏,组成带"上场门"、"下场门"的"守旧",分隔出前台和大面积的后台。前台两侧用作乐台,乐台后方隔出小化妆间。木构台面升起2米,台下原设有水缸,起音响共鸣作用。前台采用垂柱,尽量减少立柱障碍。舞台正中上方做出俗称"鸡笼顶"的穹隆形藻井,有效地起到拢音作用。登台的台阶设于前凸舞台两侧,台阶上留出一段平台,既通舞台,也通乐台,便于乐队和勤杂人员上下戏台不至于影响舞台演出。化妆间外侧也特地留出通道,以便后台人员不必经由舞台穿行。这些表明对戏台空间的专用功能已处理得很成熟。整个戏台用的都是当地民居的程式化部件。只是屋顶形式作了一些变通处理,后半部用的是硬山顶,前半部山墙添加一道平檐撇头,把硬山转变成歇山翘角。前檐中部随着台面的凸伸,做出带歇山顶的重叠飞檐起翘,显现出极力张扬舞台形象的意图。

这座万年台既有前台,也有面积比前台还大的后台,看上去像是一座独立的完整建筑,其实它原处胡姓祠堂内,也仍然是依附祠堂组群的戏台。

从专用功能的完备程度来看,宫廷大戏楼可以说达到了传统专用型建筑的极致。清代的宫廷大戏楼一共建了5座:第一座是圆明园同乐园的清音阁戏楼,最晚建成于雍正四年(1726年);第二座是承德避暑山庄福寿园的清音阁戏楼,始建于乾隆十九年(1754年);第三座是紫禁城寿安宫戏楼,建于乾隆二十五年(1760年);第四座是紫禁城宁寿宫的畅音阁戏楼

[①] 参见翟光逵. 泾川西阳万年台[M]. 古建园林技术,1998(1)

(图 4-3-18)，建于乾隆三十六年至四十一年（1771—1776 年）；第五座是颐和园的德和园戏楼，建于光绪十六年至二十年（1890—1894 年）。圆明园清音阁毁于 1860 年英法联军入侵；避暑山庄清音阁毁于 1942 年火灾；寿安宫戏楼于嘉庆四年（1799 年）拆除。现只存故宫畅音阁和颐和园德和园戏楼。

清宫这五大戏楼的形制基本上是一样的，尺度也大致相同。其中德和园不仅建筑保存良好，而且留有光绪十六年（1890 年）的《德和园工程做法册》，还有清华大学建筑学院所作的测绘图（图 4-3-19），我们从实存的建筑和相关文图资料，可以具体地认知德和园戏楼的基本特点：

一是位处大型庭院之中，戏楼坐落在德和园四进院的前半部，坐南朝北，戏台正对颐乐殿，庞大的戏楼构成所在庭院的建筑主体。

二是整个戏楼由三层台面楼和两层扮戏楼组成，共同坐落在高 1.27 米的台座上。三层台面，上层称"福台"，中层称"禄台"，下层称"寿台"。寿台尺度很大，面阔三间通宽 17 米，进深三间通深 16 米，三面完全敞开。后部做成带夹层的"仙楼"，楼下设上、下场门，楼上用作文武场面，有时也用来表征天界、仙境，用作仙佛的出入口，设有 4 部木梯通向台面。中层、上层台面三面环廊，禄台表演区面积不及寿台的三分之一，福台表演区更小，仅用靠近前檐的一小块地方，这都是以观众视线所及来决定的。台面楼的顶部覆八檩卷棚歇山顶。南面毗连的两层扮戏楼，正座面阔五间，出抱厦三间，带周围暗廊和部分明廊，上覆勾连搭卷棚歇山顶，它们构成了大戏楼的庞大体量和高低错落的丰富体形，颇显壮丽。

三是齐备的舞台设施。隆重的三层台面是以立体的舞台空间来满足特殊的演出效果。《昭代箫韶·凡例》说：

剧中有上帝、神祇、仙佛及人民、

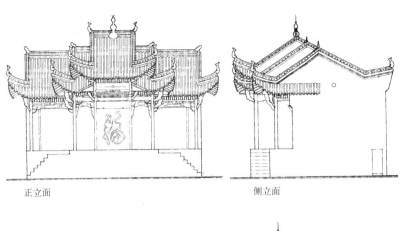

正立面　　　　　　　侧立面

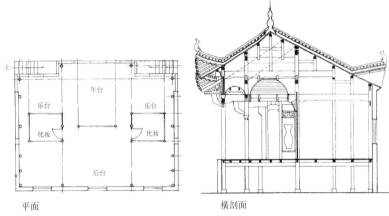

平面　　　　　　　横剖面

图 4-3-17　安徽泾县西阳万年台
引自翟光逵. 泾川西阳万年台. 古建园林技术, 1998 (1)

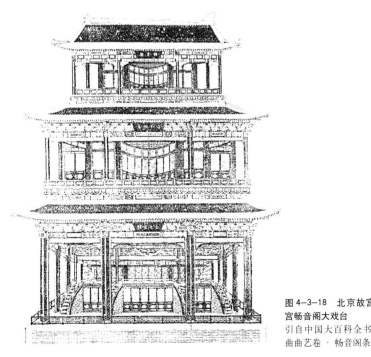

图 4-3-18　北京故宫宁寿宫畅音阁大戏台
引自中国大百科全书·戏曲曲艺卷·畅音阁条

图 4-3-19 北京颐和园德和园戏楼
引自清华大学建筑学院. 颐和园. 北京: 中国建筑工业出版社, 2000.

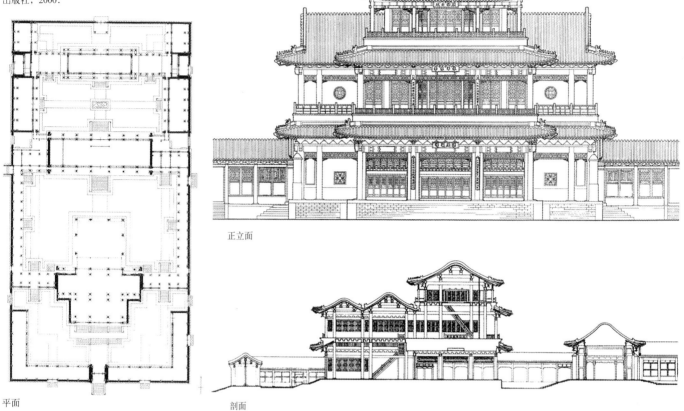

正立面

剖面

平面

图 4-3-20 宁寿宫畅音阁戏楼天井示意图
引自刘徐州. 趣谈中国戏楼. 天津: 百花文艺出版社, 2004.

① [清]王庭章撰. 昭代箫韶·凡例(清内府刻本, 嘉庆十八年)[M]//朱家溍. 大百科全书·戏曲卷·畅音阁条.

② 高琦华. 中国戏台[M]. 杭州: 浙江人民出版社, 1996: 76.

③ 李畅. 清以来北京剧场[M]. 北京: 北京燕山出版社, 1998: 19.

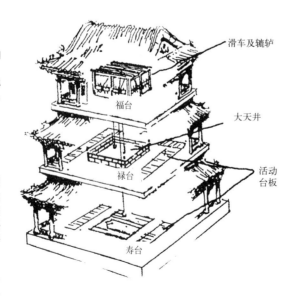

鬼魅, 其出入上下应分福台、禄台、寿台及仙楼、天井、地井。或当从某台某门出入者, 今悉斟酌分别注明。①

有人据此解读, 认为上层是仙境, 中层是神道, 下层是人间, 台底层是地狱。其实, 实际演出的情况并非如此, 只是笼统地以福台、禄台表现仙佛境界, 寿台"则无论天上、人间、地府、龙宫、魔窟都要使用它, 并不只是表现人间"。②这种多层台面, 为了上下沟通, 专设了天井、地井(图4-3-20)。德和园戏楼寿台就设有7个"天井"、6个"地井"。中央天井很大, 达4.1米见方。对应的禄台也有通向福台的中央天井, 尺度略小, 约3米见方。③所谓6个"地井"是台面的6处活动地板。在台底地下对应地开挖了一口砖井和5口水池。砖井深10.1米, 上口径1.1米, 下口径2.8米; 水池为1米见方, 深1.28米。每个水池的上方, 在中层、上层都设有滑车, 可以通过云兜、云椅、云勺、云板之类的升降器，把演员和砌末从空中降落或从地下钻出。这些地下水井、水池，既起到音响的共鸣作用，又可以表演水法，从地井里喷出水来。有关舞台设备，做得如此细致、认真，可见其功能专门化已达到何等程度。

四是以正座、厢廊作为看戏场所。德和园的看戏殿是颐乐殿，是一座前后出廊的七间大殿，帝后看戏的宝座设于殿内正中。殿两侧各有十四间看戏廊，供王公大臣和公主福晋看戏。颐乐殿与戏楼的距离和高差都定得很恰当。周维权对此曾作过分析，指出颐乐殿的地平标高比戏楼首层台面高出 0.22 米，使得主要观赏点可以看清全部台面上的演出。从台口到主要观赏点的距离为 17 米，也在最佳视觉范围之内，其仰角也正好能把三层戏台都包括在内而不被遮挡。[①] 这些表明，对于看戏的观赏视距、视角和视点标高，也有了基本考虑。

德和园戏楼的这些特点，正是五大戏楼的共同特点。只是各园的看戏场所处理不尽相同。宁寿宫畅音阁用的是两层的看戏楼和单层的看戏廊。而圆明园和避暑山庄的清音阁的看戏楼和两侧看戏廊都是两层的（图 4-3-21）。

显然，清宫五大戏楼都是宫廷建筑世家"样式雷"设计的。圆明园同乐园清音阁是这种三层戏楼的首创。这座戏楼虽然已毁，现故宫博物院尚存有它的设计烫样，国家图书馆尚存有它的图档（图 4-3-22）。[②] 从它诞生后，相继在乾隆十九年至四十一年（1754—1776 年）连续建了三座，然后隔了一百多年，又建了最后一座。它们的形制和尺度都基本相同，可以说是一种专用型的标准设计。它可作为样式雷设计功能专门化建筑的一大成就。值得我们注意的是，在清王朝结束后，这种宫廷大戏楼并没有作为大型演出建筑而扩展到社会上持续建造，它的生命力也终止了。这是因为，中国民间戏台基本上是个裸台，三面敞开，后背设上下场门。它不同于运用布景的镜框式舞台，把表演台面转化为剧情地点的任务，主要不是靠布景来完成，而是靠演员歌舞化的虚拟动作来显现特定的剧情空间。这种表现方式有利于戏曲自由地、广阔地反映社会生活，也有利于凸显以表演为中心的基本特色。因此，三层台面的舞台结构，

[①] 清华大学建筑学院. 颐和园[M]. 北京：中国建筑工业出版社，2000：118.

[②] 参见郭黛姮. 乾隆御品圆明园[M]. 杭州：浙江古籍出版社，2007：169-178.

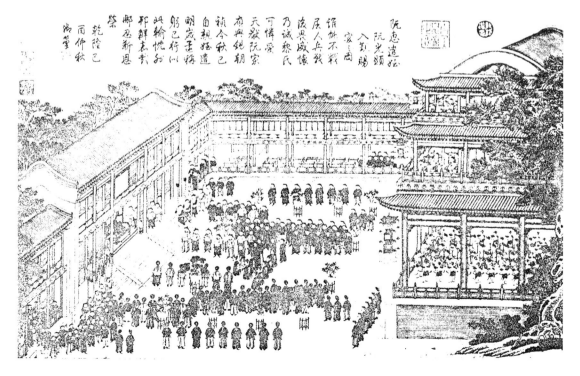

图 4-3-21　弘历热河行宫观剧图
引自廖奔. 中国古代剧场史. 郑州：中州古籍出版社，1997.

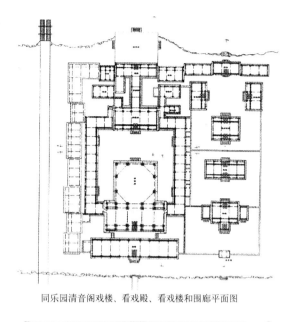
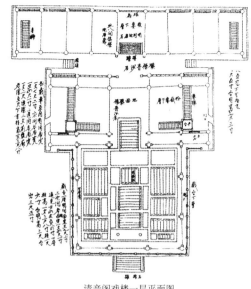

同乐园清音阁戏楼、看戏殿、看戏楼和围廊平面图　　　清音阁戏楼一层平面图

图4-3-22　样式雷图档——圆明园同乐园清音阁戏楼
样式雷图档现藏国家图书馆．转引自郭黛姮．乾隆御品圆明园．杭州：浙江古籍出版社，2007．

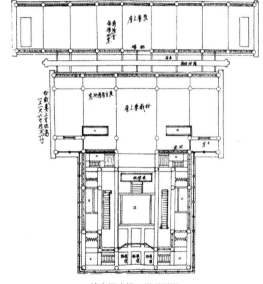
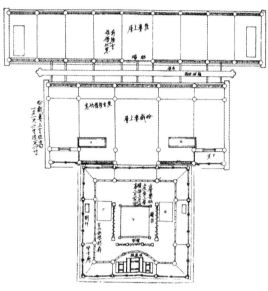

清音阁戏楼二层平面图　　　清音阁戏楼三层平面图

运用天井、地井表现天界、仙境、地府、龙宫的做法，恰恰与歌舞化虚拟动作显现剧情空间的传统戏曲表演特色相悖。这就是注定三层式大戏楼未能持续发展的基因。

2. 专用型建筑例析Ⅱ——大佛阁

除戏台建筑外，寺庙组群也是专用型建筑的一个重要集聚点。

应该说寺庙组群绝大部分用的还是通用型的正式建筑。大雄宝殿、东西配殿、天王殿、法堂、藏经楼等殿屋，实际上都是很规整的三间、五间、七间的定式。在天王殿里，常规配置是两侧供四大天王，正中面南供布袋弥勒，面北供韦驮；在大雄宝殿里，常规配置是正中佛坛面南供一尊、三尊、五尊或七尊主尊佛像，主尊两侧配"胁侍"，殿内东西两侧供"十八罗汉"或"二十诸天"，佛坛背后塑一堂"海岛观音"。这些佛像的配置、陈列都经历长期筛选，形成定式，与殿堂内里空间达到完美的融洽，反映出通用性空间对礼佛布局和佛事活动的充分适应。但是，寺庙中毕竟有一些殿屋有其特殊的要求，如钟楼需悬挂大钟，转轮藏殿需安装藏经的轮藏，特别是大佛阁需峙立大尺度佛像，五百罗汉堂需容纳大数量罗汉等等，这些因素上升为强因子，就自然地突破定式的通用空间，促使寺庙组群出现若干"量体裁衣"式的专用型建筑。

在这方面，蓟县独乐寺观音阁是很值得我

们注意的。

观音阁建于辽统和二年（984年），面阔五间，进深八架椽，侧面显四间，通宽 20.20 米，通深 14.20 米。外观看上去是一座两层带平坐、腰檐的单檐九脊顶楼阁。由于平坐和腰檐构成了一个暗层，内部结构实际上是三层，总高22 米（图4-3-23）。其结构为内外两圈柱子组构的、金厢斗底槽殿阁型构架，自下而上七个构造层（由下层柱额层、下层铺作层、平坐柱额层、平坐铺作层、上层柱额层、上层铺作层和最上的屋顶层）层叠组成（图4-3-24）。[①]
观音阁内峙立着一尊十一面观音立像，是全国最高的泥塑像。如何容纳这么高的主像，观音阁采用内槽贯通空井来解决。在七个构造层中，除最上两个构造层外，其余五个构造层的内槽都不用梁栿，使全阁内槽成为一个贯通三层的筒状空间（图4-3-25、4-3-26）。这个做法看上去似乎很轻易地就满足了峙立主像的专用功能，其实在细节处理上还是经过缜密的设计。

（1）在立像布置上，巍巍的十一面观音主像凌空矗立，两尊高 3.2 米的胁侍菩萨左右陪护，三像同立于木坛座上。坛座位置略偏后，

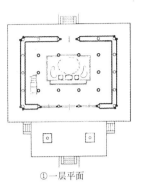
①一层平面

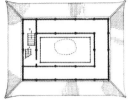
②二层平面

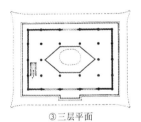
③三层平面

图 4-3-23　独乐寺观音阁平面
①引自刘敦桢. 中国古代建筑史. 北京：中国建筑工业出版社，1984.
②③引自梁思成文集一. 北京：中国建筑工业出版社，1982.

[①] 陈明达. 独乐寺观音阁·山门的大木作制度（下）[J]. 建筑史论文集，第16辑.

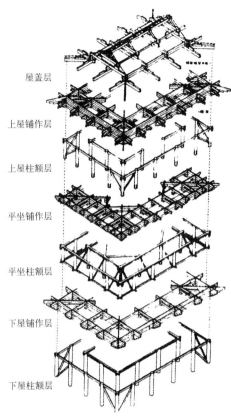

图 4-3-24　陈明达所作观音阁分层构造分析图
引自陈明达. 独乐寺观音阁、山门的大木作制度（下）. 建筑史论文集，第16辑

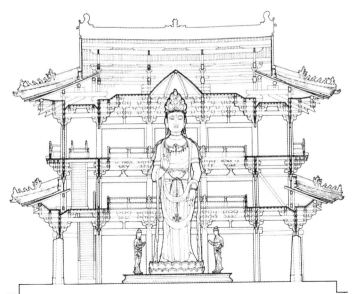

图 4-3-25　观音阁纵剖面图
引自梁思成文集一. 北京：中国建筑工业出版社，1982.

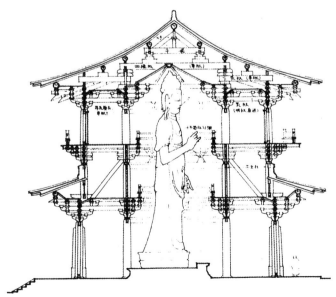

图 4-3-26　观音阁横剖面图
引自梁思成. 图像中国建筑史. 天津：百花文艺出版社，2001.

① 陈明达. 独乐寺观音阁·山门的大木作制度（下）[J], 建筑史论文集, 第16辑.

② 陈明达. 独乐寺观音阁·山门的大木作制度（下）[J], 建筑史论文集, 第16辑.

③ 陈明达. 独乐寺观音阁·山门的大木作制度（下）[J], 建筑史论文集, 第16辑.

使观音主像适当后移，留出宽一些的像前空间。伫立的主像并非垂直，而是略向前倾，以尽量减少仰视的透视变形。

（2）在空筒处理上，下层内槽形成矩形空井，平坐内槽以同样的长宽尺寸，另加四根抹角方，形成扁六角形空井。既有长宽尺度的相同，也有几何形状的相异，构成统一中的变化。四根抹角方的使用，在结构上还增加了空井的平面刚度，有助于提高整体构架的抗震能力。

（3）在平闇处理上，观音阁的下层、上层都采用平闇式天花，由平闇椽（支条）组成约 0.28 米见方的井口，有意缩小的密布井口起到了反衬殿阁空间和主像尺度的对比作用。在上层当心间像顶之上，设斗八藻井，藻井以更小的支条交织成小三角格网。值得注意的是，这个藻井没有设在横剖面的正中，不是对准脊槫，而是略为偏北一些，使藻井正好罩在主像头冠上方。矩形的下层内井、六角形的平坐内井，加上这个八角形的顶部藻井，为仰视主像的视线圈定出三个层次的景框，丰富了内槽空间的视觉环境。上层前檐居中三间全部辟格子门，充足的光线照亮主像的头、胸部，幽暗的斗八藻井正好成为光亮主像头部的背景衬托。放射状的三角小格网，不仅给斗八藻井带来轻盈感，而且添加了向上升腾的动势，很好地避免了藻井过于贴近像顶可能产生的压抑感。

（4）在观瞻视线的组织上，有极具匠心的细致处理。陈明达曾分析两点：一是从纵剖面上看，"立于下屋侧面外槽中，可以看到像的全部侧面"。①即由主像头冠中点与下屋地面所构成的等边三角形上，视线并无阻碍，并有左右胁侍充实构成一幅完善的画面；二是从横剖面上看，"受内槽柱头上阑额阻挡，从外槽当心间瞻望不到头像全部。为此，心间内柱头上不用阑额，而将柱头、补间铺作的泥道栱改为整条柱头方，以代替阑额，使在外槽心间中部能无阻碍地看到头像全部"。②陈明达并指出，这些"都必须在施工之前就已筹划妥帖，而不可能是在事后临时设法补救的"。③以上这些表明，观音阁内里空间处理的确是针对观音主像的十分融洽、也十分紧凑的专用设计。而这样的专用设计是以定型化的殿阁构架构成的。由于沿用层叠七个构造层的标准做法，它虽然容纳了超高的塑像，却无需超高的木柱，所用构件的尺度都有模数依据。由殿阁型构架所制约的观音阁外观，阁身中部挑出平坐、腰檐，深远的出挑形成立面强烈的横分隔。正立面上下层心间、次间全部安装格子门。整座建筑形象稳重、端庄、雄健、开放、舒展，没有峻严、神秘的感觉，而带有亲切、易于接近的意味，颇能吻合人们心目中的观音菩萨的性格特点（图4-3-27）。

承德普宁寺大乘阁是另一座值得关注的超高的专用型建筑。

普宁寺建于乾隆二十年至二十三年（1755～1758年）。寺的前半部为汉式标准寺院格局，后半部仿藏传佛教三摩耶庙布局，以居中的大乘阁象征须弥山，左右设日光、月光殿，周围环绕小殿、台堡、喇嘛塔，象征四大部洲、八小部洲和释迦牟尼的四种智慧（图4-3-28）。大乘阁成为这组象征图式的建筑主体。阁内矗立一尊高大的千手千眼木雕观音立像。这尊观音立像通高 22.28 米，是国内现存最高的、也

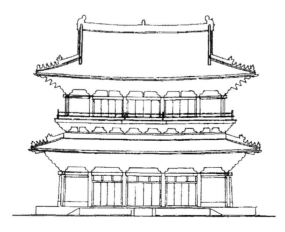

图4-3-27 观音阁正立面图
描自傅熹年. 中国古代城市规划建筑群布局及建筑设计方法研究. 北京：中国建筑工业出版社，2001.

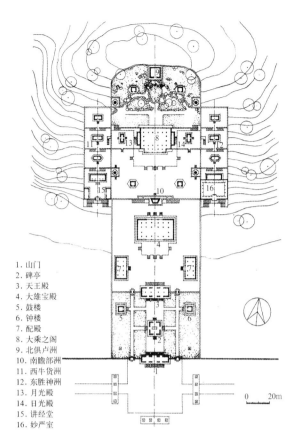

1. 山门
2. 碑亭
3. 天王殿
4. 大雄宝殿
5. 钟楼
6. 鼓楼
7. 配殿
8. 大乘之阁
9. 北俱卢洲
10. 南瞻部洲
11. 西牛货洲
12. 东胜神洲
13. 月光殿
14. 日光殿
15. 讲经堂
16. 妙严室

图 4-3-28 承德普宁寺平面图
引自孙大章. 承德普宁寺. 北京：中国建筑工业出版社，2008.

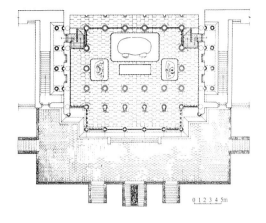

图 4-3-29 普宁寺大乘阁平面图
引自中国科学院自然科学史研究所. 中国古代建筑技术史. 北京：科学出版社，1985.

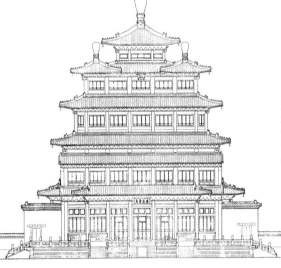

图 4-3-30 普宁寺大乘阁正立面图
引自郭黛姮，徐伯安. 中国古代木构建筑. 建筑史论文集，第3辑

是已知世界最高的木雕造像。大乘阁的专用设计就是围绕着这尊超高造像做文章。

它采用了中空的五层木构架结构。阁的底层平面面阔七间，进深五间，前檐凸出宽五间、深一间的单层抱厦（图 4-3-29）。柱网分布为一圈内柱和一圈檐柱。16 根内柱围成宽五间、深三间的空井直通四层天花板下，柱高达 24.47 米。第一层为附崖结构，空井东、西、北三面设夹层走马廊；第二层空井四面环绕深一间的走马廊，前檐伸出面阔七间的假廊；第三层空井分上下两段，下段四面环绕深半间的走马廊，上段全部为空井，四面檐窗形成立像顶部明亮的采光高窗。内柱上方，通过 4 根大梁架立天花板上部的屋顶夹层和屋顶构架。全阁总高达 39.16 米，在中国现存古代木构建筑中，高度仅次于应县木塔和颐和园佛香阁，居第三位。[1]

这样明晰、简约的空井框架，既妥帖地容纳了千手观音巨像，也组构了富有特色的外观立面。一层正面凸出卷棚歇山顶抱厦；二层正面挑出假廊，构成重檐式腰檐；三层空井在外观上组成了阁的第三层和第四层立面，其上部呈现一主四从象征须弥山分列五峰的 5 个带镏金宝顶的攒尖顶，主顶下部还显露出屋顶夹层空间，构成阁身外观上的第五层立面。它们形成了大乘阁正面五层六檐的丰富组合（图 4-3-30）。大阁还设置了高达两层的砖砌墙体，将两侧山柱包砌在墙内，加强了整体构架的稳定。墙体内壁镶造成万佛岩壁，墙体外皮砌出藏式梯形盲窗，有效地浓郁了阁内外的藏式韵味。

阁内超高的木雕千手观音，除中央二手合掌外，两边各伸出二十肢手臂，分别执金刚杵、宝剑、经箧、宝印等法器、兵器。每一手中各有一眼，各具二十五种功用，合为千手千眼。像体腰围达 15 米，加上张开的、长约 6 米的 20 对悬臂，形成既高大又宽阔的体量（图 4-3-31）。它自身是一个有趣的木构工程，由三层"木箱"构成[2]，表层再包钉木砧、衣纹板进行雕刻。全像用木达 120 立方米，重达 110 吨。应对这样的巨型造

[1] 参见孙大章. 承德普宁寺[M]. 北京：中国建筑工业出版社，2008：246.

[2] 参见孙大章. 承德普宁寺[M]. 北京：中国建筑工业出版社，2008：294.

图 4-3-31 普宁寺大乘阁纵剖面
引自孙大章. 承德普宁寺. 北京：中国建筑工业出版社，2008.

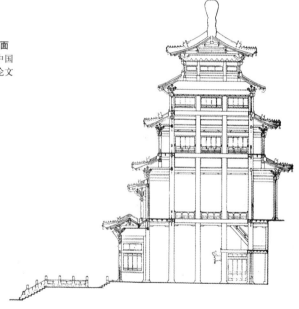

图 4-3-32 普宁寺横剖面
引自郭黛姮，徐伯安. 中国古代木构建筑. 建筑史论文集，第3辑

① 参见孙大章. 承德普宁寺[M]. 北京：中国建筑工业出版社，2008：262.

② [宋]孟元老撰，邓之诚注. 东京梦华录注卷三[M]. 北京：中华书局，1982：89.

③ [宋]李濂. 汴京遗迹志·卷十[M]//孟元老撰，邓之诚注. 东京梦华录注卷三. 北京：中华书局，1982：89.

像，大乘阁只用了16根内柱，就组构了所需的贯通三层的内里空间，很紧凑地容纳了巨像主尊和善财、龙女一对胁侍，取得雕像与内井空间的融洽、合拍。这16根内柱由7层柱间额枋拉结，如同用了七道圈梁，再加上夹层和走马廊组成三道横箍，增加了总体结构的侧向刚度，可以说很利索地保证了结构的安全（图4-3-32）。如果说，独乐寺观音阁在组构贯通三层的空井时，以多个构造层避免了大尺度的构件，那么，大乘阁在组构贯通三层的空井时，却付出了长达24.47米的高柱代价。为什么可以这样做呢？原来这16根长柱用的都是小料拼接的包镶柱。空井上部所用4根跨度10.5米的大梁，也是拼合而成的。①这是清代木柱、木梁拼合技术的进步，为大乘阁这样大型简约构架的运用提供了可能。

应该说，大乘阁不仅是一座超高的专用型木楼阁，也是一座针对特定的普宁寺藏传佛寺组群，针对特定的千手观音巨像，针对其北面紧靠崖壁的特定地段，量体裁衣所设计的"专项"建筑，它代表了中国木构架建筑设计大型专项建筑所达到的水平。

3. 专用型建筑例析Ⅲ——罗汉堂

从考察专用型建筑的角度，寺庙组群中的田字形罗汉堂也是值得我们特别关注的。

罗汉，原来指的是小乘佛教达到"四果位"的人，"果位"有点类似现代的"学位"。达到"四果位"就是最高的果位，这意味着诸漏已尽、万行圆成、不再投胎转世，求得自身解脱，达到最终涅槃。但是，自身解脱还不够，还应该解脱众生，大乘佛教就往前发展，让罗汉"住世弘法"。最初有"四大罗汉"，后变为"十六罗汉"、"十八罗汉"，最后演变成"五百罗汉"。从五代开始，供奉五百罗汉之风盛行，这就冒出了如何供奉的新问题。原本十六罗汉、十八罗汉的供奉，很容易解决，惯例都是把塑像供在大雄宝殿，沿两侧山墙排列，正好充当释迦佛或三世佛主尊的环卫，这对大雄宝殿的空间组织也是很合拍的。而对于五百罗汉来说，如何通过殿堂供奉却是个大难题。历史上的寺院基本上采用了两种供奉方式：一是供奉于通用型空间，二是供奉于专用型空间。

北宋东京相国寺属于第一种。文献中透露出这样的信息：

寺三门阁上并资圣门，各有金、铜铸罗汉五百尊。②

三门前楼，迎取颍川郡铜罗汉五百尊置于阁上。③

> 资圣阁在府治东北相国寺内，唐天宝四载建，阁上有铜罗汉五百尊及佛牙等。[①]

从这些记述，可以知道，开封相国寺的五百罗汉是铜铸的，估计体量不大，供置在"三门"楼上的资圣阁内。这阁是唐天宝四年建的，是将迎来的五百罗汉供置于早已建成的门上之阁，阁内还供有佛牙等。可知这种供置完全是利用已有的楼阁空间。

这种通用空间的供置，直到后期也屡见不鲜。著名的昆明筇竹寺也是如此。这个寺在光绪九年至十六年（1883—1890年），请四川名匠黎广修师徒塑造五百罗汉，每尊坐像高一米多。这么多大个头的罗汉像，大雄宝殿两侧根本排不下，不得不将一部分另供于梵音阁和天台来阁。这批被誉为技艺精绝的罗汉塑像，竟被如此无奈地分置于三处不同的空间，实在是件非常遗憾的事。

为五百罗汉创造专用的殿堂显然是十分必要的，但这个课题大有难度：一是需要庞大的展示面积，每尊罗汉比真人还大，要容纳这么一大片的罗汉群体，需要很大的殿内空间；二是五百罗汉无主次之分，如此大数量的无主体陈列，欠缺重点和变化，极易导致观瞻的视觉疲劳；三是五百罗汉群像不同于定型化的佛像、菩萨像，他们穿的是汉化的僧衣，个个神态各异，喜怒哀乐，栩栩如生，观赏者、参拜者都需要近距离地细看，要求满足方便的观赏和良好的采光；四是必须适合于木构架的构筑，应避免过于庞大的空间，避免过大的殿屋跨度，避免建造技术的过分困难和财力物力的过度负担；五是罗汉堂建筑自身不宜形成过大的体量，在总体组群中应避免喧宾夺主，干扰大雄宝殿的主体地位。

专用型的田字殿可以说是十分智巧地满足了以上的要求，各地名寺大刹在为五百罗汉建造专用殿堂时，几乎都选用了这种形式。可惜的是，建于杭州净慈寺、灵隐寺等的田字形罗汉堂都已毁（图4-3-33），现在尚存田字形罗汉堂的寺庙只有北京碧云寺、武汉归元寺、成都宝光寺、广州华林寺和苏州西园寺等几处。这里，我们具体地看一下碧云寺的罗汉堂。

碧云寺罗汉堂是乾隆十三年（1748年）仿杭州净慈寺罗汉堂建造的。它位于寺院东西向主轴的南侧，独处于南跨院的前院中（图4-3-34）。

①[清]周城. 宋东京考·卷十一. 北京：中华书局，1988：198.

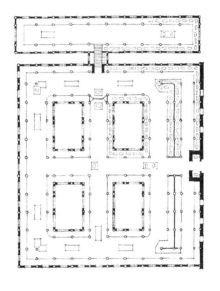

图 4-3-33　杭州灵隐寺罗汉堂平面
转引自张家骥. 中国建筑论. 太原：山西人民出版社，2003.

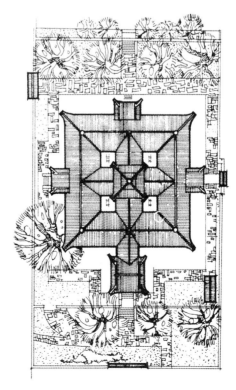

图 4-3-34　北京碧云寺罗汉堂院
引自郝慎钧，孙雅乐. 碧云寺建筑艺术. 天津：天津科学技术出版社，1997.

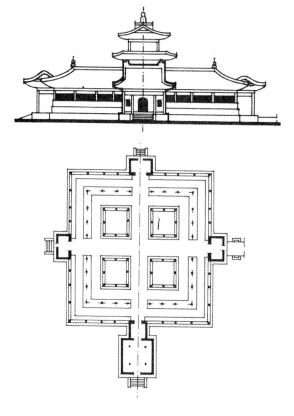

图 4-3-35 碧云寺罗汉堂平面、立面
引自郝慎钧，孙雅乐．碧云寺建筑艺术．天津：天津科学技术出版社，1997．

图 4-3-36 碧云寺罗汉堂横剖面
描自郝慎钧，孙雅乐．碧云寺建筑艺术．天津：天津科学技术出版社，1997．

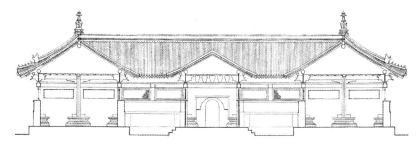

图 4-3-37 碧云寺罗汉堂正立面
描自郝慎钧，孙雅乐．碧云寺建筑艺术．天津：天津科学技术出版社，1997．

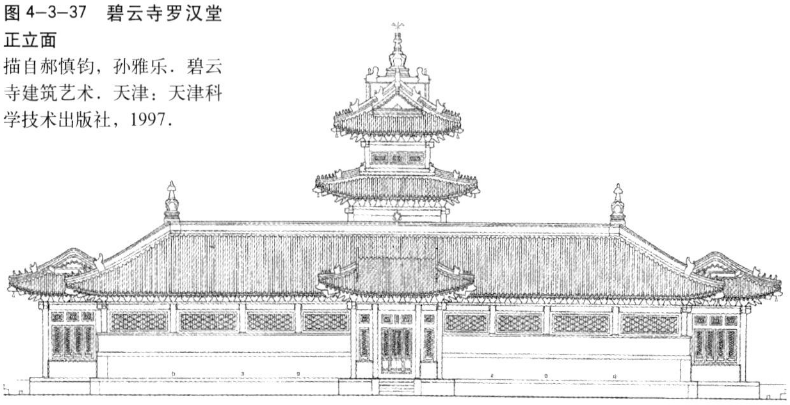

平面呈田字形，中间辟四个小天井。田字殿内部，沿外檐墙、天井檐墙和中柱柱列，设通长的周圈台座，台座上供奉依墙的单列罗汉和沿中柱列相背而坐的双列罗汉。田字殿前方建一个三开间的小殿，殿内矗立四大天王像，构成东向的正面主入口；其他三面正中各出一间小抱厦，作为南、西、北三向的次入口（图4-3-35）。田字殿的这个布局，是极为精彩的设计：

一是展示效果极佳。争取了最大限度的、极为紧凑的展位，轻而易举地容纳下五百尊罗汉的供位，并且形成周圈环绕，环环相套的展出队列和周而复始、迂回无尽的观瞻流线。

二是构筑做法简易。这样一个超多展位的殿堂，没用超大尺度、超大跨度的空间。四个天井的设置，把一个九间见方的庞然大物，一下子就转变为深两间的转角房和深一间的十字廊的空间组合，大大地缩小了内里的空间体量，避免了大空间的复杂结构（图4-3-36）。中柱柱列的运用，不仅吻合双列背靠背展位的空间布局，也把"叠梁"构架转变为"插柱"构架，更进一步缩小了跨度。沿四周外檐开辟一圈横披式高侧窗，既照顾到罗汉像的陈列，又争取到充足的采光，四个小天井也为采光、通风提供有利条件，整个堂内空间获得了良好的观瞻条件。

三是外观体形适宜。田字殿的小跨空间组合，屋顶举架自然很低，虽然四向立面都长达九开间，而建筑外观立面却不高，整体体量并不很大。再加上正面入口小殿和三面抱厦的凸出，田字中心又耸立起歇山十字脊高阁，还有阁顶正中和四个转角点缀着塔形刹尖，整个罗汉堂外观显得颇为丰富而不咄咄逼人（图4-3-37）。它独处于主轴之外的罗汉院内，与整个寺院组群结合得很有机、融洽。

中国古代建筑很欠缺公共活动空间，寺庙组群可以说是难得的、可供广大善男信女和文士游人随喜、观赏的场所。在这个意义上，寺院不仅是一个宗教场所，也是带有戏台的娱乐场所，兼有园林的休闲场所，举办庙会的购物场所，更是充满雕塑、绘画的展览场所。在这个形同美术馆的展览场所中，田字形的五百罗汉堂应该说有其特殊的意义。因为五百罗汉不同于佛陀和菩萨，他们是"住世弘法"，既是神，也像是人，原本也没有确定的名号，是南宋工部郎高道素挖空心思地编造，才有了被称为"江阴军乾明院罗汉尊号刻石"，这种名单并非一成不变。民间传说的癫僧济公和尚，后来也进了五百罗汉之列。碧云寺五百罗汉中还有一尊顶盔挂甲、罩袍蹬靴、双目炯炯、气宇轩昂的武罗汉，是因乾隆自封罗汉而为他塑造的。更有甚者，筇竹寺五百罗汉像中，还出现了一尊耶稣罗汉。可见五百罗汉的塑造是颇有自由度的，雕刻家可以根据自己的喜好，从现实生活中取材创作，许多罗汉像都是似僧非僧，有文有武，殊容异态，喜怒哀乐，如同汇集了人世间的众生相。创作筇竹寺五百罗汉的黎广修，就曾把寺的方丈长老连同他自己本人和几位高徒的相貌都塑进罗汉群中。因此，这一尊尊极富个性的罗汉群像，有它独特的观赏价值，是值得逐个儿细细参拜、品味的。但是，五百尊的数量实在太大了，众罗汉又都是"四果位"的同等学力，没有高低之分，他们的塑像自然都是同样大小的尺度。白化文曾经风趣地描述这种状况，他说：

> 这五百人进入罗汉堂，比肩而坐，主次不分……他们全是主角，又全是群众，是没有群众的主角，又是没有主角的群众。①

这种无主体、无差别、一般高、排排坐地成列展示，按说难免是单调、乏味的。难能可贵的是，田字殿的设计，恰恰是将计就计，就利用这种大数量的无主体群相大做文章，化不利为有利，

取得了特殊的观瞻效果。梁思成先生很敏锐地注意到这一点，他在《中国的佛教建筑》一文中，说到碧云寺时，就重点提到这里的田字形五百罗汉堂，他指出：

> 这里边有五百座富有幽默感的罗汉像，把人带进了佛门那种自由自在的境界。罗汉堂的田字形平面部署尽管是一个很规则的平面，可是给人带来了一种迂回曲折，难以捉摸，无意中会遗漏了一部分，或是不自觉地又会重游一趟的那一种错觉。②

的确，田字形罗汉堂塑造了一个奇妙的流动空间，这里纵横交织、循环往复的罗汉队列，这里周而复始、环环相套的参观流线，把无主体、无中心的群相纳入了迷宫式的万千变幻的境界，给人一种左顾右盼、目不暇接，时而遗漏，时而重复的独特观赏感受。而这种大容量的、独特的空间效果，却是以标准程式的简易构件组构而成的，这真是以极简约的"有"，举重若轻地造就了极精彩的"无"。这正如王安石所说："看似寻常最奇崛，成如容易却艰辛"。田字形的罗汉堂在中国木构架建筑的专用型设计中，可以说是最富创意的、令人叹为观止的杰作。

我们自然会追问，这个田字形罗汉堂最初是在什么时间、在哪个寺院出现的呢？北京碧云寺罗汉堂、广州华林寺罗汉堂、苏州西园寺罗汉堂都说自己是仿杭州净慈寺罗汉堂建造的，这种迹象显示，净慈寺有可能是田字形罗汉堂的源头。值得进一步追索。我查到两篇文章，一篇是沈柏村的《罗汉信仰及其造像艺术》，他说：

> 杭州净慈寺南宋五百罗汉为僧道容由十八罗汉增至五百尊，"塑成之初，稽诸梵筴，不得其名，后于高念祖家得其祖工部郎道素所藏江阴军乾明院五百罗汉名号石刻"，乃一一补镌上石。

① 白化文.汉代佛教与寺院生活[M].天津：天津人民出版社，1989：68.

② 梁思成文集（四）.北京：中国建筑工业出版社，1986：192.

像成之后，"覆之以田字殿。殊容异态，无一雷同。焚香者按其年齿，随意数之，遇愁者愁，遇喜者喜"。①

另一篇是磐龙的《杭州净慈寺》，他说：

> 宋室南渡，建都临安（杭州）。建炎二年（1128年），宋高宗赵构下旨改寿宁院为"净慈禅寺"。不久寺毁，宋高宗又亲临察看，然后下诏命湖州佛智寺道容来杭，由其聚集工匠，主持重建殿宇，五年而成。其功业卓著者为依据《涅槃经》塑五百罗汉，置田字殿。
>
> 道容在净慈寺先塑十六应真像，再塑五百罗汉，据说塑像都出一僧之手，而仪貌各异，神气如生，像塑成而僧化去，所建田字殿，将五百罗汉分四层背坐，尊尊异形，位置曲折，屈指多迷，为一大奇观。道容建田字殿为江南佛寺之首创，田字形平面既能供奉众罗汉像，且都面向信众，采光较好，便于参拜礼佛，这是佛教中的特殊建筑。节度使曹勋为此撰记称该寺重建后，"金碧辉煌、华梵绚丽，行都道场之盛，特冠诸山"。②

可惜的是，沈文引述"覆之田字殿"的一段引文，未注明出处，磐文表述"置田字殿"，也没注出处，尚待进一步查证。好在这两篇文章所述基本合拍，仅沈文说"由十八罗汉增至五百尊"，磐文说"先塑十六应真像，再塑五百罗汉"，"应真"就是罗汉的别称，"十六""十八"之差无关紧要，此两文的信息应该是可靠的。由此我们可知，这座江南佛寺之首创的田字形罗汉堂，应该就是最早的一座田字形罗汉堂。它于宋高宗绍兴初年（绍兴元年为1131年）诞生于杭州净慈寺。这里的五百罗汉是哪位不知名的僧人一手雕塑的，他塑完后就"化去"了，不知道"覆之田字殿"事他参与没有。也不知是哪位建筑大匠参与此事。可以肯定的是，这是在僧道容的主持下建造的。显然，田字殿为五百罗汉堂找到了最合宜的形式，此后为五百罗汉建造的专用罗汉堂，几乎采用的都是田字殿的形式，这种田字殿也就成了五百罗汉堂的标准设计。这个极富创意的田字形罗汉堂设计可以说是"中华设计"的代表作。早在12世纪30年代，中国建筑就冒出了这样的设计杰作，这在中国建筑史、中国设计史上，都是应予浓墨重彩记述的。

（三）非程式建筑：活变型

活变型建筑突出的是一个"活"字，它的特点就是不拘一格的"灵活"——灵活地适应地段、融入地段，灵活地运用构件、调度构件，灵活地利用空间、争取空间。它同样具备民间正式建筑的构架、屋顶、墙体、门窗等常规部件，同样运用这些部件所用的常规构件，在构架中同样用柱、用梁、用穿、用枋，因此，它同样属于木构架建筑体系。但是，在"构件"组构"部件"的环节，在"部件"组构整体建筑"实体"的环节，它不像民间正式建筑那样规则的、规范的定式组合，而呈现这样那样不拘一格的灵活多变的随宜组合，由此构成非规则的实体，生成非规范的空间，形成非定型的、非程式的建筑。如果说，正式建筑的通用型是"规范的实体生成规范的空间"，杂式建筑的专用型是"规范的实体生成非规范的空间"，那么非程式建筑的活变型可以说是"非规范的实体生成非规范的空间"。

导致活变型建筑的产生，有3个主要的制约因素：一是地段环境的制约。傍山、临水、沿街、倚桥以及边角、隙地、岔道、路口等等，地形的高低起伏和房基地的褊狭、偪促、弯斜，促使建筑不得不灵活地应对。二是空间需求的制约。民居建筑普遍存在争取空间的问题，力求

---

① 沈柏村. 罗汉信仰及其造像艺术[J]. 求索，1998，1.

② 磐龙. 杭州净慈寺[EB/OL]. http://www.zjfj.org/jingcisi/main.htm

充分地获取空间、利用空间、扩展空间、挖掘空间。而这都有赖于灵活的构筑来兑现。三是实体条件的制约。这类活变型建筑,基本上都出现在亚热带地区。炎热的气候给建筑带来一个很大的特点,就是不需要厚墙厚顶,建筑的"物质堆"就不那么笨重,结构可以做得比较轻巧,轻顶薄墙,使得建筑实体的自由度、灵活度增大,这是呈现活变型建筑的重要前提。这三个因素叠加在一起,活变型建筑就应运而生。

浙江民居生动地体现了这一点。1984年,中国建筑技术发展中心建筑历史研究所编著了《浙江民居》一书。这本书通过民居采风,采集了大量精彩实例,图文并茂地总结了浙江民居适应环境、结合地形、处理空间、变化形体和灵活运用构架的丰富手法,它实质上为我们揭示了活变型建筑的生成机制。我们在这里看到了浙江民居如何因地制宜地适应地形、地段,看到这些民居在依山、顺坡、临水、枕流、面街、贴桥等等不同地段融入环境的画面。仅从临水码头处理,滨水吊脚处理和枕水跨溪处理,就有许多精彩的镜头(图4-3-38)。我们在这里也看到浙江民居如何想方设法 地争取空间,这里有山尖空间、阁楼空间、搁板空间、夹层空间等多种方式的空间利用;有挑出"檐箱"、挑出外窗、挑出楼层和推出披檐、腰檐、披屋等多种方式的空间扩展。我们在这里还能看到浙江民居不拘一格的灵活构架。木构架承重的灵活性在这里被发挥到淋漓尽致:步架可以在进深方向自由地延伸,柱网可以在台坡地段灵活地跌落,披屋可以沿山墙出披或后檐出披,挑廊、楼层可以方便地外凸、悬挑,底层可以轻易地架空、吊脚,屋面可以随宜地截取长坡、短坡,也可以局部错落、提升,获取阁楼、夹层,可以说是以充分灵活的实体,适应了客观地段环境和主观空间追求的需要。

我们可以看一下《浙江民居》书中收录的实例——杭州上满觉陇某宅(图4-3-39)。① 这个宅基地处在一个不规则的丁字路口,又紧挨着2米高的土台。宅屋设计成二层楼。主楼底层前部推出深一步的前廊,后部接出深三步的披屋。前室光线、通风良好,用作生活起居,后室与披屋合并作为厨房、杂务。二层用作卧室,楼板面略高于土台,设门直通室外。副楼与主楼后部毗连,也是底层前室作生活起居,后室作厨房,二层作卧室。这个宅屋十分有机地嵌入这个特定的路口高坡地段。主楼一层空间既是"底层",也是台地的"地下室",主楼二层空间,既是"楼层",也是直通室外台地的"平房"。这正是《园冶》所说的"下望上是楼,山半拟为平屋"。② 这里既突破了程式实体,也突破了程式空间。

我们再看书中收录的另一个实例——鄞县

① 参见中国建筑技术发展中心建筑历史研究所. 浙江民居[M]. 北京: 中国建筑工业出版社, 1984: 234-235.

② [明]计成. 园冶卷一: 楼阁基.

临水码头　　　滨水吊脚　　　枕水跨溪

图4-3-38 《浙江民居》展示的临水建筑生动画面
引自中国建筑技术发展中心建筑历史研究所. 浙江民居. 北京: 中国建筑工业出版社, 1984.

①参见中国建筑技术发展中心建筑历史研究所.浙江民居[M].北京:中国建筑工业出版社,1984:254-257.

图 4-3-39 《浙江民居》收录的实例——杭州上满觉陇某宅
引自中国建筑技术发展中心建筑历史研究所.浙江民居.北京:中国建筑工业出版社,1984.

鄞江镇陈宅(图4-3-40)。① 这个陈宅根本没有宅基地。它利用桥旁码头石阶的上空,悬空搭建了一个小楼。这个码头通道宽度只有2米多,陈宅只能在2米×6米的狭小上空做文章。上层做出小阁楼,作为卧室;下层分前后

两间,前间用作营业间,后间仅小半间,用作厨房。在下层通往上层的楼梯平台处,添加了一小间贮藏间,这样形成了既可住居,也兼营业的大小四室。由于宽度所限,不宜设置通常的两跑楼梯,而将上跑楼梯做成可掀起放落的轻便架梯,重叠于下跑楼梯之上。这座小屋在争取空间方面可谓达到极致:一是提升山尖,取得上层阁楼;二是利用贮藏间顶部,搭出搁板架;三是在厨房坡顶挤出一列搁板;四是在阁楼窗下和贮藏间窗下,挑出贮物"檐箱";五是把桥栏包入营业间窗台,形成外向营业柜台,并取得窗旁的一列货架;六是厨房窗台向外出挑,获得一列长条桌面;七是梯旁板壁向外凸出,为营业间取得一片货柜,此柜顶部,恰好又成为贮藏间的一张桌面。陈宅应该说是一座违章建筑,但是它堪称乡土建筑"占天不占地"的标本,堪称活变型建筑争取空间、利用空间、挖掘空间的标本。

湘、鄂、川、黔、桂等省(区)丘陵地带的民居,也是如此。这些地区山峦连绵,溪流纵横,民居随坡错落,依势架空,遇岩而附,逢沟而跨,创造了干阑、半边楼、吊脚楼等灵

图 4-3-40 《浙江民居》收录的实例——鄞县鄞江镇陈宅
引自中国建筑技术发展中心建筑历史研究所.浙江民居.北京:中国建筑工业出版社,1984.

活形式。我们从《桂北民间建筑》一书中可以看到桂北地区村寨、民居呈现的这种景象。[①] 这里可以看到高低错落的侗寨干阑的群体景观（图4-3-41），可以看到层层出挑、夹道峙立的侗寨巷道（图4-3-42），可以看到沿河迤逦的骑楼式廊道（图4-3-43），可以看到自由伸展、跨路而立的过街楼（图4-3-44），充分展示了侗寨民居无拘无束、自由自在的活变景象。不仅民居如此，侗寨的鼓楼也一样自由活变。鼓楼是侗人的族姓标志、侗寨的标志建筑。它逢寨必建，寨寨不同。鼓楼内置鼓，遇到重大事件可击鼓报信。鼓楼前方的晒坪是村民庆典、祭祖、议事、采堂、对歌的场所，它们构成寨民的公共活动中心。鼓楼分塔楼与阁楼两类。阁式鼓楼形同民居，造型朴素，平易近人，从林溪岩寨鼓楼可以看到它的概貌（图4-3-45）。[②] 塔式鼓楼平面或正方，或六角、八角，塔身逐层收小，密檐层叠，上部多以亭式造型结束。这样的塔楼可以说是极尽活变之能事的民间公共建筑。难得的是，如此活变的塔楼，其构架却能简便地适应，结构都是以四根杉木主柱为基干，直立于中心，通过穿枋联结，组成井筒，再由外围边柱组成外柱环，搭起层层内收的重檐。我们可以看一个实例——桂北三江华炼寨鼓楼（图4-3-46）。[③] 这个鼓楼高15.6米，外观呈七层屋檐。四根立柱直通至六层檐。一层边柱挑出一周外檐悬柱，柱间围栅栏。边柱向上层层通过穿枋重叠屋檐。下部四层为四角屋面，上部三层为八角屋面。从四角柱圈通过抹角枋，很便捷地就转为八角柱圈。此楼各层屋檐间距较大，顶层八角攒尖更加大层高，显得通体格外通透轻盈。在这里，灵活自如的构架重叠，造就了鼓楼变化万端的塔式风姿。

在考察活变型的浙江民居、桂北民居的同时，如果我们把它和通用型的东北民居作比较的话，可以鲜明地看出，它们正是木构架乡土

图4-3-41 《桂北民间建筑》描绘的三江侗寨群体景观
引自李长杰等. 桂北民间建筑. 北京：中国建筑工业出版社, 1990.

图4-3-42 《桂北民间建筑》描绘的三江侗寨巷道景观
引自李长杰等. 桂北民间建筑. 北京：中国建筑工业出版社, 1990.

图4-3-43 桂北独峒寨的沿河廊道
引自李长杰等. 桂北民间建筑. 北京：中国建筑工业出版社, 1990.

图4-3-44 桂北金竹侗寨过街楼
引自李长杰等. 桂北民间建筑. 北京：中国建筑工业出版社, 1990.

①李长杰, 全湘, 鲁愚力. 桂北民间建筑[M]. 北京：中国建筑工业出版社, 1990：23-93.

②参见李长杰, 全湘, 鲁愚力. 桂北民间建筑[M]. 北京：中国建筑工业出版社, 1990：185-190.

③参见李长杰, 全湘, 鲁愚力. 桂北民间建筑[M]. 北京：中国建筑工业出版社, 1990：157-160.

建筑在程式与非程式上的两个极端，在制约因素上，在实体构成上，在空间调度上，它们都呈现出截然的不同。

在气候上，东北地区冬季严寒，住屋突出强调的是防寒保温；浙、桂地区气候湿热，夏季持续时间很长，住屋重在防热通风。在地形、地段上，东北大平原约占全国平原面积的三分之一，土地辽阔、平坦，东北大院和单体散屋在用地上都相对宽松、平整；而浙、桂地区属于丘陵、山地，山峦连绵，溪河纵横，村寨多依山傍水，地形高低起伏，宅基地褊狭、侷促。

抵御高寒成了制约东北民居的一个突出的强因子，它首先带来了建筑实体的厚墙厚顶。《黑龙江外记》说：

> 墙有土筑者、垡墼者、泥堆者，垡墼最耐久……又有拉哈墙，纵横架木拧草束密挂横架上，表里涂以泥，薄而占地不大，隔室宇宜之。[①]

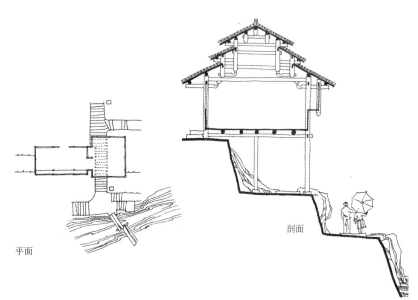

图 4-3-45 桂北林溪岩寨阁式鼓楼
引自李长杰等. 桂北民间建筑. 北京：中国建筑工业出版社，1990.

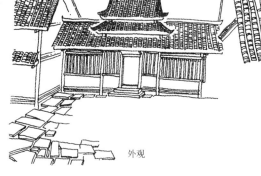

图 4-3-46 桂北三江华烁寨塔式鼓楼
引自李长杰等. 桂北民间建筑. 北京：中国建筑工业出版社，1990.

① 黑龙江外记·卷六[M]//杨锡春. 满族风俗考. 哈尔滨：黑龙江人民出版社，1991：44.

其实不仅内墙可用拉哈，外墙也广泛采用草泥辫拉哈。这些夯土墙、土坯垡戗墙、泥堆墙、草泥辫拉哈墙，为了保温都做得很厚。屋顶也是如此，"覆以莎草，厚二尺许"。[①] 这种厚墙厚顶就成了东北民间构筑上难以灵活调度的"笨重物质堆"。受笨重的厚墙厚顶制约，东北民居单体平面自然都是极规则的矩形，呈二间、三间、五间的正式组合。墙体绝无里进外出，屋顶绝无高低错落，宅屋外观体形和内里空间都极为规整、划一；基于宽松、平整的用地，在院落布局上也同样是规整划一的。从吉林一带的大院来看，不论是满族大院还是汉族大院，都以"一正四厢"的两进院为基本形态。这里的一座座宅屋都是规规整整的，正座端端正正地朝南向阳，正房厢房充分分离，保证充足日照。不同辈分的一家人多同住正房，厢房只作杂用房或仆人房。整个院落高度定型（图4-3-47）。不仅如此，高寒还使东北民居成为火炕住宅。火炕可用土坯砌造，可以木拌、农作物茎秆作燃料，确是高寒地区最便利、最实用、最经济的采暖方式。满族民居盛行南北相对的"对面炕"，在西屋还加上西炕，形成三炕连通的"万字炕"。不论是满族炕宅还是汉族炕宅，火炕的设置都有一个共同特点，为利用做饭的灶火余热，火炕总是与灶台相连，这也成了火炕住宅平面布局的一条重要的羁绊，导致火炕民居把明间堂屋当作灶间，形成"一明一暗"、"一明两暗"和"一明四暗"平面固定形式（图4-3-48）。

如果说，我们从浙、桂的乡土建筑看到的是开放随和、高低错落、自由活泼的千变万化；那么，在东北大院的火炕民居中，看到的是极端规则、极端划一，完全定式的千篇一律。其实，这里的"千篇一律"如同"千变万化"一样，都是合理的。当我们感叹于活泼欢快的浙、桂民居不拘一格、灵活多样地争取空间、挖掘空间的智巧时，我们也应该注意到老实巴交的

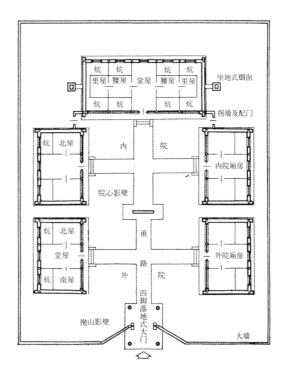

① 柳边记略卷之一[M]//杨锡春. 满族风俗考. 哈尔滨：黑龙江人民出版社，1991：44.

图4-3-47 东北大院平面，典型的一正四厢布局
图为吉林永吉县乌拉镇关宅
引自张驭寰. 吉林民居. 北京：中国建筑工业出版社，1985.

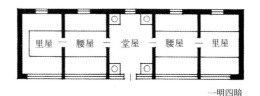

图4-3-48 东北火炕民居的定式平面

东北火炕民居那种静悄悄地颇为有效地调度空间、利用空间的用心。我们可以看到火炕在提供睡眠空间上的超大容量，横卧睡眠的火炕比直卧睡眠的床，在睡人密度上高得多，一铺火炕可以并排横卧5人，相当于两个双人床再加上一个单人床的容量；我们可以看到火炕住宅

不动声色地加大了进深，使得正座宅屋每间居室可以容纳一个"南炕"和一个"北炕"，这样的"对面炕"宅屋，一室可容 10 人。一座"一明两暗"的正座，足可容纳 20 人。这是一种虽属低标准、但是极有效的睡眠功能叠加，它意味着无形地添增了居室空间。不仅如此，火炕民居还大做火炕文章。炕上空间是最暖和的空间，特别是南炕，日照、采光都很好。火炕民居创造性地运用了一种低足家具——炕桌，把炕桌放到炕上，火炕空间就超越睡眠空间而成为通用的"席地坐"空间，可以围着炕桌进餐、喝茶、聊天、学习、做针线活，火炕就成了进餐的空间、休闲的空间、会客的空间、儿童学习的空间、主妇进行家务劳动的空间。衣柜也可以设置在炕上，成为炕柜，构成炕上的储藏空间。有趣的是，还把婴儿的摇篮用绳索吊挂在炕沿上空，既不占炕面，又能使婴儿沐浴在南窗的辐射阳光和炕面上升的热流之中。在这里，火炕居室构成了卧室、餐厅、客厅、起居室、储藏室和儿童室等诸多功能的叠加。由此可知，火炕住宅之所以设置"对面炕"，并非单纯为了添增睡眠空间。添加火炕的作用首先是增加采暖，使居室更为暖和。火炕虽然占去不少室内空间，但它转化为"席地坐"空间，并没有损失空间，反而获得了诸多功能的通用空间。也正是由于炕上"席地坐"空间的灵活调度，炕上用的是低足家具，地上用的是高足家具，火炕住宅呈现出"席地坐"与"垂足坐"两种坐姿的共存和低足、高足两种家具系统的并用。

我们从以上的比较可以意识到，在建筑实体的"有"和建筑空间的"无"的对立统一中，浙、桂民居属于"空间主导型"，而东北火炕民居属于"实体主导型"。前者实体听从空间，后者空间听从实体；前者空间自由自在、无拘无束地高低错落，后者空间老老实实，循规蹈矩地规整划一；前者千变万化，后者千篇一律；前者富有个性，后者呈现共性；前者呈极度灵活多样的非定式，后者呈规整质朴的高度定式。它们在乡土建筑的程式与非程式上是截然相反的，但它们的生成都是合乎逻辑的，它们都是长期历史实践积淀的，它们都有自己的精彩。

第五章 木构架建筑：其他层面"有、无"

前面展述了木构架建筑单体层面的"有、无"，实际上，木构架建筑并非只在单体层面存在"实体"与"空间"的"有、无"，在其他层面也存在着各自的"有"与"无"。

我们回顾一下《老子》十一章提到的三个"当其无"：第一个是"三十辐共一毂，当其无"；第二个是"埏埴以为器，当其无"；第三个是"凿户牖以为室，当其无"。值得注意的是，这三个"当其无"，不仅列举的是"车"、"器"、"室"三种不同的器物，而且列举的是器物的三个不同层面。埏埴以为器，说的是"器"自身整体的"当其无"，是器物第一层面的"有、无"。凿户牖以为室，说的不是室内空间的"当其无"，而是"室"的构成部件——门窗的"当其无"，属于器物第二层面的"有、无"。三十辐共一毂，说的也不是车舆空间的"当其无"，而是"车"的节点的"当其无"，应属器物第三层面的"有、无"。这个情况启示我们，在器物中，不仅存在着"有、无"，而且存在着多层面的"有、无"。老子之所以列举车、器、室三者，意在表明各类器物都存在着"有"与"无"的关系，强调的是器物"有、无"构成的普遍性，着重阐述的是"有之以为利，无之以为用"的理念。不难看出，老子在这里并没有表述器物多层面"有、无"的用意，他把第三层面的"有、无"列为第一例，把第一层面的"有、无"列为第二例，把第二层面的"有、无"列为第三例，说明老子并没有意识到三例"有、无"的层次序列。但是，老子所列举的三例"有、无"，恰恰属于器物的三个层面，不经意中触及器物存在不同层次"有、无"的现象。我们从这里，不仅认识到器物呈现"有、无"的普遍性，也进而认识到器物呈现"有、无"的层次性。

从木构架建筑来看，的确是明晰地存在着多层面的"有、无"。除单体建筑层面由"实体"与"空间"构成基本的"有、无"外，在建筑组群中，单体建筑的"屋"，可以说是院落的"有"，由"屋"围合的露天的"庭"，可以说是院落的"无"；它们构成了比单体建筑高一层次的"有、无"。在建筑部件、构件层面，反映在建筑界面上，实的墙体可以说是界面中的"有"，虚的门窗可以说是界面中的"无"，它们构成了比单体建筑低一层次的"有、无"。而在木构件的连接中，反映在榫卯节点上，榫是"有"，卯是"无"，它们构成了更低一层的"有、无"。

本章就围绕着建筑组群、建筑界面和建筑节点三个层面，展述它的"有"与"无"。

一 建筑组群"有、无"：屋与庭

前面讨论建筑的系统结构时，已经提到，中国木构架建筑是一种"多级递阶系统"。大中型建筑都是由若干单体建筑组成"院"，这种"院"自身就可以说是建筑组群，而"院"与"院"的串联和并列，就组成更大的建筑组群。在这里，院落是比单体建筑高一层次的系统，在这个层面中，"屋"成为院落主要的"有"，而其露天的"庭"成为院落的"无"；在总平面中，它们形成了"图"与"底"的关系。显而易见，这也是木构架建筑体系中极其重要的一对"有"与"无"。

（一） 庭院：内向的外部空间

1. 室外正空间

木构架单体建筑有种种不同的组合，它可

以是"贯联式"的，沿着纵深轴线，或直或曲地贯联；它可以是"横排式"的，沿街、沿江或沿等高线一字排列；它也可以是"散点式"的，自由错落地顺着地形、风向、或向心或漫散地分布。但是，木构架体系占主导地位的组群布局是"庭院式"的。

在大家熟知的《建筑模式语言》这本书中，有一条"模式106户外正空间"。文中说：

> 户外空间若仅仅是建筑物之间"留下的"空地，通常是不能利用的。
>
> 有两种根本不同的户外空间："负空间"和"正空间"。当建筑物（它通常被认为是"正"的）盖起来以后，余下来的形状不规则的户外空间是"负空间"，即不成形的空间。当户外空间有明显而固定的形状时（就像房间的形状那样固定），当它的形状如同它周围建筑物的形状那样重要时，这样的户外空间是"正空间"。
>
> 人们在"正空间"感到舒适而利用这些空间；人们在"负空间"感到不怎么舒适，因此这些空间无人利用（图5-1-1）。①

中国建筑的庭院，正是这样的"正空间"。这个"正空间"，《建筑模式语言》原文写的是"Positive outdoor space"，中译本译为"户外正空间"。这个译名对于西方集中型建筑来说是合适的，而对于庭院式组合的中国建筑来说，庭院是在"户内"而非"户外"，这里特地把它改称为"室外正空间"。

这个室外正空间的庭院是非同小可的。它提供了内向的外部空间，也就是户内露天的"无"。它可以是面积较大的"庭院"，也可以是面积很小的"天井"，这是庭院式布局的产物。

庭院式是中国古代建筑组群发展的主流形态，木构架建筑体系之所以选择庭院式布局，应该说主要是宗法制度下家族聚居的需要。王国维对此有一段扼要的表述：

> 我国家族之制古矣，一家之中，有父子，有兄弟，而父子兄弟又各有匹偶焉。即就一男子而言，而其贵者有一妻焉，有若干妾焉。一家之人，断非一室所能容，而堂与房又非可居之地也……其既为宫室也，必使一家之人，所居之室相距至近，而后情足以相亲焉，功足以相助焉。然欲诸室相接，非四阿之屋不可。四阿者，四栋也。为四栋之屋，使其堂各各向东西南北，于外则四堂，后之四室，亦自向东西南北而凑于中庭矣。此置室最近之法，最利于用，亦足以为观美。明堂、辟雍、宗庙、大小寝之制，皆不外由此而扩大之、缘饰之者也。②

王国维在这里说的"四阿"、"四栋"、"四堂"、"四室"，表述得不是很准确，但他的基本见解值得重视。庭院式住宅布局的确是木构架建筑体系适应宗法制家庭形态的最合适、最自然的组合方式。对于大家庭中套着若干小家庭的人家，它的确是"最利于用"；它所构成的庭院空间格局，也的确是"足以为观美"。这种布局方式先在居住建筑中发育、成型，具有"原型"意义，宫殿、宗庙、陵寝以至衙署、寺观等其他建筑类型的庭院式布局，的确是居住型庭院"扩大之、缘饰之"的同构衍生。

庭院的首要功能当然是把离散的建筑单体从使用功能上和空间构成上联结成聚合的有机

---

① [美]C·亚历山大等著. 建筑模式语言[M]. 王昕度，周序鸿译. 北京：知识产权出版社，2002：1093-1094.

② 王国维. 观堂集林·明堂庙寝通考[M]. 北京：中华书局，1959：124-125.

户外负空间　　户外正空间

图5-1-1 《建筑模式语言》图示：户外正空间与户外负空间
引自[美]C·亚历山大等著. 王昕度，周序鸿译. 建筑模式语言（下）. 北京：知识产权出版社，2002.

整体。但它的作用远不止此，它还有其他的"最利于用"：

一是气候调节功能。露天的庭院和天井，明显地起到改善气候条件的作用。由院墙、门、屋围合的庭院封闭空间，可以有效地抵挡寒风侵袭、阻隔风沙漫扬。顶界面的露天通透，使庭院、天井既当入风口，又当出风口，可以通过风压作用或热压作用获得流畅的通风。广布在中华大地的庭院式建筑，正是通过调节庭院、天井的大小、高低、闭敞，适应了北方强调的日照、防风要求和南方突出的遮阳、通风要求。

二是防护戒卫功能。以土木为主要构筑材料的木构架建筑，殿屋自身的坚实程度不如砖石结构的西方古典建筑，特别是前檐屋身，外檐装修的门窗隔扇占很大部分，单体建筑的防护能力很弱。庭院式布局把各栋房屋都深藏院内或面向内院，大大增强了组群整体的防护性能，不仅有利于防偷御盗，也有利于组群之间的防火安全。

三是伦理礼仪功能。围合的庭院式空间，组构了封闭的小天地，形成几何形的建筑空间秩序与伦理道德秩序的同构对应。庭院组群的主从构成、正偏构成、内外构成和向背构成，都被赋予礼仪上的尊卑等级意义，透过正落与边落，正院与跨院，正房与厢房，正殿与配殿，内院与外院等等的主从、内外划分，适应了封建礼教区分尊卑、上下、亲疏、贵贱、男女、长幼、嫡庶等一整套的伦理秩序需要。

应该说，这个内向的室外正空间是十分可贵的。前一阵听马未都在央视"百家讲坛"上讲"家具收藏"，他说李白《静夜思》中说的"床前明月光"，那个"床"不是我们现在熟悉的睡床，而是"马扎"。李白是在庭院里，坐在马扎上，"举头望明月，低头思故乡"。听他这一讲，我突然意识到，我们对于庭院空间在古代的生活功能，应该进一步提高认识。古代房屋的室内条件远达不到我们现在的水平。它可能容量不足，可能光照微弱，可能闭塞闷热，很多我们今天习以为常的室内活动，在古人那里很可能是在庭院中进行的。庭院提供了户内另一个重要的"无"，是室内"无"的延伸和扩大。在居住建筑中，它是"露天的起居室"，成了家务劳作、晾晒衣物、养殖家禽、副业生产、儿童嬉戏、休憩纳凉和庆典聚会的场所，必要时还可以搭盖凉棚，把露天空间转化为临时性的室内空间。在宫殿、坛庙、陵寝、寺观、宗祠等建筑中，庭院作为主殿屋的外延和放大，成了仪礼活动和大容量人流聚散的场所。正是庭院的多功能场所价值和灵活的场所调适潜力，赋予了庭院式布局在中国古代社会中持久的生命力。

2. 空间意象

李允鉌在《华夏意匠》中说：

> 在建筑布局上，一共只有两种基本的原则：一种是空间包围着房屋，另一种是房屋包围着空间。前者以建筑物为主，建筑物以"三向"（three dimension）的"塑像体"（plastic）的形式出现……后者以构成一个良好的空间（广场或庭院）为主，房屋只能以"两向"（two dimension）的"平面的"形式用以作为空间的封闭，目的在于使空间本身得到最好的效果。中国古典建筑的布局采用的主要是这样的方式。①

的确，庭院式所形成的室外正空间，正是这种"房屋包围着空间"的布局。如果说，集中型的建筑，呈"塑像体"的形式，以建筑物为视觉焦点，以建筑单体的体量造型为建筑艺术的主要表现；那么，在庭院式的布局中，"三向"的房屋变成了组构中庭的要素，起着"二向"的、围合界面的作用，形成房屋包围空间的态势，庭院空间自然成了建筑艺术的组织中心，整个建筑的审美格局变化了，从以"有"为中心，

---

① 李允鉌. 华夏意匠[M]. 北京：中国建筑工业出版社，1985：142-144.

①这段词句,一说是出自南唐冯延巳的《阳春集》,词牌《鹊踏枝》;另一说是出自欧阳修的《蝶恋花》。究竟是谁写的,成了词史上搅不清的一段公案。李清照《临江仙》中有"庭院深深深几许,云窗雾阁常扃"句。她在《临江仙》题下小序写道:"欧阳公作蝶恋花,有庭院深深深几许之句,予酷爱之,用其语作庭院深深数阕,其声即旧制临江仙也。"由此推断,此句出于欧阳修的可能性较大。

②[南唐]冯延巳.《采桑子》.

转向了以"无"为中心,这意味着"无"在建筑艺术构成中的重大提升。

这种提升的第一个效果是艺术尺度的放大。木构架体系的单体建筑,在尺寸上不宜做得太大,因而它的"塑像体"的形象尺度受到较大局限。而在庭院式的格局中,它的艺术表现一下子从"幢"的尺度放大到"院"的尺度。这不仅仅是主次建筑多幢集合形成"有"的叠加,而且以完整的室外正空间形成大片内向的"无"。这里的"无",如同国画中的留白,"计白当黑",大大地扩展了建筑的画面。

这种提升的第二个效果是对建筑的观赏重点,从塑像体的形象造型升华到"院"的空间境界,不是停留于对建筑形体美的欣赏,而是强化对建筑空间美的体味。在院落中,不仅有主体建筑,有辅助建筑,有小品建筑,而且还可以引入自然生态的要素——花木、山石、水体,在庭院中组构建筑与自然生态交融的景观,充分发挥建筑所擅长的表现空间氛围的潜能,塑造宫院的壮丽,宅院的温馨,书院的静雅,园庭的闲适。庭院成了极富情感的场所。"庭院深深深几许,杨柳堆烟,帘幕无重数"。①"满院春风,惆怅墙东,一树樱桃带雨红"。②正是这种"院"的场所氛围的塑造,生成了诗的境界。

这种提升的第三个效果是对建筑艺术的调度重点转移到"院"的层面。在院落中,单体建筑成了"院"的构成要素,如同棋盘中的棋子,而庭院布局则如同对棋子的调度,成了关键性的环节。木构架建筑组群的设计,大多数运用的都是定型的单体,这样设计的重点自然就转到如何调度"棋子"以取得优化的"棋局"。这意味着对建筑"物"的"硬件"制作的关注,提升到对庭院布局的"软件"调度的关注,也就是从偏于"匠作"的成分,提升到凸显"匠意"的成分。

值得注意的是,在院落构成中的单体建筑,它的建筑实体,既要组构建筑自身的室内空间,又要组构庭院的室外空间,实际上充当了"一仆二主"的角色。这里存在着屋内空间和庭院空间的双重制约。院落中的殿屋,都以它在庭院中所处的位置,确定它是正座、偏座还是倒座。殿屋的间架制式以至屋顶制式,很大程度上都取决于庭院空间全局的需要。同一座殿屋,当它处于正座位置,它的前檐立面就成了院的主视面,而它的后檐则成了后院的倒座立面。这种情况下,前后檐的屋身立面处理常常是有所不同的。在这里,殿屋自身四向立面的完整性让位给了高一层次的院庭空间及其整体环境的协调性。

我们可以看一下颐和园的玉澜堂、宜芸馆庭院(图5-1-2)。这组四进院坐落在昆明湖东北角的东岸,清漪园时期,这里是帝后游园休息、饮宴的场所,重建后的颐和园,玉澜堂、宜芸馆分别用作帝后寝宫。玉澜堂庭院第一进院落,门座面阔三间,正座面阔五间,前后出三间抱厦,左右连东西耳房。东配座霞芬室和西配座藕香榭都是五开间。各座之间,以抄手游廊连接。在这里,霞芬室和藕香榭既是配殿,又是穿堂屋,按说没必要做成五开间。它不是单体建筑自身功能的需要,而是庭院空间和总体环境的需要。原来这个庭院在颐和园宫廷区中,正处于外朝东西向轴线转向内寝南北向轴线的转折点(图5-1-3)。在这个特定的格局中,这两座配殿作为东西轴线的结尾,有必要适当地强化。再加上藕香榭的后檐面向着昆明湖,构成湖面的一个以玉泉山为对景的码头,也有必要以五开间的分量来应对。

玉澜堂后院为第二进院落,是游赏性质的过渡院。这里以假山为主景,布置了两组山石。庭院的这个特点,制约着这里的建筑单体。正座宜芸门采用垂花门,确定了它的门院性质;

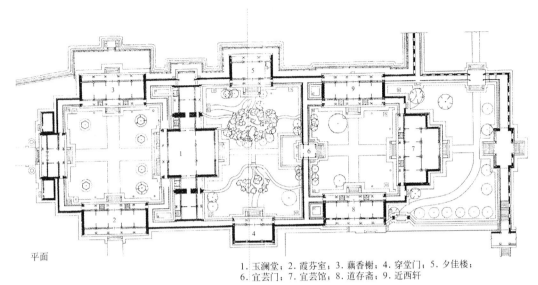

图 5-1-2 颐和园玉澜堂、宜芸馆
引自清华大学建筑学院. 颐和园. 北京：中国建筑工业出版社, 2000.

1. 玉澜堂；2. 霞芬室；3. 藕香榭；4. 穿堂门；5. 夕佳楼；
6. 宜芸门；7. 宜芸馆；8. 道存斋；9. 近西轩

玉澜堂后檐特地伸出三间抱厦，有效地化解了前座后檐立面的过大尺度，取得与游赏院的合拍尺度。两侧配座，东侧用三间穿堂门，而西侧因为有湖面的条件，特地把平面凸出院墙之外，建起两层楼房的夕佳楼，以供登楼眺望西山和广袤湖景。

位处第三进的宜芸馆庭院，看上去似乎没有什么特殊处理，实际上有很细腻的匠心。作为皇后的寝宫，它的正座、配座也都是五间房，尽量与皇帝的寝宫玉澜堂院配对，又小心翼翼地让它略低于皇帝的寝宫。正座前檐有意不出抱厦，相对于玉澜堂正座，在降低规格的同时也缩减了室内的通进深。庭院长宽尺寸和正座的通面阔、通进深尺寸，配座的通面阔尺寸，都略小于玉澜堂院，妥帖地处理了帝后寝院的规格微差。以上这些都生动地显示出庭院空间整体对其构成要素——单体建筑的深刻制约。

在私家园林中，这个现象尤其显著。苏州

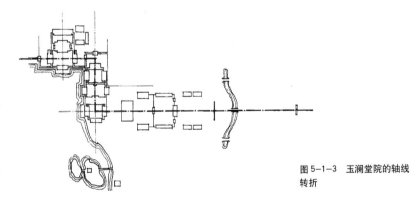

图 5-1-3 玉澜堂院的轴线转折

网师园的"濯缨水阁"在这一点上有更灵活的处理（图 5-1-4）。它的前檐面对着疏朗的水院，后檐处于曲廊围合的局促角落。水阁采用了大胆的设计，前檐出廊，用纱槅挂落与内里分开，东西墙满装四槛支摘窗。水阁前半部架立水上，屋顶采用卷棚歇山，前檐戗角飞起高高的嫩戗发戗。而水阁后檐却意外地采用硬包墙形式，屋面止于檐墙，墙脊两端翘起戗角。这个大胆处理，可以说是单体建筑自身立面的连续性让位给园庭空间环境的整体性的典型标本。

图 5-1-4 网师园濯缨水阁
引自苏州民族建筑学会. 苏州古典园林营造图录. 北京：中国建筑工业出版社，2003.

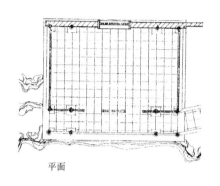
平面

北立面

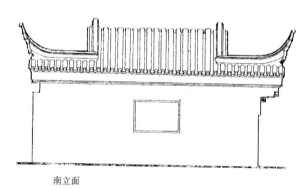
南立面

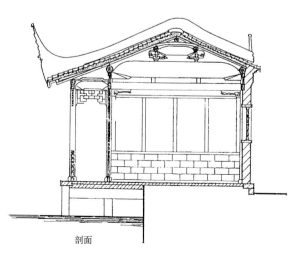
剖面

3. 时空意象

庭院式的布局还大大强化了中国建筑的时空性。如果说在单一庭院中的视野是共时性空间景象感受，那么在多个庭院之间流动的视野，经历空间的变换，时间的流程，就成为历时性的空间景象感受，这样的感受就是四维的、时空性的。它有点类似电影镜头的时空性，只不过看电影是视点不动而镜头移动，观赏建筑却是视点移动而景物不动。院与院之间的组合关系，体现着功能序列与观赏序列的统一，意味着使用过程的行为动线和观赏过程的行为动线是一致的、重合的。由于建筑性质的不同，存在着两种处理行为动线的组织方式：一种是以纵深轴线作为动线的主线；另一种是以导引线作为动线的主线。

一般宅第、宫殿、陵寝、寺观、衙署等的组群，都属于纵深轴线的组织方式。一进进沿着纵深轴线形成的庭院序列，既是实用功能所需要的，也是礼仪规制所确定的，同时也成了组群主要的观赏空间序列。纵深轴线在这里既是庭院定位的基准线，人流活动的主干线，也是观赏建筑艺术的导游线。它们如同一曲乐章，可以形成起、承、转、合，可以调度首尾、高潮、铺垫、照应，越是重大的组群在这方面表现得越是执著。

北京紫禁城主轴线的建筑布局，可以说是这方面的最突出现象（图 5-1-5）。它承袭着周礼关于宫殿布局的"五门三朝"古制。五门之制，郑司农注为皋、库、雉、应、路。三朝指外朝、治朝、燕朝。贺业钜在《考工记营国制度研究》一书中，茹竞华、彭华亮在《中国古建筑大系·宫殿建筑》一书中，李燮平在《明代北京都城营建丛考》一书中都认为：天安门相当于皋门，端门相当于库门，午门相当于雉门，太和门相当于应门，乾清门相当于路门。这样解读与郑玄注说的"雉门有两观"是吻合的。

只是紫禁城的殿座与"三朝"的对应关系不是很明确，对此我们没必要深究。重要的是，"五门三朝"这种纵深布置的礼仪规制与宫殿组群所追求的纵深时空序列是合拍的。北京紫禁城的主轴线，以"国门"——大清门（明代称大明门）为起点，依次是天安门院、端门院、午门院、太和门院、太和殿院、中和殿院、保和殿院、乾清门院、乾清宫院、交泰殿院、坤宁宫院、坤宁门院以及其后的御花园、神武门等，形成一条与都城轴线重叠的、极为隆重、极为壮观的时空序列，充分显示出中国建筑以纵深轴线组织时空的突出优势和巨大潜能。

值得注意的是，这种纵深序列的时空组织是与轴线上门座、殿座的内里空间交织在一起，人的行为动线是在庭院空间和内里空间之间反复穿行的。这里存在着内里空间布置与轴线相互贯通的问题。我们从汉化佛寺的佛殿区，可以看到这种室内外人流动线贯通的程式化布置模式（图5-1-6）。通常在佛殿区主轴上，首先进入的是山门。山门内里空间的处理是以穿堂的形式，把核心空间用作人流通行空间，把两尊金刚力士，分立于两侧，凸显出山门以穿行为主、供奉像座为辅的布置格局；山门之后接着是天王殿。天王殿有两个任务，一是供奉"四大天王"，二是把人流引导到后部的大雄宝殿主院。通常天王殿大多为面阔三间、进深两间的小殿，两次间正好供奉面对面的"四大天王"，留出明间穿堂供人流穿行。这样处理本来已可满足要求，但天王殿没有舍得把明间全用作交通空间，而在正中偏后位置立一道窄窄的板壁，板壁前方供奉一尊肚皮袒露笑口常开的大肚弥勒，板壁后方供奉一尊韦驮。这尊大肚弥勒构成了天王殿的主尊，大大充实了天王殿的内涵。韦驮是佛寺的守护神，他的塑像着将军装，有两种姿势：一种是双手合十，两腕横托宝杵，直挺地立正；另一种是左手握杵拄地，右手插腰，

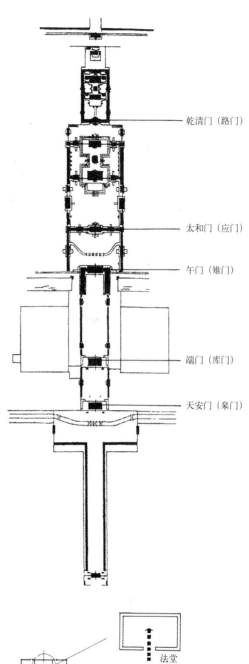

图 5-1-5 北京故宫主轴线上的"五门"布局

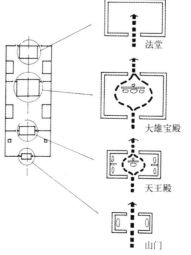

图 5-1-6 适应室内外人流动线的佛殿区布置模式

① 刘敦桢. 苏州古典园林[M]. 北京：中国建筑工业出版社, 1979：11. 潘谷西. 苏州园林的观赏点和观赏路线[J]. 建筑学报, 1963 (6)

② 杨鸿勋. 江南古典园林艺术概论[J]. 建筑历史与理论, 1983, 第3、4辑：221-229.

③ 郭黛姮, 张锦秋. 苏州留园的建筑空间[J]. 建筑史论文集, 第一辑.

左足略向前立，颇像"稍息"的姿势。这两种姿势都是站立态，板壁后方不大的空间，正好适合容纳这样站立的塑像。韦驮立在这里，面向大雄宝殿，注视着进进出出的人群，正是守护神应该待的位置。这样两尊窄窄的、隔着板壁背靠背的像座，虽然占据核心空间，并没有妨碍交通，人流仍然可以畅通地从像座两侧穿行，这可以说是成功地照顾到像座供奉和人流穿行的两利。穿过天王殿就来到大雄宝殿主院。大雄宝殿是佛殿区主轴线上的主体建筑。这里供奉的主尊是佛。有供奉一位主尊的，即释迦牟尼本尊；有供奉三位主尊的，分"三身佛"、"横三世佛"或"竖三世佛"三种组合；也有少数供奉五尊的"五方佛"和供奉七尊的"过去七佛"。这些主尊成排地供于大殿的中心空间。值得注意的是，许多情况下大雄宝殿后面还有法堂院、藏经阁院之类，庭院空间序列并非到此为止，人流在参拜大雄宝殿之后，还要继续进入后院。因此，大雄宝殿也开着后门，也存在人流穿行的问题。这样，一长列居中的主尊像与人流自前向后的穿行就成了大殿内里空间布置的一大矛盾。大雄宝殿在这一点上找到了一个绝妙的高招，在殿内偏后位置树立一道板壁。这道板壁随主尊的数量，可长可短。主尊佛像排列于板壁前方的佛坛，端正地坐在须弥座上，主尊两侧有左右"胁侍"副像。主尊身后紧贴板壁安置背光。大殿两侧沿山墙位置，供"十八罗汉"或是"二十诸天"。这样，大雄宝殿里既凸显了主尊的主体供奉，又照顾到环绕主尊的群像配置，也为人流留出了从两侧绕行到板壁后面出殿的交通空间，这样的处理可以说已经是两全其美的了，但是大雄宝殿没有满足于这一点，还更进一步在板壁后方做了一篇大文章。这里的空间进深极浅，如同狭窄的通道，除了供人流穿行，原本是很难派用场的。没想到却在这里出现了一堂"海岛观音"。观音立于波涛汹涌的海岛之上，脚踏金鳌，手持净瓶、柳枝，身旁陪侍着善财童子和龙女，观音背后利用宽大的板壁背景，塑出一大组满布小像的"观音救八难"的佛教故事，以神来之笔展示了一幕极热闹的场面。应该说这种以板壁的围隔，既形成殿堂完整的核心区，又保持后门人流畅通的做法，是位居轴线的殿屋的通行做法，从宅第厅堂到帝王宫殿，都异曲同工地运用着这个模式。但是"海岛观音"的出现，确是把这种模式发挥到淋漓尽致的地步。

以导引线作为行为动线的主线，主要出现在园林建筑组群。园林的景区布局，各个景点的空间组接很自然地都与导引线，也就是观赏线息息相关。刘敦桢、潘谷西都强调指出观赏路线对园景的展开和观赏程序起着组织作用。① 杨鸿勋也把园林的景象导引视为对园景的剪辑，强调导引线对园林景象脉络、视点运行的组织作用。② 这种以导引线作为主要行为动线的组织形式，必然对建筑的时空构成给予更为细腻的关注。在这里，庭院的组织，天井的调度，室内外空间的流通和交融，都是时空构成的重要环节。

郭黛姮、张锦秋曾经对苏州留园的建筑空间发表专文分析。③ 从她们的分析中，我们可以领略到庭院、天井在导引线空间组织中的重要作用。这里试看留园入口大门至绿荫的这一段进程。这个留园入口是当街的园门，当年园主人和内眷都从内宅入园，因宾客不宜穿越内宅，就另设了这个迎客门。但是这个迎客门必须通过旧宅和祠堂之间的备弄入园。这个弄巷长达50余米，弯弯曲曲地夹峙于两道高墙之间，给入园的导引空间设计带来很大的难题（图5-1-7）。匠师在这里因势利导，绝处逢生，化不利因素为有利因素，灵活地调度了一口口天井，把整条入园导引空间设计得趣味盎然。

这一段一共串联着9个空间（图5-1-8）。第1空间是入门轿厅，这里有较大的纵深空间，宾客可以在这里上下轿子。但是夹在左右两道高墙之间，无法采光。匠师在厅的中央和后部，设了一大一小，一前一后两口天井，既解决了采光问题，也赋予门厅独特形式。第 2 空间是短短的竖向过道，匠师没有轻易放过它，在过道西侧辟一条窄窄天井，闪入一缝光线，既解决了采光，也活跃了过道空间。第 3 空间是一条横向过道，这里不设天井，有意让光线幽暗些许。然后转入竖向的第 4 空间，这是第三个短过道，匠师别出心裁地在这里挖出两口采光小天井，一个在东南角，一个在西北角，这里的小不点天井只有 60 厘米宽，居然让人流在咫尺空间有了两次转折，把短过道变得很有趣，也避免了与前两个过道的重复。然后再进入第 5 个空间——敞厅，厅前辟一口不大的天井。这个不大的天井，由于经历前面 3 个短过道和小天井的铺垫、收束、对比，到此获得一下开放，显得颇为舒放。人流在这里略为歇息，就可以入园观景了。但是在进入景点空间之前，又穿插了第 6 空间，这是第 4 个短过道，也是更短的过道。这个短过道也需采光天井，但它不与第一个过道重复，它的窄天井跑到东侧来了。这让入园的人流产生天井忽左忽右，忽贴边忽对角的感觉。穿过这个收束得极小的空间，终于来到第一景点——"古木交柯"。这是入园序列的第 7 空间。这里利用一株古木苍劲的枯干，特地围出花台，辟出一口带拐角的天井，与敞厅相互咬合，组构了室内外交融的景点空间。在这里，天井南壁的古木，衬着一片白墙，墙上嵌着"古木交柯"字匾，组成了十分雅洁的画面。敞厅北面临水，特地采用一列漏窗，让人隐约地看到主景区山池亭阁的一鳞半爪。敞厅西侧与"绿荫"相邻，壁面开了两个尺度颇大的八角形空窗，透过空窗，绿荫、明瑟楼重重景深吸引着人流继续前行。本以为这就进入"绿荫"，其实不然，原来绿荫廊沿加了一道如

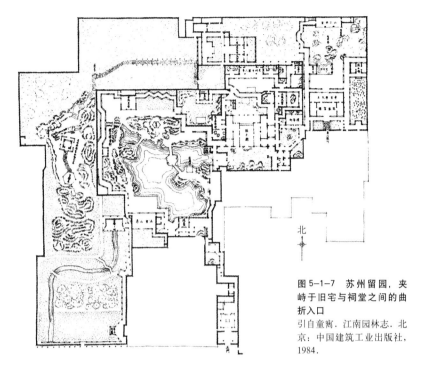

图 5-1-7 苏州留园，夹峙于旧宅与祠堂之间的曲折入口
引自童寯. 江南园林志. 北京：中国建筑工业出版社，1984.

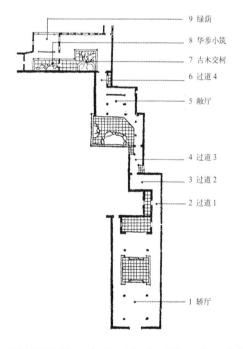

图 5-1-8 苏州留园入口空间处理

同屏风的隔扇，把廊子和小天井组成了"华步小筑"空间，这是第 8 空间。这个小小的空间，让游人暂时驻足观赏一下"华步小筑"，同时收束一下视野，然后再转入第 9 空间——"绿荫"敞榭，这里的前檐完全开放，可以饱览主景区的山池风光，感受分外开阔的境界。这样的导

引线组织的确是令人叫绝的。这一长串的9个空间和9个天井,组构了空间的大小对比,方向的横竖变化,光线的明暗差异,视线的收束、开放,这里的组成要素都很平凡,但在动态过程中形成了极富情趣的时空剪辑,充分表明中国建筑以导引线组织时空,同样具有极大的潜能。

(二) 庭院舞台与建筑行当

1. 建筑行当:"准功能"角色

如果我们把庭院视为"舞台",那么,构成庭院的主体建筑、辅助建筑和小品建筑自然就是这个舞台上的一个个"角色"。特别值得注意的是这些建筑角色如同中国戏曲中的角色一样,是划分"行当"的。我们在这里,特地给它起个名字,称之谓:"建筑行当"。

这个"建筑行当"是中国木构架建筑体系的一个独特的、十分值得关注的现象。

我们知道,中国的京剧是具有程式化特征的艺术,它的角色划分为生、旦、净、丑四大行当。生行是扮演男性角色的行当,它再分为老生、红生、小生、武生、娃娃生等分型;旦行是扮演女性角色的行当,它再分为青衣、花旦、武旦、老旦、刀马旦等分型;净行又称"花脸",主要扮演在性格、品质或相貌等方面具有突出特点的男性人物,它再分为正净(大花脸)、副净(二花脸)和武净(武花脸)三个分型;丑行,俗称"小花脸",属于扮相不俊美,品质可能阴险狡诈,也可能正直善良的角色,它分为文丑和武丑两个分型。

京剧行当是对剧中人物的角色分类。京剧剧目有上千种,有不可胜数的人物形象,划分行当是对京剧人物进行归纳、取舍、提炼的结果,把在性别、年龄、身份、地位、性格、气质上具有相同特点的人物形象概括为同一行当,形成人物程式。而每个行当大类型中,又各有若干分型,由此形成既简练又细密的角色程式系统。

木构架建筑与京剧一样,具有程式化的特征,在这一点上,它自然与京剧具有程式化上的相似机制。"建筑行当"现象就是这个相似机制的集中体现。建筑是个庞杂的大集合,在功能上有宫殿、坛庙、陵寝、苑囿、王府、宅第、衙署、寺观、宗祠、书院、店肆、馆驿、会馆、宅园等诸多类型,这些千差万别的不同功能的建筑,并非形成千差万别的不同单体建筑。当它以组群出现时,基本上都呈现为庭院式格局。这样,不同功能的建筑类型都有了一个共同的组合模式——"院"。而在"院"的构成中,这些单体建筑、小品建筑充当着不同的角色,有的是正座,有的是门座,有的是配座,有的是倒座,有的呈点状,有的呈线型。尽管建筑功能类型千差万别,在庭院构成上却是"同构"的。因此在程式化运作中,就可以通过庭院的角色定型来统摄变化万千的建筑功能。这是一种极高明的以简驭繁,一下子就把纷繁的建筑功能类型转化成为有限的组构庭院的建筑角色类型。

究竟建筑角色划分为哪几类呢?这是个见仁见智的问题。我在这里倾向于把它划分为五类:一、殿堂房室;二、楼阁;三、亭;四、廊;五、门。

殿、堂、房、室都属于"居"(起居)的空间,平面多为若干开间组合的规整矩形,均为单层平房,屋顶也是规范的硬山、悬山、歇山、庑殿。它有很多分型品类,在庭院中既担当正座角色,也担当配座、倒座角色;既是庭院的主角,也是庭院的配角,是建筑的主行当,在建筑行当中具有特别重要的地位。

楼阁也属于"居"的空间,平面也多为若干开间组合的规整矩形,它区别于殿、堂、房、室的主要特点是带有楼层。《说文解字》说:"楼、重屋也"。早期,楼和阁是有区别的。陈明达曾经精炼地概括说："屋上建屋为楼，平坐上建屋为阁"。①但是，他也指出："到宋代时平坐上建屋的阁已经极少，逐渐忘了楼、阁的区别。《法式》中已经是楼、阁不分"。②因此楼阁已不必区分，它的妙处就是添加了楼层空间，扩充了有效的内里空间。《长物志》说：

  楼阁，作房闼者，须回环窈窕；供登眺者，须轩敞宏丽；藏书画者，须爽垲高深，此其大略也。③

的确，这里提到的住居、登眺、庋藏是楼阁的三项主要功能，佛寺中供奉高体量像座，可视为楼阁庋藏功能的一种转化。楼阁自身的高耸、挺拔体态，引人注目，还给它添加了特定的点景功能。由于楼阁在空间跨度上的局限，也由于礼仪活动不宜处于上层空间人物的袴下，使得楼阁在庭院构成中的地位，较之殿堂略逊一等。但它既可用于庭院的正座、配座，也可用于庭院、组群的门座，还可以作为散点的景观建筑，也是多用途的角色。

亭不属于"居"的空间，而是"游"的空间，主要用于停步休憩、定点凭眺和点缀景物，既是观景建筑，也是点景建筑。它的主要形态是小体量的点状，平面有正方、长方、六角、八角、圆形、扇形、梅花、海棠、十字、套方、套圆等多样形式。亭亭玉立，随宜建造，可以说是建筑行当中最灵便、最活泼的角色。还有一种碑亭，用于陵寝的神道，体量较大，庄重肃穆，是亭的隆重化形态。

廊是一种通道空间，连接于庭院正座、配座、门座的两侧，递迤于楼台亭榭之间，是联系建筑的交通线，也是观赏景物的导游线。它呈现"线"的形态，起着围合院庭、划分庭园的重要作用。李斗说：

  板上甃砖，谓之响廊；随势曲折，谓之游廊；愈折愈曲，谓之曲廊；不曲者修廊；相向者对廊；通往来者走廊；容徘徊者步廊；入竹为竹廊；近水为水廊。④

不难看出，廊在建筑行当中，也是很活跃的角色。在高体制的大型庭院中，还有一种廊的变体——庑，它是一种带有房室的廊。它也呈现"线"的形态，连檐通脊，既是连绵不断的廊，也是连绵不断的房。这样的庑廊，围合在庭院两侧，有效地起到隆重化庭院的作用。

门也是建筑行当的一种。在中国建筑中，有两类不同性质的门。《玉篇》说："在堂房曰户，在区域曰门"。⑤前者如板门、隔扇门等，是单体建筑中的一种构件，属于装修之列。后者是作为组群和庭院出入口的门，即"区域"的门，如宫门、宅门、寺门、院门，它们自身呈单体建筑或建筑小品，为区别于装修的门，特称之为"单体门"。这种单体门，实际上是很重要的建筑角色。庭院式布局的中国建筑，是"院"的集合，也是"门"的世界。

不难看出，这五类建筑行当，有它的基本"功能"的区别。殿、堂、房、室和楼阁是"居"的空间，亭是"游"的空间，廊是"穿行"的空间，门是"出入"的空间，这就是它的基本"功能"的不同。但是这种基本"功能"的不同，并非各类型建筑实际功能的不同。同样是殿座，它可以是紫禁城的宫殿，坛庙的享殿，陵寝的祭殿，寺庙的佛殿，王府的银安殿；同样是厅堂，它可以是宅第的正厅，园林的花厅，衙署的大堂，书院的讲堂，寺院的禅堂。因此，建筑行当的"功能"区分，是一种"准功能"划分。不要小看了这个"准功能"，这不是它的功能不到位或是功能的含混，而是同类型功能的概括。殿是各类型殿屋的归纳和概括。厅是各类型厅堂的归纳和概括。它是从活生生的千差万别中，概括出的"凝固的形式"，形成一种类型化的程式。这是木构架建筑程式化的一个重要环节。在第四章第二节"程式链与系列差"中，我们曾经

①陈明达. 营造法式与大木作研究 [M]. 北京：文物出版社，1981：144.
②陈明达. 营造法式与大木作研究 [M]. 北京：文物出版社，1981：144.
③[明]文震亨. 长物志·卷一.
④[清]李斗. 扬州画舫录. 扬州：江苏广陵古籍刻印社，1984：399.
⑤[梁]顾野王撰. 玉篇 卷十一.

① [明]计成.园冶卷一：屋宇.
② [明]计成.园冶卷一：屋宇.
③ [汉]刘熙.释名[M]//古今图书集成·经济汇编·考工典·堂部.
④ [汉]刘熙.释名[M]//古今图书集成·经济汇编·考工典·宫室总部.

谈到建筑实体四个层面的程式链，第一层次是"部件"、第二层次是"构件"、第三层次是"分件"、第四层次是"细部"。那是单体建筑下属层面的程式。现在，建筑行当的划分，正是这个程式链的向上延伸，是更高一个层次的程式，是单体建筑层面自身的程式定型。

这种"准功能"的程式定型，当然伴随着"造式"的定型。什么是"造式"？《园冶》在谈到"楼"的形态时说："造式，如堂高一层者是也"。①谈到亭的形态时说："造式无定，自三角、四角、五角、梅花、六角、横圭、八角至十字，随意合宜则制"。②显而易见，"造式"就是建筑行当的基本造型制式。它反映出，由于"准功能"的不同，自然就会呈现不同的"结构"，形成不同的基本"造式"。殿、堂、房、室是堂正的单层造式；楼阁是"重屋"造式；亭是点状造式；廊是线型造式；门随不同的界域也有诸多造式。这些行当的各种分型呈现出更丰富的、各具特色的造式。这些不同的造式，正是组成庭院结构的要素。可以说是建筑行当的造式，组构了庭院的格式，反过来也可以说，正是庭院格式的需要，选择了特定的建筑行当。

当然，建筑行当并非仅仅与庭院相关联。木构架单体建筑也有很多情况下是以"散屋"出现的，呈"散点"的布局，可以是自然式的散点布局，也可以是园林式的散点布局，这是建筑行当直接融于自然环境之中，成为组构散点组群和园林景观的重要角色。可以说，建筑行当既演出于庭院的舞台，也活跃于散点的舞台。

2. 行当分型：走向"准个性"

京剧行当存在着明确的"分型结构"，生、旦、净、丑四行各有若干"分型"，而这些分型又有更细一层的小分型，如小生进一步分为扇子生、纱帽生、翎子生、穷生、武小生；老生进一步分为安工老生、靠把老生、衰派老生；武生进一步分为长靠武生、短打武生等等。这样的层层分型就形成很细密的角色划分，所扮演的人物就从粗分的类型性走向细分的"准个性"，通过演员的演绎，就能刻画出所饰演人物的细腻个性。

建筑行当也是如此，也有各自的分型、小分型，它也同样通过层层划分，从粗分的类型性，走向细分的"准个性"。

（1）当家行当：殿、堂、房、室分型

殿堂房室最初分为堂型和室型。古人对"堂"和"室"是加以区别的。《释名》说：

> 堂，犹堂堂，高显貌也。
>
> 古者为堂，自半以前虚之谓堂；自半以后实之谓室。堂者，当也。谓当正向阳之屋。③
>
> 室，实也，人物实满其中也。④

堂，突出的是一个"当"字，有虚敞、外扬、高显的特色；室，突出的是一个"实"字，有平实、内敛、隐奥的特色。堂的空间是公用空间，祭祖、礼佛、理政、议事、会客、婚庆、宴请等等带有礼仪、政事、社交和家庭聚会性质的活动，在堂的空间进行。室的空间是私用空间，主要用于日常起居、就寝、读书、憩息，是带有私密性的空间。按《释名》的说法，堂在"自半以前"，室在"自半以后"，这意味着堂和室同处于一座单体建筑之中。早期的堂、室的确呈现这种状况。清代学者张惠言在《仪礼图》一书中所绘"郑氏大夫士堂室图"，就是堂处前部正中，前堂后室，左右旁厢，先登堂，后入室，它们都包括在一幢建筑内。偃师二里头晚夏一号宫殿遗址的主体殿屋，据杨鸿勋的复原，其平面正是这种前堂后室、左右旁厢的格局（图5-1-9）。应该说"堂室合座"是极富生命力的，只是后来盛行的不是"前堂后室"的合座，而是明间为"堂"，左右次间为"室"，也就是"一明两暗"的单体建筑基本型。在各地木构架民居建筑中，这种居中为堂、左右作室的宅屋模式，一直久用不衰。

堂室分座也出现得很早。我们从岐山凤雏西周建筑遗址的复原图，可以看到前院的"堂"和后院的"室"，已是明确的前后两幢单体建筑，作为配房的"厢"也从主座建筑中分离出来，成列地分布于庭院两侧（图5-1-10）。这里的堂是开放性的空间，室是封闭性的空间，明确地显现堂与室的功能区别和造式差异。

堂型建筑呈现殿、堂、轩、馆等分型。殿、堂多用于主要庭院和组群的主要位置，轩、馆多用于次要庭院和组群的次要位置。殿是隆重化的堂。《释名》说："殿，有殿鄂也"。[①]"鄂"指器物线刻隆起的凸纹，表明殿是一种高显的隆重建筑，在建筑行当中等级最高。《石林燕语》说："古者，屋之高丽通乎为殿，不必宫中也"。[②]东汉以后，只有用于皇帝朝会、起居、宴乐、祭祀的宫殿、坛庙、陵寝、苑囿和供奉神佛的佛寺、道观等高体制组群的正殿、后殿、寝殿、配殿才能呼之为殿。清代王府建筑中，也只有亲王府和亲王世子府可以用殿，从贝勒府以下，都只能用"堂"。殿与堂在造式上也形成显著区别，在运用台基上，殿不仅有"阶"，还可以有阶下的台座——"陛"，而堂只能用阶。在屋顶制式上，殿可以用歇山、庑殿及其重檐形式，堂只能用硬山、悬山，在地方做法中最多也只能用到歇山。《石林燕语》还有"其制设吻者为殿，无吻不为殿矣"的说法。[③]实际上殿已从"堂型"中分离出去，成为独立的、最高等级的建筑行当。建筑的主行当由此形成殿型、堂型和室型三大分型。

室型建筑主要用作居室、客房、书斋、书塾之类。在宅第组群中，由于堂室合座，主要宅屋多存在"房中有堂"或"厅中有室"的现象。我们可以看看北京的四合院住宅和福州的厅井院住宅。

图5-1-11是《中国民居建筑》一书中王

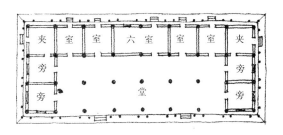

图5-1-9 杨鸿勋复原的偃师二里头一号遗址主体殿堂平面
引自杨鸿勋.建筑考古学论文集.北京：文物出版社，1987.

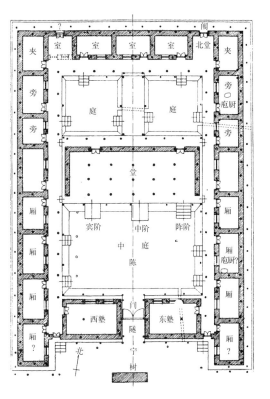

图5-1-10 杨鸿勋复原的凤雏西周建筑基址平面
引自杨鸿勋.宫殿考古通论.北京：紫禁城出版社，2001.

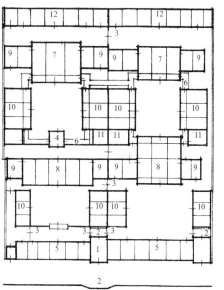

1.大门 2.影壁 3.屏门 4.垂花门 5.倒座房 6.廊
7.正房 8.厅房 9.耳房 10.厢房 11.盝顶 12.后罩房

图5-1-11 北京四合院单体建筑名称
引自王其明.北京四合院//陆元鼎，杨谷生.中国民居建筑.广州：华南理工大学出版社，2003.

①[汉]刘熙.释名[M]//古今图书集成·经济汇编·考工典·宫室总部

②[宋]叶梦得.石林燕语[M]//古今图书集成·经济汇编·考工典·宫室总部·宫殿部杂录

③[宋]叶梦得.石林燕语[M]//古今图书集成·经济汇编·考工典·宫室总部·宫殿部杂录

① 黄汉民，李玉祥. 老房子·福建民居[M]. 南京：江苏美术出版社，1994：57-60.

其明所写"北京四合院"一节的插图，它标示了北京四合院各单体建筑的名称和位置。这个图颇为齐全地涵括了北京四合院所涉及的建筑行当。这里的行当组构了一组主院与跨院并列的大宅。主院呈五进院，由第一进屏门院、第二进厅房院、第三进垂花门院、第四进正房院、第五进后罩房院组成。跨院呈三进院，由第一进厅房院、第二进正房院、第三进后罩房院组成。这里的厅房属于堂型行当，在四合院中，有的用作待客、聚会的厅堂，有的用作穿行的过厅，有的用作游憩的花厅。过厅、厅堂的两侧空间可作为居室、客房、书房、书塾，是很典型的"厅中有室"。正房也称上房，是北京四合院的主房，处于主院正座，通常都是坐北朝南，其面阔、进深、架高和装修做法都居全宅首位。厢房是正房院、厅房院的配房，构成宅院的东、西厢，在这里，正房、厢房都属于室型行当，主要用作居室，但它的明间是"堂屋"，是很典型的"房中有堂"。正房住长辈，厢房住晚辈，这两档高低规格不同的行当分型，恰当地适应了封建伦理尊卑不等、长幼有序的需要。四合院中的倒座房、后罩房、耳房、盝顶，那是规格更低一档的室型行当，只是倒座房不仅用作书塾、书房、仆房，有时也用作接待宾客的客厅，具有微量的房中带堂成分。

如果说北京四合院典型地显现出北方宅第建筑行当的构成特点，那么，福州厅井院则清晰地显现出南方宅第建筑行当的构成特点。我们试看福州的沈葆祯宅（图5-1-12）。①这座大宅位于福州宫巷，是三坊七巷的名宅之一，始建于明万历年间，屡经修葺改建。全宅坐北朝南，由一列正院和西侧两列跨院组成。正院纵深呈四落（四进）。大门三间，设插屏门。头落正座五开间，中间三间为敞口大厅，大厅进深很大，厅内设屏壁，厅后隔出两小间；两侧梢间为"厅边房"，由于进深很大，"厅边房"横分为前房、后房。头落庭院隔为三个天井，中间大天井正对敞口厅，两边有回廊连接。宏大的敞厅，宽阔的大天井，加上回廊里摆置的执事牌，浓厚地渲染出官宦大家的气派。两侧小天井正对前房，组构了两个相对封闭的梢间小天地。正座后方还特地留出一缝窄窄的小天井，改善了后房的采光、通风。二落正座也是五开间，正中明间作厅堂，两侧次间、梢间都是"厅边房"，前房后部带着小间。三落正座仍是五开间，进深比二落正座更大，同样是明间作厅堂，以屏风隔成前后厅。前厅横置供桌，

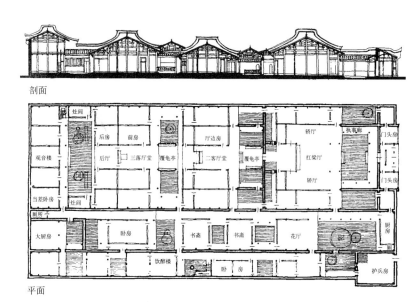

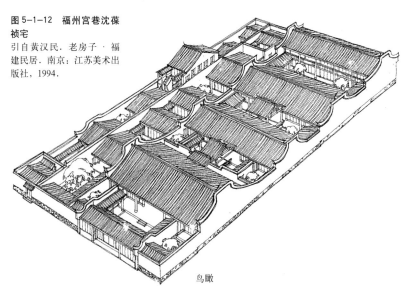

图5-1-12 福州宫巷沈葆祯宅
引自黄汉民. 老房子·福建民居. 南京：江苏美术出版社，1994.

用作祖堂。次、梢间都是"厅边房",都分隔成前后房。四落正座用后罩楼,是一列五间带前廊的两层楼房。楼上供奉观音菩萨,俗称"观音楼",也用作收藏书画等。这三落的天井都处理得各具特色。二落天井正中设"覆龟亭",两侧隔出四口小天井,梢间前的小天井由院墙围合,添加了"厅边房"的私密性。厅堂与次间前的天井,两侧有敞廊连接,中间有带美人靠的敞亭,形成敞厅、敞亭、敞廊与天井的空间流连,颇富生活情趣。这种"覆龟亭"的设置,是福建民居的一种地方特色,其作用近似于穿廊。三落天井正中同样设"覆龟亭",分隔出左右两个较大的天井,两侧以很宽的敞廊联系,形成祖堂前方疏朗的室内外空间组合。四落天井则保持窄长形,两侧设单坡顶小屋,俗称"披榭",用作厨房灶间。天井中置花台,植树木,亲切宜人。

位于西侧的两列跨院,一宽一窄。大跨院由南至北依次建花厅、书斋、卧房、厨房,小跨院尺度很窄,设有护兵室、卧房和一座可登高眺望的"饮醉楼"。

我们从沈宅的布局可以看出,它的纵深正院实际上是由头落的前区和二、三、四落的后区组成,前后区间有一道横院墙分隔。头落正座是堂型行当,组成以厅堂为中心的前区院落。二、三、四落正座都是室型行当,组成以第三落正座为中心的后区院落。它们构成了"前堂后室"的院落格局。头落正座是"厅中有房",二、三落正座是"房中有厅"。二落正座和三落正座都各有八间房室,只是二落后房比三落后房小得多,它们在同似中有等差,凸显出三落正座的主体地位。大跨院中的花厅是休憩待客的堂型行当,厅前有种植名木流苏的大尺度庭院,组构了宅内的庭园环境。

我们从北京四合院与福州厅井院建筑行当的不同造式,不难看出,组建北京四合院的建筑行当,包括正房、厅房、厢房、倒座房、后罩房、耳房等等,都是"官工正式"建筑。这是因为,北京四合院处于都城所在地,它的京畿地域性转化为官工正统性,从民间建筑的俗文化注入了精英建筑的雅文化,超越民居的乡土程式,上升为官工的规范程式。这里的建筑行当已纳入官工正式建筑的程式系列。而组构福州厅井式的建筑行当,包括头落"厅中有房"的正座,二、三落"房中有厅"的正座和跨院的花厅、书斋、卧房等等,都是地域性的"民间正式"建筑,属于乡土性建筑行当的程式系列。

这样,我们可以看到,在官工建筑体系中,上自宫殿、坛庙、陵寝、苑囿、王府、寺庙的高体制殿堂,下至北京四合院的宅第、庭园,它们所涉及的殿型、堂型、室型行当,都已纳入官工正式建筑的程式系列。这种官工正式系列,特别突出的是它的严密等级规制,进一步为官工建筑提供了更为周密的行当细分。官工建筑整套程式化的部件、构件、分件、细部,都成了建筑行当分型、小分型的构成因子和调节因子:一是开间因子;二是步架因子;三是屋顶因子;四是台基因子;五是大小式做法因子;六是材等因子;七是斗栱因子;八是装修因子;九是彩画、雕饰因子等等。通过这些因子的构成和调节,塑造了一个个带有个性、准个性的建筑角色。

如果说,官工建筑行当,好比是京剧行当,那么,散布在中华大地的各个地域的民间建筑行当,就好比是地方剧行当。不论是东北大院,还是晋陕窄院,不论是东阳"十三间头",还是大理"三坊一照壁",不论是福州厅井院,还是苏州多进院,它们的建筑行当,各自都是特定的民间建筑程式系列。它们也有很细致的分型、小分型。在这方面,苏州宅屋和宅园中的厅堂可以说表现得最为显著。

① 姚承祖. 营造法原 [M]. 北京：中国建筑工业出版社，1986：21.

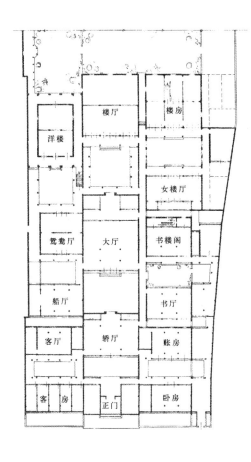

图 5-1-13 苏州留园东宅平面
描自姚承祖. 营造法原. 北京：中国建筑工业出版社，1986.

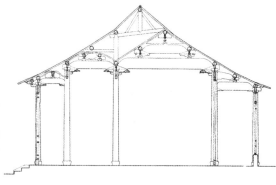

图 5-1-14 扁作厅抬头轩正贴式
描自姚承祖. 营造法原. 北京：中国建筑工业出版社，1986.

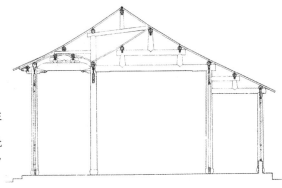

图 5-1-15 圆堂船篷轩正贴式
描自姚承祖. 营造法原. 北京：中国建筑工业出版社，1986.

我们可以看到，在苏州宅屋（图 5-1-13）和宅园中，有门厅、轿厅、大厅、内厅、花厅、荷花厅等，除了门厅应属门型行当，内厅（也称"女厅"、"上房"）多为二层楼的居室，应属楼阁行当外，其他的厅都是堂型行当。轿厅相当于前厅，是停轿备茶之所，大厅是家人团聚、待客宴饮和庆典之所，花厅是位处边落或庭园的起居待客之所，荷花厅是位处临水地段的观景之所。这些厅堂建筑，形成了很细腻的行当分型程式。在梁架用料上，厅堂分为扁作厅（图 5-1-14）和圆堂（图 5-1-15），即用圆料者称"堂"，用扁料者称"厅"。扁方料比圆料考究，有"富有之家，俱用扁作；小康之家，则用圆堂"①的说法。扁作厅还派生出一种仿圆料做法，把梁底挖成软带形的梁架，称为"贡式厅"。这里的圆料、扁方料和贡式的做法区分，就是一种分型。至于是否圆料必称"堂"，扁作必称"厅"，并非严格如此。

在基本造式上，厅堂分为大厅、四面厅、鸳鸯厅、花篮厅等分型。大厅是厅堂的惯常形式，面积体量较大，前檐或前后檐设廊或前后廊均不设，可用扁作，也可用圆料。四面厅是可以四面观景的厅堂，位处四面有景可观的地段，厅四周绕以回廊，长窗装于四面步柱之间，不做墙壁，廊柱间多在檐枋下饰以挂落，下设半栏坐槛，可供坐憩。鸳鸯厅是将脊柱落地，以屏风、罩、纱槅将厅平分为前后两部分，梁架一面用扁作，一面用圆料，一厅幻如两厅；南厅宜于冬春，北厅宜于夏秋（图 5-1-16）。花篮厅是当心步柱不落地，代以垂莲柱，柱端雕花篮，取得厅内的疏朗效果（图 5-1-17）。这些不同造式的厅堂，在贴式构成上，又区分"磕头轩"和"抬头轩"、"单重轩"和"双重轩"。磕头轩是不带草架的，轩梁低于四界大梁；抬头轩是带草架的，轩梁与四界大梁齐平，后者不仅提升了前檐高度，也取得更为高爽的厅内空间。单重轩是内四界前仅设"廊轩",双重轩是在内四界和廊轩间添设一重"内轩",后者显著扩展了厅内空间的深度,丰富了内里的空间层次,并将廊轩、内轩的顶部都做券形顶棚,称为"轩"。这种"轩"也细腻地定型为茶壶档轩、弓形轩、一枝香轩、船篷轩、菱轩、鹤颈轩[①]等多种形式。

我们从官工建筑严密地制定等级规制的程式系列和苏州厅堂细致地划分厅堂内里造式的程式系列,不难看出,等级规制的区分在官工建筑行当分型中成为突出的强因子和主要标志,对于等级性品格的关注超越了对于功能性品格的关注。实际上,堂型与室型的划分,"堂中有房"与"房中有堂"的划分,都融化在等级规制中,凸显的是等级性品格区别,而非功能性品格区分。反而是殿型与堂型的等级区别和殿自身的等差区别,在程式系列中受到更大关注,有一系列明确的程式规制。以苏州为代表的江南地方建筑也同样存在这现象。在《营造法原》这部记述江南地区代表性传统建筑做法的专著中,也是明确地把殿型与堂型区分开,设一章"厅堂总论",又另设一章"殿庭总论",分章表述。堂型与室型的区分远不如殿型与堂型的区分显著。值得注意的是,由于堂型等级低于殿型,苏州厅堂开间多为三间,只有个别用到五间;屋顶多为硬山。这样,厅堂在外观造式上变化不大,自然就在内里空间层次,在贴式构成,在厅内空间分隔,在轩的顶棚样式等等方面,作了精心的区分,以取得丰富多样的行当分型,以满足不同厅堂品格、个性的需要。

(2)事约而用博:亭的行当分型

唐代的欧阳詹在《二公亭记》一文中,对"楼、观、台、榭、亭"作了一番生动的议论。他说:

> 楼则重构,功用倍也;观亦再成,勤劳厚也;台烦版筑;榭加栏槛。畅耳目,达神气,就则就矣,量其材力,

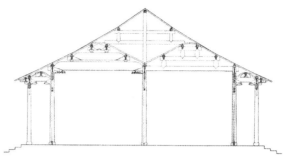

图 5-1-16 鸳鸯厅正贴式
描自姚承祖. 营造法原. 北京:中国建筑工业出版社,1986.

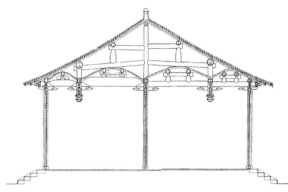

图 5-1-17 贡式花篮厅正贴式
描自姚承祖. 营造法原. 北京:中国建筑工业出版社,1986.

> 实犹有蠹。近代增妙者,更作为亭。亭也者,借之于人,则与楼观台榭同;制之于人,则与楼观台榭殊。无重构再成之糜费,如版筑栏槛之可处,事约而用博。贤人君子多建之,其建皆选之于胜境。[②]

这可以说是一篇古人谈论"建筑行当"的难得文章。欧阳詹在这里指出,"楼"是重屋,增多了一倍可用空间;"观"也是一成(层)又一成(层)的,要付出很重的劳动;建"台"需要夯土版筑;建"榭"需要加栏设槛。这几种建筑,在"畅耳目、达神气"上都很到位地起到应起的作用,但是从它所需材力来看,还是有蠹弊的。他说"近代"添增一个妙招,就是建亭。"亭"这种东西,对人的功用与楼观台榭是同似的,而人对它的建造则与楼观台榭不同。用不着像建楼、建观那样层层叠构的糜费,却可以像台、像榭那样地居处,构筑简约而功用广泛。贤人君子多喜欢建造它,在建亭时都把它选建在环境幽美的地方。

① 鹤颈轩,《营造法原》写作"鹤胫轩"。《苏州古典园林》、《苏州古典园林营造录》均沿用"鹤胫轩"的写法。"胫"是小腿内侧的长骨,"鹤胫轩"图上的曲线呈"鹤颈"形,与小腿长骨形状无关,似应订正为"鹤颈轩"。

② [唐]欧阳詹. 二公亭记[M]//古今图书集成·经济汇编·考工典·亭部

这确是对亭的精辟见解。汉代"十里一亭，十亭一乡，亭有亭长"，亭曾是乡以下的基层单位名称。《释名》说："亭，停也，亦人所停集也"。[①] 作为建筑的亭，原先当是供行旅之人停息的路亭、山亭，后来转而成为胜境的景观亭和史迹的纪念亭。在欧阳詹写《二公亭记》的时候，还说这种亭是"近代"新增的，在唐人心目中是建筑行当里的一个较新的角色。欧阳詹说它"事约而用博"，确是一语中的地概括了"亭"的高妙。

"事约"是亭的一大特点，它是点状的建筑，通常体量都不大，小巧灵便。形式多样，可以规正地构筑，也可以简易地搭建。《园冶》说它：

> 造式无定，自三角、四角、五角、梅花、六角、横圭、八角至十字，随意合宜则制。[②]

可见亭的分型是多样丰富的，是最便于随意合宜建造的。

"用博"也是亭的重要特点，它可以用作缅怀人物、铭记事件的纪念亭；可以用作立碑、挂钟、置鼓的碑亭、钟鼓亭；可以是出现于市井、桥头的街亭、桥亭；也可以是呈现于宅屋花厅院、书房院的半亭。在潘谷西先生编著的《江南理景艺术》中，就收录了两处这样的院庭半亭。一处是扬州风箱巷6号的花厅院亭（图5-1-18），另一处是苏州王洗马巷某宅的书房院亭（图5-1-19）。当然，亭这个建筑行当，最基本、最重要、最大量的还是用于园林、景胜的园亭。这种园亭，既用于休憩，也用于观景、点景，是亭的最主要分型。它更多的是出现在园林环境、景观胜地和庭园之中。

《园冶》在谈"亭榭基"时说：

> 花间隐榭，水际安亭，斯园林而得致者。惟榭只隐花间？亭胡拘水际？通泉竹里，按景山巅，或翠筠茂密之阿，

[①] [汉] 刘熙. 释名·释亭 [M] // 古今图书集成·经济汇编·考工典·亭部.

[②] [明] 计成. 园冶卷一·屋宇.

图5-1-18 庭院中的亭子——扬州风箱巷6号庭院
引自潘谷西. 江南理景艺术. 南京：东南大学出版社，2001.

苍松蟠郁之麓；或借濠濮之上，入想观鱼；倘支沧浪之中，非歌濯足。亭安有式，基立无凭。[①]

的确，"榭"不必只隐于花间，"亭"也没有必要只限于水边；贯通泉流的竹林，有景可览的山巅，翠竹茂密的山窟，苍松磅礴的山麓，以

①[明]计成.园冶卷一·立基

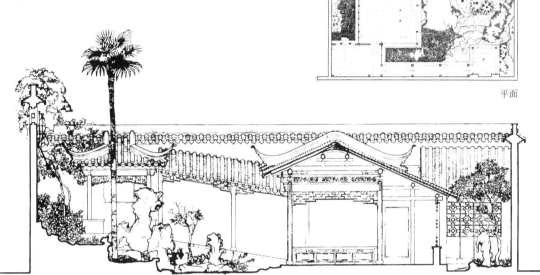

图5-1-19 庭院中的亭子——苏州王洗马巷某宅书房庭院
引自潘谷西.江南理景艺术.南京：东南大学出版社，2001.

至枕流之上、沧浪之中，都是可以设亭的。"亭安有式，基立无凭"这8个字，可以说是对亭的自由分布作了精炼的概括。亭可以随宜散点分布，也可以组构于庭院、水院之中。在苏州拙政园中（图5-1-20），我们可以看到散布的、各自成景的雪香云蔚亭、北山亭、梧竹幽居亭（图5-1-21）、荷风四面亭、绿漪亭、绣绮亭、塔影亭、与谁同坐轩（扇面亭），也可以看到组构在庭院中的嘉实亭、小沧浪后院亭和构成小沧浪水院的得真亭、松风亭（图5-1-22），还有与游廊结合的倚虹亭（图5-1-23）、别有洞天亭。这些亭都成了拙政园建筑的重要组成。园亭、山亭的一大高妙就是融入自然，它不需要奢华虚浮，繁缛构筑；它更适合运用本色材料，简约构造，显现简朴淡恬。赵光辉曾经评述四川青城山山亭的这个特色：

（青城山亭）多取近旁杉树为材，

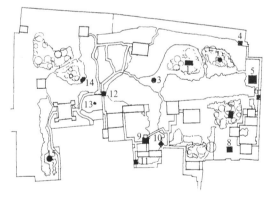

图5-1-20 苏州拙政园中的亭子
1. 雪香云蔚亭
2. 北山亭 3. 荷风四面亭
4. 绿漪亭 5. 梧竹幽居亭
6. 倚虹亭 7. 绣绮亭
8. 嘉实亭 9. 得真亭
10. 松风亭 11. 小沧浪后院
12. 别有洞天 13. 宜两亭
14. 与谁同坐轩（扇面亭）
15. 塔影亭

图5-1-21 拙政园梧竹幽居亭
引自苏州民族建筑学会.苏州古典园林营造录.北京：中国建筑工业出版社，2003.

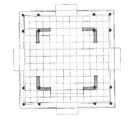

① 赵光辉. 中国寺庙的园林环境[M].北京:北京旅游出版社,1987:149.

不求修直，不去树皮，以树皮为盖或干脆依树而立，就其干为柱，以其根为凳，再以枯枝古藤装修栏杆，不似雕工胜似雕工，更具自然天趣，与山林岩石交相融混，如自然生长，具有生机勃发的气韵。①

我们从他所画的青城山翠光亭（图5-1-24）和清虚阁山亭（图5-1-25），可以领略亭的这种盎然天趣。

古人是很懂得亭的观景作用的。苏辙写过一篇《黄州快哉亭记》。他说：

盖亭之所见，南北百里，东西一舍，涛澜汹涌，风云开阖。昼则舟楫出没于其前，夜则鱼龙悲啸于其下。变化倏忽，动心骇目，不可久视。今乃得玩之几席之上，举目而足。西望武昌

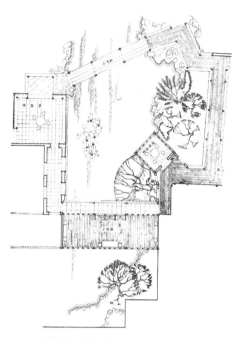

得真亭、松风亭平面

图5-1-22 拙政园小沧浪水院得真亭、松风亭
引自南京工学院建筑系.江南园林图录·庭院.1979.

得真亭剖面、松风亭立面

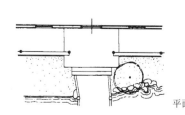

图5-1-23 拙政园倚虹亭
引自刘敦桢.苏州古典园林.北京:中国建筑工业出版社,1979.

立面　　　　平面

208

诸山,冈陵起伏,草木行列;烟消日出,渔夫樵父之舍,皆可指数。此其所以为"快哉"者也。①

苏辙在这里表述,从亭中放眼,可见南北百里,东西三十里的宏阔天地,其景象"变化倏忽,动心骇目"。他特地强调,由于有了快哉亭,可以把这些雄壮景色玩味于几席之上,举目即可尽情饱览。这可以说是对于亭的观景作用的明确认识。实际上亭在观景上起着多方面的作用:一是提供良好的观赏场所,即苏辙说的"玩之几席之上"。因为有了安全、适宜的场所,才便于从容赏景,才能有舒坦的身心、悠然的心态,无障碍地玩味奇观美景,不至于面对景致,"不可久视"。二是提供适宜的观赏视点。同样的景物,从不同的视点去观看,效果是大不同的。因此造园理景都需要精心选择观赏点,把亭妥帖地安置在理想的观景位置,让人停步驻足定点观赏,通过亭所提供的特定视点、视距、视角,获取最佳的观赏效果。三是提供恰当的观赏景框。不少景观是透过门洞、窗口或是檐柱、栏杆、楣子所组合的柱框来观赏的,亭的开敞柱框和各式空窗,自然也成了景观画面的"画框",它能起到李渔说的变"事物观"为"画图观"的框景作用。基于亭的这些观景作用,亭不仅需要精心地选址定位,而且要从观景方位来选择造式,大体上四角、六角、八角和圆形的亭,多是不强调景观方位的,适于全方位观景;而长方形的亭,有主次立面之分,多是强调主视方位的。拙政园的雪香云蔚亭(图5-1-26),位于池中山顶,隔水与园内主体建筑远香堂遥遥相望,构成拙政园中部主轴。这个亭就用的是长方形并以亭前伸出的平台凸显面南的主立面,强调出观赏远香堂的主视野。

中国古代文人在撰写亭记之类的文章时,似乎都是目中无亭的,他们尽情地抒写从亭中放眼所见的亭外世界,却几乎没有注意到亭自身形象。我们从苏辙的《黄州快哉亭记》上看不出快哉亭是什么样子,从王羲之的《兰亭集序》和欧阳修的《醉翁亭记》也看不出兰亭和醉翁亭是什么样子。最多只见欧阳修为醉翁亭写了"有亭翼然"四个字。这可能反映出古代文人墨客对于山水意象的关注远远超越了对于建筑意象的关注。但是,对于亭的点景作用,在造园家、画家和建筑大匠那里还是备受重视的。中国画论很注重在山水画面中点入建筑。郭熙说:

水以山为面,以亭榭为眉目,以

① [宋]苏辙. 栾城集.

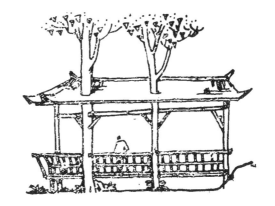

图5-1-24 青城山翠光亭立面
引自赵光辉. 中国寺庙的园林环境. 北京:北京旅游出版社,1987.

图5-1-25 青城山清虚阁山亭
引自赵光辉. 中国寺庙的园林环境. 北京:北京旅游出版社,1987.

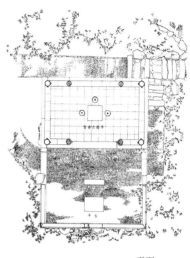

南立面　　　平面

图 5-1-26 拙政园雪香云蔚亭
引自潘谷西. 江南理景艺术. 南京：东南大学出版社，2001.

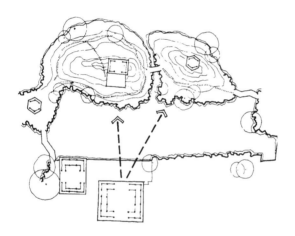

图 5-1-27 拙政园中部的两座点景山亭：雪香云蔚亭和北山亭

渔钓为精神，故水得山而媚，得亭榭而明快，得渔钓而旷落。此山水之布置也。[①]

郑绩也说：

凡一图之中，楼阁亭宇，乃山水之眉目也，当在开面处安置。[②]

这表明，在山水景观中，亭是起着重要的勾勒景物眉目的作用。乾隆对这一点也很在行，他在《清漪园记》里写道："既具湖山之胜概，能无亭台之点缀？"[③]我们从苏州拙政园的雪香云蔚亭、北山亭（图5-1-27），留园的可亭、濠濮亭，怡园的螺髻亭，网师园的月到风来亭和避暑山庄山岳区的南山积雪、北枕双峰、锤峰落照、四面云山诸亭，都可以看到这些不同造式的亭，在不同山水场合，或点缀山态，或丰富山景，或扩大山体，或充实池岸，或组织景网，或建立对景，或突出景物意象主题，都起到不可或缺的作用。多数情况下，园亭的观景和点景是统一的，既是观赏园景的最佳视点，又是山水景物的点睛之笔。

这种集观景与点景于一身的园亭，自然是极富文化性和情感性的。亭的立匾命名和悬挂楹联更把诗的意向融入亭中。颐和园知春亭命名所点示的"得春最早，知春最先，感春最强"；拙政园与谁同坐轩（实际是扇面亭）命名所引发的对于明月、清风做伴的清冷、孤寂、静谧；苏州沧浪亭名联"清风明月本无价，近水远山皆有情"所凸显的风、月虚物景象和山水实物景象，都浓郁、升华了亭的境界。可以说园亭在建筑行当分型中是分外有情的角色。

还应该提到的是，亭行当并非都是小巧秀丽、轻快活泼的角色，它也有大块头的分型，也有庄重肃穆的分型。颐和园中有一个"廓如亭"，它位于昆明湖东堤，坐落在十七孔桥东端偏南处，是通往南湖岛的必经之地。在这里，由一个大岛、一架长桥和一座大亭组构了岛、桥、亭的景观组合，它们构成昆明湖心东侧的一组

①[北宋]郭熙. 林泉高致·山水训.
②[清]郑绩. 梦幻居画学简明.
③御制万寿山清漪园记[M]//清华大学建筑学院. 颐和园. 北京：中国建筑工业出版社，2000：496.

重要景点（图 5-1-28）。在这里，宏阔的水域和岛、桥的壮观体量，要求廊如亭有相称的尺度分量；帝、后到南湖岛游赏、宴饮，要在这里停憩，皇帝与翰苑词臣也会在亭内作诗酒之会，从功能上也要求廊如亭有较大的空间容量。这样就促使廊如亭呈现特大型的体量，采用八角重檐攒尖顶的造式，面积达到 203 平方米。但这还不是亭中最大的。在明十三陵的长陵神道上，有一座神功圣德碑亭（图 5-1-29）。平面作方形，由砖墩石券砌造，上覆重檐歇山琉璃瓦顶，每面辟一券洞门，亭内券顶由高低不同的纵横券相交。亭正中立螭首龟趺的"大明长陵神功圣德碑"。碑亭面阔 26.4 米，进深 25.9 米，面积达 683.7 平方米，通高达 25 米，可能是亭类建筑中的尺度之最。这座碑亭以超大的体量，稳重的造型，加上四隅华表的簇拥，显现出庄严肃穆的雄大气魄，恰当地充当了陵寝神道的一个重要角色。

亭类建筑行当还有更为隆重的演出，那就是景山上的五亭。景山位处北京内城的中心地带，是紫禁城的后卫屏障，也是北京城中轴线的制高点，地位极为显要。明代在山上建有六个亭子，清初毁去。乾隆十六年（1751 年）重建为对称的五亭（图 5-1-30）。正中以正方形的万春亭为主体（图 5-1-31）。这个万春亭的位置，正是内城的几何中心，也是北京全城的制高点。为强调它的独特地位，采用了亭中罕见的大尺度，面阔、进深各五间，面积达 289 平方米。形制也是亭中绝无仅有的尊重，采用了三重檐四角攒尖顶，上覆黄琉璃瓦，加翡翠绿瓦剪边。从上到下，三重檐下分别施用单昂五踩、重昂五踩和单翘重昂七踩斗栱，可以说万春亭已经把亭的行当规制潜能发挥到极致。但是在这个特别显要的场合，它似乎仍然不够分量，又给它整整齐齐地陪衬了四座辅亭，形成"一主四从"的隆重格局。这四座辅亭，东

图 5-1-28 颐和园廊如亭
引自清华大学建筑学院. 颐和园. 北京：中国建筑工业出版社，2000.

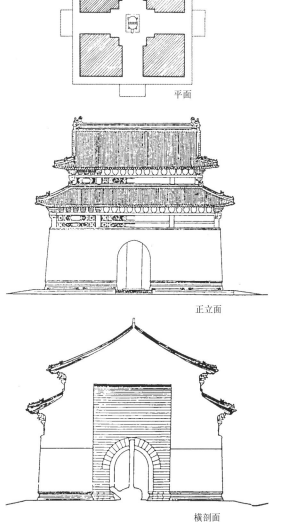

图 5-1-29 明长陵神功圣德碑亭
引自曾力. 明十三陵帝陵建筑制度研究（天津大学硕士研究生论文），1990.

西对称地立在主峰两侧的四个小峰上,靠里边的一对采用八角形重檐攒尖顶,上下檐用翡翠绿琉璃瓦,黄瓦剪边;靠外边的一对采用圆形重檐攒尖顶,上下檐用孔雀蓝琉璃瓦,褐瓦剪边。主辅亭构成"四角三重攒尖—八角重檐攒尖—圆重檐攒尖"的递变系列,屋瓦形成以黄为主,降到以绿、蓝为主的色彩转换,取得亭组形态的多样统一。一主四从的亭组,立体轮廓中高边低,平面排列成微凹弧形,圆心正好落在太和殿附近。万春亭内供奉着毗卢遮那佛像,四座小亭也"俱供佛像",它们组成了供奉"五方佛"的尊崇组合。亭的建筑形式在这里注入了佛殿功能的高贵内涵。五亭鼎立,端庄中有变化,凝重中有意趣,既强化了紫禁城北面屏障的护卫气势,也突出了都城中轴线制高点的隆重气概,又不失皇家园林的自身性格。应该说这是亭的行当潜能的充分展露,也是亭的隆重演出的精彩杰作。

(3) 千门万户:门的行当分型

基于庭院式的布局,中国建筑组群形成了众多的单体门,呈现出品类繁多的行当分型。从门的构成形态,大体上可分为墙门、屋宇门、牌楼门、台门四个大类。

①墙门分型

墙门是依附于围墙、院墙和屋身墙体的门。它还够不上独立的单体建筑,是介乎装修门与单体门之间的中介形态,类似建筑小品的性质。它又分为高墙门、低墙门和洞门三个小分型(图5-1-32)。

高墙门的墙体高度超过门头高度,常用作民居、祠堂等中小型建筑组群的大门、二门和宫殿、坛庙、寺观等大型建筑组群的侧门、掖门、角门。高墙门以门头为重点装饰;有的仅用门头,有的添加各式繁简不同的门脸。浙江兰溪、建德一带的门头,有木构的披檐和砖构的门头(图5-1-33),两种做法都形成由简到繁的诸

五亭外观

图 5-1-30 北京景山五亭
引自建筑工程部建筑科学研究院建筑理论及历史研究室. 北京古建筑. 北京: 文物出版社, 1959.

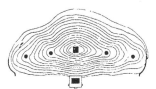

五亭平面排列呈微凹弧形

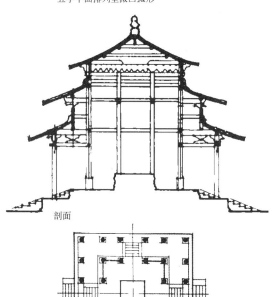

剖面

平面

图 5-1-31 景山万春亭
引自冯仲平. 中国园林建筑. 北京: 清华大学出版社, 1988.

图 5-1-32 墙门的三种分型

高墙门

低墙门

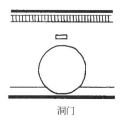
洞门

多样式。砖构门头简易的只是几层叠涩线脚挑出的窄檐，复杂的则做出仿木的柱、枋、华板，配饰细密的圆雕、浮雕。这种砖门头也称"苏砖门头"，"据说是在苏州制造，运来之后再镶上墙的，是商品经济发展的结果。"[1]高墙门有一种变体，叫"随墙门"。在宫殿、坛庙组群内部，常常出现琉璃随墙门。低等的琉璃随墙门只是在门洞上方用琉璃砖仿造一道横枋，高等的琉璃随墙门则用仿木琉璃构件砌出琉璃瓦顶、斗栱、檐枋，并在两侧垛墙做琉璃花饰。北京紫禁城宁寿宫的皇极门，在高大厚实的宫墙上辟出三个券洞门，门洞安装木制实榻门扇，门洞上方用琉璃砖瓦垒砌出琉璃门楼（图5-1-34）。这组门楼有正对门洞上方的庑殿顶主楼、次楼，有处于主次楼之间的悬山顶夹楼，有在两次楼外侧，一边为悬山，一边为庑殿的边楼，每个门楼都带琉璃斗栱、额枋、雀替、垂莲柱，它们构成了三门七楼的牌楼式组合。这可以说是琉璃随墙门中最突出的豪华型。它的对面是一道塑有九龙腾跃的大型琉璃影壁——九龙壁，门庭两侧另有锡庆门、敛禧门两座三门并立的随墙琉璃门，它们共同组构了极隆重的宁寿宫门面气势。

低墙门的特征是墙体高度低于门头高度，主要用作中小型住宅的大门、二门和大型宅第、寺庙等的边门。由于门头高于墙体，不像高墙门那样受墙体约束，门楼可以做成完整形态。低等者多用硬山顶，高等者可用歇山顶。墙门两侧常常砌出垛墙，形成一定的进深，呈现出由墙门向屋宇门过渡的形态。在《清明上河图》中，我们可以看到北宋低墙门的形象（图5-1-35）：在城外河边的一处低墙门，用的是很简易的弧形薄顶，两扇门扇旁边带有余塞板；在城内的一处低墙门，面临繁华大街，用的是带脊的悬山瓦顶，檐下还带有斗栱。各地民居的大门，当入口院墙较低时，多数用的都是低

[1] 陈志华，楼庆西，李秋香.中国乡土建筑·诸葛村[M].重庆：重庆出版社，1999：104.

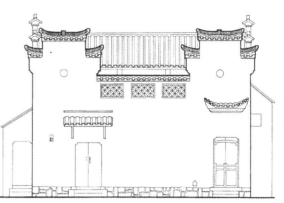

图5-1-33 浙江建德新叶村住宅的高墙门，左门用木构披檐，右门用简易砖构门头
引自李秋香主编，李秋香、陈志华撰文."乡土瑰宝"系列·住宅（下）.北京：生活·读书·新知三联书店，2007.

图5-1-34 高体制的琉璃随墙门——北京故宫皇极门
引自建筑工程部建筑科学研究院建筑理论及历史研究室.北京古建筑.北京：文物出版社，1959.

图5-1-35 《清明上河图》中的宋代低墙门

城外的一处简易低墙门

城内的一处带斗栱的低墙门

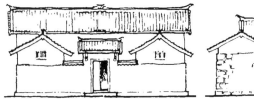

图 5-1-36 陕南地区民居的低墙门
引自张壁田,刘振亚.陕西民居.北京:中国建筑工业出版社,1993.

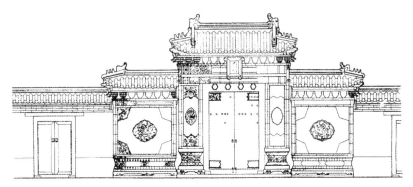

图 5-1-37 豪华型的低墙门——北京故宫建福门(琉璃花门)
引自天津大学建筑工程系.清代内廷宫苑.天津:天津大学出版社,1980.

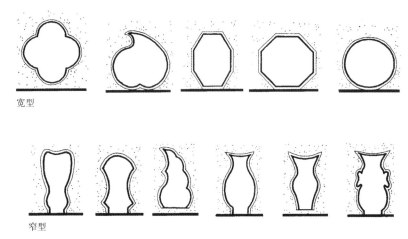

图 5-1-38 洞门的两种分型

图 5-1-39 (左)屋宇门的三种分型

图 5-1-40 (右)偃师二里头晚夏宫殿遗址显示的垫门型大门(杨鸿勋复原)

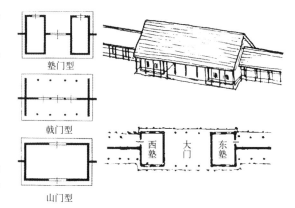

① 刘敦桢.苏州古典园林[M].北京:中国建筑工业出版社,1979:41.

墙门。图 5-1-36 是陕南地区民宅习见的简易低墙门。北京四合院中的"小门楼",也是一种简易低墙门。低墙门中也有豪华型,那就是见于宫殿、坛庙、苑囿、陵寝组群中的琉璃花门。北京紫禁城养心门、建福门、斋宫门,北海小西天门、西天梵境山门,天坛皇穹宇院门以及清代诸陵的琉璃门等,都属此类。它们有的是单座独立,有的是三座并立。从建福门可以看出,在单座门主体两侧,可添加略低于主体的琉璃影壁(图 5-1-37)。从西天梵境山门可以看出,三座并立的琉璃花门,也可以在外侧添加琉璃影壁,并在三门之间的间墙,做上琉璃瓦顶、檐枋,墙面满饰岔角、盒子心的琉璃花饰,形成三门七楼的琉璃花门组合,这当是最豪华的低墙门了。

洞门主要用于园林的院墙,有"圆、横长、直长、圭形、长六角、正八角、长八角、海棠、桃、葫芦、秋叶、汉瓶等多种,而每种又有不少变化"。① 多样丰富的洞门,实际上只是宽型和窄型两个小分型(图 5-1-38),不过宽型、窄型自身各有多种样式,可以充分适应不同庭园的需要。千姿百态的洞门,大大活跃了墙门的风姿。

② 屋宇门分型

屋宇门呈屋宇形态,是用于院落的正规的、常态的单体门。它再细分为三种分型:垫门型、戟门型、山门型(图 5-1-39)。

垫门型由中部的门与两侧的房组成,它是一种古老的门式,偃师二里头晚夏宫殿遗址(图 5-1-40)和凤雏西周宗庙遗址,用的都是这种门型。清代学者张惠言推测的春秋时代士大夫住宅的大门,也是这种东西垫的形式。垫门还是很有生命力的,在一些地区的民居中流传很久。吉林民居、兴城民居的大门,大多数都是面阔三间或五间的单体,明间为门,两侧次、梢间为门房,仍保持着地道的垫门形态(图 5-1-41)。

戟门型的特点是前后檐全部敞开，中柱落地，大门框槛安装在中柱脊檩部位。它是一种形制较高的、富有礼仪性的门型，古人曾在戟门列戟以示显贵。这种门主要用于大型建筑组群作为仪门、旁门和庭院正门。曲阜孔庙组群中，用于主轴线上的弘道门、大中门、同文门、大成门（图5-1-42），用作东西两侧侧门的仰高门、快睹门、观德门、毓粹门，用作启圣殿庭院、崇圣祠庭院正门的启圣门、承圣门，以至大成门两侧的掖门——玉振门、金声门，都是这种戟门型。北京四合院中的广亮大门，也可以说是一种单开间的戟门。北京紫禁城太和门，实质上也是戟门型，只是把大门框槛从中柱缝移到后金柱缝。这座太和门面阔九间，重檐歇山顶，下承须弥座台基，勾栏环立，螭首环挑，十分端庄、凝重，是戟门型中的最高体制。

山门型主要用于寺庙作为山门和二山门，通常多为三开间，明间穿堂，次间前后檐以槛墙封闭，门内空间不像戟门那么敞开，它的左右次间都可以作为殿屋使用。头道山门左右次间用来供金刚力士（图5-1-43），二道山门左右次间用来供四大天王，因而又称天王殿（图5-1-44）。有的在天王殿明间中心部位，还设横向隔板壁，板壁前方供大肚弥勒佛，板壁后方供韦驮。这种山门型实质上是门和殿的混合体，也可把它视为准"穿堂屋"，在起门屋交通作用的同时，也兼顾到殿屋的陈设功能。

③牌楼分型

牌楼也称牌坊，是单体门的一种特殊形态。它是由古之衡门、乌头门、坊门演进而来的。牌楼呈独立的单排柱列，既不与围墙衔接，也不设框槛门扇，不具门的防卫功能。实质上它不是完整意义上的门，而是一种标志性、表彰性的门。它没有形成内部空间，严格说还够不上单体建筑，应属一种小品建筑。

牌楼有明确的分型：从用材上，可分为石

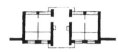

图5-1-41 吉林民居中的墊门型大门
引自王其钧. 中国民居. 上海：上海人民美术出版社，1991.

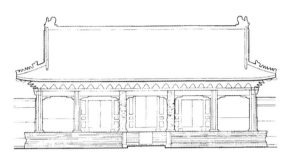

图5-1-42 戟门型门座——曲阜孔庙大成门
引自南京工学院建筑系. 曲阜文物管理委员会. 曲阜孔庙建筑. 北京：中国建筑工业出版社，1987.

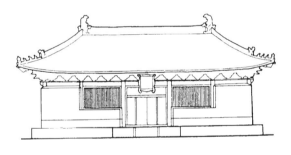

图5-1-43 山门型门座——大同善化门山门

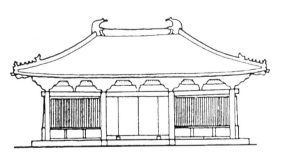
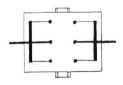

图5-1-44 山门型门座——蓟县独乐寺山门

牌楼、木牌楼、琉璃牌楼（图5-1-45）；从立柱是否出头，可分为柱出头的"冲天式"和柱不出头的"非冲天式"；从额枋上是否带屋顶，可分为"起楼式"和"不起楼式"。习惯上多把"起楼式"称为"牌楼"，"不起楼式"称为"牌坊"。

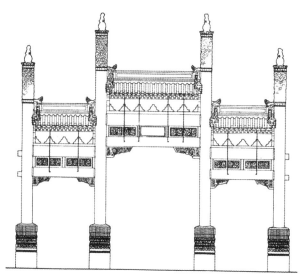

①三间四柱三楼冲天式木牌楼

②沈阳清福陵石牌楼

图5-1-45 不同材质的牌楼
①引自马炳坚.中国古建筑木作营造技术.北京：科学出版社，2003.
②哈尔滨建筑工程学院建筑八一班测绘
③引自本书编委会.上栋下宇 历史建筑测绘五校联展.天津：天津大学出版社，2006.

图5-1-46（下右）四川雅安高颐阙
引自梁思成[英文原著]，费慰梅编.梁从诫译.图像中国建筑史.天津：百花文艺出版社，2001.

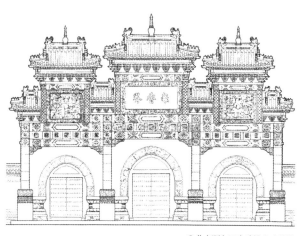

③北京颐和园众香界琉璃牌楼

牌楼的大小规模，在不起楼的牌坊中，以间数和柱数来标定，分为一间二柱式、三间四柱式等；在起楼的牌楼中，以间数、柱数加上起楼的楼数来标定：分为一间二柱一楼、一间二柱三楼、一间二柱三楼带垂柱、三间四柱三楼、三间四柱五楼、三间四柱七楼、三间四柱七楼带垂柱、五间六柱五楼、五间六柱十一楼等式。

牌楼的主要作用在于标示前导、标定界域、界定空间、丰富场景、强化层次、浓郁气氛。牌楼立面上，在最显眼的部位，设有正楼匾、次楼匾，这是匾额的最隆重、最触目的推出形式。通过楼匾的题名、题词，可以起到旌表功名、彰表节孝、颂扬功德等作用，牌楼成为门行当中最富精神功能、最具纪念意义、最有文化内涵的角色。

④台门分型

台门是带有台墩的门，主要用作城门、宫门。由于城墙、宫墙尺度高大，防御性要求很高，台门必须有高厚坚实的台墩，门洞开于台墩，门楼立于墩台之上。

台门可以分为城楼型和阙门型两个分型。阙门型到隋唐奠定为Π字形的形态，从早期双阙孤植的城阙、宫阙、墓阙（图5-1-46）、庙阙转变为坞壁阙，进而成为单一的宫阙。北京紫禁城午门是这种宫阙型台门的最后实例（图5-1-47）。这个门座伸出两翼，正中开三门，两侧各开一掖门。墩台正楼用九开间重檐庑殿

顶，两翼出"雁翅楼"，翼端和转角各建一座重檐方亭，形成一殿四亭与廊庑组合的极为壮观的门楼整体形象。作为宫城正门，它是一种最高等级的台门形制，也可以说是所有门座中无以复加的最高制式的门。正因为它专用于宫城正门，历来建造的数量寥寥无几，对于台门来说，当然以城楼型占绝大多数。

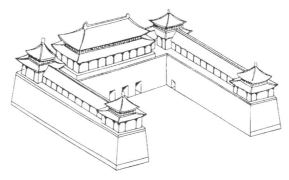

图 5-1-47 宫阙型台门的最后实例——北京故宫午门
引自刘敦桢. 中国古代建筑史. 北京：中国建筑工业出版社，1984.

城楼型台门，台体的门洞少者一门洞，多者三门洞，少数特别重要的门，如唐长安郭城南面正门明德门（图 5-1-48）和明清北京皇城正门天安门，采用了五道门洞的高体制。元以前，门道顶为木排叉门结构，呈盝形门顶，元以后，演进为砖石结构的圆券顶。门楼多是很壮观的。明清北京城主要城门楼通用"三滴水"形制，门楼自身高两层，上层为重檐歇山顶，下层带平坐腰檐，凸显都城的雄迈气势（图5-1-49）。明清北京皇城正门——天安门，采用五个门洞，门楼面阔九间，进深五间，上冠重檐歇山顶，这是仅次于午门的次高门制，是城楼型台门的最高制式（图 5-1-50）。

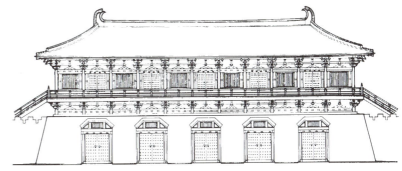

图 5-1-48 傅熹年复原的唐长安明德门
引自傅熹年建筑史论文集. 北京：文物出版社，1998.

⑤中介分型

丰富多彩的单体门，实际上远非墙门、屋宇门、牌楼门和台门四大门类所能完全概括的，还存在着一些处于四种门类中介状态的门。陵墓建筑、坛庙建筑中常见的棂星门，带有墙门与牌楼门的中介特点（图 5-1-51）；北京四合院住宅中的垂花门，吉林民居中的四脚落地式大门，带有屋宇门与墙门的中介特点（图 5-1-52）；陵墓建筑中用作陵门的券洞式屋宇门，带有屋宇门与台门的中介特点（图 5-1-53）。在楼庆西主编的《"乡土瑰宝系列"千门万户》一书中，我们可以看到山西阳城县郭峪村陈廷敬祖居的一个大门（图5-1-54）。①这个大门被称为"牌楼式大门"，它夹峙在两座倒座房之间，门面不宽，仅为一开间。门两边直立木柱，柱下有夹杆石固定，柱间横架上下几道檐枋、

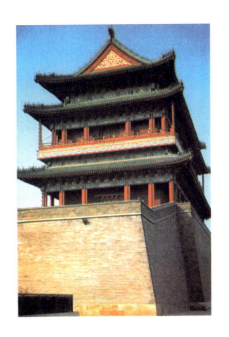

图 5-1-49 北京正阳门"三滴水"门楼
引自中国美术全集建筑艺术编（袖珍本）宫殿建筑. 北京：中国建筑工业出版社，2004.

帘笼枋，枋上立斗栱，由层层挑出的斗栱支撑上方的悬山式屋顶，形成二柱单间一楼式的牌楼样式。这样的牌楼门装着门扇，是名符其实的宅门。这种门应该说也是一种牌楼门与墙门的中介形态。陈廷敬祖居的这个大门，牌楼顶

① 楼庆西. "乡土瑰宝"系列·千门万户[M]. 北京：生活·读书·新知三联书店，2006：133.

① 据《唐六典》和 [唐]《古稽定制》综合.

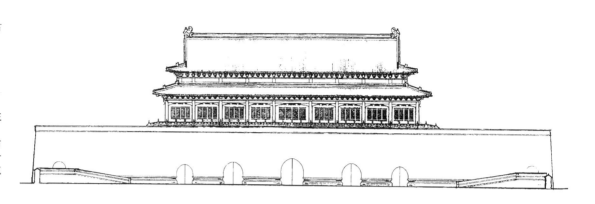

图 5-1-50　北京天安门正立面
描自傅熹年. 中国古代城市规划建筑群布局及建筑设计方法研究. 北京：中国建筑工业出版社，2001.

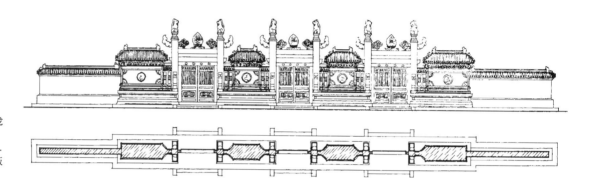

图 5-1-51　清西陵泰陵龙凤门
引自刘敦桢全集. 第二卷. 北京：中国建筑工业出版社，2007.

图 5-1-52　吉林民居四脚落地式大门
引自张驭寰. 吉林民居. 北京：中国建筑工业出版社，1985.

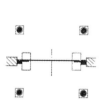

图 5-1-53　沈阳福陵大红门
哈尔滨建筑工程学院建筑 82 班测绘

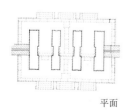

平面　　　　　　　　　　　　正立面

与两侧倒座屋顶同高，立面显得很瘦长。正好利用这个瘦长的比例，添加了几根帘笼枋，做出三道横板，在横板上书刻着陈氏家族历代在朝廷任职的官衔与姓名，宛如把名片放大，张榜公示于门上，真是把门的显示门第作用，以一种最直白的方式张扬无遗。

值得注意的是，门这个行当和殿堂行当一样，是建筑等级规制关注的重点。各个朝代制定的营缮制度，重点规定的就是门与堂的制度。唐代规定：三品以上堂舍，不得过五间九架，门屋不得过五间五架；五品以上堂舍，不得过五间七架，门屋不得过三间两架；六品、七品以下堂舍，不得过三间五架，门屋不得过一间两架。①明代对门制的规定更为细密：公侯门屋三间五架，门用金漆及兽面，摆锡环；一品、二品门屋三间五架，门用绿油及兽面，摆锡环；三品至五品正门三间三架，门用黑油，摆锡环；六品至九品正门一间三架，黑

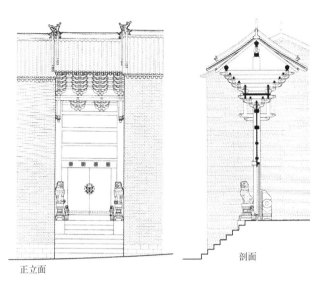
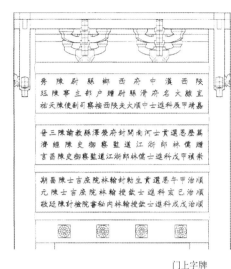

正立面　　剖面　　门上字牌

① 据《明会典》. 见古今图书集成·经济汇编·考工典·第宅部.

② 据《大清会典》. 转引自陈仲篪. 识小录[J]. 中国营造学社汇刊, 第五卷第三期.

图 5-1-54　山西阳城县郭峪村陈廷敬祖居大门
引自楼庆西."乡土瑰宝"系列·千门万户. 北京：生活·读书·新知三联书店，2006.

门铁环。① 这里不仅限定了门的间架，而且限定了门的油漆用色、铺首兽面，甚至对门环也硬性规定了铜环、锡环、铁环三级，按等采用。清代还对门钉作明确规定：宫殿、坛庙纵横各九，亲王府纵九横七，世子府减亲王七之二，郡王、贝勒、贝子、镇国公、辅国公，与世子府同，公门纵横皆七，侯以下递减至五五。② 由此可见，对于门制的控制达到何等严密的程度。

按清代的规制，只有亲王和郡王的住宅称为"王府"，贝勒、贝子、镇国公、辅国公和公主的住宅称为"府"。王府正门五间，启三；府门正门三间，启一。公侯以下住宅都只能称为"第"或"宅"。这种门制的限定，使得北京四合院的住宅大门面阔都是一开间，只是进深不像明代那样，对于架数未加限制。但是，同样是一间的门屋，却也形成了广亮大门、金柱大门、蛮子门和如意门的不同等次。

广亮大门是相当品级官宦人家的宅门（图5-1-55）。它实质上是单开间的戟门型门屋。它的特点是门扉设在门庑的中柱部位，这样既取得尽可能高的框槛高度，又具备门扉前的宽敞空间，显得门面舒朗亮堂。

金柱大门形制上略低于广亮大门，主要用作低品级官宦人家的宅门（图5-1-56）。它的

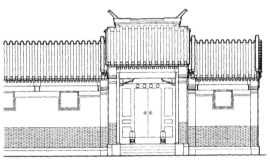

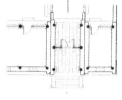

图 5-1-55　北京四合院广亮大门
引自马炳坚. 北京四合院. 天津：天津大学出版社，1999.

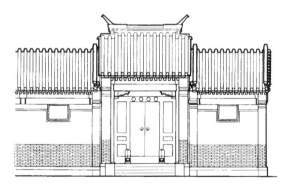
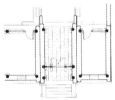

图 5-1-56　北京四合院金柱大门
引自马炳坚. 北京四合院. 天津：天津大学出版社，1999.

特点是：门扉设在门庑的前金柱部位，这样既降低了框槛的高度，也缩减了门扉前的空间，显得不如广亮大门那么宽绰。

蛮子门的形制比金柱大门还低一等，是一般商人富户的宅门（图5-1-57）。它的特点是把全套框槛、余塞、门扇安装在檐柱部位，框槛高度进一步降低，门前没有凹入的空间，门的气势比金柱大门更逊一等。

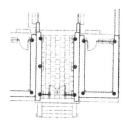

图 5-1-57 北京四合院蛮子门
引自马炳坚. 北京四合院. 天津：天津大学出版社，1999.

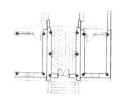

图 5-1-58 北京四合院如意门
引自马炳坚. 北京四合院. 天津：天津大学出版社，1999.

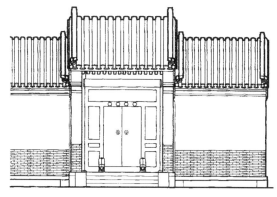

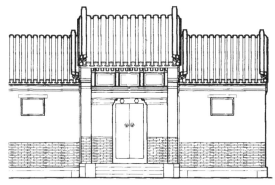

如意门则是一般老百姓广泛采用的宅门形式（图 5-1-58）。它的特点是在前檐柱间砌墙，墙上留出门洞，门洞内装框槛、门扇。这种如意门，在防御功能上增加了安全性，在门面气势上显得封闭、收敛，但它的砖质门楣部分可以不受等级限制地进行雕饰。既可以用少量的砖雕点缀，做成很简朴的门面，也可以大面积地雕饰挂落、连珠混、盖板、栏板望柱，做出整套朝天栏杆砖雕，达到颇华丽的门面效果。北京四合院宅门的这四种样式，充分显示出门的行当在等级约制下，争取多样化的智巧。

应该说，门行当在中国建筑组群布局中，起着十分重要的、多方面的铺垫作用。我在《中国建筑美学》一书中，曾把门的这个作用归纳为 6 点：一是构成门面形象；二是组构入口前导；三是衬托主体殿堂；四是增加纵深进落；五是标示庭院层次；六是完成组群结尾。[1]

多样的门的分型，多样的门的造式，在中国建筑组群中活跃地发挥着多样的铺垫作用，的确

给中国建筑带来了千门万户的"门的世界"景象。

（三）程式"院"与非程式"院"

木构架体系的程式化，并没有停留在单体建筑，在院的构成层面，在院与院的组合层面，也都存在着程式与非程式的问题。中国木构架建筑组群，既有大量的程式化庭院，也有极富特色的非程式庭院，它的程式构成和非程式构成，它的程式调度和非程式调度，都是值得我们关注的。

1. 两种程式：范式定型与制式定型

程式"院"大体上可以分为两种情况：一是"范式"定型；二是"制式"定型。乡土建筑庭院多属范式定型。各地乡土宅院所呈现的构成模式，实质上都是当地民居的"范式"衍生，都是历史积淀的产物，都有各自地域性基因，都是经历长期的优选而凝固定型。官式建筑庭院多属制式定型。这类庭院的定型模式，在优化筛选的基础上，很大程度上还受到特定规制的制约。许多新王朝初始采用的建筑制式，往往尊为"先王之制"而成为定式、通例，由此形成遵循祖制的制式定型。

乡土民居宅院的范式定型是很值得注意的。我们熟悉的东北大院、晋陕窄院、苏州多进院、福州厅井院、徽州徽式院、云南"一颗印"、大理"三坊一照壁"、"四合五天井"等等，这些各具特色的庭院构成模式，都是适应当地气候特点、土地特点、族群特点和地区经济特点、地方性材料特点等等一系列地域性因素的产物。它们成为当地普遍接受的居住习俗，成为乡民集体遵循的建筑潜规则，成为工匠熟练掌握的乡土技艺，不仅切合地域实际，而且具备成熟的则例、做法，可以驾轻就熟地运作。这种定型模式的存在，并不意味着匠师只能完全照搬硬套，无所作为。能工巧匠仍然可以结合特定地段的具体环境，在模式制约下，充分施展灵

[1] 侯幼彬. 中国建筑美学[M]. 哈尔滨：黑龙江科学技术出版社，1997：138-142.

活调度的潜能，创造出妥帖的、有机融合的民居精品。对于平庸的工匠，模式制约则有好学易用的长处，有助工匠胜任活计，至少也可以取得"达标"的水平。广布各地的乡土民居，从设计、施工上看，基本上都是很到位、很成熟的，很少出现这样那样的败笔和失误，就是这种范式定型的模式化营造所起的作用。

应该说，乡土民居也受到建筑等级规制的制约，明洪武二十六年（1393年）明确规定：庶民所居房舍不过三间五架，不许用斗栱及彩色妆饰。到洪武三十五年复申禁制：

> 庶民庐舍，定制不过三间五架，不许造九五间数，房屋虽至一二十所，随其物力，但不许过三间。①

清代的营缮制度，在《大清会典》中，对王府规制有明确的详细规定，而对庶民宅屋则没有具体规定，基本上因袭明制"庶民房舍不过三间"的习俗。明清宅第制式的这种状况表明，对于王公品官的王府、第宅，等级规定是颇为缜密的，而对于庶民房舍的规定则是颇为含混的。而且对庶民房舍的制约，主要是"不得过三间"的建筑"规格"，并不限制"一二十所"的建筑"规模"。这一点很重要，这就使得乡土民居虽然是低规格的，但却可以是大规模的。由此形成了两种大型住宅的构成模式：一种是像山东曲阜孔府（图5-1-59）和北京清末摄政王府（图5-1-60）那样的高规格大宅组群，另一种就是像山西祁县乔家大院、山西灵石县王家大院、山东栖霞县牟氏庄园那样的低规格大宅组群。乔家大院占地10642平方米，由五组宅院和一组花园组成，有20个小院，313间房屋（图5-1-61）。牟氏庄园占地近2万平方米，由六组多进院与一组花园组成，房屋达480余间（图5-1-62）。不仅如此，乔家大院和牟氏庄园都频频出现五开间的正房，其他各地乡土民居也不乏五开间甚至七开间的宅屋。这个现

① 《明会典》六二，《礼部》二十·房屋器用等第

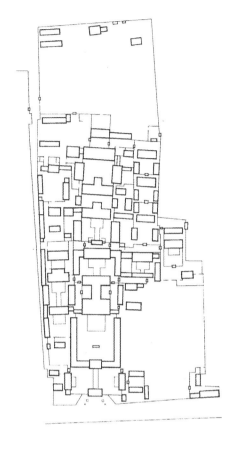

图5-1-59 高规格大宅——曲阜孔府总平面

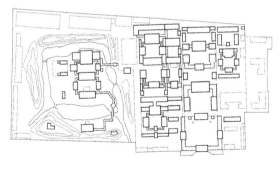

图5-1-60 高规格大宅——北京清末摄政王府总平面

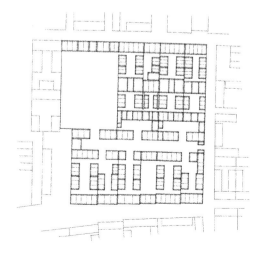

图5-1-61 低规格大宅——山西祁县乔家大院总平面

图 5-1-62 低规格大宅——山东栖霞牟氏庄园总平面

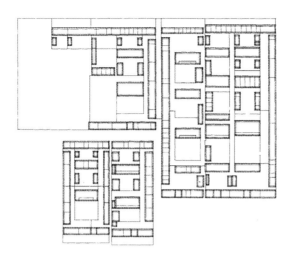

图 5-1-63 院落的"细胞增殖"——吉林公主岭甘家子镇郭宅

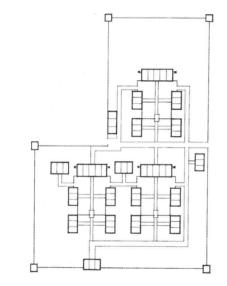

图 5-1-64 （左）北宋永熙陵帝陵平面
引自郭黛姮. 中国古代建筑史. 第三卷. 北京：中国建筑工业出版社，2003.

图 5-1-65 （右）南京明孝陵总平面（主体部分）
引自潘谷西. 中国古代建筑史. 第四卷. 北京：中国建筑工业出版社，2001.

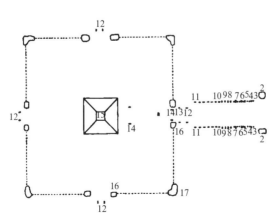

1. 鹊台 2. 乳台 3. 望柱 4. 象与驯象人 5. 瑞禽 6. 甪瑞
7. 马与控马官 8. 石虎 9. 石羊 10. 蕃使 11. 文武臣 12. 门狮
13. 武士 14. 宫人 15. 陵台 16. 神门 17. 角阙

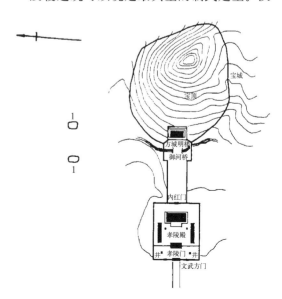

象显示，庶民宅屋不过三间的禁制，实际上在一些乡土民居中没有严格地施行。总的说来，乡土宅院所受"制式"制约成分较少，基本上都是基于"范式"衍生的定型。

乡土民居中的低规格大宅，还有一点很值得注意，就是在组群布局中都鲜明地呈现出庭院层次的"细胞增殖"现象。乔家大院的五组宅院，每组宅院都由正院、跨院组成，甬道以北的两组宅院，几乎如出一辙，很像是一对双胞胎，它们的正院更是一模一样。甬道南面的三组宅院，也如出一辙，仿佛是一组三胞胎，其中有两个正院，也是完全一模一样的。我们还可以看看吉林省公主岭甘家子镇的郭宅，这组东北大院的大型组群，是清代举人郭兴武兄弟三人的宅院，由玉成堂、玉满堂、玉真堂三套院落组成（图5-1-63）。每套院落都由一正四厢组成前后两院。令人瞩目的是，这三套院落完全是一模一样的，这里的"细胞增殖"现象可以说显现得更为直白。善于把定型的单体建筑，通过细胞增殖，围合成定型庭院；善于把定型庭院，通过细胞增殖，串联成定型多进院；善于把定型多进院，通过细胞增殖，再组装成完整的大宅组群，确是乡土民居组群构成的一大特色。

陵寝建筑可以说是最典型的制式定型。汉

陵、唐陵、宋陵（图5-1-64）、明清陵，都有各自的陵寝定制。我们可以看看明清陵的情况。位于南京钟山之阳的明孝陵，作为明代开国之君明太祖朱元璋的陵墓，开创了有明一代陵寝建筑的新格局（图5-1-65）。它一改宋陵的上宫、下宫制度，将上下宫合为一体；一改宋陵以陵台居中，四向围立神墙、神门的方形布局，确立以享殿为中心的纵深陵园布局；一改宋陵的覆斗形陵台模式，代之以圆形宝顶，创立以方城明楼为主体建筑的宝城制式。明孝陵的这些新规制，成了北京明十三陵主陵——长陵的蓝本。明长陵陵园主体部分基本沿袭明孝陵模式，只有局部的变动：一是前部祭祀区三重院落前后对齐；二是方城明楼之前增添石五供和二柱门；三是地宫区的明楼从长方形的殿楼转变为方形的碑楼，由此确定了明陵陵园主体的基本模式。这个基本模式就是：前部祭祀区由祾恩门、祾恩殿、配殿、琉璃花门、二柱门、石五供构成带陵门的三进院或不带陵门的二进院；后部地宫区由方城明楼、宝顶、宝城构成带哑巴院或不带哑巴院的圆形陵冢或长圆形陵冢。值得注意的是，在十三陵区的十二个陵中（不含非帝陵规制的崇祯思陵），凡是墓主生前着力营建的陵，祭祀区都是带有陵门的三进院，地宫区都是不带哑巴院的圆形宝城，它们的尺度也都很大，永乐帝的长陵、嘉靖帝的永陵、万历帝的定陵都是如此（图5-1-66）。凡是墓主故去后由嗣皇帝组织营建的陵，受葬期、国力的限制，祭祀区都是不带陵门的两进院，地宫区都是带有哑巴院的长圆形或圆形宝城，它们的尺度都明显地小很多，长、永、定三陵之外的九个陵都是如此（图5-1-67）。这表明，十二个陵存在着两种分型，对于每一种分型来说，其制式的延承是十分稳定的。即使像献陵、庆陵那样，由于地段的缘故而将祭祀区前后两院断开，而它的院落构成自身仍都符合定制，

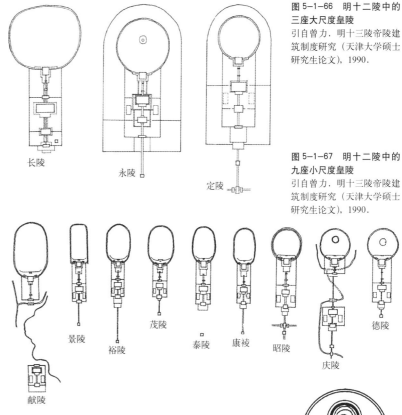

图5-1-66 明十二陵中的三座大尺度皇陵
引自曾力. 明十三陵帝陵建筑制度研究（天津大学硕士研究生论文），1990.

图5-1-67 明十二陵中的九座小尺度皇陵
引自曾力. 明十三陵帝陵建筑制度研究（天津大学硕士研究生论文），1990.

充分显现出明陵执著的制式定型现象。

清陵的制式定型现象也十分明显。在关内的清东陵、清西陵两大陵区中，顺治的孝陵是入关后的第一座帝陵，也是清东陵的主陵（图5-1-68）。这座孝陵的陵园主体，以神道碑亭为起点，祭祀区由隆恩门、隆恩殿、配殿、琉璃花门、二柱门、石五供构成"前朝后寝"的两进院，地宫区由方城明楼、月牙城、宝顶、宝城构成带哑巴院的长圆形陵冢，外加一圈"罗锅墙"。显然，这是明陵模式的直接延承，只是将"祾恩门"、"祾恩殿"改名为"隆恩门"、"隆恩殿"，地宫区的哑巴院、月牙城和长圆形宝城都是明陵已有的，罗锅墙在明永陵、明定陵中也曾出现，只不过在永陵、定陵中把整个陵园主体都包围在内，成了"外罗城"，而在孝陵中，罗锅墙只包围宝城，完善了地宫区的外轮廓，这可以算是孝陵的一个主要变化，孝陵的另一个变化就是在隆恩门前，设置了对称的

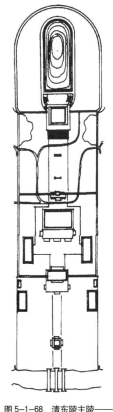

图5-1-68 清东陵主陵——顺治孝陵
引自孙大章. 中国古代建筑史（第五卷）. 北京：中国建筑工业出版社，2002.

① 侯幼彬主编，田健副主编. 中国建筑艺术全集·第20卷：宅第建筑（一）北方汉族[M]. 北京：中国建筑工业出版社，1999：42.

一组朝房和一组守护班房，进一步充实和规整了陵宫的门面空间。

如果说清初关外的福陵（努尔哈赤陵）和昭陵（皇太极陵），采用城堡式的方城格局，把隆恩门做成高耸三层的城门楼，在方城四角耸立两层高的角楼，颇能折射出满族喜好占据岗地营造城堡的民族特色。那么，入关后的顺治第一帝陵，却是全面认同明陵模式，奠定了明陵模式在清陵中的持续延伸。我们可以看到，在清东陵中，从康熙的景陵到同治的惠陵；在清西陵中，从雍正的泰陵到光绪的崇陵（图5-1-69），这个基本模式一直遵循到皇陵活动的终结。明清六百年间，陵寝制式能够如此长期地稳定延承，可见制式定型在特定情况下，也有超长的生命力。

在考察了乡土民居的"范式定型"和陵寝建筑的"制式定型"之后，我们有必要把目光转移到北京四合院。因为北京四合院，作为民居，它具有与乡土民居一样的"范式定型"；而作为京畿地区宅第，它又带有官式建筑的"制式定型"，这就形成了双重定型的特殊性。

北京四合院的构成模式，正是这种范式定型与制式定型高度合拍的结晶。我在《中国建筑艺术全集·宅第建筑（一）北方汉族》书中，曾经表述了北京四合院的这个现象：

在建筑构成和空间布局上，它充分体现了宗法制度和伦理教化的需要，以空间的等级区分了人群的等级，以建筑的秩序展示了伦理的秩序，整个四合院格局成了尊卑有等、贵贱有分、男女有别、长幼有序的礼的物化形式。值得注意的是，经过长期的筛选、陶冶，官式宅第的这种伦理教化功能与当时的安居功能，在很大程度上是合拍的。礼乐相济，这种礼的规范形制与木构架体系建筑的艺术表现规律也是相当吻合的。周边密闭的院落，既提供了界域明确的、世代共居的、以家长为主宰的独立小天地，也获得了"结庐在人境，而无车马喧"的高度宁静、安全的居住环境。内向的、一正两厢的核心庭院，既满足了礼教所追求的正偏、主从关系，也解决了大家庭内部，各个小家庭的相对独立的私密性要求和相亲相助的亲密联系。纵深的、严整对称的组群布局，以居中的内院为主体，以长辈住居的正房为核心，当中的堂屋供奉着祖先牌位，如同微型的祠堂。这里既突出了祖宗的尊崇和父权的威势，也以端庄、凝重的氛围和强烈的向心力、内聚力强调出主体空间的主旋律。院落重重，庭院深深，纵深轴线在这里既是起居生活的行为主线，也是建筑时空的观赏动线，建筑的空间表现力得到了充分的展现，建筑的时空性也得到了充分的发挥。①

在这种范式定型与制式定型双重制约下，经过长时期去芜取精的筛选、锤炼，北京四合院各个组成部分的定式、做法都够得上典范化的水平。我们只要看看垂花门，就可以知道北京四合院的成熟度和规范化到达什么样的高度。

在北京四合院中，垂花门是内院的入口，是分隔内院与外院、内宅与外宅的一道分界门。通常它就处在倒座与正房之间的二门位置。垂

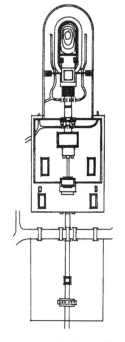

图5-1-69 清西陵光绪崇陵
引自孙大章. 中国古代建筑史（第五卷）. 北京：中国建筑工业出版社，2002.

图5-1-70 一殿一卷式垂花门示意

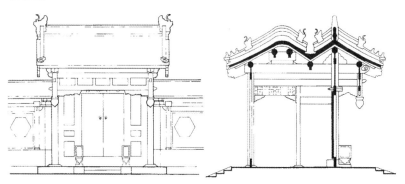

花门外是倒座的客厅、门房、书塾之类，属于"外宅"；垂花门里就是主人起居的"内宅"。在四进院中，由于增添了一进厅堂，垂花门的位置有两种安排方式：一种是把垂花门设在厅堂之前，厅堂成了"过厅"，纳入在"内宅"之内；另一种是把垂花门设在厅堂之后，把厅堂作为客厅，归入"外宅"，垂花门仍是正房院入口，形成正统的"前堂后寝"格局。垂花门以前檐挑出两根垂莲柱为其形象特征，它有多种形式，一般宅院中的垂花门多为一殿一卷式（图5-1-70），它的屋顶是由前部起脊的悬山顶和后部卷棚的悬山顶组合成勾连搭屋顶。这种垂花门面阔仅一间，进深反而比面阔稍大，为避免进深大于面阔导致屋顶过高，比例失调，采取勾连搭屋顶是非常明智、妥帖的。而且这样一来，垂花门的前檐立面是带脊的屋顶，后檐立面是卷棚的屋顶，正好适合垂花门所处位置的需要。因为垂花门的前檐在门院中是"正座"的立面，需要以带脊屋顶显现其正座门面应有的规格；而垂花门的后檐，在正房核心院中则是充当配角的门座立面，采用卷棚顶的低调做法是很贴切的。垂花门的前檐两侧联以看面墙，后檐部分伸入院中，在较大型的庭院中，它的后檐两侧还与抄手廊相连接。垂花门在前檐柱安装棋盘门，在后檐柱安装屏风门。屏风门一列四扇，平时都关闭着，由屏风门两侧或抄手廊进出。遇有红白喜事、重大节日或贵客光临，可将屏风门敞开，取得内外院空间的通畅、融汇。垂花门有大式、小式之分，王府大宅用大式，一般民宅用小式。无论是大小式，垂花门都加以刻意的装饰（图5-1-71）。它有一整套的屋顶瓦饰，大式调大脊，饰吻兽；小式调清水脊，脊端饰"草盘子"、"蝎子尾"；它也有一整套常规门饰，包括门枕石、门簪、门钹、门环；还添加了一套集中于垂柱挑檐的特有装饰；这里的倒悬垂柱头雕着仰覆莲、风摆柳、四季花；

垂柱之间联以帘笼枋、罩面枋和透雕花草的花板；罩面枋下面安装着雕有番草、如意草的雀替；如不装雀替，就代以精细的花罩，花罩上满布着透雕的"子孙万代"、"岁寒三友"等图案。这么多的雕饰集中在一起，再加上檩枋的红绿油漆和箍头彩画，屏风门板上的绿油贴金和带"斋庄中正"、"延年益寿"字样的米红斗方，可以说把垂花门修饰得分外华丽，成为四合院中最瞩目的装饰重点，在总体素雅的宅院中，形成了突出的对比，造就了京味宅院的一种独特境界。

从宅第的生态环境来看，北京四合院也是极具特色的。封闭的格局把它与大自然的山水花木隔离开，切断了它与外部的生态联系，而庭院式的布局却提供了一个个露天的庭院和露地。这些庭院和露地不仅起到收纳阳光、阻挡风沙、洁净空气、隔绝噪声、摈除喧闹的净化作用，而且浓缩了自然生态。这里可以种植枣树、丁香、海棠、迎春、紫荆；可以盆栽石榴、金桂、银桂、杜鹃、夹竹桃；可以水生荷花、睡莲、西河柳；可以摆设鱼缸、点缀景石；可以形成满院绿荫、一庭芳香，引来蜂飞蝶舞、蝉噪鸟鸣。正如杨乃济所赞誉的：

> 四合院——室宇环绕着的庭院，屋宇拥抱着的自然。你是整个宇宙的一角，是普通的、大量的、与人为伴的袖珍型的自然保护区，是真正的、

图5-1-71 北京文昌胡同某宅垂花门细部
引自侯幼彬主编，田健副主编. 中国建筑艺术全集20. 宅第建筑（一）（北方汉族）. 北京：中国建筑工业出版社，1999.

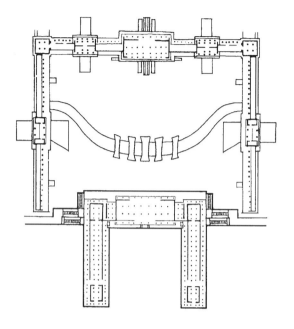

图5-1-72 北京故宫太和门庭院

现实的伊甸园。①

这样的四合院生态环境,当然是极富情感的,邓云乡说:

> 对于那四合院中的海棠的嫩红,丁香的馥郁,榆叶梅的锦簇,偶一忆及,便像回忆初恋时的恋人一样,有多么深刻的眷恋之情呢?②

应该说,北京四合院凝聚着深厚的历史文化积淀,充分展现出官式建筑风范的中和之美、规范之美、成熟之美。这里体现着乡土地域范式定型与礼仪等级制式定型的统一,高度定型的程式化突显出北京四合院类型化的品格和建筑行当的"准个性"特征。按说这种情况难免会欠缺因屋而异、因人而异的个性化风采。但是,实际上,北京四合院的个性化并没有成为多大问题,这是因为在这种类型化定式宅院中,还有可供个性化调度的因素。居室、厅堂、书房的内檐装修都是可以调度的,它们的家具、陈设、匾额、字画也是可调的,庭院中的莳花栽木,都与主人的情趣相关,在这样类型化的庭院平台上,仍然可以塑造出带有若干个性化色彩的起居环境。

2. 两种调度:程式调度与非程式调度

王其亨在《清代陵寝风水:陵寝建筑设计原理及艺术成就钩沉》一文中,曾引用乾隆的一句批语:"遵照典礼之规制,配合山川之胜势"。③乾隆这句话是针对陵寝建筑说的,可以说是极简练地概括了"制式定型"的一个设计原则。陵墓如此,其他制式定型的宫殿、坛庙也是如此,它们都存在着定制程式与特定地段环境的结合问题,这就有赖规划主持人与工师的调度。实际上,不仅制式定型需要调度、可以调度,范式定型也同样需要调度、可以调度。不仅程式院存在这种调度问题,非程式院更有赖调度;不仅是针对特定地段环境的调度,而且还涉及诸多相关制约因素的综合调度。这个调度是可以大有作为的。下面分别讨论程式院的调度和非程式院的调度。

(1) 程式调度:太和门庭院例析

对于程式院来说,不论是制式定型还是范式定型,许多情况下都不是简单地套用制式、范式,一套了之,它们都需要把制式、范式与实际相结合,把模式化、类型性的东西转化为切合此时、此地的特定的"这一个",成了个性化的、独特的东西。越是重要的建筑,这一点越是明显。这里,结合北京紫禁城太和门庭院所显现的缜密调度作一下例析。

太和门庭院是紫禁城中轴线上的第一进院。它位于"前三殿"的宫院之前,是太和殿殿庭的前导。在这个庭院中,太和门为正座,午门为前座,两侧有东庑、西庑;太和门设昭德、贞度两座掖门,东庑设协和门,西庑设熙和门,庭院东北隅、西北隅有崇楼,庭院中心有内金水河横贯,河上有金水桥五道。这些组成了太和门庭院的构成要素和基本格局(图5-1-72)。

太和门庭院的这种制式是明永乐十八年(1420年)北京紫禁城建成时确定的。太和门当时称奉天门,昭德门、贞度门、协和门、熙

---

① 杨乃济. 槛外论道——建筑史论杂谈[M]. 北京:中国建筑工业出版社,2008:12.

② 邓云乡. 北京四合院、草木虫鱼:邓云乡集[M]. 石家庄:河北教育出版社,2004:77.

③ 清档案:工科题本·建筑工程·陵寝坛庙,乾隆七年六月初七日《相度胜水峪万年吉地折》. 转引自王其亨. 风水理论研究. 天津:天津大学出版社,1992:141.

和门当时称东角门、西角门、左顺门、右顺门。永乐北京宫殿是以洪武南京宫殿为蓝本的,《明太宗实录》说:

> 初,营建北京,凡庙社、郊祀、坛场、宫殿、门阙,规制悉如南京,而高敞壮丽过之。①

在诸葛净"明洪武时期南京宫殿之礼仪角度的解读"一文中,我们可以看到明南京宫殿复原图(图5-1-73),拿复原图中的南京宫殿与北京宫殿相对照,显而易见,后者的确"悉如"前者。两地宫殿的奉天门庭院更是一脉相承,如出一辙,从庭院整体格局到门座名称都是一样的。但是,规制"悉如"并非完全等同,后者较之前者确是"壮丽过之"。据潘谷西、陈薇考察,"明南京宫城宽度与北京约略相当,而深度则少近200米"。②可见北京宫城整体规模增大了不少。单体建筑也有这现象,"南京午门现存城台东西长为93.70米,而北京午门长为126.90米,其尺度约为3与4之比"。③"南京的承天门和端门,门楼均只五间,北京的承天门和端门,门楼则各为九间"。④因此,北京宫殿太和门庭院(为便于行文,后文将永乐宫殿的奉天门庭院均以清代名称表述。)虽然因袭了南京宫殿奉天门庭院的制式,仍然有它自己的尺度处理、定位处理、细节处理。正是在这种制式定型制约下的模式化构成中,太和门庭院显现了十分精彩、缜密的卓绝调度。

应该说,太和门庭院的调度是大有难度的。作为紫禁城的第一进院,它的地位十分显要,应该显现它应有的气势。但是它被夹在午门和太和殿之间。午门作为紫禁城的正门,建筑规制比皇城正门天安门还高,是一座特大型的阙门,形象巍峨,体量高大,即使是展露在太和门庭院的背立面,也是个庞然大物,其东西长达126.92米,通高达37.95米,形成了庞大体量紧逼太和门的态势。太和殿则是紫禁城首屈一指的"金銮殿",

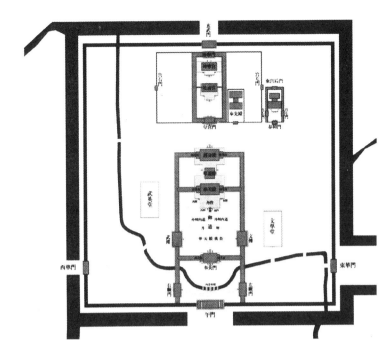

图5-1-73 诸葛净所作明洪武时期南京宫城复原示意图
引自诸葛净.明洪武时期南京宫殿之礼仪角度的解读.建筑史.第25辑

面阔十一间、进深五间,上覆重檐庑殿顶,下承三重白石基坛,以最高形制、最尊规格造就至高无上的壮丽形象。殿庭面积达3万6千多平方米,有体仁、弘义二阁东西峙立,中左、中右、左翼、右翼四门簇拥,凸显殿庭空间的极度宏大、壮阔。太和门庭院恰恰处在午门和太和殿这两大建筑高潮之间,如何恰当地调度两大高潮的空间过渡,如何让太和门庭院,恰如其分地充当太和殿殿庭的前奏和铺垫的角色,如何化解午门背立面,对太和门喧宾夺主的逼迫,如何从困境中,显现紫禁城第一进院应有的风采,都是太和门庭院调度的一道道难题。

我们可以看看太和门庭院进行了怎样的调度:

①院庭尺度控制

首先需要为太和门庭院的定型制式落实它的空间尺度。当然,太和门庭院的尺度不是孤立确定的,它得从宫殿总平面整体进行统一的尺度控制。在这方面,傅熹年对北京紫禁城宫殿总平面的尺度控制作过精彩的分析。他指出:北京宫殿外朝前三殿布局是以后两宫的宽深为模数,"'前三殿'之东西宽……基本为'后两宫'宽之两倍";在南北方向,"南起太和门之前檐柱,北至乾清门之前檐柱……也是后两宫南北深度的二倍";并指出:"紫禁城内的外朝部分和宫前御道,全部是以10丈网格为基准安排的"。⑤

① 明太宗实录·卷二三二.永乐十八年十二月癸亥.

②潘谷西,陈薇.明代南京宫殿与北京宫殿的形制关系[M]//中国紫禁城学会论文集第一集.北京:紫禁城出版社,1997:87.

③潘谷西,陈薇.明代南京宫殿与北京宫殿的形制关系[M]//中国紫禁城学会论文集第一集.北京:紫禁城出版社,1997:87.

④李燮平.明代北京都城营造丛考[M].北京:紫禁城出版社,2006:354.

⑤傅熹年.中国古代城市规划建筑群布局及建筑设计方法研究(上)[M].北京:中国建筑工业出版社,2001:24-26.

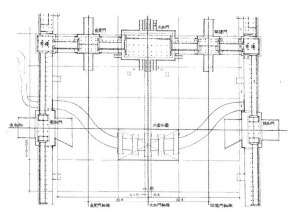

图 5-1-74 傅熹年所作北京紫禁城太和门前网格布置图
摘自傅熹年. 中国古代城市规划建筑群布局及建筑设计方法研究. 北京：中国建筑工业出版社，2001.

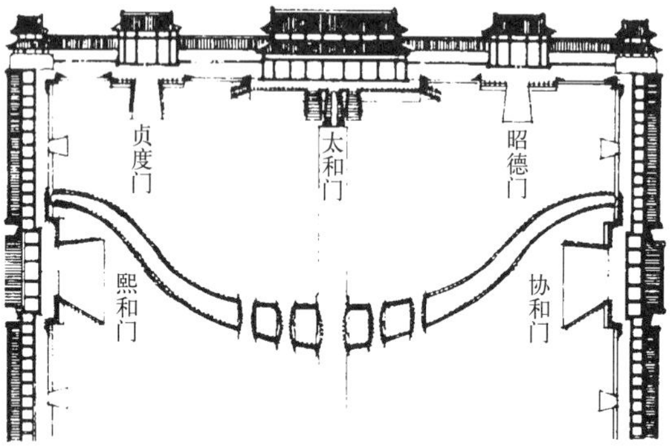

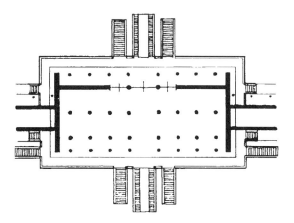

图 5-1-75 《乾隆京城图》中的太和门庭院

图 5-1-76 北京故宫太和门平面

我们从傅先生的论析和他所作的分析图，可以知道：前三殿所在的宫院宽度是后两宫宽度的两倍，这个宫院的宽度也就决定了太和门庭院的宽度；太和殿殿庭宽度、深度均为60丈，即6个模数方格，太和门庭院正是在这个方格坐标系统上，设定太和门后檐柱到午门墩台北沿为5个模数方格，确定了庭院的南北深度（图5-1-74）。应该说，这样综合"后两宫"模数和"10丈方格"模数所确定的太和门庭院基本尺度是

非常合宜的：一是它与宫院等宽，取得太和门庭院与宫院的整合，强化了前朝的整体性；二是取得宽200米、深130米的门庭空间，为显现紫禁城第一进院的广阔场面，提供了必要的空间尺度；三是把太和门和午门拉开到130米的距离，有助于缓解午门背立面对太和门的逼迫；四是26000平方米的扁方形太和门庭院，明显地小于近37000平方米的正方形太和殿殿庭，准确地把握了太和门庭院作为太和殿殿庭"前奏"和"铺垫"的合宜空间尺度；五是东西6个模数方格、南北5个模数方格的网格，在取得太和门庭院与太和殿殿庭有机整合的同时，也为太和门庭院自身的门座定位和金水桥定位，提供了明晰的规整坐标。

②太和三门组合

太和门作为"前三殿"宫院的正门，采用了屋宇门中的最高形制：面阔九间，进深四间，面积达1300平方米，上覆重檐歇山顶，下承须弥座台基（图5-1-75）。台基高达3.44米，台上勾栏环立，螭首出挑，前后檐出三阶，前檐左右各出一侧阶。平面为戟门型，但三樘大门没有设在中柱列，而是设于后金柱列（图5-1-76）。这是由于明代的"御门听政"在此举行，门樘后退可以取得充裕的门厅空间，满足听政的场所需要。太和门的两侧，在明代可能不是现在所看到的样子，单士元说：

据明代所绘宫殿图，奉天门左右原是斜廊式建筑，外观玲珑华丽，与玉带河相互交映，宛如一幅用界线画法绘制的仙桥楼阁画卷。现在的奉天门左右却是奉天殿南庑的后檐砖墙，比起明代建筑，显得森严呆板。这种形状是清初改建的，为的在皇宫中加强防御性措施，就把原来的开敞式廊庑变成封闭式砖墙了。[①]

如果真如单先生所说的这样，那么现在所

① 单士元. 故宫札记[M]. 北京：紫禁城出版社，1990：227-228.

见的太和门两侧的南庑倒座是清初的一次新的调度。太和三门与倒座南庑结合,虽然不如太和三门与斜廊结合那么通敞活跃,但是它在加强防御的同时,提升了庭院的端庄、凝重氛围,应该说是一种格调的调整,并不意味着艺术品质的下降。我们可以看到,一主二从的太和三门与倒座南庑的组合,处理得很严谨。太和门后退的门樘,形成门座的"后出廊",恰好与倒座南庑的"前出廊"组成统一的檐廊,进一步完善了太和殿殿庭的规整性;昭德、贞度两门的定位,也非常妥帖,其中心线恰好落在方格线坐标上,并与前三殿大台基的边沿对齐。这个定位,既取得太和殿殿庭的规整和谐,也取得太和门庭院的匀称、有机。在细部处理上,太和门正面陈设着四个铜鼎、一对石亭、石匦和一对铜狮。铜鼎立于三座台阶间,每逢大朝,鼎中点燃檀香,冉起袅袅香烟。小石亭立于门左,称诏书亭,是放置诏书用的,石匦立于门右,里面装着五谷、红线、金银、元宝之类的"厌胜"镇物。单士元风趣地说:

> 如果把诏书亭和盛金银五谷的石匦对比,倒反映出封建皇朝对劳动人民的一"取"一"予",给予百姓的是发号施令,取于百姓的则是钱粮布帛。①

值得注意的是:门前的陈设中,门狮的体量最大,它不只是为了"除邪辟恶",更以它的威严壮观彰显门面的尊贵。宫中铜狮按惯例都是置于门前三阶的中阶两侧,以凸显居中的、皇帝御用的中阶的特殊尊贵,紫禁城内的乾清门铜狮和宁寿门铜狮都是如此。而太和门的这一对铜狮却是置于前三阶的两侧,几乎靠近门座的两端。这是因为太和门两侧另有昭德、贞度掖门,铜狮雄踞太和门前,主要是凸显御门正座的尊贵。而对于太和门前的三阶而言,它另有左右两个侧阶,在御门听政时,百官俱由侧阶上下,铜狮置于三阶两侧,仍是介乎三阶和左右侧阶之间,这样也能兼顾到标示中部三阶与左右侧阶尊卑差别的作用。而这样拉开了铜狮的距离,对于极度宽阔的太和门庭院来说,是很有必要的,它使原本挨得太近的铜狮得以匀称地散开,增添了庭院整体的舒放感。还有值得一提的是,乾清门铜狮和宁寿门铜狮都是镏金的,显现金光闪闪的华美,而太和门这对铜狮却有意不做镏金,让它保持古铜色彩,使它更适合于外朝门庭的庄重品位(图5-1-77)。

③两庑低调处理

夹在两大高潮之间的太和门庭院,不宜过于张扬,需要把握住适当的低调。太和门两庑处理妥帖地做到了这一点。两庑各24间,只在正中各辟一门。配合超宽的庭院,庑廊选用了较高的台基,台沿也伸出较宽,但庑廊进深控制得很浅,仅为身内一间加前廊,屋顶采用连檐通脊的硬山顶,台基采用极简朴的青砖台帮。协和、熙和两门均用五间启三的单檐歇山顶,门座进深仅为两间,以此尽力降低两门的高度,使得两庑通高与庭院宽度之比为1∶19。这个尺度的把握,有效地对比出太和门庭院的分外辽阔。两庑的调度也有两点值得注意:一是关于庑廊的使用功能。两庑选用庑廊形式,完全是

① 单士元. 故宫札记[M]. 北京:紫禁城出版社,1990:227.

图5-1-77 北京故宫太和门铜狮
引自中国美术全集. 建筑艺术编·宫殿建筑(袖珍本). 北京:中国建筑工业出版社,2004.

从院落整体构成的角度考虑的，而不是从庑廊自身的功能需要考虑的。两庑48间庑廊都是"准功能"的朝房，它们并没有既定的用途，都属于朝房通用空间。在永乐初建成时，东庑用作实录、玉牒、起居注馆，西庑用作皇子读书处和会典诸馆。在清代，东庑用作稽查钦奉上谕事件处和内阁诰敕房，西庑用作翻书房和起居注馆。庑廊的这种情况表明，它是基于太和门的庭院构成需要庑廊的形式，由庑廊的形式"生成""准功能"的朝房空间，再由"准功能"的朝房空间"唤起"读书处、起居注馆之类的用途，它们都是典型的"形式唤起功能"，这样的"形式唤起功能"在这里是完全合理的。二是关于门座的交通组织，太和门庭院是紫禁城的一个四通八达的交通枢纽。这里有通向太和殿的太和三门，有从午门进入的五个门洞，两庑又安排了协和、熙和两座偏门和庑廊南端的两个通道（清代称为东西牌楼门），这样实质上形成十二个门道在太和门庭院的交汇。协和、熙和两门在这里担当着从前三殿通向东华门、西华门，通向文华殿、武英殿的重要出入口。这两道门在定位上是非常得体的，它端正地处在两庑的正中，保持门的南侧庑廊与北侧庑廊间数相等，而门自身的中心线，又恰好落在庭院方格网线的坐标上，这对于维系庭院的端庄、规整起到了很好的作用。

④金水河玉带点睛

在太和门庭院中，金水河的调度是值得大书特书的。这道金水河是紫禁城的内河，准确的称呼是"内金水河"。据诸葛净考证，明南京洪武宫殿奉天门庭院已有内金水河。[①]北京紫禁城的这条内金水河，按照风水的需要，从紫禁城西北角乾方流入，到东南角巽方流出。河道先由北向南，迂折向东，在太和门前穿越中轴线，然后蜿蜒于文华殿、东华门邻近，全长2000余米（图5-1-78）。这道河是大有用处的，刘若愚说：

> 是河也，非谓鱼泳在藻，以资游赏；又非故为曲折，以耗物料；盖恐有意外火灾，则此水赖焉。天启四年，六科廊灾；六年，武英殿西油漆作灾，皆得此水之济。而鼎建皇极等殿大工，凡泥灰等项，皆用此水。祖宗设立，良有深意。且宫后苑鱼池之水，慈宁宫鱼池之水，各立有水车房，用驴拽水车，由地琯以运输，咸赖此河云。[②]

原来这条河有火灾用水、施工用水、鱼池用水等多项用途，而且紫禁城内的排水沟道也都通过此河外泄。难得的是，这么一条实用所需的小河，在空间组织、寓意表征和艺术观赏上也能发挥很大效用。《古今事物考》说："帝王阙内置金水河，表天河银汉之义也"。[③]这条荷载着"天河银汉"寓意的金水河，在太和门庭院里，弯成对称的弓形，中部河道加宽，两端河道收窄，河上跨越五道金水桥，桥边、河岸都

① 诸葛净. 明洪武时期南京宫殿之礼仪角度的解读[J]. 建筑史，第25辑.

② [明]刘若愚辑著，[明]吕毖编次. 明宫史[M]. 北京：北京出版社，1963：12.

③ 转引自李燮平. 明代北京都城营建丛考[M]. 北京：紫禁城出版社，2006：349.

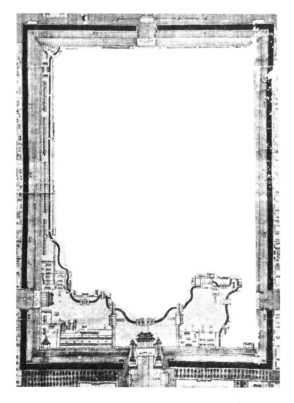

图5-1-78 清代皇城图中的紫禁城内河道
转引自李燮平. 明代北京都城营建丛考. 北京：紫禁城出版社，2006.

第五章　木构架建筑：其他层面"有、无"

图 5-1-79　北京故宫太和门全景
引自中国美术全集．建筑艺术编·宫殿建筑（袖珍本）．北京：中国建筑工业出版社，2004．

砌着洁白的汉白玉栏杆，整个金水河、金水桥宛若一条优美玉带，环绕在太和门前，金水河、金水桥因此也有"玉带河"、"玉带桥"的美称。

不要小看了这一组弯水虹桥，它发挥着三方面的重要作用：一是以弯弓形状分割了太和门的庭院空间，形成北院宽松地前凸和南院紧缩地内凹，为太和门前展扩了宽阔、宏大、舒放的场面（图 5-1-79）；而午门背立面则在弯弓的逼压下，处于十分紧迫的境地（图 5-1-80）。静态的太和门庭院由此产生强烈的动感，在张扬太和门的同时，收敛了午门背立面的气势，完美地解除了午门对太和门的威逼。二是完善了庭院的人流组织，太和门庭院从午门门洞有五股人流进入，明代规制，中门为帝门，为皇帝御用；左右为王门，为宗室王公所用；文武官员出入均由两侧掖门。这里形成了帝门、王门和掖门的三档规格。五座金水桥的设置，妥帖地对应了这五股人流，中桥为皇帝专用的御桥，左右桥为宗室王公所用的王桥，文武官员自然由两侧边桥通行。值得注意的是，五桥的设计颇为细致地区分出御桥、王桥和边桥的三档规格。在桥身长度上，御桥最长，虽然五桥的跨度相等，跨河栏板均为七块，但御桥于两

图 5-1-80　北京故宫午门背立面
引自清华大学建筑系．中国古代建筑．北京：清华大学出版社，1985．

岸各延伸出三块栏板的长度，而其他四桥于两岸只延伸出两块栏板的长度；在栏杆柱头上，御桥用的是云龙柱头，而其他四桥用的都是"二十四气"柱头；不仅如此，在五桥的间距上，御桥与王桥之间，间隔用的是四块栏板，每块栏板长 1.45 米，而王桥与边桥之间，间隔用的是五块栏板，每块栏板长 1.70～1.75 米。这样明显地形成中部王桥紧靠，而两侧边桥靠边的状态。这种细致的处理，正如午门背立面的五个门洞，中部三门紧靠，两侧掖门靠边，都是在想方设法标示王门与掖门、王桥与边桥的等级区别。

金水五桥对应着午门的五个门洞，把五股人流导引到太和门前，太和三门在这里巧妙地

安排了大小两套分流。大套分流是太和门正门和昭德、贞度两座掖门组构出"一主二从"的三门，在太和殿举行重大朝仪时，由这三门分等通行；小套分流是太和门前的主阶、副阶和左右侧阶组构出五道台阶，在御门听政时，由这五阶分等通行。不难看出，基于礼仪的需要，金水五桥的设置，很得体地完成了太和门庭院主要人流井然有序的组织。

我们可以看到，太和三门中，昭德、贞度两座掖门，前后檐用的都是礓䃰，东西两庑的协和门、熙和门，前后檐用的也是礓䃰。这是考虑到朝典仪仗包括御座、车辇、香、表诸案，以礓䃰为道，既便于人员行走，也利车辇上下。东西两庑不仅在协和门、熙和门设大礓䃰，还在门南北两侧庑廊各设一道小礓䃰。北侧庑廊礓䃰通向北院，南侧庑廊礓䃰通向南院。后者很靠近午门的左右掖门，形成庭院交通的左右两条捷径。李燮平曾提到，这一对左右捷径当年是以斜廊连接的，不知道是否真有此事。[①] 值得我们注意的是，协和、熙和两门门前的大礓䃰，由于金水河的弓形弯曲，都能处于南院中，这使得由太和门庭院通向东西华门都在南院出入，不会干扰北院，更好地保持了北院的完整、静宁。有趣的是，这两门的大礓䃰，都呈"八"字敞口，与弓形河道弧状角落的空间很合拍。还有一点处理得很精彩，就是所有的大小礓䃰都带有白石栏杆，它们与太和三门台基石栏、金水河岸边、桥边石栏一起，为太和门庭院镶嵌了一道优美、醒目的花边。三是弓形河道和金水五桥，强烈地分隔了太和门的庭院空间，把太和门庭院分成南北两片，这与后面太和殿殿庭的完整庭庭，有了明显区别。金水河、金水桥的设置也使太和门庭院有了触目的装点，有了鲜明的性格，在端庄中添加几分丰美，在凝重中糅入几分动感，这与后面太和殿殿庭的壮美也有了格调上的变化，既塑造了

紫禁城第一进院的独特风采，也避免了门院与主院的重复、雷同，太和门庭院更加吻合门院的铺垫身份。从以上三方面的作用来看，这组弯水虹桥称得上是太和门庭院设计的神来之笔、点睛之笔。我们可以设想，如果没有金水河穿行，如果金水河不是呈弓形玉带，那么太和门庭院将会是怎样。应该看到的是，以弯弓河道与虹桥的结合，作为门座前导，并非太和门庭院的独创，也非它的新创，它自身是一种模式化的组群点缀元素。内金水河在这方面有充分的表演，除了太和门前，它还在武英门前、断虹桥处、清宁宫三座门前和东华门里，一共"弯弓"了五次，可以说是尽可能地充当门座装点，只是或五桥、或三桥、或一桥，规格不同而已。在天安门前，我们也可以看到外金水河同样的"弯水"、同样的五桥，只是尺度比太和门前的弯水五桥大些。由此可知，弯水虹桥自身也是制式定型"元件"。太和门庭院的构成中，全部所用单体建筑、小品建筑的"元素"、"元件"都是制式定型的，在庭院构成要素的层面上，并没有新创的东西，它完全是在定型的制式要素和制式格局中进行调度。难得的是，这样的程式调度下，大匠还是可以大有作为，可以把程式定型的设计调度得这么缜密、细致、精彩，创造出模式化的典范作品。庭院构成、组群构成是木构架建筑程式化的最后一环，我们从太和门庭院这样的程式调度，可以领略中国匠师驾驭程式化达到何等的境地。

（2）非程式调度：园林院落例析

中国木构架建筑对于非程式的庭院调度，也和程式院的调度一样达到极高的境地。这种非程式调度主要呈现在园林院落的布局。明人郑元勋在为《园冶》写的"题词"中，开宗明义，首先说的就是："园有异宜，无成法"。所谓"异宜"，就是说要适应差异。郑元勋提到园林有两大异宜，一是适应人的差异；二是适

[①] 参见李燮平. 明代北京都城营建丛考[M]. 北京：紫禁城出版社，2006：376.

应地的差异。他说：

> 简文之贵也，则华林；季伦之富也，则金谷；仲子之贫也，则止于陵片畦；此人之有异宜，贵贱贫富，勿容倒置者也。若本无崇山茂林之幽，而徒假其曲水；绝少"鹿柴"、"文杏"之胜，而冒托于"辋川"，不如嫫母傅粉涂朱，只益之陋乎？此又地有异宜，所当审者。①

郑元勋说得很明白，像梁简文帝那样的高贵，自然建华林园；像石崇那样的富有，自然建金谷园；像陈仲子那样的清贫，那就只能弄一小片菜园。如果没有崇山茂林的幽境，而非要装模作样地摆弄"流觞曲水"，欠缺"鹿柴"、"文杏"的佳胜，非要依样葫芦地冒托"辋川别业"，那不就像"嫫母"似地涂脂抹粉，显得更加丑陋吗。正是基于"地与人俱有异宜"，郑元勋特别强调，造园要"善于用因"。

的确，"善于用因"是中国造园的一个基点，计成在《园冶》中，总结园林创作的基本理念，归纳的就是八个字："巧于因借，精在体宜"。对于园林建筑，计成还进一步提出"家居必论，野筑惟因"。②提出家宅住屋要"循次第而建"，讲求辨方正位、前厅后楼那一套，而园林建筑，则应"按时景为精"，完全得因地制宜、因势利导。为此，计成一再地强调"相地合宜，构园得体"③，他反复地说：

> 高阜可培，低方宜挖；④
> 高方欲就亭台，低凹可开池沼；⑤
> 入奥疏源，就低凿水；⑥
> 院广堪梧，堤弯宜柳；⑦
> 宜亭则亭，宜榭则榭；⑧

这些都是在阐发"景到随机"、"得景随形"，从园林理念上突出的一个"因"字，引导出园林创作上强调一个"随"字。这一点，实际上是中国文士造园的共识。清人袁枚在《随园记》中，表述随园的设计是：

> 随其高为置江楼，随其下为置溪亭，随之夹涧为之桥，随其湍流为之舟，随其地之隆中而欹侧也为缀峰岈，随其蓊郁而旷也为设宦窔，或扶而起之，或挤而止之，皆随其丰杀繁瘠，就势取景，而莫之夭閼者。⑨

袁枚为此还将园取名为"随园"，可见这个"随"字，确是中国造园的一大精髓。

这种"随"的园林创作，反映在园林建筑上，就是"格式随宜"。计成在这一点上也是反复地强调，他在论析"厅堂基"、"楼阁基"、"书房基"、"亭榭基"、"廊房基"时说：

> 厅堂立基，古以五间三间为率；须量地广窄，四间亦可，四间半亦可，再不能展舒，三间半亦可。深奥曲折，通前达后，全在斯半间中，生出幻境也……
>
> 楼阁立基，依次序定在厅堂之后，何不立半山半水之间，有二层三层之说？
>
> 书房之基……或楼或屋，或廊或榭，按基形式，临机应变而立。
>
> 花间隐榭，水际安亭，斯园林而得致者。惟榭只隐花间，亭胡拘水际……亭安有式，基立无凭。
>
> 廊基未立，地局先留……蹑山腰，落水面，任高低曲折，自然断续蜿蜒，园林中不可少斯一断境界。⑩

计成反复表述的这种"构园无格"、"随宜合用"、"随曲合方"、"非拘一者"、"非拘一式"，一言以蔽之，就是"非程式"调度。

这种非程式调度，对于园林建筑来说，涉及两个层面：一个层面是园林单体建筑自身的非程式；另一个层面是园林庭院构成、组群构成的非程式。园林建筑单体的非程式，不仅呈现于私家园林，也呈现于皇家园林。刘敦桢在梳理圆明三园的建筑时说：

① [明]郑元勋.园冶·题词//[明]计成.园冶.
② [明]计成.园冶卷一：屋宇.
③ [明]计成.园冶卷一：相地.
④ [明]计成.园冶卷一：立基.
⑤ [明]计成.园冶卷一：相地.
⑥ [明]计成.园冶卷一：相地·山林地.
⑦ [明]计成.园冶卷一：相地·城市地.
⑧ [明]计成.园冶卷一：兴造论.
⑨ [清]袁枚.随园记.
⑩ [明]计成.园冶卷一：立基.

图 5-1-81 圆明园中的随宜格式建筑
描自刘敦桢全集. 第一卷. 北京：中国建筑工业出版社，2007.

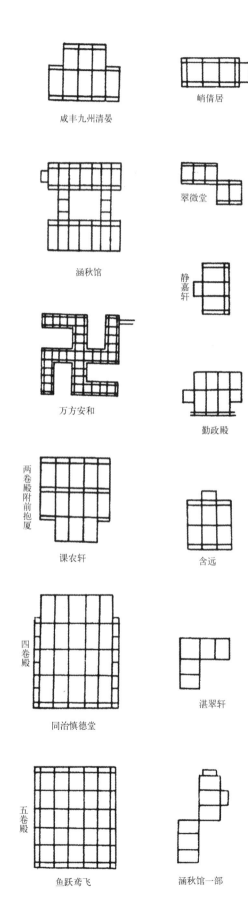

其平面配置，亦于均衡对称中力求变化，计有工字、口字、田字、井字、万字、偃月、曲尺诸形，及三卷、四卷、五卷诸殿……亭之平面，有四角、六角、八角、十字、流杯、方胜数种，又以扒山、叠落各式游廊，与殿宇委曲相通，为园中风景原素之一。①

我们从刘先生所附插图中，可以看到这些随宜格式的多样形式（图5-1-81）。由于中国传统园林基本上都是散点式布局与庭院式布局相结合的格局，景点建筑既有散点布局的非程式调度，也有院落布局的非程式调度。刘敦桢指出：

院落是苏州古典园林的一种建筑组合形式。由于当地园林面积不大，须在有限的空间内创造许多幽静的环境，或在连续的建筑之间，增加园景的变化，因而以院落来划分空间与景区，成为常用的手法。

……按组合形式的不同，院落大致可分为三种类型，即：庭院、小院和大型院落。②

这些不同形式的园林院落，都有赖精心的调度。值得我们注意的是，在组构庭院式的园中园时，非程式的单体建筑实际上用得不多。非程式院落并非主要由非程式的单体建筑要素组构，而是主要由程式的单体建筑要素，通过非程式的调度组合而成。我们可以看看颐和园的"谐趣园"（图5-1-82）。这组园中园有宫门、涵远堂、知春堂、澄爽斋、湛清轩、饮绿、洗秋、引镜、澹碧、兰亭、知春亭、小有天、瞩新楼等单体建筑，除了瞩新楼做成朝内两层、朝外一层的变体楼阁，引镜做成卷棚悬山勾连搭的两卷屋顶，宫门做成一端卷棚歇山、另一端卷棚硬山的变体屋顶外，其他建筑全是规规正正的定型建筑。谐趣园是充分结合地形环境特点，因地制宜，北部顺山势叠石为峡，南部以水作

① 刘敦桢全集·第一卷. 北京：中国建筑工业出版社，2007：185.
② 刘敦桢. 苏州古典园林[M]. 北京：中国建筑工业出版社，1979：29.

为中心，环布滨水建筑，堂、斋、亭、榭错落有致，游廊蜿蜒穿插，时隐时现，这样创造了极富空间变化的如诗如画境界。

我们再看看北海静心斋（图5-1-83）。这座园中园由四个庭院组成，均以水池为中心，有宫门、镜清斋、沁泉廊、枕峦亭、叠翠楼、罨画轩、焙茶坞、抱素书屋、韵琴斋、碧鲜亭、画峰室、西厅等单体建筑。这些建筑几乎都是程式化的定型建筑，只有沁泉廊是廊式的变体水阁，碧鲜亭是贴附于韵琴斋的山墙半亭，其样式也都是规范的。整个园中园靠的是非程式的灵活调度：前院运用一泓澄明如镜的清池，造就清幽、静谧、"临池如临镜"的境界；主院展开一片山光水色，山势磅礴，泉瀑迭落，沁泉廊横跨山壑水口之上，枕峦亭壁立山巅，爬山廊迤逦四围；东跨院以一屋、一斋、一亭、一池和一道花墙，构组出宁静的书斋环境；西跨院以六孔过水廊分隔南北池沼，又让隔院风光相互渗透。所有这些精心的调度，把整个一座以模式化单体建筑为元件的庭园，组构成极富时空变化、极具幽深境界的园林精品。

这种非程式的院落调度，更是私家园林的拿手好戏。我们试看苏州的留园石林小院（图5-1-84）。

石林小院位于留园五峰仙馆与林泉耆硕之馆两座大体量的厅堂之间，主要以小巧灵活的空间组合作为两组大院落的过渡和对比。小院只用揖峰轩、石林小屋和静中观三座建筑。揖峰轩是一座两间半的硬山顶小轩，各间面阔不等，布置自由。前部出廊，室内以纱槅挂落分隔成西部疏朗的通间和东部幽隐的半间。石林小屋只是单开间硬山顶小屋，前部出廊与游廊连接，前廊与内里之间，只用纱槅挂落分隔。小屋东、南、西三面开窗，建筑尺度虽小，而空间十分通透。静中观则是一个更小的空间，它就着曲廊的端部，仅将屋顶翘起一角水戗发

图5-1-82 北京颐和园谐趣园平面图
引自天津大学建筑系、北京市园林局. 清代御苑撷英. 天津：天津大学出版社，1990.

1. 宫门 2. 知春亭 3. 引镜 4. 洗秋 5. 饮绿 6. 澹碧
7. 知鱼桥 8. 知春堂 9. 小有天 10. 兰亭 11. 湛清轩
12. 涵远堂 13. 瞩新楼 14. 澄爽斋

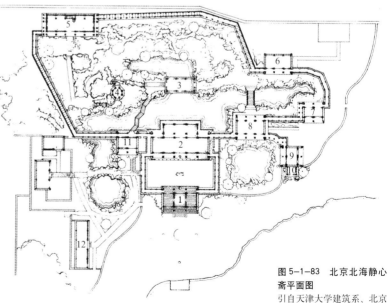

图5-1-83 北京北海静心斋平面图
引自天津大学建筑系、北京市园林局. 清代御苑撷英. 天津：天津大学出版社，1990.

1. 宫门 2. 镜清斋 3. 沁泉廊 4. 枕峦亭 5. 叠翠楼
6. 罨画轩 7. 焙茶坞 8. 抱素书屋 9. 韵琴斋
10. 碧鲜亭 11. 画峰室 12. 西厅

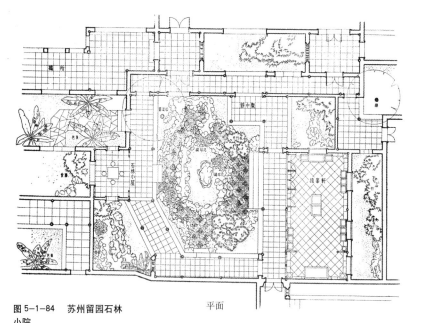

图 5-1-84　苏州留园石林小院
引自南京工学院建筑系. 江南园林图录·庭院. 1979.

馘,就构成一座小巧生动的变体半亭。整个小院,以极灵活的手法调度廊子,蜿蜒的游廊在院庭中或直、或曲、或斜,还将一段直廊有意隐于庭院西侧,既添加空间层次,也为院庭展露一段空窗粉墙。这组小小的石林小院,在房廊透迤和粉墙穿插下,居然生成了一口口有大有小、形态多样的天井,这里有揖峰轩的前庭主院、两侧方院和北侧窄院,有石林小屋的东侧角院、南侧窄院和西侧窄院。主院既带折角,也带抹角,形态活泼。庭中矗立湖石主峰,辅以花台和若干小石峰,配植绣球花和夹竹桃,凸显"石林"主题。各个小院散置石笋、翠竹、紫藤、芭蕉,典型地呈现出《园冶》所说的"处处邻虚、方

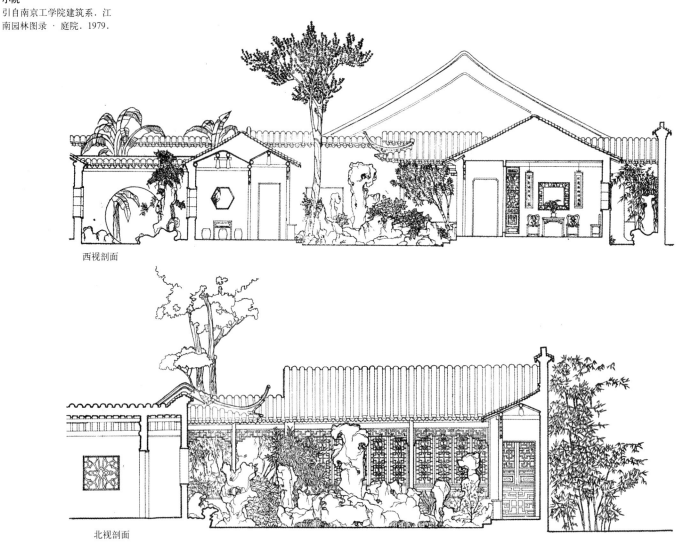

方侧景"的景象。揖峰轩三面邻虚，石林小屋四面邻虚，这两处的窗口都有精心配置的竹石、芭蕉对景，构成一幅幅立体画面，就连东廊南端转折处，也特地筑一道短墙，辟一个漏窗，以渗透窗外侧景。这个散点着诸多天井，集中了空廊、敞亭、空窗、洞门的小院，如同施加了变幻空间的魔法，创造了极具空间变化和空间层次的园庭境界。

海棠春坞位于拙政园中部水池的东南隅，它的建筑更为简约，仅有一座两开间的硬山顶小轩，通过房廊、院墙的围合，组构了包容大、中、小三个天井的幽静小院落。《园冶》说：

　　曲折有条，端方非额，如端方中须寻曲折，到曲折处还定端方。①

曲折而有条不紊，端方而不呆板、拘谨，的确是园林院落构成的重要法则。海棠春坞庭院可以说是极生动地展现了这种"端方非额"的景象（图5-1-85）。小轩是端方规整的，但是它一间大、一间小，并不板滞；前檐大间六扇长窗，小间四扇短窗；后檐大间八扇短窗，小间六扇短窗；前檐长短窗用一色的宫式书条川窗芯，后檐短窗用一色的宫式加玻璃框窗芯。两山用六角形景窗，规整中有变化，同似中有微差。三个天井，一主两从，在尺度上形成明显的对比。作为主庭院的前庭也是规规整整、横平竖直的，由于有两个小院陪衬，呈现出灵活的空间变化。前庭两侧的东廊、西廊，在平面上看似是左右对称，实际上东廊是高高的界墙，廊顶呈一面坡的披檐，西廊是低低的院墙，廊顶呈双坡卷棚，它们在立体形象上是同中有异，加上南侧大片粉墙与小轩前檐的对比，整个前庭完全突破规整的单一而显现界面的多样和空间的活跃。海棠春坞的植物配置，顾名思义自然以海棠为主要观赏内容，但是，当要节用，这里的海棠用得并不多，只是在前庭中植两株西府海棠，轩西天井植一丛垂丝海棠，而轩东

小天井没有再用海棠而别植天竹。这样，前庭由一株老榆树（今已不存）、一丛慈孝竹和少许湖石，陪伴着海棠，并将满院铺地用卵石铺成海棠纹图案，在洁白的粉墙衬托下，组成了一幅疏朗优美的、以海棠为主题的主体画面；轩西、轩东天井也分别为小轩的东西景窗提供了海棠和天竹的不同侧景。一座平平淡淡的小轩，

① [明]计成.园冶卷三：装折

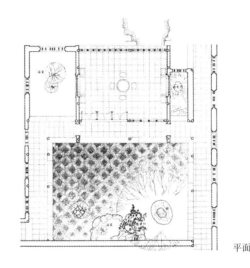

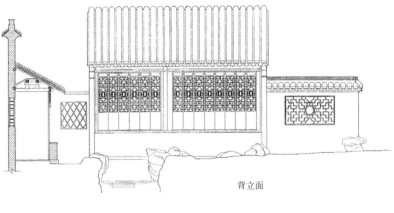

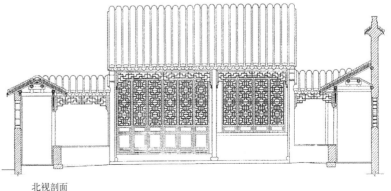

图5-1-85 苏州拙政园海棠春坞
平面引自南京工学院建筑系.江南园林图录·庭院.1979.
立面、剖面引自苏州民族建筑学会.苏州古典园林营造录.北京：中国建筑工业出版社，2003.

平面

背立面

北视剖面

① [明] 计成. 园冶卷三: 门窗.

② [明] 计成. 园冶卷一: 兴造论.

③ [明] 计成. 园冶卷一: 兴造论.

④ [西汉] 刘安. 淮南子卷十七"说林训".

⑤ [西汉] 刘安. 淮南子卷十六"说山训".

⑥ 参见河北省文物研究所编. 藁城台西商代遗址 [M]. 北京: 文物出版社, 1985: 15-32.

在这里升华为"面面邻虚，方方侧景"的境界。难得的是，在它的北侧窗下，居然还伸来一口水面。这是拙政园中部水池在东南角的一个"水口"。这个水口需要就近隐蔽地结束，恰好就让小轩一侧跨水而建，"相互借资"，组构了趣味盎然的有机结合。整组海棠春坞可以说是以极简约的、端方的"有"，创造了分外小巧的、灵活的"无"。

我们从皇家园林的谐趣园、静心斋和私家园林的石林小院、海棠春坞小院，可以充分感受到这种非程式调度的精彩。计成深谙这种调度的大不易，强调"调度犹在得人"。① 计成所说的"得人"，指的是"主人"。这个主人并非业主而是"能主之人也"②，也就是园林设计的主持人。计成十分强调设计主持人的重要作用，他说一般建筑工程有"三分匠，七分主人"的谚语，他认为"第园筑之主，犹须什九，而用匠什一"。③ 我们从计成的这个看法，可以意识到，一般建筑工程多为程式调度，它与园林建筑的非程式调度，在设计难度上是有区别的，因此，设计主持人的作用就更为重要。当然，这并不意味非程式调度与程式调度有高低之分，程式调度可以达到极高境地，非程式调度也可以达到极高境地。中国木构架建筑是程式化、模件化的体系，庭院自身调度和庭院与庭院之间的组群调度，是程式化的最后环节，这个环节无论是程式调度或非程式调度，都可以达到极高的境地，这正是建筑领域"中华设计"的精彩。

二 建筑界面"有、无"：实与虚

建筑界面的"有"与"无"，是一种"实"与"虚"的关系。在木构架建筑的外檐立面、内里隔断和庭园院墙等界面上，都存在着这样那样的虚实。正是这些不同的虚实，满足了内里空间、院庭空间和庭园空间的功能需要，丰富了建筑的空间组织，创造了富有表现力的建筑艺术形象。

（一）外檐立面：亦隔亦透

木构架建筑外檐立面，凸显着实的墙体和虚的门窗。在这里，墙体是"隔"，门窗是"透"，它们组成了屋身界面的亦隔亦透。这种隔与透在木构建筑发展的不同阶段，呈现着不同的形态。《老子》十一章说的"凿户牖以为室"，正是这种隔与透的早期形态。既然"户牖"是"凿"出来的，那屋身自然用的是土墙。这种土木混合结构，以夯土墙承重或夯土墙与木梁柱共同承重，户牖的门洞、窗洞都从厚厚的墙体中凿出来。有关这种户和牖的情况，《淮南子》上有两段话：

百星之明，不如一月之光；十牖之开，不如一户之明。④

受光于隙，照一隅；受光于牖，照北壁；受光于户，照室中无遗物。⑤

这两段话给我们提供了几点信息：一是牖相当小；二是牖多设在南壁；三是牖可以开关；四是户不仅为了出入，也起采光作用，而且其受光量远大于牖。

我们当然很想知道，这种从土墙中凿出来的户牖究竟是什么样子？很遗憾，一些早期的房屋遗物大多仅剩基址，欠缺能够反映"户牖"的墙体遗存。难得的是，河北藁城台西商代遗址有一组距今3400年的房址，还留存着高低不等的残墙断壁，为我们透露出早期户牖的珍贵信息。⑥

这组房址共发现14座，除2座半穴居外，12座都是地面建筑，其中有8座房址（F1、F2、F3、F4、F5、F6、F12、F14）保存较完整（图5-2-1、5-2-2）。我们重点看一下其中最大的一座——曲尺形的F6房址（图5-2-3）。

第五章 木构架建筑：其他层面"有、无"

它由 6 间长方形房间组成。全部外墙和隔墙都是下部为夯土墙，上部为土坯墙，夯土墙厚 70 厘米。除一室没有东墙，呈现敞檐外，其余 5 室都是土墙四面闭合，有三室各开一门，有两室各开两门，门的宽窄不一，最窄的门宽度仅 45 厘米。门洞两侧，有的有对称的小木柱，有的无小木柱。这里的门洞，在夯土墙的高度内，可能就是"凿"出来的，而在土坯砌层内，当是在砌筑时留出来的。由于门洞上方不需夯土，也有可能整个门洞都是留空而非后凿的。可贵的是，这个房址有一道隔墙还保持着高 3.38 米的完整山尖，山尖上部有一高 0.45 米、宽 0.23 米的小洞，这个小洞显然就是小小的"牖"了（图 5-2-4）。不过这个牖，位处土坯砌层，应该也是砌筑时留出的，而不是后凿的。更值得关注的是，在 V 室的东墙上，有一宽 1.3 米的缺口。这种缺口在 F3 的东墙上也曾出现，宽度为 1.9 米，并有明显的窗槛痕迹。这表明，这是另一种牖，是尺度颇大的牖。看来《淮南子》说的"十牖之开，不若一户之明"，只是对小牖而言，而大的牖已有颇大的尺度。这种大牖倒是与孔子探视伯牛时，"自牖执其手"的说法很吻合。这座房址还有一点值得注意，II 室的房门不仅比较宽，不仅门洞两侧有对称的小柱，而且在门外还立有两根对称的小柱，这说明立面上还有带顶的小"门楼"。这间房间空间最大，西端还有土坎隔出疑似睡眠的空间，这些迹象显示，这

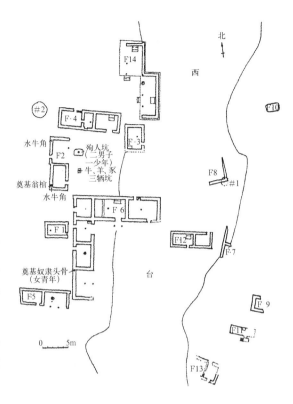

图 5-2-1 藁城台西商代房址
转引自刘叙杰. 中国古代建筑史（第一卷）. 北京：中国建筑工业出版社，2003.

图 5-2-2 藁城台西商代房址复原鸟瞰
引自河北省文物研究所. 藁城台西商代遗址. 北京：文物出版社，1985.

图 5-2-3 藁城台西商代遗址 F6 房址
引自河北省文物研究所. 藁城台西商代遗址. 北京：文物出版社，1985.

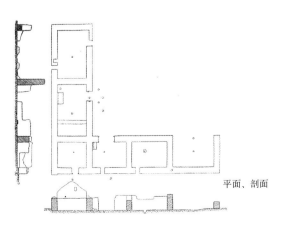

平面、剖面

① 《营造法式》对走马板没有明确的名称。卷七小木作制度二"障日版"条有"凡障日版，施之于格子门及门、窗之上"的含混说法，这里姑且将它称为"障日版"。

图 5-2-4 藁城台西商代遗址 F6 房址山墙
引自河北省博物馆、文管处台西考古队．藁城台西商代遗址．北京：文物出版社，1977．

间房间可能是 F6 的主室。给主室的门添加上"门楼"，已透露出对于主要空间凸显门面的关注。

从汉代经两晋南北朝到隋唐，全木构架建筑从南方宅屋兴起，逐步遍及北方和大型殿屋，以版门和直棂窗组合的外檐立面盛行了很长时间。呈现在外檐屋身的版门，有两种做法：一种是"纯版门"，即门扇充满整楹；另一种是版门带泥道版，整楹门除了门扇，在立颊与柱之间，还有"泥道版"（清代称余塞板），多数还在门额与由额之间，添加"障日版"（清代称走马板）。①佛光寺大殿、晋祠圣母殿的版门属于前一种形式（图 5-2-5），南禅寺大殿（1974 年重修后的外檐）、善化寺三圣殿的版门，属于后一种形式（图 5-2-6）。"纯版门"的做法，显现门扇的硕大尺度，凸显殿屋的雄大豪劲。这种大尺度的门扇，自然需要匹配相应的大尺度框槛。佛光寺大殿的门额、门槛、榑柱颊的断面，分别采用 50 厘米 ×20 厘米、31 厘米 ×24 厘米、40 厘米 ×24 厘米，尺度之大是很惊人的。但是它们是用板木拼合而成的，以较小的用料取得了与粗壮大木相称的效果（图 5-2-7）。版门添加泥道版、障日版的做法，则在缩小门扇尺度的同时，保持了整间门槛的形象，这是对于"门"的一种巧妙的放大，使版门的观赏尺度显著地超越了它的功能尺度，既便于门扇的轻便开启，又不失门面的舒朗开阔。这种门式获得了长久的生命力，直到明清，版门退出殿屋外檐之后，仍在许多门屋，包括北京四合院的广亮大门、金柱大门和蛮子门中，久用不衰。直棂窗最晚在汉代已经出现。《营造法式》中列有两种直棂窗：一是破子棂窗，二是版棂窗。版棂的断面为矩形，破子棂的断面为正方对角斜破而成的三角形。它们都是竖向立棂，棂间留出与棂等宽的空隙。显然，破子棂在棂影挡光和棂条刚性上都优于版棂。这种破子棂窗的形象"在北魏固原出土的房屋模型中已可

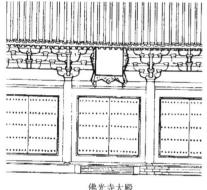

佛光寺大殿　　　　　晋祠圣母殿

图 5-2-5 "纯板门"的外檐门面

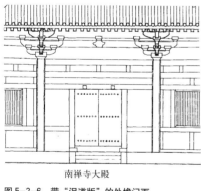 

南禅寺大殿　　　　　善化寺三圣殿

图 5-2-6 带"泥道版"的外檐门面

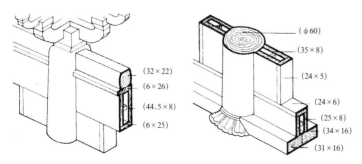

图 5-2-7 佛光寺大殿板门框槛的拼合做法
引自中国科学院自然科学史研究所．中国古代建筑技术史．北京：科学出版社，1985．

见到，唐代实例如净藏明惠禅师墓塔中，也都有这种窗式"。①应该说，版门与直棂窗组合的外檐立面，是很简约大气的。在佛光寺大殿的前檐，五间双扇版门正对内槽佛龛空间，版门洞开，内槽通明，而受光于直棂窗的外槽空间则相对昏暗，烘托得佛龛分外凸显。一气并列的五开间方方整整版门，配上两边素朴的直棂窗，为大殿立面添加了简洁、稳健、雄劲、恢宏的气度。只是这种版门一旦关闭，就不能受光，用于生活空间很是不便；直棂窗受光效果也欠佳，因此，版门与直棂窗的组合，必然要被取代。

图5-2-8 河北涞源阁院寺文殊殿正立面
引自莫宗江. 涞源阁院寺文殊殿. 建筑史论文集. 第二辑

在殿屋立面上取代版门的是格门，宋代称格子门，清代称隔扇。在敦煌初唐壁画的乌头门和镇江甘露寺铁塔塔基出土的唐代禅从寺舍利银椁上，可以看到版门门扇上做出透空直棂，这意味着对于门扇透光的极力追求，是不透光门扇向透光门扇演进的一种过渡形式。山西运城唐代寿圣寺小塔上，已经可以见到具备透光性能的格子门形象。上海博物馆藏有一件五代定窑白釉殿宇形瓷枕，它的"屋身"四面都呈现格子门的形象，其格心已有斜方格眼、龟背纹和十字纹三种样式。这表明格子门最晚在唐代已经出现，到五代时期已颇为时兴。《营造法式》小木作制度，在列"版门"做法的同时，也列有"格子门"做法。在现存格子门实物中，当数建于辽应历十六年（966年）的河北涞源县阁院寺文殊殿和建于金皇统三年（1143年）的山西朔县崇福寺弥陀殿的格门，年代较早。②阁院寺文殊殿三间前檐全部用格子门（图5-2-8），崇福寺弥陀殿前檐当中五间全用格子门（图5-2-9），两者有一些共同点：一是每间均用四扇门，中间两扇为开扇，两侧各一边扇为固定扇；二是各门扇均为单腰串，下部装障水板，上部做透空格心；三是开扇宽度颇大，不像后期隔扇那么修长，还带有版门宽扇的习用比例；四是固定扇比例如同原先的泥道版尺度，很像是

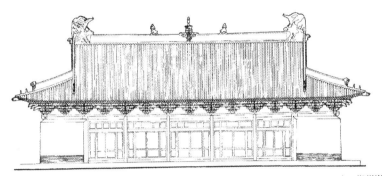

图5-2-9 山西朔州崇福寺弥陀殿正立面
引自郭黛姮. 中国古代建筑史（第三卷）. 北京：中国建筑工业出版社，2003.

图5-2-10 阁院寺文殊殿格门、横披窗格心样式
引自莫宗江. 涞源阁院寺文殊殿. 建筑史论文集. 第二辑

"泥道版"的透空化；五是格子门上方均做格子横披窗，每间用五扇，很像是"障日版"的透空化；六是门窗格心形式多样（图5-2-10、5-2-11），文殊殿有四种，弥陀殿更达到九种之多。这些格心棂条还比较粗厚，透光率还不高。这些反映出格子门的早期特色。可以看出，

① 傅熹年. 中国古代建筑史·第二卷[M]. 北京：中国建筑工业出版社，2001：612.

② 参见（1）莫宗江. 涞源阁院寺文殊殿[J]. 建筑史论文集，第二辑（2）郭黛姮. 中国古代建筑史·第三卷[M]. 北京：中国建筑工业出版社，2003：399-406.

图 5-2-11 崇福寺弥陀殿门窗格心样式
引自郭黛姮. 中国古代建筑史（第三卷）. 北京：中国建筑工业出版社，2003.

正是殿屋内里空间受光的需要，推动着外檐装修向增大通透性发展。具备通透性的格子门在改善内里空间采光、通风的同时，也改变了殿屋的外檐形象。从唐以前的质朴、简约，转变为唐以后的华美、精细。

到明清时期，外檐门窗已进一步程式化。官式殿座前檐形成隔扇门与槛窗的组合，北方宅屋前檐形成夹门窗与支摘窗的组合（图5-2-12）；江南一带厅堂、宅屋前檐形成长窗与半窗、长窗与和合窗的组合（图5-2-13）。这些门窗隔扇，大多都增设横披窗（南方称横风窗），极力争取尽可能多的通透度。不难看出，隔扇门和长窗装上通透的格心，实际上意味着门扇具备窗扇的功能，呈现的是门窗一体化的趋势。难怪北方把隔扇门和隔扇窗不加区分，都统称为隔扇；南方把隔扇门干脆称为"长窗"；还出现了一种不带裙板、全用格心的"落地明罩"隔扇（图5-2-14）。苏州厅堂还有一种"地坪窗"的做法，就是把半窗下部的半墙改用通透的木栏杆（图5-2-15）。所有这些，都显现出对于前檐立面通透度的极力追求。

格心是门窗隔扇的通透部位，也是最富变化的部位。如果说，在外檐立面上，墙体是"隔"，门窗是"透"，它们构成第一层次的"隔与透"；那么在隔扇上，裙板、绦环板是"隔"，格心是"透"，它们构成第二层次的"隔与透"；而在格心上，还存在着棂条的"隔"和棂间空当的"透"，它们是第三层次的"隔与透"。不仅如此，在棂条与棂条之间的空当，还有窗纸之类的东西，这窗纸自身也是一种"亦隔亦透"。它要隔寒风、挡鸟虫，却要尽可能地多透光线，这可以视为第四层次的"隔与透"。在古代，这个第四层次的隔与透是个大难题，很难寻觅到理想的"亦隔亦透"材料。

用纸糊窗大体上从唐代开始。传为晚唐冯贽所著的《云仙杂记》里，提到"杨炎在中书后阁，糊窗用桃花纸，涂以冰油，取其明

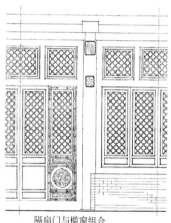

隔扇门与槛窗组合　　夹门窗与支摘窗组合

图 5-2-12 北方殿屋外檐立面
描自梁思成. 清式营造则例. 北京：中国建筑工业出版社，1981.

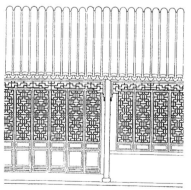

长窗与短窗组合

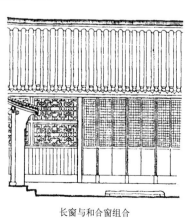

长窗与和合窗组合

图 5-2-13 南方宅屋外檐立面
描自南京工学院建筑系. 江南园林图录·庭院. 1979.

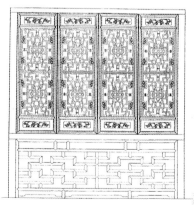

图 5-2-14 二抹隔扇——落地明造
引自马炳坚. 中国古建筑木作营造技术. 北京：科学出版社，2003.

图 5-2-15 由木栏杆与半窗组合的"地坪窗"
引自苏州民族建筑学会. 苏州古典园林营造图录. 北京：中国建筑工业出版社，2003.

甚"。①如这段记述可靠，则唐人不仅用纸糊窗，还已将窗纸涂油，既增加透明度，也增加防水性。

用纸糊窗延续了很长时间，考究的则用绢糊窗。纸和绢都需要密集、均匀的支点，这使得门窗的格心长期延续着"密棂"现象。一直到清代，官式定型做法还保持着"一空三棂"，即棂间空当相当于三根棂宽，约6～7厘米。这样，格心网格自然形成细木组合的密棂，菱花、方格、冰裂、码三箭、龟背锦、步步锦等等都是糊纸贴绢制约下的密棂图式。古人也曾探索窗纸的代用品，一是采用云母片；二是采用"明瓦"。《园冶》和《长物志》都提到窗用"明瓦"的事。所谓"明瓦"，是以蛎壳磨薄成半透明体，嵌于窗格上。估计先用于屋面，故有"明瓦"之称。我们从《营造法原》的"长窗"图版中，还可以看到棂条空当注有"原装明瓦或糊纸"的字样（图5-2-16）。不论是云母片还是"明瓦"，自身尺度很小，仍然无助于突破"密棂"。《长物志》中倒是提到一种加大纸窗棂距的做法：

  冬月欲承日，制大眼风窗；眼径尺许，中以线经其上，庶纸不为风雪所破，其制亦雅，然仅可用之小斋丈室。②

这是通过在窗格中拉线的办法来放大棂格，是一种很有创意的探试，估计实效并不很好，没有得到推广。门窗隔扇密棂的问题，一直到清中叶，运用进口玻璃之后，才真正得以突破。

对于门窗格心图式，李渔、计成都分外关注。李渔着重强调窗栏"制体宜坚"，他说：

  窗棂以明透为先，栏杆以玲珑为主，然此皆属第二义；其首重者，止在一字之坚，坚而后论工拙……

  木之为器，凡合笋使就者，皆顺其性以为之者也；雕刻使成者，皆戕其体而为之者也；一涉雕镂，则腐朽

可立待矣。故窗棂栏杆之制，务使头头有笋，眼眼着撒。③

我们可以看到，窗棂构成中得以盛行的直棂式、方格式、柳条式、变井字等等，都是符合"头头有笋，眼眼着撒"的。这些图式都没有悬空的交结点，棂条联结是相当坚实的。特别是步步锦在这一点上堪称一绝。它只用横棂、竖棂直角相交，以极简练的手法，横竖交替，组合出既规则又有变化、既匀称又不单调的构图。长空当内还适当填入"卧蚕"、"工字"等垫木，既加强了长棂的稳定，又增添了装饰性、趣味性。整个格心，既不粗略，也不繁杂，雅致大方，恰到好处，达到了构图和构造的高度融洽、和谐。正因此，步步锦成了最通行、最常用的窗栏格心形式（图5-2-17、5-2-18）。

计成则列出窗栏的诸多图式，特别对他称为"疏而且减"的柳条式，列出种种变体，反复强调"兹式从雅"。对冰裂式图样，他特地提示说："冰裂，惟风窗之最宜者，其文致减雅，信画如意，可以上疏下密之妙"。④ 的确，冰裂

①转引自中国科学院自然科学史研究所主编. 中国古代建筑技术史[M]. 北京：科学出版社，1985：320.

②[明]文震亨. 长物志卷一：室庐.

③[明]李渔. 闲情偶寄·居室部·窗栏第二.

④[明]计成. 园冶卷一：装折.

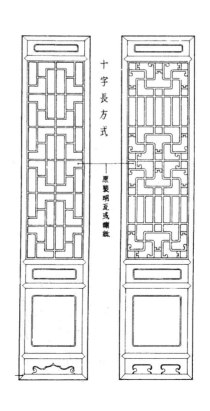

图5-2-16 用明瓦的长窗
引自姚承祖. 营造法原. 北京：中国建筑工业出版社，1986.

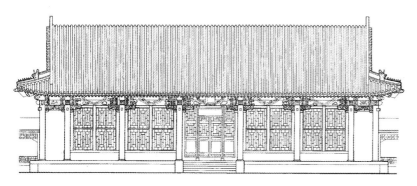

图 5-2-17 颐和园贵寿无极立面,外檐门窗全部用"步步锦"格心
引自清华大学建筑学院. 颐和园. 北京:中国建筑工业出版社,2000.

图 5-2-18 颐和园长廊,坐凳栏杆和楣子都用"步步锦"格心
引自清华大学建筑学院. 颐和园. 北京:中国建筑工业出版社,2000.

图 5-2-19 (左)《园冶》所列的"冰裂式"窗图样
引自[明]计成. 园冶卷一

图 5-2-20 (右)时下常见的"冰裂纹"格心

① 参见赵琳. 魏晋南北朝室内环境艺术研究[M]. 南京:东南大学出版社,2005:71.

纹是一种很简洁、雅致的图案,它在极自由的组合中,做到了"头头有笋,眼眼着撒"。它的自由式连续构成,还有一个很大的特点,就是可以随遇而安,不要求规整的边界,能灵活适应各种不规则的边框。冰裂纹看上去很自由随意,实际上也是有规律的。计成指出它妙在"上疏下密",真是一语中的。我们如果拿《园冶》的冰裂纹图式(图 5-2-19)与现在习见的冰裂纹窗格(图 5-2-20)作比较,可以看出,前者是自由的、"上疏下密"的;后者是做作的、上下匀称的;前者显得自然有机、洒脱,后者显得生硬、拘谨、板滞。如果说前者极具匠心,那么后者则颇带匠气,两者的神韵、品位是大相径庭的。我们从这小小的格心图式,也可以看到外檐隔透设计的良苦用心。

(二)内里空间:亦分亦合

建筑界面的"有"与"无",在木构架建筑的内檐装修也有生动的反映,它集中表现在室内隔断上。正是由于内檐隔断的亦实亦虚、亦隔亦透,形成了木构架建筑内里空间的亦分亦合特色。

中国古代的室内装修,经历了从唐以前的帷帐装修到唐宋以后的小木装修的演化。以梁柱承重的木构架殿庭,柱梁框架和外檐围合只是生成基本的内里空间,这个内里空间还需要针对具体功能进行二次再造。汉唐时期,基于木工具的局限,小木装修未能提到日程上来,这个二次再造只好从织物上打主意,把先秦时期已盛行的室外帷帐转移到内里空间,形成了帷帐幕幔充溢室内的"木衣绨锦"景象。

据赵琳研究,室内帷帐大体上可以分为两大类:一是帷幔类,二是帐幄类。① 帷幔的特点是悬挂式张设,有的悬于外檐檐部(图 5-2-21),有的挂于室内梁枋之下(图 5-2-22)。前者起着分隔室内外空间的作用,帷幔卷起则内外空间联通,帷幔落下则内外空间阻隔,这种隔与透的控制,对于早期"自半以前虚之"的"堂"是十分必要的。后者起着分划、组织室内空间的作用,多数是张挂在梁下,主要沿进深方向划分空间。这种帷幔可以是厚实的,对室内空间形成明显的界定;也可以是轻薄的,有良好的透光性,可以隐约地透过视线,形成空间的半隔半透。帐幄的特点是需要帐构支撑，多数是与床榻相结合。如果说帷幔是面对室内整体空间的分隔、组织，那么，帐幄则是针对室内局部空间的围合、限定，它主要分为坐帐和寝帐两类。坐帐张设于坐床、坐榻，用于待客、宴饮、办理公务等场合，它与坐榻一起在室内明确地限定出局部的重点空间，以帐幄鲜艳的色彩、华丽的装饰和贴近的围合，在室内环境中强化引人注目的核心空间（图5-2-23）。寝帐则张设于眠床（图5-2-24），主要功能是遮挡风寒、防避蚊蝇，如同现代的蚊帐，有很强的实用性和持久的生命力。

不难看出，帷幔帐幄在室内空间的运用，是很有特色的。它在满足挡风遮阳、防虫避蚊的同时，有效地组织了内里空间，完成了室内空间的二次界定，变单一空间为多层次的子空间，起到了划分空间领域、完善空间性能、调节空间尺度、丰富空间层次、突出空间重点等作用。帷帐织物自身的多样色彩、纹饰、质地，加上可供附加的垂穗璎珞、香囊彩带、金玉珠翠等等，使得室内空间既可以保持高雅、清纯的品位，也可以显现绚丽、华美的格调。帷帐织物还具有材质上与人亲和的特性和使用上便于张设、便于变换的灵活性。

与帷幔相配合，汉唐时期室内还盛用屏风。屏风的原始作用，顾名思义是用于挡风，随后派生出防护安全、阻隔视线等效能。屏风有一字形的座屏，有曲尺形、Π字形的围屏；有独立屏蔽的，有围隔于茵席、床榻的。可以作为入口门屏、床榻围屏，也可以立于正座之后，成为"后版屏风"。在室内空间组织中，它发挥着分隔空间、界定领域、标识场所、突显尊位、转换尺度、组织家具等作用。屏风可以做得很精致，可髹漆、可雕刻、可绘画、可镶嵌，常常成为室内的装饰重点，也因此颇受文人墨客青睐，许多名家都有作品留在屏风上，如王维的山水屏风，周昉、李凑的仕女屏风、韩干的画马屏风、程修已的画竹屏风等等，书法家虞世南也把唐太宗的《列女传》写在屏风上。相传白居易与元稹友谊笃深，他曾把元稹给他的赠诗一百多首抄录在屏风上，留下了"我题君句满屏风"的佳话，屏风在这里更成了富有情感内涵和文化内涵的载体。

早期与席地坐的低足家具相适应，屏风的高度都很低。长沙马王堆汉墓出土的西汉屏风（图5-2-25）和武威旱滩汉墓出土的东汉屏风，高度分别为62厘米和61.5厘米。座屏这么矮，围屏也不高（图5-2-26、5-2-27）。正是这种带着低矮围屏的坐榻、坐床，在帷帐的笼罩、屏围下，组构了当时以床榻为中心的室内格局（图5-2-28）。

随着席地坐向垂足坐的发展，高足家具逐渐盛行，人们起居方式的改变引发了屏风高度的变化，我们从五代顾闳中《韩熙载夜宴图》

图 5-2-21　北魏宁懋石室《馆陶公主与董偃近幸》图显示的外檐帷幔
转引自赵琳. 魏晋南北朝室内环境艺术研究. 南京：东南大学出版社，2005.

图 5-2-22　龙门石窟火烧洞北魏佛龛显示的室内帷幔
引自赵琳. 魏晋南北朝室内环境艺术研究. 南京：东南大学出版社，2005.

图 5-2-23　朝鲜高句丽东晋冬寿墓壁画显示的坐帐
引自赵琳. 魏晋南北朝室内环境艺术研究. 南京：东南大学出版社，2005.

图 5-2-24　龙门石窟古阳洞北魏雕刻显示的寝帐
引自赵琳. 魏晋南北朝室内环境艺术研究. 南京：东南大学出版社，2005.

图5-2-25 长沙马王堆汉墓出土的西汉屏风
引自胡德生.中国古代家具.上海:上海文化出版社,1992.

图5-2-26 辽宁三道壕东汉墓壁画显示的L形围屏
引自赵琳.魏晋南北朝室内环境艺术研究.南京:东南大学出版社,2005.

图5-2-27 大同北魏漆画,独坐榻上显示出带绘画的Π形围屏
引自于伸.木样年华.天津:百花文艺出版社,2006.

图5-2-28 辽阳棒台子汉墓壁画,画面显示室内张挂着帷帐,摆放着带屏风的榻
引自刘敦桢.中国古代建筑史.北京:中国建筑工业出版社,1984.

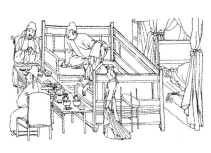

图5-2-29 《韩熙载夜宴图》中的坐榻围屏、睡床围屏和座屏
引自阮长江.中国历代家具图录大全.南京:江苏美术出版社,1992.

的五段画面中,可以看到两组坐榻围屏、两组睡床围屏和三座座屏(图5-2-29)。这些围屏仍保持着原先的高度,而座屏的高度则已大大提升。这些屏风都很考究,坐榻围屏的里外侧,和睡床围屏的里侧,都有精美的绘饰;三座座屏中,也有两座作了满屏绘饰。值得注意的是,除睡床带有寝帐外,画面上未见其他帷幔。这反映出帷幔在五代时期已渐次消退,而屏风却历久不衰,特别是座屏尺度更趋高大,显现持久的生命力。

在宋《营造法式》中,我们看到了"截间"这个字眼。《法式》小木作制度列出了"截间版帐"、"殿内截间格子"、"堂阁内截间格子"和"截间屏风骨"等名目。"截间"就是"室内隔断"的意思。"截间版帐"说的是室内木板隔断墙,是只"隔"不"透"的。"殿内截间格子"、"堂阁内截间格子"都是带通透"格眼"的隔断,是"隔"中有"透"的,它们都是固定的,不能开启;另有一种称为"截间带门格子",用的是带格心的开启扇,可以穿行,是有"隔"有"透",可开可闭的(图5-2-30)。而"截间屏风骨"实质上是屏风式的"截间"框架,它有两种:一种是"照壁屏风",由大方格眼组成固定的、不能开启的屏风骨架;另一种是"四扇屏风",大方格眼分成四扇,组成可开启的屏风骨架。这两种"屏风骨",都要裱糊纸或绢、帛之类的纺织品,能开启的四扇屏风很像后来的"屏门"。

从《营造法式》的这些名目,不难看出北宋时期室内已经转入小木装修,已形成几种"截间"做法和"照壁"做法:有像墙壁似的全封闭隔断;有像窗户似的带格心的可通视隔断;有像门似的带开启扇的、可通视也可通行的隔断。内檐隔扇已具雏形,但隔断品类还很少,内檐隔扇还拘泥于外檐隔扇的尺度和组合特点,显现出室内木装修的初始状态。

李允鉌在《华夏意匠》中说：

> 我们不难看出所有的中国建筑中的室内分隔方式都是沿着"帷帐"及"屏风"的观念，或者说是其遗意而发展的。[①]

《营造法式》小木作制度的确反映出这一点。"截间版帐"这个名称，就透露出它与"帐"的密切关联。《法式》小木作制度还列有佛道帐（图5-2-31 ①）、牙脚帐、九脊小帐（图5-2-31 ②）、壁帐等条目，表明其前身和"帐"都是有关联的。在"佛道帐"条目中，谈到"帐身"构成时，特别提到："四面外柱并安欢门、帐带"。这种"欢门"在《法式》卷三十二"天宫楼阁佛道帐"、"小华蕉叶佛道帐"、"九脊牙脚小帐"和"转轮经藏"、"天宫壁藏"诸图中，都极显著地呈现于"外柱"间。这里的欢门形象完全是昔日檐部"帷幔"的翻版，可以说是"帷幔"的木质化、构件化。小木作制度的"照壁屏风骨"和"殿阁照壁版"条目，更是直截了当地点出"照壁"与"屏风"的关联，可以说"照壁"就是屏风的固定化、构件化，从原先的可移动的家具陈设，转化为固结于大木构架的木装修。不过这种构件化、装修化的"照壁屏风"并没有完全取代独立式的屏风，作为家具品类之一的屏风，在室内空间组织中一直沿用着。

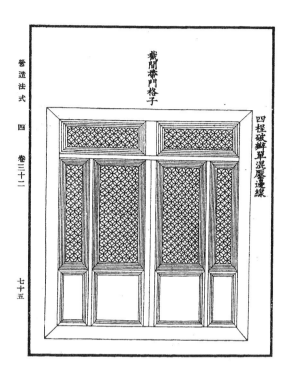

图5-2-30 《营造法式》插图：截间带门格子
引自《营造法式》卷三十二

明代海上交通发展，东南亚一带出产的名贵木材红木、紫檀、花梨等输入中国；在木作工具上，线刨、槽刨等也已广泛使用，它们在推进明式家具发展的同时，也为明代内檐装修准备了高档用材和技术前提。小木装修在明代已经成熟，装修工艺更已达到"掩宜合线，嵌不窥丝"（闭合要严丝合缝，拼镶要不漏丝毫）[②]的高精细度。在江南地区的大宅、名园中奠定了齐全的内檐隔断品类和精湛的细木技艺，通

[①] 李允鉌. 华夏意匠[M]. 北京：中国建筑工业出版社，1985：297.

[②] [明]计成. 园冶卷一：装折.

图5-2-31 《营造法式》插图：佛道帐和牙脚小帐
引自《营造法式》卷三十二

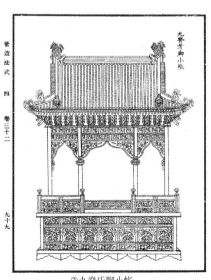

② 九脊牙脚小帐

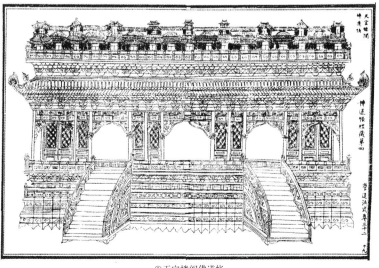

① 天宫楼阁佛道帐

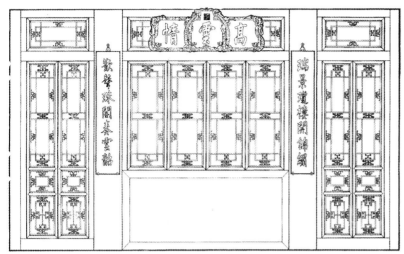

图 5-2-32　北京故宫漱芳斋，由"槛窗隔断"与"落地明"隔扇组合富有通透感的室内隔断
引自故宫博物院古建管理部. 紫禁城宫殿建筑装饰·内檐装修图典. 北京：紫禁城出版社，1995.

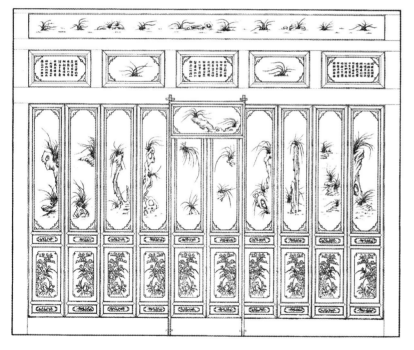

图 5-2-33　北京故宫储秀宫碧纱橱
引自故宫博物院古建管理部. 紫禁城宫殿建筑装饰·内檐装修图典. 北京：紫禁城出版社，1995.

鼎盛格局。

我们从鼎盛期的内檐装修，可以看到，内檐隔断大体上分四类：

一是板壁、屏门。板壁多用于间与间的分隔，屏门主要用在明间后金柱和中柱部位，它们都是封闭式的隔断。还有一种"槛窗隔断"，也属于封闭式隔断，它带着一列窗扇，比屏门的封闭隔断添加了通透性。北京故宫漱芳斋有一道槛窗隔断与两侧的"落地明"灯笼框夹纱隔扇相组合，取得很强的整体通透感（图 5-2-32）。

二是碧纱橱。南方称为"纱橱"，是由隔扇（南方称"长窗"）组成的。根据空间的大小，安装四扇、六扇以至十扇、十二扇不等。通常中间两扇可开启、穿行，其他固定扇必要时也可通开或摘卸。碧纱橱看上去如同外檐隔扇，实际上用料、做工精细得多，有的采用内外两层隔心，内夹夹纱字画或绣片，颇富艺术情趣和文化内涵（图 5-2-33）。它既可开启穿行，又能充分截隔，适合于隔出高私密的空间。苏州还有一种不设开启扇而留出很大空档的挂落纱橱，常用于亦分亦合的厅堂空间（图 5-2-34）。

三是各种类别的花罩。有几腿罩、落地罩、栏杆罩、落地花罩、圆光花罩、八角花罩、炕罩等（图 5-2-35）。它们的共同特点是亦隔亦透，既分隔空间，又使空间相互渗透。还有一种常见于南方厅堂的太师壁，它是中部屏隔，两边设门，设于明间后金柱位置，便于组织厅堂正中几案、供桌和太师椅的对称排列。

四是隔架。常见的有博古架（多宝格）和书格（图 5-2-36）。它们都是家具与隔断的结合体。博古架通常分为上下两段，上段为透空格架，下段为贮物柜橱。格架做成参差错落、大小不一的格子，格内摆放古玩或书籍，风雅阔绰，琳琅满目。博古架也可在中部或一侧开门，是一种独特的、家具壁式的亦隔亦透。

隔断的这四大品类充分满足了殿屋厅堂室

过明清两代南匠北调，南北装修工艺频繁交流，虽然在雍正年间颁布的《工程做法》中还没看到内檐隔扇和罩类等做法，实际上它已归在"楠木作"中，被列入"内工"，是极受关注的。样式雷家族曾先后承办楠木作装修工程，清代宫苑中，有的硬木罩类干脆就是从南方制样开雕的，这些构成了康乾时期南北合流的内檐装修内空间分隔的需要，成为调度室内空间不同功能划分和不同审美格调的重要手段。值得注意的是，这些多姿多彩的隔断实质上意味着不同程度的隔透度（图5-2-37）。如果说板壁是全封闭的隔断，碧纱橱是可开启、可穿行的封闭隔断，那么，书格、博古架、圆光罩、太师壁、落地罩、栏杆罩、落地花罩、几腿罩则都属于亦隔亦透的"模糊隔断"，它们在"隔"的隶属度上是依次递减的，也就是在"透"的隶属度上是依次递增的。这种细腻的、不同隔透度的序列，适应了室内空间不同程度的亦分亦合的需要。

不要小看了这些"亦隔亦透"的隔断及其所生成的"亦分亦合"的室内空间，它们是程式化殿屋厅堂通用空间的重要补充。正是由于内檐装修的"二次再造"，才从"通用"走向"专用"，才落实细致的功能划分，才完善室内的空间性能，才凸显特定的个性品格，才完成建筑的整体品质。苏州园林、大宅的厅堂如此，北京宫廷（图5-2-38）、府第的殿屋也是如此。

当然，并非所有殿座都要"亦隔亦透"，也有像北京故宫太和殿那样的大一统空间。内里空间的"隔"与"不隔"自有不同效果。我们先看看太和殿的"不隔"。这座面阔十一间、进深五间的超大规模殿座，室内只在两山隔出封闭的廊间，明间设置一组宝座组合。内檐装修除天花藻井外，没作任何罩类竖向隔断（图5-2-39①、5-2-39②）。这是因为太和殿是

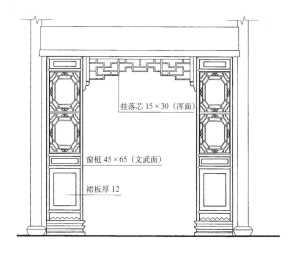

图5-2-34 苏州挂落纱橱
引自苏州民族建筑学会. 苏州古典园林营造录. 北京：中国建筑工业出版社，2003.

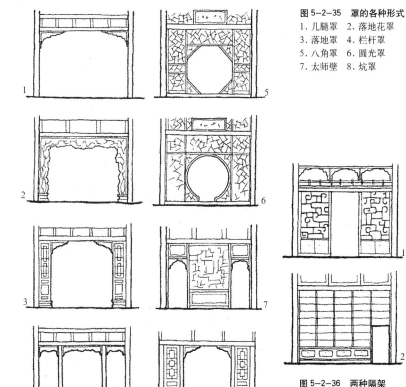

图5-2-35 罩的各种形式
1. 几腿罩　2. 落地花罩
3. 落地罩　4. 栏杆罩
5. 八角罩　6. 圆光罩
7. 太师壁　8. 炕罩

图5-2-36 两种隔架
1. 多宝格（博古架）
2. 书格

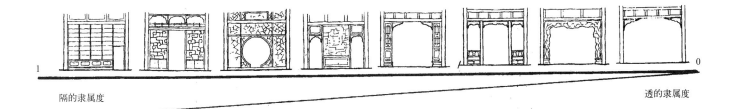

图5-2-37 室内分隔的不同隔透度

中国建筑之道

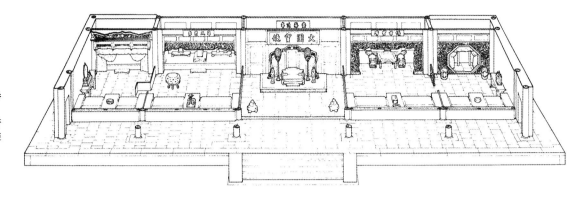

图 5-2-38 北京故宫储秀宫内檐透视
引自故宫博物院古建管理部. 紫禁城宫殿建筑装饰·内檐装修图典. 北京: 紫禁城出版社, 1995.

图 5-2-39 北京故宫太和殿
①引自刘敦桢. 中国古代建筑史. 北京: 中国建筑工业出版社, 1982.
②引自于倬云. 紫禁城宫殿. 商务印书馆香港分馆, 1982.
③引自张家骥. 中国造园史. 哈尔滨: 黑龙江人民出版社, 1986.

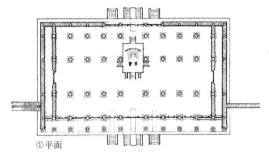
①平面

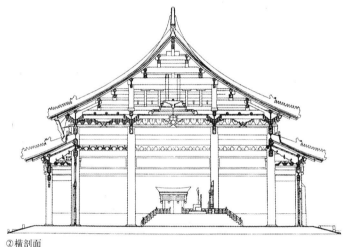
②横剖面

③核心空间透视

纯礼仪空间，举行典仪时，殿内实际上只有皇帝一人端坐于宝座，所有参与仪典的王公品官都在殿前丹陛之上和院庭之中序立，殿内只有少数执事官走动。这里完全不要求功能性的空间分隔，需要的就是"大一统"的空间凸显极度的壮阔，以烘托皇帝至高无上的独尊。这里的室内调度自然围绕在核心部位的宝座做文章，创作的要点就是在浩大的殿内空间中，如何避免把孤零零的皇帝反衬得更小，而要陪衬得分外尊崇。我们看到大匠在这里采取了层层放大的手法（图5-2-39③）。雕龙髹金的宝座采用超乎寻常坐椅的大尺度，这是第一层次的放大；宝座后方设置七扇面的大尺度雕龙髹金屏风，与同样是雕龙髹金的宝座匹配得浑然一体，可视为第二层次的放大；宝座、屏风下方凸起一片方整的地平，地平上矗立着一对对宝象、甪端、仙鹤、香筒，它们构成了第三层次的放大；地平下方是高高抬起的、与明间等宽的须弥座式台座，座前出三陛，左、右、后方各出一陛，更加扩大了台座的尺度感。四座香几立于座前陛间，几上置香炉。这组台座把宝座、屏风、地平和所有陈设联结成完整的组合体，形成第四层次的放大；在整体台座的后方，明间后金柱部位，正中额枋上立有"建极绥猷"匾额，两边柱上挂有"帝命式于九围，兹惟艰哉，奈何弗敬；天心佑夫一德，永言保之，遹求厥宁"楹联。这组匾联连同这里的柱枋组成了宝座、

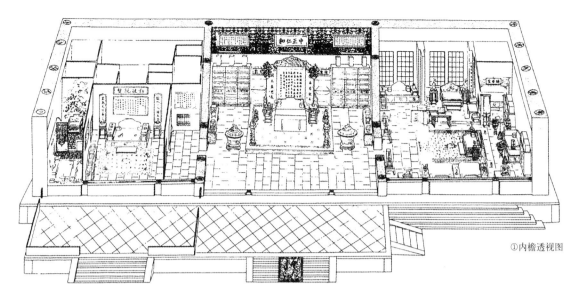

①内檐透视图

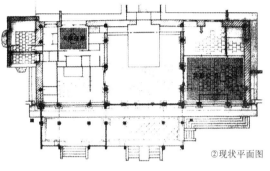

②现状平面图

图 5-2-40　北京故宫养心殿
① 引自于倬云. 紫禁城宫殿. 北京：三联书店，2006.
② 刘畅. 清帝处理政务的殿宇及其内檐装修格局. 故宫博物院院刊，2002（5）

屏风的背景，可以说是第五层次的放大；而宝座前方上空，井口天花正中穹然高起套方八角浑金蟠龙藻井，再加上台座两侧六根金柱也特地加饰沥粉贴金的浑金蟠龙，进一步构成第六层次的放大。太和殿的明间正是通过这一层层的中介过渡而成为隆重化的核心空间，在浩大的殿内整体空间烘托下，取得"大一统"空间的磅礴气势。这是"不隔"空间的大手笔杰作。

当然，这种完全服务于礼仪的"大一统"空间毕竟是个别的，绝大多数的殿屋都需要进行内里功能划分。只要是内里功能需要划分，就会看到内檐隔断登场，功能划分越复杂，内檐隔断的登场就越热闹。北京故宫养心殿就呈现出这样的景象。

养心殿是清帝理政、寝兴的场所，主体建筑为工字殿，前殿用于朝仪、理政，后殿用作日常寝居。这个前殿的空间组织很有特色（图5-2-40）。它分为明间、东暖阁、西暖阁三个大间，三大间的前檐每间各加两根方柱，分成中大边小的三小间，形成三大间、九小间的格局。殿前明间和西暖阁伸出两大间抱厦。明间部分是礼仪性空间。室内陈设着宝座、御案、屏风、地平、羽扇、甪端、香筒、香炉，屏风背后设屏，额枋正中悬挂"中正仁和"匾额，宝座上空，在井口天花中心覆罩着八角浑金蟠龙藻井。这里俨然是太和殿礼仪空间的微缩，太和殿的整套宝座组合要素在这里一应俱全，只是减去台座，空间收缩，尺度近人，北壁添设了藏放十三经、二十三史等书籍的紫檀书格，营造了礼仪空间的宜人氛围。东暖阁是理政、休憩和斋居的处所。分为前室、后室。前室设有东大宝座床、明窗宝座床，同治、光绪年间，两宫太后垂帘听政就设在这里。后室辟有"随安室"和供斋居的"斋室"。西暖阁是处理日常政务的主要场所，也分前部、后部。前部中室为批章阅本、召对垂询、宣谕筹谋的"勤政亲贤殿"，西室为读书小室"三希堂"。后部隔出无倦斋、长春书屋，并在西山墙外扩出一小间"梅坞"佛堂。

不难看出，这个养心殿前殿，实质上是集朝仪空间、理政空间、休憩空间、读书空间、礼佛空间、斋居空间于一体的多功能殿宇。这里的多功能自然要求空间的细划分，因而集中地调度了种种竖向隔断。这里有板壁、屏门，有栏杆罩、圆光罩、几腿罩、炕罩，在东西暖阁后室还采用了"仙楼"，正是这些多样的竖向隔断的参与，完成了养心殿空间的细致划分，达到殿内环境的精美化和殿座性格的浓郁化。

模式。据刘畅研究，清帝勤政建筑可以分为两类：第一类是第一等级的勤政殿宇，如紫禁城的养心殿、养性殿，圆明园的保合太和殿；第二类是第二等级的勤政殿宇，如圆明园、清漪园和避暑山庄的勤政殿。①他在文中附有养心殿现况平面图（图5-2-40②）、保合太和殿内檐装修平面图（图5-2-41）、养性殿现状平面图（图5-2-42）。图上显示，这三殿的确如出一辙，是同一形制。养心殿是其母本，它们都是大三间九小间的基本格局，明间均为礼仪空间，东西暖阁都是分为前部、后部，后部都带有仙楼。甚至养性殿也在西山墙外接出一间"香雪堂"，与养心殿的"梅坞"一模一样。这是一种规制延伸的程式化，成功的新格式很快就奉为规制的定式，成了一种新模式。

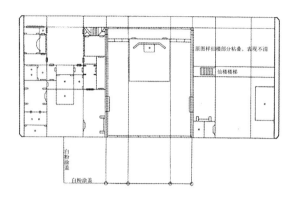

图5-2-41 圆明园保合太和殿内檐装修平面图
引自刘畅. 清帝处理政务的殿宇及其内檐装修格局. 故宫博物院院刊, 2002 (5)

考察内檐装修对于内里空间性质和殿屋功能转换的作用，颐和园的仁寿殿和排云殿是很值得注意的。郭黛姮在"内檐装修与宫廷建筑室内空间"一文中，附有"颐和园仁寿殿室内装修"和"颐和园排云殿室内装修"两图。②这两幅图上都一一标出室内所用的隔断类别、名称，使我们可以一目了然地了解这两座殿宇的内里分隔情况。

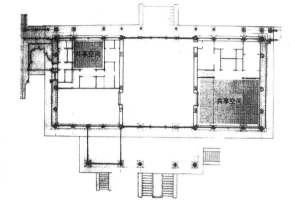

图5-2-42 北京故宫养性殿现状平面图
引自刘畅. 清帝处理政务的殿宇及其内檐装修格局. 故宫博物院院刊, 2002 (5)

颐和园仁寿殿的前身是清漪园的勤政殿，它面阔七间，进深三间，带周围廊（图5-2-43）。这样一座大木构架的殿座，提供的是程式化的通用空间，它既可能用作礼仪空间、理政空间，也可能用作休憩空间、寝居空间。仅凭它的构架、开间、进深以至外檐装修，并不能确定它的实际功能性质，需要通过内檐装修和相对应的家具、陈设才能最后落定。我们从图上看到的是，这里的七开间内里空间，采用的是明五间的"大一统"，只在明间后内柱设一道板壁。板壁前方设地平床，地平床上设宝座、御案、围屏、鼎炉、宫扇、鹤灯等整套组合，并偷去两根前内柱，由此组构了颇为疏朗的朝仪空间。它也很

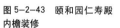

图5-2-43 颐和园仁寿殿内檐装修
1. 宝座 2. 玻璃寿字矮围屏 3. 壁板 4. 栏杆罩 5. 床罩 6. 碧纱厨 7. 几腿罩
引自郭黛姮. 内檐装修与宫廷建筑室内空间. 中国紫禁城学会论文集. 第二辑

令人意想不到的是，在康熙年间，养心殿曾经作为宫中造办处的作坊，专门制作宫廷御用物品。从雍正居住养心殿后，这里才改造成清帝日常理政、起居的多功能建筑。同样一组建筑，居然能够一会儿当作坊，一会儿又变成皇帝的理政起居住所，这么大的功能反差，主要靠内檐装修、外檐装修的调度就能完成变换，由此可见内檐装修对于内里空间"二次再造"的重大作用。

值得注意的是，养心殿的这种空间组织形态，一旦形成就成了清帝处理政务殿宇的一种

---

① 刘畅. 清帝处理政务的殿宇及其内檐装修格局[J]. 故宫博物院院刊, 2002 (3)

② 郭黛姮. 内檐装修与宫廷建筑室内空间[M]// 中国紫禁城学会论文集第二辑. 北京：紫禁城出版社, 2002.

像是太和殿"大一统"礼仪空间的微缩，不同的是，太和殿的两端廊间是封闭的、不开启的，而仁寿殿的两端梢间，则用的是碧纱橱、栏杆罩、几腿罩来分隔，梢间内里设有坐床、炕罩、案几、宝座床，组成微型的理政、休憩空间。这里不是纯礼仪空间，而是伴有休憩、理政的成分，这里的玻璃碧纱橱和亦隔亦透的栏杆罩、几腿罩，如同它的屋顶采用卷棚歇山顶的柔化手法一样，颇添增了几分园林殿堂的韵味，塑造了很得体的宫苑朝仪勤政殿宇的品格。

排云殿位于颐和园前山中轴前部，在清漪园时期，这里是大报恩延寿寺。排云殿的前身就是大报恩延寿寺的大雄宝殿。在原址重建后，排云殿成了慈禧万寿节接受朝贺的殿宇。它的平面格局与原大雄宝殿的面阔五间、进深三间、带周围廊的大木构架基本相同，只是将殿身进深三间改为中柱落地的进深两间，两侧围廊仍为三间。屋顶用重檐歇山顶，可能也是原大雄宝殿屋顶形式。周维权曾指出：

> 慈禧当初原拟利用排云殿兼作她的寝宫，但建成之后又怕以佛殿旧址为住所会遭到"大不敬"的非议，于是又改变主意以乐寿堂为宫寝。因此而把排云殿搞成这样一个不伦不类的大杂烩。①

我们可以看看这座既是朝贺之所，又想当寝居之用的殿堂，当年的样式雷作了怎样的内檐隔断。从排云殿室内装修图（图5-2-44）可以看出，这里的内檐隔断把两进深的殿身分划为三进深进行布置，各条面阔柱缝和进深柱缝全部都作了装修，据郭黛姮统计，总计达到25槽之多。②这里分隔出明间正中的朝贺空间，地平床上设宝座、围屏、鼎炉、宫扇等。两侧次间中部隔为寝宫，其余各间构成周圈亦隔亦透的流通空间。这里用了板壁、碧纱橱、多宝格、栏杆罩、几腿罩、落地罩、落地床罩，每种罩又有不同装饰，如几腿罩就有满堂富贵几腿罩、

灵仙祝寿几腿罩、寿山福海几腿罩、嵌玉寿字几腿罩等等。应该说，重建的排云殿外观几乎是它的前身——大雄宝殿的翻版（图5-2-45），却由于内檐装修的调度，就能转换成朝宫、寝宫的混合体，我们在这里再次感受到，内檐装修对于落定殿座功能性质和内里空间性格的重大作用，也再次领略到，内檐隔断的亦隔亦透及其所生成的内里空间的亦分亦合，能够把单一的、静态的殿座室内，组构得何等程度的流动、丰富。

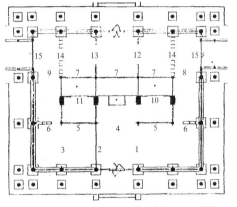

1. 灵仙祝寿灯笼框几腿罩　2. 四合如意玻璃圈口碧纱橱
3. 满堂富贵几腿罩　4. 透雕二龙捧寿中嵌玉制寿字几腿罩
5. 冰纹梅玻璃方窗带门口隔断　6. 万福祝寿两面亮多宝格
7. 玻璃碧纱橱　8. 寿山福海灯笼框横楣几腿罩
9. 四合如意圈口落地罩　10. 万福万寿圈口隔扇落地床罩
11. 福寿同仙圈扇落地罩　12. 万寿同仙栏杆罩
13. 富贵长春栏杆罩　14. 汉文式两面亮多宝格
15. 万福万寿碧纱橱

① 周维权. 颐和园的排云殿佛香阁[J]. 建筑史论文集, 第四辑.

② 郭黛姮. 内檐装修与宫廷建筑室内空间[M]// 中国紫禁城学会论文集第二辑. 北京：紫禁城出版社, 2002.

图5-2-44　颐和园排云殿内檐装修
引自郭黛姮. 内檐装修与宫廷建筑室内空间. 中国紫禁城学会论文集. 第二辑

图5-2-45　颐和园排云殿南立面
引自清华大学建筑学院. 颐和园. 北京：中国建筑工业出版社, 2000.

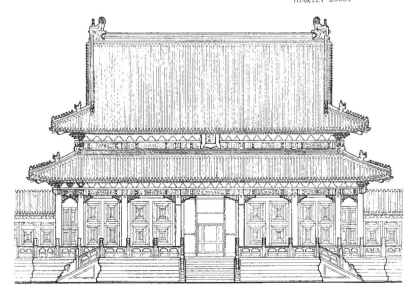

（三）庭园边沿：不尽尽之

中国画论有"不患不了，而患于了"①的说法，清人邵梅臣明确说："一望即了，画法所忌……山水家秘宝，止此'不了'两字"。②清末文论家刘熙载也说："意不可尽，以不尽尽之"。③所谓"不了"、"不尽"就是"不了结"、"不到尽头"、"不面面俱到"的意思。因为"了结"、"到头"、"周到"，反而会堵塞观赏者的审美通道，不利于引发丰富的想象。山水画布局有这问题，园林也有这问题。这就涉及庭园的边界、边沿。作为对园林空间的围合和界定，院墙、围墙、界墙都是必需的，但是它很容易造成空间的限定、阻隔、了结、到头、碰壁，让人"一望即了"，堵塞想象的空间，这样就得在"不了了之"、"不尽尽之"——即"不结束的结束"上做文章。

从园林院墙、围墙的处理方式来看，大体上采用了四方面的"不尽尽之"手法：

1. 粉墙虚化

把原本是灰砖砌筑的墙面抹灰，涂刷为白色的粉墙，这是从色彩和肌理上的化实为虚。苏州地区的住宅、园林普遍都采用这个做法。特别是厅堂天井两旁和前后的塞口墙，采用粉墙取得非常好的效果。计成在讲到"峭壁山"时说：

> 峭壁山者，靠壁理也。借以粉壁为纸，以石为绘也。④

的确，粉墙的妙处就是"粉壁为纸"，它从原本限定空间、堵塞院庭、阻滞视线的"墙"，转变为庭院景物的虚白衬底，成为景观画面的背景构成。这里不仅"以石为绘"，也以花木为绘；不仅块石、石笋嵌壁的峭壁山有这效果，散点的厅山也有这效果。一幅花木山石小品的生成，就把塞口墙从空间感觉上的"了"、"尽"，转化成了"不了"、"不尽"。

留园的"古木交柯"就是这种"不尽"处理的一个精彩个例。这个天井的南墙是邻宅的高墙，在这么狭小的天井里，遇上这么一道高墙应该说是极不利的。匠师利用这里原有的一株古树，傍墙围树筑起一座花台（图5-2-46①），并在花台上方墙上嵌入"古木交柯"四字砖匾，组成了一幅颇富诗意的画面。郭黛姮、张锦秋曾经在一篇文章中对此分析说：

> 整个天井中别无其他装饰，仅此一树、一台、一匾，形成了耐人寻味的画意。墙身虽高，但白色的墙面却作为画底消失在"古木交柯"的意境之中。⑤

的确如此，这里的天井进深很小，由于墙体很高，人站在廊中观看，一般看不见墙头，但见一片虚白（图5-2-46②）。在这里，高墙的不利反而成为有利，粉墙"化有为无"、"化实为虚"的虚化效果显得分外显著。

紧挨"古木交柯"旁边的"华步小筑"也是如此。这里的天井更为窄小，这里同样遇到邻宅的那道高墙，匠师在这里叠置湖石、散点石笋，配置花木，以爬墙虎蔓延于墙角，并在墙上嵌镶"华步小筑"四字砖匾，也组构了一幅生趣盎然的立体画。粉墙在这里同样成了看不见墙头的一片虚白（图5-2-46①、5-2-46③）。可以说在苏州园林的庭院中，这种粉墙虚化景象随处可见。拙政园的海棠春坞院，狮子林的燕誉堂前院，网师园的琴室前院和看松读画轩后院，都闪烁着一幅幅虚化画面的风采。

2. 门窗透漏

在院墙、围墙上设洞门、空窗，是取得隔中有透的重要方式。它在形态上如同老子说的"凿户牖"，是从实墙的"有"中生成空洞的"无"。这是一种结合门窗功能需要而形成的不尽尽之、不隔隔之。空窗，是视线的"不隔"，通视无阻；洞门，既是视线的"不隔"，

---

① [唐]张彦远. 历代名画记.
② [清]邵梅臣. 画耕偶录.
③ [清]刘熙载. 艺概.
④ [明]计成. 园冶卷三：峭壁山.
⑤ 郭黛姮，张锦秋. 苏州园林的建筑空间[J]. 建筑史论文集，第一辑.

也是人流流线的"不隔",既通视无阻,也通行无阻。

这种门窗透漏大体上有五种做法:第一种是洞门,分宽型洞门和窄型洞门两类。宽型主要用于空间较大、人流较多的场合,有圆形、八方、海棠、寿桃等式。窄型主要用于空间较窄小,相应地人流也不多的场合,它的形式更为多样。计成在《园冶》所附"门窗图式"中,列有方门合角式、圈门式、长八方式、执圭式、葫芦式、贝叶式、汉瓶式等17种门式,全是窄型洞门的样式(图5-2-47)。第二种是空窗,它的特征是仅有窗洞而无窗芯。空窗的形式也很多,《园冶》"门窗图式"中列出的14种窗式(图5-2-48),其中月窗式、片月式、八方式、六方式、菱花式、如意式、梅花式、鹤子式都是地道的空窗。而葵花式、海棠式、贝叶式、栀子花式、六方嵌栀子式,在空洞中带有若干枝条,也可视为"准空窗"形式。第三种是漏窗。《园冶》没有提及漏窗,在"门窗图式"中也只有"罐式"一例近似漏窗。漏窗到清代大为盛行,苏州大大小小园林中漏窗随处可见,据不完全统计,多达600多扇,单拙政园就有

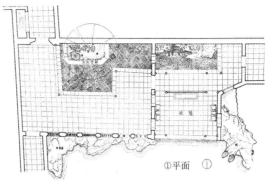

图5-2-46 苏州留园"古木交柯"和"华步小筑"
①③引自南京工学院建筑系. 江南园林图录·庭院. 1979.
②引自郭黛姮、张锦秋. 苏州留园的建筑空间. 建筑史论文集. 第一辑

①平面
②古木交柯院景南视
③华步小筑院景南视

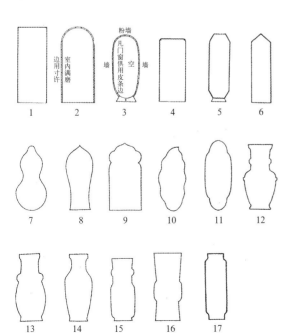

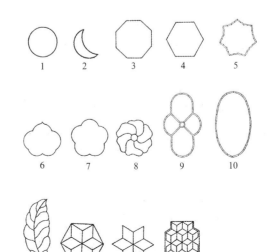

图5-2-47 (左)《园冶》收录的窄型洞门样式
1. 方门合角式 2. 圈门式
3. 上下圈式 4. 八角式
5. 长八方式 6. 执圭式
7. 葫芦式 8. 莲瓣式
9. 如意式 10. 贝叶式
11. 剑环式 12. 汉瓶式之一
13. 汉瓶式之二
14. 汉瓶式之三
15. 汉瓶式之四
16. 花觚式 17. 蓍草瓶式
引自[明]计成. 园冶. 卷三

图5-2-48 (右)《园冶》收录的洞窗样式
1. 月窗式 2. 片月式
3. 八方式 4. 六方式
5. 菱花式 6. 如意式
7. 梅花式 8. 葵花式
9. 海棠式 10. 鹤子式
11. 贝叶式 12. 六方嵌栀子式
13. 栀子花式 14. 缸式
引自[明]计成. 园冶. 卷三

① 崔晋余. 苏州香山帮建筑[M]. 北京：中国建筑工业出版社，2004：131.

② [明] 计成. 园冶卷三·墙垣.

③ [明] 李渔. 闲情偶寄·居室部·窗栏第二.

140余扇。① 而且漏窗讲究扇扇各异，互不雷同，形成极丰富的窗芯形式。漏窗窗芯图案大体上分成以直线组合的"硬景"和以曲线组合的"软景"以及两者的混合（图5-2-49）。漏窗整扇轮廓多呈规整的正方形、扁方形，主要寓变化于窗芯；少数也有异形的窗式。第四种是灯窗。这种窗设内外两层仔屉，仔屉镶玻璃或糊纱，其上可题字绘画，窗内点灯。灯窗多做成具象形式，形成什锦窗列。第五种是漏明墙。《园冶》中没有提到漏窗，却没有漏掉漏明墙。书中特地为"漏砖墙"专列条目，指出："凡有观眺处筑斯，似避外隐内之义"。并说："古之瓦砌连钱、叠锭、鱼鳞等类，一概屏之"。② 计成认为前人用的连钱、叠锭、鱼鳞图式都太俗，他为此附了16幅"漏明墙图式"，有菱花式、绦环式、竹节式、人字式等，全部用直线"硬景"图案，颇为雅致（图5-2-50）。应该说漏明墙是整体墙面的通透化，在"透"的隶属度上，比洞门、空窗更进一步。

值得注意的是，洞门、空窗、漏窗、灯窗、漏明墙，都有一个共同的特点，就是从"有"中生"无"，都是从墙的实体中生成虚空，它们都是"负体量"，都是"图底反转"。这种图底反转有一个很大的好处，就是可以通过负体量的轮廓，取得透空的剪影。我们都知道，建筑语言是难以进行具象造型的，而墙体上挖空的门洞、窗洞却可以方便地做出各种具象的透空剪影，这就提供了以建筑语言生成具象形式的独特途径。中国匠师充分地利用了这一点，在洞门、空窗、灯窗的透空剪影上，做出了各式各样、极富变化的具象图式。我们从《中国古建筑木作营造技术》书中所列的扇面、月洞、套方、十字、五角、八角、玉壶、玉盏、银锭、汉瓶、梅花、海棠、贝叶、石榴、寿桃等等灯窗图式，不难感受到这种透空剪影自由造型的潜能。

不要小看了这些隔中有透的门洞、窗洞，它不仅以多样的图式、丰富的图案，装饰平淡的墙面，不仅以虚空的对比、光影的变幻添增庭院的情趣，它还有更为重要的效用，用《园冶》的话说，就是"处处邻虚，方方侧景"。透过亦隔亦透的墙体，取得的是空间的相互渗透；透过空间的相互渗透，看到的是若隐若现的隔院风光。一个个门洞、窗洞，在这里都成了一幅幅摄取环境景物的画框。李渔曾经揭示空窗的这种框景作用：

> 同一物也、同一事也，此窗未设以前，仅作事物观；一有此窗，则不烦指点，人人俱作画图观矣。③

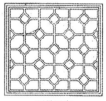

硬景图案

软景图案

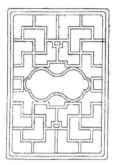

硬景、软景混合图案

图5-2-49 漏窗窗芯图案的三种组合形式
描自苏州民族建筑学会. 苏州古典园林营造录. 北京：中国建筑工业出版社，2003.

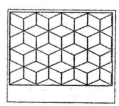

菱花式

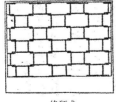

绦环式

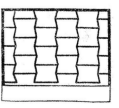

竹节式

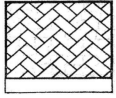

人字式

图5-2-50 《园冶》收录的漏明墙样式（节选4式）
引自[明]计成. 园冶. 卷三

图 5-2-51 颐和园"水木自亲"什锦灯窗
引自清华大学建筑学院. 颐和园. 北京：中国建筑工业出版社，2000.

门洞、窗洞在这里起到的是园林景观的剪辑作用，它既隔景，又框景；既对景，又借景；成了园林、宅院组织空间、调度景观、融合环境的重要方式。

有趣的是，在墙体挖洞的图底反转中，虚的、具象轮廓的门洞、窗洞成了"图"，实的粉白光洁的墙面反而成了"底"，尽管从面积上实的墙面远大于虚的透空，人们投射的视线，注意力还是集中在虚空的、具象的"图"上，而实的粉白墙面则成了图的虚白衬底。颐和园的"水木自亲"什锦灯窗在这方面给我们留下了很深的印象。"水木自亲"是寝宫乐寿堂的门座，平面为五开间的穿堂殿，它坐北朝南，面对浩瀚的前湖，是登临乐寿堂的码头。门座两侧延伸出长列的院墙，墙上辟出一连串的什锦灯窗。每个灯窗形态各异，匀称地排列在粉墙上，像一队窗的演员在墙的舞台上欢乐飞舞（图5-2-51）。每当夜幕降临，灯窗齐明，盏盏灯光，连同粉墙和白玉石栏，倒映在湖畔碧波之上，组构了幻如仙境的独特境界。我们或许会感到些许欠缺，面对如此广阔的湖面，这一幅超长的什锦灯窗长墙，展延在低平的门殿两侧，整体轮廓似乎显得偏于平矮。其实匠师早已考虑到这一点，在门座前方正中，为此耸立了一座高达十余丈的拱形灯杆架子。细细的杆木树立起空透的高高灯架，明灯高悬，与长列的窗灯相呼应，把这里的场面升华到完美的境界。

3. 墙廊复合

沿墙设廊是"不尽尽之"的一种重要的、有效的方式。墙与廊的复合，就从"墙"的形态转化为"廊"的形态。在这里，墙的界面限定、空间围合的感觉消失了，换来的是廊的通行、廊的导引，庭院空间在观感上立即从院墙的围隔中解脱，而随廊的走势向外展延。苏州园林许多厅堂的塞口墙采用了这个做法。拙政园"海棠春坞"用的是东西两道墙廊，留园"还我读书处"用的是东、南、北三道墙廊（图5-2-52），沧浪亭"瑶华境界"形成左右墙廊与前后座檐廊的四面环绕（图5-2-53）。园林围墙、界墙采用墙廊复合的现象更为普遍，也更富有变化。

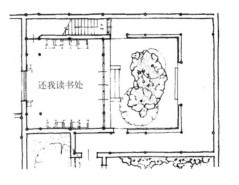

图 5-2-52 三面环廊的留园"还我读书处"庭院
描自刘敦桢. 苏州古典园林. 北京：中国建筑工业出版社，1979.

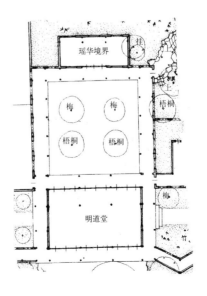

图 5-2-53 四面环廊的沧浪亭"瑶华境界"庭院
描自刘敦桢. 苏州古典园林. 北京：中国建筑工业出版社，1979.

拙政园西部的那道临水墙廊（图5-2-54），留园连接远翠阁的那道北墙墙廊（图5-2-55），鹤园串联门厅、四面厅和大厅的那道东墙墙廊（图5-2-56），都是界墙墙廊复合的精品。这种墙廊复合有多种方式，有的沿高墙接出一面坡廊子，有的沿低墙做两坡顶廊子，也有采用复廊，把院墙转化为复廊中的隔墙。这些墙廊复合，可以做成直廊，也可以做成曲廊；可以依墙而建，墙廊一体，可以凸出半亭，也可以由于廊子转折，与墙体夹出零星的露天小角落。这些夹在墙、廊之间的小天井角落，形式多种多样，非常自由灵活，角落里栽花布石，形成一幅幅景观小品（图5-2-57）。原本单调的界墙边沿，由此变幻得曲折有致，空间流连。人们漫步在这样的曲廊中，不仅忘却了院墙的阻隔，延伸了行进的长度，扩大了园庭的空间，而且移步换景，感受着星星点点空间的穿插渗透，延绵漾绕。

写到这里，我得插进来说一则刘敦桢先生讲解墙廊的往事。在《刘敦桢全集》第十卷中，刊有一幅"刘先生与参加编写《中建史》的五院校（哈建工、同济、南工、华南、天大）青年教师参观南京瞻园"的照片，标明时间是1965年12月29日。[①] 正是这一天，刘敦桢先生领着我们去参观瞻园，边看边给我们讲述他整治瞻园的体会。走到一处墙廊转折处，刘先生说，廊子转折形成的这种小空间效果很好，过去都以为这么做是空间效果的需要。经过这次整治瞻园的工程实践，才知道是廊顶排水必须这么做。刘先生进一步讲解说，园林界墙设廊，不允许把廊顶雨水排到邻家，只好在界墙里侧作一面坡的廊顶，把雨水排到自家园内。但是一面坡的屋面显得很高，尺度过大的屋面对小园、小院不利，常常改用双坡廊顶。这样双坡顶与高墙的连接处就形成水平天沟，这种水平天沟不能做得太长，为此，廊子沿墙每隔一小段就必须转折，脱离开墙体，以便水平天沟排水。我们听了刘先生的这个讲解，才知道此中的奥秘。那天的瞻园之游，别的细节都已忘了，而刘先

① 刘敦桢全集第十卷[M]. 北京：中国建筑工业出版社，2007：243.

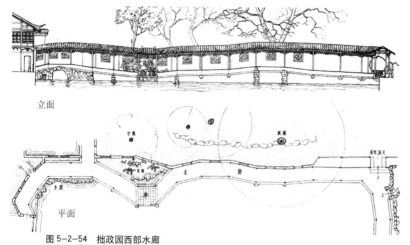

图5-2-54 拙政园西部水廊
引自刘敦桢. 苏州古典园林. 北京：中国建筑工业出版社，1979.

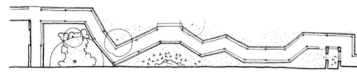

图5-2-55 苏州留园北墙曲廊
引自刘敦桢. 苏州古典园林. 北京：中国建筑工业出版社，1979.

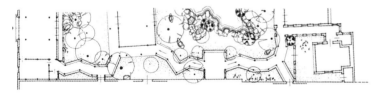

图5-2-56 苏州鹤园东墙曲廊
引自刘敦桢. 苏州古典园林. 北京：中国建筑工业出版社，1979.

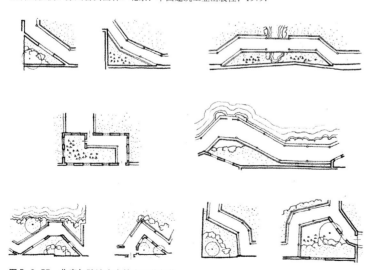

图5-2-57 曲廊与院墙夹出的小天井角落
描自刘敦桢. 苏州古典园林. 北京：中国建筑工业出版社，1979.

生的这一席精辟讲解一直铭记在心。后来我读到《营造法原》，进一步知道屋面排水涉及"荐"的问题。姚承祖在书中对"荐"有一段解释，他说：

> 吴语荐与占同音同意，乃土地及房屋，侵入他人土地之谓。即山墙及厢房之屋顶砖瓦，屋面滴水，亦不得伸出自己墙垣之外，均须落于自己天井，如落在邻家，即谓之荐。①

原来滴水不落邻家是关乎邻里和谐和行业公德的避"荐"大事，采用单坡廊顶弄不好又会影响庭园空间尺度的整体协调，这样就导致选用双坡廊顶，并带来了水平天沟问题。难得的是，水平天沟的构造制约，并没有给墙廊带来被动和无奈，并没有造成折角空间的支离破碎，恰恰相反，反而造就廊子的曲折有致、边沿空间的穿插变化和整体庭园的活泼多姿。用现在的话说，这里体现的是"建构"的处理，它既是构造所需的，也是空间所需的，"构造逻辑"与"空间逻辑"在这里取得完美的契合和有机的统一。

4. 边界隐匿

园林界墙的不尽尽之，还有一种更"彻底"的方式，那就是沿界墙堆起超过墙高的土山，把界墙隐匿在土山后面。这是只见山，不见墙，界墙就从感觉上"化有为无"了。当然，这只有大型园林有足够空间可供堆山，才能这么做。北京的北海宫墙、圆明园宫墙都有这种做法，颐和园的北宫墙是这种做法的成功范例。我们都知道，颐和园后山北麓与北宫墙之间的距离并不大，这里将原有的一串小水塘挖掘贯通，形成一条后溪河，称之为后湖。这个后溪河有一点极为不利，就是离北宫墙太近。试想一条静幽的河流偏偏挨在宫墙近旁，一看就知道此处已是园区边沿，既欠缺自然景致，又暴露出边沿地段的逼仄、局促，自然大煞风景。造园者巧妙地把浚河的土方就近堆成北岸山体，既遮挡了北宫墙、消失了园区边沿的逼仄感觉，

又形成了"两山夹水"的格局。这样，后溪河的南岸是天然的大尺度真山，北岸是人工的小尺度堆山，完善了山间溪水的自然形象和后山后湖的静幽境界。张锦秋对这里的浚河堆山障隔围墙给予很高的评价，她说：

> 值得注意的是造园者并未一障了之，简单从事。虽然北岸土山的规模比南岸的小得多，但仍能明显地看出那里的山形不仅有脊脉起伏，并且还和南岸的山形变化相呼应。②

周维权也盛赞后溪河北岸人工堆土假山的这种呼应处理，他说：

> 北岸假山的岸脚凹凸，山势起伏，均与南岸真山取得呼应；南山高则北山耸，南山缓则北山平；南山凸出于河面，北山也随着凸出，中间形成宛若被激流冲断的峡口；南山因有沟壑而凹入，北山也相应凹入，中间形成开阔水面，恰似由沟壑被山水冲刷而产生的。以至于真假莫辨，虽由人作，宛自天成。③

我们从后溪河北岸堆山障墙的这个"化有为无"的精彩事例，以及前面所说的粉墙虚化、门窗透漏、墙廊复合等等"化实为虚"的种种事例，不难领会到"不尽尽之"的处理对于完善空间组织和庭院境界的大作用，也深深感叹华夏匠师对于"不尽尽之"的处理所显现的高妙的大手笔。

三 建筑节点"有、无"：榫与卯

建筑榫卯的"有"与"无"，如同老子所说的车轴与轮毂的"有"与"无"一样，看上去似乎属于细枝末节，其实不然，它们并非无关紧要的细节层面的"有、无"，而是至关重要的节点层面的"有、无"。

建筑节点是建筑结构的关键组成部分。一个个建筑构件只有通过有效的联结才能共同受

---

① 姚承祖. 营造法原[M]. 北京：中国建筑工业出版社，1986：55.

② 张锦秋. 颐和园后山西区的园林原状造景经验及修复改造问题[J]. 建筑历史研究，第二辑.

③ 清华大学建筑学院. 颐和园[M]. 北京：中国建筑工业出版社，2000：67.

力，形成有机的结构整体。节点部位是结构中的力的转换点，结构中的力的传递是通过节点来实现的，它需要达到力的平衡和稳定，以保证构件连接和整体结构的安全。建筑节点构造自身也有它的材质和外形，在满足节点构造的科学性的同时，也要求节点外观适合审美的需要。

中国建筑的木构件联结，用的是榫卯节点。在这里，榫是"有"，卯是"无"，榫与卯的结合组成了最直观的"有"与"无"的结合体。在中国建筑多层面的"有、无"构成中，榫卯这个节点层面的"有、无"，也有很精彩的表现。

（一）榫卯：木构件的智巧连接

在古代技术条件下，榫卯确是木构件连接的最佳方式，是中国匠工在建筑领域的一项重大创造和重要贡献。可惜有关木构架建筑的榫卯研究，历来比较薄弱，浏览为数不多的涉及木构榫卯的文献，留下的朦胧印象，大体上浮现出4个关键词：一是"早熟"；二是"多样"；三是"半刚接"；四是"智巧"。这里，就围绕这4个方面来审视。

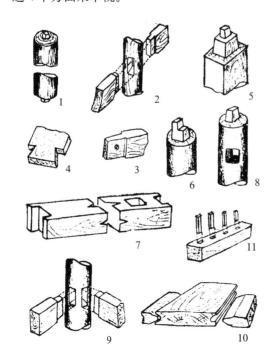

图 5-3-1 河姆渡遗址出土的木构榫卯类型
1. 柱头榫和柱脚榫
2. 梁头榫和平身柱上的卯
3. 带销孔的榫　4. 燕尾榫
5. 双凸榫　6. 柱头高低榫
7. 双榫　8. 柱头透榫
9. 转角柱榫卯　10. 企口板
11. 插入栏杆直棂的方木卯口
引自林华东. 河姆渡文化初探. 杭州：浙江人民出版社，1992

1. 早熟

提起中国建筑榫卯，给人的第一个印象就是它的"早熟"。它起步很早，浙江余姚河姆渡遗址一下子就为我们展示了距今约7000年的一批新石器时代榫卯。当时河姆渡人的稻作农业已进入较为发达的粗耕农业阶段，形成了长期定居村落，持续地建造了大数量的干栏建筑。这里的第二、三、四文化层都发现了干栏木构建筑遗址，以第四文化层最为密集。遗址发掘的桩木、板木、梁木等构件总数达数千件，其中带榫卯的木构件有上百件。据杨鸿勋归纳，这些榫卯有柱头榫、柱脚榫、平身柱榫卯、转角柱榫卯、加梢钉的梁头榫、带企口的板木和带直棂栏杆卯口的枋木。[1]在林华东所著的《河姆渡文化初探》书中，除以上榫卯外，还列出燕尾榫、双凸榫、柱头刀形榫和双叉榫（图5-3-1）。[2]远在7000年前，会出现木构件榫卯实在出人意料。日本著名汉学家、京都大学名誉教授林巳奈夫说：(河姆渡)"榫卯部件的加工技术之高超甚至使人怀疑它们是用铁器而不是用石器进行加工的"。[3]的确，没有金属工具的条件下，能够诞生这样的榫卯是令人难以置信的，而河姆渡人正是运用石器、骨器、角器的工具，创造了这个奇迹。这里伴随出土的有石斧、石凿、石楔、石扁铲、石锛、有段石锛和骨凿、骨锥、角锥等。这些石器的质地非常坚硬，磨制出的刃口比我们想象的要锋利得多，特别是出土中有弥足珍贵的木质、角质器柄，可以与石斧、石凿、石扁铲、有段石锛构成带柄的复合工具（图5-3-2）。河姆渡人就运用这样的工具，攻克了当时的木构高技术——榫卯联结，这里不仅有多种榫头形式，有多样的卯口组合，还已经诞生了燕尾榫和企口板，并已开始运用梢钉。这表明中国人运用木构榫卯，起步之早在世界木作技术史上是遥遥领先的。

随着金属工具的发展，建筑木构榫卯自然

---

[1] 杨鸿勋. 建筑考古学论文集[M]. 北京：文物出版社，1987：50.
[2] 林华东. 河姆渡文化初探[M]. 杭州：浙江人民出版社，1992：196.
[3] 林巳奈夫.《河姆渡文化初探》序[M]// 林华东. 河姆渡文化初探. 杭州：浙江人民出版社，1992：3.

第五章 木构架建筑：其他层面"有、无"

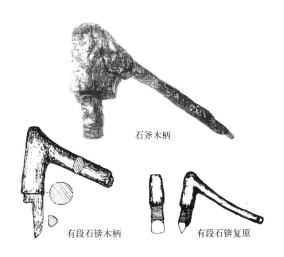

石斧木柄

有段石锛木柄 有段石锛复原

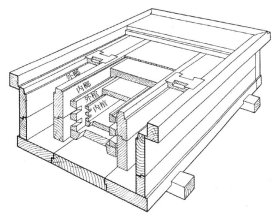

图 5-3-2 （左）河姆渡遗址出土的石斧、石锛木柄
引自林华东．河姆渡文化初探．杭州：浙江人民出版社，1992．

图 5-3-3 （右）长沙五里牌战国木椁墓结构
引自刘敦桢．中国古代建筑史．北京：中国建筑工业出版社，1984．

也有长足进展，可惜的是，从夏、商到周、秦，还没有建筑实物的榫卯遗存。好在榫卯并非仅仅出现于建筑木构，它也出现在木棺椁、木家具和木舟车等其他木作领域。特别是木棺椁的制作，属于大木榫卯，与建筑的大木构件最为接近。墓葬是古人极为关注的丧礼，对于棺椁的制作要求很高，十分用心，而且有条件在深埋的土中长久保存。这样，我们可以通过所发掘的木棺椁榫卯，窥悉同时期木构建筑榫卯的发展信息。

刘敦桢先生早就注意到这一点，在他主编的《中国古代建筑史》中，在论述战国秦汉时期的建筑技术和艺术时，就特地指出：

> 战国时代的木椁已有各种精巧的榫卯，由此可见当时木构架建筑的施工技术达到相当熟练的水平。正是由于技术的不断提高，秦汉两朝才有可能建造大规模的宫殿和多层楼阁式建筑。[①]

刘先生还以整页的篇幅，配上"战国木椁墓结构"和"战国木构榫卯"的插图，为我们展示了湖南长沙五里牌出土的战国木椁墓的剖视图（图5-3-3）及其相关节点（图5-3-4），并附有河南信阳出土木椁的"细腰嵌榫"图（图5-3-5）和河南辉县固围村出土的战国一号墓木棺兽环节点剖析图（图5-3-6）。这批战国

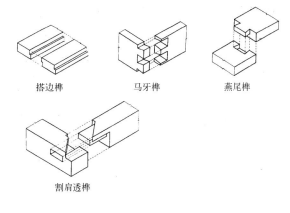

搭边榫　马牙榫　燕尾榫

割肩透榫

图 5-3-4 长沙战国木椁榫卯
引自刘敦桢．中国古代建筑史．北京：中国建筑工业出版社，1984．

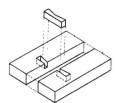

图 5-3-5 河南信阳出土木椁细腰嵌榫
引自刘敦桢．中国古代建筑史．北京：中国建筑工业出版社，1984．

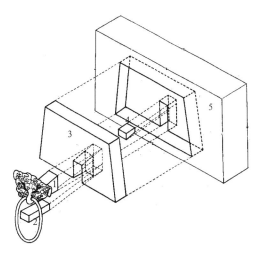

图 5-3-6 河南辉县固围村出土战国一号墓漆棺兽环节点剖析图
1. 带勾挂榫的兽环
2. 长方形垫木楔
3. 梯形木块　4. 梯形垫木楔
5. 凿有梯形槽及榫眼的棺板
引自刘敦桢．中国古代建筑史．北京：中国建筑工业出版社，1984．

木作榫卯的确是值得我们注意的。长沙五里牌木椁墓是一座多层棺椁，分为外椁、内椁、外棺、内棺四层，外椁上部的顶板由四根长木组成边框，框内搁置五块盖板。从这座木棺椁可以看到搭边榫、燕尾榫、马牙榫和割肩透榫。这里的割肩透榫尤其值得注意，它用于外椁顶板边

[①] 刘敦桢．中国古代建筑史[M]．北京：中国建筑工业出版社，1984：71．

① 参见中国科学院考古研究所. 辉县发掘报告 [R]. 北京: 科学出版社, 1956: 74.

② 孔祥珍. 牟尼殿主要木构件承载能力和节点榫卯研究 [J]. 古建园林技术, 1985 (3)

带背钉的铜兽环

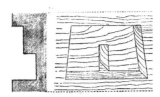
做出带斜面卯口的梯形榫板

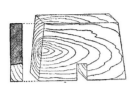
木棺壁板上凿出梯形卯槽并挖出一长方形卯口

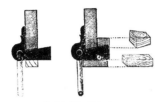
将背钉插入榫板卯口

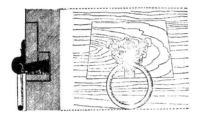
将榫板、背钉连同梯形楔木插入卯槽，再将长方体楔木插入，楔固涂漆

图 5-3-7　漆棺兽环接合程序图
引自中国科学院考古研究所. 辉县发掘报告. 北京: 科学出版社, 1956.

图 5-3-8　正定隆兴寺摩尼殿梁架节点图
引自孔祥珍. 牟尼殿主要木构件承载能力和节点榫卯研究. 古建园林技术, 1985 (3)

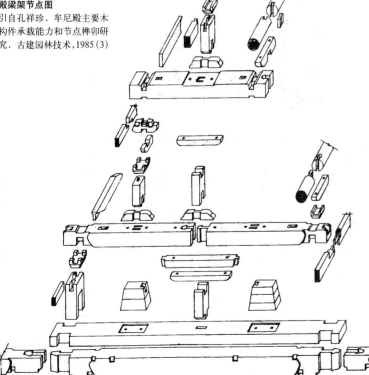

框的四角节点，在边框长木的转角交接中，它不仅以直榫、透卯相接，还在顶面做出45°角斜线相割，使整个顶板边框形成斜角对接的完美外观。这是充分兼顾到审美需要的榫卯处理，整个割肩透榫既复杂又利落，既坚固又美观。辉县木棺兽环节点也是值得注意的。这里的兽环是鎏金铜兽环，是为吊装木棺用的，需要紧紧嵌固于棺壁。从图5-3-7漆棺兽环接合程序图上，可以清楚看出它的做法：①

①兽环带有背钉，背钉呈楔形，上部倾斜，端大根小，下部水平；

②在木棺壁板上挖出一个下大上小的梯形卯槽，槽内中部下方再往里挖一长方形卯口；

③做出与此槽相对应的一块梯形榫板，榫板下部挖一个上带斜面的长方形卯口；

④另做一块梯形楔木和一块长方体楔木；

⑤将背钉、榫板连同梯形楔木一起嵌入壁板卯槽，再将长方体楔木从背钉底面下楔入卯槽；牡榫板牢固嵌入卯槽后，涂以面漆，使卯槽壁板与榫板合成浑然一体。

这个节点的妙处在于，背钉嵌入棺壁，内大外小，愈向外拉，钉环愈紧；又因榫板、卯槽上小下大，钉环愈向上提，榫卯合缝愈紧。

我们从这样复杂的节点，不难看出其榫卯设计的高超和榫卯制作的精确。这意味着在战国时期，华夏木工在运用榫卯技术上，已达到熟练程度。我们知道，中国的木构架建筑，大体上在汉代形成体系，到初唐进入成熟期。而战国木椁榫卯表明，木作榫卯早在战国时期已臻成熟。这是一种明显的榫卯早熟现象。可以说是早熟的榫卯技术，为木构架建筑在汉代的体系形成和初唐的体系成熟，做了构件联结的技术准备。

2. 多样

木构架建筑是多样榫卯集聚的世界。在《古建园林技术》1985年第3期上，我们可以看到一幅正定隆兴寺摩尼殿的梁架剖视图（图5-3-8）。②

这座建于北宋皇祐四年（1052年）的摩尼殿曾于1977～1980年落架大修，因而有条件探悉它的榫卯构造。我们从这里展示的梁架构件榫卯，不难感受这种榫卯的集聚呈现何等热闹的景象。

木构件自身品类的多样，木构件联结部位的多样和联结方式的多样，自然导致木构架榫卯类型的多样。大木构件的联结，大体上有交接、对接、拉接、叠接、搭接、拼接等方式。每一种联结方式随构件的不同，部位的不同，都有多种榫卯做法。因此，大木榫卯不仅数量繁多、而且形式多样，类型颇为纷杂。马炳坚在《中国古建筑木作营作技术》专著中，把清代大木榫卯划分为六类：一是固定垂直构件的榫卯，列有管脚榫、套顶榫、瓜柱柱脚半榫；二是水平构件与垂直构件拉结相交的榫卯，列有馒头榫、燕尾榫、箍头榫、透榫、半榫；三是水平构件互交的榫卯，列有大头榫、十字刻半榫、十字卡腰榫；四是水平或倾斜构件层叠的榫卯，列有栽销、穿销；五是水平或倾斜构件叠交或半叠交的榫卯，列有桁椀、趴梁阶梯榫、压掌榫；六是板缝拼接的榫卯，列有银锭扣、穿带、抄手带、裁口、龙凤榫。[1]这些类别大体上概括了清代榫卯的基本类型，标示着木构架榫卯发展的后期面貌。

在这么多的榫卯类别中给我们留下特别深刻印象的可能是燕尾榫。早在河姆渡遗址中，它已经出现。它以极强的生命力，一直沿用不衰。燕尾榫的基本特点是根部窄，端部宽，这种做法称为"乍"。乍的大小就是端部与根部的宽度之差。有的燕尾榫还做成上面大、下面小，这种做法称为"溜"。放乍，使得榫卯具有拉结力；收溜，则使榫卯的安装愈落愈紧。燕尾榫的可贵之处，就是以放乍、收溜的极简便加工，取得拉结、压紧的极显著效果。这是以很少的代价获得很大的效益。燕尾榫的用途很广，凡

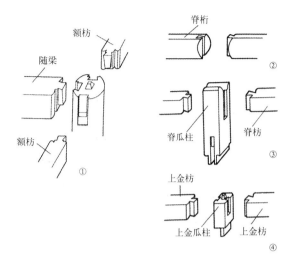

图 5-3-9 燕尾榫的多用途
①用于檐枋、额枋、随梁枋与柱头的交接
②用于桁檩之间的对接
③用于脊枋与脊瓜柱的交接
④用于上金枋与上金瓜柱的交接

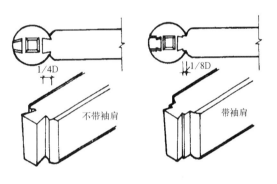

图 5-3-10 两种燕尾榫
引自马炳坚. 中国古建筑木作营造技术. 北京：科学出版社，2003.

是需要拉结，可以用上起下落的方式进行安装的部位，都尽量用它。常见的有：额枋与檐柱的交接，随梁枋与金柱的交接，上金枋与上金瓜柱的交接，脊枋与脊瓜柱的交接，桁檩的对接，平板枋的对接等等（图5-3-9）。在额枋与檐柱的交接中，燕尾榫有带袖肩的回肩做法和不带袖肩的抱肩做法（图5-3-10）。前者加大了燕尾榫的根部断面，有效地增强了柱枋交接的抗剪力性能。

值得注意的是，在《营造法式》所列的6幅榫卯图中，有"槫间缝螳螂头口"和"普拍方间缝螳螂头口"。前者是槫（即明清的桁、檩）的对接榫卯，后者是普拍方（即明清的平板枋）的对接榫卯。它们用的都是螳螂头榫（图5-3-11）。这种螳螂头榫实质上是燕尾榫的精致化、复杂化，它以端头的复杂外凸起到显著放乍的作用，可以视为燕尾榫的变体。我们从摩

[1] 马炳坚. 中国古建筑木作营造技术[M]. 北京：科学出版社，2003：120-130.

我们知道，大木构件的榫卯形式、榫卯数量虽然很多，就其受力关系来说，主要就是两种情况：一种是"榫卯嵌固"，另一种是"平摆浮搁"。前面提到的直榫、半榫、透榫、燕尾榫、箍头榫、十字刻半榫、十字卡腰榫等等，都属于榫卯嵌固。它们都力求榫头充分挤压卯口，达到榫与卯的坚实嵌固。这种嵌固的节点，看上去似乎刚性很强，实际上并不是。木构榫卯节点达不到钢结构、钢筋混凝土结构刚性节点的程度，木材自身有柔性，加上榫与卯只是挤压结合，属于"接触连接"，主要靠摩擦力来维持联结。它既非刚接，也非铰接，而表现为一种介于刚接与铰接之间的"半刚接"。而用于柱脚与柱顶石连接的管脚榫，用于柱头与梁头、柱头与栌斗连接的馒头榫，它的榫头与海眼之间并不像榫与卯那样嵌固，只是起着定位作用，这样的节点就是"平摆浮搁"。还有的柱脚和柱头连管脚榫和馒头榫都没有，木柱与础石、梁头的连接更是彻底的搁置。这种平摆浮搁的节点，看上去像是铰接，其实也不是，因为建筑是"笨重的物质堆"，木构架建筑承受着很重的屋顶荷载和构架自重，这个荷载带来很大的摩擦力。张景堂、陈祖坪指出：

> 从构造上看，平摆浮搁无约束成分，但接触面上却有很大的轴向压力，因此，其摩擦力的作用却不容忽视。平摆浮搁接触面上的弯矩比轴向力的量级小得多，虽为平摆浮搁，但却具刚性节点变形协调的性质。[③]

这表明平摆浮搁的节点由于摩擦力的作用，也带有半刚接的性能。因此，木构榫卯节点都属柔性节点，木构架结构整体是一种柔性结构，从整体构架到榫卯节点都体现着刚柔相济。这种刚柔相济，在正常荷载作用下，可以保证构架整体较大的强度储备，有很高的安全度；在强烈地震作用下，能够以柔克刚，发挥"耗能

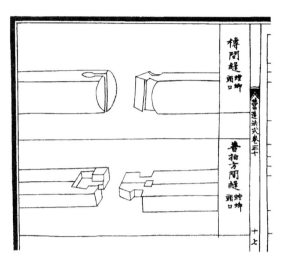

图 5-3-11 《营造法式》的"螳螂头"榫图示
引自《营造法式》卷三十

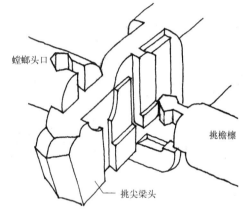

图 5-3-12 明献陵明楼挑檐桁的螳螂头对接
引自郭华瑜. 明代官式建筑大木作. 南京：东南大学出版社，2005.

尼殿的榫卯中，可以看到北宋建筑的槫间缝和普拍方间缝，用的正是这种螳螂头榫。[①]这种螳螂头榫一直沿用到明代，明献陵明楼上檐挑檐桁的对接，仍然是螳螂头口（图5-3-12）。[②]而在清代，桁檩对接都回归到燕尾榫。两相比较，显然是回归燕尾榫更为合理。这充分显示正宗燕尾榫的优越性能和长久生命力，也表明榫卯在清代，如同斗底不䫂、柱头、檐头不杀一样，也经历了一个简化的过程，锤炼得更为简洁，更具实效了。

3. 半刚接

榫卯节点在受力关系上，最引人注目的就是它的"半刚接"特性。近年来，对于木构架榫卯的"半刚接"及其抗震性能的研究，突破榫卯研究长期冷清的局面，形成了一个热点，受到颇为集中的关注。

[①] 参见孔祥珍. 牟尼殿主要木构件承载能力和节点榫卯研究[J]. 《古建园林技术》，1985 (3). 摩尼殿槫间缝也有少数直榫卯套合和银锭梢连接，据作者分析，应是后期修建时所用。

[②] 参见郭华瑜. 明代官式建筑大木作[M]. 南京：东南大学出版社，2005：180.

[③] 张景堂，陈祖坪. 佛光寺大殿的构造特点与内力分析[J]. 首钢工学院学报，第7卷第2期.

减振与隔震"的效能，成为良好的被动减振控制系统。高大峰在他的博士学位论文中，结合殿堂型当心间模型实验，对木构架的这种"减振、隔震"效能，作了如下的表述：

（1）当地震烈度较小（通常指不大于Ⅵ度），木结构古建筑足可以其本身之结构强度抵御地震波的冲击，其结构之减振、隔震机制尚不发生作用；

（2）当地震烈度达到Ⅶ度~Ⅷ度时，结构本身之减振、隔震效能发生作用，具体而言，柱根因滑移而隔震；榫卯节点摩擦、滑移和塑性变形，耗能减振；铺作层结构弹塑性变形、摩擦、滑移而减振、隔震；

（3）屋盖结构之巨大体量、重量与刚度，加之其下部的铺作结构层，使得其在地震作用下具有以下特征：其一，动力响应远远低于结构的其他部位；其二，有效地保证了结构的整体性和统一性。[①]

木构架的整体稳定性和减振隔震作用，是构架整体诸多因素共同作用的结果，这里面，合理、精巧的榫卯节点的确起着独特的作用。一些榫卯的处理生动地反映出这方面的进展。在唐代，阑额与角柱的连接，还是直出直入的平榫，南禅寺大殿的平身柱和角柱都是如此。这样的连接，周圈柱额欠缺强劲的拉结力，再加上没有普拍方，柱额的整体稳定性很弱。当时靠的是"侧脚"作用。由于角柱在进深方向和面阔方向都向内倾斜，在屋顶荷载下，柱头产生向内的水平分力，有效地使角柱与阑额交接的平榫压得更为紧密。这种水平分力是与荷载成正比的。原本是不利因素的屋顶沉重荷载，反而加大了水平分力，转化成为有利于构架稳定的因素。唐以后，柱额连接的薄弱环节从榫卯上得到根本改善，平身柱与阑额的交接用的

是燕尾榫，具备了应有的拉结力。特别是角柱与阑额的拉接，采用了箍头榫。箍头榫的做法是将檐面额枋与山面额枋十字交叉嵌入角柱的十字卯口，双向额枋都伸出箍头，把角柱牢牢箍住。这种伸出的箍头经过美化，做成"霸王拳"，成为角柱柱头颇有分量、颇具力度的装点，很适合用于大型的殿座（图5-3-13）。对于园林建筑和次要房座，这种霸王拳的装点似乎过于隆重，箍头就改为简洁轻快的"三岔头"（耍头）或其他形式（图5-3-14），由此可见箍头榫处理的周到、完美。不仅如此，柱额连接到宋、辽、金还添加了普拍方（明清称平板枋），普拍方间缝连接采用了很讲究的"螳螂头口"和"勾头搭掌"（图5-3-15），在角柱柱头用上十字

[①] 高大峰. 中国木结构古建筑的结构及其抗震性能研究[D]. 西安建筑科技大学博士学位论文.

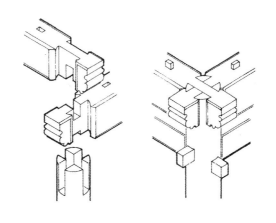

图5-3-13 带霸王拳的箍头榫做法
引自马炳坚. 中国古建筑木作营造技术. 北京：科学出版社，2003.

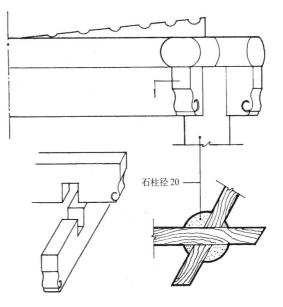

图5-3-14 苏州怡园小沧浪亭的箍头榫
引自刘敦桢. 苏州古典园林. 北京：中国建筑工业出版社，1979.

搭交榫，整个柱额如同具备一道阑额圈梁和一道普拍方圈梁，完善了梁架的整体性和稳定性。

榫卯的"半刚接"，还在斗栱构成中大显身手，使得斗栱节点和铺作层起到显著的减振、隔震作用。有关这方面的内容，将在下节——"斗栱：榫卯的大集结"中展述。

4. 智巧

木构架榫卯闪烁着中国古代匠师的聪明才智，许多榫卯处理都令人叫绝。前面已经提到一些榫卯的精巧高妙，这里再列举四则：

（1）抄手带

抄手带用于板缝的拼接。板缝拼接可以采用裁口的方式、企口的方式，可以用银锭扣，也可以用露明的燕尾穿带。当拼接的木板厚度较大时，可以采用不露明的暗穿带（图5-3-16）。古建筑中的实榻门就是用的这种做法，它的好处是穿带内隐，门扇正背两面均能保持镜面，这是很考究、很高档的做法。

我想不起来是在什么时候得知抄手带的做法，但是一直记得初识抄手带时给我的深深触动。我原本想要把联排的一块块木板，打出透眼，然后用很长的穿带嵌入，如果透眼很紧，这么长的穿带如何能打进拼接的木板透眼？如果透眼较松，穿带容易进入，又如何能够嵌紧？觉得此事难矣哉。没有想到，居然有抄手带的妙招，只要把这根穿带木条，沿着竖向斜锯成两条一头大、一头小的抄手带，从木板透眼两端，分别相对嵌入，不仅穿带极易穿入，而且越往里打就嵌得越紧。这实在太妙了，这里没有添加任何用材，只需用锯将穿带条斜分为二，便神奇地把穿带变成了在透眼中可以胀大的长榫，可以极方便地把暗带充分挤紧卯口。这真是举重若轻，以极便捷的方式解决了极棘手的难题。

有趣的是，抄手带的事还不停留于此。每扇实榻门板需用几道穿带，每道穿带再钉上一列钉子加固。抄手带道数越多，意味着实榻门拼接愈坚固（图5-3-17）。这种技术上的质量等次很快转化成为形制上的等级等次。实榻门的钉子被加上钉帽，放大成触目的门钉。门钉的数量和排列形式成了建筑等级的重要表征。从帝王宫殿到公侯府第，门钉分为纵横各九、纵九横七、纵九横五、纵横各七、纵横各五等多档级别。北京紫禁城东华门门钉，按说应该是纵横各九，而实际上用的是纵九横八，据韩增禄考释，是因为在五行方位中，东华门位东，属"木"；从五行生克上是"木克土"。而"土"居中，表征天子，当然不能允许为"木"所"克"。为此，特地把东华门门钉弄成纵九横八，七十二

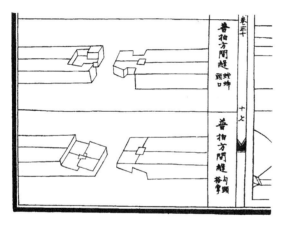

图 5-3-15 《营造法式》普拍方间缝连接图示
引自《营造法式》卷三十

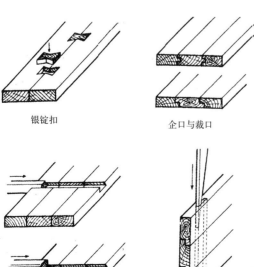

图 5-3-16 板缝拼接的几种榫卯
引自马炳坚. 中国古建筑木作营造技术. 北京：科学出版社，2003.

颗，这样就成了阴数，可取得"阴木不克土"的化凶为吉。①由抄手带加固引发的门钉表征，居然会融入这么丰富的文化语义，生动地反映出中国建筑把构造上的分件数量，转化为语义上的数量表征的符号生成机制。

(2) 狗闭榫

有一次看中央电视台《走近科学》节目：千年悬空寺之谜。这座悬空寺位于山西大同浑源县，建造在距离地面60多米高的悬崖上，整个建筑悬在半空。节目中讲解了悬空寺及其栈道的悬挑结构，其做法是用当地产的直径约50厘米的铁杉木作横梁，把一根根横梁经过防腐处理，插入悬崖的卯洞中。难得的是，节目中详细地介绍了横梁插入石壁卯洞的节点做法。那是在横梁插入石孔的榫端，预先嵌入楔子，横梁入洞后，楔子被洞底顶住，当横梁敲到底时，楔子自然撑开梁头，牢牢地把横梁嵌固在石壁上。

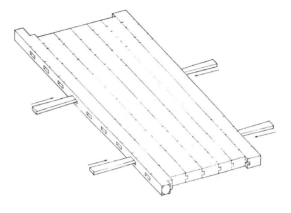

图 5-3-17 实榻门构造——采用多条抄手带拼接
引自马炳坚. 中国古建筑木作营造技术. 北京：科学出版社，2003.

这个节点做法让我很是感叹，想不到加楔可以这样地妙用。我们知道，"楔"是一种一头宽厚、一头窄薄的木片，将其打入榫卯之中，可使两者结合严密。在木装修的榫卯中，楔子是很常用的，可用作"挤楔"和"破头楔"。挤楔不仅可以挤紧榫卯，还兼有微调偏斜的作用。当把破头楔用在半榫之内时，俗称"狗闭榫"。因为它易入难出，破头楔一旦在半眼里撑开后，榫头就很难再退出，是一种不可逆的嵌固做法。悬空寺殿屋和栈道的横梁插入石壁，用的正是这种"狗闭榫"。显而易见，对于高悬半空的悬空寺殿屋和栈道，其最最关键的结构就是这一道道悬臂横梁的牢固嵌合，因此，这个悬臂横梁嵌入石卯的节点是至关重要的。按说如何把木质的横梁紧紧地嵌固于不同质的石卯之内，颇是一个难题。想不到聪明的匠师只调度了不起眼的小小的楔木，采用"狗闭榫"的做法，就轻而易举地解决了这个难题。据《嘉庆重修一统制》记载，悬空寺初创于北魏，现存的悬空寺大部分建筑是明朝重建的。我们有理由推断，这个"狗闭榫"的悬臂横梁节点做法，早在北魏创建时就采用了。不仅如此，中国古代修栈道的历史更为久远、频繁，很可能是在久远频繁的修栈道实践中，早已创造了这样的智巧连接。

(3) 大式节点

清官式建筑有大式、小式之分，这种大式、小式在榫卯节点上有何区别，查看几本有关古建木构的书，都没见到系统表述。我最初知道大、小式建筑木构节点有不同做法，是听赵正之先生说的。20世纪50年代初，赵先生在清华建筑系讲"中国古代建筑工程技术"课，我在课堂上听赵先生说：大式做法比小式做法多了角背、随梁和飞椽，相关的节点做法也有不同。当时清华大学建筑系给学生发了一本《中国建筑营造图集》，那是院系调整前赵正之先生、陈文澜先生在原北大工学院建筑系为中国建筑教学所需而编的。这本图集中有一页画着"小式各部大样"和"大式各部大样"（图 5-3-18），从这页"大样"详图可以看出，檩与梁的交接和脊瓜柱与三架梁的交接，大式与小式的榫卯做法是不同的。

在小式做法中，檐檩与抱头梁，金檩与三架梁、五架梁的交接，只是在梁端头做出半圆形的"檩椀"，直接把檩头搁入椀内即可。这做法很简易，但有欠缺，檩子在椀内很容易转动，

① 参见韩增禄. 东华门门钉之谜与中国传统文化[J]. 北京建筑工程学院学报，第10卷第1期.

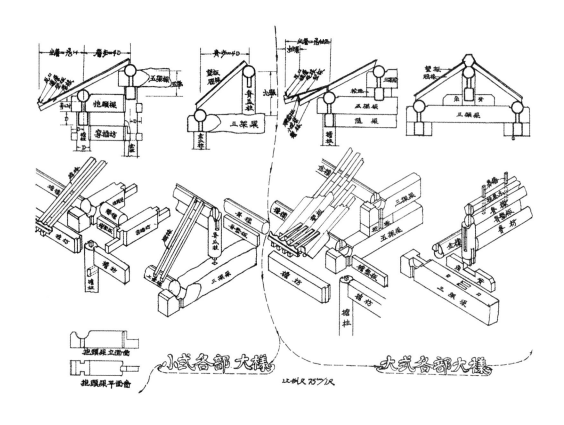

图 5-3-18 《中国建筑营造图集》中的"大式各部大样"和"小式各部大样"
引自清华大学建筑系编印. 中国建筑营造图集

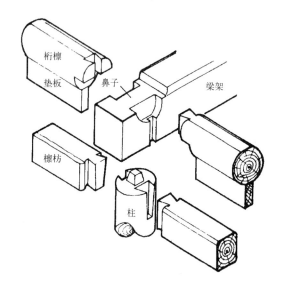

图 5-3-19 大式做法的桁檩与梁头节点
引自马炳坚. 中国古建筑木作营造技术. 北京：科学出版社，2003.

影响檩子的稳定性。在大式做法中，这个节点作了重大改进。梁头的"檩椀"，不是简单的半圆形"椀口"，而是在椀口中部留出一道"鼻子"。这个"鼻子"上部呈水平面，相应地，檩子端头也在上部呈半圆形的凸出，这样，檩子搁置在梁头时，檩与椀既有半圆接触面，也有"鼻子"的水平接触面，就可以保证檩子的稳定（图 5-3-19）。这是一个很巧妙的设计，既妥帖地加强了桁檩的稳定，又没有削弱桁檩与椀口的搭接，还减少了椀口开挖的断面损失。对接于鼻子的桁檩还以燕尾榫作为间缝连接，使桁檩与梁头嵌固得更紧。

脊瓜柱与三架梁的连接，在小式做法中也是很简易的，就是在脊瓜柱下端作管脚榫，插入三架梁对应的半榫卯口内。这样的做法很容易导致脊瓜柱歪斜，而影响脊檩和正脊的稳定。大式做法对这个关键部位作了重大改进，在添加扶脊木的同时，还添加了角背。有了角背，脊瓜柱与三架梁的节点就完全改观了。角背自身像一根短枋木，它的长度相当于一步架，高为瓜柱高的 1/3～1/2，厚为自身高的 1/3 或瓜柱厚的 1/3。角背两头抹斜，中部上方刻去高度的 1/2，脊瓜柱下端的管脚榫用双榫，通过角背插入三架梁的双卯半榫。角背与三架梁之间栽木梢固定。这样，脊瓜柱有角背的夹峙，就很稳定了（图5-3-20）。值得注意的是，角背与脊瓜柱的交接处都做了"包掩"，这个小小的剔袖裁口，更添加了脊瓜柱与角背的细密嵌结。后来读了王天的《古代大木作静力初探》，知道抬梁式梁架是一种替力梁架，上面一道梁把下面一道梁的荷载分开到距离支座较近的位置，从而减少了梁身弯矩。[①]只有三架梁承受的脊瓜柱还是落在梁的中心点。由此知道，角背的使用还能起到分散脊瓜柱集中荷载的作用。

大小式大木节点做法的不同，应该不只这两处，我们从这两处的节点差异，足以感受榫卯处理的精细匠心。

（4）雀替暗榫

二十几年前我和学生在沈阳故宫测绘古建。有一天，突然一个雀替掉落了，从这个掉下来的雀替上，看到了一个令人难忘的暗榫。雀替是用于额枋与檐柱交接处的辅助构件。它有两种做法：一种是连做，柱两侧的雀替连为一木，它如同替木一样，承托着额枋，可起到拉结额枋和增大抗剪断面的作用；另一种是分做，柱两侧的雀替是分开的，各自插入柱子，它既不起结构作用也不起构造作用（图5-3-21）。只是由于人们已习惯于柱额交角带有雀替的形象，当结构上、构造上可以拿掉它的时候，视觉形式上还未能把它抹除。这是一种"形式相对独立性"的现象。这种分做的雀替，原本的结构语义、构造语义都已失却，换来的是因循旧式的文脉语义。

清代建筑基本上用的都是分做的雀替，它用半榫插入柱子，这样当然很难长期固着，因此在雀替顶面另设了一个暗榫，与额枋底面连接。这个暗榫是怎么做的，平时看不见，这次掉下来的雀替正是分做的，意外地得以看清这种暗榫的做法（图5-3-22）。原来是在雀替顶面嵌入一个银锭榫。这个银锭榫的做法是，在

[①] 参见王天. 古代大木作静力初探[M]. 北京: 文物出版社, 1992: 92.

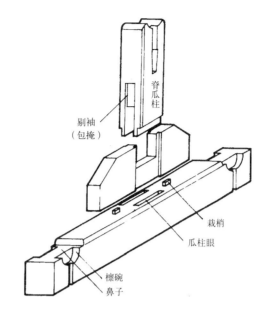

图5-3-20 大式做法的脊瓜柱与三架梁节点
引自马炳坚. 中国古建筑木作营造技术. 北京: 科学出版社, 2003.

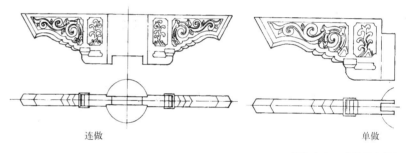

图5-3-21 雀替的连做与单做
引自马炳坚. 中国古建筑木作营造技术. 北京: 科学出版社, 2003.

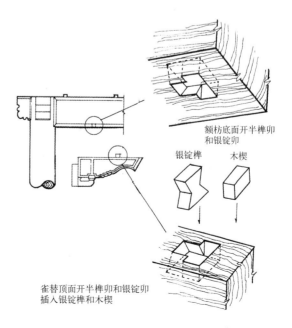

图5-3-22 单做雀替中的银锭暗榫

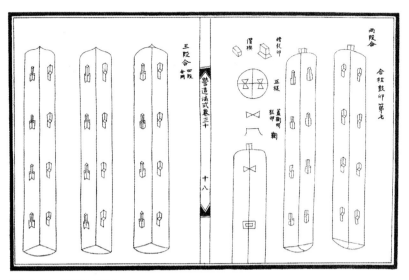

图 5-3-23 《营造法式》"合柱鼓卯"图示
引自《营造法式》卷三十

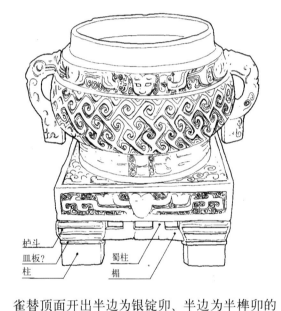

图 5-3-24 西周青铜器矢令簋
引自傅熹年. 建筑史论文集. 北京：文物出版社，1998.

雀替顶面开出半边为银锭卯、半边为半榫卯的卯口，将银锭榫从半榫卯处插入，然后推到银锭卯内嵌固，再用一个楔木楔入半榫卯口。这样，雀替顶面就凸起了燕尾形的银锭榫头。额枋底面相对应地也开出半边为银锭卯、半边为半榫卯的卯口。安装时，将雀替上的银锭榫头从半榫卯口插入，随着雀替后端插入柱头半榫，银锭榫头就推到额枋的银锭卯口内，这样就牢牢地嵌固了。

这个银锭暗榫的做法应该说是很巧妙的。看清了它的做法，才明白《营造法式》"合柱鼓卯"插图中的暗榫就是这种做法（图5-3-23）。它不叫"银锭榫"，而叫"暗鼓卯"，那块用以填塞半榫卯口的"木楔"也有名称，叫做"攒楔"。原来雀替的这个巧妙暗榫，是构件拉结的暗榫的一种通行做法，最晚在北宋就已广泛运用。明代家具中的"走马梢"也是类似的做法。

榫与卯的结合，是小小的"有"与"无"的穿插、嵌合，想不到在中国古代匠师的运作下，能呈现如此的巧妙、精彩。真可赞曰：榫卯小有无，匠工大智慧！

（二）斗栱：榫卯的大集结

说到榫卯节点，自然会涉及斗栱。应该说斗栱是从木构节点发展起来的，由于它集中了很多小分件，分件与分件之间的上下层叠和纵横穿插都是通过榫卯联结的，整个斗栱自然就成了榫卯的大汇合。

斗栱的初始作用应该是"承托"，这是由于木材的顺纹抗压强度高于横纹抗压强度所引起的。我们设想，当一个横向构件的枋木搭在竖向构件的木柱上时，它们的接触面，对于木柱来说是顺纹受压，对于枋木来说则是横纹受压。而木材的顺纹抗压强度较横纹抗压强度大4～10倍。这样，当柱的挤压面抗压能力够用时，枋的挤压面抗压能力很可能还不够，这就需要从柱枋交接的节点上去加大枋的挤压面，"斗"作为扩大支座承压面的构件，就这样应运而生了。我们从西周青铜器"矢令簋"上，已能见到在柱上放置栌斗的形象（图5-3-24）。这个簋的下部基座呈建筑形，四角有短柱，柱头上有斗，斗底与柱头之间有凸棱，似是后来的皿板。斗与斗之间有横楣，楣上立蜀柱，斗与蜀柱共同托起座板。这反映出，最晚在西周前期，重要的建筑已经运用栌斗承托，这是斗栱出现的滥觞。

斗栱的承托作用在汉代建筑史料中有清晰的形象反映。在孝堂山郭巨祠石室、嘉祥武梁祠石室和金乡朱鲔墓石室的前檐中柱上，我们都能看到这种栌斗承托（图5-3-25）。由这种栌斗承托自然演进为一斗二升、一斗三升承托，从汉阙、汉墓和汉明器上，可以看到各式平直形、折线形、曲线形的一斗二升、一斗三升及其变体（图5-3-26），显现出汉代对于斗栱承托的多样探索。

南北朝时期是中国建筑从土木混合结构向全木构演进的转变期，也是斗栱功能和形式的重要发展期。傅熹年根据石窟窟檐和壁画的形象资料，梳理出北朝构架的五种类型，揭示了斗栱与纵架的明晰演进脉络。[①]其中，始见于北魏末东魏初的V型（图5-3-27），有了完整的柱头铺作，有了明确的补间铺作，也有了由柱头铺作、补间铺作和阑额、柱头枋、檐槫组构的完整纵架，柱列的稳定性得以解决，可以说是完成了斗栱承托的完整形态。

斗栱的第二个作用是悬挑。从土木混合结构到全木构，为防护土构、木构的屋身，都要求屋顶深远出檐，这就需要为椽檐方提供悬挑的支点。平山县中山国一号墓出土的龙凤铜案，为我们提供了战国时期斗栱支撑悬挑的信息。这个铜案显示出四角龙头上直立蜀柱，柱上搁栌斗，斗上承抹角栱，栱两端立蜀柱，柱上置散斗，斗上承枋的形象（图5-3-28）。这是当时建筑出檐悬挑的生动写照，表明斗栱已参与支撑檐部的悬挑。但是，这时候尚未出现华栱，并非华栱的出跳，而是插栱的出跳。这情况一直到东汉还是如此。北京顺义和河南刘家渠汉墓出土的明器上，都可以看到这种借助插栱的悬挑做法（图5-3-29）。这是横栱承托与插栱出挑在没有交叉的情况下的协同作用。

真正出现华栱出跳，据傅熹年考证，是从南北朝后期开始的。河南省博物馆在河南采集到一件北朝后期陶屋，为面阔、进深各三间的歇山顶制式。柱头间有阑额，柱头上有栌斗，上承柱头方。重要的是，这里的栌斗向外挑出

① 参见傅熹年主编. 中国古代建筑史第二卷：两晋、南北朝、隋唐、五代建筑[M]. 北京：中国建筑工业出版社，2001：287-288.

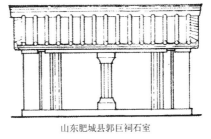
山东肥城县郭巨祠石室

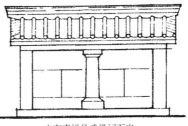
山东嘉祥县武梁祠石室

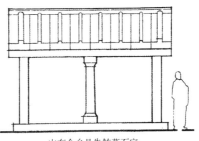
山东金乡县朱鲔墓石室

图5-3-25 三座汉代石室
引自梁思成. 图像中国建筑史. 天津：百花文艺出版社，2001.

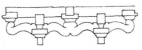
沈君府石阙　　冯焕石阙

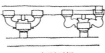 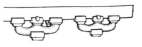
高颐石阙　　牧马山崖墓出土明器

彭山崖墓　　沂南画像墓

图5-3-26 汉阙、汉墓、汉明器上显示的一斗二升、一斗三升斗栱

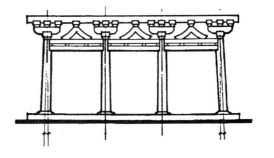

图5-3-27 傅熹年总结的北朝V型构架形式
引自傅熹年. 中国古代建筑史第二卷. 北京：中国建筑工业出版社，2001.

① 参见傅熹年主编. 中国古代建筑史第二卷：两晋、南北朝、隋唐、五代建筑[M]. 北京：中国建筑工业出版社, 2001: 297.

② 参见傅熹年主编. 中国古代建筑史第二卷：两晋、南北朝、隋唐、五代建筑[M]. 北京：中国建筑工业出版社, 2001: 640.

图 5-3-28 战国中山国王陵出土铜方案
引自河北省文物管理处. 河北省平山县战国时期中山国墓葬发掘简报. 文物, 1979（1）

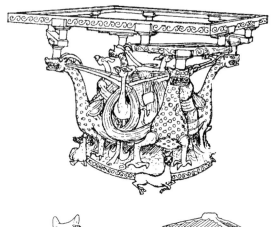

图 5-3-29 汉代斗栱的插栱挑出
① 引自傅熹年. 中国古代建筑史. 第二卷. 北京：中国建筑工业出版社, 2001.
② 引自傅熹年. 中国科学技术史·建筑卷. 北京：科学出版社, 2008.

图 5-3-30 （左）北朝后期陶屋
引自傅熹年. 中国古代建筑史第二卷. 北京：中国建筑工业出版社, 2001.

图 5-3-31 （右）河北邯郸南响堂山北齐石窟第二窟窟檐斗栱
引自傅熹年. 中国古代建筑史第二卷. 北京：中国建筑工业出版社, 2001.

图 5-3-32 殿堂型构架中，斗栱形成了铺作层
引自傅熹年. 中国古代建筑史. 第二卷. 北京：中国建筑工业出版社, 2001.

①北京顺义出土汉明器　　②河南刘家渠出土汉明器

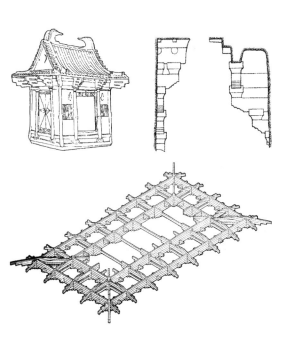

了三层华栱（图 5-3-30）。河北邯郸南响堂山北齐天统年间（565—569 年）开凿的第一、二窟窟檐上，也能看到柱上栌斗挑出两跳华栱的柱头铺作形象（图 5-3-31）。①这意味着华栱的正式登场和柱头铺作出跳的基本确立。

斗栱的第三个作用是有机联结。斗栱在发挥承托作用、悬挑作用的同时，顺身栱与柱头枋、阑额结合，出跳栱与梁栿结合，斗栱成了构架中纵横构件的结合点，成了构架的有机组成部分，起到了促进构架整体稳定的联结作用。对于斗栱的这些作用及其演进、蜕化，傅熹年作过明晰的概括，他说：

> 斗栱由早期单纯的承传重量挑出屋檐，发展到和纵架、横梁穿插交织，成为构架的有机部分，始于南北朝后期，成熟于唐，高度规范化于宋，元以后开始蜕化，到明清时，变成梁柱间的垫托构件和装饰，不再具有结构作用。②

的确，处于成熟期的唐代殿堂型构架，整体自下而上由柱网层、铺作层和屋架层组成。在这里，外槽、内槽的斗栱重重层叠，纵横交织，组成了坚实的铺作层（图 5-3-32），呈现斗栱承托功能、悬挑功能和有机联结功能充分发挥的鼎盛状态。这是斗栱发展的成熟，也是中国木构架建筑体系的成熟。可以说，铺作层完善了殿堂型的整体构架，但是，殿堂型构架并非木构架发展的最佳形态，厅堂型在构架整体性、有机性上比殿堂型更具生命力。厅堂型的内柱上升，冲掉了"铺作层"的水平构成，突破了殿堂型水平层叠的结构体系，整个构架转换成分缝梁架的组合体系。在厅堂型构架体系中，斗栱的表现颇为微妙。一方面，它的外檐斗栱继续展现出良好的结构机能。在《营造法式》图样中可以看出，厅堂型构架将乳栿、三椽栿等直接伸入柱头铺作砍成耍头，由它参与

承托柱头方和支撑檐方，整个柱头铺作结构简洁，受力关系清晰，铺作与构架的整体性良好；而另一方面，由于内柱上升，乳栿、三椽栿的后尾可以插入内柱柱身，这些"栿"成了新的、强有力的杠杆，"栿"的端部已具备独立承载檐檐方、橑风槫的潜能，对柱头铺作的悬挑作用提出了严重的挑战，预告了斗栱出跳功能的衰落（图5-3-33①）。到明清时期，随着砖墙取代土墙，屋顶出檐缩小，这种趋势就更显著。乳栿变成了桃尖梁，硕大的桃尖梁压在檐柱之上，伸出豪劲的梁头，既承托正心桁，又支撑挑檐桁，喧宾夺主地唱着主角。柱头科的翘昂斗升只起垫托梁头的作用，完全失去了悬挑的功能（图5-3-33②）。

有趣的是，明清时期在柱头科功能退化的同时，平身科却"繁茂"起来。在明以前，补间铺作一直是不发达的，每间仅1—2朵，或者空无；而到明清，平身科攒数却激增，达到每间4攒、5攒、6攒以至8攒的程度。这当是因为唐宋时期，大型殿座间的面阔只到5米左右，且斗栱用材尺度较大，可以不用、少用补间铺作；而明清时期大型殿座间的面阔常常接近10米以上，且斗栱用材尺度显著减小，这就有赖平身科的协同作用。难怪它的名称，也从原先的"补间"改为"平身"，从补助性的身份，转变为与主体平起平坐的身份。对于平身科的作用，建筑史学者的看法不尽相同。梁思成早年曾说："平身科只是纯粹的装饰品"[①]，认为它不起结构作用。于倬云曾经对平身科的结构作用作了验算。他选用北京故宫神武门城楼山面的挑檐桁，该桁由8攒平身科支承，跨度12.24米，直径0.41米。按平身科不起作用计算，得出弯曲应力为335千克/平方厘米，大大超过木材本身的许可应力100千克/平方厘米，桁条肯定破坏。再按平身科起作用，以九孔等跨连续梁计算，弯曲应力为30千克/平方厘米，远低于许可应力，桁条非常安全。[②]这个验算很有说服力地表明，平身科在支撑挑檐桁上，是起结构作用的。

台湾成功大学李万秋在他的硕士学位论文《宋式与清式斗栱系统之比较研究——结构行为之定量分析》中，也对宋式橑檐方和清式挑檐桁在无中间支承状态下的弯曲应力、剪断应力作了验算分析，得出的结论是：

> 宋式橑檐方的断面可承受最大弯曲应力与剪断应力，但下陷量过大，檐线会有下垂的现象，故仍需借补间铺作出跳来支承。而清式挑檐桁和挑檐枋结合之构件则抵不住弯曲应力和剪断应力的破坏，由此可知平身科具有辅助桁檩支承的作用。[③]

郭华瑜在她的博士学位论文《明代官式建筑大木作》中，对于倬云选择的神武门挑檐桁作了进一步的验算。她分别以1、2、3、4攒平身科计算，得出桁条的弯曲应力分别为83.66千克/平方厘米、29.75千克/平方厘米、17.90千克/平方厘米、11.24千克/平方厘米，也都小于桁条许可应力100千克/平方厘米。她认为，平身科用一两个支点就可基本满足结构需要，何以还会采用那么多攒，那是因为斗栱用材尺度减小，如仅用一两攒平身科，斗栱自身承载能力可能不足；她分析了增多平身科另有整体性、抗震性、装饰性等因素。[④]

由此可知，平身科的增多、密排确有它的

①梁思成文集二[M]. 北京：中国建筑工业出版社，1984：334.

②参见于倬云. 中国宫殿建筑论文集[M]//北京：紫禁城出版社，2002：177-178.

③李万秋. 宋式与清式斗栱系统之比较研究——结构行为之定量分析[D]. 台湾成功大学硕士学位论文：118.

④参见刘华瑜. 明代官式建筑大木作[M]//南京：东南大学出版社，2005：140-143.

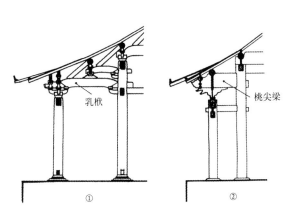

图5-3-33 乳栿与桃尖梁
①宋厅堂型构架的乳栿
②明清构架的桃尖梁

原由。但是这种增多平身科的结果，使得明清斗栱在用材尺度减小的同时，却大大增添了攒数。我们试看北京紫禁城太和殿的情况，它的下檐用4攒角科、28攒柱头科、170攒平身科，上檐用4攒角科、20攒柱头科、146攒平身科，上下外檐总共用了372攒斗栱，其中，平身科占316攒（图5-3-34）。这些斗栱如果统计它的分件数量，就更为惊人。据于倬云统计，清式重翘重昂九踩斗栱，每攒柱头分件为52件，平身科分件为64件，角科分件为117件。[①] 这还未计入正心枋、拽枋等的数量。太和殿上檐用的正是九踩斗栱。按这个分件数来折算，太和殿的上檐用了角科4×117，柱头科分件20×52，平身科分件146×64，仅仅上檐斗栱总共就用了分件11268件。这实在是令人惊讶的数字，不能不说明清斗栱的这种用法，特别是平身科的这种密集用法，实在是采取了过于繁缛、累赘的方式。

[①] 参见于倬云. 中国宫殿建筑论文集[M]//北京：紫禁城出版社，2002：169-172.

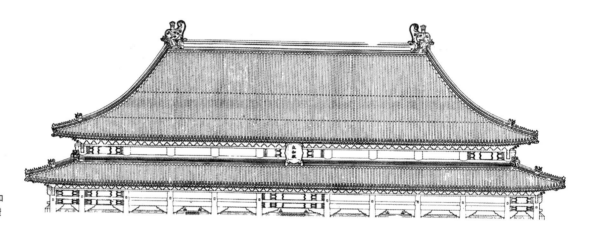

图5-3-34 北京故宫太和殿，上下檐共用平身科316攒

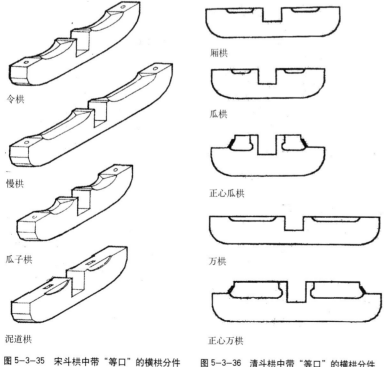

图5-3-35 宋斗栱中带"等口"的横栱分件　　图5-3-36 清斗栱中带"等口"的横栱分件

斗栱集中了这么多的斗、栱、昂、枋分件，而这些分件又都是通过榫卯连接的，每一个分件都有若干个榫和卯，这里的榫卯总数究竟有多少，简直难以计数。这是建筑榫卯蔚为大观的大集结，也是节点"有、无"蔚为大观的大集结。

在这个榫卯"有、无"大集结的斗栱中，给我们留下深刻印象的当推榫卯"等口"和"盖口"的有序分布。无论是宋式铺作还是清式斗科，有一条共同的规律，凡是与檐面平行的横栱类分件，包括宋式的泥道栱、瓜子栱、慢栱、令栱（除骑栿慢栱、骑栿令栱外）（图5-3-35）和清式的瓜栱、万栱、厢栱、正心瓜栱、正心万栱（图5-3-36），它的卯口都用"等口"，也就是把卯口开在栱心的上方等待带"盖口"的十字交叉分件的插入；凡是

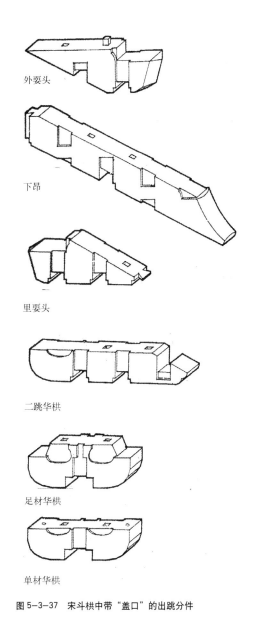

图 5-3-37 宋斗栱中带"盖口"的出跳分件

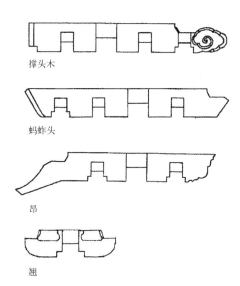

图 5-3-38 清斗栱中带"盖口"的翘、昂、头木分件

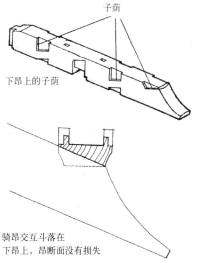

骑昂交互斗落在下昂上，昂断面没有损失

图 5-3-39 下昂的"子荫"

垂直于檐面的分件，包括宋式的华栱、下昂、耍头木（图 5-3-37）和清式的翘、昂、耍头木、撑头木（图 5-3-38），它的卯口都用"盖口"，也就是把卯口开在下方，以便覆盖在十字交叉的"等口"分件之上。这样做的缘由，是因为垂直于檐面的斗栱分件，是出跳构件，需要承受弯矩，构件的上方是受拉区，当然不宜开口，就将卯口开于下方的受压区。它与"等口"十字交叉后，有横栱挤住，受压性能也能保持。而横栱类的分件不需受弯，自然就以它开"等口"。不仅如此，在分件用材上，宋式、清式的横栱类分件，除受力较大的骑栿慢栱、骑栿令栱和正心瓜栱、正心万栱外，用的都是单材，而出跳类分件（除补间铺作单材华栱外），全部用的都是足材。这也是基于同样的缘故，它们都是符合力学要求的。

斗栱榫卯还给我们留下深刻印象的，是对于榫卯"子荫"的细腻处理。斗栱中的栱、昂、

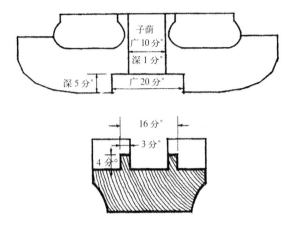

图 5-3-40 栌斗"等口"与华栱"盖口"的预留空隙

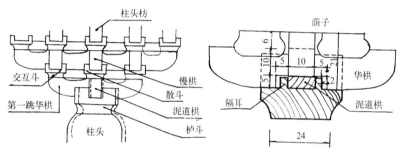

图 3-5-41 分析铺作"柔颈"作用的图示
引自吴玉敏.宋式铺作的几个细部构造问题.首钢工学院学报,第 7 卷 2 期

耍头等分件都带有"子荫"。所谓"子荫",就是为了使分件之间卯接咬合紧密,而在表面上铲出的浅槽。这是个很细致的处理,子荫的槽通常很浅,《营造法式》规定深度只用一份。有了这个深一份的子荫,相互咬合的分件就能更为紧密。特别值得注意的是,在宋式铺作中,承托骑昂交互斗的下昂子荫(图 5-3-39)。我们知道,骑昂交互斗位于下昂昂头之上,看上去它像是水平地骑在昂头,其实并不是。如果这个交互斗真是水平地摆置,下昂势必切去一角,那会导致断面损失,容易产生昂件劈裂。它的实际做法是将斗底斜开镫口,斜搁在昂头。但是,交互斗斜搁在昂头,与其斗口内垂直交承的瓜子栱或令栱就显得很别扭,为此,特地做出水平正摆的子荫,很巧妙地解决了这个难题,这应该说是斗栱中的一个令人叫绝的、在受力与审美上取得谐调统一的榫卯。

中国很多地方处于多地震地带,木构古建频遭受强烈地震,一些著名古建表现出惊人的抗震性能。蓟县独乐寺,历史上经历过 28 次地震,有时甚至"官宅民舍无一存,而阁独不圮"。[①] 1976 年又经受住了离它不远的唐山大地震的考验。应县佛宫寺木塔,也是累经大震,寺旁房屋倾倒,唯有木塔巍然不动。专家们从这些建筑的抗震奇迹和辽宁海城震区建筑调查等情况,得出结论,普遍认为"传统的框架结构的抗震性能是比较好的。在木骨架建筑中有斗栱的比无斗栱的更加耐震"[②]。木构架建筑榫卯的"半刚性"节点,在这里被誉为柔性连接的减振节点,榫卯大集结的斗栱成了隔震、减振单元,被称为建筑中的耗能系统。

吴玉敏、张景堂、陈祖坪曾对木构架抗震展开系列研究,分析了铺作的"柔颈"作用,揭示了斗栱减振的"高位不倒翁"现象,深化了我们对于斗栱榫卯抗震机理的认识。

关于铺作的"柔颈"作用。他们指出在栌斗与第一跳华栱的节点上有特殊处理。这个特殊处理就是:栌斗横向开口广 10 份,加上二隔耳各广 3 份,共广 16 份;而第一跳华栱的对应盖口广为 20 份,前后各留有 2 份空隙(图 5-3-40)。这样,在地震力的水平荷载作用下,当栌斗位移时,第一跳华栱至少可有 2 份相对位移,这是一种非协调变形,柱子可倾斜摆动,栌斗可相对位移,而华栱可少动或不动,从而保证屋盖系统的稳定(图 5-3-41)。他们说这情况很像玩具"柔颈大头娃",特称之为"柔颈"作用。[③]

关于"高位不倒翁"现象,他们三位指出:从力学观点看,传统木构架的柱子是浮搁在柱础上,斗栱是平摆在柱头上,在地震力的水平荷载作用下,很容易柱子倾斜、柱头移位。由于摩擦力作用带动坐斗同步位移,并引动上面的翘昂位移。但是由于上部构件的牵制作用,翘昂呈水平状位移,而柱头是倾斜的,这样斗

---

① 参见郭黛姮. 独乐寺观音阁在建筑史的地位[J]. 建筑史论文集,第 9 辑.

② 参见于倬云. 中国宫殿建筑论文集[M]. 北京:紫禁城出版社,2002:178.

③ 参见(1)吴玉敏,张景堂,陈祖坪. 殿堂型建筑木构架体系的构造方法与抗震机理[J]. 首钢工学院学报,第七卷第 2 期.(2)吴玉敏. 宋式铺作的几个细部构造问题[J]. 首钢工学院学报,第七卷第 2 期.

底和柱头之间就产生楔形缝,形成一种不稳定的状态。当这种现象产生后,构架的传力路线立即发生变化,随即产生了反力矩,使不稳定的状态恢复到原来的稳定状态。这样,地震作用力使其倾倒,而屋顶荷载产生的反力矩使其复原,得以恢复静平衡状态,保持构架的稳定和正常工作(图5-3-42)。他们说这种现象颇似民间玩具"不倒翁",只是重心在上方,特称之为"高位不倒翁"现象。①

吴、张、陈三位进一步把这种现象提到"刚柔相济"、"以柔克刚"的高度来认识。他们说:

构架处于静态时,只有垂直荷载,这个荷载不到柱子承载能力的十分之一,构架十分稳定,是一种刚性状态,但却包含着极柔的因素,那就是平摆浮搁,这种状态几乎不能抵抗水平力……我们称之为至柔。但是,当柱子一倾斜,反力矩相应而生,克服地震力使柱子复原,我们称之为至刚。由至柔到至刚,这就是阴阳互补,刚柔相济,以柔克刚的思想在木构架设计上的应用。②

这是一段很精彩的表述,我们从这里的确生动地感受到榫卯"有、无"及其在斗栱中的大集结所反映的刚柔相济、以柔克刚的中华大智慧。

① 参见(1)吴玉敏,张景堂,陈祖坪. 北京故宫太和殿木构架体系的动力分析[M]. 中国紫禁城学会论文集,第一辑. (2)吴玉敏,张景堂,陈祖坪. 殿堂型建筑木构架体系的构造方法与抗震机理[J]. 首钢工学院学报,第七卷第2期.

② 吴玉敏,张景堂,陈祖坪. 北京故宫太和殿木构架体系的动力分析[M]. 中国紫禁城学会论文集,第一辑.

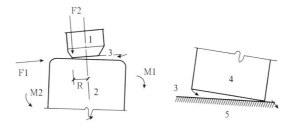

1.坐斗 2.柱头 3.楔形缝 4.柱脚 5.柱础
F1:水平地震力 F2:屋顶载荷
M1:倾覆力矩 M2:反力矩 R:坐斗底宽之半

图5-3-42 分析"高位不倒翁"现象的图示
引自吴玉敏,张景堂,陈祖坪. 殿堂型建筑木构架体系的构造方法与抗震机理. 首钢工学院学报,第7卷第2期

第六章 高台建筑:"有"的极致

一 高台榭 美宫室

高台建筑的出现很早,郑州商城曾发掘出一段10余米长的带有壁柱槽的夯土墩台局部,显示高台建筑有可能在商中期,甚至在商早期已经出现。①《竹书纪年》还有夏的最后一个帝王桀建"瑶台"的记载。②《史记·殷本纪》提到商纣"厚赋税以实"的"鹿台";《诗经·大雅》提到周文王"经之营之"的"灵台",这是两处比较可信的、几乎同时出现的早期高台。到了春秋战国,各诸侯国掀起了一股"高台榭、美宫室"的筑台热潮。楚有章华台,鲁有观鱼台,晋有九层台,齐有路寝台,燕有黄金台,韩有韩王台,魏有中天台,吴有姑苏台,赵有丛台,宋有仪台,秦有章台。各诸侯国的筑台都不只一处,仅越王勾践的筑台,从勾践五年归越后的20年间,就先后建造了越王台、文台、离台、中宿台、驾台、燕台、渐台、观台等达十三台之多。③据高介华梳理,楚国除著名的章华台外,还在其前后建有强台、鲍居台、五衎台、层台、钓台、小曲台、五乐台、九重台、荆台、乾豀台、渐台、附社台、放鹰台、中天台、楚阳台、云梦台、阳云台、兰台、汝阳台等等。④

如此频繁的筑台构成了春秋战国时期中国建筑蔚为大观的热闹景象,现在遗存的春秋、战国城址还可以看到不少当年的高台遗址。位于河北邯郸的赵王城,有龙台、北将台、南将台等遗址⑤;位于河北易县的燕下都故城,有武阳台、望景台、张公台、老姆台等遗址⑥,位于山西侯马的晋都新田故城,有平望古台和牛村古台遗址⑦;位于山东临淄的齐国故城,有俗称"桓公台"的遗址⑧;位于河南上蔡的蔡国故城也有一处今名"二郎台"的遗址。⑨

为什么要如此热火朝天地筑台呢?这些高台建筑究竟是用来做什么呢?萧红颜对先秦筑台之功用,曾作出以下的概括:

一曰避湿、藏宝、囚闭,二曰观天文、察灾祥,三曰朝会、盟誓、祭祀,四曰登高、远观、游乐。⑩

高台建筑的确有诸多功用。究其缘起,观天文的灵台很值得我们注意。《五经异义》说:

天子有三台,灵台以观天,时台以观四时施化,囿台以观鸟兽鱼鳖。⑪

《诗·大雅》郑玄注:"国之有台,所以望氛祲、察灾祥、时观游"。

《三辅黄图》引郑玄注:"天子有灵台者,所以观祲象、察氛祥也"。

《白虎通·辟雍》说:"天子有灵台者何?所以考天人之心,察阴阳之会,揆星辰之证验,为万物获福于无方之元"。

高台建筑的初始功能很可能是用作观察星象、气象的观象台、气象台。观气象、星象都需要高视点,正是它促使高台的建造。在当时,望云物、观祲象、窥天文、察灾瑞,对于善农事、明国运都是至关重要的,因而灵台、时台在古代农业社会中的建造是很自然的。

高台在军事习射上的功用也出现得很早。楚灵王建了章华之台,他邀伍举一起登台,在对话中,伍举曾说:

故先王之为台榭也,榭不过讲军实,台不过望氛祥。故榭度于大卒之居,台度于临观之高。⑫

这里点出"榭"的"讲军实"作用。《尔雅·释宫》说:"观四方而高曰台,有木曰榭"。高台

---

① 参见杨鸿勋.宫殿考古通论[M].北京:紫禁城出版社,2001:60.

② 参见中国科学院自然科学史研究所.中国古代建筑技术史[M].北京:科学出版社,1985:33.

③ 参见高介华.楚国第一台——章华台[J].华中建筑,1989(4)

④ 参见高介华.先秦台型建筑(连载十四、十五、十六)[J].华中建筑,2009(8、9、10)

⑤ 参见陈光唐.赵邯郸故城[J].文物,1981(12)

⑥ 参见河北省文物研究所.燕下都[M].北京:文物出版社,1996.

⑦ 参见山西省考古研究所侯马工作站[M].晋都新田.太原:山西人民出版社,1996.

⑧ 参见群力.临淄齐国故城勘探纪要[J].文物,1972(5)

⑨ 参见尚景熙.蔡国故城调查记[J].河南文博通讯,1980(2)

⑩ 萧红颜.筑台考略[J].建筑史,第24辑.

⑪ 转引自李国豪,喻维国,汪应恒.建苑拾英[M].上海:同济大学出版社,1990:398.

⑫ 国语·楚语上.

建筑就是夯土台与木榭的结合体，通称"台榭"。这个"榭"的古字就是"射"，原本指习射用的房屋。伍举在这里把"榭不过讲军实"与"台不过望氛祥"并列，表明"讲军实"的功用与"望氛祥"的功用一样，也是高台建筑的一种初期功用。高台建筑之所以取名"台榭"，可能就是这个缘故。后来高台建筑进一步拓展了军事上的其他用途，不仅是讲武习射、教演检阅的场所，也是庋藏武器军备的府库，还带有据险自保的作用。

筑台和凿池存在着土方上的平衡关系，许多高台的建造都与陂池相关联，还有的台是因为凿渠而筑的，特称为"凿台"。先秦文献中常见的"台榭陂池"、"高台深池"、"宫室台池"等用语都反映出"台"与"池"的这种关系。有台有池自然就构成游乐的"囿"。《诗·大雅·灵台》中已将灵台、灵沼与灵囿三者并提。台榭的这些功能顺理成章地扩展成为可登高远眺、可田猎游息、可避暑纳凉、可听歌载舞、可聚美藏娇、可酬宾飨客的多功能游乐中心，成为离宫别馆的重要构成，甚至上升为"宫"的主体建筑，诸侯国的陵寝享堂也有采用高台建筑的。不仅如此，由于台榭体量巍峨，形象壮观，装饰华奢，人力物力投入极大，足以显示诸侯国王权的显赫和国力的富强，从而也具有彰显威仪、炫耀国威的重大政治作用，即所谓的"高宫室、大苑囿，以明得志"。①《韩诗外传》说："齐景公使使于楚，楚王与之上九重台，顾使者曰：'齐亦有台若此者乎？'"②这位楚康王对于拥有"九重台"的那种自负、自得，可谓溢于言表。春秋战国时期正是中国奴隶制向封建制转化的激荡时代，列国据地自王，大国称雄争霸，在追求侈靡和力夸国威的双重需要推动下，自然"竞相高以奢丽"③，掀起一浪推一浪的筑台热潮。

台榭建筑如此堂皇，工程规模当然可观。

著名的楚国章华台，北魏郦道元在《水经注》中描述说：

水东入离湖……湖侧有章华台，台高十丈，基广十五丈……穷木土之技，殚府库之实，举国营之数年乃成。④

贾谊《新书》中对章华台也有一段记载："翟王使使之楚，楚王夸之，饗于章华之台，三休乃至"。这么高的台，需要停歇三次才能登上，章华台为此还被称为"三休台"。《晏子春秋》也有一段记载："（齐）景公登路寝之台，不能终而息于陛，忿然而作色，不悦曰：孰为高台，病人之甚也"。⑤这些都生动地反映出高台建筑尺度的巨大。

从遗存至今的春秋、战国台址来看，尺度的确都很大。晋都新田的牛村古台长宽各52米，残高6.5米；平望古台长宽各75米、残高7米多。燕下都的武阳台东西140米，南北110米，残高11米；老姆台东西90米，南北110米，残高12米。齐临淄的桓公台，南北86米，东西40米，残高14米。赵邯郸的龙台，南北296米，东西265米。蔡国故城的二郎台，东西1200米，南北1000米，残高6～7米。

傅熹年以唐王孝通《缉古算经》所附筑堤一人一日自穿、运、筑综合定额4.96立方尺／（人、日）为参考值，按唐尺0.294米折算，得出夯土台体的定额约为0.126立方米／（人、日）。这样，他推算出："晋新田台榭用139492工，燕下都武阳台用1309548工，赵邯郸龙台用11828253工"。⑥像龙台这样的高台，仅仅是地面以上台体的筑台土方工程就需要一千一百多万人日，可见高台建筑工程用工量之巨大。

不仅如此，这些大型的高台建筑，用材、装饰都极为奢华。齐威王的台称为"瑶台"，许慎注说："瑶，石之似玉者，以饰室台也"。⑦这是高台用石的极度考究。齐宣王的渐台，更是"台高五重，黄金、白玉、琅玕、龙疏、翡翠、

① 史记·苏秦列传.

② 韩诗外传·卷八.

③ [东汉]张衡. 东京赋.

④ [北魏]郦道元. 水经注·河水.

⑤ 晏子春秋·内篇谏下.

⑥ 傅熹年. 中国科学技术史·建筑卷[M]. 北京：科学出版社, 2008：74-75.

⑦ 淮南子·本经.

珠玑，莫蒉连饰，万民疲极"。① 这样的巨大规模和极度奢饰，人力物力的投入自然是惊人的。这就导致严重的台役伤民。在高台建筑活动史上，似乎只有周文王建的"灵台"颇得庶民支持。《诗·大雅》说："经始灵台，经之营之，庶民攻之，不日成之。经始勿亟，庶民子来"。②《孟子》在引述《诗经》的这句话后说：

> 文王以民力为台为沼，而民欢乐之，谓其台曰灵台，谓其沼曰灵沼，乐其有麋鹿鱼鳖，古之人与民偕乐，故能乐也。③

这是一座大受庶人欢迎的台，庶民像儿子促成父业一样自觉自愿地来施工，这也是建得非常快的一座台。而大多数的大型筑台，都是废农时、夺民力、耗费大量国库财用的，有关直言力谏台役的事例很多：《说苑·佚文辑》提到：

> 晋灵公造九层台，费用千亿，谓左右曰："敢有谏者斩！"……子子息曰："九层之台，三年不成，男不得耕，女不得织，国用空虚，户口减少，吏民叛之，邻国谋议，将兴兵，社稷灭，君何所望？"④

这是一个冒死力谏的案例。还好晋灵公终于醒悟说："寡人之过，乃至过此"，就自毁了这个九层之台。

《说苑·正谏》也提到："楚庄王筑层台，延石千里，延壤万里，士有反三月之粮者，大臣谏者七十二人皆死矣。"⑤这个层台的建造，取石、取土的距离用"千里"、"万里"来形容，可见其劳费之大。大臣谏者竟然死了72人，可见其事件之惨烈。最后还是"有诸御己者入谏"，楚庄王终于听纳谏言，"遂解层台，而罢民役"。⑥

对于这类的台役进谏，最著名的当数伍举的章华台之谏。

灵王为章华之台，与伍举升焉，曰："台美夫！"对曰："臣闻国君服宠以为美，安民以为乐，听德以为聪，致远以为明。不闻其以土木之崇高、彤镂为美，而以金石匏竹之昌大、嚣庶为乐；不闻其以观大、视侈、淫色以为明，而以察清浊为聪"。

先君庄王为匏居之台，高不过望国氛，大不过容宴豆，木不妨守备，用不烦官府，民不废时务，官不易朝常……先君以是除乱克敌，而无恶于诸侯。今君为此台也，国民罢焉，财用尽焉，年谷败焉，百官烦焉，举国为之，数年乃成。愿得诸侯与始升焉，诸侯皆距无有至者……臣不知其美也。⑦

伍举的这一席话，可以说是对高台建筑浩大工程劳民伤财的最好注脚，淋漓尽致地抨击了浩大筑台工程的役民之害。正因为这样的台役伤民，《三辅黄图》的作者，在"序目"中特地指出：

> 昔孔子作春秋，筑一台，新一门，必书于经，谨其废农时、夺民力也。⑧

这可以说是高台建筑的一个重大的局限。

总的说来，高台建筑在春秋时期已经普及，在战国时期达到高潮，到秦汉时期已走向转型，主要在礼制建筑的明堂、辟雍、灵台中还执著地沿用台榭形式。到东汉以后，这种台榭式的建筑就逐渐走下历史舞台了。

二　高台建筑构成：台＋榭

高台建筑究竟是什么样子的呢？我们从战国铜器刻画的建筑图像上可以看到它的一些迹象（图6-2-1、6-2-2）。近半个世纪，考古工作也陆续发掘到多处高台建筑遗址，如汉长安明堂遗址（图6-2-3）、秦咸阳宫一

---

① 列女传. 卷六.
② 诗·大雅·灵台.
③ 孟子·梁惠王上.
④ 转引自萧红颜. 筑台考略[J]. 建筑史，第24辑.
⑤ 说苑. 卷九正谏.
⑥ 见《楚史梼杌·筑台第二十四》转引自高介华. 先秦台型建筑（连载十四）[J]. 华中建筑，2009（8）
⑦ 国语·楚语上.
⑧ 三辅黄图·序目.

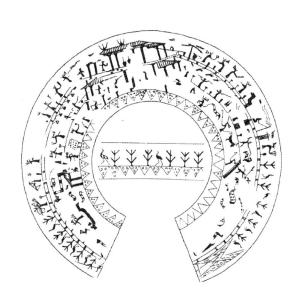
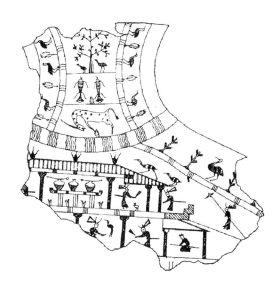

号遗址、王莽九庙遗址（图6-2-4）、战国中山王陵享堂遗址及其出土的"兆域图"（图6-2-5）等。刘致平、傅熹年、杨鸿勋、王世仁等几位先生对此分别作过复原研究（图6-2-6、6-2-7），傅熹年还对战国铜器建筑图像作了专题研究。从这些研究成果和复原设计，我们知道高台建筑的基本特点就是"台"与"榭"的结合，是以夯土阶台为底托、核心，在台顶、台侧建木构堂榭、廊屋的一种建筑形式。

筑台用的是夯土技术。在华夏大地上，中原、关中地区大多属于湿陷性黄土地带。华夏先民很早就发现了用夯筑消除黄土湿陷性和增强承载力的方法。它的萌芽很早，最初可能始于对穴居柱洞、居住面等局部生土的夯打、夯实，而后自然地用以提升居住面，诞生了对中国木构架建筑影响深远的夯土台基。据考古发掘，湖南澧县城头山城址[①]和湖北京山屈家岭遗址[②]都发现属于屈家岭文化中期的带土阶房屋。河南登封王城岗遗址[③]、河南淮阳平粮台遗址[④]和山东日照东海峪遗址[⑤]等，都发掘出土阶房址，显现出夯土台基在中国史前建筑中纷纷登台的热闹情景。夯土技术可以说是史前

① 参见湖南省文物考古研究所，湖南省澧县文物管理所. 澧县城头山屈家岭文化城址调查与试掘[J]. 文物，1993（12）

② 参见高介华，刘玉堂. 楚国的城市与建筑[M]. 武汉：湖北教育出版社，1996：30.

③ 参见河南省文物研究所，登封王城岗与阳城[M]. 北京：文物出版社，1992：35-36.

④ 参见河南省文物研究所，周口地区文化局文物科. 河南淮阳平粮台龙山文化城址试掘简报[J]. 文物，1983（3）

⑤ 山东省博物馆，日照县文化馆. 一九七五年东海峪遗址的发掘[J]. 考古，1976（6）

图6-2-1（上左）河南辉县赵固区1号墓出土战国宴乐射猎刻纹铜鉴上的建筑图像
引自中国科学院考古研究所. 辉县发掘报告. 北京：科学出版社，1956.

图6-2-2（上右）山西长治分水岭战国墓出土战国铜匜残片上的建筑图像
引自山西省文物管理委员会. 山西长治分水岭古墓的清理. 考古学报，1957（1）

图6-2-3 陕西西安汉长安明堂建筑遗址中心建筑平面、剖面图
引自刘敦桢. 中国古代建筑史. 北京：中国建筑工业出版社，1984.

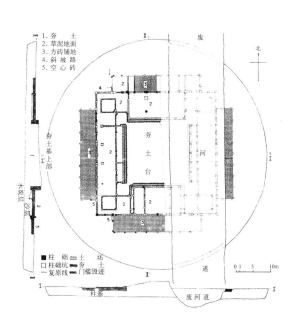

图6-2-4 陕西西安"王莽九庙"
① 引自刘庆柱，李毓芳. 汉长安城. 北京：文物出版社，2003.
② 引自姜波. 汉唐都城礼制建筑研究. 北京：文物出版社，2003.

① 浙江省文物考古研究所. 良渚遗址群（聚落考查）[M]. 北京：文物出版社，2005：320.

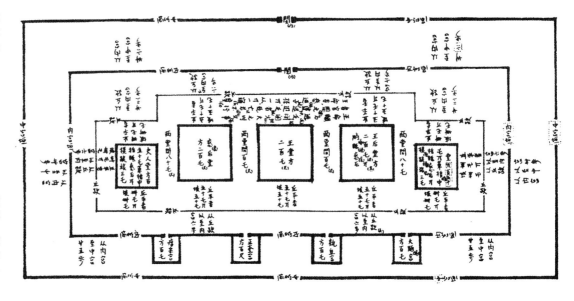

图 6-2-5 河北平山县战国中山王国王陵出土的《兆域图》
引自河北省文物管理处. 河北省平山县战国时期中山国墓葬发掘简报. 文物，1979（1）

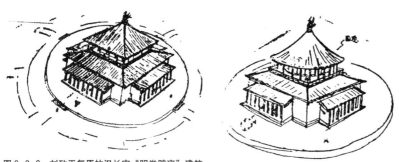

图 6-2-6 刘致平复原的汉长安"明堂辟雍"建筑
引自刘致平. 西安西郊古代建筑遗址勘察初记. 文物参考资料，1957（3）

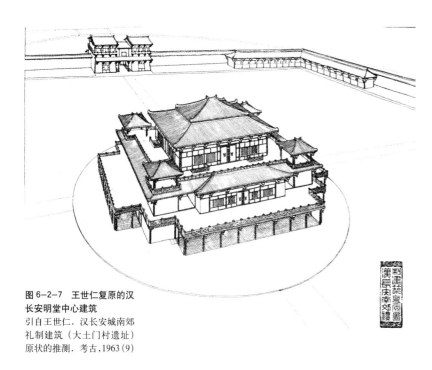

图 6-2-7 王世仁复原的汉长安明堂中心建筑
引自王世仁. 汉长安城南郊礼制建筑（大土门村遗址）原状的推测. 考古，1963（9）

先民留给文明社会的一份重要技术遗产。它不仅仅从房屋营造中成长，而且在原始筑城工程中也大显身手。大约在公元前4000年至公元前2000年间，基于社会加剧分化和族群频繁战争的需要，华夏大地上凸现出一批史前城垣的设防工程。它们经历了从未加夯实的原始"垒筑"、初期分层夯实的"堆筑"到中后期分块、分段夯实的"版筑"的发展过程。夯土筑城推进了大规模夯土技术工程的发展，自然也反过来带动建筑领域大规模夯土技术的运用。浙江余杭莫角山良渚文化遗址居然出现了超过3万平方米的夯土平台。平台上凸起3处大尺度的夯土遗存，考古报告推测是平台上的主要建筑遗迹，"可能是礼制性建筑的重要组成部分"。①它可以说是夏商"茅茨土阶"殿屋大型夯土基址问世的先声。

河南偃师二里头F1晚夏遗址，是现在所发掘到的跨入文明门槛的华夏第一殿址。全组建筑为庭院式布局，呈百米见方的折角正方形；整个庭院基址都是垫土夯筑的，全组建筑都建于这片低矮的夯土基址上。其主体殿堂、门屋和周圈回廊都在夯土基址上再重叠夯土土阶，反映出对夯土基台的进一步倚重。如果说原始穴居、半穴居都属于减法用土，那么夯土基址、夯土土阶则与版筑墙一样，转入了加法用土。土阶的升高对于木构架的防水和席地坐的防湿都有重要作用，因而受到特别的关注，以至把阶的高度纳入了"礼"的规范。《礼记》云："有以高为贵者，天子之堂九尺，诸侯七尺，大夫五尺，士三尺"。①阶高的提升成了显耀身份的标志。

值得我们注意的是，夯土技术是一种重劳动的低技术，取土、运土、夯土的工具很简单，操作很简易，夯筑基址、土阶、城垣、土台都只需要简单协作就能进行，但它需要投入繁重的劳力。对于大型夯土工程，其难度不在于施工的技术，而在于浩大规模的施工组织。

我们从《左传》中可以看到两则有关春秋时期夯土筑城施工的记述。

一则说：

楚令尹为艾猎城沂，使封人虑事，以授司徒。量功命日，分财用，平板干，称畚筑，程土物，议远近，略基址，具糇粮，度有司，事三旬而成……②

另一则说：

己丑，士弥牟营成周，计丈数，揣高卑；度厚薄，仞沟洫；物土方，议远迩；量事期，计徒庸；虑材用，书糇粮，以令役于诸侯。属役赋丈，书以授帅，城三旬而毕。③

在这里，两处筑城涉及设定城墙、沟壕的规格尺度，确定总体的工程量，估算所需的施工工期，巡视基址的实况，统计开挖的土方量，测量运输土方的距离，计算夯筑的土方量，结合工期估算所需的人力，备齐运土、夯土的工具、用品，安排好经费的分配，考虑好材料的均衡配用，调集足粮食给养。通过这些周密的计划，两处筑城都说"三旬"就可以完成。

这表明春秋时期对于大型夯土工程的施工组织已有相当丰富的经验，这为夯土筑台准备了充分的工程条件。当社会需要大型建筑的时候，在当时木构技术还不足以独立构筑大型多层木构的情况下，以夯土阶台为承托的高台建筑自然就应运而生。

高台建筑的夯土阶台有不同的层数，可以是一层台，也可以是二层台、三层台、多层台。一层阶台应该是用得比较多的。辉县战国铜鉴和长治战国铜匜的台榭图像，都显示出是一层台体。考古发掘的汉长安明堂遗址和秦咸阳宫一号遗址，复原推测也是一层阶台的高台建筑。④二层阶台的高台建筑可以战国中山王陵王堂为典型实例。傅熹年和杨鸿勋都根据王堂遗址，结合出土的金银嵌错铜板《兆域图》，作了复原图。两种复原图都呈两层阶台的形态。⑤三层阶台的高台可以在山西侯马晋都平望古城看到它的土台遗存。这个土台明晰地分为三级，第一级台体基址长宽均达 75 米（图6-2-8）。⑥河北易县燕下都的老姆台，还可以看到呈四层阶台的高台遗址，只是上面两层是汉以后加修的。⑦《老子》说："九层之台，起于累土"。⑧春秋时期晋灵公和楚康王的高台也有"九层台"、"九重台"之称。看来最高的阶台，有可能达到九层。

夯土阶台上建屋，既建于台顶之上，也贴附于台侧四壁。它们都有多样的灵活性。我们试看两个高台建筑的复原图：

①礼记·礼器.

②左传·宣公十一年.

③左传·昭公三十二年.

④参见(1) 王世仁. 汉长安城南郊礼制建筑（大土门村遗址）原状的推测[J]. 考古，1963(9)；(2) 杨鸿勋. 秦咸阳宫第一号遗址复原问题的初步探讨[J]. 文物，1976(11)

⑤参见(1) 傅熹年建筑史论文集[M]. 北京：文物出版社，1998：64-81. (2) 杨鸿勋. 建筑考古学论文集[M]. 北京：文物出版社，1987：120-142.

⑥参见中国科学院自然科学史研究所. 中国古代建筑技术史[M]. 北京：科学出版社，1985：33.

⑦参见俞伟超. 燕下都遗址：中国大百科全书考古卷条目[M]. 北京·上海：中国大百科全书出版社，1986：593-594.

⑧老子·第六十四章.

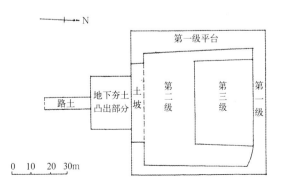

图6-2-8 山西侯马晋都平望古台建筑遗址
引自中国科学院自然科学史研究所. 中国古代建筑技术史. 北京：科学出版社，1985.

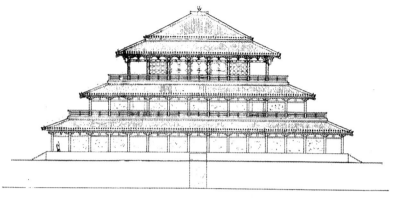

①王堂正立面复原图

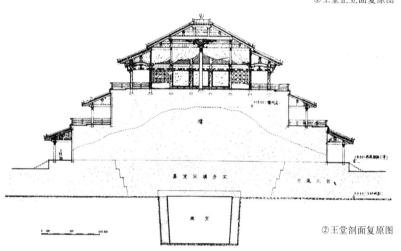

②王堂剖面复原图

图 6-2-9 杨鸿勋复原的战国中山王陵王堂
引自杨鸿勋. 建筑考古学论文集. 北京：文物出版社，1987.

① 参见杨鸿勋. 建筑考古学论文集 [M]. 北京：文物出版社，1987：120-142.

② 傅熹年建筑史论文集 [M]. 北京：文物出版社，1998：101.

③ 参见傅熹年建筑史论文集 [M]. 北京：文物出版社，1998：64-81.

一个是杨鸿勋复原的战国中山王陵王堂方案（图 6-2-9）。①这是两层的夯土阶台，第一层阶台周边建回廊，每面十五间，深一间；第二层阶台周边也建回廊，每面十一间，深一间；回廊檐外形成周圈平台，台边设栏杆。第二层阶台台顶建主体殿堂，中心设都柱，周边环绕一圈回廊。这个王堂复原图呈现的正是高台建筑的标准形态，它有以下几个特点：

一是台顶建堂。这里建的是每面五间、带周圈回廊的方堂，以它作为享堂的主体殿屋。

二是台侧建"广"（yǎn）。据傅熹年考证，"靠山崖陡壁而建的单坡顶房屋称'广'，引申之，靠台榭侧壁而建的单坡小屋也可称'广'"②。这里的上下两层土台侧壁回廊，正是"广"的标准做法。

三是土台承托。夯土阶台既是台顶主堂的基底，也是台侧"广廊"的基底，两层土台的台侧还成了"广廊"的后背靠壁，它们提供了不同标高的基座，起着承托、鼎立主堂和支承、稳定台侧"广廊"的作用。

四是层层落地。这里的一层"广廊"直接落于地面层，二层"广廊"落于一层阶台之上，主堂及其周围回廊落在二层阶台台顶，这样，所有的木构都是"层层落地"的。这意味着主堂与台侧回廊之间，上层台侧回廊与下层台侧回廊之间，都是相对独立的，并没有结构上的关联；

五是木构简易。由于层层落地，木构各自分离，没有结构关联，各层"广廊"木构极为简单，台顶堂榭木构也只是一、两层的，整个高台的木构被分解得十分简便易建。

六是土台聚结。分离的简易木构，通过夯土阶台的聚合，联结成庞大的整体。外观看上去是庞然大物，实际上是若干简易木构单体，通过夯土阶台的承托、铺垫而联结的。

以上这些，显现的正是高台建筑构成的基本形态。

我们再看第二个高台建筑复原图——傅熹年所作的辉县赵固村战国墓出土铜鉴刻绘的宴乐射猎图中的台榭复原推测（图 6-2-10）。③这座高台建筑，外观看上去显示为三层，实际上只用一层夯土阶台。据傅熹年分析，底层中心为夯土台体，台体壁面外显四根壁柱，台体周边绕以回廊，回廊高度略低于中心土台。土台台顶建高两层的主室。下层主室正中设都柱及前后左右辅柱，都柱、辅柱下有柱础落于夯土台顶。主室上下层之间的楼层画有小方格，显示出为木梁组构的楼层构造。下层主室四周环绕深两间的回廊，回廊前方挑出带栏杆的平台，回廊顶部做腰檐。上层主室设四根内柱，周圈也环绕回廊，进深仅一间，

第六章 高台建筑："有"的极致

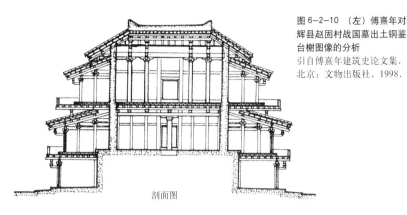

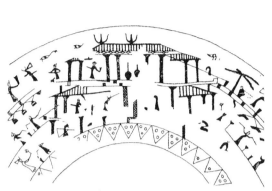

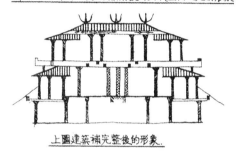

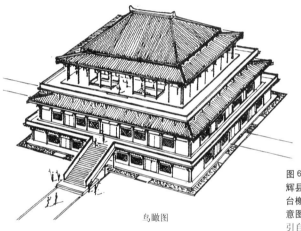

图 6-2-10 （左）傅熹年对辉县赵固村战国墓出土铜鉴台榭图像的分析
引自傅熹年建筑史论文集. 北京：文物出版社，1998.

图 6-2-11 （右）傅熹年对辉县赵固村战国墓出土铜鉴台榭图像所作的复原推测示意图
引自傅熹年建筑史论文集. 北京：文物出版社，1998.

廊前伸出平台，架立于下层腰檐之上。主室屋顶可能为四阿顶，与四周廊顶叠接，形成复笮重屋的形象。

傅熹年画出了这座台榭的剖面图和鸟瞰图，我们可以明晰地看到它的结构构成、空间组合和外部形象（图 6-2-11）。拿它和杨鸿勋复原的中山王陵王堂作比较，它同样是台顶建堂，同样有台侧回廊，同样以土台承托，但是它有一点不同，就是王堂的台侧"广廊"和台顶主堂回廊是"层层落地"的，相互分离的；而辉县铜鉴台榭的台顶主室回廊，却是上层回廊架落在下层回廊之上，下层回廊架落在土台台侧回廊之上，形成了"回廊层叠"的状态。这是一个很重要的区别，它们构成了高台建筑的两种组构方式，前者可以称为"层层落地"型，后者可称为"回廊层叠"型。如果说，在层层落地型中，夯土阶台成了层层木构的基底和整个建筑的垫托，起着"基底土台"的作用；那么，在回廊层叠型中，夯土阶台则收缩为高台建筑的内核，完全包裹在周圈木构回廊之中，成了名符其实的"核心土台"。如果说，在层层落地型中，主体堂榭和各层回廊都是相对独立的，各自分离的，都不发生结构的力的传承关系，不存在上下层木构之间的结构制约，各层木构都有更大的自由度，木构自身更为简易；那么，在回廊层叠型中，主体堂榭与各层台侧回廊则重叠在一起，上下层木构之间存在着力的传承的结构关联，各层木构的自由度受到约制，木构自身的复杂度明显增大。不难推测，高台建筑的这两种组构方式是可以灵活调度的，在不对称的场合，在多层台的场合，在同一座台榭中，可以这部分采用层层落地，而另一部分采用回廊层叠，它们是可以交混并用的。

高台建筑在这样的基本构成形态上，还可以有这样、那样的不同处理。同样是中山王陵

① 参见傅熹年建筑史论文集[M]. 北京: 文物出版社, 1998: 64-81.

② 参见杨鸿勋. 建筑考古学论文集[M]. 北京: 文物出版社, 1987: 169-200.

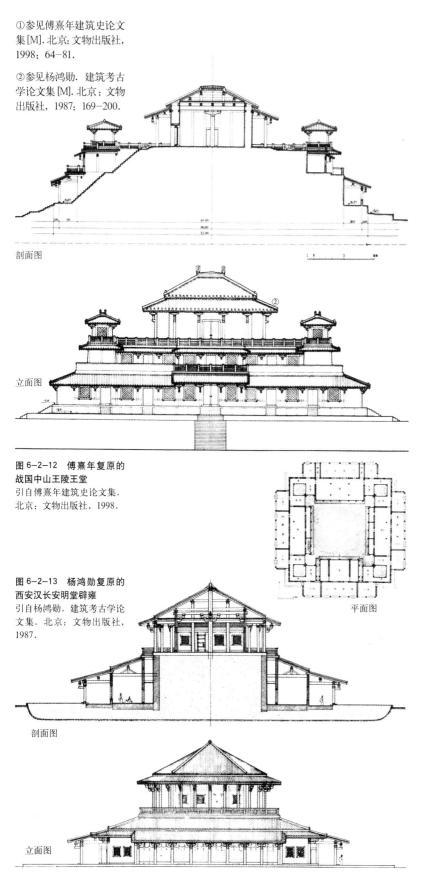

图 6-2-12 傅熹年复原的战国中山王陵王堂
引自傅熹年建筑史论文集. 北京: 文物出版社, 1998.

图 6-2-13 杨鸿勋复原的西安汉长安明堂辟雍
引自杨鸿勋. 建筑考古论文集. 北京: 文物出版社, 1987.

王堂，傅熹年的复原推测与杨鸿勋的复原推测就有所不同。我们从傅熹年所作的中山王陵王堂想象复原图（图 6-2-12），可以看到，这个方案复原的也是两层夯土阶台，也是阶台台侧环建回廊，也是台顶鼎立主体方堂。但是这里把二层阶台的四角做成角墩，这种角墩既可以加固台体，还可以从两端抵住回廊，使得回廊左、右、后三面都嵌入夯土墩中，更有利于保持回廊木构的稳定。这里的第二层回廊不像第一层回廊那样做成单坡顶，而是采用带栏杆、腰檐的平顶，有效地扩大了台顶平台的尺度。利用四角墩台的条件，复原图还在角墩顶上设立小亭，这样台顶就形成了中央主堂与四角小亭的一主四从构成。①这个处理让我们看到了王堂高台的另一种可能的形象。

在汉长安明堂遗址中，我们也看到主台四角的角墩。它不是每角一个，而是每角斜出两个，一共八个角墩。与此相对应，它的四面台侧用的不是小进深的单一"广廊"，而是大进深的、带前、后屋的"广屋"。杨鸿勋的复原方案把它设定为"前堂后室"，四个侧面的前堂构成明堂的"四堂"，分别为青阳、明堂、总章、玄堂。堂的两侧为"左个"、"右个"；"四堂"加上"八个"，正好吻合明堂"十二堂"的说法。堂的后方是"室"，室的两旁是紧贴于角墩的"房"。中心土台台顶建太室，复原图上采用的是方形太室，外围环绕一周十字轴双向对称的圆形回廊（图 6-2-13）。这样，整个高台建筑呈现上下两层格局，上层是鼎立的圆形主体建筑，下层四向是带着"复笮重屋"屋盖的前堂后室"广屋"，它构成了典型的"明堂式"构图。②显然，中山王陵的王堂也属于明堂式构图，因为它们同属礼制性建筑。我们从这里可以看到，虽然是同属明堂式构图的高台建筑，其在土台层数、主体堂榭、周边广屋、角墩设置以及角墩上是否建立小亭等等，都可以有多样的灵活选择。

秦咸阳宫殿1号遗址，为我们提供了一处难得的非明堂式构图的高台建筑遗址，它是战国时期秦国咸阳宫的一座非主体建筑。遗址为一层夯土台，长方形的台体在东侧局部凸出，略呈曲尺形。杨鸿勋对此作了复原设计（图6-2-14）[①]：下层夯土台体南部有5间小室，北部有2间长室，周边绕回廊。上层台顶中部矗立起高两层的主殿屋，平面方形，正中设都柱，四周由厚墙承重。主殿北面有坐落于一层北室之上的敞榭，东侧有连通敞榭的曲阁，东北角有向阳的长室，西端有两间长室及其附属的小室。除敞榭、曲阁外，均绕以回廊。南部台面留出了宽大的露台。这里上下层的长室、小室都无例外地带有前廊，这些房间有的设有取暖炭炉，有的带有排水地漏，有的挖有储藏地窖，表明具有起居、盥洗、沐浴的功能。这里完全摆脱了轴线的对称、对位，上下层房间的分布十分自由，既有层层落地式的做法，也有回廊重叠式的处理，组合得十分灵活；房间有大有小，有高有低，有闭有敞，建筑形体高低错落。上下土台既有嵌入台体的"纳陛"，也有架空而立的"飞陛"。这座高台远远超越了台顶主堂与台侧"广屋"的简明组合，而形成台顶主殿、敞榭、曲阁、长室、小室、回廊、露台与台侧长室、小室、前廊、回廊的灵活组构。杨鸿勋推测这座高台很可能是一组对称宫观的西观，它与东观之间还有阁道凌空飞架。不难看出，这是一种不同于"明堂式"构图的高台建筑，为我们展示了高台建筑错落有致、自由灵活的另一种景象。

总的来说，高台建筑无论是"回廊层叠型"还是"层层落地型"，都有一个共同的特点，就是它不同于庭院式组群中单体建筑的离散型格局，而是基于土台的联结，呈现出集聚型的构成形态。实质上它是植根于核心土台、基底土台之上的简易木构。这是当时木架构尚未能达到独立组构大型多层木构的技术条件下，所采取的一种独特的构成方式。这种构成方式充分发挥了土木混合构成中的土的作用，运用当时成熟的夯土技术和大量奴隶劳动的充足劳力资源，筑造了大尺度的核心土台、基底土台。这样就把原本需要的大体量庞杂木构打散，分解为台顶的堂榭与四周的台侧"广屋"、"广廊"，大大化解了木技术的复杂性。特别是"层层落地型"，台侧廊屋背靠台体墉壁，只需要单层单坡的披檐木构就能解决。台顶堂榭殿屋也只需要建造尺度不大的一、二层主体房屋，木构技术也很简单。这方面它比"回廊层叠型"在打散木构上更为彻底，更具典型性。这是用成熟的土技术来弥补尚属初期发展的木楼阁技术的局限，创造了在当时条件下的辉煌巨构。

高台建筑也是建筑空间与建筑实体的统一体。显而易见，在高台建筑中，夯土阶台占据了很大的比重，这些土台基本上是实心的，只有少数土台挖出局部的地下空间。因此，夯土阶台都属于"有"，可以说在高台建筑的"有、无"构成中，达到了"有"的极致。而高台建

[①] 参见杨鸿勋.建筑考古学论文集[M].北京：文物出版社，1987：153-168.

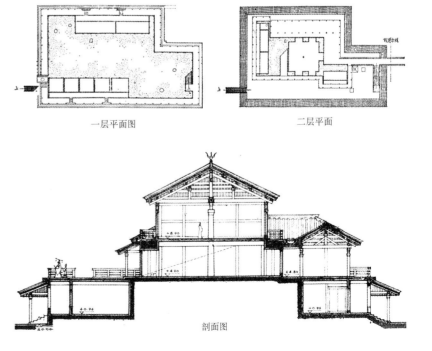

图6-2-14 杨鸿勋复原的秦咸阳1号宫殿
引自杨鸿勋.建筑考古学论文集.北京：文物出版社，1987.

筑中，作为建筑空间的"无"，则呈现出两种状况：一是其内部的可居可用空间甚少，存在着明显的"无"的欠缺。大尺度的实心夯土阶台没有提供大尺度的内部空间，高台建筑的内部空间仅仅与其小体量的木构实体相关联，建筑整体超大体量的"有"与其内部空间窄小零散的"无"极不相称；二是其外部空间由于高台建筑的高大形象而取得宏大的组群空间效果，这里的"无"与"有"是相称的。高台建筑在这方面显现出极大的潜能。在汉长安明堂建筑中，我们看到居于中心的高台主体建筑，它不是孤零零地，在它的外围，有每面长达235米的方形宫墙，四面宫墙中部各辟一座宫门；宫墙四隅各有一组曲尺形的、边长47米的转角庑廊；宫墙外围还环绕一圈圜形水沟，构成"环如璧、雍以水"的形象，用以表征"辟雍"。这样的格局就大大放大了明堂的整体形象，它们组成了庞大、规整、极富礼仪性、纪念性的壮阔空间，充分展现出高台建筑创造巍峨形象、组构宏大组群空间的表现力（图6-2-15）。高台建筑组群也可以由多座高台组合而成。在秦咸阳宫1号遗址，我们可以看到由飞阁复道相连而形成二元构图的高台建筑组合（图6-2-16）；在中山王陵，还可以看到按"兆域图"复原的一排联列五座享堂的高台建筑组合（图6-2-17、6-2-18）；而在王莽九庙中，由主体高台与四方宫墙组构的明堂式祖庙，竟然呈现12组庙堂的大集结，它们构成了以高台为主角的超大型祖庙群（图6-2-19），更是把高台组群的恢宏巨构表现得淋漓尽致。

可以说高台建筑创造了中国土木混合结构的一大奇迹，在初期木楼阁技术水平的制约下能产生这样的建筑巨构实在令人叹为观止。但是，高台建筑的"有"的极致也是它的致命缺憾。巨大的夯土台体从远距离运土到高强度夯筑，都是巨大的人力物力投入。它虽然可以组构恢宏的建筑外部空间，却只能获得有限的、打散的建筑内部空间。在高台建筑中，满足外部观瞻的精神性功能空间取得极为壮观的效果，而满足室内栖居的物质性功能空间却受到极大的局限，因而注定了高台建筑利于张扬室外组群

图6-2-15 汉长安明堂辟雍总体复原图显示出宏大的组群空间
引自刘敦桢．中国古代建筑史．北京：中国建筑工业出版社，1984．

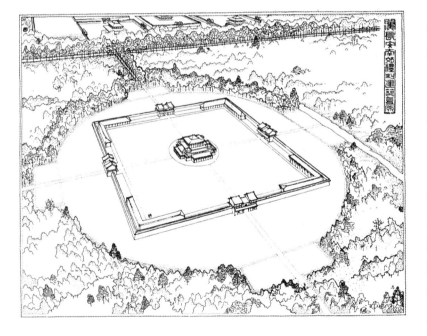

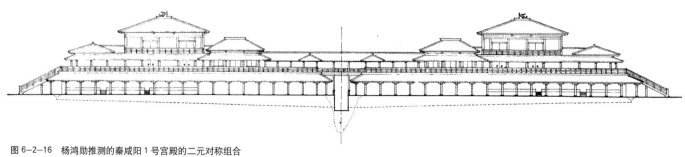

图6-2-16 杨鸿勋推测的秦咸阳1号宫殿的二元对称组合
引自杨鸿勋．建筑考古学论文集．北京：文物出版社，1987．

第六章 高台建筑："有"的极致

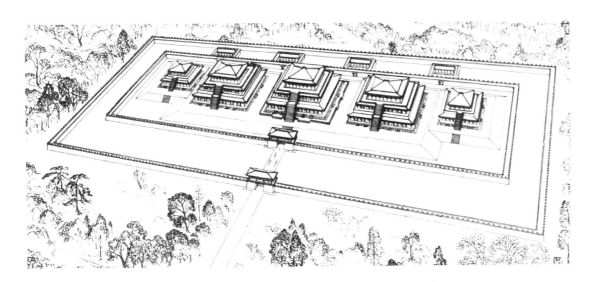

图 6-2-17 傅熹年复原的战国中山王陵兆域总体鸟瞰图
引自傅熹年建筑史论文集.北京：文物出版社，1998.

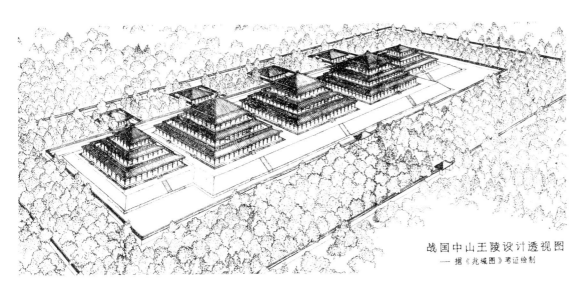

图 6-2-18 杨鸿勋复原的战国中山王陵兆域总体鸟瞰图
引自杨鸿勋.建筑考古学论文集.北京：文物出版社，1987.

图 6-2-19 杨鸿勋复原的王莽九庙鸟瞰图
引自杨鸿勋.宫殿考古通论.北京：紫禁城出版社，2001.

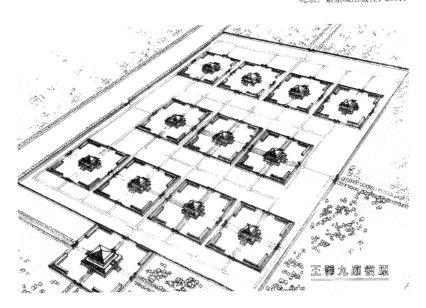

空间，不利于获取室内空间的非实用品格。它不适用于节约型的、讲求物质功能实效的实用性建筑，只适用于奢华型的极度追求精神功能的礼制性、纪念性、休闲性建筑。正因此，高台建筑不可能普及到建筑的各个类型，不适宜用于社会下层的民间建筑，而只能局限于社会上层的某些建筑领域。高台建筑的这种"有"的极致和内部空间的"无"的缺欠，面向外部空间的精神性功能的高扬和面向内部空间的物质性功能的缺憾，严重局限了它的生命力，使它在经历战国极盛期之后，从秦、汉开始，就呈现出转型的趋势。

三　高台建筑转型之一：陛台

高台建筑转型从阿房宫就已显现。对于阿房宫，我们都有来自两篇文章所形成的朦朦胧胧印象：其一是杜牧的《阿房宫赋》，这篇脍炙人口的文章对阿房宫作了如下的表述：

> 五步一楼，十步一阁，廊腰缦回，檐牙高啄。各抱地势，钩心斗角。盘盘焉，囷囷焉，蜂房水涡，矗不知其几千万落。长桥卧波，未云何龙？复道行空，不霁何虹？高低冥迷，不知西东……楚人一炬，可怜焦土。①

其二是司马迁在《史记·秦始皇本纪》的表述：

> 乃营作朝宫渭南上林苑中。先作前殿阿房，东西五百步，南北五十丈，上可以坐万人，下可以建五丈旗。周驰为阁道，自殿下直抵南山，表南山之巅以为阙，为复道，自阿房渡渭，属之咸阳，以象天极，阁道绝汉，抵营室也。阿房宫未成；成，欲更择令名名之。作宫阿房，故天下谓之阿房宫。②

这两段文字都是我们耳熟能详的。它很能激发我们对于阿房宫的想象空间。从"东西五百步，南北五十丈"，从"五步一楼，十步一阁"，可以想象它的恢宏气势和奢华景象。这两文的表述也有明显的矛盾。杜牧细致地描述阿房宫的"廊腰缦回，檐牙高啄"，说它"负栋之柱，多于南亩之农夫；架梁之椽，多于机上之工女"，并说阿房宫被项羽一把火烧光。而司马迁则说阿房宫根本没有建成，要等建成之后再选定正式的宫名。

究竟阿房宫是什么样的？它是否建成？是否被火烧焚？这只能通过考古发掘来判断。

中国社会科学院考古研究所在2002年10月至2004年12月，由李毓芳研究员领队，对位于西安未央区赵家堡、聚家庄一带的阿房宫前殿遗址进行了发掘。2003年12月和2005年2月，考古网记者两次采访她，发表了"阿房宫考古取得重要进展"③和"阿房宫遗址考古的重要收获"④两篇报道。2004年11月至2007年底，李毓芳率领考古队又勘探、发掘了阿房宫前殿遗址四周面积达135平方公里的大片地域，确定了阿房宫遗址的范围。中国社会科学院科研局白鹭对刘庆柱、李毓芳进行采访，发表了"尊重历史事实，还历史以原貌——彻底揭开秦阿房宫的神秘面纱"的报道。⑤根据李毓芳先生的这三次谈话，我们获知了阿房宫遗址的一些重要信息：

（1）阿房宫前殿遗址夯土台核定的尺度是，东西长1270米，南北宽426米，现存最大高度（从台的北边缘秦代地面算起）12米左右，夯土台整体面积达54万平方米；

（2）整个夯土台并非全部是人工夯筑的，而是利用龙首原向西南延伸的自然地势，在上面加工夯筑而成；

（3）夯土台北部边缘经过发掘，"自北向南均有收分结构"。这里说的"收分结构"实际上是呈现"阶台"。北边缘中段形成两个台面，东段、西段形成三个台面。这种阶台的尺寸：中段两层，下层台面宽7.85～11.8米，高4.5～4.8米；上层台面宽9.4米，高4.4米。东段、西段三层，下层台面宽8.3米，高3.22米；中层台面宽9.05米，高2.94米；上层台面宽11.5米，高0.7米；

（4）夯土台北部边缘台面内侧有夯土墙遗迹。中段墙宽15米，现存高2.3米，东段、西段墙宽6.5米，现存高2.38米。中段墙体南侧和东段、西段墙体两侧有大量建筑倒塌堆积。前殿东部边缘、西部边缘因有村庄覆盖，未能发掘，当地群众反映此两处曾有南北向土梁及碎瓦片，李毓芳推测夯土台东、西边缘均与北边缘相同，"向内有收分台面，其内侧亦应有夯筑土墙"；这就是说，夯土台的东、西、北三面边缘都有

---

① [唐]杜牧. 樊川文集.
② 史记·卷六：秦始皇本纪.
③ 阿房宫考古取得重要进展[EB/OL]. 中华五千年，网站专稿，2004-10-20. http://www.zh5000.com/newonlin/200410/200410-0012.htm.
④ 阿房宫遗址考古的重要收获[EB/OL]. 中国考古网，2005-04-25. http://177kaogu.
⑤ 白鹭. 尊重历史事实、还历史以原貌[EB/OL]. 中国社会科学院科研局/学部工作网站. 2009-12-30. http://kyj.cass.cn/1878htm.

阶台和土墙；

（5）夯土台南缘，经发掘未见阶台和土墙，均为踩踏的路土。李毓芳认为，这是因为夯土台用土是从南面运到北面，再从北面开始往南逐渐夯筑，因工程尚未完成，南墙还没有建，南侧的路土还没有妥善处理；

（6）夯土大台上面没有发现秦代宫殿建筑遗迹，既未发现秦代宫殿建筑的瓦当，也未发现秦代的殿址、壁柱、明柱、柱础石及廊道、散水、窖穴、排水设备等；

（7）对阿房宫前殿遗址，试掘和发掘了3000平方米，勘探面积350000平方米，未发现一处在当时被大火焚烧过的痕迹。

（8）经过2004年11月至2007年底的发掘，确定阿房宫遗址范围的西界、东界、北界和南界，就是阿房宫前殿遗址夯土台的西边缘、东边缘、北边缘和南边缘。

综合考古发掘情况，李毓芳明确指出："阿房宫前殿没有建成"。她还从修建时间上作了分析，阿房宫始建于秦始皇三十五年（公元前212年），公元前210年秦始皇死于东巡途中，阿房宫工程停止，全部人夫抽去修建陵墓。秦二世元年（公元前209年），阿房宫复工，到公元前207年二世自杀，阿房宫工程就完全终止了。前后施工只有短短的不到4年时间，能完成前殿54万平方米、高达12米的夯土台体，已属不易。

由此我们知道，阿房宫前殿原来并未建成，只是完成了带三面阶台的夯土台体和台上东、北、西三面的围墙，台上建筑尚未启动。《史记·秦始皇本纪》说"阿房宫未成"，这个说法是准确的。杜牧《阿房宫赋》的描述完全是后代文人的一种想象性发挥。阿房宫前殿并未完成，因此更不存在被项羽烧焚的事。应该说它是中国建筑史上的一座未完成的巨构，有人戏称它是中国历史上最大的"烂尾楼"。现考古发掘的这个夯土台体为东西长1270米，南北宽426米。李毓芳称它为"阿房宫前殿遗址"。实际上它比《史记》说的阿房宫前殿"东西五百步（合今693米）、南北五十丈（合今116.5米）"大得多。李毓芳在进一步发掘后确定，这个夯土台的四向边缘，就是阿房宫的四向范围。按这样的说法，这一大片夯土台也就是整个阿房宫遗址。

我们在这里看到了一个特大型的夯土台体。它的台体尺度远远超过春秋战国时期的高台。它的周边仍呈现着夯土阶台。按照北侧发掘所见的阶台尺度，阶台旁侧都适合容纳"广屋"，只是还没来得及建造。它的台顶尺度被极度地放大了，巨大的台体顶面可以容纳一组包括"前殿"在内的超大型的殿屋群组而不是单一的主殿堂组合体。这已经不是春秋战国的那种高台建筑形式，而是高台建筑的一种转型形态了。原先高台建筑中的基底台体、核心台体，在这里变成了整体提升的超大土台；原先的周边阶台，在这里虽然还存在着，但是被极度边缘化了，只能说还遗留着高台建筑的这一点遗风，整个台体与原先的"台榭式土台"已经不可同日而语了。

我们不了解夯土台边缘何以出现"墙体"，更不了解巨大台体顶面如何分布建筑，未完工的阿房宫前殿给予我们的信息缺损是令人遗憾的。幸运的是，这个遗憾可以在汉长安未央宫前殿遗址得到部分的弥补。

未央宫前殿建于汉高祖七年（公元前200年），只比阿房宫始建晚12年。它由丞相萧何主持监造。遗址在今西安市未央区未央宫乡。基址平面为长方形，南北长400米，东西宽200米。《水经注》说萧何建未央宫前殿是"斩龙首山而营之"，"山即基阙，不假筑"。[①] 与阿房宫前殿的做法一样，它也是利用丘陵地段的台地，添加夯土构筑成台。基址地势南低北高，南端高出今地面0.6米，北端高出今地面15米。基址上形成南低北高的三个台面。考古发掘南

---

① 水经注·渭水.

① 刘庆柱，李毓芳. 汉长安城[M]. 北京：文物出版社，2003：60-62.
② 杨鸿勋. 宫殿考古通论[M]. 北京：紫禁城出版社，2001：232-237.
③ 汉书·高帝纪.
④ 刘敦桢全集·第一卷[M]. 北京：中国建筑工业出版社，2007：97.
⑤ 梁思成文集三[M]. 北京：中国建筑工业出版社，1985：25.

部台面上有一东西 79 米、南北 44 米的殿堂基址，中部台面上有一东西 121 米、南北 72 米的殿堂基址，北部台面上有一东西 118 米、南北 47 米的殿堂基址，北台北端另有一东西 143 米、南北 16 米的后阁基址。三个台面均有显著高差，中部台面比南部台面高 3.3 米，北部台面比中部台面高 8.1 米，后阁基址比北部台面高 3 米。前殿遗址的西南角也进行了发掘，在南北长 128 米、东西宽 13.8~15.4 米的发掘区内，掘出 46 间房址。其中 43 间房址为南北排列，坐东面西，背贴大台西壁；三间房址为东西排列，坐北朝南，背贴大台南壁（图 6-3-1）。①

在这里我们看到了又一个高台转型的重大工程。未央宫前殿与阿房宫应该说是同一类型的构成形态。它们都是利用天然台地补加夯土筑构成台，都呈现超大的大台台面，都延续着高台建筑的阶台"广屋"构筑。不同的是，阿房宫是东西横长的台体而未央宫前殿是南北纵长的台体。未央宫前殿的尺度虽然仅及阿房宫的 1/7，但仍然是个巨大的土台。

未央宫前殿遗址为我们提供了台上建筑分布的珍贵信息。杨鸿勋依此作了复原设想图（图 6-3-2）。整个台面由三座主体殿堂和后部的后阁，以及环绕的门殿、庑廊组成多进院的庞大组群。台侧四周环布"广屋"披檐，阶台和"广屋"的层数，由南向北由一层递增至三层。②

这的确是一个极壮观的宫殿核心组群，难怪汉高祖刘邦"见其壮丽"，怒问萧何："天下匈匈数岁，成败未可知，是何治宫室过度也"？萧何答曰："天子以四海为家，非壮丽无以重威，且无令后世有以加也"。③萧何的这句名言道出了中国人对建筑艺术显赫皇权威势的审美早熟认识，未央宫正是基于这样的审美追求所创造出的奇迹。元人李好问曾经写道："予至长安，亲见汉宫故址，皆因高为基，突兀峻峙，萃然山出，如未央、神明、井干之基皆然，望之使人神志不觉森竦，使当时楼观在上，又当如何？"这段话是刘敦桢先生在《大壮室笔记》中引用的。④后来梁思成先生在他所著的《中国建筑史》中也引用了这段话，并加上一句批语："此崇台峻基所观者对于整个建筑之印象，盖极深刻也"。⑤

这正是这种转型高台蕴涵的创造辉煌巨构的潜能。对于未央宫前殿上的建筑尺度，我们现在还不是很明白，台上三个主体殿堂的基址面积分别是 3476 平方米，8280 平方米，4230 平方米。如果拿它与唐大明宫含元殿的 1966 平方米和清代最大木构殿座太和殿的 2002 平方米相比，这三座基址就实在太大了。当时有必要造这么大的内部空间吗？当时的木构技术能建造这么大的殿座吗？这些暂且存疑。但有一点是明确的，就是现存前殿遗址台面上的这三个主体殿堂基址，自身并没有另加夯土阶台。它不像中山王陵坐落在"丘"平台上的 5 座享堂，每座享堂自身均有夯土阶台。因此可以认定三座主体殿堂自身都是不带核心土台、基底土台

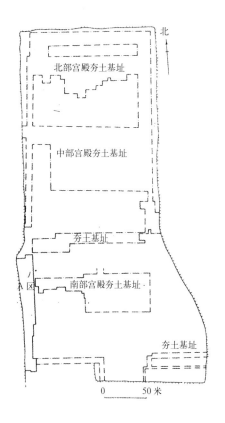

图 6-3-1 未央宫前殿遗址平面示意图
引自刘庆柱，李毓芳. 汉长安城. 北京：文物出版社，2003.

的木构殿座。这样，前殿大台上的组群已是庭院式布局的离散型的建筑格局。至此，转型的高台建筑已经向着离散型的庭院式组群回归，只是它还坐落在带有边缘化阶台"广屋"的大夯土台上。

相对于原先的高台建筑，未央宫前殿的阶台"广屋"与阿房宫前殿一样，被明显地边缘化了。它只是前殿大台的一种边缘构成，它所提供的长列小空间廊屋主要作为卫士值房和杂役人员居室，以及库房之类。台侧广屋已经远离台顶主体殿屋，已经不再参与高台主体建筑集聚型形象的构成。前殿的建筑形象已经从原先高台的集聚型特征转型为带有庭院式布局的离散型特征。

刘敦桢曾指出，汉代建筑"殿之基有二，下曰坛陛，上曰阶。未央诸宫皆截土山为基，坛必甚高……"①傅熹年也指出："汉制，殿下有二层台基，上层为阶，下层为陛，见挚虞《决疑要注》。建在台顶之殿，本身有台阶，所在之台即为陛"。②由此我们知道，未央宫前殿大台，就是"陛"。这样的大台，可以称为"陛台"。这个"陛台"是已经转型了的高台，我们不宜再笼统地称之为"高台建筑"，它应该有一个更确切的名称——"陛台建筑"。

四 高台建筑转型之二：墩台

高台建筑并非只朝向"陛台建筑"转型，它还向着另一种形态——"墩台建筑"转型。

如果说"陛台"的特点是台体的超尺度扩大，仍保持被边缘化的周边阶台及其木构"广屋"，而将台顶木构扩展为离散型的庭院式组群；那么"墩台"建筑的主要特点则是消除了作为高台特征的周边阶台及其木构"广屋"，台体成了高高挺立的直壁墩台，台顶上耸立或大或小、或聚合或散立的亭榭殿屋。

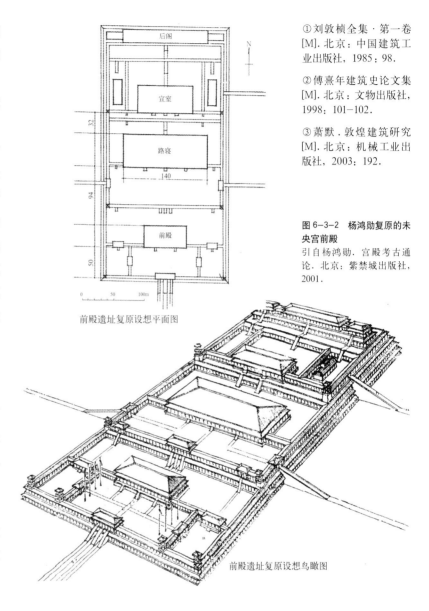

图6-3-2 杨鸿勋复原的未央宫前殿
引自杨鸿勋. 宫殿考古通论. 北京：紫禁城出版社，2001.

前殿遗址复原设想平面图

前殿遗址复原设想鸟瞰图

① 刘敦桢全集·第一卷[M]. 北京：中国建筑工业出版社，1985：98.

② 傅熹年建筑史论文集[M]. 北京：文物出版社，1998：101-102.

③ 萧默. 敦煌建筑研究[M]. 北京：机械工业出版社，2003：192.

墩台有几种不同类别：

第一种是台上建单一亭榭的"亭台"。我们从敦煌壁画中可以看到这种"亭台"的形象。敦煌北周第296窟善事太子入海故事画中，画面上有一组宫殿，四周宫墙环绕，院内正中突起一座长方形平面的亭台。台体正面设登台踏道，台顶四周设勾栏，台上建一歇山顶建筑（图6-4-1）。③这就是一种"亭台"。这种亭台常常对称地出现在主体建筑的两侧。敦煌盛唐第217窟观无量寿佛经变中的佛寺，佛殿两侧有对称地耸立两座亭台，台体形式相同，台壁贴

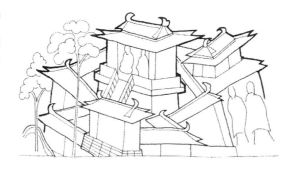

图 6-4-1 敦煌北周第 296 窟壁画中的亭台形象
引自萧默. 敦煌建筑研究. 北京：机械工业出版社，2003.

图 6-4-2 敦煌盛唐第 217 窟壁画中的亭台形象
引自萧默. 敦煌建筑研究. 北京：机械工业出版社，2003.

图 6-4-3 敦煌第 217 窟壁画中的钟楼亭台
引自萧默. 敦煌建筑研究. 北京：机械工业出版社，2003.

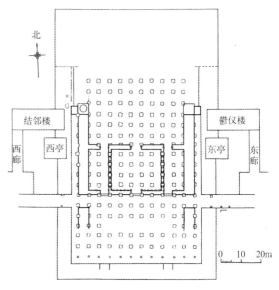

图 6-4-5 唐大明宫麟德殿遗址平面图. 大殿两侧有东亭、西亭墩台遗存
引自刘敦桢. 中国古代建筑史. 北京：中国建筑工业出版社，1984.

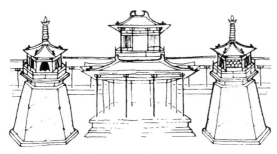

图 6-4-4 敦煌盛唐第 91 窟壁画中的亭台形象
引自萧默. 敦煌建筑研究. 北京：机械工业出版社，2003.

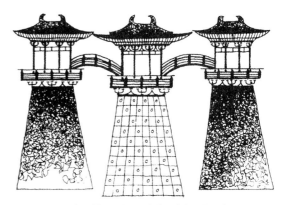

图 6-4-6 敦煌初唐第 431 窟壁画中的三座亭台并列的图像
引自萧默. 敦煌建筑研究. 北京：机械工业出版社，2003.

方形面砖，台顶斗栱平坐勾栏上建攒尖顶方亭（图 6-4-2）。东亭封闭，看不见内部，应该是藏经楼。西亭用作钟楼，亭内悬钟，一僧人正在撞钟。两台南壁均辟门。台体中空，可由台内踏道登台。这种中空的台体，还可以起到钟的共鸣腔作用（图 6-4-3）。[①]敦煌盛唐第 91 窟经变壁画中的佛寺，也同样在佛殿两侧对称地矗立两座六角形的亭台，也是东亭藏经，西亭作钟楼（图 6-4-4）[②]，表明这可能是当时佛寺的常规格局。在唐长安大明宫麟德殿组群遗址中，也可以看到在主殿两侧对称峙立的"东亭"、"西亭"一对亭台台址（图 6-4-5）。这种亭台尺度不是很大，可以灵活地组成台组。敦煌初唐第 431 窟经变中有三台联列并峙，连以拱形飞桥的亭台组合体图像（图 6-4-6）。[③]这类亭台的点缀，有效地添增了大型宫殿、苑囿、寺院组群的丰富组合。

第二种墩台是用作观景建筑的"楼台"。宋

[①] 参见萧默. 敦煌建筑研究[M]. 北京：机械工业出版社，2003：192.

[②] 参见萧默. 敦煌建筑研究[M]. 北京：机械工业出版社，2003：192.

[③] 参见萧默. 敦煌建筑研究[M]. 北京：机械工业出版社，2003：192.

图6-4-7 (左) 宋画《滕王阁图》
转引自刘敦桢. 中国古代建筑史. 北京：中国建筑工业出版社, 1984.

图6-4-8 (右) 宋画《黄鹤楼图》
转引自刘敦桢. 中国古代建筑史. 北京：中国建筑工业出版社, 1984.

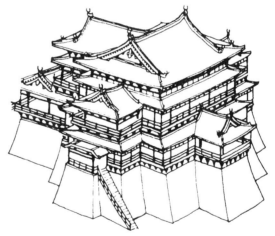

滕王阁

图6-4-9 (左) 元画《岳阳楼图》
转引自潘谷西. 中国美术全集·建筑艺术编 3·园林建筑. 北京：中国建筑工业出版社, 1991.

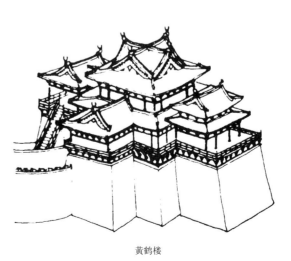

黄鹤楼

图6-4-10 滕王阁与黄鹤楼的线条示意图
引自刘敦桢. 中国古代建筑史. 北京：中国建筑工业出版社, 1984.

画《滕王阁图》中的滕王阁（图6-4-7），宋画《黄鹤楼图》中的黄鹤楼（图6-4-8）和元画《岳阳楼》中的岳阳楼（图6-4-9），是这种楼台建筑的典型形态。刘敦桢主编的《中国古代建筑史》上绘有滕王阁和黄鹤楼清晰的线条示意图（图6-4-10）。它们的共同特点是：都有高高凸起的墩台；都在墩台平坐上建聚合的大体量木构楼阁。滕王阁以丁字相交的带重檐歇山的纵横两座楼阁为主体，左右出两层高的单檐歇山配阁，阁前腰檐伸出单层歇山抱厦，阁后三面环绕歇山回廊；黄鹤楼以两层的平面方形、带十字歇山顶的楼阁为主体，下层腰檐

图 6-4-11 坐落在墩台上的北京北海团城
引自建筑工程部建筑科学研究院建筑理论及历史研究室. 北京古建筑. 北京：文物出版社，1959.

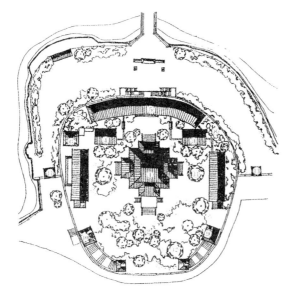

图 6-4-12 北京北海清初团城平面图
引自汪菊渊. 中国古代园林史上卷. 北京：中国建筑工业出版社，2006.

左右伸出歇山面向前的抱厦，前后方分别以中廊连接重檐歇山前楼和单檐歇山后楼。滕王阁在江西南昌赣江边岸，黄鹤楼在湖北武昌长江南岸，它们都处在佳丽的风景胜地，都有流通的空间和开阔的视野，都适于登楼远眺，荡涤胸怀，都是绝妙的观景建筑。它们都以多样的殿屋组合，丰富的飞檐转角，层层的腰檐平座，打碎庞大的楼台体量，以优美的风姿嵌入大自然中。它们成了中国古代面向公众的、极具人文品格的公共性景观建筑。

第三种墩台是台上呈现殿屋组群的"殿台"。台体本身是直壁的、不带阶台的墩台，台上建的不是单一的亭榭，也不是集结的楼阁，而是形成组群的殿屋、殿阁。如果说亭台是小型墩台，楼台是中型墩台，那么殿台则是大型的墩台。著名的曹魏邺城铜雀三台就属于这一类。左思《魏都赋》张载注说：

> 铜爵园西有三台，中央有铜爵台，南侧金虎台，北侧冰井台。（铜爵台）有屋一百一间，金虎台有屋一百九间，冰井台有屋一百四十五间，上有冰室。三台与法殿皆阁道相通。[①]

现铜雀台台址仅存东南角，残迹南北50米，东西43米，高4～6米；金虎台现存台址，南北120米，东西71米，高12米。[②] 可以看出其台体是比较大的。遗址出土有石雕螭首，杨鸿勋分析说：

> 铜雀三台安装螭首，应是位于台顶周边，与石栏杆配套安置的。据此可知，大台处理一如裸露的城门墩台，并不像先秦到西汉所流行的采用瓦屋庇檐的外廊来围护大台。[③]

这个铜雀三台正是这样的"殿台"。明清时期北京北海的团城，在一个大型圆墩台上，坐落着承光殿、玉瓮亭、古籁堂、敬跻堂、余清斋和镜澜亭等建筑，应该说也是这样的"殿台"（图6-4-11、6-4-12）。它们都已经不是台榭式的

①［晋］左思. 魏都赋. 张载注. 文选·卷六.

②参见杨鸿勋. 宫殿考古通论[M]. 北京：紫禁城出版社，2001：344.

③参见杨鸿勋. 宫殿考古通论[M]. 北京：紫禁城出版社，2001：345-346.

第六章 高台建筑："有"的极致

图 6-4-13 敦煌初唐第 121 窟壁画中的门台图像，图为一门道的城门台
引自萧默. 敦煌建筑研究. 北京：机械工业出版社，2003.

图 6-4-14 敦煌晚唐 9 窟壁画中的门台图像
引自萧默. 敦煌建筑研究. 北京：机械工业出版社，2003.

图 6-4-15 敦煌晚唐第 138 窟壁画中的门台图像. 图为五门道城门台. 两侧有朵台
引自萧默. 敦煌建筑研究. 北京：机械工业出版社，2003.

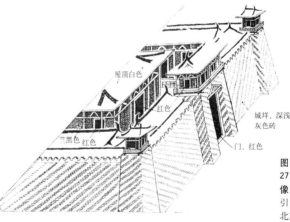

图 6-4-16 麦积山石窟第 27 窟北周壁画中的角台图像
引自傅熹年建筑史论文集. 北京：文物出版社，1998.

高台建筑，而是高台转型的墩台建筑。

应该指出的是，还存在着另一类并非由高台转型的"墩台建筑"，那就是与城墙相联结的"城台"。城台有城门台、角台、朵台、阙台等类别。都城、宫城、府城等各种类别的城都有特定的防御性要求，都需要高尺度的城墙，这决定了与高墙毗连的城门台、角台、朵台、阙台都必然带有高高的墩台。城门墩台上建楼，最晚在春秋时代已经出现。《越绝书》载：

"吴大城周四十七里二百一十步三尺，陆门八、其二有楼……吴小城周十二里，其下广二丈七尺，高四丈七尺。门三，皆有楼"。[①]

敦煌壁画中可以看到北周、初唐、盛唐、中唐、晚唐、五代等不同时期的门台、门楼图像。这些城门墩台平面多为矩形，有一道、二道、三道、四道、五道等不同门道（图 6-4-13、6-4-14、6-4-15）。门楼多为一层，个别呈现两层。多数都是面阔三间、进深二、三间、带四阿顶或九脊顶的门楼。有的门楼带有左右挟屋，挟屋墩台可以与主楼墩台统成一体，也可以收窄成为主墩台的附台。五道门道是最高规格的城门台。唐长安外廓正门明德门，墩台辟出五个门道，城楼达到十一开间，充分展示出都城正门的宏大气概（参见图 5-1-48）。

角台的图像从麦积山石窟西魏、北周壁画和敦煌晚唐壁画上都能看到（图 6-4-16、6-4-17），墩台平面有矩形的，也有六角或八角形的。

麦积山石窟第 127 窟西魏壁画上的一组宫

[①] 越绝书·记吴地.

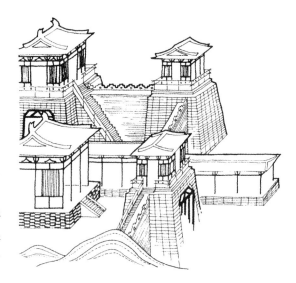

图 6-4-17 敦煌第 9 窟晚唐壁画中的角台图像
引自萧默. 敦煌建筑研究. 北京：机械工业出版社，2003.

图 6-4-18 麦积山石窟第 127 窟西魏壁画中的城门台、角台、朵台、阙台图像
引自傅熹年. 中国古代建筑史. 第二卷. 北京：中国建筑工业出版社，2001.

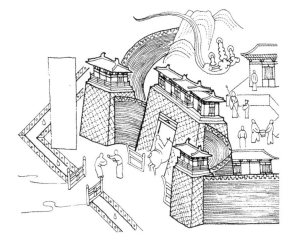

图 6-4-19 敦煌晚唐第 9 窟壁画中的阙台图像
引自萧默. 敦煌建筑研究. 北京：机械工业出版社，2003.

① 参见萧默. 敦煌建筑研究 [M]. 北京：机械工业出版社，2003：98–102.

的"朵台"位于门台两侧，台上立着"朵楼"；"阙台"分立于朵台前方，组构成峙立的双阙。敦煌晚唐第 138 窟壁画上也有五门道门台两侧配置"朵台"的形象。萧默曾论析，在敦煌晚唐第 9 窟壁画中，这对"朵台"向前凸出，转化为阙台，由此逐步演进成为后来的凹形门阙（图 6-4-19）。①

这些城门台、角台、朵台、阙台自身都呈现"墩台"的形态，它并非高台建筑的转型，但是与高台建筑转型的"墩台"形成了同构，融汇成了同一类型，也成了墩台构成的一大分支。

这几类墩台建筑，都凸显出"墩台"的"有"的分量。墩台上的殿屋亭阁已经完全是木构架的建筑体系，只是比常规的木构架建筑多了一个极度加高的台墩。这也意味着转型的高台建筑向木构架体系建筑的回归。应该指出的是，这个颇具分量的墩台毕竟是不带内部有效空间的实体，为此，亭台、楼台和殿台后来都趋于淘汰，而城台则由于墩台防御性功能的不可欠缺而呈现久远的生命力。特别是其中的城门台，无论是在都城、府城、县城、宫城，以至于陵墓中的宝城，皇家园林中的宫墙和景区的园墙，只要存在着高墙，就伴随着城门台的存在。沈阳清福陵、清昭陵，由于陵区主体——隆恩殿所在的庭院做成"方城"，四围都是城墙似的高墙，它的隆恩门也一反常规的戟门型门座形态，成了高高耸立的城门台建筑（图 6-4-20），方城四角也添加了高高耸立的城台型角楼（图 6-4-21）。应该提到的是，这种高高耸立的城台实际上扮演着中国古代城市令人瞩目的重要角色。它不仅是中国古代显赫的城市门面，也是城市轮廓的制高点。北京内城、外城的一座座城门，都在高高的城门墩台上耸立"三滴水"的、带重檐歇山顶和平坐腰檐的两层城楼（图 6-4-22），它们组构了都城的雄伟、壮观气派。组合进中华人民共和国国徽中的天安门，也正是这样的城门台建筑；创造了极隆重、极威严

城很值得注意（图 6-4-18）。这个宫城三面辟门，画面上不仅标示出三面城门台，四隅角台，还有与城门台配伍的三组"朵台"和"阙台"，可以说是集中地展现出南北朝的城台大观。这里

第六章 高台建筑:"有"的极致

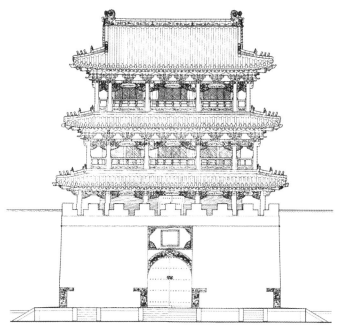

图 6-4-20 沈阳清福陵隆恩门
哈尔滨建筑工程学院建筑 82 班测绘

永定门城楼

图 6-4-22 北京内城、外城城门
引自 MC SYSTEM 故园忆旧.gyhj.com.cn

崇文门城楼

图 6-4-21 沈阳清福陵角楼
哈尔滨建筑工程学院建筑 82 班测绘

1860 年的安定门城楼与箭楼

的北京紫禁城正门——午门,也是由阙台组合演进的城门台,它们充分展示了墩台建筑厚重的艺术表现潜力。

五 高台建筑"活化石"

在高台建筑向陛台建筑、墩台建筑转型的同时,有一支特殊的礼制建筑——明堂、辟雍、

① 参见王世仁建筑历史理论文集[M]. 北京：中国建筑工业出版社，2001：15.

② 参见王世仁建筑历史理论文集[M]. 北京：中国建筑工业出版社，2001：15.

③ 魏书·释老志·卷一一四.

④ [北魏] 郦道元. 水经注·卷十六：谷水.

⑤ [北魏] 杨衒之. 洛阳伽蓝记·卷一：永宁寺.

⑥ 中国社会科学院考古研究所. 北魏洛阳永宁寺（1979—1994年考古发掘报告）[R]. 北京·上海：中国大百科全书出版社，1996.

灵台和太庙，仍在执著地延承高台建筑的形态。西汉长安明堂、王莽长安九庙都是地道的高台建筑，东汉洛阳明堂、东汉洛阳灵台仍然是高台建筑的延续。但是这情况到东汉以后就起变化了。建于北魏孝文帝太和十年（486年）的代京明堂，已经没有高台，而是直接建于台基之上的一座大殿，殿内按"井"字形分隔出九室。① 宋、齐、梁、陈的明堂也都是十二间大殿的形态。② 这意味着在东汉之后，以土台为中心，四周沿台建"广屋"、"广廊"的高台建筑，在明堂之类最执著延承古制的礼制性建筑中，也退出了历史舞台。

高台建筑退出历史舞台，不等于说高台建筑的构成方式、结构形态就完全绝迹。在一些特定情况下，还能看到它的踪影。

著名的北魏洛阳永宁寺塔可以说是这方面的典型例子。

北魏永宁寺塔于孝明帝熙平元年（516年）始建，神龟二年（519年）建成。这座塔在中国建筑史上以其惊人的高度著称。《魏书·释老志》说：

熙平中，于城内太社西，起永宁寺。灵太后亲率百僚，表基立刹，佛图九层，高四十余丈，其诸费用，不可胜计。③

《水经注·谷水》说：

水西有永宁寺，熙平中始创也，作九层浮图，浮图下基方一十四丈，自金露槃（盘）下至地四十九丈，取法代都七级而又高广之。④

《洛阳伽蓝记》说：

永宁寺，熙平元年灵太后胡氏所立也……中有九层浮图一所，架木为之，举高九十丈。上有金刹，复高十丈，合去地一千尺……浮图有四面，面有三户六牖，户皆朱漆，扉上各有五行金铃（钉），合有五千四百枚……⑤

1981年，中国社会科学院考古研究所洛阳工作队发掘了位于永宁寺遗址中心的佛塔基址，1981年在《考古》1981年第三期发表了《北魏永宁寺塔基发掘简报》，1996年出版了《北魏洛阳永宁寺》（1979～1994年考古发掘报告）专著。⑥

从《简报》、《报告》知道，永宁寺塔塔基有上下两层夯土，下层夯土东西长101.2米，南北宽97.8米，厚度超过2.5米，是地平面以下的基础部分。上层四周包砌青石，长宽均为38.2米，高2.2米，是地面以上的台基部分。台基四面正中，各有一条斜坡慢道（图6-5-1）。

上层台基上有124个方形柱础遗迹。这些柱础呈内外5圈同心正方形布列。最内一圈16个，4柱一组，分布四角；第二圈12个，每面4柱；第三圈20个，每面6柱；第四圈28个，每面8柱；第五圈为檐柱，共48个柱位，每面10柱，另加4个角柱和4个内角附柱。第四圈木柱以内，是土坯垒砌的方形土台实体，残长19.8米，残高3.7米。土台东、西、南三侧面当中五间，各有佛龛遗迹。第五圈檐柱间尚有部分檐墙，墙基遗迹显现塔身每面分为九间，

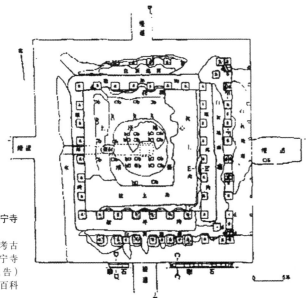

图6-5-1 北魏洛阳永宁寺塔塔基遗址平面图
引自中国社会科学院考古研究所. 北魏洛阳永宁寺（1979-1994年发掘报告）北京·上海：中国大百科全书出版社，1996.

第六章 高台建筑："有"的极致

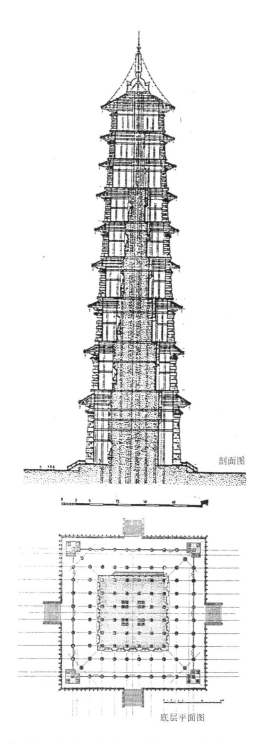

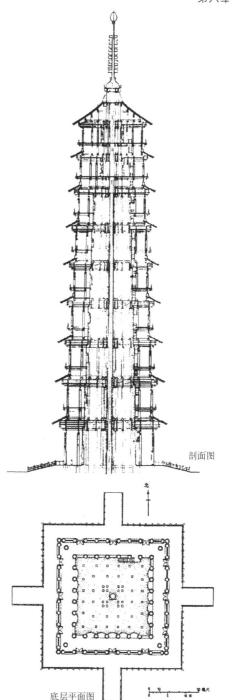

① 参见（1）杨鸿勋. 关于北魏洛阳永宁寺塔复原草图的说明 [J]. 文物, 1992（9）；（2）钟晓青. 北魏洛阳永宁寺塔复原探讨 [J]. 文物, 1998（5）；（3）张驭寰. 对北魏永宁寺塔的复原研究 [M]. 建筑史论文集，第13辑；（4）马晓. 中国古代木楼阁 [M]. 北京：中华书局, 2007：162-167.

② 杨鸿勋. 关于北魏洛阳永宁寺塔复原草图的说明 [J]. 文物, 1992（9）

③ 钟晓青. 北魏洛阳永宁寺塔复原探讨 [J]. 文物, 1998（5）

④ 杨鸿勋. 关于北魏洛阳永宁寺塔复原草图的说明. 文物, 1992（9）；钟晓青. 北魏洛阳永宁寺塔复原探讨. 文物, 1998（5）

图 6-5-2 （左）杨鸿勋复原的北魏洛阳永宁寺塔
引自杨鸿勋. 关于北魏洛阳永宁寺塔复原草图的说明. 文物, 1992（9）

图 6-5-3 （右）钟晓青复原的北魏洛阳永宁寺塔
引自钟晓青. 北魏洛阳永宁寺塔复原探讨. 文物, 1998（5）

分为三组，每组均为中间开门，左右置窗。

杨鸿勋、钟晓青、张驭寰、马晓都对永宁寺塔作过复原探讨（图6-5-2、6-5-3、6-5-4）。① 北魏尺度有前、中、后三种，分别为27.88、27.97和22.59厘米。杨鸿勋、钟晓青都认为基址上层台基长宽38.2米，用北魏前尺＝27.88厘米折算，与《水经注·谷水》说的"浮图下基方一十四丈"，颇为接近，通过分析、调整，杨鸿勋推测此塔当时所用魏尺是1尺＝27.285厘米②，钟晓青推测是1尺＝27.27厘米。③

永宁寺塔的层数，有关文献都明确说是九层浮屠，但是它的高度，文献所说差别很大。《洛阳伽蓝记》说它高"一千尺"，那就相当于270米，这显然是太夸张了。《水经注·谷水》说"自金露盘下至地四十九丈"，这个说法，数字比较具体，而且塔高的上下起止交代得比较明确，《魏书·释老志》所说的"高四十余丈"与此也暗合，杨鸿勋、钟晓青都采纳"四十九丈"之说。④ 这"四十九丈"合133米，加上塔刹，总高约为147米。这个高度是应县木塔的2.2倍。应

中国建筑之道

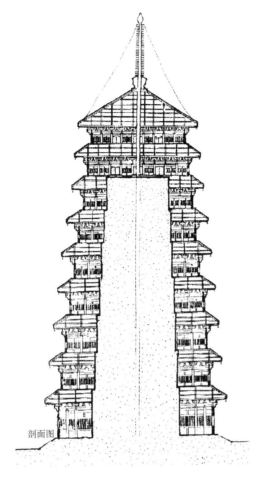

剖面图

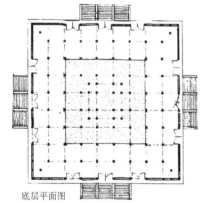

底层平面图

图 6-5-4　张驭寰复原的北魏洛阳永宁寺塔
引自张驭寰. 对北魏洛阳永宁寺塔的复原研究. 建筑史论文集, 第13辑

该说是中国古代一座超高度的建筑工程, 它的建造在结构上的难度之大是可想而知的。

显然, 高达147米的九层塔, 在当时仅用木构是不可能完成的。它实际上用的是土木混合结构。塔内的土坯台体在这里起了重大作用。遗址显示有第一圈、第二圈、第三圈柱网矗立于土台之中, 第四圈柱贴于土台之侧。台体中并有分层平铺条木, 它们构成稳定、坚实的整体阶台。永宁寺的九层塔身木构, 主要依赖这个阶台的支撑、联结, 才能得以完成。因此,

① 参见马晓. 中国古代木楼阁[M]. 北京: 中华书局, 2007: 162-167.

永宁寺塔的复原, 关键在于结构复原, 结构复原的关键, 在于妥帖处理木构与阶台的有机结合。在这方面, 马晓的复原方案显示得很明晰, 准确地体现了这一点（图6-5-5）。[①]他根据基址柱网情况, 作了如下的安排:

（1）塔身第一层檐柱即第五圈柱直接落于上层夯土台基上, 每面九间, 梢间根据柱础遗迹, 各添加一附柱, 呈每面九间十二柱, 内里四角有四根"内角附柱"; 塔心为第一层土台。

（2）塔身第二层檐柱, 立在第五圈柱与第四圈柱之间的梁栿上, 它的四角角柱正好落在一层四角的"内角附柱"上。第二层塔身呈每面九间十柱, 内里形成一圈间柱, 此间柱即立于第一层台侧的第四圈柱上, 塔心为第二层土台。

（3）塔身第三层檐柱, 立于二层塔身间柱上, 也就是通过第二层塔身间柱落于第一层土台边侧。塔身外观每面呈七间八柱。内里也形成一圈间柱, 此间柱立于三圈柱上, 也就是落于第二层土台之上; 塔心为第三层土台。

（4）塔身第四层檐柱, 立于三层檐柱与三层间柱之间的梁栿上, 实际上分别传力到第四圈柱和第三圈柱上, 即第一层土台边侧和第二层土台上。塔身外观每面呈七间八柱, 内里也形成一圈间柱, 此间柱立于三层间柱之上, 即通过三层间柱落于二层土台之上; 塔心为第四层土台。

（5）塔身第五层檐柱, 立于四层间柱上, 通过四层间柱、三层间柱落于二层土台上。塔身外观呈五间六柱。内里也有一圈间柱, 此间柱直接立于第二圈柱上, 即落于第四层土台上; 塔心为第五层土台。

（6）塔身第六层檐柱, 立于五层檐柱与五层间柱之间的梁栿上, 实际上分别传力到第三圈柱和第二圈柱, 即落于第二层土台和第四层土台上。塔身外观呈五间六柱, 内里仍有一圈间柱, 此间柱立于五层间柱之上, 通过五层间柱落于四层土台之上; 塔心为六层土台。

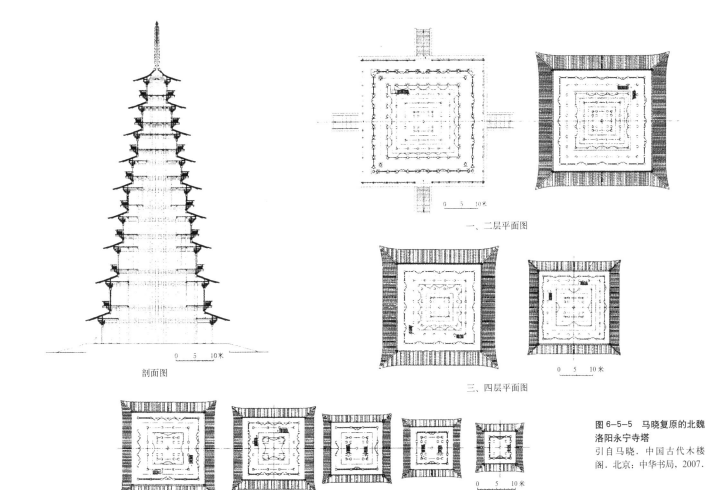

图 6-5-5 马晓复原的北魏洛阳永宁寺塔
引自马晓. 中国古代木楼阁. 北京：中华书局，2007.

（7）塔身第七层檐柱，立于六层间柱上，通过六层间柱、五层间柱，落于四层土台之上。塔身外观呈三间四柱。内里没有土台，内柱显出露明的第一圈柱，共 16 柱，每角一组，每组四柱。

（8）塔身第八层檐柱，立于七层檐柱与内柱之间的梁栿上，实际上分别传力于第二圈柱和第一圈柱，即落于第四层土台和第六层土台之上。塔身外观呈三间四柱，内柱为露明的 16 根第一圈柱。

（9）塔身第九层檐柱，直接立于第一圈柱的外围柱上。外观呈三间四柱，内里显出四根"内角附柱"。

全塔从一层至九层，均设塔心柱，其中一至六层埋于土台中，七、八、九层塔心柱显露于塔心。

马晓复原图的这种结构处理，充分发挥了高台建筑土木混合结构的机能。这里设定了 6 层土台，第一圈柱至第四圈柱都以同心方形聚合于土台。它们形成了瘦高的、带木柱网格的实心土阶台体。这样一个很大、很高的多层土木混合结构的台体，成了整个永宁寺塔坚实、稳定的结构支撑主体。复原方案让这个主体多层土台承担了主要的结构支撑。我们可以看到，从第二层内里间柱开始，三、四、五、六层的檐柱、间柱和七、八、九层的檐柱、内柱，实际上都传力到各层土台之上。全塔虽然高达 9 层，而这里的木构最多只承担三层半的垂直荷载。处于九层塔檐最底部的一层塔身檐柱，如果层层传力下压，那肯定是不堪重负的。而在马晓方案的传力系统中,它实际上只承载一层檐部和二层廊檐一半的传力,成为如同"广廊"的简易结构。这个塔的基址有一点非常值得注意,发掘报告中提到:

> 清理发现,土坯方形实心体内诸柱……柱下置青石柱础。础石皆方形,长、宽各1.2米、厚0.6米,而且全部是三石叠置。第四圈柱,因是明柱,木柱无存,础石俱失,由现场残存遗迹判断,各础位也应是三个础石叠置。第五圈柱,为环塔心殿堂式回廊檐柱,柱下只铺一块础石,现木柱无存,础石大多已失。①

这表明全塔木柱础石,一、二、三、四圈柱均为"三石叠置",只有第五圈柱(即塔身第一层檐柱)用"一块础石"。这一点明确地显示,一层檐柱受力很轻,马晓的复原方案正符合这样的传力关系。

应该说,在公元6世纪初,能够建造像永宁寺塔这样的超高层建筑,确是充分发挥了高台方式的土木混合结构的潜能。看上去,它和春秋、战国时代的那些高台建筑不同,外观的显现如同一座木塔,而实际上它完全是一座瘦型的高台建筑。由于瘦型,它的阶台不能向横向舒展,不适于做成"层层落地"型。它完全是一座"回廊层叠"型的高台。这里呈现着九层的回廊层叠。但是,从力的传递上,并非从第九层、第八层一直层压到第一层,那是木构自身难以承受的。它的层叠被分解了。第三层檐廊被传力到第一层台侧;第四层檐廊被分解传力到第一层台侧和第二层台面上;第五层檐廊被传力到第三层台面;第六层檐廊被分解传力到第二层和第三层台面上;第七层檐廊被传力到第四层台面上;而第七、八层檐廊和九层的全部塔身都传力到第六层台面上。这样,木构自身最多只传递其上三层加上第四层的一半的荷重,把九层大塔分解成了如同三、四层的低层楼阁的受力状态,这是真正发挥了内里多层阶台所提供的土木混合结构的潜能。

北魏时期,春秋、战国盛行的那种台榭建筑已基本上退出历史舞台,连在它之前所建的北魏代京明堂也已不用高台方式。这个塔在当时的出现,可以说是高台建筑的一个触目的"活化石"。可惜的是,永宁寺塔在永熙三年(534年)二月,就遭雷击被火烧尽焚,仅仅存在了18年。

无独有偶,永宁寺塔这座高台"活化石"没有保存下来,却有另一座著名的塔堪称延存至今的高台建筑"活化石",那就是位处西藏日喀则地区的江孜白居寺吉祥多门塔(图6-5-6)。

这座闻名遐迩的吉祥多门塔,藏名"贝阔曲登",正名"菩提塔"。它是由一世班禅大师克珠杰(1385—1438年)参与策划,由江孜法王饶丹贡桑帕(1389—1442年)主持建造的。明宣德二年(1427年)奠基始建,明正统元年(1436年)5月11日建成开光。全塔可以分为基座、塔身和塔顶三大部分(图6-5-7)。

基座平面为折角十字形,出20个折角。底层占地达2200平方米。基座自身形成4层土台。第一层土台,台侧四面各设5个龛室,共20个龛室,其中四面正中的大龛室,后部通高两层,贯通到上层台侧;第二层土台,台侧四面正中

① 中国社会科学院考古研究所. 北魏洛阳永宁寺(1979—1994年考古发掘报告)[R]. 北京·上海:中国大百科全书出版社,1996:17.

图6-5-6 西藏江孜白居寺吉祥多门塔外观(杜双修摄)

为第一层土台大龛室的上空，无正中龛室，共16个龛室；第三层土台，台侧四面各设5个龛室，共20个龛室，与第一层土台相同，其中四面正中的大龛室，后部通高两层，也贯通到上层台侧；第四层土台，台侧四面正中同样为第三层土台大龛室的上空，无正中龛室，东面剩4个龛室，北面剩2个龛室，南西两面各剩3个龛室，共12个龛室。这样，整塔基座四层土台总共有68个龛室。

塔身覆钵呈圆柱形，直径长约20米，它构成塔的第五层。塔身中心为正方形平面的实心土台，周圈砌圆形厚墙，四向各辟一门，门侧带束莲柱，门上有印度火焰门饰。内里共隔出4间六角形的佛堂。塔身上部覆圆檐，檐下施斗栱。

塔顶部分由折角十字刹座、十三层圆锥形相轮和铜质镏金宝盖、宝顶组成。刹座构成塔的第六层，顶部挑出带斗栱的短檐，它的中心也是正方形实心土台，形成一间带中心土台的折角十字形佛殿。四面各辟一矮门，门的上方画有大尺度的"眉眼"。刹座上部由仰莲和十三层相轮围合成上下两层空间。下层空间构成塔的第七层，呈正方形平面，中心仍然是方形实心土台，形成一间带中心土台的方形佛堂。上层空间构成塔的第八层，内部呈抹角方形佛堂，中心部位由九根方木组成中心柱。相轮上方即宝盖下的空间，它构成塔的第九层，是一个开敞的佛堂，中心立一根方木作为中心柱。塔的顶端以喇嘛塔状的宝顶收束。全塔总高42.5米。这样，全塔共九层，有基座的68个龛室和塔身、塔顶的8间佛堂，总共是76个塔室空间（图6-5-8）。①这些龛室、佛堂内不仅有千余尊诸佛菩萨塑像，还有满绘的金碧辉煌壁画。壁画绘有显宗故事、密宗经典和高僧、祖师、译师、法王等杰出历史人物。据《江孜法王传》统计，壁画所绘诸佛菩萨画像多达27529身，数量之

① 参见宿白. 藏传佛教寺院考古 [M]. 北京：文物出版社，1996：139-144.

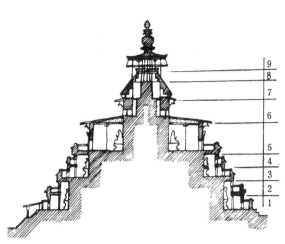

图6-5-7 白居寺吉祥多门塔剖面图
引自宿白. 藏传佛教寺院考古. 北京：文物出版社，1996.

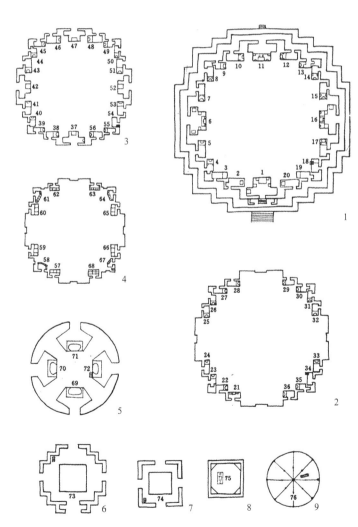

图6-5-8 白居寺吉祥多门塔各层平面图
1. 一层平面 2. 二层平面 3. 三层平面 4. 四层平面 5. 五层平面 6. 六层平面
7. 七层平面 8. 八层平面 9. 九层平面
引自宿白. 藏传佛教寺院考古. 北京：文物出版社，1996.

多，十分惊人，此塔因此又有"十万佛塔"的美称。

这个塔的用材尚无深入的考察，陈耀东在他所著的《中国藏族建筑》中说：

> 各层龛室的外墙及女儿墙，从外壁抹灰剥落处看，似是土坯砌筑。但塔心为大面积的实体是用土坯是夯筑？没有材料不敢妄说。①

这样一座白居寺吉祥多门塔，我们不能说它与先秦高台建筑有什么传承渊源，但是我们可以说这座塔确实具有高台建筑的构成形态，从这个意义上，可以把它视为高台建筑的"活化石"。

不难看出，高台建筑的一些重要特点，这座塔都具备：

它和高台建筑一样，有明确的土筑阶台，全塔用了7层土台：基座由1～4层土台组成，塔身覆钵内为第五层土台，刹座内为第六层土台，相轮下层内为第七层土台。

它和高台建筑一样，阶台台侧建有相当于"广室"的龛室、佛堂。1～4层土台，每层台侧都有龛室。由于第一层、第三层四面正中龛室，后部通高两层，因此塔的正中剖面图，4层基座看上去很像是两层土台。第五层土台周边环绕圆形厚墙，内里隔成4间六角形佛堂，构成圆柱式覆檐。第六层土台周边砌墙，形成带中心土台的佛堂，构成十字折角形的刹座。第七层土台由台侧"广廊"和台顶主室组成相轮内里的两层空间，这样的空间构成也都与高台建筑相同。

高台建筑有"基底土台"和"核心土台"两种做法，吉祥多门塔也是如此。它在一塔之中同时并用了这两种做法。塔的一层土台至五层土台，都属于"基底土台"，这里4层龛室都是"层层落地"的。第五层佛堂也是直接落于第四层阶台台面，结构上不受基座平面形式的牵制，因此在十字折角的基底上，可以建造圆筒状的塔瓶。而第六层土台和第七层土台则属于"核心土台"，它们都处在十三层相轮和刹座的内里，相轮与刹座在这里形成了类似"回廊层叠"的构成形态。

吉祥多门塔只是在"广屋"用材上不同于先秦台榭。它的台侧"广屋"不是木构庇檐廊屋，而是用土坯砌筑的，与夯土阶台更为融洽地统成一体。

显然，这座吉祥多门塔也与高台建筑一样，凸显出"有"的极致。全塔存在着7层土筑阶台，这些阶台全是实心的。下部4层基座土台的龛室，如同是庞大台体边缘"挖出"的减法空间；第五层的塔身佛堂，也像是圆柱台体内里"挖出"的减法空间；第六层、第七层的佛堂，实质上也只是中心台体的周圈环廊。土筑阶台的"有"在这里占据了绝大分量的比重。正是由于7层土台的支撑、垫托，吉祥多门塔得以稳定地峙立，它取得庞大的外观体量，显现出西藏群塔之冠的硕大、稳重、壮观形象，并在白居寺内营造了极具宗教魅力和神圣氛围的塔周空间。这里外部空间的"无"，与它达到极致的"有"是相称的，这里内部空间的"无"，则是十分欠缺的。所有的龛室尺度都不大，所有的佛堂尺度也不大。好在这个塔高达九层，龛室、佛堂虽然不大而数量却颇多，68间龛室和8间佛堂毕竟获得了相当数量的宝贵的塔内空间，被视为难得的"塔中寺"。这可以说是在特定的藏传佛塔中，巧妙地运用高台建筑的构成形态，创造出藏塔的一大杰作。

值得注意的是，白居寺吉祥多门塔并非高台建筑"活化石"的孤例。熊文彬在《江孜白居寺吉祥多门塔——西藏造型艺术的丰碑》一文中说，这个塔是"藏传佛教八大佛塔中的吉祥多门塔造型，这种建筑形式于14、15世纪在后藏地区广为流行"。② 宿白在《藏传佛教

---

① 陈耀东. 中国藏族建筑[M]. 北京：中国建筑工业出版社，2007：286.
② 熊文彬. 江孜白居寺吉祥多门塔——西藏造型艺术的丰碑[EB/OL]. 中国藏学网，2005-10-31. www.tibetology.ac.cn.

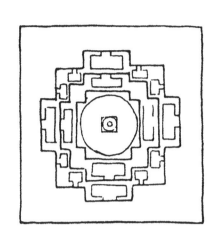

图 6-5-9 西藏札囊县桑那寺绿塔平面图
引自宿白. 藏传佛教寺院考古. 北京：文物出版社，1996.

图 6-5-10 西藏萨伽县萨伽北寺尊胜佛母塔立面图
引自宿白. 藏传佛教寺院考古. 北京：文物出版社，1996.

① 参见宿白. 藏传佛教寺院考古[M]. 北京：文物出版社，1996：60、103、114、127.

② 参见宿白. 藏传佛教寺院考古[M]. 北京：文物出版社，1996：127-128.

③ 参见应兆金. 江孜白居寺菩提塔形制溯源[J]. 建筑理论与创作，1998，总 2 期.

寺院考古》一书中，称这类塔为"噶当觉顿式"，他在书中提到，札囊县的桑那寺绿塔（图 6-5-9），萨伽县的萨迦北寺尊胜佛母塔（图 6-5-10），日喀则市的那塘寺几未罗布桑查塔（图 6-5-11），都是噶当觉顿式的塔。① 我们试看几未罗布桑查塔的情况。这个塔建于 14 世纪，塔身下部是两层十字折角平面的基座，下层四面各辟三室，上层四面各辟一室，上下层龛室内均有塑绘，基座之上为扁圆形覆钵，钵顶出檐，其上置十字折角平面的刹座，座上竖细长的十三天，再上为伞盖、宝瓶、宝珠。这的确是与白居寺吉祥多门塔同一类型的塔。② 日喀则地区的拉孜，还有一座盛康桑巴寺塔，这座塔有五层十字折角形的基座，塔身为圆柱形，塔顶有刹座、相轮、宝伞、宝顶。其形制与白居寺吉祥多门塔基本相同（图 6-5-12）。可见这种吉祥多门塔式，的确曾经风行一时。它的发展渊源，据应兆金研究，是"受尼泊尔'覆钵式'佛塔的影响而产生的一种特殊形制"。③ 我们从尼泊尔查巴希(帕坦)的妙俱窣堵坡(图 6-5-13)和加德满都的觉如来窣堵坡（图 6-5-14），可以看出它的演进轨迹。前者有四向开假门的覆钵和带"眉眼"的刹座，后者有三层十字折角

① 外观

② 一、二层平面图

图 6-5-11 西藏日喀则市那塘寺几未罗布桑查塔
① 引自陈耀东. 中国藏族建筑. 北京：中国建筑工业出版社，2007.
② 引自宿白. 藏传佛教寺院考古. 北京：文物出版社，1996.

的基座和覆钵下方带小壁龛的圆座。白居寺吉祥多门塔的演进，主要是把覆钵变为圆柱形的佛堂塔身，把基座升高并开辟出龛室，刹座上依然沿用着"眉眼"，刹顶上全盘因袭着十三天相轮和宝伞、宝顶。

可以说吉祥多门塔式，有来自印度窣堵坡的原型，有来自尼泊尔窣堵坡的中介，有藏式建筑的本土基因，也有汉式建筑的影响因子，是一种多文化融合的产物。它自身并没有来自先秦高台建筑的文脉，但是在构成形态上，却呈现出与高台建筑惊人的"同构"。它不仅一度盛行于后藏地区，而且还影响到清代承德外八庙普乐寺的旭光阁。这是中国建筑史上的一件趣事，也是一段佳话。

图 6-5-12　西藏日喀则市拉孜盛康桑巴寺塔
引自应兆金．江孜白居寺菩提塔形制溯源．东南大学建筑系．建筑理论与创作（总二）．1988

图 6-5-13　（左）尼泊尔查巴希（帕坦）妙俱窣堵坡
引自［意］马里奥·布萨利著．单军，赵焱译．东方建筑．北京：中国建筑工业出版社，1999．

图 6-5-14　（右）尼泊尔加德满都觉如来窣堵坡
引自［意］马里奥·布萨利著．单军，赵焱译．东方建筑．北京：中国建筑工业出版社，1999．

第七章 北京天坛：用"无"范例

北京天坛是中国古典建筑的著名组群。如果说高台建筑是用"有"的极致，那么北京天坛可以说是用"无"的极致，无论是在单体殿座、坛台层面，还是壝院、坛域层面，都有极精彩的表现。特别是它在组群层面的用"无"，堪称中国大型建筑组群的范例，值得我们细加考察、缕析。

一 从"天地坛"到"天坛"

祭天建筑是中国礼文化的典型产物，历代帝王都把祭天的郊祀视为国家头等大事。"天"这个概念在中国古代有丰富的内涵。在古人心目中，"天"既是物质的、自然的，也是精神的、主宰的。"自然的天"是直观的、看得见的，那是苍茫的、广袤无边的天穹，它有光明，也有阴暗，可以带来风调雨顺，也可以引发水旱灾异，与农耕生产、与人的祸福息息相关。自然的天的莫测变幻和无限威力，引发原始的自然崇拜，在人的意识中产生了"主宰的天"，那是人格化的、主宰万物的、支配人类命运的至上神。这两种"天"常常交混着。孔子说"天何言哉？四时行焉，万物生焉，天何言哉？"①，说的是"自然之天"；孔子又说，"获罪于天，无所祷也"②，则说的是"主宰之天"。中国古人正是交织着"自然之天"与"主宰之天"的双重意念，生发对"天"的崇拜和敬畏，形成"巍巍乎唯天为大"的集体潜意识。

祭天是皇帝的特权。最隆重的祭祀是到泰山上筑坛祭天，谓之"封"；在泰山下辟场祭地，谓之"禅"。《史记·封禅书》说："自古受命帝王，曷尝不封禅"。但是泰山封禅耗费过钜，不是每朝每代都能做到的。祭天的主要场所还是依《周礼》的规制，在国都南郊筑坛露祭。《周礼·大司乐》已有冬至日祀天于圜丘的记载。到西汉后期，确立了以都城为中心，南北郊设坛分祭天地的制度。这以后虽然有过若干次天地合祭的变动，但历代王朝多数还是以南郊筑坛祭天为正统。

这种郊祀祭天，有极重大的意义：

一是演绎"君权神授"。"天命论"是皇权的精神支柱，"天"具有先祖神的性质，"帝王之事莫大乎承天之序，承天之序莫重于郊祀"③，皇帝作为"天子"，自诩承受天命统治天下，主持祭天成了确认皇帝身份的重要标志。每次改朝换代，即位皇帝都迫不及待地主持祭天仪式，以确认其皇权的合法性、正统性、权威性。祭天的郊坛成了这个重大仪典的神圣场所。祭天还形成先帝配享制度，把皇族与"皇天上帝"黏合在一起，很能起到以神权巩固皇权的作用。

二是强化重农务本。祭天的一个重要目的是祈求风调雨顺，保佑丰年。冬至祭天和孟春祈谷，切合农时、农事，有的学者认为"实际上是原始人的收获节和播种节的余风"。④在农耕时代，祈祷年丰是关乎国计民生的大事，上自君王，下至黎民百姓对此都极为关切。隆重的祭天仪式是帝王彰显敬天保民、重农务本形象的认真演出，祭天建筑成了凸显帝王"顺乎天而应乎人"的头号形象工程。

三是表征天人合一。古人认为"天人之际，合而为一"⑤，天道与人道相通、相类，人伦规范、礼法准则都存在天理、天意、天命的根据，"天人合一"成为中国古代主导的、占据核心地位的哲学观、宇宙观。祭天被视为最隆重的天人沟通。每遇皇家盛典、自然灾害、罪臣反叛、出征讨伐等国家大事，皇帝也要亲自或指派亲

① 论语·阳货.
② 论语·八佾.
③ 汉书·郊祀志.
④ 艾定增. 天坛发微——兼论中和美学思想（续）[J]. 华中建筑, 1986（1）
⑤ [西汉] 董仲舒. 春秋繁露·深察名号.

① 明太宗实录·卷二三二.

② [明]李贤等撰.明一统志.

王到郊坛祭告，用现在的话说，就是在这里进行人天对话。祭天建筑既是"天人合一"哲学理念的产物，也是会演"天人合一"理念的大舞台，既是天子与"昊天上帝"进行交流沟通的神圣场所，也是表征"天人合一"理念的集大成的建筑标本。

由此不难理解，祭天建筑是中国封建时代最尊崇的建筑组群，在古代建筑类型等级排序中，礼制建筑的"庙社郊祀坛场"排在"宫殿门阙"建筑之前，位居类型列等之首。而在坛庙建筑中，自从明堂消失之后，自然以郊祭的圜丘列于首位。从这个意义上说，北京天坛算得上是明清国家级的头号工程。这个头号工程究竟如何塑造其头号祭祀仪典的神圣场所，如何表征其崇天敬天和"天人合一"的神圣境界，如何在这个极显要的大型建筑组群中贯穿用"无"的意匠，如何具体施展用"无"的手法，自然是我们饶有兴味考察的。

北京天坛的建造，主要经历了三个阶段：

第一阶段是明永乐十八年（1420年）始建天地坛。当时北京城的营建，"凡庙社郊祀坛场宫殿门阙，规制悉如南京，而高敞壮丽过之"。① 永乐天地坛也是如此。它基本上承继洪武十年（1377年）合祀天地的南京大祀坛的规制和布局（图7-1-1）。这个天地坛位于正阳门之南左，从《大明会典》所载永乐天地坛图（书中称《旧郊坛总图》）（图7-1-2）中可以看出，整个坛区环绕一重南方北圆的坛墙，四面各开一门。主体建筑为矩形平面的大祀殿。它建于矩形的砖砌台座的殿庭之中，围合殿庭有内外两重墙墙。内墙墙南方北圆，南墙正中辟大祀门，东西墙接东西庑。外墙墙四隅均为方角，四面各辟一门。北门后建天库。大祀殿东西设四坛，祀日月星辰；外墙墙前方及两侧列二十坛，"祀岳、镇、海、渎、山川、太岁、风、云、雷、雨、历代帝王、天下神祇"。② 坛墙南门与外墙墙南门之间建甬道。坛区东南角凿方池，西南角建斋宫。这个图中的大祀殿就坐落在现祈年殿的位置，斋宫即现在斋宫组群所在位置。

第二阶段是明嘉靖九年（1530年）创建圜

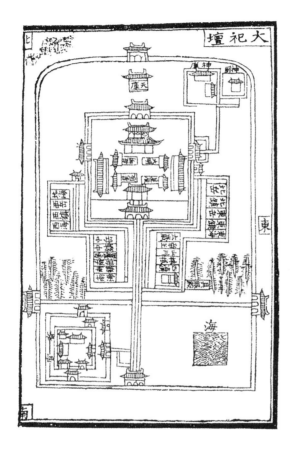

图7-1-1 明洪武十年合祀天地的南京大祀坛
引自明弘治洪武京城图志

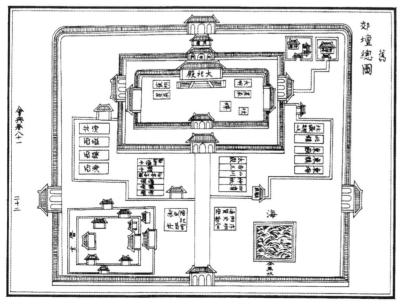

图7-1-2 《大明会典》载明永乐"旧郊坛总图"
引自大明会典.卷八十一

丘。嘉靖九年改革礼制，把洪武十年确立的"天地合祀"恢复为朱元璋开国之初遵古礼的"天地分祀"。在天地坛的南面建圜丘坛，在北郊、东西郊分别建地坛、朝日坛、夕月坛，定名南郊东坛为"天坛"[1]，天坛由此得名。从《大明会典》上可以看到这个圜丘总图（图7-1-3），周边为一重矩形坛墙，四面辟门，北门成贞门西侧加设一侧门。圜丘自身为三层圆台，四面出陛，周圈环绕两重墙墙。内墙墙圆形，外墙墙正方形，两重墙墙都在南向正面设三座棂星门，东、西、北三面各设一座棂星门。墙墙北门外建泰神殿（后改建为皇穹宇）及其配殿，以圆形院墙环绕。外墙墙南门外建具服台，东门外建神库、神厨、祭品库、宰牲亭。这组建筑奠定了现存圜丘组群的格局。

第三阶段是嘉靖二十四年（1545年）建成大享殿（图7-1-4）。大享殿建在天地分祀后被废除的大祀殿原址，是一座带三重檐攒尖顶的圆殿。殿身下部的三层大尺度圆台就是"祈谷坛"，这是一种"坛而屋之"的做法。大享殿由墙墙围合，配有东西庑，前方有两重门，后部建皇乾殿奉藏神位。这组建筑奠定了后来的祈年殿组群的基本格局。

天坛坛域和内外两重坛墙就是在这三个阶段的演变中逐步形成的。

清代定都北京后，继续袭用明代北京天坛整体格局，坛墙分布基本上没有变动。主要的变动是乾隆年间重建斋宫，扩展圜丘坛，改名大享殿为祈年殿，拆除祈年殿后庑，改变祈年殿组群屋瓦用色和改建重檐皇穹宇为单檐等。后来在光绪年间，祈年殿因雷击烧毁，经历过一次依旧制的重建。这就是最后定局的、占地273万平方米，双坛毗联，有内外两重坛墙，以圜丘坛组群、祈谷坛组群为南北主体，以丹陛桥甬道贯通主轴线，外加斋宫、神乐署、牺牲所等几组附属建筑组构的北京天坛（图7-1-5）。

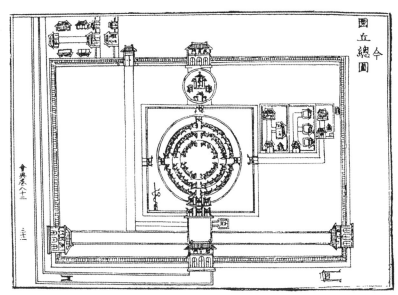

图7-1-3 《大明会典》载嘉靖"今圜丘总图" 引自大明会典. 卷八十二

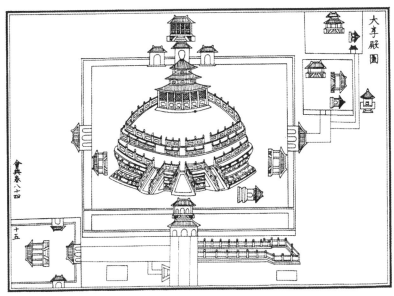

图7-1-4 《大明会典》载嘉靖"大享殿图" 引自大明会典. 卷八十四

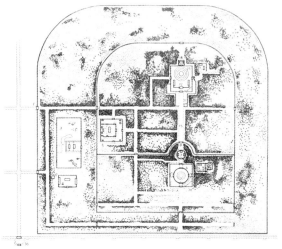

图7-1-5 北京天坛总图
引自刘敦桢. 中国古代建筑史. 北京：中国建筑工业出版社，1984.

1. 坛西门 2. 西天门 3. 神乐署 4. 牺牲所 5. 斋宫
6. 圜丘 7. 皇穹宇 8. 成贞门 9. 神厨神库 10. 宰牲亭
11. 具服台 12. 祈年门 13. 祈年殿 14. 皇乾殿
15. 丹陛桥 16. 永定门

[1] 明世宗嘉靖实录·卷一一九

二 圜丘坛域用"无"

圜丘是举行祭天大典的场所，历史上的圜丘，主体建筑都是露天的祭坛。《尔雅·释天》说："祭天曰燔柴，祭地曰瘗埋"。因为"天神在上，非燔柴不足以达之；地示在下，非瘗埋不足以达之"。[①]为了上达于天，祭天不宜在屋内进行，而需露祭，并要将牺牲、玉帛以至祭文祷辞都焚烧，以让天神受飨。因此，筑坛祭天由来已久。坛体都是圆台，但坛的层数和出陛却历经变化。从文献可知，东汉洛阳的南郊坛是两层圆坛，坛出八陛，有两重壝埏、各辟四门。[②]隋大兴城的南郊圜丘文献记载是"其丘四成，各高八尺一寸"。[③]这个圜丘在唐代继续沿用，现经考古发掘，证实主体部分确是四层圆坛，以黄土夯筑，周圈有十二个陛阶，按十二辰位置分布（图 7-2-1）。[④]到北宋东京城，据《文献通考》记述，宋初建于南薰门外的郊坛，还是"依古制四成，十二陛，三壝"。[⑤]而在孟元老所撰的《东京梦华录》中，郊坛已是"有三重壝墙……坛高三层七十二级，坛面方圆三丈许，有四踏道"。[⑥]这是圜丘制式从四层变为三层，从十二陛阶变为四陛阶的重大进展。这次变化发生在北宋徽宗政和三年（1113年），《宋史》明确地点出以三层台体和三重壝墙表征天数。[⑦]金中都、元大都的郊坛也都沿袭三层圆坛。[⑧]而朱元璋在元至正二十七年（1367年，即吴元年）所建南京圜丘又变成两层圆坛。《明太祖实录》记载这个圜丘是"仿汉制为坛二成，……四出陛"。[⑨]《大明集礼》上有这个圜丘坛的图（图 7-2-2）。图上可见有一重圆形壝墙，一重方形外垣。壝墙与外垣都是正南面三座棂星门，东、西、北三面各一座棂星门。北垣墙外建天库，东垣墙外建神厨、神库、宰牲亭、天池，垣墙内东南丙地建燎坛。这个圜丘坛在洪武四年（1371年）经过改筑，坛体仍为两层圆台，尺度明显缩小，壝墙改为两重，内壝圆形，外壝方形。

可以看出，北京天坛的圜丘不是因袭明初的祖制，没有拘泥于仿汉制的两层圆坛，而是明智地延承北宋东京城和金中都、元大都的做法，采用三层圆坛。这是至关重要的成功选择。无论是从坛体分量、坛体高度、坛体表现力来说，还是从三层的阳数对"天"的表征意义来说，都是合宜的。圜丘的壝墙则承继了洪武四年南京圜丘的做法，采用了内重圆墙、外重方墙的两重壝墙。这样奠定的圜丘坛基本格局可以说是成熟的，达到了

[①] 礼记·祭法. 孔颖达注.
[②] 参见续汉书·祭祀志（下）.
[③] 隋书·卷六：礼仪.
[④] 中国社会科学院考古研究所，西安唐城工作队. 陕西西安唐城圜丘遗址的发掘[J]. 考古, 2007 (7)
[⑤] 转引自[清]周城. 宋东京城[M]. 北京：中华书局, 1988: 171.
[⑥] [宋]孟元老撰. 邓之诚注. 东京梦华录注·卷十：驾诣郊坛行礼[M]. 北京：中华书局, 1982: 243.
[⑦] 参见宋史·卷九十九·志第五十二.
[⑧] 于倬云. 中国宫殿建筑论文集[M]. 北京：紫禁城出版社, 2002: 229.
[⑨] 明太祖实录·卷一.

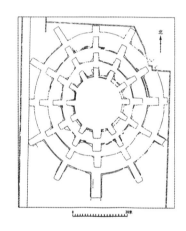

图 7-2-1 隋唐圜丘遗址平面
引自中国社会科学院考古研究所，西安唐城工作队. 陕西西安长安城圜丘遗址的发掘. 考古, 2000 (7)

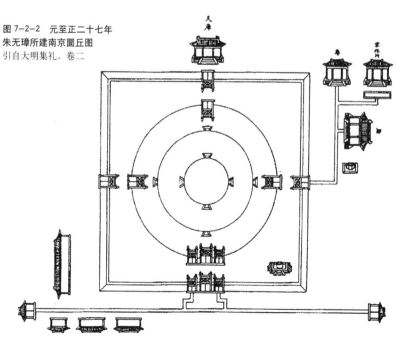

图 7-2-2 元至正二十七年朱元璋所建南京圜丘图
引自大明集礼. 卷二

历史上圜丘演进的完美形态。整个圜丘坛域由三组建筑组成（图7-2-3）。除圜丘祭坛主院外，有皇穹宇辅院和加工、储放祭品、祭器的神厨、三库、宰牲亭杂院。杂院三院联排毗连，面积虽然不小，但性质上属于庖厨库仓的实用性建筑，按照古代庖厨位于宅屋东北角的习惯布局，有意地把它搁置在圜丘院外的东北角隅，尽量隐蔽于茂密的柏树丛中。坛域主要凸显的是祭坛主院和皇穹宇辅院。从用"无"的角度来审视，圜丘坛域的规划设计是极为出色的，它以独特的手法成功地处理三个层面的"有、无"，即单体建筑层次、墙院院庭层次和整体坛域层次的"有、无"。这里，先分别考察祭坛、圜丘主院和皇穹宇正殿、皇穹宇辅院第一层次、第二层次的"有、无"，然后再综合分析圜丘坛域整体第三层次的"有、无"。

1. 圜丘祭坛

圜丘祭坛是圜丘主院的主体建筑，也是唯一的建筑。作为单体建筑，圜丘祭坛是极为独特的。常规殿屋都是自下而上，由"下分——台基"、"中分——屋身"、"上分——屋顶"构成，由这"三分"的"有"共同围构出内部空间和外部空间的"无"。用作露祭的圜丘祭坛却是既用不着"上分"，也用不着"中分"，而只需要"下分"。按清代规制，举行祭天大典时，祭坛上层架立主次幄次，圆形幄次居中，供奉"昊天上帝"的正位神位；矩形幄次分列两侧，依昭穆次序供奉各代先帝的配位神位；祭坛中层两侧各立矩形幄次，分供大明、夜明两个系列的自然神的从位神位（图7-2-4）。应该说，圜丘坛的设计在满足祭天活动的物质功能需要的层面上并不复杂，是很容易达成的。但是圜丘作为祭天大典的神圣场所，在满足敬天、崇天，显现"自然之天"与"主宰之天"的特定境界的精神功能需要的层面上，则是要求极高、难度极大的。这种露天的台体建筑，省却了屋身，省却了屋顶，

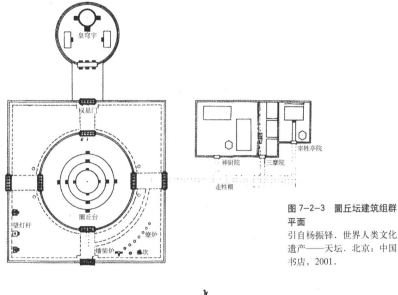

图7-2-3 圜丘坛建筑组群平面
引自杨振铎. 世界人类文化遗产——天坛. 北京：中国书店，2001.

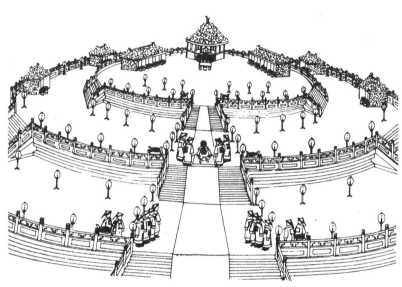

相应地也省却了内部空间的"无"，意味着对实体构成的"有"的最大限度的省却。按说这在建筑艺术形象上是不完整的，在建筑艺术表现上是很不利的。但是，仅具"下分"的三层圆坛，却能化不利为有利，创造出极具特色、极有分量的艺术效果。

图7-2-4 清代祭天图示意
引自王成用. 天坛. 北京：北京旅游出版社，1987.

我们可以看到，圜丘祭坛不仅只用"下分"，而且所用的"下分"尺度也不大。现存的祭坛是乾隆十四年（1749年）扩建的。扩建的原因是由于配享的先帝人数增多，安放不下坛位幄次和祭器，不得不扩展坛面的尺寸。《嘉庆会典事例》记述扩建的圜丘祭坛是：

上成径九丈，取九数；二成径十有五丈，取五数；三成径二十一

丈，取三七之数。上成为一九，二成为三五，三成为三七，以全一三五七九天数，且合九丈、十五丈、二十一丈，共成四十五丈，以符九五之义。

并明确指出"三成径数均系古尺"。这个三层坛径所用的"古尺"，就是康熙钦定《律吕正义》中所演绎的律尺。它相当于清工部营造尺的八寸一分，即1古尺=25.9厘米。现圜丘祭坛上层径长23.57米，中层径长39.25米，下层径长54.93米，与古尺九丈、十五丈、二十一丈数值基本吻合。曹鹏论析说："律尺的长度就是'黄钟之声'的长度，而'黄钟'正是冬至圜丘祭天时所奏之乐。这样，律尺、黄钟、天、圜丘四个概念就联系在了一起"。[①] 这表明，乾隆扩建的圜丘祭坛直径尺寸，既符合祭天仪典所需的实用尺度，也符合以"律尺"衡量的"一三五七九天数"和"四十五丈"总和的"五九之义"。《嘉庆会典事例》还特别指明，圜丘坛的其他尺寸，包括三层涉及的其他数值——坛体高度、栏杆长阔高厚，以及石阶宽深等，用的都是"今尺"，即营造尺。也就是说在圜丘坛中唯独三层坛体直径改用了"古尺"，其他都是例用营造尺。这可能是因为坛体直径如依例用营造尺，要达到"九五之义"的"四十五丈"的总和，则坛体尺寸会放大很多，会远远超过实用尺度的所需，观感上也会显得尺度过大。从这里不难看出圜丘坛体的设计是非常执著地追求实用尺度、审美尺度和象征表意尺度的和谐统一，为取得这样的和谐统一，古人是煞费了一番苦心的。

不仅如此，圜丘祭坛在坛体形象处理上也是匠心独运的。它极力强化三层圆台所构成的同心圆形态，也极力塑造坛体自身十字轴对称的全方位格局。它运用了"四出陛"，每层各出东、南、西、北四向台阶，每阶均为九级。值得注意的是，对于四陛的宽度，它不同于元至正二十七年南京圜丘加大"正南陛"宽度的做法，毅然把东、西、北陛采用与正南陛等同的宽度，有意地避免子午线的突出，以维系坛体的全方位格局。

这种对同心圆和全方位的强调，在坛面墁石中处理得尤为精心。坛面墁石突出地强调它的中心原点，在上层坛面的圆心，有意地铺设一块称为"天心石"的圆石板，并把这块圆石显著地凸起于坛面石之上。以这块触目的天心石为核心，上层坛面的墁石铺设成九环石板，第一环9块，第二环18块，依次以"九"的倍数递增，到第九环81块。中层、下层坛面的墁石也各设九环，中层从第一环10×9的90块递加到第九环18×9的162块，下层从第一环19×9的171块递加到第九环28×9的252块。这样形成了圜丘坛面以"九"为倍数的环环墁石的扩散性同心圆和坛面肌理的放射性全方位均质。

难得的是，圜丘坛在严格地塑造其同心圆和全方位形式感的同时，还融洽地赋予它大量的"天"数象征。它不仅以圆形的坛体象天，不仅以坛体层数"三"的"阳数"象天，不仅以坛体直径"一三五七九的天数"象天，不仅以坛体直径总和的"四十五丈"，"符九五之义"象天，不仅以坛面墁石的环环符合"九"的倍数象天，还在坛体石栏杆的处理上，也做到了上层栏板4×9块，中层栏板4×18块，下层栏板4×27块，以层层栏板都吻合"九"的倍数象天。在"阳数之极"的运用上，可以说是达到了极致。

2．圜丘主院

圜丘祭坛主院的第二层次"有、无"是"院"的层次的"有、无"。圜丘祭坛作为单体建筑是独特的，以它为主体所组合的圜丘主院也是独特的。在常规的"院"的构成中，一幢幢"单体建筑"和一道道"院墙"是它的"有"，由单体建筑和院墙围合的院庭空间是它的"无"。我们可以看出，圜丘主院只有一座单体建

[①] 曹鹏. 北京天坛建筑研究[D]. 天津大学硕士学位论文，2002.

筑——圜丘祭坛和两圈带棂星门的院墙——内外墙墙（图7-2-5）。这可以说是在"院"的组构上达到了最简约的用"有"和最充分的用"无"。这里的主体建筑只是露天的、仅有"下分"的三层圆台，别无其他辅助建筑、配套建筑，用"有"之省达到无以复加的程度；这里的"院"的空间，因袭久经积淀的文脉，主要靠双重墙墙来围合、陪衬和扩展。圆形的内墙墙，以104.15米的直径，把主院作了第一次扩展；方形的外墙墙以167.21米的边长，把主院作了第二次扩展。这样，原本直径不到55米的坛体在两道墙墙的双重扩展下，构成了167米见方的广阔坛院，大大舒展了坛院的辽阔空间。这两道墙墙，都有意地做得很矮，内墙墙高5.9尺，约1.8米；外墙墙高8.6尺，约2.75米；它们都以反常的低矮烘托坛体的高突和坛院的舒朗。这种内圆外方的双重墙墙，不仅在语义上取得"以圆象天"、"以方象地"的表征，营造出天盖地，地托天的象征语境，而且在形式美构图上处理得非常妥帖。圆形的内墙在这里成了环环相套的圜丘坛同心圆的延续和扩展；正方形的外墙则一方面以同心几何形继续维系坛体全方位扩展的态势，另一方面又以方形对圆形的变形，形成一种相对的收束，加强了圜丘主院的完整性。这应该说是极洗练、极周全的构图大手笔。

圜丘内外墙垣的棂星门设置，也存在着一脉相承的延续。早在东汉洛阳南郊坛，已有明确记载是"各辟四门"。元至正二十七年南京圜丘、嘉靖年北京圜丘和乾隆年北京圜丘也都是东、南、西、北四向辟门。但是在延承中却有一点值得注意的变异。南京圜丘的内墙和外垣，棂星门是"南为门三……东西北为门各一"。嘉靖圜丘的内外墙墙，棂星门也是"正南三，东西北各一"（图7-2-6）。它们都强调了墙墙、垣墙的正南门，反映出对正南向入口的强化。

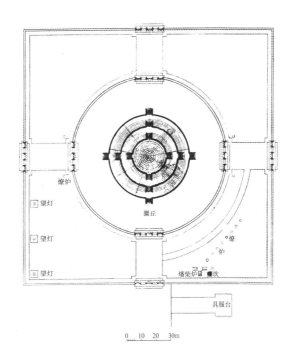

图7-2-5　圜丘墙院平面图

引自刘敦桢. 中国古代建筑史. 北京: 中国建筑工业出版社, 1984.

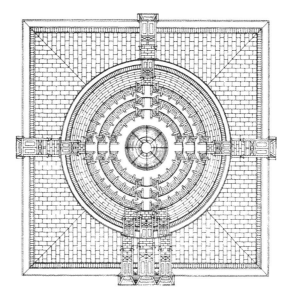

图7-2-6　明嘉靖九年建圜丘图

转引自单士元. 明代营造史料. 天坛. 中国营造学社汇刊. 第五卷第三期

而乾隆扩建的圜丘，却把东、西、北门与正南门一样，全用等同的"三门联立"（图7-2-7）。这里透露出来的设计意匠，与坛体东、西、北阶等同正南阶宽度的做法如出一辙，既满足了天子用左门、左阶的需要，也避免子午轴的突出，有意地致力于四个方位的均质，有意地维系十字轴的对称，再一次显现出执著地追求圜丘坛全方位格局的良苦用心。这些使得圜丘院的第二层次构成，达到极简约的完美。

3. 皇穹宇主殿

皇穹宇院是奉藏祭天神位的寝殿院。它由圆形院墙围合，有正殿、东西配殿和正南院门（图7-2-8）。正殿为单檐圆攒尖顶，殿内正中供奉"昊天上帝"正位神版，两侧供奉皇帝列祖列宗配位神版。东西配殿均为五开间单檐歇山顶，东配殿供奉大明、七星八斗、二十八宿、周天星辰等从位神牌，西配殿供奉夜明、风师、云师、雨师、雷师等从位神牌。正南院门为三座联立的单檐歇山顶琉璃券门。

皇穹宇正殿的第一层次"有、无"是特别值得注意的。它不同于圜丘祭坛的仅具"下分"，而是完整的上、中、下"三分"齐全。从外观上看，它并不奇特，只是一个小巧标致的单檐圆攒尖顶小殿（图7-2-9）。殿身环立8根檐柱、8根金柱，形成周圈八间的格局。南向明间辟菱花隔扇、横披，两次间辟菱花槛窗、横披，后五间环砌封护墙。檐部显单翘重昂斗栱，后带溜金秤杆。檐枋施和玺彩画，檐下正中挂透雕九龙贴金的"皇穹宇"匾额。台基为青白石砌筑的圆形须弥座，东、南、西三向出陛，南陛用御路踏跺。屋顶为单檐圆攒尖顶，覆蓝琉璃瓦，上顶镏金宝顶。皇穹宇殿的尺度不大，基座直径19.20米，高2.85米，殿身直径15.10米，通高19.50米。整体形象以圆形象天，以攒尖顶挺拔、崇立，指向苍穹。优美的造型，华美的彩画，精美、剔透的明、次间装修，简洁、封闭的大片封护墙，配上带石栏、御路的青白石须弥座和带镏金宝顶的蓝琉璃瓦顶，显得静谧、端庄、凝重、圣洁，无论是从规制上、形式上、尺度上和象征表意上，都恰如其分地吻合奉置天神和先帝神位、带有"寝殿"性质的特定殿宇的形象需要。

就在这个小巧标致的圆形殿宇内部，中国古代匠师创造了一个极为出色的、值得大书特书的室内用"无"的杰作。

图 7-2-7　圜丘内墙院棂星门
引自罗哲文、李敏. 神州瑰宝. 北京：中国建筑工业出版社，2009.

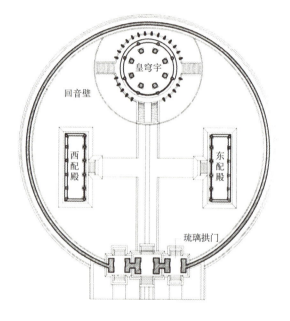

图 7-2-8　皇穹宇院平面
引自王贵祥. 北京天坛. 北京：清华大学出版社，2009.

图 7-2-9　皇穹宇外观
引自清华大学建筑学院. 中国古代建筑. 北京：清华大学出版社，1985.

我们细察皇穹宇的殿内空间（图 7-2-10），它有一圈外环的 8 根檐柱和一圈内环的 8 根金柱。8 根檐柱之间，用弧形的平板枋、大额枋、由额垫板和小额枋联结成外环整体。8 根金柱之间，用弧形的平板枋、大额枋、一斗三升襻间斗栱和小额枋联结成内环整体。8 根金柱与相对应的 8 根檐柱，通过穿插枋将内外环柱拉结在一起。殿内地面铺石没有拘泥于"九"的极阳数，而是与开间、柱网相适应，以"八"为模数。中心铺一块圆石，围绕中心圆石环铺九环，第一环 8 块，第二环 16 块，依次递增至第九环 72 块。这样九环铺石的总数，本应是 360 块。但因第七环占去 8 根金柱柱础，只能铺石 40 块，因而九环铺石总数只是 344 块，并没有去勉强凑足"周天三百六十"之数。这样的铺石，以较小的地面石尺寸反衬出殿内空间的盛大，并以地面肌理的同心圆和放射圆，扩散殿内空间的舒张感（图 7-2-11）。

皇穹宇殿内空间的最特出之处，在于它的天花藻井（图 7-2-12）。常规的攒尖顶梁架和藻井，难免得用长长短短的趴梁、抹角梁来层层叠落，导致殿内构件的参差、紊乱，特别是圆攒尖顶，更显出与殿内圆形空间的龃龉。皇穹宇殿在这点上完全打破常规，根本不用趴梁、抹角梁。它在外环檐柱与内环金柱的顶端，采用了一圈溜金斗栱来搭接。这圈溜金斗栱是落金做法的七踩斗栱，运用两层起秤，耍头木后尾和撑头木后尾都延伸至金步，斜插入金柱缝花台枋上的花台科斗栱，形成有力的杆件拉结。并在翘头内侧安放麻叶云，在头昂、二昂后尾安放三幅云，构成秤杆的三朵花结，加上菊花头、伏莲销头等配饰，每一组溜金斗栱秤杆都成为一根优美的辐条。周圈 56 攒七踩溜金斗栱，组成了带有 56 根辐条的华美大花环。辐条上的麻叶云和三幅云，又左右连缀成了三道小花环，既美化了大花环，也增强了大花环整体的同心

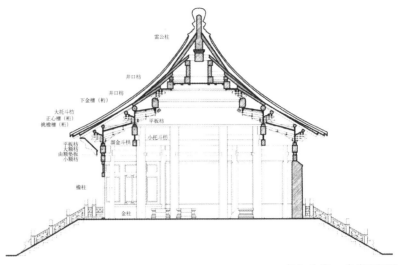

图 7-2-10　皇穹宇正殿剖面
引自王贵祥. 北京天坛. 北京：清华大学出版社，2009.

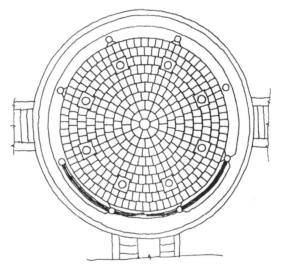

图 7-2-11　皇穹宇正殿地面铺装
引自杨振铎. 世界人类文化遗产——天坛. 北京：中国书店，2001.

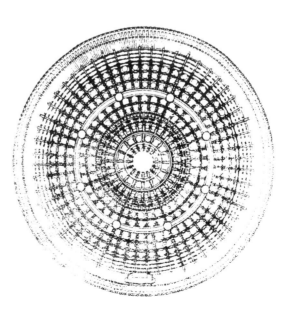

图 7-2-12　皇穹宇正殿天花藻井仰视图
引自杨振铎. 世界人类文化遗产——天坛. 北京：中国书店，2001.

圆和辐射圈。

在金柱内里长达 10 米直径的空间，皇穹宇殿破格地不用井口柱，不用趴梁、抹角梁，毅然采取超长的悬挑结构，极富创意地搭构了三层圆藻井。第一层圆井以金柱弧形额枋作为圈梁，在圈梁平板枋上，铺设一圈溜金斗栱。这一圈溜金斗栱不同于檐部溜金斗栱的落金做法，而是采用挑金做法的五踩斗栱，用它的秤杆悬空挑起第二层圆井圈梁。由于挑金做法是真正的杠杆结构，需要依靠秤杆受力，虽然只是五踩也用两层起秤，耍头木后尾和撑头木后尾都起秤，向中心悬挑，有力地支承住第二层圆井圈梁。每一组挑金秤杆，都在翘头内侧安放麻叶云，在昂尾安放三幅云，在秤杆尾置十八斗、正心栱，加上菊花头、伏莲销头等配饰，同样构成优美的辐条。这一圈挑金斗栱共 40 攒，组成了带有 40 根辐条的华美大花环。每根辐条上的麻叶云、三幅云和正心栱也左右连缀成三道小花环，在美化第一层圆井的同时，也添增了第一层圆井的同心环和辐射感。

第二层圆井的做法，是在第二层圈梁上周圈铺放 32 攒斗栱。这圈斗栱前部呈重翘，后尾隐藏于天花板之内。按常规推测，后尾应为"撒头"，当是带后尾撒头的重翘斗栱。令人叫绝的是，这 32 攒撒头斗栱居然把它的撑头木向中心延长，组成天花的 32 根辐射支条。这 32 根辐射支条又悬挑起了第三层圆井圈梁。这是对斗栱悬挑功能的大胆利用和对结构传力与平衡的精确掌握。密集的重翘斗栱与疏散的支条、顶格，构成了第二层圆井的两环疏密相间的同心圆和辐射圈。

第三层圆井则以第三层圈梁支承 16 根向心支条，承托处于圆心的圆盖板及其两圈辐射形顶格，形成第三层圆井的三环同心圆；完成了整个藻井的有机构成。

在这里我们看到了皇穹宇殿内空间极为和谐的内景。这里完全消失了长长短短、层层叠叠、参差变化的井口趴梁、抹角梁，显现的是极具秩序感、极具韵律感的完美组合。由周围廊顶部和三层圆井营造了殿内自下而上的四个层次的向上收束的穹顶，形成空间高崇、升腾的动态。由一层层弧形圈梁，一组组放射形秤杆，一攒攒层叠翘头，一根根向心支条，一朵朵麻叶云、三幅云，加上散点的菊花头、伏莲销头等配饰和满铺的、沥粉贴金的顶格彩画、梁枋彩画、斗栱彩画，组构成了金光闪烁的、富丽堂皇的以团龙盖板为核心的层层同心圆和辐射圈，它们共同演奏了一曲完美的天花协奏曲（图 7-2-13）。

这可以说是中国古典建筑中最令人赞叹的天花藻井杰作。它的向上升腾的态势和层层同心圆向外辐射的动感，凸显出皇穹宇殿内空间的扩大感和盛大感，造就了浓郁的协和、舒展、华美、神圣的空间氛围，恰如其分地满足了奉置神位的尊贵空间的需要。这是皇穹宇正殿在有限的外观体量局限下创造的令人意想不到的殿内空间盛大的"无"，也是皇穹宇正殿在圆攒尖顶不利构架约束下创造的令人惊喜的殿内空

图 7-2-13　皇穹宇——一曲完美的天花协奏曲
引自白佐民、邹俊仪. 中国美术全集·建筑艺术编·坛庙建筑(袖珍本). 北京：中国建筑工业出版社，2004.

间有序的"无"。它不仅是天坛组群中最精彩的室内杰作,也是中国古典建筑中通过天花同心圆和辐射圈扩展室内空间最突出的用"无"范例。

4. 皇穹宇院

构成皇穹宇院的第二层次"有、无",也颇具特色。它由一圈院墙围合成一组圆形院落。院墙内径61.5米,高3.72米。这圈圆院墙用得非常得体,它起到了多方面的作用:

一是增强皇穹宇的分量。皇穹宇正殿自身尺度不大,体制也不高,有了这圈圆墙的围合,就以简约的"有",取得了直径长达60余米的大院落的"无",凸显出天神"寝殿"应有的分量。

二是扩展以圆象天。这里不仅以圆形的正殿"象天",更进一步以圆形的院庭"象天",有效地放大了象天的力度。

三是强化"圆"的构图母题。皇穹宇辅院的圆形院墙、圆形院庭、圆形正殿,与圜丘祭坛主院的圆形祭坛、圆形内墙相呼应,在主院与辅院之间,形成了几何母题的统一,取得坛区形式美构图的良好协调。

四是产生独特的声学现象。圆形院墙的设置给皇穹宇院庭带来一音石、二音石、三音石和回音壁等多种回声现象:"一音石"、"二音石"、"三音石"分别是正殿门前甬道的第一块、第二块、第三块石板,站在这些石板上发声,可以分别听到一声回音、两声回音、三声回音。"回音壁"指的是圆墙的回音性能,两人分别站在东西配殿后面,贴近圆形院墙低声说话,彼此都能听得很清楚。这些声学现象经黑龙江大学俞文光教授课题组测试,已揭开它的传声机理:回音壁是"声音通过圆形围墙连续多次反射从一端传到另一端"[①];"三音石"的三个回声,第一个回声是相互对称的东西配殿墙面反射形成的,第二、第三个回声是圆形围墙对声音的一次、二次反射会聚而形成的。[②]他们还新发现了"对话石"现象,人站在正殿前甬道第18块石板上,与离此30余米远的东配殿东北角或西配殿西北角的人,都能清晰地对话。[③]这说明皇穹宇的声学现象完全是因为采用圆形院墙,而且院墙本身砌的是质地细密、加工精细的砖,才自然生成的,最初并非有意的设计。但这些声学现象被发现后,就被附会为"上天垂象",被说成是"人间私语,天闻若雷",被当成了一种"天人感应"的迹象。到乾隆时期改建皇穹宇,在铺设殿前甬道石时,就根据已知的回声现象,用不同尺寸的石板,准确地铺放在相应的位置,形成了明晰的"一音石"、"二音石"、"三音石",转化成了有意的设计。

皇穹宇院的院门设计也是很得体的。它采用三座联立的、带歇山顶的琉璃花门(图7-2-14)。设立三门是礼的等级区分的需要,以便于天神神位用中门,皇帝用东左门。联立三门也是建筑艺术形象的需要,如果单设一座花门,门的体量势必过小,与皇穹宇院应有的气派不符。如果放大门的体量,又会与小体量的正殿犯冲,也与圆院墙的尺度不协调。采用三门联立,每个花门体量并不大,联立的整体分量却恰到好处。花门的具体设计也很缜密、细致,并列的三门中,中门的体量略大一点,并在台基上添加石栏杆,以显其高贵。三门之间,以略高于院墙的看面墙联系,构成"三门七楼"

① 国家自然科学基金委员会简报,总206期.
② 国家自然科学基金委员会简报,总206期.
③ 国家自然科学基金委员会简报,总206期.

图7-2-14 皇穹宇券门
引自白佐民,邵俊仪. 中国美术全集·建筑艺术编·坛庙建筑(袖珍本). 北京:中国建筑工业出版社,2004.

的花门组合体。花门檐部和看面墙檐部饰以精美的琉璃彩饰。花门与正殿的距离和花门门洞的大小，也匹配得很得当，人们站立门前，视线恰好将正殿框入门洞，形成完整的对景画面。

这些都表明，皇穹宇院的第一层次"有、无"和第二层次"有、无"，都是处理得很精心、很成功、很有特色的。

5. 圜丘坛域

现在考察圜丘坛域的第三层次"有、无"，即坛域整体组群的"有、无"。圜丘坛域位处内坛南部，四垣由内坛南墙、内坛东墙南段、内坛西墙南段和分隔圜丘坛区与祈谷坛区的内坛隔墙围合。在这个层次的"有、无"构成中，有三点值得注意：

一是用"有"极为简约。圜丘坛域只有三组建筑，作为附属用房的神厨、三库、宰牲亭三院特地偏处角隅，有意隐蔽于柏树丛中，凸显的只是圜丘坛院和皇穹宇院。如前所述，圜丘坛院只有一座以"下分"呈现的祭坛，皇穹宇院只有一座圆形小殿和两座小配殿。作为极隆重的祭天场所的整个圜丘坛域，实际上所用的主体建筑数量极少，体量也不大，在用"有"上达到了极度的简约。

二是组构了有机的主轴。圜丘坛主院与皇穹宇辅院，南北串联组成圜丘坛域明确的主轴。在圜丘坛院自身，规划设计是极力维系坛院的十字轴对称和全方位均质，极力避免子午轴的突出。而在坛域整体层次，则将圜丘坛院纳入主轴线的构成，并以它为核心，强调出坛域的主轴。在这段主轴线上，有作为核心的坛院主体，有处于后院的皇穹宇院，有轴线起点的坛区南天门昭亨门，有分隔圜丘坛域与祈谷坛域的界门成贞门，它们集聚在一条线上，长达504.9米。圜丘坛院的方圆格局与皇穹宇院的圆殿、圆院相呼应；成贞门的半圆形坛墙，与皇穹宇圆院构成同心圆状的环卫；成贞门半圆坛墙的直径与圜丘外墙的边长相等，在轴线上完全对位；这一系列圆形、半圆、正方的组合，达到了高度的、有机的、融洽的协调。它们构成了整个天坛主轴线的精彩南段。

三是圜丘坛域采用了超大的占地。整个坛区在四面坛墙围合下，东西长达1043.2米，南北深达420.9米，主轴线后凸的半圆形坛墙部位，从成贞门到昭亨门达504.9米。这样围合的圜丘坛域整体占地达到44.95公顷。在这大片坛域内，围绕圜丘坛的东、西、北三面，满植桧柏近4000株，形成坛域整体的林地氛围。占地2.81公顷的圜丘坛院仅占坛域整体的1/16，加上皇穹宇院，主辅院也只占坛域整体的1/14。这可以说是在圜丘坛域层次以极简约的"有"取得了极充分的"无"，把圜丘坛域的用"无"，发挥到极致。

三　祈年殿组群用"无"

祈谷坛域的前身是建于永乐十八年（1420年）的天地坛。祈年殿所在位置，就是永乐天地坛主体建筑——大祀殿的原址。嘉靖九年改天地合祀为天地分祀，另建圜丘祭天，方丘祭地，大祀殿成为多余之物，于嘉靖二十年（1541年）撤除，嘉靖二十一年（1542年）决定在原址建大享殿，嘉靖二十四年（1545年）大享殿竣工建成。大享殿原是秋季举行明堂大享的场所，但建成后并没有在这里举行过大享之典，直到崇祯十四年（1641年）才举行过一次祈谷。乾隆十六年（1751年）以大享之名与祈谷之义不符，改名为"祈年殿"。这个祈年殿在光绪十五年（1889年）毁于雷火，现存建筑是光绪十六年（1890年）依原样重建，历经六年时间，于光绪二十二年（1896年）建成的。

祈年殿整体殿庭坐落在一个高台上，台上四面砌包砖土墙，围合成矩形墙院。墙墙东、南、西三面辟砖门，称东砖门、南砖门、西砖门，北面辟琉璃门。祈年殿自身为三重檐攒尖顶圆殿，矗立在三层宽大的圆坛中心。这个宽大的三层圆坛就是祈谷坛。殿坛前方有作为仪门的祈年门和称为东西庑的配殿。壝院后部接有奉藏神位的皇乾殿院，由北墙琉璃门通入。壝院东砖门外设神厨院、宰牲亭院，以七十二间走牲廊连接，这组杂院是举行祈谷大典所需的附属建筑（图7-3-1）。

祈年殿组群无论是在建筑形象构成、建筑表征寓意、单体建筑用"无"和壝院组群用"无"上，都有十分精彩的、独特的表现，值得我们细加考察、品析。

1. 独特的殿坛组合体

祈年殿与祈谷坛是一种"坛而屋之"的构成，孟春祈谷大典就是同时在殿内和坛上进行（图7-3-2）。圆殿平面周圈有十二根下檐柱、十二根重檐金柱和内里的四根钻金柱（俗称龙井柱），周环十二间下檐廊。每间面阔二丈，殿身直径（对角下檐柱中一中）七丈七尺，合24.6米。从外观上看，南向正面三间设门，都是满槽装修，每间各用四扇菱花格扇门和三扇菱花横披，其余九间作槛窗，下部砌蓝琉璃槛墙，上部用四扇菱花格扇窗和三扇菱花横披。整个殿身没用檐墙封闭，显得分外华美、剔透。殿身上部覆三重檐圆攒尖顶。上、中、下檐用的都是蓝琉璃竹节瓦。这种辐射形的竹节瓦垄用瓦型号十分复杂，从檐口到脊根、宝顶根，每条瓦垄都由大变小收分，仅竹节筒瓦、竹节板瓦就各有近40个型号。三重纯净的蓝瓦屋面以柔和的曲线升起，顶部以带青铜镏金顶珠的琉璃宝顶收束。三层圆顶檐部，统一中富有韵律变化。下檐重叠平板枋、大额枋、由额垫板、小额枋，环摆五踩单翘单昂溜金斗栱；中檐显露平板枋、大额枋，环摆七踩单翘重昂斗栱；上檐显露平板枋、大额枋，环摆九踩重翘重昂斗栱；南向

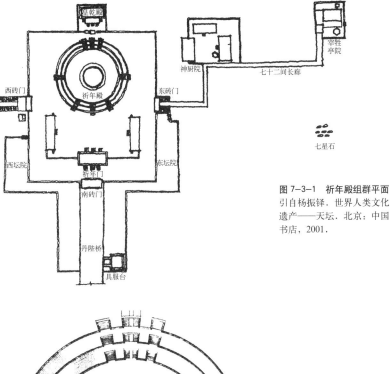

图7-3-1 祈年殿组群平面
引自杨振铎.世界人类文化遗产——天坛.北京：中国书店，2001.

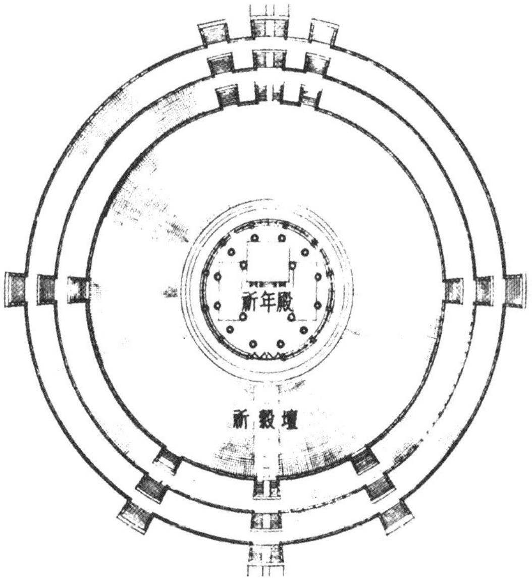

图7-3-2 祈年殿、祈谷坛平面
引自刘敦桢.中国古代建筑史.北京：中国建筑工业出版社，1984.

正中悬挂透雕云龙、带镀金铜字的祈年殿陛匾。全部枋额、斗栱都满饰彩画。殿身下部出三层小尺度的圆台基，上层对径八丈八尺四寸，中层对径九丈三尺四寸，下层对径九丈八尺四寸，三层台基的总高只有0.43米。这么小的尺寸，如其说是三层台基，还不如说是环绕殿身的三级圆台阶。在这个被有意地大大缩小的台基下部，就是被有意地大大放大的祈谷坛。坛体呈三层圆台。上层径长二十一丈五尺（66.8米），中层径长二十三丈二尺（74.43米），下层径长二十五丈（80米），每层均高五尺七寸八分。各层均以扇面金砖铺墁成同心圆坛面。周边置青石阶条，坛壁环砌青石须弥座。须弥座上环

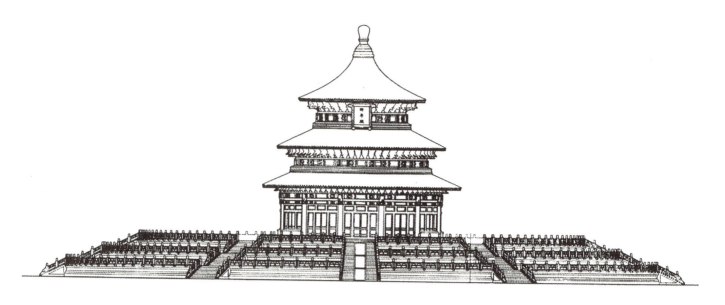

图 7-3-3 祈年殿、祈谷坛立面
引自刘敦桢. 中国古代建筑史. 北京: 中国建筑工业出版社, 1984.

置汉白玉石栏。三层坛体都是八出陛,南北向各三出陛,东西向各一出陛。南向三陛排列较疏,北向三陛排列较密。南北向的三层中陛都用御路踏跺。这个极为触目的大尺度祭坛,实质上成了祈年殿的放大台基,融洽地充当了祈年殿真正的"下分",营造了有机的、完美的殿坛组合体(图7-3-3)。

正是这座殿坛组合体,为我们展示了极精彩的用"无"。我们可以看出,祈年殿的"中分"并不很大,下檐柱的高度只有6米多,殿身体量很有限。它没有采用重叠的多层楼阁,也没有为提升高度而恣意加大殿身尺寸,而是在"上分"和"下分"上大做文章。它采用了三重檐圆攒尖顶。高高突起的"三重檐"屋顶,既是顶尖级礼制建筑对于屋顶等级的礼的规格的需要,也是壮大建筑艺术形象的形式美构图的需要。这是从"上分"简约地用"有"所取得的一次形象放大,祈年殿由此获得了从台明到宝顶的31.78米的高度。更进一步,它与极度放大的三层祈谷坛相结合,使殿坛组合体达到了总高38米的高度,并从殿身直径的24.6米一下子扩展到坛体直径的80米,这是从"下分"简约地用"有"所取得的再一次形象放大。通过这两次"形象放大",殿坛组合体以有限的"殿身"而取得高崇、壮观的形象,凸显出组合体外部空间的宏大、开阔,这是中国古典建筑在单体建筑外观上以简约的"有"取得外部空间充分的"无"的一个经典范例。

2. 难能可贵的殿内空间处理

祈年殿的殿内空间处理很值得关注。它的使用功能很简单,只设置一座神台、两座配台。神台为须弥座石座,配台为略低的石坪。举行大典时,从皇乾殿奉迎来神位,神台上供皇天上帝神位及其祭器、祭品,配台上供陪祀的皇帝列祖列宗神位及其祭器、祭品,就可以满足仪典需要。但是,祈年殿内所要求表达的艺术氛围和表征寓意却是要求极高、颇有难度的。特别是圆殿内里空间达到了近30米的高度,下檐直径长度相当于十五架的通进深,这么高、这么大的圆形大殿,在梁架结构和天花藻井的处理上都是复杂的课题(图7-3-4)。它已经超出常规小型圆亭的定型构架,需要按特例来处理。我们当然很想探悉古代匠师对此是如何

图 7-3-4 祈年殿与祈谷坛组构的殿坛组合体
引自王其均. 中国传统建筑屋顶. 北京: 电力出版社, 2009.

应对的。难得的是，清代样式雷文档中，留存有一册光绪十六年重建祈年殿的《天坛工程做法》。曹鹏在他的硕士学位论文中，全文附录了这份《做法册》，并结合祈年殿实例作了相关分析。这样为我们深入了解祈年殿的结构做法、构件名称、用材尺寸和设计创意提供了可贵的信息。我们从祈年殿实物和这份《做法册》可以看到，祈年殿内部针对三重檐的圆攒尖顶，塑造了自下而上层层收缩上升的空间（图7-3-5）。在梁架结构上，它以十二根下檐柱支承下檐檐部，以十二根重檐金柱，支承中檐檐部。对于上檐檐部，为避免殿内柱网过密，并没有采用周圈落地的"上檐金柱"，而是采用了独特的半落地的"上檐金柱"圈。这圈半落地的"上檐金柱"，由四根落地的"钻金柱"（俗称"龙井柱"）和八根不落地的"童柱"组成。为支承这八根不落地的童柱，特地从重檐金柱上搭出四根"趴梁"，以这四根趴梁为八根弧形的"承重枋"提供了支点。这八根弧形承重枋，一端插入钻金柱，另一端趴在趴梁上，每两根连接成1/4圆弧，看上去像是插在钻金柱之间的整根弧形枋。它们组成了一圈"圆梁"。每根承重枋，都通过斗盘，支承着一根"童柱"。它主要起到把童柱荷载传到趴梁的垫木作用，也在一定程度上起到稳定钻金柱的枋木作用，《做法册》把它称为"承重枋"是很确切的。祈年殿上檐的这个半落地支承系统，在大跨度的圆殿内部，巧妙地避免了密集的柱网，避免了过多的超长井口柱，为祈年殿取得宽大、舒朗的内里空间的"无"，应该说是极富创意的。在这里，包括正心桁、正心枋、大额枋、小额枋、承檐枋、承重枋在内的上、中、下檐的周圈梁、桁、枋、垫，都随着圆殿的轮廓，勉为其难地做成弧形构件，保证了圆殿内里构件呈同心圆组合的协调。只是四根直线的趴梁，与整套圆形构架格格不入，

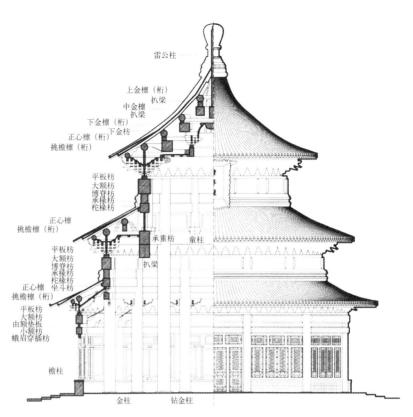

图7-3-5 祈年殿剖面图
引自王贵祥. 北京天坛. 北京：清华大学出版社，2009.

明显地破坏了殿内的同心圆构成，是一种无奈的美中不足。这是大跨度的祈年殿不得不用的。在这一点上，它不如跨度较小的皇穹宇，可以不带趴梁而取得完美的和谐。

在这样的三重檐构架上，匠师们展开了细致、周到的天花、藻井处理。在下檐廊内，下檐周圈的平身科单翘单昂溜金斗栱，都采用落金做法，把枰杆后尾交接于重檐金柱坐斗枋上的花台斗栱。溜金斗栱上安格井天花，每一开间都用面阔七井，进深三井的天花，整个周围廊十二开间共用天花井格252井。这些瑰丽的天花井格，与放射状的溜金斗栱枰杆，组成了下檐周围廊绚丽的、向上斜升的顶部。在周圈下檐柱与周圈重檐金柱之间，原本应是水平联结的桃尖梁和穿插枋，也都改成了辘轳把形的、弯曲向上的"桃尖假梁头"和"蛾眉川插"，以取得统一的斜升态势，反映出极力争取周围廊顶部向上升腾的良苦用心。

在中檐内里的"钻金廊"顶部，重檐金柱的周圈斗栱里拽与上檐周圈承重枋之间，利用狭窄的空间做了一圈进深两井的格井天花，形成里拽斗栱圈和格井天花圈的两环同心圆。有

趣的是,《做法册》还对重檐金柱的多重额枋作了颇为细腻的独特处理。这圈多层额枋重叠着七层构件,自上而下为平板枋、大额枋、博脊枋、承椽枋、花台枋、花台斗栱和坐斗枋。[①] 其中大额枋、博脊枋、承椽枋形成三层大尺度的连片实枋,显得过于沉闷、厚实、闭塞、重叠,《做法册》注意到这一点,采取了措施,特地标明在"博脊枋里采做斗口三寸一斗三升荷叶斗科"。从现存祈年殿内可以看到,沿着整圈博脊枋里面,用画出来的斗栱和局部粘贴斗木的方法,做出了一圈一斗三升的假"隔架斗栱"。这样形成了额枋圈有一层花台斗栱,还有一层隔架斗栱的感觉,为整圈多层额枋增添了丰美和变化。

祈年殿的整个天花藻井的重点是半落地的上檐金柱内里的顶部空间处理。按《做法册》所列,在上檐部位,原本的设计方案是用两根"九架桃尖通梁"。每根长五丈四尺四寸,宽四尺三寸,厚三尺四寸。这么大尺度的两根桃尖通梁,十字交叉地落在四根钻金柱的柱头科上,用以支承上檐内里九架通梁之上的层层梁架。但是现存祈年殿实物并没有采用这个"九架通梁"方案。这个情况表明,九架通梁方案有其致命的欠缺,它使得殿内藻井必须限定于九架通梁的下部,从而大大削低殿内空间的净高,而不能充分利用上檐内里所提供的空间潜能。实施方案改用了三层扒梁来取代九架桃尖通梁的做法。就是在四根钻金柱正心桁部位安四根井口扒梁,在下金桁和中金桁部位各安两根长扒梁和两根短扒梁,最后以八根由戗支撑中央的雷公柱。这样形成的三层井口扒梁,既解决了上檐内里梁架的结构传力,又为上檐内里留出了提升藻井所需要的空间。我们可以看到,在周圈的承重枋上部,祈年殿获得了一个高高隆起的、高度和谐的天花藻井。这里有钻金柱与童柱合构的、完整的上檐金柱圈;有柱间重叠的层层弧形枋木形成的多重圆环;有周圈二十四攒平身科九踩翘昂斗栱的里拽和十二攒柱头科九踩翘昂斗栱的延伸后尾组成的极富放射感的斗栱花环;有龙井外口每间面阔二井、进深三井的三环井格天花;有龙井周圈带后尾撒头的重翘龙井斗栱;有龙井里口迎面雕着龙凤呈祥的龙井中心圆板。

这样的梁架和天花藻井处理,造就了祈年殿极富特色的内里空间的"无"(图7-3-6):一是最大限度地提升内里净高,强调出殿内空间的高崇感、穹隆感;二是极力塑造层层向上、环环放射的势态,凸显出殿内气势的升腾感、扩散感;三是柱枋、斗栱、格井、龙井满饰沥粉贴金彩画,浓郁了殿内景象的华美感、高贵感;四是除4根直线趴梁外,大量运用了弧形构件,尽力争取到殿内形象的和谐感、协调感。祈年殿的内里空间达到了隆重尊贵、崇高神圣、中和大壮、富丽堂皇的境界,体现了大享典仪所需要的空间氛围。

3. 集大成的天象时序表征

祈年殿的前身大享殿建造时的意图是用作

[①] 《天坛工程做法》称此枋为坐斗枋,称花台斗栱上方的枋为花台枋,与通常的称法不同,这里沿用《做法册》的称法。

图 7-3-6 祈年殿藻井
引自罗哲文、李敏. 神州瑰宝. 北京:中国建筑工业出版社,2009.

明堂秋享的场所。既然是带明堂性质的建筑，自然涉及延承明堂之制的问题。难得的是，这座殿坛组合体并没有拘泥于明堂古制。它不同于汉长安南郊建造的那种高台建筑式的西汉明堂，不同于唐东都洛阳建造的那种三层楼阁式的武则天明堂，也不同于宋东京汴梁建造的那种单层殿宇院落式的北宋明堂，而是极富创意地采用了十分简约的、三重檐圆殿带三重圆坛的殿坛组合体。历史上的明堂，基于前期的台榭式构筑形态，积淀了上圆下方、五室、九室、十二堂、二十八柱、三十六户、七十二牖等诸多象征，祈年殿殿坛组合体没有陷入这些纷繁象征窠臼，而是吸取其中若干可以与圆殿、圆坛有机融合的表征方式和表意选项，在标示天坛主体建筑至尊等级的同时，附加了一整套天象时序表征，主要表现在：

（1）方位象征

祈年殿殿坛组合体蕴含着多层次的方位象征。在都城布局层次，它坐落在北京内城南部主干道之东，完全符合"郊"、"南"、"丙"三个选项。"郊"是位处都城郊外，吻合郊祭要求；"南"是位处南郊，吻合先天八卦"乾南坤北"，南郊属阳、属天的要求；"丙"是天干之一，排位第三，属天数、阳数，在五行中属南方偏东的"阳火"之地。选择"丙"位，应该说是避免将坛区设于南郊正南位，以免影响主干道交通的一种借口。当年嘉靖议建明堂时，严嵩奏曰："明堂圜丘，皆所以事天，今大祀殿在圜丘之北，禁城东南，正应古之方位"①，说的就是南郊丙位，符合明堂之位。在天坛总体组群层次，这个殿堂组合体位于丹陛桥北端，与圜丘一起共同组成天坛主轴线上的两个并重的主体，以位居天坛主轴的正位来凸显其显要。在殿庭组合层次，这个殿坛组合体坐落在墙院中央，居于殿庭核心，前有南砖门、祈年门铺垫，后有皇乾殿院拱卫，强调出居中为贵的尊位。

在单体建筑层次，这个殿堂组合体，虽然看上去是圆殿、圆坛的全方位形态，但很明确地标示出坐北朝南的正位格局。殿身南向三间设门，殿顶上檐正南面立匾，三层殿座都在南北向隆重地设置三出陛，并且突出南向三陛的宽舒排列，这些都是在强化殿坛自身的面南尊位。在祈年殿的内里层次，有的研究者认为采用了仿明堂的方位象征，下檐廊的十二开间正合明堂间数，东向为青阳及其左个、右个，南向为明堂及其左个、右个，西向为总章及其左个、右个，北向为玄堂及其左个、右个。中心四柱围合的即为太室，吻合仿明堂的寓意。②由于祈年殿只在南面设三门，并没有像明堂那样在东、南、西、北四面设门，因此，把这里的空间格局解读为"四堂"、"太室"，可能较牵强，应该说，原创设计好就好在没有刻意仿明堂的方位格局。但殿内的神台居主位、配台居从位的主从排列，则是一种内里空间的典型方位象征。这些表明，方位象征是中国古典建筑十分倚重的象征方式，祈年殿殿坛组合体在五个层次的方位表征上，都照应得很得体。

（2）形体象征

祈年殿殿坛组合体在形体象征上，集中地突出了"以圆象天"的主题。《周髀算经》说："方属地，圆属天，天圆地方"。③在这里，原创明堂大享、后改孟春祈谷的祈年殿，采用周圈十二间的圆殿身、三重檐的圆攒尖顶、三层台阶式的圆台基和三重大尺度的圆祭坛，既是天坛主体建筑表征"天圆"主题的需要，也是与圜丘、皇穹宇协调"圆"的构图母题的需要。明清官式建筑有"正式"建筑与"杂式"建筑的区别，圆殿、攒尖顶都属于"杂式"之列。对于天坛祈年殿这样至尊的殿宇，敢于选用"杂式"的圆殿、攒尖顶，应该说是极具胆识、至为明智的。它在突出"天圆"主题、统一天坛"圆"的构图母题的同时，也强化了天坛核心建筑的独特性格。

① 明史·卷四十八.

② 参见杨振铎. 世界人类文化遗产——天坛[M]. 北京：中国书店，2001：161.

③ 周髀算经. 转引自周人军. 考工记译注. 上海：上海古籍出版社，1993：64.

① 姚安. 天坛[M]. 北京: 北京美术摄影出版社, 2000: 87.

② 参见杨振铎. 世界人类文化遗产——天坛[M]. 北京: 中国书店, 2001: 166.

(3) 阳数象征

《周易》以构成卦象的阳爻为奇数，阴爻为偶数，奇数的一、三、五、七、九都属于阳数。祈年殿殿坛组合体运用三重檐圆攒尖顶，三层圆台基和三重圆祭坛，显然是以触目的"三"的阳数来象征"天"。值得注意的是，在一、三、五、七、九的阳数系列中，何以独钟于用"三"？应该说这是一种理性的选择。祈年殿这个殿坛组合体，"上分"的三重檐攒尖顶和"下分"的三重坛大台基，对于它的祭祀功能、结构做法、空间体量、造型比例都是恰到好处的。古代哲匠并没有因为"九"是阳数之极，就对至尊建筑轻易地采用什么九重檐、九重台。建筑等级规制中，三重台基已是最高等级的台基，重檐庑殿、重檐歇山已是数一数二的高等级屋顶。祈年殿殿坛组合体采用三层小台基和三重大坛台，已达到"下分"最高等级的表征。运用三重檐圆攒尖顶，则是在"杂式"的攒尖顶中，利用其易于叠加的条件，因势利导地比"重檐"更提升一级，以凸显其至尊。这些表征的处理，直接关联着殿坛组合体的基本形象，应当说都处理得恰到好处。

(4) 数量象征

建筑中的殿屋间数、构件件数、空间尺寸、构件尺寸都涉及一个个"数量"，这使得数量象征成为建筑象征中的一种方便的、用得最广泛的方式，明堂建筑在这方面尤为突出，可以列出一长串的数量象征选项。相比之下，祈年殿坛组合体在这一点上还是比较克制的，它的数量象征主要集中在圆殿的用柱。这些用柱的寓意已是大家熟知的。普遍的说法是，它以内里的4根钻金柱（龙井柱）寓意春、夏、秋、冬四季；以12根重檐金柱寓意一年的十二个月；以12根下檐柱寓意一昼夜的十二个时辰；以下檐柱与重檐金柱之和的24根柱子，寓意一年的二十四个节气；加上4根钻金柱，成28根柱，寓意二十八星宿；再加上8根上檐童柱，成36根柱，寓意三十六天罡（图7-3-7）。①这些涉及天象、时序的寓意，与农耕息息相关，用于"祈年"、"祈谷"的建筑，可以说是很合拍的。复杂的圆殿梁架结构的用柱数量与表征天象时序所需的用柱数量，能够取得如此巧合的统一，也是很见匠心的。但是这些寓意未必都是原创的设计意图，有一些是后人推测、解读而添加上去的，如说位于正中的那根"雷公柱"寓意"一统天下"，又偏偏遮掩在藻井之上，看都看不见，这种解读就有点牵强。

对祈年殿的用柱，杨振铎提出了另一种解读。他说祈年殿的4根龙井柱，分别处于东北、东南、西南、西北方位，也就是后天八卦的"艮、巽、坤、乾"的卦位。根据《尧典》东方主春、南方主夏、西方主秋、北方主冬的说法，他认为：春、夏、秋、冬"这四个方位分别就是震、离、兑、坎四正卦位，就是祈年殿内圈四柱分割的四段圆弧上的空间。其东方柱间为春季，南方柱间为夏季，西方柱间为秋季，北方柱间为冬季"。②按这样的分析，就不能说位处"艮、巽、坤、乾"的4根龙井柱表征四季，而应该是4根龙井柱的柱间方位——震、离、兑、坎表征四季。这样，用柱的象征就不是单纯的数量象征，而是关联后天八卦的一种方位象征。同样的，杨振铎进

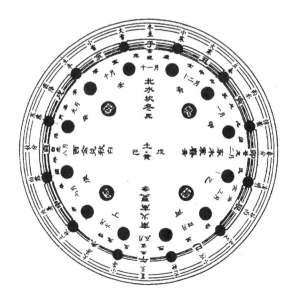

图7-3-7 祈年殿柱网寓意图
引自杨振铎. 世界人类文化遗产——天坛. 北京：中国书店, 2001.

一步分析，十二个月、二十四个节气、二十八星宿，也不是由12柱、24柱、28柱的数量来表征，而是由它们的柱间的开间和对应的方位来表征。他列出了"祈年殿柱网平面寓意图"，图上涉及了五行、后天八卦、天干、地支等等。他说："总而言之，祈年殿的平面的内涵，就是中国古代罗盘的内涵"。①在这样的解读中，祈年殿的柱网分布赋予了纷繁的寓意内涵。只是周圈十二柱、十二开间的格局，用以匹配"十二月"、"二十四节气"，都能对位，而对于"二十八星宿"来说则不可能有准确的对位。杨振铎意识到这一点，他无奈地说：

> 如果为了增加趣味，附会一点讲，似乎只能按照大体方位说，祈年殿内东部的空间有苍龙七宿，南部的空间有朱雀七宿，西部的空间有白虎七宿，北部的空间有玄武七宿，也就足矣。②

我们从这种解读现象中可以认识到，古代建筑的许多象征寓意，有不少是后人解读追加的。建筑蕴涵的象征寓意可以随着后人的解读而添加非原创设定的意义，从而丰富、发展其内蕴。但是这种添加的解读应该是合乎逻辑的，不宜是牵强附会的。

值得注意的是，祈年殿殿坛组合体在运用数量象征上，总的说是很节制的。祈年殿从台明到宝顶全高为31.78米，折合清营造尺为九丈九尺，这可以说是用了极阳数的"九"的倍数。但是，殿内的下檐柱高二丈五寸，重檐金柱高三丈六尺二寸，钻金柱高五丈七尺四寸，都没有用数量象征。祈年殿的三层圆台基，上层径长八丈八尺四寸，中层径长九丈三尺四寸，下层径长九丈八尺四寸；祈谷殿的三层圆坛，上层径长二十一丈五尺，中层径长二十三丈二尺六寸，下层径长二十五丈，也都没有用数量象征。这透露出整个殿坛组合体在运用数量象征上，并没有刻意追求尽可能多的选项，而是适可而止，这是颇为理性的。这应该可以反映出，在追求数量象征、方位象征上，建于明清时期的祈年殿已不像早期明堂建筑那么热衷。我们对于祈年殿平面的寓意没有必要进行过度的解读。

(5) 色彩象征

五行学说把"木、火、土、金、水"五行，与"东、南、中、西、北"五方，"青、赤、黄、白、黑"五色相对应，用色成了一种重要的象征。由于"黄"对应的是"中"，黄色自然成为最高贵的、表征帝王之尊的用色。在天坛这个特定的环境中，因为"天"比"天子"的地位更尊，表征"蓝天"的"青"色，自然上升为最尊色，成了天坛最触目的标志色。

祈年殿的三重檐用瓦经历了色彩象征的重大转变。嘉靖二十四年建成的大享殿，用的是上层青瓦、中层黄瓦、下层绿瓦，其象征含义有四说：第一种说法是"上层蓝色象天，中层黄色象地，下层绿色象万物"。③第二种说法是象征"上天、皇帝、万庶"。④第三种说法是，"明代大享殿设有主位、配位、从位三种神版，因而就用三种颜色的琉璃瓦，分别代表上帝、历代帝王和各种神祇"。⑤第四种说法认为唐代有祭"九宫贵神"的礼仪，九神均与农业天时有关，其中中央（第五宫）为天符神，土行，黄色；第三宫为轩辕神，木行，碧色；第四宫为招摇神，木行，绿色。"北宋明堂柱身和明朝大享殿（明堂）的屋顶用此三色，可能即是从唐九宫贵神的设色套下来的"。⑥明代文献没有明确表述大享殿的三重檐瓦色；清康熙二十三年纂修的《大清会典》，只说大享殿"上覆青瓦，中覆黄瓦，下覆绿瓦"，没有涉及其寓意；只有《乾隆大清会典则例》提到祈年殿三重瓦色时说："考明初合祀天神、地祇、前代帝王，是以瓦片分为三色，嗣举季秋飨帝之礼易为大享殿，瓦色仍用初制，国朝改为祈谷于上帝之所，瓦片仍用三色"。⑦这里

---

① 参见杨振铎. 世界人类文化遗产——天坛[M]. 北京：中国书店, 2001: 92.

② 参见杨振铎. 世界人类文化遗产——天坛[M]. 北京：中国书店, 2001: 169.

③ 参见(1)潘谷西主编. 中国建筑史[M]. 北京：中国建筑工业出版社, 2001: 123. (2)杨乃济. 天坛：大百科全书建筑、园林、城市规划卷条目[M]. 北京·上海：大百科全书出版社, 1988: 416.

④ 姚安. 天坛[M]. 北京：北京美术摄影出版社, 2000: 26.

⑤ 王成用. 天坛[M]. 北京旅游出版社, 1987: 65.

⑥ 王世仁. 建筑历史理论文集[M]. 北京：中国建筑工业出版社, 2001: 24.

⑦ 乾隆大清会典则例：四库全书[M/CD]. 武汉大学出版社.

① 乾隆大清会典则例:
四库全书[M/CD]. 武汉大学出版社.

② 王成用. 天坛[M]. 北京旅游出版社, 1987: 69.

指明"三重瓦色"源于天地合祀,并透露出瓦分三色是由于合礼天神、地祇和前代帝王,这可以说是很难得的见于文献的对于三色瓦表意的说法。究竟哪种解读符合原创并不重要,重要的是采用三种不同的瓦色,确是基于象征语义的需要。但是这种三色瓦的象征,把大享殿打扮成花花绿绿,有损大享殿的圣洁、庄重形象。这种只顾及象征符号的语义而未兼顾到象征符号的审美,是一个重大的失误,是大享殿设计的一个重大的败笔。乾隆十六年(1751年)大享殿改名为祈年殿后,第二年就把祈年殿三重檐的三色瓦统一改为青瓦。这次瓦色的改变,对祈年殿艺术形象的升华起到了极重要的作用,祈年殿由此洗刷去花花绿绿的外表,以一色的天青与蔚蓝的天空相协调,造就了纯净、圣洁的境界(图7-3-8)。这可以说是中国建筑用色上的一次成功的调节。

在祈年殿改变瓦色的同时,东、西配殿、祈年门及其两侧的一段院墙也都由绿瓦改为蓝瓦。而壝院东、南、西三座砖门及壝墙的瓦色却没有改。为什么这部分瓦色不改,《乾隆大清会典则例》里有明确记述,是因"离坛稍远,仍照旧制,盖覆绿瓦"。① 另有一种说法,这里的绿琉璃瓦是明成祖从南京天地坛拆运来的,原料中掺入大量绿宝石粉末,不但不怕雨淋日晒,而且颜色非常鲜艳,因此才保存下来。② 这

图7-3-8 覆盖三重檐青瓦的祈年殿
引自王其钧. 中国传统建筑色彩. 北京: 电力出版社, 2009.

透露出,祈年殿周围的殿、门、墙垣瓦色的改变,主要是基于审美上的色彩协调的需要,而不是其自身象征语义的需要。尽管原材质极好,在祈年殿近傍的,也不得不改用蓝瓦;而离祈年殿"稍远"的,能不改的就尽量保存。

(6) 纹饰象征

祈年殿殿坛组合体在运用纹饰象征上也处理得很细致。殿身内外檐彩画都采用最高等级的彩画——和玺彩画。在和玺彩画的制式中,它不是采用最高规制的金龙和玺,而是选用龙凤和玺。这可能是由于大祀殿原是合祀天神地祇,改建为明堂秋享的大享殿,还延续着这样的象征。也可能是以龙示阳,以凤示阴,取阴阳交泰、龙凤呈祥的寓意。同样的,祈年殿藻井的中心圆板,雕刻的也不是"蟠龙",而是"龙凤呈祥"。与它上下对应的殿内地面,环环铺设着的艾叶地面的中心,特地选用了一块大理石作为圆心石,石上有墨色天然纹理,显现的是"龙凤"图案,而非"蟠龙"图案。值得注意的是,祈年殿内的三层天花彩画,下檐廊内天花为沥粉金流云圆光,钻金廊内天花为沥粉金凤圆光,最上部的龙井天花为沥粉金龙圆光。呈现出自下而上的"云、凤、龙"分布。这个现象不是孤立的,祈谷坛三层圆坛的雕饰也是如此。三层圆坛的陛石,下层饰祥云山海纹,中层饰双凤山海云,上层饰双龙山海云;三层圆坛的栏杆望柱头,下层为祥云,中层为云凤,上层为云龙;三层圆坛地栿悬出的"龙头",下层为祥云龙头,中层为凤首龙头,上层为螭首龙头。它们都统一地呈现自下而上的"云、凤、龙"分布。这里的"龙"、"凤"当是表征"天"、"地","阳"、"阴",由于是三个层次,必须再添加一项。这个添加的第三项选用"祥云"是很明智的。它既与"天象"合拍,吻合龙凤飞翔于云天之上;又可以表征"天地祥和",是很妥帖的纹饰象征。

祈年殿殿坛组合体通过上述的方位象征、形体象征、阳数象征、数字象征、色彩象征、纹饰象征，组成了集大成的天象时序象征。最后再通过"命名象征"——取名为"祈年殿"、"祈谷坛"，明确地升华出"祈祷年丰"的主题，赋予殿坛组合体丰富的人文内涵和浓厚的场所精神。

4. 罕见的殿庭"模糊空间"

祈年殿墙院就是原永乐天地坛大祀殿的墙院，它的尺度很大，南北长 187.5 米，东西宽 162 米。整个墙院高出周围地面 3 米多。墙院设正门南砖门和侧门东砖门、西砖门，都是砖构三孔券洞门。南砖门为庑殿顶，东西砖门为歇山顶。正对丹陛桥的南砖门，中门对准神道，东门对准御道，西门对准王道，五开间的庑殿顶与三孔券洞门形成了立面上的错位处理。墙院北墙设三门联立的琉璃门，由此门进入墙院后面的皇乾殿院。

祈年殿与祈谷坛的殿坛组合体位处墙院核心。特别值得注意的是，在殿坛组合体的前方，坐落着祈年门和东西配庑，它们通过转角院墙联结成一组凹字形的"三合敞口院"。这个敞口院完全包容在墙院内部，成了墙院之内的一个敞口套院。这个套院既把墙院分隔成前后两重，又没有把墙院完全隔断为前后两院；这个套院使得殿坛组合体既处于敞口院之后，又居于墙院之中；墙院与套院既不是明确的"前后院"关系，也不是标准的"内外院"关系。它是一种模棱两可的"模糊组合"，是中国建筑中、特别是官式高体制建筑组群中罕见的"模糊殿庭空间"（图 7-3-9）。

这个模糊殿庭当然是由于矩形的大祀殿改建为圆形的大享殿，拆除原配庑以北的"步廊"，保留原大祀门和改建东西配庑而形成的。殿庭空间的这种模糊组合极具因势利导的匠心，它不仅没有显露出改建的勉强、将就和无奈，反而取得富有创意的独特效果：

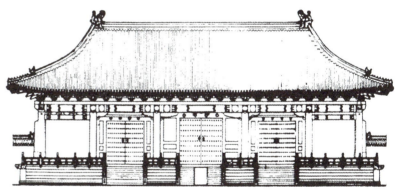

一是获得门庭铺垫

保留下来的这个半拉子敞口院，为南砖门与祈年殿主体建筑之间提供了必要的铺垫。祈年门成了祈年殿的"仪门"（图 7-3-10），提高了主体建筑的规格；祈年门门庭成了进入主殿庭的过渡空间，丰富了殿庭的空间序列和组合层次；透过祈年门门框观看祈年殿坛，也取得了良好的对景、框景效果。

二是强化空间对比

由祈年门及其两侧院墙的分隔，墙院分解成为前后两个空间层次。祈年门院墙东西轴线与北墙墙南北相距 160 米，这个尺度恰恰与墙院的东西长度基本等宽。使主体殿庭成为严谨的正方形。这样祈年门的门庭深度就只有 27.5

图 7-3-9（上）祈年殿墙院鸟瞰
引自王其均. 中国传统建筑色彩. 北京：电力出版社，2009.

图 7-3-10（下）祈年门正立面
引自杨振铎. 世界人类文化遗产——天坛. 北京：中国书店，2001.

米，成了极扁的横长过渡院。这个极扁的祈年门门庭，与南砖门外的广阔丹陛桥空间形成强烈的对比。感受着丹陛桥宏大空间视野的人们，跨入南砖门，就被极迫促的祈年门门庭把空间视野急速地收束。这个极迫促的祈年门门庭不仅通过反衬放大了祈年门殿的体量，更重要的是与它后面的祈年殿主殿庭形成强烈的对比。欲扬先抑，人们经过空间视野的急速收束，在穿越祈年门时，可以陡然感到祈年殿殿庭的分外广阔。

三是舒放主殿庭空间

殿坛组合体所处的主殿庭，从尺度大小到殿座、门座分布都处理得十分妥帖。墙院尺度为162米见方。把直径24.6米的祈年殿殿身和直径80米的祈谷坛圆坛，坐落在162米见方的主殿庭中，取得了良好的殿坛与殿庭的空间比。在殿座和门座的分布上，祈年门和两侧的配庑都紧缩在殿庭的南半部，东砖门、西砖门也没放在南北向的中点，而是位处中点以南。殿坛主体的中心则有意向北推移了24.6米，即一个殿身的深度。这样精心的分布，赋予了殿坛组合体宽舒的殿庭空间，更加凸显出它的宏大、开阔和舒放。跨入祈年门，人们的视线所见，全集中在主体殿坛上，两侧的东西砖门和北部的琉璃门，都隐退到视线之外，可以说是为殿坛组合体配置了完美和谐的空间环境。

四是妥帖结束流程

祈年殿组群的空间流程并没有在主殿庭的高潮骤然结束，在它的后方还有皇乾殿院作为尾声（图7-3-11）。皇乾殿存奉神版、神牌，在功能上是必需的。把它设置在主殿庭后院，恰如其分地构成空间流程的收束。这组小院处理得也恰到好处。作为存奉天神、先帝神版的殿座，皇乾殿应有它的高规格。它采用了五开间单檐庑殿顶和带月台的须弥座台基。但是高规格的殿座有意地配置了低调的院庭。整个院庭只用35.89米的宽度和31.81米的深度，皇乾殿殿身就占去了院庭的一半。作为院庭入口的三门联立琉璃门也有意地缩小尺度。这种低调处理都服从于凸显祈年殿主殿坛的需要，达成了祈年殿组群的整体和谐。

四 内外坛域整合用"无"

天坛整体划分为内坛域和外坛域，由内外两圈坛墙围合。内坛域在内坛墙内，外坛域在内外坛墙之间。内坛域内，成贞门所在的内坛东西隔墙，又把内坛分隔出南部的圜丘坛域和北部的祈谷坛域。天坛组群的用"无"特色，在内外坛域的整合用"无"上表现得最为鲜明、显著。我们可以从以下三个层面来考察：

（一）占地面积：超大的"无"

北京天坛以占地广阔著称。明嘉靖三十二

图 7-3-11 天坛皇乾殿
引自本书编委会．上栋下宇——历史建筑测绘五校联展．天津：天津大学出版社，2006．

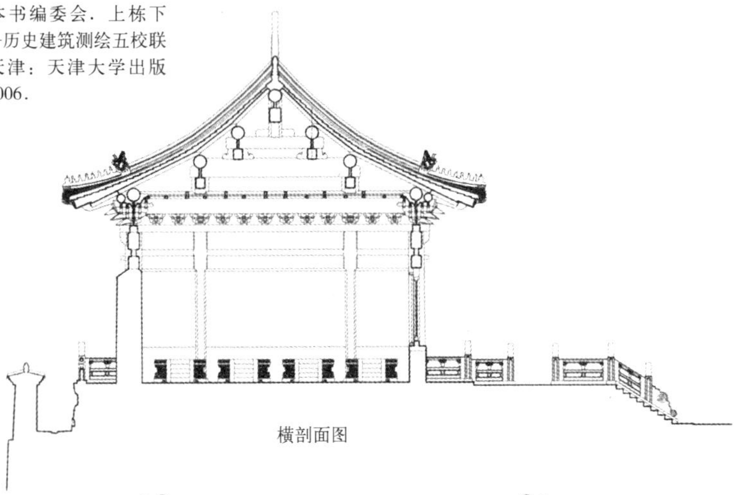

横剖面图

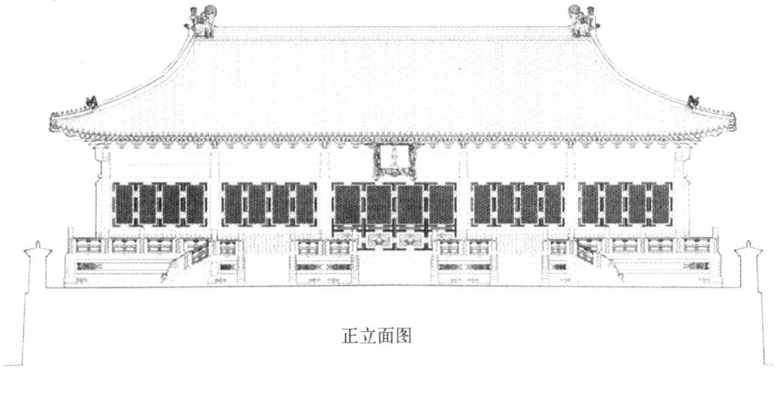

正立面图

年（1553年），北京建南外城，天坛扩建了外坛西墙，奠定了天坛整体坛域内外双重坛墙的超大坛域。乾隆十二年（1747年），内外坛墙用城砖包砌，从原先的土墙变成了土心砖墙。《清史稿》对这吹包砌的坛墙尺寸有明确的记载：内坛墙"高一丈一尺，址厚九尺，顶厚七尺，周长一千二百八十六丈一尺五寸"；外坛墙"高一丈一尺五寸，址厚八尺，顶厚六尺，周长一千九百八十七丈五尺"。内外坛墙都呈"北圆南方"的形象。现状外坛南北坛墙相距1650米，东西坛墙相距1725米，周长6360米，由外坛墙周圈界定的整个天坛组群达273公顷。内坛南北坛墙相距1227.7米，东西坛墙相距1043.2米，周长4113米，由内坛墙周圈界定的内坛域为117公顷；其中圆丘坛域占44.95公顷，祈谷坛域占72.05公顷。

这是一个惊人的尺度。273公顷的天坛占地，是护坛地1476亩的北京地坛的2.7倍，是护坛地100亩的北京日坛的40倍，是护坛地36亩的北京月坛的113倍。与北京紫禁城相比，也几乎是紫禁城的3.8倍。这个超大尺度的占地，是经历坛区的几度扩展而形成的。它从占地指标上凸显出天坛组群的至高无上的规格，为塑造"人间天国"的浩瀚场所和远离尘嚣的静谧境界提供了重要的条件。

（二）坛墙四角：南方北圆

天坛坛域，除了其占地的超大尺度外，还有一点很值得注意，就是内外坛墙的四角都是东北、西北角作圆弧形，东南、西南角作直角形，呈"南方北圆"的格局。坛域的"南方北圆"现象，在明洪武十一年（1378年）建造的南京大祀坛中已经呈现。从《洪武京城图志》的《大祀坛》图中，可以看出它的周圈坛墙正是"南方北圆"。永乐十八年（1420年）建造的北京天地坛也是如此。《大明会典》的"郊坛旧图"中，清楚地画出坛墙的"南方北圆"。不仅如此，这个天地坛还把大祀殿的内壝墙也做成"南方北圆"。①这表明，在合祀天地的场所，采用"南方北圆"的坛域是一种习见的惯例。

为什么北京天坛的内外坛墙要做成"南方北圆"呢？它当然是因袭北京天地坛坛域的"南方北圆"，普遍的说法都是以南方北圆的坛区轮廓比附古代"天圆地方"之说。这个表述应该是可以成立的。但是令人不解的是，古人有"天南地北、日东月西"的方位表征，天坛设于城南，地坛设于城北，日坛设于城东，月坛设于城西，就是这个概念的体现。那么，为什么表征"天圆"的圆弧角却设在坛域的东北角，西北角，而不是设在东南角，西南角，何以不呈"南圆北方"而呈"南方北圆"呢？

对这种情况，相关学者有几种解析：

于倬云在"天坛的建筑形制与象征艺术"一文中，写道：

> 因为天坛始建时为合祀天地，称为天地坛，根据天圆地方之说，把北墙的两个转角，即四维中的'乾、艮'两方位做成圆弧形平面的圆角，南墙两端的'坤、兑（巽）'方位做成方角，这个别树一帜的几何形式，不仅象征合祀天地之制，在京城规划总图上也增加了非常醒目的艺术性。②

于倬云是以"后天八卦"为坐标，以乾、艮位于北方，坤、巽（于文中误为"兑"）位于南方，来解读天坛坛域的"北圆南方"。

杨振铎在《世界人类文化遗产——天坛》一书中，在解读坛域的"南方北圆"时写道：

> （天坛）主体建筑坐北面南，决定了北为上南为下，上为天下为地。天是阳地是阴，所以坛域北圆南方，以符合中国古人"天圆地方"的认识。③

杨振铎是以"先天八卦"为坐标，首先明确乾南坤北，乾为天、坤为地。然后引入向阳背阴、

① 《春明梦余录》记述北京天地坛大祀门，说它"接以步庑，与殿庑通"，那就不是北圆南方的"内壝墙"而是北圆南方的回廊，但回廊做成圆弧形似不合理，当以"内壝墙"的可能性大。

② 于倬云. 中国宫殿建筑论文集[M]. 北京：紫禁城出版社，2002：214.

③ 杨振铎. 世界人类文化遗产——天坛[M]. 北京：中国书店，2001：164.

① 程建军. 中国古代建筑与周易哲学[M]. 长春: 吉林教育出版社, 1991: 70-72.

② 王世仁建筑历史理论文集[M]. 北京: 中国建筑工业出版社, 2001: 40.

图 7-4-1 宋应星《谈天》中的日蚀原理图
转引自程建军. 中国古代建筑与周易哲学. 长春: 吉林教育出版社, 1991.

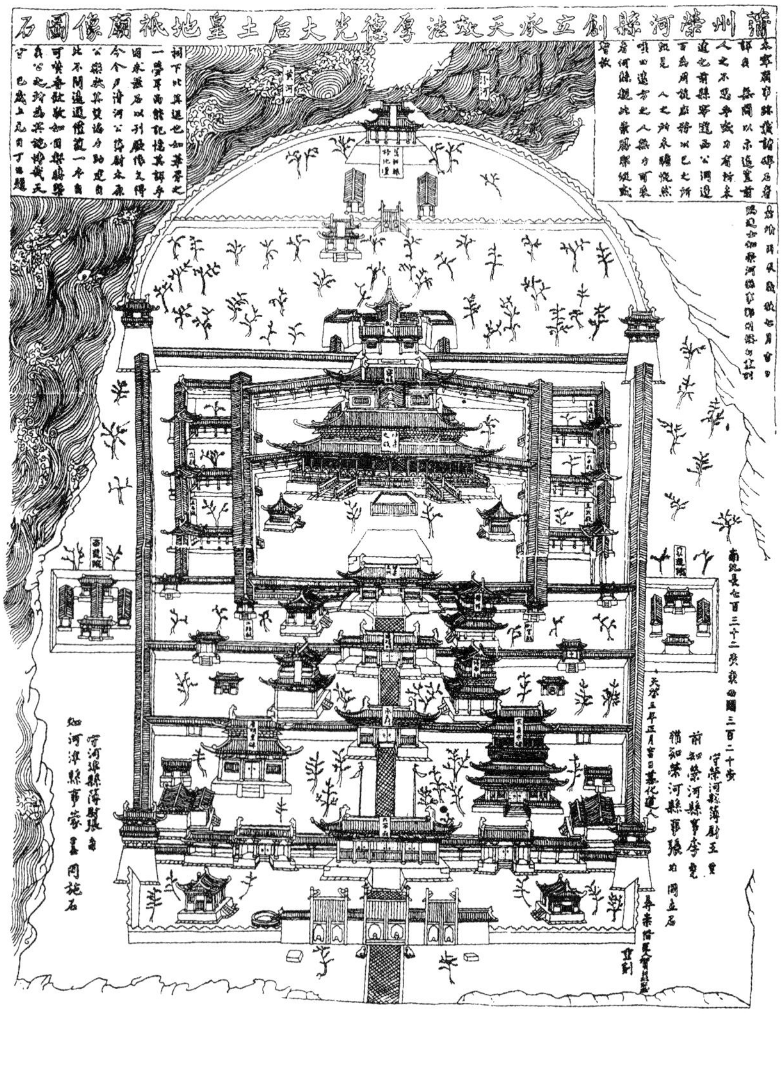

图 7-4-2 汾阳后土祠庙像图
引自王世仁建筑历史理论文集. 北京: 中国建筑工业出版社, 2001.

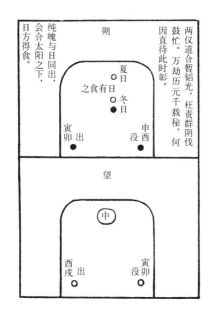

坐北面南的概念，推衍出向阳的北房为正房，为上房，背阴的南房为倒座，为下房。以此阐释坛域何以把位处上方的北面的东北角、西北角作成象征"天圆"的圆弧角，位处下方的南面的东南角、西南角作成象征"地方"的直角。

程建军在《中国古代建筑与周易哲学》一书中，在论述"天坛的象、数、理"时也对天坛坛墙"南方北圆"现象作了解读。他引用新发现的明代宋应星佚著《谈天》中表述日食原理的一幅图（图 7-4-1）。他说：

> 这是一幅月相为'朔'时的日月关系图。图中的白圈代表夏至和冬至中午时的太阳位置，黑圈代表月亮的运转位置。图的上边（北面）两角为圆形象征天上，下边（南面）两角为方形象征地下。该图的布局和内容与北京天坛的建筑布局是如此的吻合，以致使我们推测天坛主要建筑的布局就是日月天象的写照；祈年殿是夏至时的太阳位置，皇穹宇是月球，圜丘坛则是冬至时的太阳位置，而皇帝冬至告祀祭天大典正是在圜丘上举行。①

这个解读是把天坛坛域"南方北圆"的平面轮廓转化为剖面的"上圆下方"来理解"天圆地方"的表征。

王世仁在《记汾阴后土祠庙像图碑》一文中，也涉及天坛坛墙的"南方北圆"问题，他说：

> 总观此庙（指汾阴后土祠），南方北圆，此种制度，殆为祠庙之性质所决定。按汾阴后土属坤（阴），以月象之，故坛城呈半月形。此种制度尚见于明清诸帝（后）陵。陵墓属阴，也以月象征。北京天坛内外围墙均作南方北圆，系明嘉靖九年以前天地合祭之制，盖亦以北属阴，以圆象月，含祭地之义。②

王世仁的这个解读，是参照了陵墓、祠庙的"南方北圆"格局（图 7-4-2），从"以北属阴，以圆象月"的表征逻辑来阐释天坛坛域的"南方北圆"。这个解读与通行的"天圆地方"的说法相反，认为坛域的东北、西北圆角表征的是"地"而不是"天"。

天坛坛域的"南方北圆"现象，还有待我们进一步解读。这个问题涉及符号语义与其"语境"的关联性问题。找对了"南方北圆"的语境坐标，语境参照系，才有可能解读出真正的表征语义。这个问题也不能孤立地从天坛坛墙的"南方北圆"去解读。北京还有地坛（图7-4-3）、日坛（图7-4-4）、月坛（图7-4-5）、社稷坛、先农坛等，地坛、月坛、社稷坛坛墙都是四角皆方，无圆弧角；日坛坛墙是"东圆西方"，而先农坛坛墙与天坛相同，是"南方北圆"。对于坛域的方圆表征，有待综合各坛现象来通盘解读。

（三）坛域建筑：极简约的"有"

在超大的天坛坛域，有一个极鲜明的景象，就是所用的建筑极少。

整个天坛组群，建筑寥寥无几，一共只有五组。其中，内坛三组：圜丘组群祈年殿组群和斋宫组群；外坛两组：神乐署组群与牺牲所组群。

圜丘坛域的面积为 44.95 公顷，只用了圜丘一组建筑，包括圜丘坛主院、皇穹宇辅院和神厨、三库、宰牲亭杂院。这组杂院有意地推到主体坛院的旁侧，隐匿于林木之中，是明确的边缘化处理。实际上圜丘组群真正参与建筑艺术表现的只是圜丘坛主院和皇穹宇辅院。主院的主体只用了一个三层的圆坛，主要靠外方内圆的两重墙墙的扩展，达到 2.81 公顷的占地。辅院的主体只用了皇穹宇小圆殿，外加两个小配殿和一组院门，主要靠院墙围合出不到 0.4 公顷的占地。整个圜丘主辅院的占地约为 3.2 公顷，仅为圜丘坛域占地的 7%。

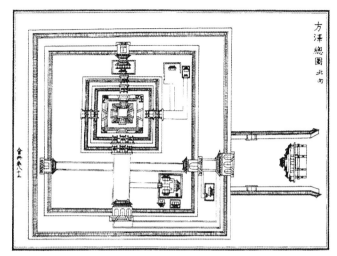

图 7-4-3 《大明会典》载"方泽总图"
引自大明会典．卷八十三

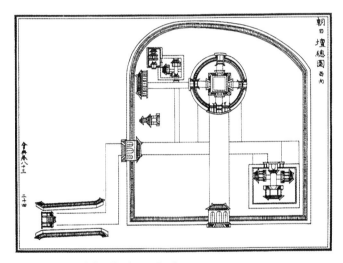

图 7-4-4 《大明会典》载"朝日坛总图"
引自大明会典．卷八十三

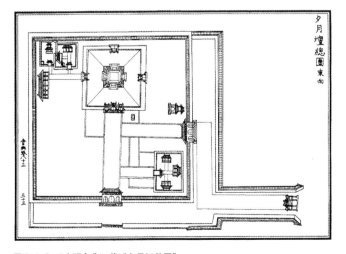

图 7-4-5 《大明会典》载"夕月坛总图"
引自大明会典．卷八十三

祈谷坛域的面积为72.05公顷。这么大片的占地范围内，只有一个祈年殿组群和一个斋宫组群。祈年殿组群包括主体殿坛壝院、皇乾殿辅院、东西坛院和神厨、宰牲亭杂院。神厨、宰牲亭杂院与圜丘杂院一样，被推到主体壝院的旁侧，隐匿于林木之中，也是明确的边缘化处理。位处南砖门两侧的东西坛院，原是永乐天地坛的遗存，曲尺形的东西坛院内原本设有山川、太岁、镇、岳、海、渎等二十坛，在嘉靖年间已迁到天坛之外的山川坛，只剩下空院。因此，祈年殿组群真正参与建筑艺术表现的只是主体壝院与皇乾殿辅院，这个主辅院的占地与圜丘主辅院占地很接近，也是3.2公顷。

位处祈谷坛域西南隅的斋宫组群，也在祈谷坛域的占地之内。斋宫东西长202米，南北宽198米，占地4公顷。这样，祈年殿组群主辅院加上斋宫组群的占地共为7.2公顷，为祈谷坛域占地的10%。整个内坛域中，圜丘组群、祈年殿组群的主辅院和斋宫的整体，总共占地10.4公顷，约为内坛域占地的9%。这应该说是十分稀疏的建筑占地。而在这稀疏的建筑占地中，大部分还是院庭用地，其中属于殿屋门座的建筑面积所占比例更小。据杨振铎统计，内坛域包括杂院在内的所有建筑面积为18490.67平方米，仅为内坛域占地的1.58%。[①]

天坛外坛域位处内坛周边，构成内坛域的外围。它的占地比内坛域还大，达到156公顷，而其中仅有神乐署与牺牲所两组建筑。神乐署初名神乐观，是培训、演习祭祀乐舞的场所，位于外坛西南，坐西朝东，建有三进主院落和数百间乐舞生用房。明嘉靖年间，乐舞生曾经达到2200人的规模，俨然是一所大型乐舞学院。这组建筑盛期占地10.14公顷，是外坛域内的一片密集用房。牺牲所是豢养牺牲的场所，位于神乐署南侧，坐北朝南，由方形围墙围合。围墙南北长168米，东西宽166.4米，占地2.8公顷，设有奉神正房、牧夫房、军所房、牛房、羊房、豕房、兔房、鹿栏、贮草房、贮料房、磨房等。这两组建筑的占地不算小，达到12.94公顷，但也仅为外坛域占地的12.5%。实际上，这两组建筑都属于祭祀的辅助用房，把它排除在内坛之外，放置在外坛的西南隅完全是边缘化的处理。整个外坛实质上只是烘托内坛的外围环境。

显而易见，整个天坛的内坛加上外坛，建筑密度是超低的，真正参与艺术表现的建筑数量极为简约。这种超大的坛域占地，即超大的"无"，与超低的建筑密度，即超少的"有"，达到如此强烈的对比，是极为罕见的。

值得注意的是，这种超大占地的"无"和超少建筑的"有"，并没有导致天坛整体的荒僻、空旷。在这个超大的占地空间中，充实着林木的、绿化的、非建筑的"有"。

天坛的林木绿化极具特色：

一是种植了超大数量的柏树，形成超大面积的柏林。中国古代有立社种树的悠久传统。《论语·八佾》载："哀公问社于宰我，宰我对曰：夏后氏以松，殷人以柏，周人以栗"。朱熹注说："三代之社不同者，古者立社，各树其土之所宜木以为主也"。"主"是给社神做的木制牌位，殷人以柏木做"主"，可知柏树是殷人立社的"所宜木"。《十三经注疏》也说得很清楚："古代凡建邦立社，各树其土所宜之木，夏都安邑宜松，殷都亳宜柏，周都丰镐宜栗"。[②]这是一种因地制宜的选择树种。天坛选择柏树，是适合天坛地下水位和土壤pH值的，完全符合柏树的"习性"。柏树又有"苍官"之称，与"苍天"也最为合拍。

二是这些柏林多是历经数百年几度种植的古树。现祈年殿的位置与金中都朝日坛的方位大体相当，天坛最早的一批柏树当是金中都朝日坛的遗物，树龄可能达到八百余年。而后继续有永乐

---

① 杨振铎. 世界人类文化遗产——天坛[M]. 北京：中国书店，2001：52.

② 转引自杨振铎. 世界人类文化遗产——天坛[M]. 北京：中国书店，2001：76.

建天地坛的种柏，嘉靖建圜丘坛的种柏，乾隆改扩建天坛的种柏，加上一部分国槐，全坛林木曾达到15000株左右。现存古柏还有近4000株[①]，这些构成了天坛极珍贵的古柏"活文物"。

三是大片柏林的分布很有规律。《日下旧闻考》记述说："坛之后树以松柏"，现祈谷坛东、西、北三面有侧柏近3000株，圜丘坛东、西、北三面有桧柏近4000株，与此记述相符。这是有意识地以柏林簇拥于主体殿坛的左右和后背，给主体建筑以苍翠林木的衬托。柏林还分布于坛域的南天门和坛内的主干道的旁侧，现在的成贞门是原天地坛的南门，这里有隔墙北侧的几行侧柏和成贞门外的600余株柏树，昭亨门是圜丘坛的南门，嘉靖年间也曾在门外种植过近4000株柏树。丹陛桥两侧和内坛东西天门干道南侧都有柏林集中的分布带。只有圜丘坛域昭亨门内的一段主干道不树柏林，当然是为了凸显圜丘坛体的缘故。整个外坛域包括南外坛、东外坛、北外坛和西北外坛、东北外坛都是大片柏树林地，它们进一步浓郁了天坛的清宁境界和郊祭氛围。

四是全坛林地构成和谐的植被生态系统。天坛并非只种柏木，还有少量国槐，并有大量的草木植物。遍布林地的繁茂野草，为"原始柏"添加了"原始草"，弥补了柏林、国槐的物种单一，并给昆虫、鸟类等小动物创造了生存条件，形成了平衡的、富有生机的、多样性群落的生态环境。

正是超大面积的天坛占地和超高覆盖率的天坛林木植被，追忆了林中"埽地而祭"的初始祭天原型，塑造了"郊坛祭天"的模拟环境，为天坛简约的建筑铺设了浓密的林木背景，为天坛坛域提供了"人间天国"的浩瀚景象和超脱尘嚣的静谧、肃穆氛围。

（四）坛域整合的飞来之笔：丹陛桥

天坛坛域超大占地的"无"和超少建筑的"有"，带来了一个很大的难题：建筑数量过少，体量不大，分布稀散，欠缺有机组织的整体感和足够分量的表现力。这是天坛整体规划必须妥帖处理的一个重大问题。

对于这个难题，天坛的规划设计通过调度一条甬道，以举重若轻的神来之笔，极为出色地解决了这个问题。这便是值得大书特书的"丹陛桥"。

丹陛桥是连接祈年殿组群与圜丘组群的一条甬道。它南端起于成贞门，北端止于南砖门，全长361.3米，宽29.4米，它不是贴于地面的普通道路，而是高高凸起的一道很宽的、超长的、立体的路。天坛地形高程变化较小，总的地势是东南低西北高，丹陛桥甬道南端在成贞门原高程42.32米的地面标高处高起约1米，北端在南砖门原高程44.00米的地面标高处高起约4米[②]，这样形成南北高差4米多的甬道，呈由南向北徐徐升起的格局。由于这条高起的甬道下方，有一个横穿的供"牺牲"通行的隧道，所以把它称为"桥"。

丹陛桥的存在完全扭转了天坛建筑松散、分离的格局。两大主体组群——祈年殿组群与圜丘组群，虽然远隔南北，通过丹陛桥的有力联结，形成了有机的整体。可以说是有赖丹陛桥的联结，才接通了天坛的主轴线，也有赖丹陛桥的分量，才强化了天坛的主轴线。

这条丹陛桥甬道早在永乐天地坛中，就已经存在。我们在永乐"郊坛总图"中可以看到，从天地坛坛墙南门有一条"大道"直通大祀殿的外墙南门。不难推断这条"大道"是高凸于地面之上的"甬道"。因为在外墙南门前方，"大道"的两侧另有墙墙围成的东西两个曲尺形坛院。这两个曲尺形坛院的墙墙北端都与大祀殿外墙高台联结，南端都止于"大道"。这种情况只有当"大道"是高高凸起的甬道才是合拍的，否则就成了"大道"两旁出现"断墙"的反常现象。南京大祀坛的甬道也可旁证这一点。《明

[①] 杨振铎. 世界人类文化遗产——天坛[M]. 北京：中国书店，2001：72.

[②] 杨振铎. 世界人类文化遗产——天坛[M]. 北京：中国书店，2001：51.

太祖实录》明确记述洪武大祀坛"南为甬道三，中曰神道，左曰御道，右曰王道，道之两旁低为从官之道"。可见洪武大祀坛用的是高高凸起的"甬道"，并在两侧辟低于甬道的"从官之道"。悉仿南京大祀坛的永乐天地坛应该也是如此。这个"甬道"就是天坛丹陛桥的前身。只不过在天地坛时期，它是进入南坛门后通向大祀殿主体组群的甬道；而在天坛时期，它成了联结祈年殿组群与圜丘组群的甬道。

这条由祈年殿组群、圜丘组群和丹陛桥甬道组构的天坛主轴线，全长达到1200多米。它南起昭亨门，北到北天门。整个轴线明显地分为两段。从昭亨门到成贞门是圜丘坛域段，从成贞门到北天门是祈谷坛域段。圜丘坛域与祈谷坛域之间，有一条东西向的内坛隔墙分隔。难得的是，在主轴线的成贞门部位，这条横隔墙绕成一个半圆。这个半圆与皇穹宇圆院形成同心圆的对位，妥帖地与皇穹宇相呼应，大大改善了主轴线前后段联结的有机性。

在这条主轴线上，丹陛桥两端的圜丘组群和祈年殿组群，都是祭祀仪典的所在，都有主体祭坛，都设置奉藏神位的"寝殿"，都凸显"以圆象天"的表征，在形的构成上都贯穿"圆"的母题。但是两组建筑完全做到了"和而不同"，有呼应、有协调而绝不雷同。

圜丘坛域突出的是筑坛露祭。三层圆坛是它的主体。它通过一圈又一圈的坛面铺石和层层扩大的圆形坛体，通过低矮的圆的内壝墙和方的外壝墙，形成强烈的同心圆和全方位放射的空间扩展动势，造就了水平向开拓的辽阔境界。针对这样的主体祭坛，它恰当地配置了一组皇穹宇作为神位寝殿。对这个辅院，规划设计没有加以隐蔽，而是让它凸显于主轴线上。通过主院与辅院的前后轴线对位，为全方位构成的圜丘坛体强调出南北向序列的轴线。皇穹宇的小尺度殿身和小尺度圆院恰如其分地吻合辅院的身份，既丰富了圜丘坛域的立体构成，也增添了主轴线的建筑分量，是一个极得体的创意。

祈年殿和祈谷坛则是"坛而屋之"的构成。三层圆坛的祈谷坛充当了祈年殿的放大的基座。三重檐圆攒尖顶加三重圆坛的殿坛组合体呈现出与圜丘坛截然不同的景象。这个殿坛组合体被围合在壝墙包围的高台壝院内。与圜丘坛域水平开拓的辽阔境界相反，这里显现的是蓝天背景下的层层圆坛，层层圆攒尖顶和指向天穹的金闪闪的宝顶，造就了强烈的、垂直方向的、向上升腾的高崇境界。

这里用作神位寝殿的皇乾殿，按照"前堂后寝"的布局模式，与皇穹宇一样，也安置在主轴线上，主体殿坛的后部，但采取了与皇穹宇截然不同的处理。皇穹宇圆院是外显的，有意地以辅院的建筑来陪衬和丰富仅具"下分"的圜丘主院圆坛。皇乾殿则是隐蔽的，有意地把它隐匿在殿坛主院的后部，自成一个小院，通过一组小尺度的三门联立的琉璃花门进入。这组琉璃花门躲在高大的祈年殿殿坛背后，从祈年门进入的人流视线，但见宽大的主殿庭中高高耸立着祈年殿殿坛，完全见不到其背后的琉璃门，充分凸显祈年殿殿坛一望无际的蓝天背景。只有当人们绕行到祈年殿殿坛的后部，才意识到琉璃花门后部还有皇乾殿寝殿的存在。这个皇乾殿以五开间的殿身，单檐庑殿的屋顶和带月台、栏杆的须弥座台基，通过尽力紧缩的小院，组成了既具尊贵规格又显低调尺度的辅院，恰当地作为祈年殿殿坛的"余音"，完成了祈年殿组群轴线的收束。

正是这些得体的设计意匠，创造了天坛组群的主轴线杰作。这是中国古代建筑组群中罕见的一条超长的轴线，也是中国古代建筑遗产中一条极具特色的轴线。它的轴线构成，有圜丘坛那样的、以圆坛为主体的坛院，有祈谷坛那样的、以殿坛为主体的坛院，有皇穹宇那样的以圆殿、圆院组构的殿庭，有皇乾殿那样的，以高规格、小殿庭为特色的殿庭，还带有一大段超宽、超长、超大分量的丹陛桥甬道，这在中国建筑遗产中是极为独特的，极具个性的，极富创意的（图7-4-6）。在这条轴线中，从圜丘组群，通过丹陛桥，到祈年殿组群，取得了良好的节拍。这里有"圆"形母题的呼应与协调，有单檐圆攒尖顶的皇穹宇小殿与三重檐圆攒尖顶的祈年殿的呼应与协调，有整体蓝瓦和白石台基、栏杆的呼应与协调。

天坛的艺术境界重在表现"崇天"、"敬天"的主题。天坛的建筑语言，充分地以蓝色的基调与蓝天相协调，充分地以"圆"的母题表征"天"的意象。特别值得注意的是，天坛艺术境界的构思，还特别着力于"观天"环境的营造，也就是在天坛中直接去观赏自然的天、接近自然的天，直接去感受和领略自然的天的崇高和广大。不要小看这个"观天"的境界，它的重要意义在于它是"非符号"的境界，不是通过表征"天"的符号来感受"天"，而是直面自然的"天"的现实。这是天坛特有的条件。因为自然的天就笼罩在天坛的上空，提供了以"非符号"的途径直观"天"的现实的可能。天坛的规划设计，在艺术境界塑造上的一个重大成就，就是明智地把握住这个"非符号"途径的直观天穹的机缘，做足了在天坛"观天"的文章。天坛的建筑布局和建筑处理，都充分开发观天的视野，充分展现天穹的辽阔和高远。

圜丘坛是一个极佳的观天视点。人站在圜丘圆坛中心，一圈又一圈的坛面铺石和一层又一层的圆形台体，加上低矮的、圆的墙墙、方的墙墙和空透的棂星门，组构了无阻挡的、同心圆的、全方位放射的空间扩展态势，把人的视域充分地向外扩散，仿佛自身站在天底下的正中，强烈感受天穹的辽阔、无垠。

祈年殿殿庭、殿坛是又一个极佳的观天视

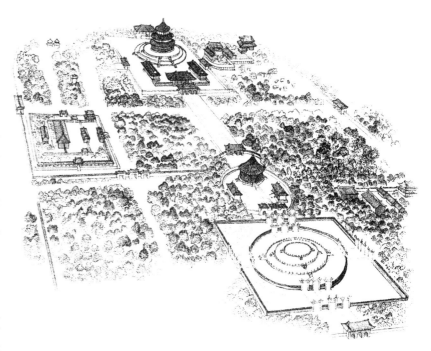

图7-4-6 天坛主轴鸟瞰
引自王其均. 中国建筑图解词典. 北京：机械工业出版社，2007.

点。高台墁院的院墙没有闭锁住这里的观天视野，由三重圆台和三重檐圆攒尖顶组成的层层收缩的祈年殿轮廓，配上金色的宝顶，仿佛构成了滑向天空的轨迹线，把人的视线引向高空，充分感受直上云霄的动势。祈年殿的背景蓝天同样是广袤、无际的，蓝天白云下的殿坛与天挨得很近，坛面白石折射着强烈的反光，这里的殿坛、殿庭显得分外的庄重、宁静、圣洁。

如果说圜丘坛和祈年殿创造了天坛观天的两个"点"，那么，长长的丹陛桥则把这两个观天的"点"连接成持续观天的"线"。丹陛桥高凸于地面之上，提升了人的视点，两旁配置的柏树林木低了下去。人们踏入丹陛桥甬道，立即感受到天高地远的大境界。长长的丹陛桥为天坛提供了持续的、不间断的观天历程，把观天的视野推扩到极致。正是丹陛桥的存在，整合了天坛观天的整体环境，完善了非符号的、直观的、对自然"天穹"的审美。在封建年代，这里的自然的"天"还会转化为"符号"，进一步引发人们对主宰之"天"的敬仰、敬畏，完成了天坛所追求的崇天、敬天主题。

相对于圜丘组群和祈年殿组群的建筑"主

角"，丹陛桥只是一个联系体，只是一条甬道，只是一个"配角"。然而这个配角，却在天坛这个封建王朝的头号工程中，充当了主轴线的重要构成，并且占据了主轴线全长近1/3的长度。这是极大胆、极睿智的设计。中国古代建筑有擅长运用"建筑配角"的传统，天坛丹陛桥可以说是中国建筑重用"配角"的一个范例。俄国作家契诃夫对艺术中的主配角作用，说过一句风趣的话："大狗叫，小狗也叫，各按上帝赋予它的嗓门叫"。德国诗人海涅也说："在一切大作家的作品里，根本无所谓配角，每一个人物在他的地位上都是主角"。中国古代哲匠在对待建筑配角上，颇吻合这样的见解。丹陛桥这条"配角小狗"，在天坛中，可以说是充分地"按上帝赋予它的嗓门"叫得极欢。它的确充当了"在他的地位上"的"主角"。这是一种以"小材"担"大任"，以极简约的方式解决了极重大的难题，把配角的作用发挥到极致。在"有"与"无"的辩证关系上，也可以说是以极简约的配角的"有"，解决了超大空间整合的"无"的难题。王安石有句名言："看似寻常最奇崛，成如容易却艰辛"。丹陛桥甬道就是这种"看似寻常"的"奇崛"，仿佛是不经意的飞来之笔，实际上是经过深思熟虑的、艰辛构思的、举重若轻的产物。

五　用低调唱高调：斋宫现象

斋宫是皇帝举行祭天大典前进行斋戒的场所，位于内坛祈谷坛域的西南隅。它始建于明永乐十八年（1420年）。整组建筑坐西朝东，东西长202米，南北宽198米，占地近4公顷。有两重宫墙和两道禁沟围护。斋宫以外宫东门为正门，内宫东门为二道门。在外宫东北隅建钟楼一座。沿东西轴线，内宫分为前、中、后三进。前院正殿是斋宫的主殿，用砖券结构的无梁殿。中院为垂花门院，两侧建值事房各五间。后院为寝宫院，分为大小不等的七个院落，以面阔五间的寝宫为正座。寝宫后部设南北配殿，南配殿是太监住居的典守房，北配殿是贮存皇帝袍履的衣包房，与寝宫呈"品"字形布局（图7-5-1）。整组斋宫，层层围护，格局规整，庄重宁静。

从直观上感受，斋宫有两大特色：一个特色是森严的防卫戒备。按礼制要求，皇帝在祭天大典前三天就要入住斋宫进行斋戒。这是皇帝在紫禁城和皇家园林之外的住所。这里至关紧要的就是警卫戒备。为此，这个占地仅4公顷的斋宫，居然设置了内外两重宫墙，每重宫墙又各设一道防护"禁沟"。外宫墙周长一百九十八丈二尺二寸，合630.34米；内宫墙周长一百一十三丈九尺四寸，合359.34米。外宫墙禁沟宽约四丈，内宫墙禁沟宽三丈余。外宫墙面向禁沟设外向敞廊163间，便于兵丁巡更值守。在外宫墙内四角，还各建一座供校尉、兵丁值班的"值守房"。这一切，充分显示了斋宫的重重设防。

斋宫的另一个特色是肃穆的斋戒氛围。礼制要求皇帝在斋戒期间要做到不饮酒、不茹荤、

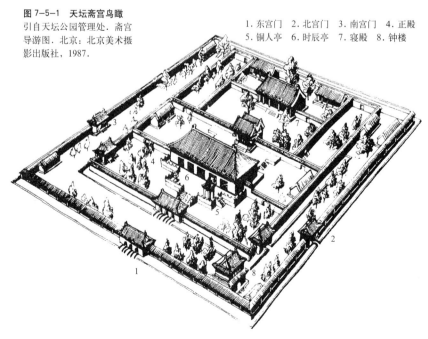

图7-5-1　天坛斋宫鸟瞰
引自天坛公园管理处. 斋宫导游图. 北京：北京美术摄影出版社，1987.

1. 东宫门　2. 北宫门　3. 南宫门　4. 正殿
5. 铜人亭　6. 时辰亭　7. 寝殿　8. 钟楼

不问疾、不吊丧、不入内寝、不近女色、不理刑名、不事娱乐，足恭尽敬，静心修省。为此，特地在正殿月台上，左边立铜人亭，右边立时辰亭。铜人亭为砖石结构，以四根青白石柱，上承青白石拱券。亭顶采用绿琉璃瓦盝顶。正中矗立宝顶。亭内设须弥石座。每逢皇帝斋戒时，执事人员将手执斋戒牌的铜人置于亭内，这个铜人用的是唐代以秉正刚直著称的谏臣魏征的形象，用以提醒皇帝恪守戒律。时辰亭则是一座小尺度的、鼎立在高高须弥座上的单间庑殿顶石亭，是祀日放置起驾时辰奏书的地方。这两件建筑小品陈列在瞩目的正殿丹墀之上，很能起到浓郁斋戒氛围的作用。

实际上这组斋宫建筑还有一个更加值得关注的现象，那就是它在建筑等级上有意识地进行了"低调"处理。

斋宫是皇帝御用的建筑。凡是皇帝御用的建筑都应该是高等级体制的。然而在天坛这个祭天建筑的特殊场合，它却一反常态，呈现出低调的降等体制。

在组群布局中，它没有坐落在天坛的主轴线上，而是偏处于主轴线的西侧。天坛主轴线上只设置祭天的圜丘祭坛和皇穹宇寝殿，祈谷的祈年殿殿坛和皇乾殿寝殿，表明主轴线是留给天神专用的尊位。皇帝的斋宫有意地靠边站，谦逊地定位于旁侧。

在建筑朝向上，斋宫组群的布局，不采用南北向轴线，而采用东西向轴线。中国古典建筑历来以坐北朝南为尊位，这里居然把皇帝御用建筑的正殿、寝宫都改变朝向，以坐西朝东来表征降等，这也是一个显著的低调标志。

在单体建筑等级上，斋宫的正殿采用了"无梁殿"。现在我们还不知道斋宫正殿为什么运用无梁殿。但从正殿的体制完全可以看出其明确的降等意图（图7-5-2）。这个无梁殿没用"九开间"。它的开间数很微妙，既可以说是五开

图7-5-2 斋宫正殿外观
引自白佐民，邵俊仪. 中国美术全集·建筑艺术编·坛庙建筑（袖珍本）. 北京：中国建筑工业出版社，2004.

间，也可以说是七开间。从无梁殿的内部空间看，一列五个联排券洞，确是五开间；从无梁殿的外观看，除了中部五个开间外，两端的实墙各占一个尽间的宽度，的确显现出七开间的外貌。原来它的两端山墙为平衡横券推力用了整开间的厚度，由此形成了介乎"五间"与"七间"之间的模糊开间状态。不管它算是五开间还是七开间，作为皇帝御用的正殿建筑，都属于有意地降等。

无梁殿的屋顶也只用单檐庑殿顶，而且用的是绿琉璃瓦，而不是黄琉璃瓦，这是屋顶规格和用色等级上的明确降等。无梁殿的台基只用一重，虽然配有月台、石栏，但没有采用须弥座，用的只是砖砌台帮，降等幅度也十分明显。

用作皇帝住居的寝宫，降等现象尤为显著，它不仅只用五开间，而且为防火还采用了最低的屋顶等级——硬山顶。

这些充分显示出斋宫在建筑等级上的"低调现象"。这个低调的斋宫现象，是用建筑的语言诉说"皇天上帝"与皇帝的关系，书写"天"与"天子"的家谱。在这里，在天坛这个"天府"中，皇帝成了"天"的"儿臣"，低调的斋宫正是"天子"名分的建筑写照。这种"低调"并没有贬低皇帝，恰恰相反，它把皇帝纳入"天"的族系，正是对皇帝最隆重的神圣化。这是用建筑的低调抒唱皇室"天族"的高调，以天命论的建筑标本演绎皇帝的神圣。

应该指出的是，斋宫现象不是孤立的。在天坛，这种现象不仅仅呈现在斋宫的建筑处理上，也呈现在其他建筑处理上。

丹陛桥甬道把路面划分为神道、御道、王道也属于这个现象。甬道中心的大石板道，名曰"神道"，为天神用道；石板道东侧的砖铺路面，名曰"御道"，为皇帝用道；石板道西侧的砖铺路面，名曰"王道"，为陪祭的王公大臣用道。这是明确的对皇帝用道的降格处理。

天坛的许多门座，多数采用三个门洞或三门联立，应该说也是为了皇帝降等的需要。我们知道，在圜丘举行祭天仪典时，皇帝乘坐玉辇，来到昭亨门外停下，走出玉辇，步行进入昭亨门。这个昭亨门是三孔门洞的砖券门。值得注意的是，皇帝不是从昭亨中门进入，而是从昭亨左门进入。进入后，又是穿过圜丘外壝南墙棂星左门和圜丘内壝南墙棂星左门，而登上圜丘坛。在这里，显现出三门并列，如同丹陛桥区分神道、御道、王道一样，中门是"皇天上帝"专用的，西门是王公大臣用的，皇帝在整个祭天仪典的活动中，都是低调降等地走东门。

位于丹陛桥北端的南砖门，和昭亨门一样，也是一座三孔门洞的砖券门。这座五开间的砖券门与三间门洞采取了错位处理。原来这里的三孔门洞需要与丹陛桥的神道、御道、王道对位。这里的中门自然是专供"天神"用的，皇帝只能走东门洞。令人意想不到的是，这里的三个门洞，除了中门洞最宽外，东门洞居然比西门洞也略宽一些。这是用极细微的尺度在标示"皇天上帝"与皇帝的等级差，同时也没有忘记标示皇帝与王公之间的等级差。①

天坛是崇天、敬天的建筑，但不单单是崇天、敬天，它的崇天、敬天最终要落实到神化帝王。它在显赫"皇天上帝"的同时，还通过把皇室与"皇天上帝"联结在一起的方式来极力显赫帝王。"配享制度"就是这方面的一个制度化的措施。它起源很早，《礼记》里已经提到："万物本乎天，人本乎祖，此所以配上帝也。郊之祭也，大报本反始也"。②历代帝王郊祀祭天，都以自己的先帝配享。这种配享制度绝妙地把皇家族系与"天"紧紧拉结在一起。我们只要看祭天的神位奉藏和仪式的幄次安排，就能一目了然。

先看一下皇穹宇正殿、配殿里的神位状况：《明史·礼志》上有一段记述：

北门外正北，泰神殿，正殿以藏上帝、太祖之主，配殿以藏从祀诸神之主。

这段记述，在《拟礼志》里写为：

北门外正北建泰神殿，后改为皇穹宇，藏神版，翼以两庑，藏从祀神牌。

在《春明梦华录》中，这段记述改写为：

北门外正北建泰神殿，后改为皇穹宇，藏上帝、太祖之神版，翼以两庑，藏从祀之神牌。

这种情况一直持续到清代，《清朝通典》记述乾隆十七年（1752年）改建后的皇穹宇："正殿供奉皇天上帝，配位列祖列宗；东庑供奉大明、二十八宿、周天星辰等神；西庑供奉夜明、风云雷雨诸神"。③

从这些记述中，我们知道，祭天时有已故的皇帝配祀。明嘉靖时，只由"太祖"配祀；清乾隆时，则是皇帝的列祖列宗都列入配祀。还有大明、夜明系列的自然神从祀。配祀和从祀的等级待遇是不同的。配祀的皇帝列祖列宗神位和"皇天上帝"神位一起供奉在正殿，而从祀的日、月诸神只能供奉在东西庑的配殿。在明代，配祀的皇帝列祖列宗的神位，和皇天上帝的神位一样，尊称为"神版"，而从祀的日、月诸神神位，则只称为"神牌"。在神位的配置中，上帝正位、先帝配位都设席，用龙椅龙案，上铺锦缎。而从位只设方形案，不设席。④这是何等鲜明地区分配祀与从祀的等级差。

---

① 姚安. 天坛 [M]. 北京：北京美术摄影出版社，2000：83.

② 礼记·郊特牲.

③ 清朝通典·卷四十一.

④ 姚安. 天坛 [M]. 北京：北京美术摄影出版社，2000：64.

再看祭天仪式上的安排。在祭天典礼时，必须设置供奉神位的帐篷——幄次。按清代的规制，"皇天上帝"的幄次，立于圜丘上层台面中心往北的正位，用圆幄，面南而立；幄帐外施天青缎夹罩衣，内衬天青缎单里。皇帝列祖列宗的幄次，则按昭穆制分列于"皇天上帝"幄次前之左右两侧。均为方幄，左侧幄次西向，右侧幄次东向，幄帐所张布料与正位幄次相同。而从祀的日、月系列诸神的幄次都不设在上层台面，而是搭在圜丘中层台面。东侧为大明神系列幄次，均为西向；西侧为夜明神系列幄次，均为东向。从位幄次均为方幄，其幄次用料，仅具外罩，不施里衬。正位、配位、从位幄次内各设宝座，而宝座及其座前陈设，配位与正位仅略有差别（图7-5-3、7-5-4），而从位较之配位则大为简化（图7-5-5）。

这些都是在极力表明，皇帝家族与"皇天上帝"是嫡亲的族系，其与上帝密切的程度远高于从祀的自然神，其等级地位也远高于从祀的自然神。

这一套天命论的理念，通过配享制度的礼仪，通过斋宫现象、御道现象的演绎，可以说是把建筑语言的表征潜能发挥到了淋漓尽致。

六　改扩建："非原创"杰作

北京天坛，从明永乐十八年（1420年）建天地坛开始，到清乾隆年间大规模修建、改建止，三百多年间，先后经历了多次的扩建、改建、重建。它不是一蹴而就的，天坛的最终面貌与它的初始亮相差别极大。它是"非原创"的杰作，是在一次次的改建、扩建中，逐步地扩展、整合、改造、调整而成的。它是中国古典建筑大型组群改扩建的范例，积淀着中国古代建筑处理扩建工程、改建工程的匠心。

我们有必要回顾一下天坛的改扩建状况：

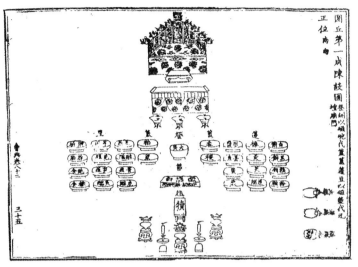

图7-5-3　圜丘坛正位陈设图　引自大明会典．卷八二

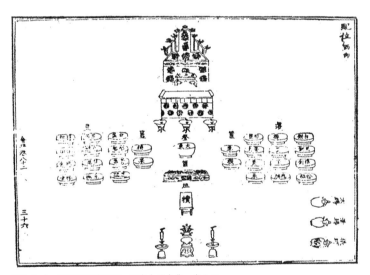

图7-5-4　圜丘配位陈设图　引自大明会典．卷八二

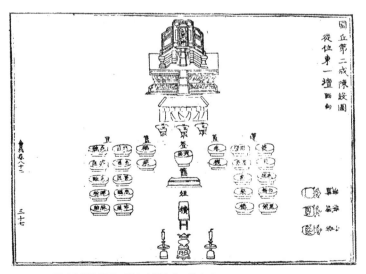

图7-5-5　圜丘从位陈设图　引自大明会典．卷八二

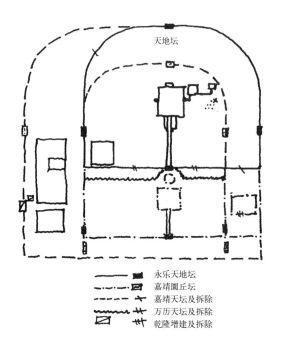

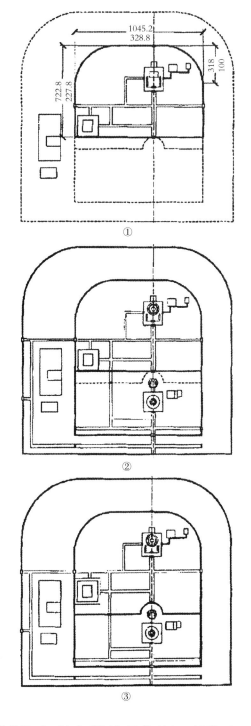

图 7-6-1（左）杨振铎所作北京天坛坛域历史沿革图
引自杨振铎. 世界人类文化遗产——天坛. 北京：中国书店, 2001.

图 7-6-2（右）曹鹏所作北京天坛演变图
① 永乐十八年始建北京天地坛示意图
② 嘉靖九年扩建后的北京天坛示意图
③ 万历朝改建后的北京天坛示意图
引自曹鹏. 北京天坛建筑研究. 天津大学建筑学院硕士学位论文, 2002.

图例：
— 永乐天地坛
— 嘉靖圜丘坛
--- 嘉靖天坛及拆除
〜〜 万历天坛及拆除
▨▨ 乾隆增建及拆除

（一）坛域、坛墙演变

永乐十八年（1420 年）始建的北京天地坛，使用了 110 年。由于明世宗改天地合祀为天地分祀，需要增建圜丘坛、方泽坛、朝日坛、夕月坛，于嘉靖九年（1530 年）新建了北京圜丘坛。

这个新建的圜丘坛，不是拆除天地坛大祀殿在原址新建，也不是另选南郊其他地段，而是接建在原天地坛的南面。这就使得圜丘坛虽是新建，却不是独立的新工程，而成了与原天地坛联结成一体的一项扩建工程。

这是北京天坛建设史上迈出的极关键、极重要的一步。正是这次扩建，奠定了北京天坛"双坛域"的基本格局。这是一次睿智的、富有创意的扩建。对于初建的天地坛坛域的状况，对于扩建的圜丘坛坛域及其形成天坛整体内外两重坛墙的状况，史料记述不详。傅熹年、杨振铎（图 7-6-1）、曹鹏（图 7-6-2）对此都作过复原推测。①

我们重点看一下傅熹年的考证论析：

傅熹年首先论析永乐天地坛的坛域。他依据《大明会典》中的永乐天地坛总图，与天坛现状比对，论定现祈年殿的所在，就是原天地坛的大祀殿原址，现成贞门就是原天地坛的南门，现斋宫就在原天地坛斋宫的位置。由此论析，现天坛内坛西墙北段应即是原天地坛西墙的位置，现成贞门的所在应即是原天地坛南墙的位置。考虑到现祈年殿所在的主轴线离内坛西墙

① (1) 参见杨振铎. 世界人类文化遗产——天坛[M]. 北京：中国书店, 2001：36-46. (2) 曹鹏. 北京天坛建筑研究[D]. 天津大学硕士学位论文, 2002：60-61.

为 635.7 米，离外坛东墙为 653.5 米，两者相差仅 18.2 米，近似相等。依照中国古代传统，重要的宫殿、坛庙都是有南北中轴线的。推测现外坛东墙北段应即是天地墙的东墙。他注意到现祈年殿中心与成贞门南北相距 493.5 米，与外坛北墙南北相距 498.2 米，两者相差仅 4.7 米，也是近似相等。考虑到古代宫殿坛庙往往有纵横两道中轴线的情况，推测现外坛北墙应即是原天地坛北墙的位置。[①]

根据这样的分析，傅熹年推断出主轴线居中的永乐天地坛方案（图 7-6-3），以此为基点，他进一步论析嘉靖九年（1530 年）新建的圜丘坛域，指出圜丘北墙即原天地坛成贞门所在的南墙，圜丘坛的南墙即现昭亨门所在的内坛南墙，圜丘坛的西坛墙就由原天地坛的西墙向南延伸而成。

考虑到《明实录》关于崇雩坛在泰元门外大坛墙内的记载，他也认同"天坛东墙在嘉靖九年（1530 年）建圜丘时已经南延，而圜丘东墙和墙上的泰元门，就在现在的位置。"[②]他还从皇帝在祭仪中的行进路线，推测圜丘始建时，"其西墙及广利门应在现圜丘北墙上西侧之门以东"。[③]这样，可以推知圜丘在始建时东西墙仍是左右对称的。始建的圜丘坛不仅形成由泰元门、昭亨门、广利门、成贞门所在的东、南、西、北四面内重坛墙，而且也已形成由现外坛东墙南段、内坛西墙南段与外坛南墙东段所组成的东、西、南三向外重坛墙（图 7-6-4）。

到嘉靖三十二年（1553 年），北京建南外城，天坛被包于外城内。傅熹年分析，此时天坛的入口从原先的南门改为面向永定门大街的西门。天坛西侧坛域扩展到临街位置，新建了现外坛西墙。而天坛的北向和东侧坛域，因地段所限，都没有扩展。新建的西墙就与天坛原有的北墙、东墙、南墙接通，形成天坛的外坛坛墙。并将原有的圜丘坛南墙和原有的双坛西墙作为内坛

的南墙、西墙，新建了内坛东墙、北墙，形成天坛的内坛坛墙，完成了天坛的内外两重坛墙（图 7-6-5）。

到万历十四年至十六年（1586—1588 年），因斋宫墙壕扩建出周回廊，需向南扩地，就将成贞门所在的东西隔墙南移约 90 米。而成贞门并未变动，以半圆形墙与新的东西隔墙相接，形成现存的内坛隔墙的格局。

[①] (1) 傅熹年建筑史论文集[M]. 北京:文物出版社，1998: 367-378. (2) 傅熹年. 中国古代城市规划建筑群布局及建筑设计方法研究[M]. 北京：中国建筑工业出版社，2001: 49-53.

[②] 傅熹年. 关于明天坛圜丘规划问题再探讨[M]// 傅熹年建筑史论文选. 天津：百花文艺出版社，2009: 407.

[③] 傅熹年. 关于明天坛圜丘规划问题再探讨[M]// 傅熹年建筑史论文选. 天津：百花文艺出版社，2009: 407.

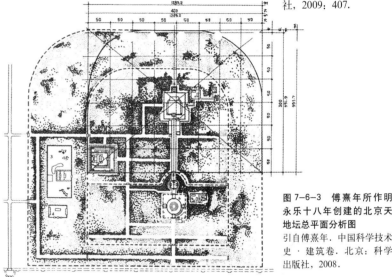

图 7-6-3 傅熹年所作明永乐十八年创建的北京天地坛总平面分析图
引自傅熹年. 中国科学技术史·建筑卷. 北京：科学出版社，2008.

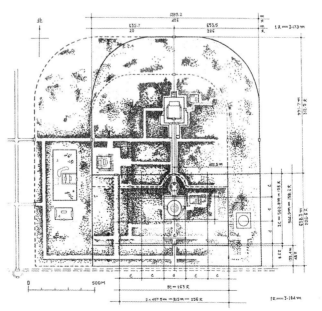

图 7-6-4 傅熹年所作嘉靖九年创建圜丘坛后的天坛平面分析图
引自傅熹年. 中国科学技术史·建筑卷. 北京：科学出版社，2008.

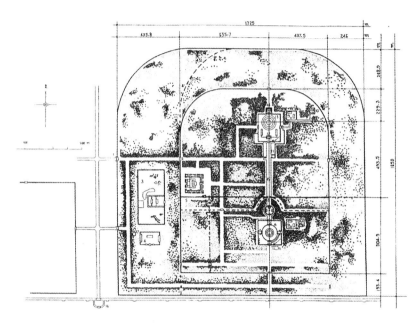

图 7-6-5 傅熹年所作嘉靖三十二年增建外重坛墙后天坛平面分析图
引自傅熹年. 中国科学技术史·建筑卷. 北京：科学出版社，2008.

傅熹年的这些推测很吻合中国古典建筑布局的通行法则：在天地坛的总体布局中，形成居中的南北轴线；在南北轴线中，主体建筑设置在居中的核心位置；组群的主入口依惯例设于主轴线的南端，以南门为正门。按这个推测，原创的永乐天地坛在组群规划布局上是很完整的，完全吻合正统法则。扩建的圜丘坛域，紧挨天地坛，以天地坛的南墙为北墙，由东西坛墙向南延伸构成新的坛域，也是很自然的。只是后来因北京建南外城，导致坛域偏西扩展，形成内外两重坛墙，并呈现内外坛主轴线偏东和主入口朝西的格局。这样的复原推测，总体上为我们厘清了北京天坛坛域、坛墙的演变梗概。

对于他复原的永乐天地坛坛垣位置，还存在一些争议。曹鹏根据历史文献有永乐天地坛坛域"周回九里三十步"和"周回十里"的记载，认为天地坛如果以现成贞门所在为南墙，以现内坛西墙北段为西墙，以现外坛东墙北段为东墙，以现外坛北墙东段为北墙，按弧形转角计长，则其坛墙周长为1302丈，约合十一里。这个数值显然比"九里三十步"（合1095丈）和"十里"（合1200丈）大太多。[①]

① 曹鹏. 北京天坛建筑研究[D]. 天津大学硕士学位论文, 2002: 55.
② 诸葛净. 嘉靖朝之制礼作乐[J]. 建筑史论文集, 2002, 16辑: 115–132.
③ 参见王贵祥. 北京天坛[M]. 北京：清华大学出版社, 2009: 94–101.

诸葛净也在一篇论述嘉靖朝制礼作乐的文章中，对此提出疑点。他说：

据记载当时大祀殿外垣周围当有十里，即使按照南京之制，也该有九里三十步。按1里＝180丈，1丈＝3.18m换算，其周长在5700m左右，而按傅先生的复原，其墙周长仅4100m左右，其中差别似乎过大。[②]

这个问题很有趣，曹鹏说傅先生的复原推测比"九里三十步"大太多；而诸葛净说傅先生的复原推测比"九里三十步"小太多。原来曹鹏是按1里＝240步计算的，诸葛净是按1里＝360步计算的。关于这个问题，王贵祥新近出版的《北京天坛》专著列有"周回九里三十步"一节。这是一节饶有兴味的论述，很值得我们关注。王贵祥列举了《明史》记述洪武十年南京大祀殿是"外周垣九里三十步"，《春明梦余录》记述永乐天地坛也是"周回九里三十步"。他追索发现，在历史文献的记述中，北宋汴梁御苑金明池，金中都宫城，元大都宫城，明中都"皇城"，以至南宋的原州等地方性城市，明代的蓟州、济宁、常熟、婺源等州、县城池，也都采用"周回九里三十步"；就连后来的清初关外盛京城，也说是"周回九里三十步"。他推测古人之所以如此青睐"九里三十步"，是看重两个基本的象征数字："九"是阳数之尊，"三十"是阴数之至。[③] 从王贵祥先生的这个分析，我们不难推想，这个"九里三十步"很可能是对于占地周长习用的一个吉祥控制指标，它未必是精确的数值，只要大体上接近此范围就可视同"九里三十步"。如果这样的话，我们对于永乐天地坛的坛垣周长，就可以不必拘泥于是否吻合"九里三十步"了。

这样，我们从天坛坛域、坛墙的演变过程，可以清楚看到，北京天坛是在经历几度的扩建、改建中，从单一的坛域演变成为"双坛域"；从单重坛墙演变成为内外两重坛墙；从以南门为主入口，演变成为以西门为主入口；它的主轴线，也是从原先对称的主轴居中，演变为非对称的主轴偏东。这些都是一次次的改扩建的成果。这里的每一次改扩建，不仅仅是扩大了天坛的占地规模，充实了天坛的内涵功能，而且完善了天坛的有机整合。

（二）圜丘坛组群演变

圜丘坛从嘉靖九年（1530年）建成后，主体建筑祭台和存放神牌的神版殿，都经历过重要的改扩建。

嘉靖九年（1530年）建的圜丘祭台，《明史·礼志》记为"二成"，《明会典》、《拟礼志》、《春明梦余录》、《续文献通考》都记为"三成"。从嘉靖改制到明末，圜丘祭台未曾改建过。清代顺治、康熙、雍正三朝也一直沿用。《大明会典》所载"圜丘总图"和《古今图书集成》所载清"圜丘图"，圜丘祭台都画为三层。由此可以断定，嘉靖九年所建的圜丘祭台就是三层的台体。这种三层圆台的坛体和内圆外方双重壝墙的组合，是长期的圜丘建设史的文脉积淀，是圜丘坛的成熟制式。这个基本制式在嘉靖九年初建时就是如此，一直没有改变。但在坛体尺度、墙墙尺度、坛体用材、墙墙设门上，有过重要的变化。

1. 壝墙棂星门的变化

嘉靖九年建成的圜丘，据《大明会典》、《春明梦余录》、《续文献通考》的记述，内外壝墙上都是各建六座棂星石门，即"正南三，东、西、北各一"。[①]我们从《大明会典》的"圜丘总图"和"圜丘图"上，都可以看到，圜丘内壝、外壝墙上正南面三座棂星门联立，东、西、北三面各一座棂星门的画面。但是在《古今图书集成》的清代"圜丘总图"（图7-6-6）上，看到的却是圜丘坛内外壝墙上，东南西北四向全都是三座棂星门。康熙本《大清会典》的记载也是"内

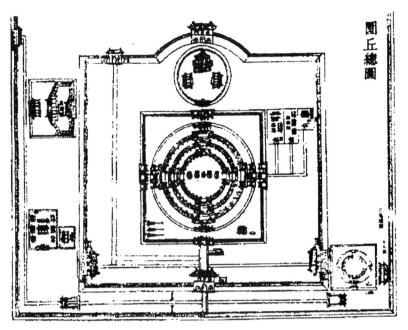

图7-6-6 《古今图书集成》载清顺康雍圜丘图
引自古今图书集成·经济汇编·礼仪典·第一百六十四卷

外壝星石门四面各三"。这是圜丘壝墙设门情况的重要变动。这个变动应该是入清后的增置，具体改建年月不详。为什么棂星门要从"正南三，东、西、北各一"改变为"四面各三"呢？推测其缘故，应是由于祭天典礼仪程的需要。关于清代皇帝祭天的程序，杨振铎对祭天前一天，皇帝进入天坛后所进行"御驾昭亨"，有一段很具体的描述。他说：

> 皇帝由赞引官和对引官引路，进昭亨门的左门，顺御路经圜丘棂星门左门到达皇穹宇。于皇天上帝位前、各配位、从位前上香引礼，礼毕，再由赞引官和对引官引路到达圜丘坛南出陛上坛，阅视坛位上已完成的各种陈设。坛位阅视完毕，仍由赞引官和对引官引路，出圜丘坛东棂星门，到神库和神厨阅视已陈设好的笾豆和牲牢……[②]

由此可知，皇帝在祭天的前一天要到皇穹宇"上香"，要到圜丘台"阅视"陈设，要到神库、神厨"阅视"笾豆、牲牢。这个过程不仅要从

① 天坛公园管理处. 天坛公园志[M]. 北京：中国林业出版社，2002：274.

② 杨振铎. 世界人类文化遗产——天坛[M]. 北京：中国书店，2001：125.

"昭亨左门"进入,而且要经过"棂星门左门",也要通过"东棂星门"。这说明,在天坛建筑中,凡是涉及天神神版和皇帝都要通过的门,就必须区分出"中门"和"左门",因而这样的门,都必须做成"三个门洞"或"三门联立",以"中门"最尊,为天神专用;左门次之,为皇帝所用。《天坛公园志》在表述圜丘棂星门时也明确写道:

> 棂星门东西南北每面各3座……
> 各面棂星门中门制度皆阔于侧门,而南北向左棂星门为祭祀时帝王行走之门,故又稍阔于右棂星门。^①

清初把东、西、北三向棂星门都改为"三门联立",当是皇帝要走"北棂星门左门"的缘故。既然北棂星门需要改为"三门联立",东西棂星门也就一并改为"三门联立"了。

圜丘内外墙墙上的棂星门,改为"四面各三"后,在建筑艺术效果上起了一些变化。当圜丘棂星门是"正南三,东、西、北各一"时,内外墙墙明显地强调出以正南向为主,这就从圜丘坛的全方位同心几何形中突出了正南向的主方位,相应地强调了南北向的主轴线分量。棂星门改为"四面各三"后,这种强调正南向主方位、强调南北向子午轴分量的态势削弱了,圜丘坛的全方位态势增强了。人站在圜丘圆台正中,从同心圆的圆台推向十字轴对称的内外墙墙,更有利于全方位地扩展看天的视野,全方位地感受天空的辽阔、无际。

2. 圜丘台体尺度的变化

圜丘台体在乾隆年间经历了一次重大扩建。这次扩建是祭天典仪配位数量增多而引发的。"明嘉靖九年(1530年),嘉靖皇帝定以每岁冬至祀天,以大明、夜明、星、辰、云、雨、风、雷从祀,奉太祖配享"。^②原来在明代祭天时,只是奉"太祖配享",而不是将历代先帝都配享。祭天的时候,在圜丘圆台上层,只设居中的、南向的皇天上帝主祀的正位和居东的、西向的太祖配祀的配位。日、月、星、辰等从祀的从位都设在中层圆台上。上层正位、配位前都设不同规格数量的宝座、祝案、俎、登、笾、豆、爵、尊等。这些祭器、祭物散布的面积虽然很大,但只有一个正位,一个配位,坛面尺度还是可容纳的。而清代祭天仪礼,是将本朝历代先帝都列为配享。在祭天陈设中,圜丘上层台面正中立皇天上帝正位幄次,台面两侧按昭穆制分列历代先帝配位幄次。幄次内外摆设宝座、孔座、豆案、炉几、尊桌、馔桌、怀桌和笾、豆、凳、俎等不同规格数量的祭器、祭品,还要设皇帝拜位、读祝位,并留出执事人员的侍立、走动空间。所占面积颇大。这样,到乾隆时期,配享的先帝已增至五个配位幄次,圜丘台面"张幄次,陈祭品"的面积就显得过窄了,确有展宽面积的必要。嘉靖九年所建圜丘圆台尺度是,上层面径五丈九尺,高九尺;中层面径九丈,高八尺一寸;下层面径十二丈,高八尺一寸。乾隆十五年把它扩建为"上成径九丈,取九数;二成径十有五丈,取五数;三成径二十一丈,取三七之数。"^③扩建所采用的这个尺度,是经过精心设计的,有几点很值得注意:

一是特别关注其象征含义。"上成为一九,二成为三五,三成为三七,以全一、三、五、七、九天数,且合九丈、十五丈、二十一丈,共成四十五丈,以符九五之义"。^④应该说,选取这组数字,的确在"符天数"、"符九五之义"上,取得极妥帖的合拍。

二是毅然采取"古尺"、"今尺"并用。三层面径所选尺度,虽然在象征含义上极为妥帖,但按营造尺来说,这个尺寸实际使用上实在过大。为此,居然大胆地把圜丘圆台面径改用"古尺"。这个"古尺",据曹鹏考证就是康熙钦定的《律吕正义》中所演绎的律尺,一律尺等于工部营造尺八寸一分,折合25.92厘米。^⑤这样,

---

① 天坛公园管理处. 天坛公园志[M]. 北京:中国林业出版社, 2002:81.

② 天坛公园管理处. 天坛公园志[M]. 北京:中国林业出版社, 2002:274.

③ 见嘉庆会典事例·卷八六四.

④ 见嘉庆会典事例·卷八六四.

⑤ 见曹鹏. 北京天坛建筑研究[D]. 天津大学硕士学位论文, 2002:72.

圜丘上、中、下三层直径的设计长度就缩小为23.33米、38.88米、54.43米，与现实测数据23.65米、39.31米、54.91米基本相符。①这个面径尺度，既符合坛面陈设所需的尺度，也适合圜丘坛体观赏的尺度，以"古尺"代"今尺"的转换，巧妙地取得了实用尺度、观赏尺度和象征尺度的合拍，是一个很灵活、很理性的绝招。而圜丘除圆台面径改"古尺"外，其他尺度（包括三层台体高度尺寸）仍用"今尺"。敢于在"今尺"系统中插入一个"古尺"，是颇有变通胆略的创意。

三是细腻地调节坛台的高宽比。圜丘三层圆台的面径拓宽放大了，而它的三层台高却反而缩小了。嘉靖圜丘台的高度，自上而下分别是九尺、八尺一寸、八尺一寸。《明万历会典》特地标明这个台高尺寸用的是周尺，这显然是为了表征"天"数，又要避免台体尺度过高，不得不将台高改用周尺。后来在康熙二十三年（1684年）纂修的《大清会典》中，圜丘台高仍然是嘉靖时的原尺度，也特地注明"高用周尺余今尺"。而乾隆圜丘台的高度分别改为五尺七寸、五尺二寸、五尺，用的是营造尺。周大尺1尺＝24.63厘米，清营造尺1尺＝32厘米。圜丘坛体的总高度从原先的6.2米降至5.09米（现实测为5.17米），台高尺度有明显的降低。可以看出，乾隆圜丘台体较之嘉靖圜丘台体，在整体体量权衡上，趋向于低平，不拘泥于"天"数表征，不着重于台体的高突，而侧重于台体的舒放和宽阔。

3. 圜丘坛面、栏板的变化

乾隆十四年扩建圜丘坛，不仅放大了三层坛体的面径，也改变了坛面甃砌的用材、用量和栏板、栏柱的用材、数量，并且很认真地琢磨用材数量的"取义"。关于这一点，《嘉庆会典事例》有一段详细的记述。

至坛面砖数，原制上成九重，二成七重，三成五重。上成砖取阳数之极，自一九起递加环砌以至九九，二成、三成围砖不拘，未免参差。今坛面既加展宽，二成、三成亦应用九重递加环砌。二成自九十至百六十二，三成自百七十一至二百四十三。四周栏板，原创上成每面用九，二成每面十有七，取除十用七之义，三成每面积五，用二十五，虽各成均属阳数，而各计三成数目，并无所取义。今坛面丈尺既加宽展，请将三成栏板之数，其用三百六十，以应周天三百六十度，上成每面十有八，四面计七十二，各长二尺三寸有奇。二成每面二十七，四面计百有八，各长二尺六寸有奇。三成每面四十五，四面计百八十，各长二尺二寸有奇。每成每面，亦皆与九数相合，总计三百六十，取义尤明……再坛面甃砌及栏板栏柱，旧皆青色琉璃，今改用艾叶青石，朴素浑坚，堪垂永久，饬令管工官于直隶房山县开采选用。②

这是一段非常值得关注的、明确表述圜丘坛面甃砖数量、栏板数量及其"取义"表征的文字，曾经辗转引录。这段文字颇有价值，也颇有误差。有几点值得注意：

一是圜丘坛面甃砌制式。从这段文字可知圜丘旧坛是环状铺设青色琉璃砖，原制是"上成九重，二成七重，三成五重"。上层砖取阳数之极的"九"和"九"的倍数，从第一环"1×9"递加环砌至第九环"9×9"。而中层、下层则是"围砌不拘，未免参差"。乾隆新坛由于展宽了坛面，除上层九重外，把中层、下层也用九重递加环砌，这样，三层坛面都是九环，每环都符合"九"的倍数。中层从第一环"10×9"递加环砌到第九环"18×9"，下层从第一环"19×9"递加环砌到第九环"27×9"。很明确、很周全地

① 圜丘三层台面实测直径.据天坛公园管理处.天坛公园志[M].北京：中国林业出版社，2002：80-81.

② 见嘉庆会典事例·卷八六四

满足了阳数之极的取义，整体坛面墁砌处理得很圆满。

二是圜丘坛面和栏板用材。 这段文字提到，"坛面墁砌及栏板栏柱，旧皆青色琉璃，今改用艾叶青石，朴素浑坚，堪垂永久"。这句话是《嘉庆会典事例》引用乾隆的原话。① 用艾叶青石取代青色琉璃，乾隆称许它"朴素浑坚，堪垂永久"，是很确切的评价。但是，这句话也有含混之处，新建圜丘坛并非坛面铺砌和栏板栏柱都改用艾叶青石。实际情况是，坛面墁砌最初议定的是用"金砖"，后因金砖烧造不易而改用艾叶青石。栏板栏柱最初议定的是沿用青色琉璃，也因为难于烧造而改用汉白玉石栏，并非栏板、栏柱都改用艾叶青石。应该说，圜丘坛体从原先的青色琉璃的坛面、栏板，改变为艾叶青石坛面和汉白玉石栏，不仅是技术上耐久性的提高，也是艺术上非常重要的色质改进。原本青色琉璃的圜丘旧坛，虽然在用色上吻合了"象天"的取义，但色质厚重，不利于映射明亮的阳光，不能不说是用材用色的一大缺憾。从符号学的角度来审视，这是拘于符号的语义信息（象征取义）而损害了符号的审美信息（色彩美、材质美）。改用艾叶青石坛面，仍可以淡淡的青色"象天"，它和洁白的汉白玉栏杆配合在一起，构成坛体整体的淡青洁白基调，在阳光照射下，显得分外光亮夺目，与蓝天更加和谐、合拍，更能凸显坛域的圣洁境界。这是圜丘改扩建带来的坛体材质、用色上的艺术升华。虽然这种改进是出于金砖、琉璃砖烧造不易的技术性原因，而提升的艺术效果却使圜丘坛达到了语义信息与审美信息完美融洽的境地。

三是圜丘栏板的数量。 这段文字细致地表述了旧坛栏板取义数量、取义欠缺和新坛栏板数量取义的依据。由此可知，旧圜丘上层栏板每面用九，中层栏板每面用十七，下层栏板每面用二十五，各层每面栏板都符合"阳数"，但各层栏板并不符合"九"的倍数，三层栏板的总数也"无所取义"。而乾隆新坛由于坛面展宽，改用上层每面十八，中层每面二十七，下层每面四十五，这样每层每面都与"九数相合"，而且三层栏板总数是三百六十，"以应周天三百六十度"的象征，"取义尤明"。这无疑是表征取义最充分的设计方案。但是这个设计并未兑现，这里所说的新坛栏板用数与现存的圜丘栏板数量并不符合。为什么会出现文献记载与实际不符的现象，《天坛公园志》有一段解释：

> 清乾隆十五年（1750年）……二月，内阁议决，准遵清圣祖康熙皇帝御制《律吕正义》所载圜丘制度改进圜丘，是时各位大臣为圜丘栏板制度各抒倡议，有建议以青色琉璃栏板成造，取1层每面用9块栏板，2层每面17块栏板，3层每面25块栏板，合计为206块栏板。又有建议以1层每面18块栏板，2层每面27块栏板，3层每面45块栏板，合计为365块栏板，恰合365周天之数。又有以《易经·乾策》为依据，依9数分配，栏板数取1层每面用9块栏板，2层每面18块栏板，3层每面27块栏板，合为216块栏板。乾隆皇帝谕取365块栏板，但由于琉璃栏板难于烧造，施工中经乾隆皇帝谕准，改为汉白玉石栏。最终以216块栏板成造。②

《天坛公园志》的这段文字中，所述圜丘坛体的"1层"、"2层"、"3层"，指的是圜丘坛的"上层"、"中层"、"下层"。这是沿用《嘉庆会典事例》表示台体层数自上而下的列序，与我们现在习用的自下而上的列序恰恰相反。文中的两处栏板合计数有误，"合计为206块栏板"应是"合计为204块栏板"之误，"合计为365块栏板"，应是"合计为360块栏板"之误。《天

---

① 参见天坛公园管理处. 天坛公园志[M]. 北京：中国林业出版社，2002：84.

② 天坛公园管理处. 天坛公园志[M]. 北京：中国林业出版社，2002：83-84.

坛公园志》的这段表述让我们很感兴趣，原来在确定乾隆圜丘新坛栏板用量时，有过认真的群臣议论。当时群臣提出三个方案，第一个是204块栏板的方案，就是沿用旧坛栏板数量的方案；第二个是360块栏板的方案；第三个是216块栏板的方案。乾隆在这三个方案中，谕取了360块栏板的方案。乾隆谕取这个方案是可以理解的。因为这个方案各层各面都吻合"九"的倍数，三层总数三百六十，又符合周天之义，它的象征取义是很周全的。但是这个方案实际上是不可取的。《天坛公园志》说是"由于琉璃栏板难于烧造"而经乾隆谕准改用汉白玉石栏，最终以216块栏板成造。为什么栏板材质从琉璃改为汉白玉，栏板数要从360块改为216块呢，这并非栏板数量改制的真正原因。因为栏板栏柱改用汉白玉材质，完全可以仍用360块的方案。问题不在于材质的改变，而在于360块方案的栏板存在着尺度比例不当的问题。《嘉庆会典事例》的记述很明确，360块栏板方案，上层栏板"各长二尺三寸有奇"，中层栏板"各长二尺六寸有奇"，下层栏板"各长二尺二寸有奇"。这就是说，360块栏板的方案，每块栏板的长度，只有二尺二寸、二尺三寸、二尺六寸。我们知道，清代石栏杆的栏板定型比例，栏板长度与栏板高度的比例大体上是2:1。栏杆具有栏护的功能，栏板需保持一定的高度，才切合实用，才合乎正常尺度。当栏板长度只有二尺二寸、二尺三寸、二尺六寸时，难免出现两种情况，一种是保持栏板应有高度，导致栏杆整体比例失当；另一种是降低栏板高度，导致栏杆整体过矮并与坛体尺度比例失当。显然，这两种情况无论是哪一种都是不可取的。这应该说是否定360块方案的根本原因。最终采用的216块方案是十分明智的。这个方案满足了上层每面栏板1×9，中层每面栏板2×9，下层每面栏板3×9，很规律地体现了每层、每面均符合"九"的倍数的

阳数之极的取义，只是放弃了三层栏板总数的取义。可以说，360块栏板方案是拘于追求栏板总数的语义信息，而损害了栏杆整体的审美信息，调节为216块栏板方案，是协调建筑符号表征的语义信息和审美信息的又一个生动实例。在这里，我们不免对圜丘旧坛的栏板情况产生了疑问。我们知道，圜丘旧坛比新坛坛面小很多，居然栏板总数只比新坛少12块。如果旧坛用栏板204块这个数值是真实的话，圜丘旧坛琉璃栏板的尺度比例很可能是存在问题的。这表明，乾隆圜丘新坛的扩建，不仅扩展了坛体的尺度，不仅变换了坛面、栏杆的材质、色彩，也理顺了栏杆的尺度和比例，取得整个坛体完美的艺术面貌。这也就是我们现在所见的圜丘坛完美的面貌（图7-6-7）。

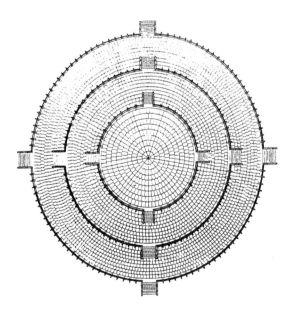

图7-6-7 清乾隆圜丘台图
引自杨振铎．世界人类文化遗产——天坛．北京：中国书店，2001．

4. 皇穹宇殿组的变化

关于皇穹宇的前身泰神殿，《明史·礼志》、《续文献通考》和《春明梦余录》等文献都有记述。它始建于嘉靖九年（1530年），建成于嘉靖十年四月。但文献记述都很简略。《明史·礼志》只说：

（圜丘）北门外正北泰神殿，正殿

以藏上帝、太祖之主，配殿以藏从祀诸神之主。①

《续文献通考》和《春明梦余录》也只提到：

（圜丘）北门外正北建泰神殿，后改为皇穹宇，藏上帝、太祖之神版，翼以两庑，藏从祀诸神之神牌。②

这几个文献都没有涉及泰神殿制式。这样，我们就不清楚始建的泰神殿是什么样子，所谓"后改为皇穹宇"，究竟是原建筑的改名，还是经过重建后的重命名，学者看法各异。《天坛公园志》持后一种看法，对皇穹宇的重建有一段详细的表述：

皇穹宇始建于明嘉靖九年（1530年），初名泰神殿。明嘉靖十七年（1538年）重建，易名为皇穹宇。

明嘉靖九年（1530年），明世宗诏建圜丘，是年十月圜丘成，遂建泰神殿于圜丘北，以贮昊天上帝神主，殿6楹，5开间。嘉靖十年（1531年）四月，南郊神版殿建成，嘉靖帝亲定殿名为泰神殿……

嘉靖十七年（1538年）十月辛丑（初一）……嘉靖帝诣郊坛恭进册表，上泰号曰皇天上帝，改泰神殿为皇穹宇。由于泰神殿与圜丘仅咫尺，地甚隘促，既要进行改造工程，须先拓其地，遂将成贞门北移百余米，即成贞门旧址建皇穹宇。由于工程是皇帝钦定，故朝廷慎重异常，由翊国公郭勋、武英殿大学士夏言、顾鼎臣、兵部尚书张瓒、锦衣卫都督同知陈寅、指挥使张琦、赵俊并礼部尚书严嵩定日视工。以后又加派工部尚书甘为霖同督皇穹宇工程。是年十月，嘉靖帝又命工部右侍郎郑绅缵运皇穹宇物料，提督工程。所建皇穹宇工程殿制圆，重檐攒尖覆绿色琉璃，内外施转8柱。左右增设庑殿，环以土垣，上覆绿瓦，联檐通脊，南向建券门，垣内以琉璃砖及杂石墁地。③

这段表述，认为皇穹宇的前身是建于嘉靖九年的泰神殿。嘉靖十七年十月，泰神殿经重建改为皇穹宇。《天坛公园志》说这次重建，是把成贞门北移百余米，在成贞门旧址上建造皇穹宇。在叙述"成贞门"时《天坛公园志》也写道：

成贞门原址在今皇穹宇处，明嘉靖十七年（1538年），明嘉靖皇帝决定改泰神殿为皇穹宇，兴改建工程，向北拓地百余米，将圜丘坛北墙中段北移，成弧形，与皇穹宇圆形垣墙相呼应，旋拆旧成贞门，于现址重建。今成贞门两侧垣墙"嘉靖十七年"砖铭仍随处可见。④

这个皇穹宇建于成贞门原址的说法，与万历明会典中所刊的《今圜丘总图》（见图7-1-3）颇有龃龉。在这幅反映嘉靖所建的圜丘总图上，已可以看到泰神殿处在完整的圆院中，此时成贞门两侧仍是一道笔直的横墙。也就是说，当重建皇穹宇圆殿时，就是在泰神殿原址上改建，并不存在拓地拆迁成贞门的问题。成贞门实际上并没有拆除，当时的横墙也未变动。关于这一点，傅熹年、杨振铎、曹鹏都认为，是在明万历十四年到十六年间（1586—1588年），因为扩建斋宫而需向南拓地，才将成贞门两侧横墙南移并以半圆弧形墙与原成贞门连接。

《天坛公园志》对于嘉靖十七年重建皇穹宇的表述，为我们提供了很重要的信息。这一大段详细表述建造皇穹宇的文字，明确提到泰神庙是"殿6楹，5开间"，明确列出一连串参与视工、提督工程的大臣名单，言之凿凿，这些表述如果是可靠的话，当是有力表明皇穹宇并

---

① 明史·卷四十七.
② 参见（1）[清]孙承泽.春明梦余录.（2）[明]王圻.续文献通考.杭州：浙江古籍出版社，1988.
③ 天坛公园管理处.天坛公园志[M].北京：中国林业出版社，2002：86.
④ 天坛公园管理处.天坛公园志[M].北京：中国林业出版社，2002：101.

非原泰神殿的改名，而是重建和重命名的。这样，我们可以认为，皇穹宇正殿曾经经历过从泰神殿的五开间矩形殿座到皇穹宇的重檐攒尖圆殿的改建；成贞门横墙曾经经历过从原本直墙到南移墙垣、中部形成半圆弧墙的改建；到清乾隆时期，皇穹宇又经历过一次变重檐攒尖圆殿为单檐攒尖圆殿的重要改建。在这些改建中，有三点特别值得关注：

（1）圆殿、圆院的改建

从五开间的泰神殿改建为圆形的皇穹宇主殿，是非常值得关注的进展。我们从元至正二十七年（1367年，即吴元年）的南京圜丘图上，可以看到在圜丘坛院之北建有一座天库。这天库即是奉藏天神神位的，它是明代北京圜丘神版库的初型，只是孤零零地立于圜丘院之北的单座小殿。我们现在知道，建成于嘉靖十年四月的泰神殿是殿身六檩的五开间殿屋，它已经不是孤立的单座小殿，而形成带配殿的、带圆环院墙的泰神殿圆院组群，这应该说是圜丘神版殿处理的重要进展。但是泰神殿自身仍然是五开间的小殿，是一种类型化的、通用性的、欠缺个性的神版殿。改建的皇穹宇是一个重大的突破。它毅然采用了重檐攒尖顶圆殿作为主殿，以圆象天，不仅找到了象天的取义，找到了表征祭天建筑的性格，也从形式美上，使皇穹宇辅院与圜丘主院取得"圆"的几何构图母题的协调与呼应。重檐攒尖顶的圆殿，不仅意在凸显神版殿的高等级规格，也以适当拔高的体量，为大面积平铺的、仅以台座出现的圜丘坛体，提供了建筑立体的变化和陪衬。可以说这组不大不小的皇穹宇圆院，为单一的圜丘坛主院配置了恰如其分的辅院，完善了圜丘坛域整体的有机构成（图7-6-8）。

（2）半圆弧墙的改建

成贞门所在的这道横墙，原是天地坛的南坛墙，在紧挨着它建造圜丘坛域之后，它成了

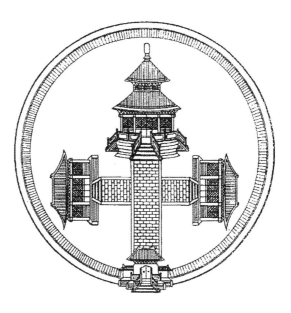

图7-6-8 《大明会典》载嘉靖"皇穹宇图"
引自大明会典. 卷八十二

分隔祈谷坛域和圜丘坛域的一道隔墙。这道隔墙从直墙到中部呈半圆弧墙的变化，是一个很重要的改变。我们从嘉靖圜丘图上不难看出，当这道横墙为直墙时，成贞门及其横墙与皇穹宇圆院只是生硬地毗邻着，除了在子午线上，成贞门与皇穹宇共处于主轴线上，有轴线的对位关系外，并无亲和的关联。这种情况意味着，当时的天地坛域与毗连的新建的圜丘坛域，尚未取得有机的融合。半圆弧形墙的出现，完全改变了这个态势。这个带半圆弧形墙的横墙正对皇穹宇院圆心，半圆弧形墙与皇穹宇院形成同心圆的关联，它仿佛是皇穹宇圆院自然扩伸的半壁外环，为皇穹宇圆院提供了融洽的陪衬，成贞门与皇穹宇由此获得有机的联结；由祈年殿和丹陛桥组成的祈谷坛域主轴线，与圜丘和皇穹宇组成的圜丘坛域主轴线，在这里生动地、贴切地联结成完美的天坛主轴线，祈谷坛域与圜丘坛坛域的组合，突破了生硬地拼合而达成了天衣无缝的整合。

（3）乾隆时期的改建

乾隆十七年，皇穹宇进行了一次重要的改建。改建的项目主要是：将正殿的重檐圆攒尖顶改为单檐圆攒尖顶；将正殿的东、西、北三

面菱窗隔扇改砌为砖墙；将殿内铺地改为青石环砌；将环院院墙以临清砖干摆成造，联檐通脊覆青琉璃瓦顶；将正殿、配殿原绿琉璃瓦顶改为青琉璃瓦顶。

这次改变，最引人注目的，自然是把皇穹宇正殿的重檐圆攒尖顶改为单檐圆攒尖顶。为什么要做这样的改变？历史文献没有留下改变缘由的记述。从我们现在来解读，这个改变很可能是基于天坛全局建筑形象构成的需要。我们知道，在皇穹宇建成重檐圆攒尖顶时，它的主轴线北端的主体建筑还是天地坛的大祀殿。这座永乐大祀殿是悉如南京洪武大祀殿的规制，当是"十二楹"即十一开间的大殿。到嘉靖二十四年，建成大享殿（后更名为祈年殿）后，才出现我们熟知的三重檐圆攒尖顶的主殿。这个三重檐圆攒尖顶的祈年殿的出现，大大改变了天坛主轴线的面貌。它与皇穹宇主殿的重檐圆攒尖顶遥相呼应，大大增强了主轴线建筑的协调、统一。它自身是庞大的殿坛组合体，处在高高突起的墙院之上，又鼎立着触目的三重檐圆攒尖顶，使得它在建筑分量和建筑艺术表现力上，都凸显出主轴线上的主体建筑的作用。正是在这样的整体建筑形象构成中，皇穹宇的重檐圆攒尖顶出现了不协和。我们看天坛主轴线，从北部的三重檐圆攒尖顶的祈年殿到重檐圆攒尖顶的皇穹宇殿，再到南部不带屋顶的、仅以基座呈现的圜丘坛，能感受到一种明确的自高而低的建筑节拍。但是这个节拍，从"三重檐"到"重檐"的微小降调，经历了长长的丹陛桥间隔；而从"重檐"到露台的大幅降调，却只有近在咫尺的距离。这里呈现出一种建筑节律的不和谐。把皇穹宇殿的圆攒尖顶，从"重檐"改为"单檐"，加大了"三重檐"到"单檐"的落差，相应减小了"重檐"到"露台"的落差，可以说是十分妥帖地调整了整个主轴线的建筑节律，这是令人叹服的改建大手笔。

皇穹宇圆院墙垣改用临清砖，以磨砖对缝包砌，这种砖质地细密，敲之有声，断之无孔。包砌临清砖后，皇穹宇院墙的"回音壁"效果更为显著。联系到此次改建还把院内甬道铺石有意地区分出"一音石"、"二音石"、"三音石"，改用临清砖包墙也可能是有意增强回音的一个措施。这种回音现象被附会为"人间私语，天闻若雷"，被视为"上天垂象"，因此，以临清砖包砌院墙，可以说是对天坛建筑神秘感的一种有意识的强化。

皇穹宇全组建筑的屋顶，从原先的绿琉璃瓦改变为青琉璃瓦，是乾隆时期调整天坛建筑色调的一个组成。这也是一个大可赞扬的改进。当圜丘坛的坛面、栏杆都从原先的青色琉璃改变为艾叶青石和汉白玉石后，皇穹宇全组的屋瓦则反过来从绿色琉璃改为青色琉璃。这不仅强调了"青"的象天取义，也大大凸显出由淡青洁白的圜丘坛体与蓝瓦基调的皇穹宇相搭配的圣洁效果，这是符号语义信息和审美信息俱佳的艺术升华。

（三）祈年殿组群演变

天坛的祈年殿组群经历过从永乐"天地坛"到嘉靖"祈谷坛"的改变。这个重大的改建工程不是全盘拆旧建新，而是在原大祀殿墙院格局中，有重点地改造。

最重要、也最令人称道的是变换主体建筑：拆除大祀殿，新建大享殿。

为什么要拆除大祀殿，新建大享殿？这还得从嘉靖皇帝的出身说起。原来明世宗朱厚熜是明武宗朱厚照的堂弟，武宗无嗣，就由他以藩王世子的身份入继大统。朱厚熜的生父兴献王是明宪宗之子，明孝宗之弟。朱厚熜当上了皇帝，为了给自己正名，一心想将其父兴献王尊为皇考，这引发了历史上有名的"大礼仪"之争，并伴生了对祀典的全盘变更，改天地合祀为天地分祀。嘉靖九年，分建圜丘祭天，方泽祭地，朝日坛、夕月坛祭日月。四郊分祀后，大祀殿成了多余之物，废而不用。嘉靖十七年（1538年），前扬州府同知丰坊上书皇帝说："考莫大于严父，严父莫大于配天，宜建明堂，尊皇考为宗，以配上帝。"[1]这正中嘉靖下怀。当时任礼部尚书的严嵩也应和说："明堂圜丘，皆所以事天，今大祀殿在圜丘之北，禁城东南，正应古之方位。明堂秋享，即以大祀殿行之为当"。[2]严嵩深知嘉靖帝要以生父配享的心思，就出了这个最容易兑现的主意，不必新建明堂，只要以大祀殿充当即可。嘉靖自然首肯立明堂的意见，也认同大祀殿所在地正应古之明堂方位的说法，但是没有采纳以大祀殿充当明堂的建议。他下令于嘉靖二十年（1541年）拆除了大祀殿，嘉靖二十四年（1545年）八月在原址建成了大享殿。这座大享殿，"岁以季秋大享上帝，奉皇考睿宗献皇帝配享，行礼如南郊，陈设如祈谷"。[3]嘉靖终于达到了将不是皇帝的生父配天而祭的目的。

对于这样一项关于生父配天而祭的大享殿工程，嘉靖皇帝自然倍加重视。他勅谕礼部说："朕自作制象"[4]，兴奋地亲自参与设计，并让礼部尚书严嵩负责主事。值得一提的是，这位严嵩是皇穹宇改建工程的有功之臣，他熟悉落成不久的重檐攒尖圆顶的皇穹宇工程。他参与大享殿的"主事"，在嘉靖帝"自作制象"的过程中，对大享殿选用三重檐圆攒尖顶的殿坛方案可能起到促成的作用。

这座后来改名为祈年殿，几乎成了中国建筑形象代表的殿坛组合体，就这样诞生了。这是一个创新的主体建筑形象。就建筑制式来说，圆的殿身、三重檐圆攒尖的屋顶、三层环立汉白玉石栏配置全套阶陛的圆坛，本身都是程式化的部件。它以程式化的部件组构了一个崭新的"坛而屋之"的形象，既有了祈谷坛，也有了大享殿。这个大享殿是作为明堂来建造的。难得的是，它已经完全摆脱明堂的经典形式，没有拘泥于历史上明堂的五室、九室、十二堂、二十八柱、三十六户、七十二牖之类的构成模式和表义象征。它凸显的是以圆象天、以阳数象天的主题，三层极度放大的祈谷圆坛，三层小尺度的圆台基和三重檐指向苍天的、高高崇立的、顶着闪闪金色宝顶的圆攒尖顶，组构了圆满、和谐、端庄、凝重、崇高、神圣的殿坛形象。这个形象耸立于高高突起的墙院台座，从建筑艺术表现上，无可置疑地成了整个天坛组群的建筑主体，成为整条天坛主轴线的建筑高峰。它的圆形的几何母题，与圜丘圆坛、圆墙，与皇穹宇圆殿、圆院遥相呼应，大大提升了主轴线的整合度。它诞生在圜丘圆坛之后，也诞生在皇穹宇圆殿之后，它的圆殿殿身和三重檐圆攒尖顶，仿佛是皇穹宇圆殿殿身和重檐圆攒尖顶的推衍、升级。这是一个在既成的建筑组群格局中更新的核心建筑，在既有的主轴线上变换新的主体建筑，其难度可想而知。这个高难度的改建，可以说是举重若轻地解决了。对于整个天坛来说，圜丘坛的祭天应该是天坛祭祀活动最隆重的场所，大享殿的秋享、祈谷较之祭天大典是略逊一筹的。但是由于祭天是露祭，而秋享是在"坛而屋之"的殿内进行，从建筑表现力上，大享殿先天拥有有利的建筑分量。在所处地段上，大享殿也先天拥有位处组群北部、轴线后段的主体优势，因此，因势利导地索性以大享殿为建筑主体是十分明智的。这样，带来了天坛建筑处理上呈现建筑主体与祭祀主体错位的现象。这个现象产生了一些误导，现在很多人误以为"天坛"指的是祈年殿，就是由于这种建筑主体与祭祀主体的错位所导致的。对于这个现象，我们应该说，在天坛双坛域构成的总体格局中，能够不拘泥于圜丘的祭祀主体，而顺应建筑构成的态势，规划出以

[1] 参见姚安. 天坛[M]. 北京：北京美术摄影出版社, 2000: 18.

[2] 明史·卷四十八：礼二·大享礼.

[3] [明]王圻. 续文献通考. 杭州：浙江古籍出版社, 1988.

[4] [明]王圻. 续文献通考. 杭州：浙江古籍出版社, 1988.

大享殿为建筑主体的方案，是十分理性的、成功的抉择。这是天坛改扩建中特别值得称道的大手笔。

选定了大享殿殿坛的主体建筑形象，还要为这个主体建筑提供相称的院庭空间。庞大尺度的祈谷坛台体是处在原大祀殿壝院的既成环境中，在大祀殿壝院原有框框内做文章。这个高高凸起的院庭环境的改建，也是极具匠心的。

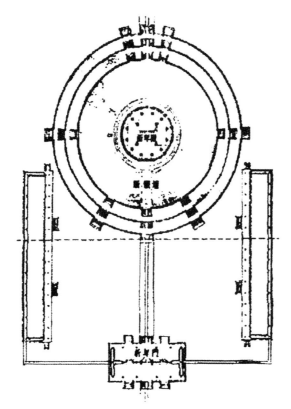

图 7-6-9 曹鹏所作大祀殿配庑改建分析图
引自曹鹏．北京天坛建筑研究．天津大学建筑学院硕士学位论文，2002．

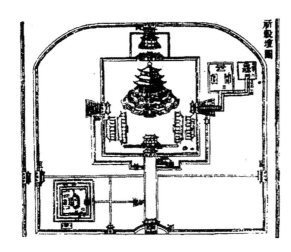

图 7-6-10 《古今图书集成》载清顺康雍祈谷坛图
引自古今图书集成·经济汇编·礼仪典．第一百六十四卷天地祀典部

① 曹鹏．北京天坛建筑研究[D]．天津大学硕士学位论文，2002：35．

它是以尽可能少的变动取得尽可能圆满的格局。我们可以看出，原大祀殿的壝院台座没有变动，壝院的南砖门、东西砖门没有变动，原大祀门也没有变动。除拆除大祀殿外，只是相关联地拆去大祀殿两侧的弧形院墙（也可能是步廊），相应地对两侧的配庑作了调整。《春明梦余录》对大祀殿的配庑有"殿前为东西庑三十二楹"的记述，表明大祀殿时期，东西庑是各十六楹，即各十五间。新建大享殿后，配庑改为东西各十楹，即各九间。曹鹏认为，这是因为新建大享殿后，原十五间的东西庑与圆坛挨得太近，不得不拆去六间，保留九间（图7-6-9）。①这个推测很在理。这说明，为拓宽大享殿的庭院空间，只是局部拆去了东西各六间配庑及其通向大享殿的两段转弯弧墙或步廊。这么少量的调整，便给大享殿提供了宽舒的院庭。保留下来的东西各九间配庑，通过拐角院墙（此院墙可能就是大祀殿的原有院墙，也可能是将大祀殿原有步廊改为院墙），与大享门一起构成了三合院的形态。这个三合院空间与祈谷坛院空间亦分亦合，形成了一个独特的模糊空间，赋予祈谷坛院独特的庭院个性和良好的空间视域。这是一个极简约的调整，改造成本之低与空间效果之好，实在令人赞叹。

大享殿的东西庑殿后来起了变化，我们从《古今图书集成》的清代顺康雍时期的祈谷坛图上，可以看到，东西庑都变成了前后两排，前排九间，后排七间（图7-6-10）。康熙本《大清会典》记载的清初大享殿两庑，也有"东、西庑各二座，前庑九间，后庑七间"的记述。这是明代后期增加的。添加了后排七间配庑，既参差不齐，也显得拥挤，在建筑格局上是不可取的。

这种情况延续到乾隆时期起了变化。乾隆十五年（1750年）把东西庑后排的七间都拆除，恢复到嘉靖"享殿前两庑各十楹"的原状，也就是我们现在所看到的单排九间配庑的状况。对此,《嘉庆会典事例》有一段记述,乾隆十五年谕:"大享殿前两庑,系前后两重,乃前明时祫祭所建,今祫祭之礼既不举行,而前后两庑又属参差,俟兴修时,将后一层拆去"。原来这个拆除是乾隆的谕旨,拆除的原委也说得很明白,这也是一项很有见地的改造。

乾隆十六年(1751年),因为"大享之名与孟春祈谷异义",大享殿改名为祈年殿,相应地,大享门也改名为祈年门。就在这次改名的前后,天坛进行了一连串的建筑色彩变换。不仅圜丘坛的内外墙垣和皇穹宇的正殿、配殿从绿瓦改为青瓦,祈年殿组群的殿、门、墙垣也变换了瓦色:

乾隆十五年(1750年)奏准:皇乾殿门墙垣旧系绿色,请亦改为青色琉璃,以符体制;

乾隆十七年(1752年)奏准:祈年殿旧制系三覆檐成造,上檐青瓦、中檐黄瓦、下檐绿瓦,考明初合祀天神、地祇、前代帝王,是以瓦片分为三色,嗣举季秋飨帝之礼易为大享殿,瓦色仍用初制。国朝改为祈谷于上帝之所,瓦片仍用三色。今改为祈年殿,所有殿及大门、两庑均请改用青色琉璃。再圜丘坛内外墙垣旧制皆覆绿瓦,应均换青色琉璃,其东西南北坛门四座以及祈谷坛门三座及随门,围垣离坛稍远仍照旧制,盖覆绿瓦。①

《大清会典则例》的这两段更改瓦色的记述很重要,它告诉我们,祈年殿配庑,祈年门门殿,皇乾殿殿门墙垣,皇穹宇正殿、配殿,圜丘坛内外墙垣,将旧制绿瓦改为青瓦,都是为了"以符体制"。这是天坛用色象征的一次大调整,明确地确立了以青色"象天"的规范,并由此形成天坛以"青色"为屋瓦基调的格局。这是天坛建筑艺术面貌的一次重要的升华。大片的青瓦不仅取得"象天"的妥帖取义,而且与蓝天融洽和谐,凸显出天坛蓝色基调的色彩美。值得注意的是,在这次改色中,明确指出圜丘坛东西南北坛门和祈谷坛三座坛门及随门,因"围垣离坛稍远仍照旧制,盖覆绿瓦"。这表明只是重要部位的屋瓦改为青色,离坛稍远的门垣屋瓦仍保留了绿色。为什么这部分屋瓦不改变,据说,永乐天地坛的绿琉璃瓦,是从南京天地坛拆运而来,瓦的质地细腻,胎骨精良,原料里渗进了大量绿宝石粉末,不但不怕雨淋日晒,而且颜色非常鲜艳。②拆换掉这么好的琉璃瓦是很可惜的,能不改最好不改。祈谷坛东、西、南砖门和随门的绿琉璃瓦没有拆换,就是由于原瓦质精良又离坛稍远而得以保留的。这说明瓦色的改变,既有"象天"取义的需要,也有建筑色彩构图效果的需要,对于核心部位的建筑必须改为青瓦,而离核心部位稍远的门座、垣墙,无碍核心部位色调构成,可以将就照用不换。

这一连串的瓦色的改变中,祈年殿瓦色的改变是特别重要的。应该说祈年殿的殿坛组合体形象是非常庄重的。而上青、中黄、下绿的三重檐瓦色却把它装扮得花花绿绿,完全与其庄重形象背道而驰。这是拘于大享殿沿袭大祀殿合祭"天神、地祇、前代帝王"而以三色瓦片表征。这样的三色瓦片满足了象征表意的需要却损害了形式美构图的需要。从符号学的角度来审视,这是处理符号语义信息与审美信息相悖的典型事例。乾隆时期,考虑到这座殿坛组合体已从秋享的大享殿变为祈谷的祈年殿,把三色瓦片更改为一色的青瓦,圆满地解决了这个问题。原本以青瓦象天,绿瓦象地,黄瓦象征前代帝王的语义表征,变成了统一的青瓦象天,原本花花绿绿的色调变成了统一的青瓦基调,符号的语义信息与审美信息由此达到和

① 乾隆大清会典则例:四库全书[M/CD]. 武汉大学出版社.

② 参见王成用. 天坛[M]. 北京:北京旅游出版社,1987:69.

谐的统一。祈年殿的艺术形象由此洗刷花花绿绿的艳装，达到圣洁的境界。

天坛的改建、扩建不只这些，斋宫、神乐署、牺牲所等附属建筑也都经历过改建、扩建，这里不赘述。仅就上面所述坛域、坛墙演变、圜丘组群演变和祈年殿组群演变，就足以了解北京天坛改扩建的梗概。乾隆时期最后完成的天坛，与永乐时期初创的天地坛是不可同日而语的：它从原先单一的天地坛坛域变成了圜丘坛、祈谷坛的双坛域；从原先的单重坛墙变成了内外两重坛墙；从原先占地的"周回十里"，变成了273公顷的超大规模占地；从原先对称的主轴居中，变成了非对称的主轴偏东；从以南门为主入口变成了以西门为主入口；从以大祀殿为主体建筑，变成了以祈年殿为主体建筑；从五间六楹的泰神殿，变成了重檐攒尖顶圆殿的皇穹宇，再变为单檐攒尖顶圆殿的皇穹宇；从上层面径五丈九尺的圜丘坛，变成了上层面径九丈的圜丘坛；从"正南三、东西北各一"的圜丘棂星门，变成了"四面各三"的圜丘棂星门；从"皆用青色琉璃"的圜丘坛面、栏杆，变成了艾叶青石坛面、汉白玉石栏杆；从双坛的绿瓦墙垣门殿，变成了青瓦墙垣门殿；从三色的祈年殿屋瓦，变成了上、中、下檐一色青瓦的祈年殿。天坛的浩大林地也经历了三个时期，从永乐时期围绕大祀殿的柏林，到嘉靖时期扩展的圜丘坛林地、外坛林地，再到乾隆时期的大规模补植，形成大片古柏参天、林海苍茫的郊坛环境。

天坛建筑的用"无"，无论是总体组群用"无"，坛域域区用"无"，墙院院庭用"无"，圆坛台体用"无"和圆殿建筑用"无"，都是从这一次次的改建、扩建而得以强化、得以完善的。天坛的建筑艺术也是在这一次次的改建、扩建中，得以调整、得以升华的。它不是一蹴而就、一步到位的原创杰作，它是经历了一次次改建、扩建的"非原创"杰作。

这种改扩建的杰作，是中国木构架建筑体系的一种重要现象。这是因为，木构架建筑体系不同于古代砖石、混凝土建筑体系。砖石、混凝土的大型建筑多呈大体量的集中型形态，整个建筑往往集结为不可分离的有机整体，难以分离地建造，自然需要一次性统一设计。整个工程项目基本上是由"原创"设计奠定的。虽然施工期可能拉得很长，随时间的转移也会有局部的变动或细部的变化，但总的可以说是原创作品。而中国木构架体系建筑，即使是大型建筑组群，也呈离散型的形态。整个大组群由若干个小组群组成，每个小组群由若干组庭院组构，每组庭院又由若干幢建筑单体组成。离散的形态提供了分离建造的可能，提供了改建、重建、扩建的方便。因此，中国古代大型建筑组群，有许多是经历多次改扩建而形成的。这方面以宗教建筑最为常见。它们多数在初始阶段只是小型的寺观，历经数百年才发展成为大型寺院、宫观。它们都不是一次性的"原创"，而是历时性改扩建的"非原创"。坛庙建筑由于是皇家工程，有充裕的建造实力，无特殊的功能变换，多数有条件做到一次性建造完成。但北京天坛经历过祭祀礼仪从合祭到分祭的改制，经历过从天地坛到圜丘、祈谷双坛的变化，还经历过由明到清的朝代更替，它的历时性改扩建特别突出，这种"非原创"的特色也就特别显著。

原创杰作是精彩的、大不易的，"非原创"杰作也是精彩的、大不易的。中国木构架建筑体系的改扩建成就，是一份不应该忽视的重要文化遗产。北京天坛在这一点上是一个值得大书特书的范例。

七 重"无"：基于功能不对称

前面展述了北京天坛建筑组群的侧重用"无"和善于用"无"，我们自然会追问：这一现象为什么会凸显在天坛组群？是什么原由导致天坛如此地用"无"、重"无"？

答案是不难得出的，那就是：基于功能不对称。

我们都知道，建筑有两种不同性质的功能：一是物质功能；二是精神功能。凡是实用性质的、满足物质领域所需的功能，都属于物质功能；凡是非实用性质的，满足精神领域所需的，包括审美性、表征性、标志性的功能，都属于精神功能。对于不同的建筑，这两方面功能要求程度是千差万别的。有像豪华的五星级宾馆那样，对物质功能和精神功能要求都很高的建筑；有像简易工棚那样，对物质功能和精神功能要求都很低的建筑；有像纪念碑那样的建筑，物质功能很简单，主要凸显的是它的精神功能；也有像特种仓库那样的建筑，有极严格的防护性物质功能要求，而对其审美的精神功能要求却很低。我曾经在一篇讨论"系统建筑观"的文章中，列出了"建筑功能坐标图"（图7-7-1）。①这个功能坐标图，以物质功能隶属度为横坐标，以精神功能隶属度为纵坐标，交织出物质功能与精神功能隶属度的不同配合比。表中的十位数表示物质功能隶属度，个位数表示精神功能隶属度，不同性质的建筑大体上处于不同的坐标区，前面提到的简易棚屋、豪华型宾馆、纪念碑和特种仓库，大体上分别处于"11"、"99"、"19"、"91"的坐标，它意味着不同的建筑存在着实用与审美之间不同的加权系数。同一类型的建筑并非都固定在同一功能坐标点，它是随着所处环境不同，经济条件不同，标准高低不同，业主意图不同，建筑师创作倾向不同，或其他约束因子不同，引起物质功能与精神功能之间加权系数的调节和变化，而浮动于不同的坐标点。同样是住宅建筑，可能是低标准的廉租房，可能是中高标准的康居房，也可能是超高标准的豪宅，显现出建筑功能隶属度组合的丰富性

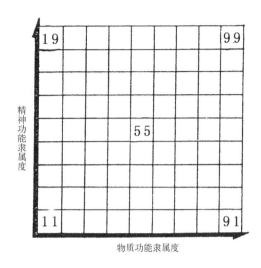

图7-7-1　建筑功能坐标图
11. 简易棚屋
99. 豪华型宾馆
19. 纪念碑　91. 特种仓库
55. 百货大楼

和浮动性。

满足建筑物质功能需求，需要相对应的建筑空间，满足建筑精神功能需求，也需要相对应的建筑空间。值得注意的是，满足物质功能所需的建筑空间与满足精神功能所需的建筑空间，有它不同的机制。前者的"无"，是实打实地让人"用"的；后者的"无"，却是让人"看"、让人"观瞻"、让人"感受"的。前者的实用，许多情况下都需要建筑内部空间来满足，需要屋顶界面、墙体界面的围合，需要相应的空间容量、空间体量，需要达到相应的性能、效用，与它相关联的可统称为"实用的尺度"。这样的"无"都有赖实体的"有"来生成，它与实体的"有"是紧紧捆绑在一起的。后者的观瞻，虽然也涉及建筑内部空间，但建筑外部空间同样起着重要的作用。中国木构架建筑，不同于西方古代的集中型建筑体系，而是离散的集合型建筑体系，室内空间通常不是很大，从观瞻的角度，组群空间的重要性显得尤为明显。在这里，建筑组群空间是露天的，不像内里空间那样离不开屋顶界面、墙体界面的围合，可以相对地摆脱对于建筑实体的"有"的依赖。作为观赏所需的"无"，也不像"实用"那么实打实，与它相关联的可统称为"观瞻的尺度"，可以在虚扩、虚化等等方面做很多文章。这样一来，凡

① 侯幼彬. 系统建筑观初探[J]. 建筑学报, 1985 (4)

是精神功能隶属度高于物质功能隶属度的建筑，就先天地存在着从"观瞻尺度"用"无"的潜能，存在着侧重用"无"的合理性。

我们可以考察一下木构架建筑基于"观瞻尺度"的用"无"，它大体上呈现出四种基本方式：

一是内里放大

对于精神功能要求不高的建筑，自然没有添加"观瞻尺度"的必要，它的内里空间都取决于实用，民居中的平民房舍都是这样。我们看桂北壮族、侗族村寨，一栋栋房舍都是实用的空间，实用的尺度，呈现出空间的高度匀质（图7-7-2）。而民居中的士绅宅第，有了用作敬神祭祖、迎宾会客的厅堂，自然讲究礼仪、身份、规格、排场，这就常常超越实用所需的尺度，添加了"观瞻尺度"，形成内里空间的放大，由此突破空间的匀质。绍兴小皋埠乡胡宅鲜明地表现出这一点。这里的大厅、祖堂都远大于周边住房，突显出大宅核心部位礼仪空间的气概（图7-7-3）。实际上，宫殿建筑、坛庙建筑、陵寝建筑以至寺观建筑等等，主体殿座都带有这种"内里放大"的用"无"特色。我们都知道，在举行盛大仪典时，北京故宫太和殿里实际上只有皇帝自己和若干执事人员待在那里，王公大臣、文武百官的庞大人群都在太和殿殿外的丹陛上和庭院中依品级序立。太和殿内里如果按实用功能设置皇帝宝座，那只要不大的空间就可以满足，它之所以采用十一开间的大殿，完全是精神功能的需要，是礼仪规格、皇权威势和审美气概的需要，是基于观瞻尺度的极度放大。

这种内里空间放大的用"无"，是调度"观瞻尺度"的常见方式。但是这里的"无"还是内里空间的"无"，还是有赖建筑实体生成的"无"，还是与实体的"有"捆绑在一起的"无"，在用"无"的同时，伴随着也在用"有"，严格地说还不是真正的侧重用"无"。

二是计白当黑

当"观瞻尺度"从内里空间转向建筑庭院的外部空间时，涉及的层面就从个体建筑转向了院落组群。在院落构成层面，正座、配座、门座等单体建筑和建筑小品，以及院墙等等，成为院落的"有"，露天的院庭、隙地成为院落的"无"。我们套用国画中"计白当黑"的说法，可以把这里的"有"视为"黑"，即画面中的着

图7-7-2 桂北金竹寨壮族干阑民居
引自李长杰、金湘、鲁愚力. 桂北民间建筑. 北京：中国建筑工业出版社，1990.

村寨外观

村寨平面

墨之处；把这里的"无"视为"白"，即画面中留空的无墨之处。那么，"计白当黑"就意味着充分调度这里的"无"的作用，像"惜墨如金"似的节省这里的"有"。这是中国木构架建筑调度"观瞻尺度"的一个极重要、极有效的手法。

这就导致我们常常看到的院庭空间的放大，它通常都是远远超越了"实用尺度"而极力营造其观瞻效果。山西太原崇善寺在这方面给我们留下深刻的印象。这座寺院建于明洪武十四年（1381年），是明太祖第三子晋王朱㭎为纪念他母亲而建的。清同治三年（1864年）大部分建筑被毁，现存有成化十八年（1482年）所绘的寺院总图，可以看出原来的寺院规模很大（图7-7-4）。寺院主体以正殿所在的广阔院落为中心，正殿九间，重檐歇山顶，下承两层白石台基，与后面的毗卢殿以廊连接成工字殿。东西配殿——罗汉殿和轮藏殿，也与其后殿以廊连接成工字殿。正院两侧，隔着夹道各有八院，是僧院、茶寮、厨院等生活用房。正院后部是大悲殿和东、西方丈院。我们从这组由二十余座院落组成的大组群中，突出地感受到它的"观瞻尺度"的放大处理。正院的极度放大，大大扩展了正殿的气势，大大强化了它与周边小院的对比，大大升华了核心庭院的壮阔，大大提升了整体寺院给人的震撼力。"此处无声胜有声"，这样放大的正院，无着墨处胜有着墨处，确是用"无"、重"无"的大手笔。

中国古代的礼制建筑，普遍用的都是这个手法。我们看汉长安南郊的礼制建筑遗址平面图（图7-7-5），主体建筑是中央高起的高台建筑，四周由围墙围合成方形院落，四向正中设阙门，四角设曲尺形配房。院外周圈还环绕一道圜形水沟。高台建筑主体经过方形院庭的放大和圜水的环绕，取得了分外壮观的场景。汉长安的王莽九庙，更是集中了这种形态的11座大院组群，把院庭用"无"发挥到淋漓尽致。

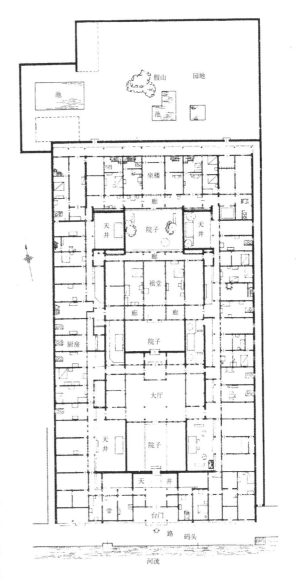

图7-7-3 绍兴小皋埠乡胡宅平面图
引自中国建筑技术发展中心建筑历史研究所. 浙江民居. 北京：中国建筑工业出版社, 1984.

我们熟悉的北京故宫太和殿殿庭也是如此，它通过设置宽大的三重台陛，把面阔20丈的太和殿殿身放大到台陛面阔40丈的尺度，再进一步把殿庭空间放大到长宽60丈（合191米）见方的超大尺度，整个殿庭的气势由此推到了极致。

三是以点带面

为"观瞻尺度"而侧重用"无"，"以点带面"是一个很有效的方式，它就是以尽可能少的"有"，来装点、展扩、标志、控制尽可能大的"无"。一些华表、望柱、牌坊之类的建筑小品，一些亭榭之类的小建筑，都很能发挥这方面的

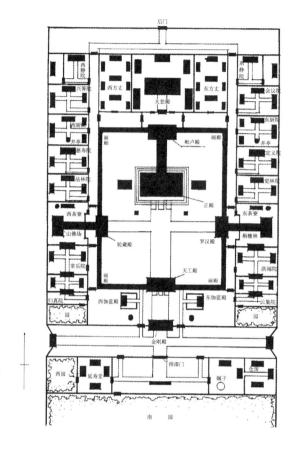

图 7-7-4 太原崇善寺复原总平面
引自潘谷西. 中国古代建筑史第四卷. 北京：中国建筑工业出版社，2001.

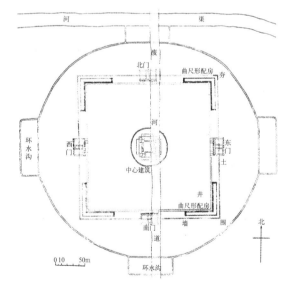

图 7-7-5 汉长安南部礼制建筑遗址平面图
引自刘敦桢. 中国古代建筑史. 北京：中国建筑工业出版社，1984.

① [南北朝]刘勰. 文心雕龙·物色篇.

② 洪铁城. 东阳明清住宅[M]. 上海：同济大学出版社，2000：90.

在皇家园林、私家园林和名山胜地，有许多散点分布的园亭、山亭，它们坐落在哪里，哪里就从自然的景点摇身一变为建筑的景点；从自然的"无"，生成了建筑的"无"。北京的景山上立起五亭，就控制了整个景山，明清北京城主轴线在这里完善了由建筑标志的城市制高点。同样的，承德避暑山庄浩大的山区，由于在峰顶山岭建造了南山积雪、北枕双峰、锤峰落照、四面云山和古俱亭，不仅为湖区、平原区观山提供了点景建筑，而且为整个湖区与山区，山庄与外八庙组构了立体交叉的观景视线网络，以极少的山亭建筑的"有"，控制了浩大山景的"无"（图7-7-6）。

这是一种极简约的手法。西方建筑大师把这种简约称为"少就是多"，中国古人把这种简约作了更加深化的概括，称为"以少总多"。① 这个"以少总多"可以说是精炼地概括了中国建筑组群重"无"布局的精髓。

四是神道铺垫

在建筑组群中调度"观瞻尺度"，第一个重点当然是组群核心部位主院庭的用"无"；第二个重点自然是组群入口门面空间的用"无"。其实，对于某些建筑来说，还有另一个重点，那就是组群门面前方的前导空间的用"无"。

浙江东阳卢宅，在主体建筑肃雍堂的门前，曾经矗立起多达二十余座的木石牌坊（参见图2-1-28）。② 这些牌坊有褒扬功德的，有显赫功名的，有标榜登科的，有彰表忠义的，有旌表贞节的，它们沿着门前广场、巷道纵深地铺开，在满足表意的精神功能的同时，也组构和展扩了门面的前导空间，为进入肃雍堂作了重要的铺垫。

陵墓建筑在这方面表现得最为突出，它形成了长长的神道铺垫。陕西乾县的乾陵，神道长达3公里多，北京昌平明长陵神道更是长达6公里。这些陵寝神道由石牌坊、大红门、碑亭、

作用。在明长陵的神道上，我们可以看到神功圣德碑亭四隅各立一座高约10米的汉白玉华表。这组亭亭玉立的华表，像标兵似地肃穆峙立着，不仅隆重化了大碑楼的尊显，也以点带面地有效展扩了大碑楼的整体分量和空间格局。

华表、望柱、石象生等组成,它们形成了由建筑小品和大型雕塑混编成的静态凝固的永恒仪仗队,以很少的"有",集中地构成长长的行列,为陵寝建筑主体延伸出长长的前导空间,在浩瀚的陵区自然场景中,融入了建筑场景的"无"。

一些位处山林的大型寺院,也很善于运用神道。著名的四川乐山凌云寺,寺前就有一条沿着前山峭壁凿岩开辟的香道。这条香道长达数百米,自下而上高差约70米。依着江旁峭壁因势利导地布置了凌云山楼、观音洞、龙湫岩、龙潭、雨花台、弥勒殿、载酒亭等景点。这些景物用的只是过楼、石洞、壁龛、小潭、摩崖石刻等小小的"有",却创造出了居高临江、视野开阔、景象万千、极富空间变化的"无"。这样的神道,成了放大寺院、点染佛国氛围之路,成了导引游人、酝酿情绪、组织游兴的铺垫之路。

讨论了"观瞻尺度"习用的四种基本方式,我们再回头来看北京天坛。显而易见,北京天坛建筑,正是精神功能要求远高于物质功能要求的大型组群。中国古代祭天之礼,排位在"五礼"之先,"吉礼"之首,是最重要的、规格最高的祭祀,它的仪典是非常隆重、繁缛的。但是,隆重、繁缛的仪典本身对于建筑实用功能的要求却并不复杂。祭天必须露祭,它只需祭坛,不需祭殿。祈年、祈谷有一组殿坛组合体也就够了。涉及皇帝在天坛的斋居,也只需一组斋宫。圜丘祭坛尺度只要能容纳上帝正位幄次,先帝配位幄次和大明、夜明系列从位幄次,以及祭器、祭品等就可以了,不需要很大的尺寸。配合祭坛、祭殿,只需要收藏神版的神版殿,那是体量不大的建筑。有关神乐署、牺牲所、神厨、宰牲亭等,更属于边缘化的辅助性建筑。可以说天坛组群虽然涵括圜丘和祈年殿两大坛域,它在实用上所需的建筑数量和建筑规模都是很有限的。这导致它在内坛只用了圜丘、祈年殿和斋宫三组建筑,在外坛只设了神乐署、

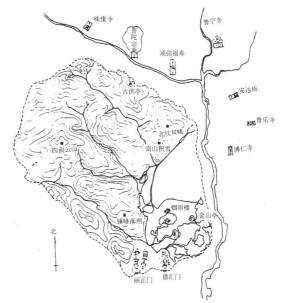

图 7-7-6　承德避暑山庄山亭分布图
引自冯仲平. 中国园林建筑. 北京: 清华大学出版社, 1988.

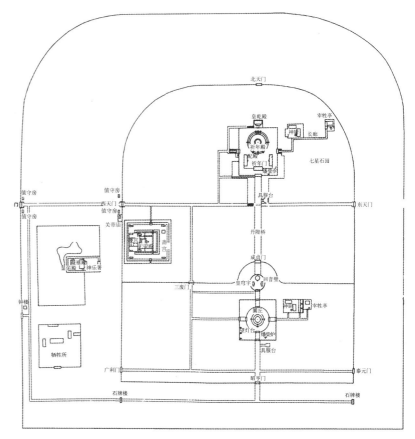

图 7-7-7　天坛组群中的建筑分布
引自天坛公园管理处. 天坛公园志. 北京: 中国林业出版社, 2002.

牺牲所两组建筑。与天坛273公顷的浩大占地相比,可以说是建筑寥寥无几(图7-7-7)。

但是天坛的精神功能要求却是极高的。这里是天子亲临奉祀"皇天上帝"的神圣场所,

是会演"天人合一"理念的大舞台。如何凸显皇天上帝的无上尊崇,如何表征崇天敬天的至尊至诚,如何塑造"天人合一"的神圣境界,如何创造恢弘、壮阔、崇高、静穆、凝重、圣洁的建筑氛围,都是要求极高、难度极大的课题。

天坛规划设计的可贵之处,就是传承和发扬了中国建筑的重"无"传统,针对建筑组群精神功能要求远高于物质功能要求的基本特点,它没有为精神功能的所需添加大量的建筑,放大建筑和坛体的尺度。它尽力地以物质功能所需的"有",来营造精神功能所需的"无",以简约的"实用尺度"的"有",创造盛大的"观瞻尺度"的"无"。

"观瞻尺度"的四种用"无"方式,在天坛里都有精彩的表现。天坛用了"内里放大"的手法,但只是重点地对祈年殿的内里空间,作了"观瞻尺度"的放大,而且这个放大是很有节制的。祈年殿的内里尺度并不很大(图7-7-8)。它主要放大的是祈谷坛的三层台陛,通过殿与坛的组合获取了壮大的形象。天坛的用"无",很大程度上是在"计白当黑"和"以点带面"上做文章。圜丘坛体自身并没有"观瞻尺度"的放大,乾隆年间放大圜丘坛体尺寸,是因为添加配祀先帝配位帷次的需要,它用的是"实用尺度"。圜丘坛院的"观瞻尺度"主要靠内外两重低矮的墙垣的围合,大大扩展了它的空间格局,这是十分精彩的"计白当黑",是极简约、极有效的用"无"。相对于庞大的外坛、内坛坛域,圜丘组群、祈年殿组群、斋宫组群以及神乐署、牺牲所,都可以视为放大的"点"。圜丘组群和祈年殿组群是两组主要的集聚"点",它们位处内坛南北,组构了主轴线的主体建筑;斋宫是个靠边的次要的"点";神乐署、牺牲所则是设在外坛、不登大雅之堂的边缘化的"点"。就是这寥寥无几的建筑的"点",居然控制了如此浩大的坛域整体。这是很精彩的"以点带面"。至于"神道铺垫"的处理方式,表面看上去,天坛坛门之外并没有设神道,而实质上,天坛也有自己的甬道,那就是前面分析过的"丹陛桥"。它可以说是祈谷坛南砖门前的"神道",只是在内坛的特定环境中,它被抬高为长长的立体的台,以放大的尺度对祈年殿组群与圜丘组群作了强有力的联结,大大强化了天坛主轴线的分量,大大扩展了天坛观天的视野。它在天坛整体的用"无"中起着关键的作用。

由此我们明白,天坛的重"无"是基于它的功能不对称,基于它的精神功能隶属度远高于它的物质功能隶属度。认识这一点很有必要,因为它是一种规律性现象。凡是精神功能隶属度高于物质功能隶属度的建筑,力求以物质功能所需的"实用尺度"的"有",来造就精神功能所需的"观瞻尺度"的"无",都是明智的设计和最佳的选择。我们可以看到,用于祭

图 7-7-8　天坛祈年殿内里空间
引自罗哲文,李敏. 神州瑰宝. 北京:中国建筑工业出版社,2009.

祀的坛庙建筑都有这样的特点，中国古代的陵墓建筑、现代的纪念性建筑也都有这样的特点。

在这方面，我们可以回顾一下近代建筑中的南京中山陵设计。这次竞赛在40余个应征方案中，评出了头、二、三奖各一名和名誉奖7名。获头奖的吕彦直方案是大家熟悉的，它以简朴的祭堂和壮阔的陵园为特色。陵园整体呈钟形，前部为广场、墓道，以祭堂为主体建筑，采用了牌坊、陵门、碑亭、华表等建筑要素（图7-7-9）。总体规划借鉴中国古代陵墓以少量建筑控制大片陵区的布局原则，通过长长的墓道、大片的绿化和宽大满铺的石阶、平台，把散立的、尺度不大的单体建筑联结成整体。杨秉德曾指出："建筑让位于环境，建筑融合于环境，是南京中山陵成功的关键构思之一"。[①]的确吕彦直方案的精髓，就在于它不是追求主体建筑体量的雄大，而是着眼于整体组群的用"无"和整体环境的融洽。祭堂的设计只是长90英尺、阔76英尺、高86英尺（图7-7-10），这是一种非常简约的"实用尺度"。然而通过"以少总多"的重"无"调度，通过与紫金山南麓山峦地势的妥帖融入，中山陵整体取得了分外雄浑、壮观的"观瞻尺度"。而获二奖的范文照方案（图7-7-11），获三奖的杨锡宗方案（图7-7-12），获名誉奖的开尔思（FRANCIS K.KALES）方案（图7-7-13）、戈登士达（W.LIVIN-GOLDENSTAEDT）方案（图7-7-14）等，其共同点都是着眼于祭堂建筑自身，远远超越祭堂的"实用尺度"，而极力地放大"观瞻尺度"，走的都是西方建筑大体量集中型的设计路子。简约的头等奖方案与非简约的其他方案相比较，其优劣是一目了然的。

由此，我们可以说，北京天坛组群所展现的用"无"、重"无"，并非孤立的特例，而是规律性现象的一个范例。它反映的是离散型的

图7-7-9 南京中山陵
引自伍联德编. 中国景象. 上海：良友图书印刷有限公司, 1934.

图7-7-10 首奖：吕彦直方案祭堂正面图
引自孙中山先生葬事筹备处编. 孙中山先生陵墓图案. 上海：孙中山先生葬事筹备处出版，1925.

中国木构架建筑组群善于用"无"的重要特色，体现的是精神功能隶属度高于物质功能隶属度的建筑组群的一个普适的设计手法——以物质功能所需的"实用尺度"的"有"，营造精神功能所需的"观瞻尺度"的"无"。

[①]杨秉德. 中国近代中西建筑文化交融史[M]. 武汉：湖北教育出版社，2003：306.

祭堂正面图

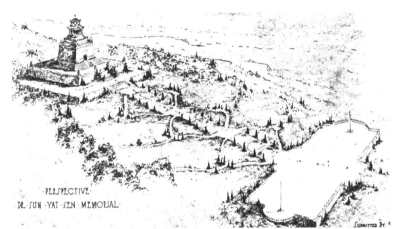

图 7-7-11 二奖：范文照方案

引自孙中山先生葬事筹备处编. 孙中山先生陵墓图案. 上海：孙中山先生葬事筹备处出版，1925.

总体鸟瞰图

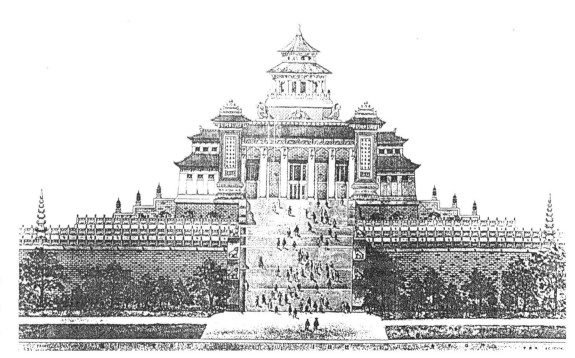

图 7-7-12 三奖：杨锡宗方案. 祭堂正面图

引自孙中山先生葬事筹备处编. 孙中山先生陵墓图案. 上海：孙中山先生葬事筹备处出版，1925.

第七章 北京天坛：用"无"范例

图7-7-13 名誉奖：开尔思（FRANCIS K.KALES）方案正视图
引自孙中山先生葬事筹备处编. 孙中山先生陵墓图案. 上海：孙中山先生葬事筹备处出版，1925.

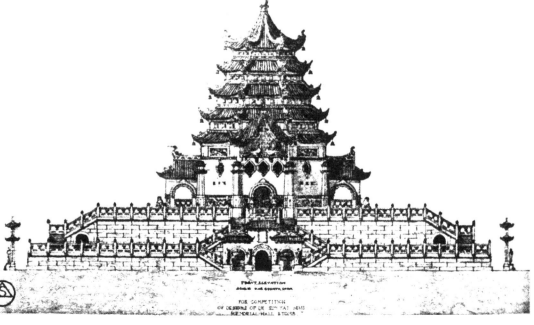

图7-7-14 名誉奖：戈登士达（W.LIVIN-GOLDENSTA-EDT）方案正视图
引自孙中山先生葬事筹备处编. 孙中山先生陵墓图案. 上海：孙中山先生葬事筹备处出版，1925.

365

索 引

人名索引

E·苏里奥 080
艾思奇 074
白化文 181
白居易 137
包赞巴克 021
毕沅 003, 004
伯牛 012-013
布鲁诺·赛维 021-022
曹鹏 314, 323, 342, 344, 346, 350, 354
曹春平 015
晁错 122-123, 129, 133
陈鼓应 010, 018
陈景元 014
陈明达 175
陈少明 019
陈志华 095
陈祖坪 276
成玄英 006, 017
单士元 228
邓云乡 109, 168
杜光庭 014, 017
恩伯特·埃科 092
范应元 017
冯达甫 009
冯友兰 011
傅熹年 125, 279, 281, 283-286, 342-344
冈仓天心 016-021
高亨 003, 004, 011, 017
高大峰 265
郭黛姮 196
郭华瑜 273
海涅 338
汉宝德 051
河上公 001-003, 005-007, 011-013, 016-019, 021
黑格尔 002, 084-088, 093, 105
黄汉民 016

蒋锡昌 013
今道友信 081
卡彭 073
卡西勒 092
孔子 001, 012, 122, 123
赖德霖 102
赖特（莱特） 016, 018-023
兰善井 004, 007, 014
老子 001-007, 009-012, 014, 016-017, 019-023, 189, 254, 259
勒·柯布西耶 023, 086-089
雷德侯 138
李渔 047
李约 014
李好问 292
李全发 102
李万秋 273
李毓芬 290
李允鉌 191
李泽厚 081
梁思成 021-022, 092, 123, 146, 169, 181, 273, 292
林嘉书 015
林剑鸣 127
林兴宅 115-116
凌鸿勋 102
刘敦桢 124-125, 136, 196, 233, 258, 261, 292-293, 295
刘康德 010, 018
刘若愚 230
刘致平 125
楼庆西 119
芦原义信 041
路易斯·康 073, 076
罗尚贤 003, 004, 014
罗长海 074
吕彦直 101-102, 363
马晓 301-304
米哈洛弗斯基 094
潘谷西 196

磐龙 182
朴士 102
契柯夫 338
任继愈 003, 007, 011, 012, 018
沙利文 073, 075-076
山下正和 097
沈伯村 181
沈善增 014
索绪尔 092
汪坦 019
王弼 001-003, 011-013
王晖 128-129
王安石 338
王贵祥 344
王国维 190
王弄极 120
王其亨 226
王其明 021-022
王瑞珠 052, 094
王世仁 332
王一亭 102
吴澄 007, 013
吴焕加 091
吴景祥 087
吴玉敏 276
萧红颜 290
谢图南 017
熊文彬 306
宿白 306
徐伯安 056
徐兴东 018
许啸天 007, 017
荀子 101
亚里士多德 024
严敏 010
杨秉德 363
杨鸿勋 056
杨乃济 225
杨润根 008, 014
杨树达 004

样式雷　173
伊东忠太　122-123
尹在硕　127-129
于倬云　273-274
张锦秋　196
张景堂　276
张驭寰　301
赵实庵　013
郑元勋　232
钟晓青　301
周维权　253
周仪先　019-022
周长秋　018
朱　熹　123
朱光潜　084
诸葛净　344
竹内敏雄　081

书名索引

《阿房宫赋》　290
《巴黎圣母院》　090
《白虎通·辟雍》　278
《北京天坛》　344
《春明梦华录》　340
《春明梦余录》　344-345, 349-350, 354
《大清会典》　221
《大壮室笔记》　124
《当代美学新范》　115
《道德经注》　007, 013
《点绛唇·杭州》　110
《东京梦华录》　312
《尔雅·释宫》　278
《尔雅·释官》　012
《尔雅·释天》　312
《封诊式·穴盗》　125-126, 128, 130
《福建土楼－中国传统民居的瑰宝》　016
《工部厂库须知》　044
《工部工程做法》　092, 099, 145-147, 149
《古代大木作静力初探》　269
《古典建筑形式》　094
《桂北民间建筑》　185
《韩诗外传》　279
《汉书·晁错传》　124
《河姆渡文化初探》　260
《华夏意匠》　191, 247

《淮南子》　012
《嘉庆会典事例》　313, 347
《建筑模式语言》　190
《江南理景艺术》　206
《考工记》　003, 006
《客家土楼的夯筑技术》　015
《客家土楼民居》　016
《老子新解》　008, 014
《老子(道德经)新研》　008
《老子》　001-007, 009-012, 016-022, 024, 055, 080, 189, 284
《老子》(梁海明)　003
《老子道德经章句》　001-002
《老子道德经真经考异》　003-004
《老子的智慧》　018
《老子解读》　004, 007, 014
《老子今译》　003, 012
《老子全译》　003
《老子说解》　003
《老子通解》　003-004, 014
《老子通论》　021
《老子校诂》　003
《老子校释》　003
《老子臆解》　010
《老子正诂》　003-004
《老子注》　001-002
《老子注释及评价》　010, 018
《礼记·曾子问》　001
《礼记·儒行》　012
《礼记·丧大记》　012, 122
《论语·八佾》　102
《论语·新解》　122
《论语·雍也》　122
《洛阳伽蓝记》　300
《吕氏春秋·当染篇》　001
马王堆帛书《老子》　001, 004
《美学》　084
《孟子》　279
《明会典》　137, 221, 310
《明史·礼志》　340
《明太宗实录》　227, 312
《明太祖实录》　312, 336
《明万历会典》　347
《乾隆大清会典则例》　327
《清宫述闻》　077
《清明通典》　340

《清史稿》　331
《人论》　092
《日下旧文考》　335
《三辅黄图》　278
《诗·大雅》　278
《十七史商榷》　124
《石林燕语》　201
《史记·封禅书》　309
《史记·老庄申韩列传》　001
《史记·秦始皇本纪》　290
《世界建筑史·古希腊卷》　094
《世界人类文化遗产—天坛》　327
《释名·释宫》　124
《释名疏注补》　124
《水经注》　279
《水经注·谷水》　300
睡虎地秦简《日书》　015, 125, 127, 130, 132
《说茶》　018-020
《说文解字》　012
《说苑·佚文辑》　280
《说苑·正谏》　280
《随园记》　233
《谈天》　332
《天坛工程做法》　323
《天坛公园志》　346, 348-350
《天下人的大道-〈老子〉新思考》　008
《土楼与中国传统文化》　015
《万物》　138
《网师园记》　112
《魏都赋》　296
《魏书·释老志》　300
《文献通考》　312
《五经异义》　278
《闲情偶寄》　113, 159
《乡土瑰宝系列·庙宇》　167
《象征论文艺学导论》　115
《校老子》　003
《续文献通考》　345
《扬州画舫录》　124
《尧典》　326
《营缮令》　136-137
《营造法式》　092, 099, 113, 145, 147
《营造法原》　204
《营造算例》　169
《玉篇》　199

《园冶》 168
《越绝书》 297
云梦秦简 125
《长物志》 199
《浙江民居》 183
《中国藏族建筑》 306
《中国古代建筑史》 261
《中国古代建筑与周易哲学》 332
《中国古建筑木构技术》 256
《中国古建筑修缮技术》 159
《中国建筑艺术全集·宅第建筑（一）北方汉族》 224
《中国建筑营造汇刊》 091
《中国科学技术史·建筑卷》 125
《周礼·大司乐》 309
《庄子·秋水篇》 112
《走向新建筑》 086-088
《左传》 283

建筑名索引

"帝王之谷"塞提一世墓 028
"福禄寿"天子大酒店 120
阿房宫前殿遗址 290
阿育王石柱 029
阿旃陀石窟群 037
案板遗址 F3 房址 062-063
白居寺吉祥多门塔 304
白崖 45 号崖墓 036
半坡 F1 房址 061
半坡 F21 半穴居 060
半坡 F25, F24 房址 054
半坡 F3 房址 061
北海静心斋 235
北海团城 296
北京故宫储秀宫 250
北京故宫乾东五所 164
北京故宫养心殿 251
北京圜丘 116, 309-316, 319-320, 325, 330-337, 339-353, 355-356, 361-362
北京四合院 202
北京天坛 309-312, 330-332, 341-342, 344, 356, 361, 363
北京天文馆新馆 120
北京紫禁城主轴 194-195

北天门 336
北魏永宁寺塔遗址 300
碧云寺 068-069, 179, 181
碧云寺罗汉堂 178
布列塔尼原始石柱 028
常山遗址 H4 房址 035
畅音阁戏台 171
陈家祠堂 119
成贞门 311, 320, 330, 335-336, 342-344, 350-351
呈子遗址 F1 房址 061-062
城台型角楼 298
城头山城址 064
储秀宫花罩 118
大地湾 F820 房址 053
大地湾遗址 F405 房址 062-063
大地湾遗址 F901 房址 063
大河村 F1-4 房址 053, 062
大明宫麟德殿遗址 294
大祀殿 310-311, 320, 325, 328-329, 331, 336, 342, 344, 352-356
大享殿 311, 320, 324, 327-329, 352-355
丹陛桥 311-312, 325, 329-330, 335-338, 340, 351-352, 362
德和园戏台 171
独乐寺观音阁 174
敦煌 217 窟壁画 039
隋大兴南郊圜丘遗址 312
隋唐长安圜丘遗址 034
凤雏西周建筑遗址 201
佛宫寺木塔 276
佛光寺大殿 046
福州鼓山崖刻 108
福州沈葆桢宅 201
甘子镇郭宅 222
高颐墓阙 032
光绪崇陵 224
国子监牌楼 034
汉长安明堂遗址 280
杭州上满觉陇某宅 183
何氏宗祠戏台 169
河姆渡遗址木构榫卯 260
河南内乡县衙 162
侯赛因多西画廊 038
华烁寨塔式鼓楼 186
桓公台 278

圜丘祭坛 313, 314-315, 319, 339
皇穹宇 311, 313, 316-320, 325, 332-333, 336-337, 339-340, 345, 349-353, 355-356
黄鹤楼图 295
辉县战国铜鉴 283
几未罗布桑查塔 307
蓟县独乐寺 276
加德满都觉如来窣堵坡 307
交泰殿"交泰殿铭" 107
京都"人脸住宅" 097
景山五亭 211
九层台 278
卡尔利支提窟 037
凯拉萨神庙 042-043
康桑巴寺塔 307
科努姆霍特普岩墓 037
科西格拉泰音乐纪念亭 046
拉美西斯二世大庙 038
瘌痢墩一号墓陶楼 131-132
朗香教堂 089-091
老姆台 278
乐山凌云寺神道崖刻 109, 111
梁萧景墓墓表 030
林子梁遗址 F3 房址 057
灵台 278
留园东宅 204
留园古木交柯 245
留园石林小院 235
六角岭乡苗族民居散屋 066
龙台 278
卢宅牌楼群 033-034
鹿台 278
鹿特苑狮子柱 029
路寝台 278
麦积山石窟第 30 窟 043
孟庄商代 1-3 房址 053
米脂冯家祖宅 044
苗圃北地殷商 PNVF6 房址 053
妙应寺白塔 031
明定陵地宫 027
明十三陵 223
明孝陵 222
明长陵祾恩殿 104
明长陵神功圣德碑亭 211

摩尼殿梁架榫卯　202
南京圜丘　312
尼泊尔妙俱窣堵坡　307
平安寨壮族民居散屋　066
婆罗浮屠　046
普宁寺大乘阁　176
栖霞县牟氏大院　221
祁县乔家大院　221
祈年殿　039, 103-104, 310-311, 320-330, 332-337, 339, 342-343, 352-353, 355-356, 361-362
乾清宫"正大光明"匾　106
秦咸阳宫一号遗址　280
青城山山亭　211
清福陵碑亭　108
清福陵方城　298
清末摄政王府　221
清宴舫　097-098
清昭陵方城　298
清昭陵隆恩门华表　030
清昭陵牌楼　033
曲阜孔府　221
曲阜孔庙大成殿　039
日升昌票号　163
萨伏伊别墅　089-090
萨迦北寺尊胜佛母塔　307
萨伦普特二世岩墓　037
塞弗拉斯凯旋门　038-039
塞索斯特里斯一世方尖碑　029
三休台　279
桑那寺绿塔　307
桑奇一号窣堵坡　030
上天竺长生街金宅　049
少室石阙　032
神版殿　345, 350-351
神乐署　311
圣·保罗主教堂　045
圣·马可教堂　045
圣·索菲亚教堂　066-068
狮子林燕誉堂匾额、屏刻　107
顺治孝陵　223
苏州沧浪亭　112
台西商代遗址二号房址　053-054
太和殿　040, 076-078, 104-105, 117-118, 142, 149-150, 152, 160, 164-166, 195, 212, 226-230, 232, 249, 251-253, 274, 292, 358-359
太和门庭院　226
太和元气石坊　033
太庙前殿　104
泰姬·玛哈尔陵　045
泰塔斯凯旋门　038-039
汤泉沟H6袋穴　057-058
唐长安明德门遗址　297
特洛伊102房址　051
滕王阁图　295
天地坛　309-311, 320, 328-329, 331, 334-336, 341-344, 351-352, 355-356
天龙山石窟第16窟　036
天宁寺塔　031
天一阁　077
铜雀三台　296
陀罗尼经幢　030
万年台戏台　170
王莽九庙遗址　281
网师园濯缨水阁　193
未央宫前殿遗址　291
文溯阁　103
文渊阁　103
乌拉镇关宅　187
武阳台　278
牺牲所　311
煦园不系舟　097-098
岩寨阁式鼓楼　186
羊马山遗址祭坛　034
阳坬遗址F10房址　027
瑶台　278
沂南东汉画像石墓　027
颐和园"水木自亲"什锦灯窗　257
颐和园贵寿无极　244
颐和园廓如亭　210-211
颐和园排云殿　253
颐和园仁寿殿　252
颐和园谐趣园　235
颐和园扬仁风　098, 110
颐和园宜芸馆庭院　192
颐和园玉澜堂庭院　192
颐和园知春亭　109-110, 210
义慈惠石柱　030, 135-136
懿德太子墓壁画　039
鄞江镇陈宅　184

雍和宫牌楼　033
永乐天地坛　310, 329, 334-336, 342-344, 355
圆明园万方安和　098
凿台　279
章华台　278
长治战国铜匜　283
昭亨门　320, 335-336, 340, 342, 345
中山公园"保卫和平"坊　111
中山陵　101-102, 363
中山王陵出土"兆域图"　281
中山王陵享堂遗址　281
拙政园海棠春坞　237
拙政园香洲　098
拙政园雪香云蔚亭　209
拙政园与谁同坐轩　110

关键词索引

"等口"　274-275
"仿木"现象　158-160
"非符号"途径　337
"盖口"　274-275
"高位不倒翁"现象　276
"加法"构筑　041, 046
"加法"空间　041, 046-047, 061
"减法"构筑　041, 046
"减法"空间　041, 046-047, 056, 061
"九里三十步"　344
"老檐出"与"封护檐"　095-096
"三间并列式"与"前堂后室式"比较分析　133-134
"三破二"　168
"四破五"　168
"一明两暗"历代延承　134-137
"一明两暗"原始雏形　134
"一堂二内"与"一宇二内"诠释　123-130
"有"与"无"　007, 011-012, 017, 024, 026, 040, 047, 050, 064-065, 074, 122, 189, 238, 244, 259-260, 270, 338
"斋宫"现象　338-341, 287, 357-358
阿房宫陛台遗址　290-291
白居寺吉祥多宝塔的高台构成形态　304-307

版筑　282
半刚接　260, 264, 266
抱柱　106
碑塔型"有外无内"　028-032
北京天坛：头号礼制工程　309-310
比喻性象征　115-117, 120-121
碧云寺的多级递阶系统　068-073
碧云寺罗汉堂评析　179-181
壁体　047
表现性象征　115-117, 120-121
表现艺术　080-082
补壁　106
不对应定分　148-149
材分级差　146, 150
材分制　145-149
彩画制式　157
层层落地型　284-285, 287, 304, 306
插柱单元　150
场所空间　044-046
抄手带　266
超现象界的"有、无"　010
城门台　297-298
城台　297-298
程式"单体"　160
程式"院"　220
程式化机制　138
程式调度　220, 226, 233-234, 238
尺度系列差　144, 149-150
穿户忌　015
椽板构件品类　139
椽承重系统　051
垂花门分析　224-225
垂足坐　188
从"天地坛"到"天坛"　309-311
从穴居到原始地面建筑　056-064
大佛阁例析　174
大木作构件类别　139
大式做法　149, 169
单体门　199, 212, 214-215, 217
单向定分　147
当家行当　200
当门　106
当其无　001-005, 011-014, 017-019, 021-023, 189
当其无有　003-005, 012
导引线人流动线分析　196-198

德和园戏楼分析　170-173
低技术　283
低足家具　188
第二代"土木"　061-064
第三代"土木"　064
第一代"土木"　060
殿、堂、房、室行当分型　200-205
殿、堂、房、室行当例析　200-205
殿台　296, 298
殿坛组合体　321-322, 325-330, 336, 352-353, 355, 361
殿堂房室行当　198
殿堂型水平层叠构架　272
雕塑语言　091, 093, 097, 099, 114-115, 117, 121
叠梁单元　150, 152
东北火炕住宅通用型分析　186-188
斗栱：榫卯大集结　270
斗栱中的"等口"与"盖口"　274
斗口级差　146, 150
斗口制　145-148
独乐寺观音阁分析　174-176
短向墙承重　053-054
堆筑　282
对应定分　148, 169
多级递阶系统　065-066, 069-070, 072-073
朵台　297
二律背反　078, 096
反建构　096
范式定型　216, 220-221, 224
方位象征　100
方位象征　325
坊阙型"有外无内"　028, 032-033
房中有堂　205
房中有厅　203
非场所空间　044-046
非程式"单体"　160
非程式"院"　220
非程式调度　220, 222, 226, 233-234, 238
非建构　096
非明堂式构图的高台　287
非原创杰作　341, 356
分散系统　065-066
佛殿区人流动线分析　195-196
复笮重屋　285-286

噶当觉顿塔的高台遗风　307-308
干打垒"凿户牖"　014
高台"无"的欠缺　288
高台"有"的极致　278, 287-289, 306
高台建筑　278-281, 283-293, 297-300, 303-304, 306, 308
高台建筑"活化石"　299
高台建筑功用　278-279
高台建筑基本形态　284
高台建筑两型　285, 287
高台建筑遗址　278, 281, 300
高台建筑转型之二：墩台　278, 286, 293-299
高台建筑转型之一：陛台　290, 293
高台式土木混合结构　288, 303-304
高足家具　188
隔扇分件　092-093
隔心格式　093
工业设计　086-090
功能不对称　356-357, 362
宫迋大戏楼　170
狗闭榫　267
构架的减震、隔震性能　265-266
构件象形化　097
观瞻尺度　358-363
官工正式　160-161, 163-164, 166, 168
官工正式调节因子　204
北京天坛：用"无"范例　309
广廊　284-287, 300, 304, 306
桂北民居活变型例析　185
夯土技术　281-283, 287
夯土阶台　281, 283-288, 291-292, 306
夯土台基　281, 302
和玺彩画格式　155
河上公联想　017-019, 021
核心土台　285, 287, 292, 306
黑活合瓦屋面分件　142
圜丘祭坛用"无"　313-314
圜丘坛域的三个层次用"无"　312-320
圜丘主院用"无"　314-315
圜丘组群演变　345-352
皇穹宇内里空间　317-319
皇穹宇院空间　319-320
回廊层叠型　285, 287, 304
绘画语言　091, 093, 097, 099, 114-115, 117

索 引

活变型建筑　182-184
基本型　122, 130, 136-138, 160
基底土台　285, 287, 292, 306
级差调节　164, 166
集合型建筑　068
集中系统　065-068
集中型建筑系统　068
几何图形象征　100
计白当黑　358-359, 362
技术结构　086, 089
技术美学　086-088, 089, 115
加法用土　283
间架增殖　150, 152
减法用土　283
减震控制系统　265
建构　096
建筑"精神堆"　083-084, 086-088, 090-091, 093
建筑"物质堆"　083-086, 088, 093, 105
建筑表现手段　083, 089, 092
建筑抽象语言　114-117, 119-120
建筑初始构筑形态　051
建筑的内容与形式　074
建筑的题跋　111
建筑符号　092-093, 102, 104, 114
建筑功能坐标图　357
建筑行当　198-203, 205-206, 210-211
建筑行当分型　198, 200, 202-205, 210, 212, 220
建筑行当分型　200
建筑角色　198
建筑节点"有、无"　259
建筑界面"有、无"　238
建筑具象语言　114, 118-120
建筑空间　024-025, 040-042, 044, 046-048, 050-051, 055, 058, 064-065, 074, 080, 083, 085-086, 092, 114, 117, 122, 191-192, 196, 287-288, 357
建筑内在矛盾　040, 047, 055, 074
建筑配角　338
建筑设备—另类的"建筑实体"　050
建筑设计方案评价模型　075
建筑实体　024, 027, 040-041, 044, 046-051, 055-056, 064-065, 074, 080, 083, 085-086, 092, 114, 117, 122, 192, 287, 357-358
建筑实体"围合"机制　048
建筑外来语　091, 093, 097, 105, 114, 117, 119, 120
建筑系统结构　064-070, 072-075
建筑形式要素　082
建筑艺术定位　080-082
建筑艺术载体　080, 083, 085, 092
建筑语言　091-097, 099, 105, 108, 111, 114, 116-117, 120
建筑组群"有、无"　189
角台　297-298
竞相高以奢丽　279
龛室　304-308
可命名性　142-143
客家土楼"凿户牖"　015-016
空间—建筑的主角　024
空间结构　089
空间意象　191
空间与实体的矛盾运动　055
空间与实体的内在制约　046
空间语言　092
空间主导型　188
廊行当　198
垒筑　282
离散式组群布局　070
立匾点题　105, 109, 111, 114
立匾题名　101, 105, 109-112
梁架形式定制　150
檩承重系统　051-052, 054
檩枋构件品类　139
檩柱单元增殖　151
留园入口空间序列　196-198
琉璃宝顶分件　143
琉璃瓦屋面分件　142
琉璃吻兽分件　142
琉璃屋脊分件　142
楼层单元重复增殖　151
楼阁行当　198
楼台　294-296
吕彦直方案优在"重无"　363
麦加仓式厅堂　051-052
茅茨土阶　282
门行当　198
门行当分型　212-220
门行当例析　212-220
民间正式　160-161, 163, 166-167, 182
明陵基本模式　223
明堂　286-288
明堂式构图的高台　287
模糊隔断　249
模糊空间　048-049
模糊事物无精确解　075
模件化现象　138
模件系列差　137-138, 144, 147, 149-150, 158, 160
木铎警世　102
木构架建筑实体第二层次构成　139
木构架建筑实体第三层次构成　139
木构架建筑实体第四层次构成　139
木构架建筑实体第一层次构成　138-139
木构件的智巧连接　260
内部空间　024-028, 030, 033, 035, 038, 040-049, 067, 072, 074, 077, 215, 288-289, 292, 306, 313, 339, 357
内里空间的功能转换　252
内里空间亦分亦合　244, 248-249, 253
内外坛墙的"南方北圆"现象　310-333
内外坛域整合用"无"　330
内向的外部空间　189-190
内檐隔断的不同隔透度　249
内檐隔断的四大品类　248
牌楼分型　215
辟雍　278, 280, 288, 291, 299
偏情　089
平身科受力分析　273-274
铺作"柔颈"作用　276
铺作层　272
普宁寺大乘阁分析　176-178
祈年殿内里空间处理　322-328
祈年殿壝院"模糊空间"　329-330
祈年殿组群演变　352-356
祈年殿组群用"无"　320
前堂后内　129, 133-134
墙门分型　212
秦咸阳宫殿1号遗址复原　287
清陵制式定型　223
清式斗栱分件　141
清式斗栱品类　140
清式斗栱细部定式　141
清式榫卯基本类型　263

清式屋顶制式　141	太和殿大一统空间　249-251	屋有三分　040, 138
清式须弥座定式　144	太和门庭院程式调度　226-232	屋宇门分型　214
清式正吻定制定分　142	坛墙"南方北圆"解读　331-333	无标题的建筑　109
区域门　199	坛台型"有外无内"　028, 033, 035	五百罗汉堂　174, 181-182
曲廊的"构造逻辑"与"空间逻辑"　259	堂中有房　205	五门三朝　194-195
全方位均质　320	题名象征　101	五室三隧　044
雀替暗榫　269	天地分祭　309	席地坐　188
阙台　297-299	天地合祭　309	戏台例析　169-174
人字庇主体　154	天坛观天视野　337	系统功能　065, 074-075
三开间　122, 124, 128-130, 133-138, 150, 154, 160-161, 164, 116-168, 180	天坛林木生态　334-335	细胞变异　150, 154, 158
	天坛坛域、坛墙演变　342-345	细胞增殖　138, 144, 150, 152, 154, 158
三种"有、无"构成　024	天坛坛域超大用地　331	现象界的"有、无"　010
散水定式分件　143-144	天象时序表征　324	象征型艺术　084-086, 093, 105, 115
色彩象征　100	天圆地方　331	象征性符号　100-102, 104
色彩象征　327	田字型罗汉堂源起　181-182	小式做法　149
善于用因　233	厅堂型分缝构架　272	谐音象征　101
上天垂象　319	厅中有房　203	形式唤起功能　073-074, 076, 078-079, 083
审美侧重　103	亭行当　198	形式追随功能　073-076, 078-079, 083, 094
审美信息　102-104, 117	亭行当分型　205-212	形体象征　325
圣·索菲亚教堂的大型集中系统　066-068	亭行当例析　205-220	形制象征　100
	亭台　293-294, 296, 298	虚界面　041, 048-049
十字轴对称　314, 320, 346	庭园边沿不尽尽之　254, 257, 259	旋子彩画藻头调节　158
时空意象　194	庭院式布局　190-192, 194, 198-199, 212, 225, 235	亚里斯多德寒白　007-008
实界面　041, 048		檐柱径模数　149-150
实体程式链　137-139, 142-143	通用型建筑　160-161, 163	阳数象天　314
实体语言　092	同心圆辐射圈　318	阳数象征　326
实体主导型　188	图象性符号　096-097, 099, 101-103, 115	养心殿空间　251-254
实用尺度　314, 347, 357, 359, 362-363	土台承托　284-285	一房二内　124, 129
实用结构　083, 085, 087-088	土台聚结　284	一构多能　074
实用艺术载体的双重职能　083	瓦作样等　150, 158	一明两暗　122-125, 127, 129-130, 133-137
事约而用博　205-206	外部空间　024-030, 035-038, 040-049, 057, 072-074, 189-190, 288-289, 306, 313, 322, 347, 358	
室外正空间　189-192		一明四暗　187
数的象征　100		一明一暗　187
数量象征　326	外檐立面第二层次"隔、透"　242	一堂二内　123-125, 127-130, 133
双向定分　148-149	外檐立面第三层次"隔、透"　242	一宇二内　123, 126-130, 133
苏式彩画格式　155	外檐立面第四层次"隔、透"　242	一正四厢　187
苏州厅堂内里空间调节因子　204-205	外檐立面第一层次"隔、透"　242	颐和园北宫墙的"边界隐匿"　259
随宜调节　166	外檐立面亦隔亦透　237, 243-244, 248-249, 253, 256	颐和园玉澜堂、宜芸馆例析　192-193
榫卯节点的刚柔相济　264		以点带面　359-360, 362
塔式高台建筑　304	未央宫前殿陛台遗址　291	以少总多　360, 362
台侧建"广"（yan）　284	文学语言　105	以圆象天　319
台顶建堂　284-285	文学语言与建筑语言的焊接形式　105-108	艺术结构　083-086, 116
台阶石作分件　143	纹饰象征　100	艺术美学　084, 086-088, 115
台门分型　216	纹饰象征　328	异构同功　075
台明石作分件　143	屋顶端部变换　154	永宁寺塔复原　300-304
台榭　278-280, 283-285, 291, 296, 304, 306	屋脊分型　142	用低调唱高调　338

用木起步的"巢居" 055
用土起步的"穴居" 055
有、无 001-002, 004-007, 009-012, 017-019, 021, 024, 026, 047, 066, 073, 080, 083, 089, 122, 189, 238, 259-260, 274, 277, 287, 313-314, 316, 319-320
有标题的建筑 109
有内无外 025-028, 035-038, 040, 042, 046
有内有外 025-027, 035-036, 038-040, 042, 046, 048
有外无内 025-026, 028-035, 038-040, 042, 046, 072
有无相生 009-011, 040, 055-056, 065
语义侧重 103
语义信息 102-104, 117, 120
园林院落非程式调度 232-238
杂式建筑 160, 168-169
再现艺术 080-081
凿户牖 001, 003-005, 012-018
造式 200-201, 203-206, 209-211
长向墙承重 051-053
浙江民居活变型例析 183-184
正式建筑 150, 154, 160-161, 163-164, 167-169, 174, 182
指示性符号 093-096, 104
制式定型 220, 222-224, 226-227, 232
制式系列差 144, 158
中国建筑"文法" 091
中山陵设计竞赛 263
中山陵总图钟形象征 101
中山王陵王堂复原方案 284-285
重理 089
周天三百六十之数 317
主轴线人流动线分析 194
柱梁构件品类 139
筑台 278-281, 283
专用型建筑 169-170, 174, 176, 178
装修调节 163-164
追溯"伯牛"宅屋 122
准个性 200, 203
准功能角色 198-200
子荫 275-276

紫禁城主轴线时空序列 194-195
纵架承重 055
族子彩画格式 155

建筑术语索引

版筑（干打垒） 014-016
半穴居 035, 056, 059-060
碑碣 108
边梃 092, 150
匾额 105, 108, 113-114
材、栔、分 146
巢居 055-056
彻上明造 045, 096
单檐庑殿 154
单檐歇山 154
斗口 146-149
对联 106, 108, 113-114
对面炕 187
多立克柱式 094
风字牌匾额 113
封护檐 096
覆土窑（锢窑） 044
干阑 056
隔架科斗栱 140
隔扇 092, 118, 150, 197, 241-243, 246, 248
隔心 092-093
和玺彩画 099, 155
华带牌匾额 113
墼 063
祭品库 311
夹纱书画 107-108, 113
尖山悬山 154
尖山硬山 154
经幢 108
卷棚歇山 154
卷棚悬山 154
卷棚硬山 154
靠崖式窑洞 035, 042
老檐出 095-096
两材斗栱 140
棂星门 311-312, 315
溜金斗栱 140

馒形托（爱欣） 095
摩崖题刻 108, 114
抹头 092-093
木骨泥墙 061-062
毗卢帽门罩 118
品字科斗栱 140
屏刻 107-108, 113-114
翘昂斗栱 140
裙板 092-093, 118, 242
扇面殿 098, 110
上分 040, 045, 138
深袋穴 056
什锦窗 097
什锦门 097
神厨 311-313
书条石 107-108, 113
苏式彩画 100, 157
台阶 143
台明 143
绦环板 092-093, 118, 242
天井式窑洞 035-036, 042-043
土楼 015-016
万字炕 187
墒墙 310-312, 315, 320, 328-329, 331, 333, 335-337, 345-346, 362
吻兽 100
吻兽 141-142
幄次 313
屋脊 141-142
屋面 141-142
无梁殿 338-339
下分 040, 045, 138
须弥座 144
玄宫 044
旋子彩画 099, 155
穴居 047, 055, 061, 064
原始横穴 056-057
宰牲亭 311-313
攒尖顶 141
中分 040, 045, 138
重檐庑殿 154
重檐歇山 154
足材 145-147

后 记

我从北京走出校门,就分配到哈尔滨工作,几十年一直待在同一座大楼里。这座大楼挺壮观的,有西洋古典的山花,有通高3层的文艺复兴式巨柱,有带罗马多立克柱的门廊。我刚来时,这里是哈尔滨工业大学的行政楼和土木系馆,我在土木系的建筑教研室当小助教。由于景仰梁思成先生、刘敦桢先生,我喜欢上了中国建筑史学科,自告奋勇地担任《中国建筑史》课程,在这座浓郁的古典洋风大楼里,颇有反差地沉浸于中建史的教学。后来,土木系从哈尔滨工业大学分离出来,这座大楼成了哈尔滨建筑工程学院院馆。接着哈尔滨建筑工程学院升级为哈尔滨建筑大学,建筑系仍然留在这座大楼里。再后来,哈尔滨建筑大学又合并回到哈尔滨工业大学,这座大楼摇身一变又成了哈尔滨工业大学的建筑馆。校名变来变去,我的教学岗位实际上都在这同一座楼中,直到2003年退休。

退休后朦朦胧胧地有三个梦想:一是想把家迁回北京去。老伴李婉贞是北京人,她原本在中央工艺美术学院任教,为解决两地分居,不得不扔掉北京户口,放弃对口专业,改行调到哈尔滨来。现在俩人都退休了,深深的北京情结推着我们把家搬回去。二是想安下心来,写一本一直想写而久久未启动的类似中国建筑解读之类的书。三是和许多退休教师一样,老两口想玩玩旅游。

第一个梦想很快就顺利地实现。那时北京的房价还没像后来涨得那么高,每平方米不到7000元就捞着了北三环内很好地段、很适宜的小高层板楼。我们入住的小区有个好听的名字,叫"阳光丽景"。向阳的客厅凸出一间方方的太阳间,只要是晴天,总是洒满阳光,真是名副其实的充满阳光的丽景。

我真的在沐浴阳光的北京书斋启动第二个梦想。只是"解读中国建筑"这个题目很大,究竟该从哪儿切入呢?究竟应该搭构什么样的章节框架呢?我不得不进行一番必要的酝酿。我和老伴觉得既然已退休了,就不用着忙,我们想出了一个细水长流、两全其美的做法,把酝酿写书与旅游观光交叉地进行:在泛泛查书、读书的间歇,穿插着四处走走;或者说在四处走走的间歇,穿插着泛泛查书、读书。这样,我们去了三峡、漓江,去了同里、楠溪江,去了九寨沟、武夷山,也去了西欧、北欧。这样的日子过得很快,不经意间一晃就三四年过去了。书的写作只是搭构出粗粗的框架,基本创意是从几个视角来解读中国建筑,拟写五章,每章围绕一个视角来写。第一章的切入视角就是《老子》十一章说的"有"与"无",即从"建筑实体"与"建筑空间"的角度审视中国建筑。这样就开始第一章的写作,没想到第一章写着写着就写不下去了。原来,在深入思索建筑的"有、无"时,才发现它触及建筑的一系列问题,也触及建筑中的多个层面,有许多理论认识值得阐发,仅仅用一章的篇幅来梳理,既难以展开,也难以深入。犹豫再三,只好放弃多视角解读,专做"有"与"无"的文章,完全重新另起炉灶。这样又折腾了好一段时间,总算构搭出了从7个方面展述的新框架:

一是概论《老子》十一章,对"凿户牖以为室,当其无,有室之用"这句名言作一下认真的品读。从延承至今的活生生的"凿户牖"景象,澄清古今老学注家对这个关键词的种种误释。衍生出

"河上公联想"的命题，展述"有、无"哲理萌发的中国建筑早熟的空间意识及其深远影响。

二是把"有"与"无"的辩证法，提到"建筑之道"的高度上来认识。把建筑基本形态概括为三种"有、无"构成；把建筑矛盾表述为"有"与"无"的对立统一；论析建筑实体的"有"与建筑空间的"无"的相互制约，就是建筑的内在矛盾，正是它决定了建筑这一事物的本质。论析建筑实体与建筑空间的"有无相生"，构成建筑的矛盾运动；一部建筑发展史，正是建筑的"有"与"无"的矛盾运动史。从系统科学的角度，提出"建筑系统结构 = 有 + 无"的论断，论析西方古典砖石建筑的"集中系统结构"和中国木构架建筑的"多级递阶系统结构"所呈现的两种体系区别。

三是专论建筑艺术与建筑"有、无"，把建筑之美视为植根"有、无"的艺术。论析根植"有、无"的建筑艺术载体的双重职能及其显现的"物质堆"和"精神堆"现象。专辟一节综论"建筑语言与建筑外来语"，展述建筑的符号品类与表义特点，建筑的语义信息与审美信息，建筑的抽象语言与具象语言，以及中国传统建筑盛行的文学语言与建筑语言的叠加。

四是重点讨论中国木构架建筑单体层面的"有、无"。梳理木构架单体建筑的基本型；论析单体建筑的程式化特色和模件化构筑；展述定型部件、定型构件、定型分件、定型细部所组构的实体程式链和尺度系列、制式系列所组构的模件系列差；综论程式建筑的通用型、专用型和非程式建筑的活变型；探索程式设计与非程式设计的构成机制与调节机制。

五是分论木构架建筑其他层面的"有、无"。分节讨论建筑组群中呈现的"屋"与"庭"的"有、无"，建筑界面中呈现的"实"与"虚"的"有、无"和建筑节点中呈现的"榫"与"卯"的"有、无"。推出"建筑行当"的概念，展述构成庭院的行当分型与"造式"特点；展述庭院的范式定型与制式定型，程式调度与非程式调度；展述外檐立面、内里隔断和庭园边沿显现的亦虚亦实；展述榫卯小"有、无"的大智巧和斗栱呈现的榫卯大集结。

六是专题考察特定建筑类型的"有、无"构成。从历史上盛极一时的"高台建筑"，剖析其庞大的夯土台体所显现的"有"的极致和打散的内部空间所显现的"无"的欠缺。借助历史文献和相关专家所作的高台建筑复原设计，阐述高台建筑的两种组构方式，论析高台建筑的终结及其向陛台、墩台的转型。

七是针对大型建筑组群个例展开"有、无"的专题分析。以北京天坛为范例，分析其单体建筑层面的用"无"，殿庭、墙院层面的用"无"和内外坛域层面的整合用"无"。讨论其历经改扩建所显现的"非原创"杰作；揭示天坛的"重无"，是基于祭天建筑物质功能与精神功能的不对称。

搭构出这一套新框架，我觉得不仅对于中国建筑"有、无"的解读，有可能进行较充分的展开，较充实的诠释，而且可以论述"有、无"与"建筑之道"和"建筑之美"的关联，在解读中国建筑的同时，实际上也论及基于"有、无"视角的建筑本体论和建筑艺术论。只是这样做也带来了另一个问题，这个问题得从我1997年出版的《中国建筑美学》说起。陈志华先生在他的名著《北窗杂记》中，曾经为那本书写了一篇饱含深情的书评。他说我那本《中国建筑美学》是"打阵地战"。他说："学术工作，凭'三五个人，七八条枪'而要打阵地战，那是最吃力不过的了"。陈先生对写书打阵地战有极生动的描述，我忍不住要转录在这里：

> 写书打阵地战，先得拉开架势，甲乙丙丁，一二三四，章章节节要铺

开，搭配要齐整，这就是一场有决定意义的前哨战。架势搭好了之后，就得一章一节打攻坚战，有资料、有观点、有思想，各章各节还得呼应照顾，均衡匀称，概念要肯定，观点要统一，不能有轻有重，有松有紧，不能自相矛盾，不能露出明显的漏洞或者弱点。一本书要形成一个框架体系完备的逻辑的整体。那阵地战岂是容易打的。

[窦武（陈志华）.北窗杂记（六十四）.载《建筑师》第83期]

陈先生这席话，句句真切，它让我知道了有一种写书是打阵地战。我的写作《中国建筑美学》，的确吃够了打"阵地战"的苦头，正如陈先生说的，就是以"两口子的夫妻档"，"借了些研究生的力"而"煎熬"出来的。我这次构思写中国建筑解读，学乖了，已经注意到这一点。开初设想的从多视角切入解读，就是想避免打阵地战，因为"多视角切入"，轰一炮就转个阵地，可以打运动战、游击战。后来，放弃了"多视角切入"，专做"有"与"无"的文章，铺开这么个大摊子，我一下子意识到，我又傻乎乎地面临着打阵地战的问题了。如果说那时写《中国建筑美学》，还有一批研究生的学位论文可以起铺垫作用，那么现在写中国建筑"有、无"，连这样的铺垫也没有了，这可如何是好？

其实别无它招。环绕着"有"与"无"的构思，伴随着新框架的搭构，我已经被这个选题"裹胁"了，已经难以摆脱、欲罢不能了。《老子》是中国哲学的源头，在这个中国哲学源头的经典文献中，有幸有论及建筑"有、无"的哲理；有幸有被建筑学人奉为首选的座右铭；它被赖特视为"最好的空间理论"；曾让梁思成先生喜滋滋地引以为豪；它蕴涵着那么多可供阐发的建筑理论认识，我意识到实质上我触碰的是"中国建筑之道"的重大理论课题，怎能不认真地投入探索呢！我只好认了这场阵地战，自讨苦吃地上阵。

住在北京，远离了学校的图书馆、资料室，身边也没有在读的研究生，只有老伴的助阵。好在北京有国家图书馆，新建的国图北区有很大很大的开架阅览室，商务印书馆影印的文津阁四库全书也开架在那里，我们常常在国图待上半天、一天。岁月不饶人，毕竟是精力差多了，写作效率极低。我想起苏东坡总结"东坡肉"烧法的打油诗——"慢著火，少著水，火候足时它自美"。我们无奈地只能这样地"慢著火"，以极低的效率，慢吞吞地打持久战，勉为其难地把书稿凑出来。

很高兴这本书能够在中国建筑工业出版社出版，我很感谢中国建筑工业出版社，这是我在建工出版社出版的第5本书。我也非常感谢建工出版社资深编审王伯扬先生，王总审看了这本书稿，盛赞这本书对建筑理论的推进。我最关切的正是这本书的理论阐发能不能获得认同，能得到王总的肯定，感到分外高兴。我还要感谢本书的责任编辑王莉慧，她和她爱人都是我的研究生，我们老两口迁回北京后，很得到他俩这样那样的照应。她一直关注着这本书的写作，给予了很多支持，现在又投入精心的编辑。自己的著作能够由自己的研究生当责任编辑，这是多么理想的合作。这么难得的好事让我遇上了，我感到特幸运。

2010.6.26